EXPOSÉ

DES APPLICATIONS

DE L'ÉLECTRICITÉ

L'auteur et l'éditeur se réservent le droit de traduire ou de faire traduire cet ouvrage en toutes langues. Ils poursuivront conformément à la loi, et en vertu des traités internationaux, toute contrefaçon ou traduction faite au mépris de leurs droits.

Le dépôt légal de ce volume a été fait à Nancy en temps utile, et toutes les formalités prescrites par les traités sont remplies dans les divers États avec lesquels il existe des conventions littéraires.

Tout exemplaire du présent ouvrage qui ne porterait pas, comme ci-dessous, notre griffe, sera réputé contrefait, et les fabricants et débitants de ces exemplaires seront poursuivis conformément à la loi.

IMPRIMERIE POLYTECHNIQUE DE E. LACROIX A SAINT-NICOLAS-VARANGÉVILLE (MEURTHE).

PUBLICATIONS SCIENTIFIQUES-INDUSTRIELLES DE E. LACROIX

EXPOSÉ

DES APPLICATIONS

DE L'ÉLECTRICITÉ

PAR

LE Cᵗᵉ TH. DU MONCEL

Officier de la Légion d'honneur et de l'ordre de Saint-Wladimir de Russie
Ingénieur-Électricien de l'Administration des lignes télégraphiques françaises

3ᵉ Edition entièrement refondue

TOME PREMIER
TECHNOLOGIE ÉLECTRIQUE

PARIS

LIBRAIRIE SCIENTIFIQUE, INDUSTRIELLE ET AGRICOLE

Eugène LACROIX, Imprimeur-Éditeur

Libraire de la Société des Ingénieurs civils, de celle des Conducteurs des Ponts et Chaussées
de la Société des anciens Elèves des Ecoles nationales d'Arts et Métiers,
de MM. les Mécaniciens de la marine nationale, etc., etc.

54, rue des Saints-Pères

IMPRIMERIE A ST-NICOLAS-VARANGÉVILLE (MEURTHE)

1872

A SA MAJESTÉ L'EMPEREUR DU BRÉSIL

Au Souverain, protecteur des sciences et des arts, qui, aux qualités politiques et gouvernementales faisant les grands princes, a su réunir la vaste érudition, l'esprit d'analyse et d'observation du savant le plus accompli ;

Au Souverain qui a su inspirer à son peuple la grande et généreuse pensée de l'abolition de l'esclavage ;

Au Souverain qui, tout en accomplissant scrupuleusement les obligations d'un gouvernement largement constitutionnel, a su honorer son règne par la création des institutions les plus propres à assurer la grandeur et la prospérité du Brésil, écoles militaires et d'ingénieurs, écoles d'agriculture et des beaux-arts, hospices, établissements de bienfaisance, observatoire de premier ordre, riche musée d'histoire naturelle, etc.

Au Souverain qui, au nom de la philantrophie la plus élevée, n'a pas hésité à introduire dans les coutumes guerrières des peuples de l'Amérique du Sud, la suppression de l'exécution des prisonniers de guerre, au milieu même d'une guerre où il avait à lutter contre les procédés cruels d'un ennemi déloyal ;

Enfin au Souverain qui, dans son voyage en Europe et dans ses nombreuses visites à nos établissements publics et privés les plus importants, a su se concilier l'admiration des hommes d'État et des savants, le respect et la sympathie de tous.

Hommage de son très-humble et très-respectueux serviteur,

Le Cte TH. DU MONCEL.

PRÉFACE

Depuis les succès, du reste, bien mérités des ouvrages de M L. Figuier, une foule de livres de science vulgarisée ont surgi tout d'un coup, et pour ajouter au charme d'une lecture facile, leurs éditeurs les ont accompagnés de gravures admirablement exécutées, tout en en faisant des éditions tout à fait luxueuses. Aussi ces ouvrages ont-ils eu des succès relatifs plus ou moins grands, mais toujours suffisants pour satisfaire pleinement, au point de vue commercial, ceux qui en avaient entrepris la publication. Ce débordement de livres de science vulgarisée est-il au point de vue de la science en elle-même un progrès réalisé ?.... On peut répondre oui et non. Oui, parce que ces ouvrages ont popularisé la science en la rendant intelligible et agréable pour toutes les intelligences et ont provoqué, par une sorte d'initiation du public aux secrets de la nature, une foule de recherches et d'inventions qui n'auraient peut-être pas pris naissance sans cette impulsion. Non, parce que ces livres ont créé une foule de demi-savants, qui, dans un pays aussi léger que le nôtre, croient tout savoir, parce qu'ils savent arrondir une phrase et que, grâce à ces publications, ils ont pu avoir une teinture des sciences.

Ces livres, d'ailleurs, ont dégoûté beaucoup des ouvrages réellement sérieux, dans lesquels la véritable science est plus difficile à acquérir, et la plupart des éditeurs, plus soucieux de leurs intérêts que de celui de la science, ce qui est d'ailleurs naturel, se décident rarement aujourd'hui à entreprendre des publications véritablement savantes. D'un autre côté, si les connaissances superficielles qu'on acquiert par la lecture des ouvrages dont nous parlons, ont provoqué des recherches et des inventions nouvelles, combien de déceptions n'ont-elles pas entraînées !... que d'inventeurs ruinés pour avoir réinventé ce qui avait été souvent imaginé bien des années avant

eux, ou pour n'avoir eu que des demi-connaissances ! et cela parce
que ces ouvrages, toujours incomplets, ne font mention que des faits
principaux, sans indiquer même sommairement dans quelle direc-i
tion ont porté les recherches des savants et des inventeurs. Beaucoup de ces ouvrages, d'ailleurs, sont faits par des personnes qui
ne se sont pas *spécialisées* dans le sujet qu'elles traitent, qui ne par-
lent de la science que par ouï-dire, sans avoir les connaissances mathématiques et théoriques nécessaires pour une juste appréciation
des faits, et qui ne saisissant pas le principe des inventions, ne s'attachent qu'à leur forme et à l'effet qu'elles peuvent produire sur le
lecteur. Un grand personnage auquel on proposait de faire d'un
homme de lettres un homme d'État, disait que pour *faire un civet il
fallait un lièvre* : nous, nous dirons que pour faire des livres de
science, même de science vulgarisée, il faut être savant. Sans doute
le style en sera plus lourd, la lecture moins agréable, mais on
aura des notions vraies, sérieuses, et on pourra se rendre compte, si
l'ouvrage n'est qu'un abrégé, qu'il existe beaucoup d'autres choses
à savoir que ce que l'on mentionne. Suivant nous, c'est un tort
de se borner à n'exposer que des faits principaux ou des inventions principales : il en est d'accessoires qui peuvent devenir de
premier ordre, par suite de découvertes nouvelles, et si on ne peut
les mentionner tous, on devrait toujours les laisser entrevoir, en indiquant d'une manière sommaire les sources auxquelles on pourrait
puiser les renseignements nécessaires pour les approfondir. Or, tel
n'est pas généralement l'esprit qui préside aux ouvrages de science
vulgarisée qui se publient tous les jours ; on choisit les inventions à
sensation, les phénomènes qui paraissent le plus étonner la raison ;
on les présente un peu à la manière des prestidigitateurs, et le public
peu au courant de la vraie science, croit que tout ce que l'on doit
savoir est là ; c'est ainsi que nous voyons, par exemple, des ouvrages
spéciaux pour l'électricité qui consacrent une notable partie de leurs
pages à l'exposition des trucs et des moyens employés au théâtre ou
chez les prestidigitateurs pour frapper les yeux, et qui ne mentionnent
même pas les admirables applications de l'électricité aux appareils de
précision, aux chronographes, aux appareils météorologiques, à la gra-

vure, aux diverses industries, etc., qui ne verront dans les phénomènes si multipliés et si curieux, produits par les courants induits de haute tension, que l'illumination de tubes plus ou moins ingénieusement combinés pour l'effet lumineux qu'ils peuvent produire. Ce qui est le plus curieux, c'est que la plupart des livres dont nous parlons, sont coulés dans un même moule. Il semble qu'on ait pris pour thème, certaines inventions qui ont été l'objet de réclames plus ou moins intéressées, certaines découvertes souvent mal comprises, et qu'on se soit donné le mot pour former autour des autres, une *conspiration du silence*, qui ne peut avoir pour excuse que notre légèreté habituelle.

Quand donc notre nation si intelligente, si prompte dans ces conceptions, prendra-t-elle le sérieux si nécessaire pour faire fructifier toutes choses !... Nous avons pu voir pourtant, dans les affreux malheurs qui nous ont accablés, combien il est important de creuser les questions, et que le temps n'est plus de donner aux idées nouvelles des fins de non-recevoir ou de les renvoyer à des Commissions pour les enterrer. Si nous n'étions pas restés à tourner dans un même cercle de connaissances exclusivement françaises et que nous eussions été plus au courant des travaux qui se font ailleurs, si, en un mot, nous eussions été plus sérieux, nous aurions pu conserver notre prestige et bien des malheurs auraient été évités.

Cette disgression, qui nous a entraîné peut-être un peu loin, était nécessaire pour montrer l'esprit qui préside à la nouvelle publication que nous entreprenons aujourd'hui. Cet ouvrage n'est certainement pas un ouvrage de science vulgarisée ; il est tout à fait spécial et les questions y sont traitées, sinon avec tout le développement qu'elles comportent, ce qui aurait rendu cet ouvrage interminable, du moins d'une manière assez étendue pour qu'on puisse avoir une idée parfaitement nette des phénomènes exposés et du principe des inventions décrites ; nous renvoyons, du reste, aux sources où l'on peut puiser des renseignements plus complets. Toutefois, malgré que nous ayons creusé la matière un peu à la façon allemande et que nous ayons été forcés de donner quelques calculs algébriques, nous nous sommes arrangés de manière à ce que nos exposés fussent

facilement intelligibles et n'exigeassent pas de connaissances mathématiques trop élevées. Il y a pourtant des questions de maxima qui
n'ont pu toujours être résolues par la simple algèbre, mais nous
avons ajouté, comme note à la fin de l'ouvrage, les notions de calcul
différentiel nécessaires pour qu'on puisse suivre tous les calculs que
nous donnons.

Inutile de dire que cette troisième édition de notre Exposé des
applications de l'électricité a été entièrement refondue. La première
n'était en quelque sorte qu'un sommaire de la seconde, et la seconde
un compendium plus ou moins raisonné de toutes les applications
électriques venues à notre connaissance : la troisième est un traité
complet de la question, tant au point de vue théorique qu'au point
de vue pratique. Nous l'avons divisé de la manière suivante :

Le premier volume, qui contient environ 500 pages, est consacré
à la technologie électrique, c'est-à-dire aux connaissances techniques qui sont nécessaires pour *bien appliquer l'électricité*. L'étude
de la propagation électrique dans les circuits de toute nature y est
suffisamment développée pour qu'on puisse en appliquer les déductions suivant les cas ; les réactions produites au sein des piles et les
calculs qui les concernent, permettent aux chercheurs de ne pas
s'égarer dans des recherches inutiles, et la description qui a été
faite de toutes les piles imaginées jusqu'ici, tout en indiquant celles
de ces piles qui peuvent être adoptées suivant les circonstances,
montre la direction vers laquelle doivent tendre les nouvelles recherches. D'un autre côté, les études si considérables faites en Angleterre sur les réactions produites au sein des câbles sous-marins, et
les méthodes employées dans ce pays pour la détermination de la
capacité électro-statique des enveloppes isolantes, de leur résistance,
et de la vitesse des transmissions électriques à travers les câbles
eux-mêmes, occupent une large place dans la seconde partie de ce
volume et ont été résumées avec un soin tout particulier, d'après les
ouvrages anglais les plus complets sur cette matière. Enfin le système
coordonné des mesures électriques adopté en Angleterre et d'après
lequel ont été établies toutes les valeurs numériques dont on se sert
journellement pour la construction, les essais et la pose des lignes

sous-marines, y est suffisamment développé pour que tous les électriciens puissent être en état d'en faire eux-mêmes l'application sans autres renseignements.

Le second volume comprend d'abord la discussion complète des lois des électro-aimants et des meilleures conditions de leur construction, la description de tous les systèmes électro-magnétiques imaginés soit en vue d'augmenter leur promptitude d'action, soit d'accroître l'étendue de leur sphère attractive, soit de supprimer les actions contraires qui en sont la conséquence, telles que les courants induits, les étincelles de l'extra-courant, le magnétisme rémanent, etc.

Viennent ensuite : 1° l'étude et la description des appareils d'induction, des machines électriques de toute nature, en un mot des générateurs mécaniques de l'électricité ; 2° l'étude et la description détaillée des appareils d'expérimentation employés dans les applications électriques ; 3° la télégraphie électrique, considérée principalement au point de vue des instruments. La question de la télégraphie sous-marine y est longuement développée, ainsi que l'étude des transmissions électriques sur les lignes aériennes, et sauf la partie purement pratique qui est du ressort des traités spéciaux de télégraphie, on pourra avoir, en étudiant cette partie de notre ouvrage, une idée parfaitement nette de tous les progrès importants réalisés dans cette branche si utile des applications électriques jusqu'à l'année 1873.

Le troisième volume se rapporte aux applications électriques, concernant les appareils de précision, l'horlogerie, la balistique, les instruments météorologiques, astronomiques et de marine, la sécurité des chemins de fer, etc.

Enfin, le quatrième volume passe en revue tout ce qui a été fait pour appliquer l'électricité à l'industrie, aux arts, aux besoins domestiques, à la mécanique, etc. Les applications de l'électricité comme source lumineuse et calorifique y sont longuement développées. Ce volume représente donc en quelque sorte le troisième volume de notre seconde édition ; mais nous avons supprimé les applications médicales, attendu que cette question ne peut être traitée d'une manière complète que par un médecin. Elle a, du reste, déjà été l'objet de nombreux ouvrages publiés par les Drs Duchenne, de Boulogne, Alfred Becquerel, Tripier, Hiffelsheim, Onimus, Remak Legros, etc. En traitant cette question, nous n'aurions pas, d'ailleurs, été conséquent avec nous-même, puisque nous avons pour principe qu'un écrivain scientifique ne doit jamais écrire que sur un sujet qu'il connaît à fond et qu'il a lui-même expérimenté pendant longtemps.

Nous avons pu, pour les premières éditions de cet ouvrage, entreprendre à nous seul toutes les recherches nécessaires pour le mener à bonne fin, et nous avons eu la satisfaction de voir que nos efforts avaient été couronnés de succès, puisque ces deux éditions ont été enlevées rapidement. Mais aujourd'hui les années pèsent un peu, sinon sur notre plume et notre activité intellectuelle, du moins sur notre activité physique. Nous avons donc dû avoir recours, pour beaucoup de renseignements, à un collaborateur jeune et actif, et ce collaborateur, M. Rolland Francisque-Michel, fils d'un de nos savants les plus distingués, correspondant de l'Institut, a pris une part active à la rédaction de quelques parties des trois derniers volumes. Grâce à cette combinaison et à l'aide bienveillant que nous ont prêté les principaux électriciens, constructeurs et inventeurs du monde entier, MM. Jacobi, Wheatstone, Varley, Latimer-Clark, Grove, Hughes, Siemens, Hipp, Ternant, Breguet, Digney, Glœsener, Page, Hardy, etc., grâce enfin aux fraternels rapports que j'ai eus avec mes savants collègues de l'administration des lignes télégraphiques et aux savants travaux de MM. Becquerel, Gavarret, Secchi, Gaugain, Guillemin, Favre, Volpicelli, Thomson, Fleeming Jenkin, l'abbé Moigno, etc., etc., nous avons pu faire de cet ouvrage un traité complet des applications de l'électricité tout à fait à la hauteur de la science actuelle et des découvertes nouvelles.

EXPOSÉ

DES

APPLICATIONS DE L'ÉLECTRICITÉ

PREMIÈRE PARTIE

Notions préliminaires.

Il n'entre pas dans notre but, en publiant cette nouvelle édition de notre *Exposé des applications de l'électricité*, de nous placer dans les conditions des ouvrages élémentaires de physique et de faire un exposé même rapide des phénomènes électriques. Nous avons d'ailleurs fait cette étude dans plusieurs de nos autres publications, et outre que ce travail ne serait guère en rapport avec un traité aussi spécial et aussi détaillé que doit l'être celui que nous publions aujourd'hui, il prendrait une place qui sera beaucoup plus utilement employée par des considérations techniques en rapport avec les applications si nombreuses que nous aurons à passer en revue.

Nous supposerons donc le lecteur au courant des phénomènes électriques en eux-mêmes, et nous n'insisterons que sur les lois des courants, d'abord parce qu'elles sont indispensables à bien approfondir quand on veut appliquer convenablement les effets électriques, et en second lieu parce que beaucoup d'entre elles ont été mal définies et surtout traitées d'une manière très-incomplète dans les traités de physique. Nous commencerons donc par les lois des courants.

Un courant électrique n'est, par le fait en lui-même, qu'un effet dynamique ou de mouvement résultant de la destruction de l'équilibre électrique dans un système conducteur, et ayant pour effet de tendre à rétablir par l'intermédiaire d'un conducteur cet équilibre détruit. Conséquemment, si la cause qui a provoqué cette destruction d'équilibre n'est que momentanée, le courant ne peut être qu'éphémère, mais, si elle persiste, le courant devient continu et peut être comparé à un ruisseau alimenté par une source.

Comme un courant a pour effet de rétablir l'équilibre détruit en un

1

certain point d'un système conducteur, il en résulte naturellement, que pour se manifester, il devient nécessaire que les deux extrémités libres de ce système conducteur se trouvent réunies; dès lors le système constitue un véritable *circuit* qui se rapproche plus ou moins du cercle, mais qui est toujours constitué de la même manière, c'est-à-dire que si le courant est dirigé dans un certain sens, au point où s'est développé le dégagement électrique ou la destruction de l'équilibre électrique, il se trouvera dirigé en sens contraire dans la partie opposée du circuit.

Définitions importantes. — Avant d'entrer dans des détails techniques sur les lois qui président à la propagation des courants, il importe de bien s'entendre sur les expressions employées pour la désignation des différentes actions mises en jeu dans les manifestations électriques. Ces expressions sont loin de présenter la même interprétation pour les différents physiciens, et il en résulte une confusion déplorable qui a, jusqu'à présent, contribué à embrouiller considérablement la question.

Par le mot *force électro-motrice*, nous entendons *la force qui produit le phénomène de mouvement électrique appelé courant*. Les partisans de la théorie électro-chimique repoussent, il est vrai, cette expression parce qu'elle se rattache à la théorie de Volta, qu'ils ne veulent pas admettre. Mais quelle que soit la théorie que l'on adopte, cette expression est parfaitement convenable ; car, puisqu'un courant électrique est un phénomène de mouvement, et que tout mouvement est l'effet d'une force, il est parfaitement certain que, dans tout circuit parcouru par un courant, il y a une force mise en jeu, et cette force peut, par conséquent, être appelée *force électro-motrice*.

La *tension* d'un courant qu'Ohm appelle le plus souvent *force électroscopique, manifestation électroscopique, pouvoir, énergie, état électrique*, est *la propriété du fluide électrique en vertu de laquelle celui-ci tend à réagir extérieurement et à produire les effets propres à l'électricité statique*. C'est, si l'on pouvait se permettre cette comparaison, la force expansive à laquelle obéirait un courant d'eau coulant à travers un tuyau, si on venait à pratiquer à travers les parois de celui-ci de petits trous ; l'eau rejaillirait alors à travers ces petits trous avec une force d'autant plus grande que la pression exercée sur le liquide serait elle-même plus grande : or cette impulsion de l'eau représente précisément une action analogue à la tension électrique. Suivant M. Becquerel, cette tension serait constituée par la petite quantité d'électricité maintenue libre quand les pôles de la pile ne sont pas réunis, et qui échappe à la recomposition pendant le temps que s'effectue le dégagement électrique.

L'intensité électrique représente la grandeur de l'effet produit par la force électro-motrice, c'est-à-dire la force du courant ; elle est, par conséquent, toujours en rapport avec *la quantité d'électricité* qui circule dans le conducteur, et elle doit dépendre à la fois de la valeur de la force électro-motrice et de la résistance qui est opposée par le conducteur au mouvement des fluides.

MODE DE PROPAGATION DE L'ÉLECTRICITÉ DANS LES CIRCUITS.

Théorie d'Ohm. — Jusqu'à l'année 1825, les idées qu'on s'était faites sur le mode de propagation de l'électricité étaient vagues et indéterminées. En raison de sa vitesse énorme de transmission, on voulait retrouver dans ce fluide quelques analogies de mouvement avec la lumière et, dans cet ordre d'idées, on allait chercher des indications, des données, là où il n'y avait rien à trouver, du moins en ce qui concernait les lois de la propagation de cet agent si particulier. Ce ne fut qu'en 1825 que la vérité commença à se faire jour et à se montrer sous son véritable aspect.

A cette époque, en effet, Ohm, mathématicien allemand, frappé de l'idée que le mode de propagation de l'électricité pouvait bien être le même que celui de la chaleur, appliqua à cet agent physique les formules que Fourrier et Poisson avaient déduites des lois de la transmission de la chaleur, et parvint à poser, d'une manière tout à fait nette et précise, les belles lois des courants électriques qui portent son nom, et que l'expérience n'a fait que confirmer de plus en plus. Mais pour établir tout un échafaudage de calculs sur une pareille hypothèse, dans un temps où les idées des physiciens étaient tournées dans une tout autre direction, il fallait être plutôt philosophe que physicien, et c'est justement parce qu'Ohm était surtout mathématicien qu'il put établir, sans idée préconçue et sans prévention, son admirable théorie. Toutefois, ses travaux n'eurent pas, dans le monde savant, le succès qu'il en attendait, et furent au contraire pour lui le sujet d'une persécution qui le poursuivit jusque dans sa position de professeur. Ce ne fut que dix ans plus tard, et surtout quand M. Pouillet parvint aux mêmes lois par l'expérimentation, qu'on commença à revenir sur le jugement qu'on avait porté contre Ohm et à apprécier le mérite de sa découverte. Cependant, tout en adoptant les formules de l'illustre mathématicien, les physiciens, jusqu'à l'année 1860, n'avaient pas voulu admettre l'assimilation qu'Ohm avait faite du mode de propagation de l'électricité à celui de la chaleur, et, grâce à ce parti pris de leur part, ils étaient arrivés à des résultats tellement discordants sur la vitesse de propagation de l'électricité, qu'il fallait admettre, ou que les expériences faites pour mesurer cette vitesse avaient été mal conduites, ou que les idées que l'on se faisait généralement sur la propagation de l'électricité étaient fausses.

Vers la fin de l'année 1859, M. Gaugain, habile physicien, qui depuis quelque temps s'occupait de vérifier les lois d'Ohm, au point de vue de la transmission de l'électricité à travers les mauvais conducteurs, rechercha les causes de ce désaccord, et trouva bientôt le mot de l'énigme. Il s'assura en effet que *l'électricité, loin de se propager comme la lumière avec une intensité initiale constante dans tout son parcours, devait au contraire se transmettre, ainsi qu'Ohm l'avait admis, à la manière de la chaleur dans une barre métallique que l'on chauffe par un bout et que l'on maintient à l'autre bout à une température constante et inférieure.* Dans ce cas, la chaleur se communique de proche en proche à partir de l'extrémité chauffée de la barre, et, à mesure que ce mouvement calorifique se propage vers l'autre extrémité, les parties primitivement chauffées acquièrent une quantité de chaleur de plus en plus grande, jusqu'à ce que le mouvement calorifique étant parvenu au bout non échauffé, *les différents points de cette barre perdent d'un côté autant de chaleur qu'ils en gagnent de l'autre.* Alors seulement l'équilibre calorifique est établi, et la distribution de la chaleur, sur toutes les parties de la barre, reste toujours la même. C'est ce que les physiciens ont appelé *l'état calorifique permanent.* Mais avant qu'une barre métallique arrive à cet état, il faut un temps plus ou moins long suivant son degré de conductibilité calorifique, et ce temps, pendant lequel chacun des points des corps chauffés change sans cesse de température, constitue une *période variable* qui, si l'assimilation de la propagation de la chaleur avec la propagation de l'électricité est vraie, doit exister dans les premiers moments de la transmission d'un courant; car, dans cette hypothèse, un courant électrique n'est que le résultat de l'équilibre qui tend à s'établir d'une extrémité à l'autre du circuit, entre deux états électriques différents constitués par l'action de la pile, et représentant, par conséquent, les deux températures différentes de la barre chauffée. Sans doute cette période, variable en raison de la subtilité du fluide électrique, devra être excessivement courte ; mais, pour les circuits d'une grande longueur et pour des transmissions lentes à travers de mauvais conducteurs, elle pourra être appréciable, et c'est en effet ce que l'expérience démontra à M. Gaugain. Dès lors, il rechercha les lois de la transmission du courant pendant cette période variable, et il constata, entre autres lois, que le temps nécessaire pour qu'un courant atteigne son état permanent dans un circuit, c'est-à-dire toute l'intensité qu'il est susceptible d'acquérir, est proportionnel au carré de la longueur de ce circuit.

Ce résultat avait été non-seulement prévu par Ohm, mais encore formulé mathématiquement par lui dans l'équation représentant la tension des différents points du circuit dans la période variable de l'intensité des courants.

Ainsi, Ohm, qui n'était pas physicien, avait découvert, par la force du raisonnement, un phénomène que les physiciens ne devaient découvrir que trente-quatre ans plus tard !

I

LOIS DE LA PROPAGATION ÉLECTRIQUE DANS LA PÉRIODE PERMANENTE.

Le principe fondamental sur lequel Ohm a établi sa théorie et les lois qui en découlent, est *qu'une molécule électrisée ne peut communiquer d'électricité qu'aux molécules contiguës ; de telle sorte qu'il n'y a jamais d'échange immédiat entre les molécules situées à une plus grande distance.* Il a admis ensuite *que la grandeur du flux entre deux molécules contiguës est proportionnelle, toutes choses égales d'ailleurs, à la différence des tensions que possèdent les deux molécules,* de la même manière que, dans la théorie de la chaleur, on considère le flux de chaleur entre deux molécules comme proportionnel à la différence de leurs températures. Enfin, il a posé en principe que *dans un dégagement électrique dû à une action constante, la propagation électrique (une fois la distribution des tensions effectuée d'une manière durable), est indépendante du temps, et que la différence des tensions (ou la force électro-motrice) reste invariable, quelles que soient les conditions générales du circuit.*

Nous verrons plus tard que, par le fait, ces principes n'ont pas toute leur rigueur, à cause de certaines réactions secondaires qui se produisent au sein du générateur électrique ; mais si on fait abstraction des petites différences qui peuvent résulter de ces réactions et qui peuvent d'ailleurs être prévues en ajoutant un terme dans les formules, on retrouve toujours dans toute leur intégrité les belles lois auxquelles ces principes fondamentaux ont servi de base.

Distribution des tensions sur les circuits. — Pour établir nettement le principe de sa théorie, Ohm représente graphiquement l'état des tensions électriques, aux différents points d'un circuit parcouru par un courant. En conséquence, il représente ce circuit par un anneau métallique qu'il coupe suivant la section où s'est manifestée la force électro-motrice et qu'il développe suivant une ligne droite CZ (fig. 1). Il en résulte, d'après le principe qui a servi de base à sa théorie, que les deux extrémités de cette droite auront, au moment de la manifestation électrique, une tension différente qui pourrait être représentée graphiquement par deux droites CD, ZZ' ou ZZ" perpendiculaires à l'anneau développé dont la somme ou la différence des longueurs représentera la force électro-motrice.

Fig. 1.

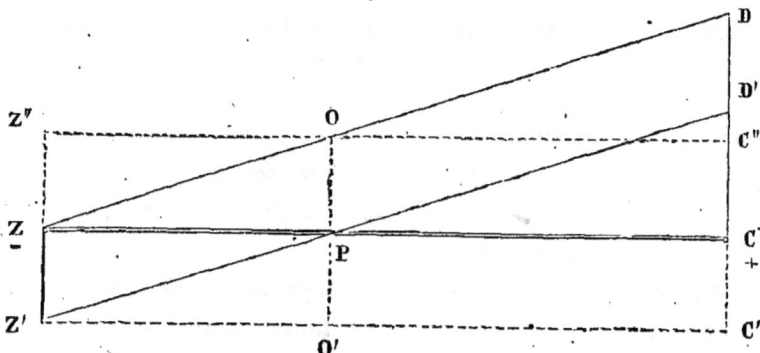

Ces deux droites sont situées d'un même côté de la ligne CZ représentant l'anneau développé, si les tensions sont de même signe comme, par exemple, les lignes C'D, ZZ' (la ligne CZ étant reportée en C'Z'), mais elles se trouvent placées l'une au-dessus l'autre au-dessous de la même droite CZ, si les tensions sont supposées de signes contraires, comme dans les circuits voltaïques où l'on admet une tension positive et une tension négative. C'est ce qui a lieu quand on considère les deux tensions représentées par les lignes CD et ZZ' ou par les lignes C"D et ZZ" (en supposant la ligne CZ reportée en C"Z"). Reste à savoir comment, en partant de ces deux tensions extrêmes, on peut reconnaître la distribution des tensions aux différents points intermédiaires du circuit.

Quand la propagation électrique a atteint son état permanent, et que le conducteur du circuit est homogène, cette distribution des tensions peut se reconnaître aisément, car *cette espèce d'équilibre dynamique* ne peut exister qu'à la condition que chacune des tranches qui composent le conducteur reçoive d'un côté autant d'électricité qu'elle en transmet de l'autre, ce qui suppose non-seulement *une différence constante* entre les tensions de chaque tranche, mais encore une décroissance régulière et progressive de ces tensions d'un bout à l'autre du circuit. Or, cette répartition régulière des tensions ne peut s'effectuer que suivant la droite qui joindra les deux tensions extrêmes.

Fig. 2.

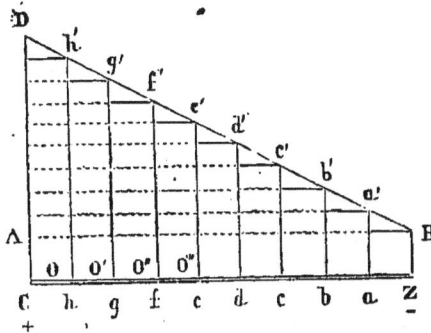

Pour fixer les idées, imaginons notre conducteur CZ divisé en 9 petites tranches $OO'O''$, etc. (fig. 2). Pour satisfaire aux lois de l'équilibre dynamique, il faudra que $DC' - hh' = hh' - gg' = gg' - ff' = ff' - ee' = \ldots aa' - BZ$. Or, dans ces conditions, les points $D, h', g', f', e' \ldots a'$, B se trouvent sur une même ligne droite unissant B à D. La ligne DZ (fig. 1) représentera donc la distribution des tensions sur le conducteur $C'Z'$, les deux tensions extrêmes étant CD et Z'Z, et toutes les ordonnées de ce système graphique menées par les différents points de $C'Z'$ représenteront les tensions de ces points.

Nous verrons plus tard que cet état des tensions est différent dans la période variable de la propagation et se présente moins simplement. Mais n'anticipons pas sur ce sujet, et examinons en ce moment comment on peut arriver à déterminer les conditions de ce tracé graphique.

Dans l'état où se présente généralement l'expérience, la *différence seule des tensions extrêmes qui constitue la force électro-motrice* et qui est représentée par CD (fig. 1), quand les tensions sont de même signe ou par leur somme CD′ + ZZ′, avec des tensions de signes contraires, peut être seule connue; de sorte que la position de la ligne de jonction des droites représentant les tensions extrêmes ne peut être déterminée qu'autant que l'on connait la tension électrique à l'un des points de CZ, si au point O′, par exemple, de CZ transporté en C′Z′ la tension constatée est représentée par la ligne OO′, la ligne de distribution des tensions pourra être déterminée connaissant CD ou C′D — ZZ′, car le point Z de la ligne ZZ′ pourra être fourni par la proportion :

$$CD : PO :: CZ : PZ,$$

d'où :
$$PO = \frac{PZ \times CD}{CZ}.$$

Le point P étant ainsi déterminé, une droite PZ parallèle à CZ fixe, par sa rencontre avec la perpendiculaire ZZ′, le point Z ou la tension en Z′. Dès lors, la droite ZD est déterminée. Si au point P de CZ, au contraire, on ne constate aucune tension, c'est que ce point représente l'intersection avec la droite CZ de la ligne distributive des tensions qui sont alors négatives et positives, et, pour la déterminer, connaissant seulement CD′ + ZZ′, en posera la proportion :

$$ZZ′ : CD′ :: PZ : PC,$$

ou :
$$ZZ′ + CD′ : CD′ :: PZ + PC : PC,$$

d'où :
$$CD′ = \frac{(ZZ′ + CD′)\,PC}{PZ + PC}.$$

Dans l'hypothèse d'une tension positive et d'une tension négative égales, le point du circuit sans tension se trouve, comme on le comprend aisément, au milieu de CZ; toutefois, pour la simplification des calculs, Ohm n'admet généralement qu'une tension; de sorte que le point sans tension se trouve à l'extrémité négative du circuit qui est supposé alors en rapport avec la terre, et la force électro-motrice qui devient CD représente à elle seule CD′ + ZZ′. On voit d'ailleurs que l'inclinaison de la ligne DZ est la même que celle de la ligne D′Z′, et, qu'en définitive, il ne résulte de cette nouvelle hypothèse qu'une élévation du système graphique faite parallèlement à lui-même pour éviter les signes contraires des quantités au-dessous de la ligne CZ.

Cette hypothèse est du reste conforme à l'expérience (1) et au prin-

_____

(1) Les transmissions en travers les circuits complétés par la terre sont un exemple frappant de la vérité de cette hypothèse. Dans ces circuits, en effet, la tension négative de la pile se trouve absorbée par la terre, et le bout du circuit opposé à la source ne pouvant acquérir aucun excès de tension, puisque la tension positive qui seule pourrait s'y

cipe fondamental posé par Volta, *qui dit que la force électro-motrice d'une pile et son intensité sont indépendantes de l'état électrique absolu dans lequel on maintient un des éléments du couple*, et il faut entendre ici par éléments du couple l'une et l'autre des extrémités du conducteur CZ où se trouvent développées les tensions extrêmes.

Avant de pousser plus loin l'étude de la théorie d'Ohm, il importe de bien s'entendre sur ce que représentent ici les tensions électriques dont nous venons de voir la distribution sur les circuits. Suivant M. Gaugain, il y a deux sortes de tensions : l'une *extérieure*, due à l'action par influence exercée sur les corps avoisinants et à laquelle est due la charge des fils conducteurs ; l'autre *intérieure*, qui détermine le mouvement du flux électrique à l'intérieur des conducteurs.

Ces deux tensions, en chaque point du conducteur, sont proportionnelles l'une à l'autre, de sorte qu'on peut se servir de l'une pour mesurer l'autre ; et, comme la première peut être mesurée à l'aide de l'électroscope, on peut reconnaître par ce moyen l'état des tensions aux différents points du circuit, et déterminer leur distribution ainsi qu'on l'a vu précédemment. Toutefois, nous ferons remarquer que ce système de distribution n'est vrai que dans l'hypothèse d'une action continue et invariable de la source électrique, et en admettant qu'il ne se manifeste aucune perte par l'action de l'air ambiant.

Dans un circuit homogène, la distribution des tensions s'effectue donc, ainsi qu'on vient de le voir, suivant une ligne droite ; mais il est loin d'en être ainsi quand le circuit est hétérogène, c'est-à-dire composé de conducteurs différents, non-seulement de grosseur, mais encore de nature, et pour reconnaître alors cette distribution, il faudra partir du principe qui définit les conditions de la période permanente de la propagation électrique, savoir que, dans toute l'étendue du circuit, chaque partie reçoit d'une part autant d'électricité qu'elle en abandonne de l'autre ; ce qui conduit implicitement à reconnaître que *le mouvement électrique doit être le même dans toutes les parties d'un circuit.*

Mais si le mouvement électrique reste constant, il ne s'ensuit pas pour

développer se trouve absorbée par le sol, reste constamment à l'état neutre. Or, dans ces conditions, l'expérience montre que la force électro-motrice et l'intensité du courant restent dans les mêmes conditions que quand les deux tensions positive et négative se trouvent distribuées sur le circuit, en tenant compte, bien entendu, du coefficient de la résistance opposée par le sol à la diffusion électrique, lequel est, comme on le verra plus tard, tellement minime qu'on peut le négliger devant la résistance des longs circuits télégraphiques.

cela que, dans le cas qui nous occupe en ce moment, l'état des tensions doive rester le même. Bien au contraire, car si on suppose que le flux électrique soit transmis d'un conducteur de section OC (fig. 3) à un conducteur OZ de section *m* fois plus petite, il est clair que ce flux, pour rester constant, entraînera l'accroissement des flux partiels transmis par les différentes molécules du conducteur de petite section, lesquels.flux devront devenir *m* fois plus grands.

Fig. 3.

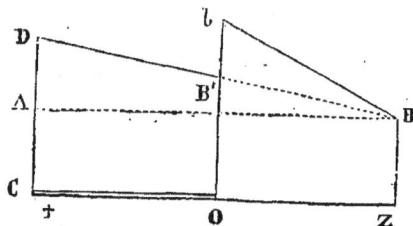

Il en résultera dès lors que la différence des tensions d'une molécule à l'autre dans ce conducteur de petite section sera *m* fois plus grande que dans l'autre et, par conséquent, que l'inclinaison de la ligne distributive des tensions B*b* sera *m* fois *plus grande, c'est-à-dire inversement proportionnelle à la section des deux conducteurs.*

Si le flux électrique au lieu de passer d'un conducteur de grande section à un conducteur de section plus petite, eût passé d'un conducteur de petite section à un conducteur de section plus grande, on aurait fait le raisonnement inverse, et la ligne distributive B*b*, au lieu d'être plus inclinée que B'D, aurait été moins inclinée ; la conclusion aurait d'ailleurs été la même.

Ce que nous venons de dire relativement aux différences de section dans les conducteurs d'un circuit peut s'appliquer, comme on le conçoit facilement, aux effets qui peuvent·résulter de la différence de nature de ces conducteurs. Suivant leur structure moléculaire et leurs conditions matérielles, ces conducteurs peuvent être en effet plus ou moins aptes à transmettre de proche en proche les flux électriques dus aux différences des tensions moléculaires, et dès lors ils se trouvent dans les conditions des conducteurs de plus ou moins grande section. Cette propriété des corps, à ce point de vue, a été désignée sous le nom de *Conductibilité électrique*, et, comme elle est invariable pour les différents corps, dans des conditions déterminées qui peuvent être précisées, on peut la ramener à des rapports fixes calculés une fois pour toutes eu égard à l'un d'eux pris pour *unité* de comparaison. Nous verrons bientôt quels sont les chiffres qui représentent ces rapports et qui ont été déduits d'expériences nombreuses faites par les différents physiciens.

Il est évident que si le circuit était composé de plusieurs conducteurs de différentes sections et de différentes conductibilités, la distribution des tensions s'effectuant d'après les mêmes influences que celles que nous avons étudiées précédemment, se trouverait compliquée d'autant de lignes diversement inclinées qu'il y aurait de conducteurs, et toutes les inclinaisons de ces lignes seraient toujours déterminées par ce principe général qu'Ohm a formulé en ces termes :

« *Dans un circuit galvanique composé d'un nombre quelconque de parties prismatiques, la tension éprouve à droite et à gauche de chacun des points de contact un changement brusque qui constitue la force électro-motrice appartenant à ce point : dans toute l'étendue de chacune des parties prismatiques, la force varie d'une extrémité à l'autre d'une manière graduelle et uniforme, et les inclinaisons des lignes qui la représentent sont inversement proportionnelles au produit de la conductibilité de chaque partie par la section.*

Calculs de la tension d'un point quelconque d'un circuit. — Quand le circuit est homogène, ce calcul est bien simple dès lors que la position de la ligne distributive des tensions est déterminée, et nous avons vu, page 8, les considérations géométriques qui pouvaient conduire à cette détermination ; mais il importe d'avoir une expression plus générale, et, pour la déterminer, nous allons supposer la ligne des tensions DZ (fig. 1) invariable et nous supposerons seulement, pour représenter les trois cas de la distribution des tensions sur le circuit, que la ligne CZ se déplace parallèlement à elle-même en C'Z' et en C"Z". Dans les trois cas, la force électro-motrice est toujours représentée par CD.

Ceci étant posé, appelons g la distance positive ou négative entre la ligne CD et les lignes C'Z", C"Z" qui la représentent dans le transport parallèle du système au-dessus ou au-dessous de CD ; cette valeur étant considérée au-dessus de CD, sera positive, et au-dessous elle sera négative. Son signe indiquera par conséquent celui des tensions. Considérons maintenant les deux triangles OPZ et ZDC, comme nous l'avons déjà fait pour la détermination de la position de la ligne distributive des tensions. Nous trouvons entre ces deux triangles la relation suivante :

OP ou tension : PZ :: CD : CZ

ou :   OP : CZ — PC :: E : CZ,

d'où : $OP = \dfrac{E\,(CZ — PC)}{CZ} = E — E \cdot \dfrac{PC}{CZ}.$

Si nous appelons d la résistance PC, l la longueur CZ et ι la tension OP : on aura :

$$\iota = E — E \cdot \dfrac{d}{l}$$

qui pourra devenir :

$$\iota = E — E \cdot \dfrac{d}{l} + g,$$

si la tension à l'extrémité Z est $+$ Z Z',

ou : $\iota = E — E \cdot \dfrac{d}{l} — g,$

si la tension en Z est — Z Z'' (1).

Quand le circuit n'est pas homogène, le calcul de la tension d'un point est subordonné aux conséquences qui découlent du principe général de la distribution des tensions que nous avons exposé précédemment, en considérant : 1° que la force électro-motrice E se compose alors de la somme de toutes les forces électro-motrices e, e', e'', etc. qui se développent soit en moins soit en plus aux différents points de contact des conducteurs ; 2° que L représente la somme des longueurs l, l', l'' de ces conducteurs rendues inversement proportionnelles aux produits des conductibilités de ces mêmes conducteurs par leurs sections.

Nous n'insisterons pas sur ces différents calculs qui peuvent varier à l'infini et dont on peut du reste trouver des exemples dans l'ouvrage de Ohm. (Voir la *Théorie des courants d'Ohm, traduction de Gaugain*).

Nous allons maintenant nous occuper des lois qui concernent les rapports des courants avec leurs conducteurs.

LOIS DE L'INTENSITÉ DES COURANTS ÉLECTRIQUES PAR RAPPORT AUX CIRCUITS SIMPLES.

Si la ligne joignant les tensions extrêmes d'un circuit homogène représente la distribution des tensions aux différents points de ce circuit, *son inclinaison ou sa hauteur de pente se trouve reliée d'une manière intime à la quantité d'électricité qui circule dans le conducteur, car*

(1) Voir le mémoire de M. Gaugain, *Annales télégraphiques*, tome 7, p. 126, et *Théorie d'Ohm*, p. 119.

*elle dépend de la différence plus ou moins grande des tensions extrêmes,
de la section plus ou moins grande du conducteur du circuit, et enfin
de la longueur de celui-ci,* trois conditions qui entraînent évidemment le
passage d'un flux électrique plus ou moins grand. Or, c'est cette *inclinaison* qui représente, dans le tracé graphique imaginé par Ohm, *l'intensité
du courant.* Toutefois, *cette représentation de l'intensité n'est vraie
qu'autant que le circuit est tout à fait homogène, ou rendu homogène
par des procédés de réduction que nous indiquerons plus loin ;* car, ainsi
qu'on l'a vu précédemment, cette intensité pour satisfaire aux lois de l'é-
quilibre dynamique, *doit être la même en tous les points du circuit,* et
avec des circuits hétérogènes, il serait loin d'en être ainsi, en tenant
compte des inclinaisons des lignes distributives des tensions. Si on recherche l'expression mathématique de cette inclinaison dans les conditions où elle représente l'intensité, on se trouve conduit à une relation
dont on peut tirer des conséquences fort importantes. En effet, le triangle rectangle CDZ (fig. 1) donne pour valeur du côté CD :

$$CD = CZ \times \text{tang } CZD,$$

et de cette équation on tire :

$$\text{Tang } CZD = \frac{CD}{CZ}.$$

Mais comme CD représente la force électro-motrice E du courant et
que CZ, qui est égal à C'Z', C"Z", représente la longueur du circuit que
nous appellerons *l ;* comme d'ailleurs tang CZD représente *la hauteur de
pente* de la ligne DZ *ou son inclinaison,* on arrive à l'équation :

$$\text{Tang } CZD \text{ ou } I = \frac{E}{l}$$

et au rapport :

$$\frac{I}{I'} = \frac{l'}{l}$$

qui montrent déjà que *l'intensité d'un courant est égale à la force
électro-motrice qui lui donne naissance, divisée par la longueur du
circuit, et inversement proportionnelle à la longueur de celui-ci.*

Supposons maintenant que la force électro-motrice ou la différence
des tensions restant la même, on fasse varier la grosseur du conducteur
homogène constituant le circuit, et que le nouveau conducteur ait une
section *m* fois plus grande que le premier. Il est évident que la grandeur
du flux électrique ou son intensité dans ce nouveau circuit devra changer ; car si elle restait constante, la force électro-motrice deviendrait *m*

fois plus petite, ainsi qu'on l'a vu page 10. Donc, comme cette dernière reste constante, il faut que l'intensité dans le circuit devienne m fois plus grande. On conçoit du reste facilement cette déduction, puisque dans ce cas le conducteur renferme m fois plus de molécules pour conduire le flux électrique. La formule précédente deviendra donc :

$$I' = \frac{mE}{l},$$

et si nous représentons par s, s' les sections des deux conducteurs, on aura pour une même longueur l des circuits :

$$\frac{I}{I'} = \frac{sE \cdot l}{sl' \cdot E} = \frac{s}{s'},$$

c'est-à-dire que *les intensités du courant seront proportionnelles aux sections des fils conducteurs.*

Si, maintenant, dans la première équation on remplace m par sa valeur $\frac{s}{s'}$, on arrive à la formule :

$$I = \frac{s}{s'} \cdot \frac{E}{l}, \text{ ou : } I = \frac{E}{\frac{s'l}{s}}.$$

Or, cette valeur $\frac{s'l}{s}$ représente ce que l'on appelle la *longueur réduite du circuit.* Elle montre *que l'intensité d'un courant est la même sur deux circuits de différentes sections, quand la longueur du circuit de moindre section se trouve raccourcie dans le rapport des sections des deux conducteurs.* On peut reconnaitre la vérité de cette déduction en traçant graphiquement la distribution des tensions.

Fig. 4.

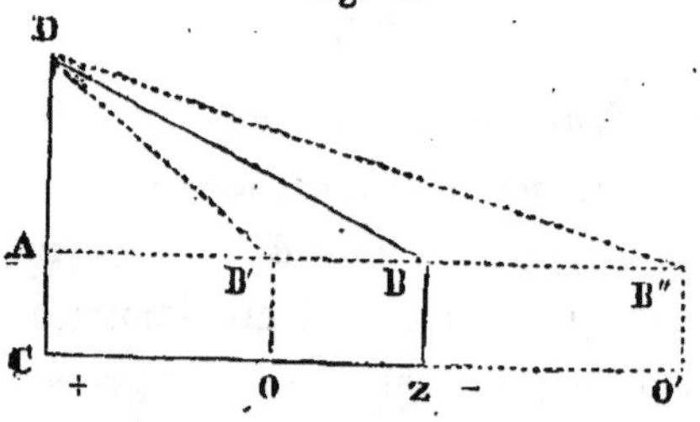

Soit un conducteur CZ (fig. 4), qui étant raccourci dans le rapport $\frac{s}{s'}$, sera devenu OC, le tangente de l'angle AB'D deviendra égale à $\frac{DA}{AB'}$; mais comme AD représente la force électro-motrice et que AB, est égal à $\dfrac{CZs}{s'}$ ou $l \times \dfrac{s}{s'}$, on a, en définitive :

$$\text{Tang DB'A ou } I' = \dfrac{E}{\dfrac{ls}{s'}},$$

tandis que l'angle DBA sera représenté par :

$$\text{Tang DBA ou } I = \dfrac{E}{l}.$$

Si, au lieu d'avoir supposé le conducteur du circuit augmenté de grosseur, on l'avait supposé au contraire d'une section plus petite de m fois, on aurait pu ramener ce cas au premier, en supposant le conducteur de même dimension que CZ, et en augmentant sa longueur de m fois; cette longueur serait alors représentée par la ligne O'C, et l'intensité en rapport avec l'angle DB''A serait exprimée par :

$$\text{Tang DB''A ou } I'' = \dfrac{DA}{AB''} = \dfrac{E}{l \cdot m}.$$

Inutile de dire que les déductions que nous venons d'appliquer aux circuits de différentes sections pouvant se rapporter exactement aux circuits de différentes conductibilités, on peut poser comme troisième loi *que les intensités des courants sont proportionnelles aux conductibilités des corps qui composent les circuits ;* par conséquent, des circuits de différentes conductibilités pourront, comme les circuits de différentes sections, être transformés en fonction les uns des autres, en allongeant ou en raccourcissant leurs longueurs dans le rapport de leurs conductibilités.

Nous avons vu que quand on transformait deux circuits de différentes sections et de même longueur en circuits de même section, mais de longueurs différentes, la longueur du circuit ainsi transformé prenait le nom de *longueur réduite.* Cette désignation pourrait être aussi bien appliquée aux circuits transformés, eu égard à leurs conditions de conductibilité; cependant on a donné, comme nom général s'appliquant à l'ensemble de ces deux réductions, celui de *Résistance* du circuit; or, cette résistance que nous représenterons maintenant par R pouvant être estimée en fonction d'une unité absolue, il devient facile de comparer les circuits entre eux et par rapport aux flux électriques qui les traversent. Nous traiterons plus tard la question du choix de cette unité absolue, qui est de la plus grande importance dans les applications que l'on peut faire des lois de la propagation électrique.

Il ne nous reste plus maintenant à nous occuper que des lois de l'intensité dans les circuits *hétérogènes*, composés de plusieurs conducteurs de différentes sections et de différentes conductibilités.

Nous commencerons par faire observer que dans un circuit homogène, l'intensité générale du courant est égale à la somme de toutes les forces électro-motrices partielles e, e', e'', e''', etc. (qui composent la force électro-motrice E), divisée par la somme de toutes les longueurs correspondantes à ces forces et qui composent ensemble la longueur du conducteur CZ (fig. 2). Cette proposition n'a pas besoin de démonstration et l'inspection de la figure 2 suffit pour mettre ce principe hors de doute. De plus, comme toutes les lignes qui délimitent ces petites forces électro-motrices sont parallèles à CZ, les hauteurs de pente dans les différentes parties du conducteur sont exactement les mêmes, ce qui montre que l'intensité est la même en tous les points de ce conducteur, condition conforme au principe d'équilibre dynamique admis. Mais lorsque le conducteur est composé de parties hétérogènes, la hauteur de pente de la ligne distributive des tensions varie d'une partie à une autre du circuit, ainsi qu'on l'a vu page 9, et prend non-seulement des inclinaisons différentes, mais se trouve encore brisée par suite du développement des forces électro-motrices partielles qui naissent en chacune de ces parties, lesquelles forces électro-motrices devraient avoir pour effet de constituer la force électro-motrice totale en moins ou en plus. Or, pour connaître dans ce cas l'inclinaison qui doit correspondre à l'intensité générale dans le circuit total, et la rapporter *à une force électro-motrice unique*, celle du générateur électrique que nous avons considérée en principe comme *invariable* (voir page 5), il faut reporter sur les longueurs partielles du circuit les variations des forces électro-motrices résultant de leurs sections et de leurs conductibilités différentes, sans pourtant rien changer aux conditions d'intensité qui en sont la conséquence. Or, cette conversion est facile; car si on admet que les inclinaisons partielles de la ligne distributive des tensions sont re-

présentées par $\dfrac{e}{l}, \dfrac{e'}{l'}, \dfrac{e''}{l''}$ ou par $\dfrac{e}{l}, \dfrac{me}{l'}, \dfrac{\frac{e}{m}}{l''}$, parce que la partie l du conducteur aura été m fois plus résistante et la partie l'', m fois moins résistante que l, ces inclinaisons sans rien perdre de leur valeur pourront être transformées en $\dfrac{e}{l}, \dfrac{\frac{e}{l'}}{m}, \dfrac{e}{ml''}$, et dès lors la ligne distributive des tensions, sur toute l'étendue du conducteur, devient *une ligne droite* dont l'inclinaison, c'est-à-dire l'intensité du courant, est représentée par :

$$I = \frac{e + e + e}{\underbrace{l + l' + ml''}_{m}} = \frac{E}{R}$$

d'où l'on peut conclure que *l'intensité d'un courant sur un circuit non homogène est égale à la somme E de toutes les forces électro-motrices partielles divisée par la somme de toutes les longueurs réduites ou par la somme R de toutes les résistances.*

Maintenant, supposons qu'en réduisant les longueurs $l'l''$ en fonction de l, les forces électro-motrices $e'e''$, etc., ne puissent pas devenir égales à e, ce qui arrive nécessairement quand, au lieu de conducteurs de différentes natures, on introduit dans le circuit de nouveaux générateurs électriques : il est clair que la ligne distributive des tensions ne peut devenir alors uniforme qu'à la condition de supposer la force électro-motrice initiale augmentée dans une certaine proportion dépendant de la résistance du circuit. Pour fixer les idées, supposons qu'au point O (fig. 5) se

Fig. 5.

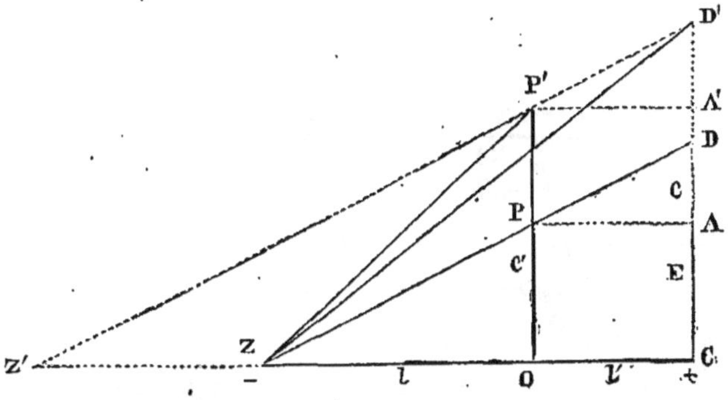

trouve intercalé un générateur avec une résistance OZ, qui, après avoir été réduite de manière à fournir avec OC un circuit homogène CZ, a motivé un excédant de tension PP' : la force électro-motrice sur la partie OZ du circuit sera alors représentée par P'O ou e' et sur la partie OC par AD ou e. Mais comme cette intensité doit être la même en tous les points du circuit, nous devrons chercher quelle est la disposition de ce circuit, qui, tout en conservant l'augmentation d'intensité due à l'accroissement de la force électro-motrice en O, peut néanmoins fournir une même inclinaison de la ligne distributive des tensions. Or, cette disposition de circuit sera obtenue quand OZ sera allongée dans le rapport de P'O à PO. Dans ces conditions, en effet, la ligne distributive des tensions P'Z' est parallèle à DZ, et la force électro-motrice AD, remontée en A'D', reste dans les mêmes conditions de valeur. Si on recherche maintenant l'expression de l'intensité avec cette nouvelle disposition du circuit, on trouve, en désignant OC par l et OZ par l'

$$I = \frac{CD'}{CZ'} = \frac{e + e'}{l + l' \times \dfrac{P'O}{PO}}.$$

Mais cette intensité ainsi représentée, suppose le circuit allongé dans le rapport de $l + l' \times \dfrac{P'O}{PO}$ à $(l + l')$, et, si l'on veut rapporter la formule à la résistance seule $(l + l')$, il faudra se rappeler que les intensités étant en raison inverse des résistances, on devra la multiplier par le rapport :

$$\frac{l + l'.\dfrac{P'O}{PO}}{l + l}$$

et on aura en définitive :

$$I = \frac{e + e'}{l + l'.\dfrac{P'O}{PO}} \times \frac{l + l'.\dfrac{P'O}{PO}}{l + l'} = \frac{e + e'}{l + l'}.$$

Ce qui montre que *l'intensité d'un courant est toujours égale à la somme des forces électro-motrices, divisée par la somme des résistances ou des longueurs réduites.*

Comme la ligne DD' est égale à PP' ou à l'accroissement en O de la tension électrique, la proposition précédente peut être énoncée de la manière suivante : *l'intensité d'un courant est égale à la tension initiale, augmentée des accroissements de tension résultant des forces électro-motrices additionnelles, divisée par la somme des longueurs réduites.*

Avec les divers systèmes de réduction dont nous avons parlé précédemment, il devient donc facile de ramener les différents cas des circuits qui peuvent se présenter, à celui d'un circuit homogène ; et la formule

$I = \dfrac{E}{l}$ que nous avons déduite, peut être généralisée en y ajoutant les

deux facteurs s et c en rapport avec la section et la conductibilité ; de sorte qu'elle devient :

$$(1) \qquad\qquad I = cs.\,\frac{E}{l}.$$

Telles sont les bases fondamentales des lois des courants électriques, et, pour qu'on ne les perde pas de vue, nous allons les résumer dans les cinq propositions suivantes :

1° *La grandeur du flux électrique transmis d'un point du circuit à un autre, grandeur qui constitue l'intensité du courant, est proportionnelle (quand le conducteur reliant ces deux points reste le même) à la différence de tension de ces points (ou à la force électro-motrice), et à un certain coefficient dépendant de la nature et de la structure des corps, lequel représente leur conductibilité ;*

2° *Dans des circuits homogènes, constitués par des conducteurs de même grosseur et de même conductibilité, l'intensité électrique est inversement proportionnelle à la longueur des circuits ;*

3° *Dans des circuits constitués par des conducteurs de même longueur, de même conductibilité, mais de grosseur différente, l'intensité électrique est proportionnelle à l'aire de la section de ces conducteurs ;*

4° *Dans des circuits composés de conducteurs de différente conductibilité et de différentes dimensions, l'intensité électrique est la même en tous les points du circuit ; mais la tension est inversement proportionnelle à la longueur réduite ou à la résistance de ces circuits ;*

5° *Les tensions sont différentes aux divers points d'un circuit et sont régulièrement croissantes ou décroissantes dans les circuits homogènes ; mais elles varient subitement dans les conducteurs hétérogènes au moment du passage du courant d'un conducteur à l'autre, et leur ligne de distribution a son inclinaison en raison inverse du produit de la section de ces différents conducteurs par leur conductibilité.*

Ces différentes lois ont été vérifiées par l'expérience et à diverses reprises, par MM. Ohm, Fechener, Pouillet, De la Rive, Despretz, Becquerel, Wheatstone et Gaugain, ce qui n'empêche pas, de temps à autres, certains novateurs de prétendre que ces lois sont *empiriques* et entachées d'erreur, parce qu'elles ne cadrent pas toujours avec les cas particuliers que l'expérience révèle ; mais, parce qu'il y a des réactions secondaires qui peuvent modifier les conséquences de ces lois, elles n'en sont pas pour cela moins vraies théoriquement, et quand on peut tenir compte de ces réactions secondaires, on ne s'écarte jamais beaucoup des résultats de l'expérience. C'est en un mot un guide sûr, qui peut quelquefois aller un peu à gauche ou un peu à droite, mais qui indique toujours la véritable direction que l'on doit prendre.

Parmi ces lois, l'une des plus attaquées et qui a le moins raison de l'être, est celle relative à la section. Plusieurs personnes, ne considérant que les effets statiques dus précisément à cette tension extérieure à laquelle M. Gaugain a donné le nom de couche électrique, veulent que ce soit par la surface des conducteurs et non par des transmissions inter-moléculaires que s'opère la conduction, et ils citent à l'appui de leur dire des expériences qui, loin d'être décisives, peuvent être expliquées d'une toute autre manière ; on pourra voir des assertions de ce genre dans *les Mondes*, tome IX, page 641. Nous ne les citons ici que pour mémoire, car elles ne valent pas la peine d'être réfutées.

Les lois des courants électriques comportent beaucoup d'autres déductions ; mais comme elles se rapportent principalement aux générateurs d'électricité, nous n'en parlerons que quand nous traiterons cette question et nous terminerons ces considérations générales par les lois des courants dérivés, considérées au point de vue des circuits eux-mêmes (1).

LOIS DES COURANTS DÉRIVÉS.

Les considérations que nous avons exposées précédemment permettent de reconnaître ce qui arrive quand un circuit se partage, quelque part en deux ou un plus grand nombre de branches. Pour cela, nous nous rappellerons que dans un circuit homogène, l'intensité du courant qui le traverse, est égale au quotient que l'on obtient en divisant, par la longueur réduite, la différence des tensions que possèdent les deux extrémités, différence qui constitue la force électro-motrice. A la vérité, cette déduction n'a été établie que dans le cas où le circuit ne se divise nulle part ; mais par un raisonnement analogue à celui qui a été fait plus haut, on arrive à démontrer que la même loi est applicable à chacune des branches du circuit quand

---

(1) Voir les mémoires de MM. Blavier et Gounelle, dans les *Annales télégraphiques*, tome II, p. 218 ; tome III, p. 1 ; de Gaugain, tome VII, p. 108.

.celui-ci est divisé : c'est une conséquence de ce principe que, dans une section quelconque, la quantité d'électricité reçue est égale à la quantité transmise.

Fig. 6.

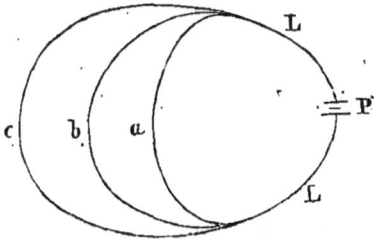

Cela posé, admettons, .par exemple, que le circuit se partage en trois branches, dont les longueurs réduites seront a, b, c (fig. 6) ; admettons en outre qu'il n'y a pas de force électro-motrice développée aux points de bifurcation, parce qu'il n'y a plus de sections différentes dans le conducteur, le circuit entier ayant été réduit : il en résultera que la tension, à ces points de bifurcation, sera la même que celle que le circuit simple aurait eue en ces points, s'il n'avait pas été divisé, et si on désigne par e la différence des tensions entre ces points de bifurcation et a, b, c, les longueurs réduites des dérivations, l'intensité dans ces différentes dérivations sera $\frac{e}{a}$, $\frac{e}{b}$, $\frac{e}{c}$, d'où il résulte que *les intensités du courant dans ces trois tranches sont inversement proportionnelles à leurs longueurs*. Par conséquent, chacune de ces intensités que nous ne connaissons pas parce que la quantité e n'est pas déterminée, pourra être calculée quand leur somme sera connue. Or cette somme est évidemment égale à l'intensité que possède le courant dans la partie non divisée du circuit ; autrement l'état de ce circuit (que nous supposons toujours invariable), serait altéré, et cette intensité doit être précisément égale à celle qu'aurait un courant traversant un circuit simple, dont l'intervalle entre les points de bifurcation des dérivations, serait représenté par un conducteur unique T, dont la longueur réduite représenterait la résistance des trois dérivations. On pourra donc poser l'équation :

$$\frac{e}{T} = \frac{e}{a} + \frac{e}{b} + \frac{e}{c},$$

ou, ce qui revient au même :

$$\frac{1}{T} = \frac{1}{a} + \frac{1}{b} + \frac{1}{c}.$$

Or cette équation permet de calculer, non-seulement les intensités du courant à travers les différentes parties du circuit, mais encore la résistance unique T, que nous appellerons maintenant *résistance totale*, et qui joue le plus grand rôle dans les applications électriques comme on le verra à l'instant.

De cette équation, en effet, on tire :

$$T = \frac{abc}{ab + ac + bc},$$

et, cette valeur étant connue, si on désigne par L, la longueur réduite de la partie non divisée, et par E la somme de toutes les forces électro-motrices, l'intensité du courant dans le circuit entier sera représentée par la formule :

$$I = \frac{E}{L + T} = \frac{E\,(ab + bc + ac)}{L\,(ab + bc + ac) + abc},$$

et comme les intensités des courants partiels dans les dérivations a, b, c, sont inversement proportionnelles à ces dérivations, on aura pour l'intensité :

1° Dans la dérivation a:

$$I' = \frac{E}{L + T} \times \frac{T}{a};$$

2° Dans la dérivation b :

$$I'' = \frac{E}{L + T} \times \frac{T}{b};$$

3° Dans la dérivation c :

$$I''' = \frac{E}{L + T} \times \frac{T}{c}.$$

Avec deux dérivations seulement, les formules sont plus simples (1), et comme ce sont elles qui servent le plus communément, nous allons les donner dans leurs différents développements. On a d'abord, pour l'expression de la résistance totale :

$$T = \frac{ab}{a + b}; \qquad\qquad (2)$$

---

(1) Voir un mémoire de M Raoult sur quelques déductions nouvelles des courants dérivés dans *les Mondes*, tome V, p. 40—Voir aussi le mémoire de M. Kirschoff, *Annales de Poggendorff*, année 1845.

Pour l'intensité du courant circulant dans le circuit entier :

$$I = \frac{E\,(a+b)}{L\,(a+b)+ab};\qquad(3)$$

Pour l'intensité du courant dans la dérivation a :

$$I' = \frac{Eb}{L\,(a+b)+ab};\qquad(4)$$

Pour l'intensité du courant dans la dérivation b :

$$I'' = \frac{Ea}{L\,(a+b)+ab}.\qquad(5)$$

DÉRIVATIONS SUR LES CIRCUITS TÉLÉGRAPHIQUES.

Les dérivations jouent un grand rôle dans les longs circuits et en particulier sur les circuits télégraphiques qui, étant exposés aux intempéries de l'air, à la pluie, aux brouillards et aux transports par le vent d'une foule de poussières plus ou moins conductrices, ne peuvent jamais avoir d'isolateurs convenables pour supprimer complétement toute perte ou dérivation à la terre. On a cru aussi pendant longtemps que l'action de l'air humide contribuait beaucoup à détruire l'isolement des lignes ; Ohm et Coulomb avaient même établi des formules pour ce cas de dérivation; mais les expériences que j'avais faites dès l'année 1862, et celles beaucoup plus concluantes que M. Gaugain a entreprises sur une grande échelle, en 1868, ont montré que cette influence qui est très-manifeste, il est vrai, sur les charges statiques de haute tension, est à peu près nulle sur les circuits télégraphiques, du moins pour les courants ordinairement employés en télégraphie (1). Il faut donc attribuer les causes des pertes énormes que l'on observe, aux mauvaises conditions des isolateurs qui, quelque parfaits qu'ils puissent être, condensent toujours sur leurs parois des vapeurs humides ou se recouvrent de dépôts conducteurs résultant soit des fumées de charbon de terre des locomotives ou autres générateurs de fumée, soit des poussières transportées par le vent, soit même des produits d'origine animale, au nombre desquels nous citerons en première ligne les toiles d'araignée qui existent toujours dans les isolateurs, quelque soin qu'on prenne de les nettoyer. Si on joint à ces causes de dériva-

(1) Voir mon *Exposé des applications de l'électricité*, 2ᵉ édition, tome V, p 128, et le mémoire de M. Gaugain, dans *les Mondes*, tome XIX, p. 714.

tion les fissures que peuvent présenter les isolateurs eux-mêmes, la mauvaise qualité (sous le rapport de l'isolation) des matières qui les constituent, enfin les contacts accidentels avec des corps conducteurs en rapport plus ou moins direct avec le sol, tels que feuilles d'arbres, chiffons, papiers, plumes, etc., qui s'y accrochent souvent, on trouvera, dans toutes ces causes, l'explication des pertes dont nous avons parlé, sans qu'il soit besoin de faire intervenir l'humidité de l'air.

Ramenée dans ces conditions, la question des dérivations sur les circuits télégraphiques se simplifie et permet de poser des formules qui peuvent conduire à des déductions importantes, formules qui peuvent d'ailleurs s'appliquer aux dérivations artificielles qu'on pourrait établir. Or, nous voyons déjà qu'en appliquant les formules que nous avons déduites précédemment, aux lignes télégraphiques, on arrive à reconnaitre que les effets des dérivations sont plus ou moins nuisibles suivant les points de la ligne où elles sont appliquées, et *que celui de ces points où elles sont le plus préjudiciables correspond au milieu de la ligne.*

Fig. 7.

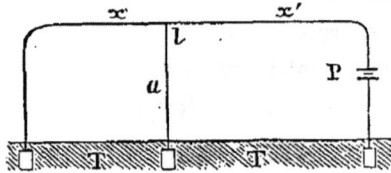

En effet, appelons x et x' (fig. 7) les deux parties de la ligne, à partir d'une dérivation de résistance a; appelons l la longueur réduite de la ligne, ou sa résistance, et admettons (ce que, du reste, nous démontrerons bientôt), que le sol complète le circuit sans présenter de résistance effective : la résistance totale T sera, d'après les formules précédentes :

$$ x' + \frac{ax}{a + x}, \text{ ou } x' + \frac{(l - x')\, a}{(l - x') + a}. $$

Si la résistance de la source électrique est comprise dans la partie x' du circuit l et que E représente la force électro-motrice totale cette source, l'intensité du courant dans la partie x' du circuit l sera représentée par :

$$ \frac{Ea}{x'(x + a) + ax}, \text{ ou } \frac{Ea}{x'(l - x' + a) + (l - x')a}, \text{ ou } \frac{Ea}{x'(l - x') + la}. $$

Or, dans cette expression, le produit $x'(l - x')$ ou $lx' - x'^2$ permet de reconnaître les conditions de maxima et de minima de la valeur de I.

En effet, pour que cette valeur soit la plus grande possible, il faut que ce produit devienne zéro, c'est-à-dire que $x' = l$ ou soit lui-même égal à zéro : dans ce cas, la dérivation est supposée se produire très-près de l'un ou de l'autre des pôles de la pile. Maintenant, pour que l'intensité I devienne au contraire la plus petite possible, il faut que la quantité x soit assez grande pour augmenter le plus possible le produit lx et pouvoir cependant en être retranchée après avoir été multipliée par elle-même. Désignons par n le maximum inconnu de la valeur $lx' - x^2$, on pourra poser :

$$lx' - x'^2 = n, \quad \text{d'où} \quad x' = \frac{l}{2} \pm \sqrt{\frac{l^2}{4} - n}.$$

Or, pour que cette valeur de x' soit positive ou réelle, il faut que la quantité n, qui doit être la plus grande possible, puisse se retrancher de $\frac{l^2}{4}$ et elle ne peut fournir ce résultat qu'en lui étant tout au plus égale. Dès lors la valeur de x', dans ces conditions, devient $\frac{l}{2}$. Ainsi, c'est au milieu du circuit que les dérivations exercent la plus fâcheuse influence (1) ; et comme dans les lignes télégraphiques la résistance de la terre est considérée comme nulle, ce devrait être au milieu de la ligne que les plus mauvais effets de ces dérivations devraient se manifester. Toutefois, comme dans les appareils télégraphiques, il existe un électro-aimant qui a une résistance à peu près égale à celle de la ligne, c'est par le fait dans le voisinage du point le plus éloigné du générateur électrique que les dérivations sont les plus nuisibles.

Nous allons maintenant chercher à déterminer, pour le genre de dérivations qui se produit par les poteaux télégraphiques, une formule simple qui soit facilement discutable.

Plusieurs savants, entre autres MM. Blavier, Lagarde, Ducolombier, etc. (2), ont étudié cette question en procédant par le calcul différentiel et intégral, et sont arrivés à des formules plus ou moins compli-

---

(1) Pour démontrer cette proposition par le calcul différentiel, on prend la dérivée de $x'l - x'^2$ qui est $l - 2 x'$, et pour que cette expression soit zéro, il faut que $l = 2x'$ ou que $x' = \frac{l}{2}$. (Voir la note A à la fin du volume).

(2) Voir les mémoires de ces savants dans les *Annales télégraphiques*, t. I, p. 220 ; — t. III, p. 26 ; — t. IV, p. 609 ; — t. VII et VIII.

quees, qui, si elles tiennent compte de toutes les quantités qui doivent entrer dans ces calculs, ont l'inconvénient de ne pas se prêter à une discussion facile. Elles ne peuvent d'ailleurs conduire pratiquement à des résultats parfaitement exacts, à cause de la variabilité des quantités qui figurent dans ces formules et qui sont différentes pour chaque dérivation. Une grande précision dans les calculs n'a pas, du reste, sa raison d'être dans le cas qui nous occupe en ce moment ; car en raison de la résistance énorme des dérivations, qui atteint comme valeur minima 1 500 000 000 de mètres de fil télégraphique de 4 millimètres de diamètre, toutes les petites différences qui peuvent résulter des parties de la ligne adjointes à cette résistance se trouvent à peu près effacées.

Pour ne pas compliquer une question qui ne gagne rien à une surcharge de quantités connexes, j'ai cherché à la réduire à sa plus simple expression en faisant le raisonnement suivant :

Si a représente la résistance moyenne des dérivations, d leur nombre, on pourra considérer, en raison de l'énorme valeur de a, toutes ces dérivations comme égales entre elles et équivalentes à leur résistance propre augmentée de la moitié de celle de la ligne l. Cette résistance moyenne est donnée par l'expérience, et c'est elle que nous représentons par a. Par suite, leur résistance totale sera, d'après les formules précédentes :

$$\frac{a^d}{da^{(d-1)}} \quad \text{ou} \quad \frac{a}{d},$$

Or, si on combine cette résistance totale avec celle de la ligne que nous considérons comme une deuxième dérivation de résistance l, la nouvelle résistance totale à laquelle elle donnera lieu, sera exprimée par :

$$T = \frac{l \cdot \dfrac{a}{d}}{l + \dfrac{a}{d}} = \frac{la}{a + dl} \tag{6}$$

Par suite l'intensité du courant devient.

1° Dans le cas le plus favorable, c'est-à-dire en supposant toutes les dérivations appliquées près de la source électrique :

$$I' = \frac{E}{L + T} \times \frac{T}{l}.$$

2° Dans le cas le plus défavorable, c'est-à-dire en supposant toutes les dérivations appliquées au milieu de la ligne (1) :

$$I'' = \frac{E}{L+T'+\dfrac{l}{2}} \times \frac{2T'}{l},$$

et ici T' devient égal à :

$$\frac{la}{2a+dl} + \frac{l}{2}. \qquad (7)$$

Nous verrons plus tard, quand nous en serons au chapitre des piles voltaïques, comment ces formules peuvent être appliquées dans la pratique, et les déductions qu'on peut en tirer ; en ce moment, nous n'examinerons que les conséquences auxquelles elles conduisent, relativement à la résistance des circuits, et les moyens qu'on a dû employer pour fixer approximativement la valeur moyenne a des dérivations.

Puisque $\dfrac{a}{d}$ représente la résistance totale des dérivations des circuits, et que ces dérivations se trouvent généralement espacées à une distance p qui peut être estimée en moyenne à 75 mètres, il devient facile, en constatant la perte d'électricité sur une ligne isolée à une de ses extrémités, de reconnaître la valeur de a. En effet, si l'intensité du courant fourni par cette perte est représentée par I, avec un générateur électrique dont la force électro-motrice est E, on pourra poser :

$$I = \frac{E}{\dfrac{a}{d}} = \frac{dE}{a}.$$

(1) La formule donnée par M. Blavier est la suivante :

$$I = \frac{F(m+p)e^{\frac{a-x}{m}} + (m-p)e^{\frac{x-a}{m}}}{(s+m)(p+m)e^{\frac{a}{m}} + (s-m)(m-p)e^{-\frac{a}{m}}},$$

I représentant l'intensité du courant, a la longueur de la ligne, — x la distance d'un point quelconque du conducteur à la pile, — F la force électro-motrice de la pile, s sa résistance, p la résistance du fil du circuit supplémentaire placé à l'extrémité de la ligne et non sujet à des dérivations, — m^2 la résistance du conducteur qui, placé à chaque unité de longueur, pourrait remplacer les dérivations, — e la base des logarithmes Népériens ; les résistances s. p et m^2 étant exprimées en fil de même nature que celui de la ligne.

Cette formule représente l'intensité du courant aux divers points de la ligne. Elle peut être simplifiée dans différents cas, et permet une discussion qu'on pourra suivre dans le *Traité de Télégraphie* de M. Blavier (2e édition, tome II, p. 447).

Mais, si avec les mêmes instruments mesureurs de l'intensité du courant, et avec le même générateur électrique, on constate par un temps parfaitement sec l'intensité du courant produit sur la même ligne mise directement en rapport avec le sol au bout primitivement isolé, on aura une autre valeur I' qui sera représentée par :

$$I' = \frac{E}{l},$$

et en combinant ensemble ces deux équations, on arrive à la relation suivante, de laquelle on peut tirer la valeur de a :

$$\frac{I}{I'} = \frac{dEl}{aE} = \frac{dl}{a},$$

d'où :
$$a = \frac{dl\,I'}{I}.$$

Or, les expériences faites sur les lignes télégraphiques conduisent à des valeurs très-différentes, non-seulement suivant l'état plus ou moins humide de l'air, mais encore suivant la nature et la construction des isolateurs, suivant l'ancienneté plus ou moins grande de la ligne, suivant son état d'entretien, suivant même les conditions de son parcours ; car l'on conçoit facilement que si une ligne passe à travers des villes manufacturières où il se.dégage une grande quantité de fumée, l'isolation ne peut pas être aussi parfaite que dans des pays de plaines où l'air n'est pas imprégné de matières conductrices. Il suffit, du reste, de voir la couleur des isolateurs aux entrées des gares de chemins de fer pour juger de leur qualité sous le rapport de l'isolation.

Il est encore un autre élément qui peut changer considérablement la valeur de a déterminée d'après nos formules, c'est l'espacement des poteaux souteneurs des fils que nous avons supposé être de 75 mètres, mais qui, par le fait, varie suivant les conditions de construction de la ligne. Ce chiffre 75 ne peut donc être pris que comme une moyenne ; on pourrait toutefois éviter ce cas d'erreur, si on avait un grand intérêt à le faire, car le nombre des poteaux de chaque ligne est enregistré aux administrations des lignes télégraphiques ; mais comme pour arriver à un calcul quelque peu exact, il faudrait examiner les conditions de tous les poteaux et tenir compte des influences du temps sur tout le parcours des lignes, et tout cela pour n'arriver qu'à des conclusions susceptibles tout au plus de s'appliquer à la ligne expérimentée, il est plus simple de ne considérer que les conditions générales, et de prendre des moyennes. Or, ces moyennes pour la valeur de *a* sont *comprises entre 1 million et demi et 5 millions de kilomètres* de fil télégraphique de 4 millimètres de diamètre, et cela en supposant le temps humide. Le premier chiffre se rapporte aux lignes en service depuis longtemps, dans un mauvais état d'entretien, et dans de mauvaises conditions de parcours. C'est en un mot un *minimum* qu'on devra toujours choisir de préférence dans les calculs, pour ne pas s'exposer à des erreurs en moins, et c'est ce minimum qui a été adopté par M. Varley pour les lignes dont il avait la direction en Angleterre (1). Le dernier chiffre 5 millions de kilomètres s'applique aux lignes nouvellement construites ; et avec les isolateurs du nouveau système il peut être encore plus considérable, comme l'a constaté M. Gaugain ; toutefois, comme cet état est instable, on s'exposerait à des erreurs en l'employant. Quand le temps est très-sec, on ne constate presque aucune dérivation sur les circuits, du moins quand ceux-ci sont courts et nouvellement établis ; quand ils sont très-longs et de construction déjà ancienne, il n'en est plus de même et la valeur de *a* peut atteindre un chiffre très-appréciable. On pourra en avoir une idée d'après les expériences que M. Guillemin a entreprises sur une ligne de 570 kilomètres qu'il avait à sa disposition et dont il voulait reconnaître le degré d'isolation par un beau temps. Voici quelles étaient ces expériences :

La ligne de 570 kilomètres étant isolée dans toute son étendue, M. Guillemin l'a maintenue, par une extrémité seulement, en contact avec une source électrique jusqu'à ce que la charge statique du fil fut complète.

Dans une première expérience, le circuit fut rompu et l'une des extrémités du fil fut mise en communication avec le sol par un fil ; en 25 millièmes de seconde la charge électrique du fil tomba de 74° à 10°.

Dans une seconde expérience, on coupa la communication avec la source mais on maintint le circuit isolé ; la charge ne pouvait disparaître que

---

(1) En admettant pour valeur de la résistance de chaque dérivation 1 milliard et demi de mètres de fil télégraphique de 4 millimètres de diamètre, on trouve, à l'aide de la formule $I = \dfrac{E}{L + T' + \dfrac{l}{2}} \times \dfrac{2T'}{l}$, que pour une ligne de 200 kilomètres, les pertes à la terre, par les mauvais temps et avec une pile de 20 éléments Daniell, doivent fournir une déviation de 5°56′ (à la boussole des sinus de 12 tours). C'est un chiffre bien voisin de celui fourni par l'expérience, car M. Blavier assure que, dans ces conditions, les pertes constatées peuvent atteindre 5 ou 6 degrés, mais ne les dépassent pas. Avec une pile de 50 éléments cette déviation serait 14°17′.

par suite des dérivations ou de l'action de l'air; mais comme celle-ci peut être négligée, ainsi qu'on l'a vu précédemment, cette décharge ne devait être attribuée qu'aux dérivations par les poteaux. Or, cette charge tomba dans le même espace de temps, c'est-à-dire en 25 millièmes de seconde, de 56° à 22°.

Il résulte de ces différentes expériences, que les dérivations qui ont écoulé la charge de la ligne dans le second cas et le fil métallique qui l'avait écoulée dans le premier, ont joué exactement le même rôle. Seulement, comme les premières n'ont pu écouler dans un même espace de temps que la moitié de cette charge, alors que le fil métallique en avait écoulé les $\frac{6}{7}$, il faut admettre que les dérivations dans leur ensemble représentaient une résistance plus grande que celle du fil de ligne dans le rapport de $\frac{1}{2}$ à $\frac{6}{7}$; or, cette résistance étant représentée, ainsi qu'on l'a vu, par $\frac{a}{d}$, on se trouve conduit à la proportion :

$$\frac{a}{d} : l :: \frac{6}{7} : \frac{1}{2},$$

d'où :
$$a = ld \times \frac{12}{7},$$

Comme $d = \frac{l}{75}$ on a en définitive pour valeur de a le chiffre — 7,364,400,000, c'est-à-dire un peu plus de 7 millions de kilomètres.

Nous reviendrons du reste sur cette question quand nous en serons au chapitre des lignes aériennes.

Il nous reste maintenant à examiner les conséquences qui peuvent résulter de l'intervention des dérivations sur un circuit, et, pour cela, nous allons discuter la formule qui en représente la résistance totale dans le cas le plus simple qui est, comme on l'a vu :

$$T = \frac{la}{a + dl}.$$

On voit déjà, au premier aspect, qu'elle est susceptible d'un maximum, car pour une autre longueur de ligne l', le rapport des résistances totales $\frac{T}{T'}$ deviendra égal à :

$$\frac{l}{l'} \times \frac{(a + dl')}{(a + dl)},$$

ou, én représentant par p la distance entre les points de dérivation, à :

$$\frac{l}{l'}, \times \frac{pa + l'^2}{pa + l^2}.$$

Or, nous voyons que tandis que le rapport des résistances métalliques croit comme les longueurs de la ligne, celui des résistances totales croit comme ce rapport multiplié par une quantité qui tend à l'amoindrir et à le rapprocher de l'unité, et cela d'autant plus que les valeurs de l et de l', sont plus grandes : il devra donc arriver un moment où ces résistances totales ne croîtront plus du tout, et même deviendront de plus en plus petites si on continue d'augmenter la longueur de la ligne; et cette limite sera atteinte quand le rapport précédent sera devenu égal à l'unité, c'est-à-dire quand :

$$l\,(pa + l'^2) = l'\,(pa + l^2),$$

ou quand $$ll' = pa\,;$$

pa étant une quantité constante qui, dans l'hypothèse d'un écartement de 75 mètres entre les dérivations et avec le *minimum* de la valeur de a que nous avons assigné, représente cent douze millions et demi de kilomètres de fil télégraphique, il devient facile d'apprécier la valeur du produit ll' ; mais comme l'équation précédente peut être satisfaite par différentes valeurs de ll' qui devront être entre elles dans un rapport constant et inverse, il sera possible de n'avoir à considérer qu'une longueur l du circuit pour obtenir la valeur maxima, et pour cela il suffira de faire $l' = l$. Dès lors l'équation précédente deviendra :

$$l^2 = pa, \text{ d'où } l = \sqrt{pa}\,.$$

On arrive donc à conclure que, dans le cas le moins nuisible des dérivations, *la résistance totale d'une ligne télégraphique est susceptible d'un maximum qui est atteint quand sa résistance métallique est égale à la racine carrée de pa*, c'est-à-dire à 335,410 mètres (1). Dans cette

---

(1) Cette proposition peut se démontrer d'une manière très-simple par le calcul différentiel. En effet, si dans la formule $\dfrac{lap}{l^2 + ap}$ qui représente la résistance totale sans l'intervention de d, on fait disparaître le facteur l du numérateur, il suffira de chercher le minimum du dénominateur pour avoir le maximum de l'expression; or, la dérivée de $l + \dfrac{ap}{l}$ étant $1 - \dfrac{ap}{l^2}$, on en conclut que pour que cette dérivée soit zéro ou pour le minimum, il faut que $l^2 = ap$ ou que $l = \sqrt{ap}$.

condition, cette résistance totale devient égale à la moitié de la résistance
de la ligne, car la formule qui la représente est alors exprimée par :

$$\frac{lap}{ap + ap} \text{ ou } \frac{l}{2}.$$

PROPAGATION A TRAVERS LES SURFACES ET A TRAVERS L'ESPACE.

Les lois que nous venons de passer en revue ne s'appliquent qu'aux
conducteurs linéaires; mais il peut arriver que les courants, au lieu d'être
transmis par de pareils conducteurs, le soient par des conducteurs en
forme de plaques de petite épaisseur. Dans ce cas, la propagation
électrique peut s'effectuer, non-seulement directement entre les électrodes, mais encore par courbes plus ou moins développées comme ci-dessous,
(fig. 8) et il s'agit alors de savoir quelles sont les lois qui président à ce
genre de transmission. MM. Kirschoff et Smaasen ont étudié avec beaucoup de soin cette question et l'ont élucidée dans un important mémoire
publié en 1845 dans les *Annales de Poggendorff*, et qui a été traduit et
commenté par MM. Blavier et Gounelle dans leur *Étude de la propagation électrique*. (Voir *Annales télégraphiques*, t. II, p. 381.)

Les conclusions principales de ce travail, aussi bien expérimental que
mathémathique, sont les suivantes :

Fig. 8.

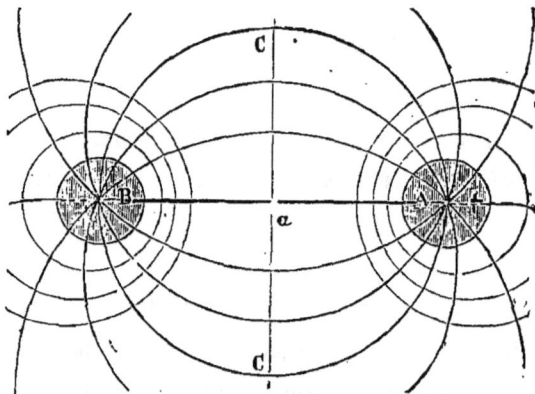

1° Chacune des courbes suivant lesquelles se propage le courant, peut
présenter des points où la tension électrique se trouve la même, et ces
points réunis par des lignes donnent lieu à des courbes *iso-électriques*

qui se développent d'une manière régulière autour des électrodes, de manière à constituer des arcs circulaires plus ou moins concentriques, comme on le voit fig. 8, mais dont la courbure est telle que les différents éléments qui la composent sont tous perpendiculaires en ces points à chaque courbe de transmission du courant;

2° La résistance opposée à la transmission de l'électricité entre A et B augmente en même temps que la distance AB des électrodes ; *mais elle croît en progression arithmétique, quand cette distance augmente en progression géométrique ;*

3° La grandeur des électrodes A et B influe sur la résistance de la plaque qui décroît en progression arithmétique, quand leur rayon augmente en progression géométrique ; et il faut entendre par rayon des électrodes le rayon du cercle constitué par elles, en admettant qu'elles soient taillées circulairement ;

4° Quand la plaque est terminée par une circonférence, ou en d'autres termes, si elle constitue un cercle et que les deux électrodes sont placées sur la circonférence de ce cercle en deux points opposés, la résistance de la plaque est double de celle d'une plaque d'une surface indéfinie; elle est indépendante du rayon de la plaque circulaire et dépend uniquement de la distance des électrodes ;

5° Dans une plaque de surface indéfinie, la résistance de la partie de cette plaque correspondante à un cercle dont la circonférence passe par les deux électrodes, est égale à celle que présente tout le reste de la surface de la plaque en dehors de ce cercle.

Si au lieu d'une plaque métallique de petite épaisseur, on considère un milieu indéfini conducteur, tel que serait par exemple une masse liquide d'un volume considérable ou le globe terrestre, si tant est qu'il puisse être considéré comme un corps conducteur, la propagation électrique doit se comporter d'une manière analogue ; seulement, au lieu de se développer dans un même plan suivant des courbes plus ou moins évasées, elle se développe suivant des surfaces plus ou moins sphériques correspondant à ces courbes ; et chacun des méridiens de ces surfaces ayant des points dont la tension électrique est la même d'un méridien à l'autre, ces points peuvent par leur réunion engendrer une série de surfaces, plus ou moins sphériques, dont la tension électrique est la même et qui enveloppe presque concentriquement les électrodes, comme si la propagation électrique dans ces conditions s'effectuait par voie de rayonnement.

MM. Kirschoff et Smaasen ont entrepris, pour ce cas de la transmission, des calculs mathématiques assez compliqués, et voici les principales déductions que l'on peut en tirer :

1° Si l'espace ou la masse conductrice est de *grandeur indéfinie, la résistance opposée à la transmission électrique est indépendante de la distance des électrodes, ou plaques de communication, et ne varie qu'avec le rayon de celles-ci.*

2° Cette résistance est égale à celle d'un cylindre de même nature que l'espace conducteur, d'une longueur égale à la moitié du rayon de l'électrode et dont la base serait un grand cercle de cette électrode (1); elle peut être exprimée par la formule $r = \dfrac{1}{2k\pi 0}$, k représentant le coefficient de conductibilité, 0 le rayon de l'électrode.

3° Si l'on imagine un espace terminé par un plan qui passe par les deux électrodes et illimité dans les autres sens, cette résistance sera égale à celle d'un cylindre de même nature que l'espace conducteur dont la longueur serait égale au rayon 0 de l'électrode et dont la section serait $\pi 0^2$, c'est-à-dire celle du grand cercle de l'électrode. La formule devient, alors, $r = \dfrac{1}{k\pi 0}$. Ce cas est celui qui se présente en télégraphie lorsqu'un fil conducteur parcouru par un courant, est mis des deux côtés en communication avec la terre : d'où il suit que la résistance de la terre est indépendante de la distance des électrodes, et varie seulement avec leurs dimensions (2).

4° La comparaison des formules précédentes pour des valeurs différentes de 0 et qui donnent toutes les deux la proportion, $\dfrac{r}{r'} = \dfrac{0'}{0}$, montre que dans le cas de milieux indéfinis, les résistances de ces milieux sont inversement proportionnelles aux rayons des électrodes ou aux racines carrées des surfaces de ces électrodes.

5° La résistance d'une sphère creuse est égale à celle d'une plaque

---

(1) MM. Kirschoff et Smaasen supposent que les électrodes, dans ce cas, sont représentées par des sphères, et c'est au rayon et au grand cercle de ces sphères que ces savants font allusion en parlant du rayon et du grand cercle des électrodes. (Voir les *Annales télégraphiques*, t. III, p. 33.)

(2) Voir un mémoire de M. Renard, professeur à la Faculté des sciences de Nancy, sur la propagation de l'électricité dans l'espace.

plane indéfinie, d'épaisseur et de conductibilité égales à celle de la sphère, sur laquelle les électrodes se trouveraient à une distance $2\,r$, et auraient le même rayon.

ÉTUDE DE LA CONDUCTIBILITÉ ÉLECTRIQUE DES CORPS.

Nous avons vu précédemment que les lois de la propagation électrique dépendent beaucoup des rapports de conductibilité des différents corps, et que plusieurs physiciens s'étaient occupés de déterminer ces espèces de coefficients, non-seulement par rapport à la nature propre de ces corps, mais encore suivant leurs conditions physiques.

Les recherches les plus complètes qui ont été faites sur cette question, sont celles de M. Ed. Becquerel. Après une foule d'expériences dans le détail desquelles nous ne pouvons entrer ici, ce savant est parvenu aux chiffres suivants, qui se rapportent tous à celui de l'argent pris comme terme de comparaison et représenté par 100.

Argent	100	
Cuivre pur	de 94,01 à 89,14	
Cuivre du commerce. . . .	de 91,95 à 86,70	
Fer pur	de 12,25 à 12,94	
Fer du commerce.	de 12,94 à 10,04	
Or pur	65,46	Ces chiffres
Aluminium	44,69	ont été déterminés
Cadmium	24,56	avec des fils
Zinc	24,16	recuits à 600 degrés
Étain	13,66	et maintenus
Palladium.	11,73	à une température
Cobalt	10,67	égale à zéro.
Nickel	10,37	
Platine	10,16	
Plomb	8,25	
Mercure	1,6121	

Il existe toutefois des dissemblances extrêmement considérables entre différents échantillons de chacun de ces métaux ; pour le cuivre surtout, elles atteignent un chiffre qu'on pourrait croire invraisemblable, tant il est énorme. Ainsi, entre le cuivre rouge connu à Paris sous le nom de *cuivre Mouchel*, qui est le plus pur, et celui que M. Biloret a longtemps vendu sous le nom *de demi-rosette*, j'ai constaté une différence dans le

rapport de 5 à 1 ; d'où il résulte qu'un électro-aimant, construit avec ce
dernier, fournissait une attraction électro-magnétique de 27 grammes,
alors que l'autre fil, placé dans les mêmes conditions, en fournissait une
de 450 grammes (1). Cette différence énorme vient de ce que dans la
composition de certains cuivres, il entre une quantité plus ou moins
grande de matières étrangères telles que oxyde de cuivre, soufre, phos-
phore, arsenic, zinc, fer, étain, argent, aluminium, qui en altèrent la
conductibilité au point de la faire descendre, avec 5 pour cent d'arsenic,
de 92 à 6. Les plus mauvais cuivres viennent de Rio-Tinto, et la commission anglaise des câbles sous-marins qui les a expérimentés, a reconnu que
beaucoup d'entre eux ne conduisent pas plus que le fer. Peut-être les fils
que M. Biloret tirait d'Angoulême avaient-ils cette provenance.

On peut juger par ce que nous venons de dire des différences d'attraction électro-magnétique, combien il est important, dans les applications électriques, d'employer de bon cuivre, et combien il est essentiel,
avant de le mettre en œuvre, de s'assurer de sa conductibilité, surtout
quand il doit constituer des fils destinés aux organes électro-magnétiques. Il est du reste facile d'apprécier grossièrement cette qualité en constituant un électrolyse avec deux bouts de ce fil. Si le bout qui constitue
l'électrode positive se recouvre promptement d'un dépôt brun, le fil
contient de l'oxyde de cuivre ou de plomb et doit être rejeté; si, au
contraire, ce dépôt est d'un blanc verdâtre ou s'il n'y en a pas du tout, il
peut être employé. Les meilleurs cuivres sont ceux d'Amérique et
d'Australie (2).

---

(1) Nous verrons plus tard que les attractions électro-magnétiques croissent comme le
carré des intensités des courants : or, comme celles-ci, pour de grandes résistances, décroissent en raison inverse de ces résistances, il arrive qu'une différence de 1 à 5 dans
les conductibilités peut donner des différences de 1 à 25 dans les attractions.

(2) Voici, d'après M. Noad, les chiffres représentant les diverses conductibilités du cuivre :

Cuivre d'Espagne (Rio-Tinto)	14,24 à 14°,8 de température.
— de Russie	59,34 à 12 ,7
— d'Australie	88,86 à 14 ,0
— d'Amérique. . . . . , ...	92,57 à 15 ,0
Cuivre pur	100,00 à 12 ,0
Cuivre rouge en fil brillant	72,27 à 15 ,7
— tenace	71,03 à 17 ,3
— contenant 2 et demi 0/0 de phosphore.	7,52 à 17 ,5
— contenant 5 et demi 0/0 d'arsenic . . .	6,42 à 16 ,8

(Voir le *Manuel pratique de télégraphie sous-marine*, de M. Ternant).

Pour le fer, les différences sont moins marquées ; pourtant elles existent encore d'une manière sensible. Ainsi, entre des fils de fer de la fabrique de MM. Boygues et Rambourg et des fils de même diamètre et de même longueur de la fabrique de MM. Petin et Gaudet, j'ai trouvé une diffé-rence de résistance dans le rapport de 1 à 1,0455. M. Becquerel a du reste constaté, comme on l'a vu, des différences beaucoup plus grandes.

La conductibilité des métaux varie, du reste, suivant leur état molé-culaire, et surtout leur température. Ainsi, les métaux recuits sont plus conducteurs que les métaux écrouis, et moins est élevée leur température, plus est grande leur conductibilité. D'après M. Edm. Becquerel, les coef-ficients d'augmentation de résistance des différents métaux pour cha-que degré d'élévation de la température à laquelle ils peuvent être sou-mis serait :

Pour	le mercure	0,001040
»	le platine	0,001861
»	l'or	0,003397
»	le zinc	0,003675
»	l'argent	0,004022
»	le cadmium	0,004040
»	le cuivre	0,004097
»	le plomb	0,004349
»	le fer	0,004726
»	l'étain du commerce	0,005042
»	l'étain pur	0,006188

Avec ces coefficients, que nous pouvons représenter individuellement par a, la formule donnant la résistance R' d'un fil à une température donnée t est représentée par :

$$R' = R (1 + at),$$

R désignant la résistance de ce fil à zéro.

J'ai eu occasion, dans mes expériences sur la ligne télégraphique d'essai que j'avais à ma disposition à l'administration des lignes télégra-phiques, de vérifier pour le fer l'un de ces coefficients ; je l'ai trouvé de 0,004545, chiffre bien voisin de celui de M. Becquerel, si l'on considère que le fer du commerce n'est jamais bien pur, et que la couche de zinc qui se trouve déposée sur les fils télégraphiques doit nécessairement di-minuer la valeur du coefficient réel. Comme les expériences que j'ai faites sont au nombre de 600 avec des échantillons différents, et qu'elles ont porté sur des longueurs de 7 kilomètres, on peut considérer *le chiffre* 0,004545 *comme le coefficient pratique de l'augmentation de résistance du fil de fer de nos lignes télégraphiques pour un degré d'élévation de température.* D'un autre côté, comme il est difficile de connaître la résistance d'un circuit à 0°, le moyen le plus simple pour calculer la résistance d'une ligne L, à une température donnée T', est de calculer d'abord sa résistance à une température quelconque T, et de lui ajouter ou retrancher la résistance ρ résultant de la différence des températures T, T' au moyen de la formule :

$$\rho = (T - T') \, L \, . \, 0,004545.$$

En opérant ainsi, on trouve qu'une ligne télégraphique de 100 lieues peut varier de résistance, de l'été à l'hiver (en admettant comme températures extrêmes — 10° et + 30°), de plus de 7 kilomètres (1).

Quant aux effets de l'écrouissage sur les métaux, ils sont assez variables, et dépendent de l'état de malléabilité des métaux. Suivant M. Edm. Becquerel, le rapport de conductibilité des fils sortant de la filière, et des mêmes fils recuits à une température de 600° serait :

Pour les fils d'argent.	1,0701
» de cuivre pur	1,0264
» d'or pur.	1,0166
» de platine.	1,0130
» de fer.	1,0101

La conductibilité des métaux est encore subordonnée à l'action de quelques autres causes physiques. Ainsi, il paraîtrait, d'après M. Wartmann, qu'elle s'amoindrirait avec la pression exercée sur eux quand celle-ci dépasse une certaine limite (30 atmosphères). Elle diminuerait également pour les corps magnétiques aimantés, surtout dans la direction de l'axe magnétique, ainsi que l'ont constaté MM. Thomson et Beetz (2).

Les liquides ont-ils une conductibilité propre ou uniquement une conductibilité électrolytique par voie de décomposition et recomposition successives ? Cette question a été agitée de nos jours et différemment

---

(1) Voir mon mémoire sur cette question dans les *Annales télégraphiques*, t. V, p. 39.

(2) Voir *les Mondes*, t. XVI, p. 309

résolue : toujours est-il qu'ils peuvent servir de véhicule aux transmissions électriques, et à ce point de vue les recherches des physiciens sont unanimes pour reconnaître que, contrairement aux métaux, les liquides ont leur conductibilité grandement augmentée par suite de l'élévation de leur température. Pour les dissolutions salines qui constituent les meilleurs conducteurs liquides, cette augmentation de conductibilité est telle, qu'en passant de 0° à 100°, elles peuvent acquérir une conductibilité environ trois fois et demie plus forte.

Suivant M. Edm. Becquerel, les chiffres représentant les conductibilités des principales solutions employées dans les applications électriques seraient, par rapport à celle de l'argent pur, représentée par 100 000 000 :

Argent pur	100 000 000	À une température de 0°.
Eau acidulée avec de l'acide sulfurique au dixième.	76,34	Ces déterminations
Acide azotique à 36°.	105,41	ont été faites
Solution saturée de sulfate de cuivre.	7,25	à une
Solution acidulée au centième.	10,79	température voisine
Solution concentrée de sel marin	42,24	de 20°.
Solution saturée de sulfate de zinc.	7,79	

Pour calculer la résistance d'un circuit liquide à une température donnée, M. Edm. Becquerel emploie la formule $R' = \dfrac{R}{1 + \alpha t}$ qui est la contre-partie de celle que nous avons déjà donnée pour les métaux, et dans laquelle le coefficient α serait :

Pour la solution de sulfate de cuivre 0,0286
Pour la solution de sulfate de zinc 0,0223
Pour l'acide azotique. 0,0263

Du reste, un fait remarquable à constater, c'est que le pouvoir conducteur des corps pour l'électricité est à peu près dans les mêmes rapports que leur pouvoir conducteur par rapport à la chaleur.

Lorsque les conducteurs ont une assez médiocre conductibilité, comme cela a lieu avec les liquides, les corps humides interposés dans un circuit, etc., leur mode de communication avec le circuit métallique doit être fait d'une manière particulière ; car il est facile de comprendre que, pour arriver à faire partager aux différentes molécules qui entrent dans toute l'étendue de leur section transversale l'électrisation que celles-ci doivent avoir pour propager le courant avec toute l'intensité dont ces conducteurs imparfaits sont-susceptibles, il faut éviter la résistance qui est fournie dans le sens perpendiculaire à la longueur du conducteur, et qui, dans ce cas, est très-considérable ; or, pour cela, il est nécessaire d'employer *des lames métalliques présentant le plus de surface possible, et, dans ce cas, l'accroissement d'intensité que l'on obtient, quoique n'étant pas proportionnel à la surface des plaques de communication, devient de plus en plus grand à mesure que ces surfaces augmentent. La loi de cet accroissement peut, d'ailleurs, être déduite des formules de M. Kirschoff* (1) *dont nous avons parlé, page* 34 ; *et si la masse liquide est considérable par rapport aux lames de communication ou électrodes, la résistance qu'elle apporte à la transmission du courant est sensiblement proportionnelle aux racines carrées des surfaces de ces électrodes ainsi qu'on l'a vu, page* 34.

LOIS DE LA PROPAGATION ÉLECTRIQUE DANS L'ÉTAT PERMANENT AVEC L'ÉLECTRICITÉ DE GRANDE TENSION.

Toutes les expériences qui ont été faites pour la vérification des différentes lois des courants électriques n'ont été exécutées que sur des corps bons conducteurs et avec l'électricité dynamique des piles. Or, il était important de savoir si ces lois étaient applicables à l'électricité des machines, et aux transmissions lentes à travers les corps médiocrement conducteurs. C'est ce qu'a fait M. Gaugain dans une série de travaux qu'il a communiqués successivement à l'Académie des sciences.

Un premier point devait d'abord être établi d'une manière positive : c'était celui de savoir si l'électricité fournie par les machines électriques qui étant à l'état statique, se tient exclusivement, à la surface des conducteurs sur lesquels elle a été accumulée, peut, à l'état de mouvement, traverser la masse même de ces corps comme le fait l'électricité dynamique fournie par les piles (2). M. Gaugain, par des expériences très-

---

(1) Voir les mémoires de M. Kirschoff (*Annales télégraphiques*, t. II, p. 381 et t. III, p. 26).

(2) Cette propriété résulte de la loi même de la proportionnalité de l'intensité électrique aux sections des conducteurs.

intéressantes (1) a démontré qu'il en était ainsi et, par conséquent, que la loi d'Ohm relative aux sections, était aussi bien applicable à l'électricité de tension en mouvement qu'aux courants voltaïques. Il a pu même constater que *le flux électrique qui traverse l'unité de surface, a la même valeur dans toute l'étendue d'une même section pratiquée parallèlement à la surface du cylindre conducteur.*

M. Gaugain a recherché ensuite si les lois de la conductibilité, par rapport à la longueur des conducteurs, se vérifieraient dans le genre de transmission électrique dont nous parlons, et ses conclusions ont été pour l'affirmative. Ainsi, il a reconnu que si deux conducteurs, maintenus à des tensions différentes T et *t*, sont mis en communication par un corps de longueur *l* qui n'est conducteur que par la légère couche d'humidité qui se dépose à sa surface, le flux d'électricité qui se propage le long de ce conducteur (quand les tensions sont arrivées à l'état permanent) est en raison directe de la différence (T—*t*), et en raison inverse de la longueur *l*.

La tension considérable de l'électricité qu'il employait lui permettant d'apprécier facilement la différence des tensions du fluide pendant sa décharge lente, M. Gaugain a voulu s'assurer si le flux électrique était proportionnel à la tension de la source; il a reconnu que, conformément aux lois d'Ohm, cette proportionnalité existait bien, et même que le décroissement de cette tension sur le conducteur était uniforme.

Quant à la loi des sections, M. Gaugain a trouvé qu'elle se compliquait d'un élément nouveau dont l'électricité de tension pouvait seule révéler l'existence, et qui joue, comme on le verra plus tard, un rôle important dans les phénomènes que présente la transmission électrique dans l'état variable des tensions. Cet élément nouveau est ce que M. Gaugain appelle *la charge dynamique.*

_____

(1) La méthode d'expérimentation que M. Gaugain a employée dans ce cas consiste à interposer dans le circuit un électroscope à décharges, c'est-à-dire un électroscope à feuilles d'or muni d'une tige communiquant avec la terre. Lorsque les feuilles s'électrisent, elles viennent toucher la tige qui opère leur décharge; elles retombent alors et s'électrisent de nouveau. En comptant le nombre des décharges pendant un intervalle de temps donné, on a la mesure du flux. On peut aussi, par le même moyen, mesurer la charge électrique absolue que possède un corps : il suffit en effet d'enlever la communication de ce corps avec la source électrique et de compter le nombre de décharges jusqu'à ce que les feuilles d'or restent immobiles. En général, M. Gaugain emploie un électroscope condensateur afin de pouvoir agir avec une source électrique très-faible, telle que celle qui résulte de l'électrisation d'un petit électrophore.

Imaginons qu'un mauvais conducteur de forme cylindrique, tel qu'un fil de coton, ait été mis en communication d'une part avec le sol, de l'autre avec une source constante d'électricité, et supposons qu'on ait laissé passer l'électricité pendant un temps assez long pour que la distribution des tensions soit parvenue à l'état permanent: si l'on supprime brusquement les commmunications établies avec le sol et avec la source, et qu'on mesure la quantité d'électricité qui reste sur le conducteur isolé, on constate une charge électrique qui représente précisément *la charge dynamique*. Or, voici les phénomènes généraux que présente cette charge dynamique :

1° Deux conducteurs de même nature et de même longueur, mais de formes différentes, peuvent prendre des charges dynamiques très-différentes, bien qu'ils transmettent des flux d'électricité rigoureusement égaux lorsque l'état permanent est établi.

2° Si l'on fait varier la section d'un conducteur sans modifier sa surface extérieure, le flux transmis dans l'état permanent des tensions varie comme la section ; mais la charge dynamique est absolument invariable.

3° La charge dynamique que prend un conducteur cylindrique mis en communication avec une source d'électricité déterminée est toujours la moitié de la charge statique que prendrait ce même conducteur, s'il était isolé et mis en communication avec la même source.

Fig. 9.

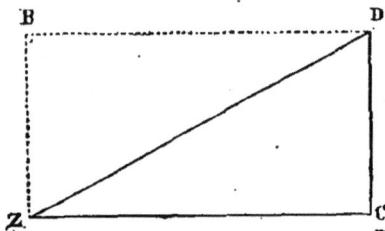

Pour comprendre ces différentes lois, il faut considérer ce que doit être, dans la théorie d'Ohm, une charge statique et une charge dynamique : pour cela, nous supposerons un conducteur homogène CZ en communication par son extrémité C avec une source d'électricité constante, qui développera une tension CD ; mettons l'extrémité Z en communication avec le sol et attendons que l'état permanent soit établi : la droite DZ représentera la ligne des tensions. Tant que durera l'écoulement électrique, ce conducteur possédera une charge d'électricité libre, qu'il conserverait si, à un moment donné, on l'isolait à la fois par ses deux extrémités, charge qui est nécessairement proportionnelle à la surface du triangle CDZ ; or, c'est cette charge que M. Gaugain appelle *charge dynamique* du conducteur.

Laissons maintenant l'extrémité C en communication avec la source et isolons l'extrémité Z. Evidemment, le conducteur prend une charge uniforme d'électricité statique qui a partout la tension CD et qui est, dès lors, proportionnelle au rectangle CDBZ. Cette charge est ce que M. Gaugain appelle *charge statique*, et comme le triangle CDZ est moitié du rectangle CDBZ, la charge dynamique est moitié de la charge statique.

La charge dynamique, comme la charge statique, dépendent uniquement de la forme et de l'étendue de la surface extérieure des conducteurs. Dès lors, pendant le passage du flux électrique, il n'y a de tension électroscopique qu'à leur surface. Cependant, puisque l'intensité du flux est toujours proportionnelle à l'aire de la section du conducteur, il faut bien que toutes les molécules de cette section participent à la transmission, et on se trouve conduit dès lors à rejeter l'hypothèse fondamentale de l'égale tension de toutes les molécules d'une même tranche du conducteur, sur laquelle Ohm s'est appuyé. Pour faire disparaître des formules générales d'Ohm cette dernière hypothèse et la remplacer par une donnée en rapport avec la charge dynamique, M. Gaugain a cherché à la faire porter sur le coefficient de conductibilité en lui adjoignant un autre coefficient, auquel il a donné le nom de *coefficient de charge* et qu'il a dû définir de la manière suivante :

Le coefficient de charge est la quantité d'électricité qui, à l'état statique, constitue la charge d'un conducteur de section déterminée, dont la longueur est égale à l'unité, isolé dans toute son étendue et mis en communication par une de ses extrémités avec une source électrique de tension égale à l'unité.

Ce coefficient de charge est évidemment une fonction de la section du conducteur que la théorie de Poisson permettrait de déterminer mathématiquement. Mais il est plus simple de le considérer, ainsi que le fait d'ailleurs observer M. Gaugain, comme une quantité qui, dans chaque cas particulier, doit être déterminée par l'expérience.

Ce coefficient étant déterminé, si on le représente par c, et qu'on attribue à la longueur de la ligne et à la tension constante de la source les

désignations l et E que nous leur avons déjà données, la charge statique du conducteur devient :

$$cEl,$$

et sa charge dynamique.

$$\frac{cEl}{2}.$$

Étant donné un fil quelconque en communication par une de ses extrémités avec la terre et par l'autre avec une source électrique constante, la
charge dynamique de ce fil, quand l'état permanent est *établi, est proportionnelle à son coefficient de charge.*

· La détermination par l'expérience du coefficient de charge n'offre, du
reste, aucune difficulté. Il suffit de prendre un échantillon de chaque conducteur, de la longueur d'un mètre, par exemple, de le placer sur un support isolant, de le charger en mettant son extrémité en communication
avec une source constante, puis de le séparer de la source et de jaugèr
ensuite la charge communiquée en la faisant passer dans l'électroscope
à décharges, dont nous avons parlé page 41.

Pour toutes les recherches dont venons de parler, M. Gaugain a opéré
sur des fils de coton bien homogènes et non tordus et sur des colonnes
d'huile grasse renfermées dans des cylindres de gomme lacque. Avec de
pareils conducteurs, le flux électrique se propage si lentement, qu'on
peut en suivre en quelque sorte la marche à l'aide d'un électroscope sur
une longueur de quelques mètres seulement, et c'est grâce à cette lenteur
de transmission que M. Gaugain a pu étudier les lois de la propagation
électrique dans la période variable des tensions, comme nous allons le
voir à l'instant.

II

LOIS DE LA PROPAGATION ÉLECTRIQUE DANS LA PÉRIODE VARIABLE.

Les lois qui concernent la propagation électrique dans sa période variable ne peuvent guère se rapporter qu'à *la durée* de celle-ci, et à la
manière dont cette durée peut se trouver modifiée suivant les différentes
conditions du circuit traversé par les flux électriques. Or, en étudiant la
manière dont devaient se trouver distribuées les tensions sur les conducteurs à cette époque de la propagation électrique, Ohm avait été conduit

à une formule assez complexe, il est vrai, mais de laquelle il résultait cette conséquence fort remarquable : *que le temps nécessaire à l'établissement permanent des tensions est proportionnel aux carrés des longueurs des circuits.* Cette loi était, comme nous l'avons déjà dit, demeurée inaperçue, et ceux qui la connaissaient ne voulaient pas l'admettre. Il s'agissait d'ailleurs de la vérifier expérimentalement, et ce n'était pas chose aisée, puisque la durée de cette période variable, dans les circuits dont les savants disposent ordinairement, est pour ainsi dire instantanée. Il fallait donc, pour obtenir des résultats quelques peu concluants, opérer sur des circuits télégraphiques d'une très-grande longueur ou sur des circuits disposés de manière à conduire très-lentement l'électricité. Des fils de coton tendus sur des supports isolants, lesquels fils ne sont conducteurs que par la légère couche humide qui se dépose à leur surface, sont dans ce dernier cas, et c'est ce moyen, déjà employé par M. Gaugain dans les recherches dont nous avons parlé précédemment, qui lui a servi dans celles dont nous allons maintenant nous occuper ; l'autre système d'expérimentation a été mis en usage en France par M. Guillemin et en Angleterre par MM. Varley, Fleemming Jenkin et Wheatstone ; tous sont arrivés à des déductions de la plus haute importance, non-seulement au point de vue scientifique, mais encore sous le rapport de l'application.

D'après la manière même dont se trouve posée la question de la période variable, on peut reconnaître à première vue que le mot *durée de la propagation* peut s'entendre de deux manières, soit d'une manière *absolue*, soit d'une manière *relative*.

La *durée de propagation absolue* est le temps qui s'écoule entre l'instant de l'établissement des communications électriques et le moment où une section déterminée du conducteur acquiert une tension dont la valeur absolue est donnée, sans considération pour la tension limite qu'elle peut avoir.

La *durée de la propagation relative* est le temps qui s'écoule entre l'instant de l'établissement des communications électriques et le moment où la tension d'une section déterminée du conducteur est une fraction donnée de la tension limite qu'elle peut atteindre. Elle est par conséquent reliée intimement à la valeur de cette tension limite.

Pour bien préciser ces deux manières d'envisager la durée de l'état variable, supposons que l'on considère deux circuits de mêmes dimensions l et l' dont l'un l', aura une conductibilité plus grande que l'autre :

il est clair que si un des points du circuit l' atteint au bout d'un temps t une certaine tension u, le point correspondant du conducteur l ne pourra pas atteindre dans le même espace de temps et avec la même source électrique cette tension u; et, pour que celle-ci puisse être obtenue, il faudra un temps plus long t', qui dépendra de la facilité plus ou moins grande avec laquelle le flux électrique pourra s'écouler à travers ce nouveau conducteur. Or, c'est ce temps plus ou moins long t, t' qui constitue la durée absolue.

La durée relative suppose, au contraire, qu'on ne considère qu'une portion plus ou moins grande de la durée totale correspondante à l'établissement de l'état permanent, et l'on conçoit facilement que la durée correspondante à cette fraction devra également varier suivant les conditions du conducteur. Or comme, d'après le calcul, la durée correspondante à l'état permanent est infinie, il en résulte que la durée de l'état variable que l'on constate par l'expérience n'est jamais qu'une durée relative; qui peut se rapprocher d'autant plus de la durée correspondante à la période permanente que la fraction que l'on considère se rapproche plus de l'unité.

Toutefois, dans les conditions de la pratique, on peut regarder les neuf dixièmes de cette intensité maxima, comme la représentant suffisamment bien, et, par conséquent, quand nous parlerons de durée de l'état variable, nous entendrons parler de la durée de la propagation relative, c'est-à-dire de la durée nécessaire pour qu'un courant atteigne les neuf dixièmes de l'intensité maxima correspondante à l'état permanent.

Par une raison inverse, le temps nécessaire à la décharge complète d'un conducteur, sera également infini, mais on pourra regarder celle-ci comme suffisamment effectuée, quand elle atteindra les neuf dixièmes de la décharge totale. Ce chiffre 9/10 est celui qui a été toujours adopté par MM. Varley et Thomson, dans leurs calculs relatifs à la propagation électrique sur les lignes télégraphiques.

Ces conditions de durée étant ainsi posées, il s'agit de voir quelles sont les lois qui se rapportent à l'une ou à l'autre de ces durées.

LOIS DE LA DURÉE DE LA PROPAGATION ABSOLUE.

Ces lois, déduites par M. Gaugain, de très-nombreuses expériences peuvent se résumer dans les 5 propositions suivantes :

1° Dans le cas où la perte par l'air est nulle (c'est le cas général ainsi qu'on l'a vu précédemment), et en supposant que la tension de la source varie sans que le conducteur éprouve aucun changement, *la tension d'une section déterminée de ce conducteur, au bout d'un temps donné, est toujours proportionnelle à la tension de la source.*

2° Lorsque les dimensions du conducteur restent constantes, *la durée de propagation absolue est inversement proportionnelle à sa conductibilité spécifique,* ou directement proportionnelle à sa résistance spécifique.

3° Quand la conductibilité spécifique et la section sont invariables, *la durée de la propagation absolue est directement proportionnelle au carré de la longueur du conducteur.*

4° Quand la nature et la longueur du conducteur restent les mêmes ainsi que la surface extérieure, et que, par suite de cette dernière condition, le coefficient de charge est aussi invariable, *la durée de la propagation est inversement proportionnelle à la section du conducteur.*

Les conditions énoncées dans cette dernière proposition peuvent être réalisées avec un cylindre creux dont on fait varier l'épaisseur sans changer la surface extérieure.

5° La nature, la longueur et l'aire de la section restant les mêmes, si l'on modifie la forme de la section de manière à faire varier le coefficient de charge, *la durée de la propagation absolue est directement proportionnelle à ce coefficient de charge.*

Quand la perte par l'air n'est pas négligeable, ou ce qui revient au même, quand le circuit se trouve soumis à des dérivations, *les quatre dernières lois sont altérées, et toutes dans le même sens,* et M. Gaugain a montré que dans ce cas, *la durée de la propagation absolue, suit une marche plus rapide que celle qui se trouve indiquée par chacune des quatre dernières propositions.*

LOIS DE LA DURÉE DE LA PROPAGATION RELATIVE.

Quand la perte par l'air est négligeable, les lois précédentes, sauf la première, peuvent s'appliquer à la durée de la propagation relative. Dans ce cas, en effet, *la durée de la propagation devient indépendante de la tension de la source ;* et pour qu'on puisse le comprendre, supposons qu'au bout d'un temps t, une section déterminée m du conducteur ait atteint une tension c sous l'influence d'une source de tension E. Le conducteur restant le même, portons la tension de la source à nE. Puisqu'il est démontré d'après la proposition 1, qu'au bout d'un temps donné, la tension d'une section déterminée du conducteur, est toujours proportionnelle à la tension de la source, la section m au bout du temps t aura nécessairement acquis une tension ne sous l'influence de la tension nE; par conséquent, le temps nécessaire pour que la tension d'une section déterminée du conducteur soit une fraction donnée de la tension de la source, est complétement indépendant de la tension de cette source.

Quand la perte par l'air n'est pas négligeable et que le courant est soumis à des dérivations régulières, *la durée de la propagation relative suit une marche moins rapide que celle indiquée par les propositions générales qui ont été établies* précédemment; elle suit une loi *inverse* à celle qui s'applique à la propagation absolue, quand la perte par l'air ou par les dérivations n'est pas négligeable.

Si on cherche à résumer dans une même formule ces différentes lois, et que l'on considère *la durée de l'état variable comme un cas particulier de la durée de la propagation relative*, on arrive à la formule suivante posée par M. Gaugain :

$$T = \frac{qcl^2}{k\omega}. \qquad (8)$$

T désignant la durée de la propagation ;

k la conductibilité spécifique ;

l la longueur du conducteur ;

ω l'air de la section ;

c le coefficient de charge ;

q un coefficient constant, dépendant des unités adoptées et des évaluations c, l, k, et ω.

La démonstration de ces différentes lois est assez simple, et, comme point de départ, nous examinerons ce que devient la durée T, quand une source électrique de tension constante est mise en rapport avec deux conducteurs l et l', de mêmes dimensions, mais de conductibilité différente ; et, pour simplifier nos raisonnements, nous supposerons que la conductibilité de l' est deux fois plus grande que celle de l : nous conviendrons, en outre, de désigner par m_1, m'_1, m''_1, trois tranches successives prises dans le conducteur l, et par m_2, m'_2, m''_2, trois autres tranches occupant respectivement les mêmes positions dans le conducteur l'. Si nous imaginons qu'au bout d'un certain temps t, *la distribution soit la* *même dans les deux conducteurs, il faudra admettre que la quantité d'électricité que la tranche m'_2 recevra de la tranche m_2, dans l'élément de temps Δt, sera double de la quantité d'électricité qui passera de la tranche m_1 à la tranche m'_1 ; de même que la quantité d'électricité cédée par la tranche m'_2 à la tranche m''_2 sera deux fois plus grande que la quantité cédée par la tranche m'_1 à la tranche m''_1 ; donc l'accroissement de tension de la tranche m'_2 dans l'élément de temps Δt sera deux fois plus grand que l'accroissement de tension de la tranche m'_1. En d'autres termes, la tranche m'_1 ne possédera qu'au bout de deux instants écoulés la tension que la tranche m'_2 atteindra en un seul instant.*

Comme les raisonnements qui précèdent peuvent s'appliquer à toutes les sections des deux conducteurs et à tous les instants qui se succèdent, il en résulte que la distribution des tensions, établie au bout du temps $t+2\theta$, dans le conducteur l, sera exactement la même que celle qui appartiendra au conducteur l' au bout du temps $t+\theta$: θ étant un intervalle de temps fini quelconque. On démontrerait de la même manière que la distribution des tensions dans le conducteur l au bout du temps $t-2\theta$ est encore égale à celle qui appartient au conducteur l' au bout du temps $t-\theta$; donc si la tension est nulle au bout du temps $t-2\theta$ pour le conducteur l, elle est également nulle pour le conducteur l' au bout du temps $t-\theta$; mais dans ce cas, θ et 2θ représentent précisément l'intervalle de temps appelé par M. Gaugain, durée de propagation absolue. Donc, en définitive, *les durées de propagation absolue sont en raison inverse des conductibilités.*

Il en est évidemment de même des durées de propagation relative ; car les tensions limites des points qui occupent les mêmes positions dans les conducteurs A et B étant égales entre elles, il est clair que si les tensions de ces mêmes points ont à des instants donnés la même valeur absolue, elles ont aussi la même valeur relative.

La loi relative à la section, peut se démontrer exactement de la même manière ; il n'y a que le mot *section* à substituer au mot *conductibilité* dans les raisonnements qui précèdent. Il en est de même de la loi relative au coefficient de charge.

Quant à la loi des longueurs, elle dérive également de la même théorie. Supposons, en effet, que les deux conducteurs l et l' ne diffèrent entre eux que par leur longueur qui sera pour l' double de ce qu'elle est pour l : on comprendra aisément que pour que les tensions des différentes tranches m_1,

m'_1, m''_1, m_2, m'_2, m''_2 deviennent égales deux à deux , il faudra des temps
différents, car les éléments cylindriques des sections m_2, m'_2, m''_2, seront
deux fois plus longs que ceux des autres sections. En conséquence, les
flux électriques transmis à travers les premiers, dans l'élément de temps
Δt, seront deux fois plus petits que ceux qui seront transmis dans le
même intervalle de temps de m_1 à m'_1 et de m'_1, à m''_1. D'autre part, la
surface de ces petits éléments cylindriques m_2, m'_2, m''_2, étant deux fois
plus grande, il faudra, pour obtenir de part et d'autre un égal accroissement de tension, communiquer aux premiers éléments une quantité absolue d'électricité double de celle que l'on communique aux seconds.
L'accroissement de tension qui se produit en m'_2 dans l'élément de
temps Δt est donc, en définitive, quatre fois plus petit que celui qui se
produit en m'_1. Donc, il faut que quatre instants s'écoulent, pour que la
tranche m'_2 parvienne à la tension que la tranche m'_1 acquiert en un seul
instant. Le même raisonnement pouvant s'étendre à tous les instants et
à toutes les tranches, on en conclut que la durée de propagation correspondant au conducteur l' est quatre fois plus grande que celle qui correspond au conducteur l, et plus généralement, que la durée de propa-
tion est proportionnelle au carré de la longueur, que cette propagation
soit considérée comme absolue ou relative.

La loi relative à la tension de la source peut encore être déduite du
même ordre de raisonnements. Supposons, en effet, que les tranches m,
m', m'' aient, au bout d'un temps t, leurs tensions respectives u, u', u'',
proportionnelles à la tension de la source a : le flux échangé dans l'instant Δt entre les tranches m et m' sera proportionnel à a puisqu'il est
proportionnel à $u - u'$; il en sera de même du flux échangé entre les deux
tranches u' et u''. Donc, l'accroissement $\Delta u'$ de la tension de la tranche
m' sera proportionnel à a, puisque cet accroissement n'est que la différence des quantités d'électricité reçues et transmises. Donc enfin, la
tension définitive $u' + \Delta u'$, que possédera la tranche m' au bout du temps
$t + \Delta t$ restera proportionnelle à la tension de la source a. Le même raisonnement pouvant s'appliquer à toutes tranches et à tous les instants
qui se succèdent, on voit que si les tensions correspondantes aux divers
points du conducteur sont, pour un instant donné, proportionnelles à la
tension de la source, cette proportionnalité doit subsister pour tous les
instants qui suivent. On démontrerait aussi aisément qu'elle doit subsister aussi pour les instants qui précèdent. Or, on sait que, dans l'état

permanent, la tension d'un point déterminé quelconque est proportion-- nelle à la tension de la source ; il en doit donc être de même dans l'état variable. Mais il est facile de voir que cette proportionnalité revient à admettre que la propagation relative est indépendante de la tension de la source ; car si on désigne par T la tension limite qui appartient à un point déterminé P d'un conducteur, on aura T = Ka ; a représentant la tension de la source, K, la quantité qui rend a égale à T et qui est indé- pendante de a ; mais d'après la proportionnalité qui a été établie, si on représente par t la tension obtenue au point P au bout d'un temps donné θ, on aura t = K'a, et de ces deux équations, on tire :

$$\frac{t}{T} = \frac{K'}{K} ;$$

or, $\frac{t}{T}$ représente précisément la durée de la période relative, et on voit que la quantité a disparaît du membre de l'équation qui en donne la va- leur. La durée de la période relative est donc indépendante de la tension de la source (1).

Il ne nous reste plus à expliquer que les causes qui modifient les lois précédentes, dans le cas où le circuit est soumis à des dérivations régu- lières, échelonnées sur tout son parcours, comme cela a lieu sur les lignes télégraphiques.

Si l'on réfléchit que la durée de la propagation absolue se rapporte à une tension donnée, qui est, par conséquent, indépendante des varia- tions que peut subir la durée correspondante à l'établissement de l'état permanent, et si l'on considère, d'un autre côté, que toute cause qui aura pour effet d'affaiblir la tension dans le circuit, aura pour résultat de demander au prolongement de la durée de propagation la force élec- trique nécessaire pour fournir cette tension donnée, on comprendra fa- cilement que les dérivations qui affaiblissent l'intensité du courant dans un circuit, et cela d'autant plus que le circuit est plus long, devront avoir pour effet d'allonger la durée de la propagation absolue, et de rendre plus rapides les lois de proportionnalité qui ont été établies pour cette durée.

Quant à la durée de la propagation relative, les perturbations apportées par les dérivations aux lois qui la concernent doivent modifier celles-ci dans un tout autre sens. En effet, la durée correspondante à l'établis-

(1) Voir le mémoire de M. Gaugain (*Annales télégraphiques*, tome IV, p. 13).

sement de la période permanente dépendant des conditions de résistance
du circuit entier, y compris les dérivations, et la résistance totale de ce
circuit étant, par le fait des dérivations, moindre que la résistance métallique, il faudra un temps moins long pour que la tension électrique, en un
point donné, atteigne une fraction donnée de la tension limite, que dans
le cas où le circuit est isolé ; et, comme les dérivations sont d'autant plus
nombreuses que le circuit est plus long, les durées de la propagation
relative devront suivre, dans leur accroissement, une marche plus lente
que celle indiquée par les proportionalités établies précédemment.

Une conséquence fort curieuse et fort importante de ces lois au point
de vue pratique, et qui résulte de l'introduction dans la formule du coefficient de charge *c*, *c'est que l'on augmente considérablement la rapidité des transmissions, en augmentant le diamètre des fils conducteurs*,
et cela dans une proportion beaucoup plus grande que ne semble l'indiquer le diamètre de ces fils, considérés seulement eu égard à la loi
de la section.

En mesurant, en effet, les coefficients de charge pour plusieurs échantillons de fils des diamètres les plus usités pour les communications télégraphiques, M. Gaugain est arrivé aux résultats suivants :

Diamètre des fils...........	1.	2.	3.	4.	5.
Coefficients de charge....	100	113	125	133	141 ;

et l'on peut voir que ces coefficients croissent beaucoup moins vite que
les diamètres. Or, en partant des nombres ci-dessus, on trouve que le
durées de propagation sont proportionnelles aux nombres suivants :

Diamètre des fils........	1.	2.	3.	4.	5.
Durée de propagation....	100	28,2	13,9	8,3	5,6.

LOIS DE LA PROPAGATION DANS L'ÉTAT VARIABLE SUR LES LIGNES TÉLÉGRAPHIQUES.

Dans tout ce que nous venons de dire sur les lois de la propagation
dans la période variable, déductions résultant des expériences nombreuses faites par M. Gaugain, aussi bien que des formules d'Ohm, le circuit
était considéré comme parfaitement homogène, la tension électrique parfaitement constante et la perte par l'air, si elle était prise en considération, comme s'effectuant dans des conditions parfaitement régulières et
déterminées. Mais, dans la pratique, il est loin d'en être ainsi ; une foule

d'effets plus ou moins complexes interviennent pour changer les conditions de constance de l'élément électrique, de résistance et d'homogénéité des conducteurs, et il était intéressant de savoir dans quel sens ces
actions différentes pouvaient modifier les lois que nous avons posées
précédemment. Ce travail a été entrepris par M. Guillemin, sur des circuits télégraphiques de 520 et 570 kilomètres, et il est résulté de ses
expériences :

1° Que la durée de la période variable, au lieu d'être proportionnelle
au carré de la longueur, croît un peu moins rapidement que cette quantité, mais plus vite cependant que la simple longueur du circuit ; cette
déduction est conforme à la théorie.

2° Que cette durée, au lieu d'être indépendante de la tension de la
source, diminue quand le nombre des éléments de la pile augmente, mais
dans une proportion beaucoup moins rapide que le nombre des éléments ;
elle est toutefois indépendante de la grandeur de ceux-ci.

En même temps, M. Guillemin a constaté les résultats suivants :

1° A l'extrémité du fil en communication avec la terre, le courant, d'a-
bord d'une intensité très-faible, augmente peu à peu et atteint bientôt,
en suivant une marche croissante, une intensité qu'il ne dépasse plus quand
on continue d'augmenter le temps des émissions de courant, et cette intensité constitue celle de la période permanente.

2° A l'extrémité du fil en communication avec la pile, l'intensité du courant suit une marche inverse et décroissante à mesure que la durée des
émissions de courant augmente ; puis, au bout d'un certain temps, l'intensité reste constante et *plus grande* que celle que l'on obtient à l'autre extrémité du fil.

3° Malgré cette différence, le temps nécessaire à l'établissement de l'état
permanent est le même dans les deux cas. (Il a varié dans les diverses
séries d'expériences de dix-sept à vingt-quatre millièmes de seconde sur
un circuit de 520 à 570 kilomètres.)

4° Cette durée, en dehors de l'influence de la longueur et de la tension
de la pile, dépend encore de l'état d'isolement du circuit : *si le fil est bien
isolé, elle est moins grande que dans le cas contraire.*

5° Le sens d'une charge électrique qui traverse le circuit avant l'émission d'un courant, augmente ou diminue la durée de la propagation, suivant que cette première charge est dans le même sens ou en sens contraire
du courant envoyé.

Il serait réellement très-intéressant de rapporter les procédés ingénieux à l'aide desquels M. Guillemin est parvenu à déduire les conséquences qui précèdent, mais cela nous entraînerait beaucoup trop loin. On pourra trouver, du reste, tous les détails relatifs à ces expériences dans les mémoires de M. Guillemin, publiés dans les *Annales de physique et de chimie* de l'année 1862, et les *Annales télégraphiques,* t. VI, p. 112, dans le *Traité de télégraphie* de M. Gavarret et dans notre étude sur les lois des courants électriques. Nous nous contenterons de donner ici, pour qu'on puisse se faire une idée de la méthode adoptée, la description de l'appareil employé par M. Guillemin.

« Cet appareil, dit M. Guillemin, se compose essentiellement d'un cylindre de bois BD (fig. 10), de 180 millimètres de long et de 100 millimètres de circonférence, qui porte à sa surface une plaque métallique AB, représentant à peu près un triangle rectangle, dont le plus grand côté, adjacent à l'angle droit, est disposé suivant la génératrice du cylindre. Cette lame présente 40 millimètres dans sa partie la plus large et 3

Fig. 10.

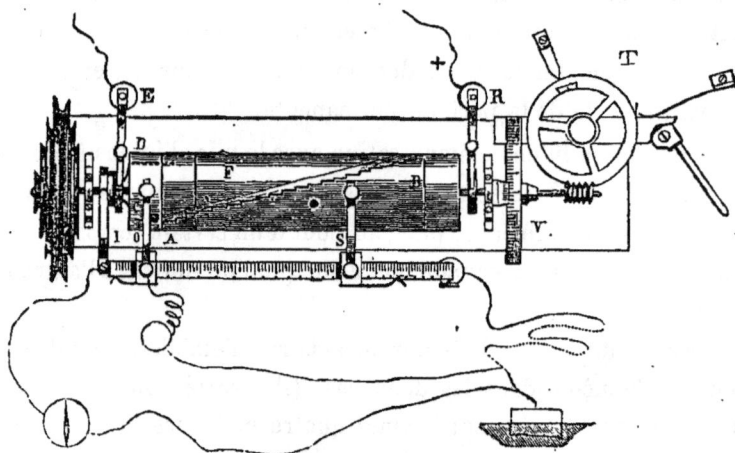

dans sa plus petite largeur. Une petite lame C rectangulaire, d'un millimètre de large, appelée *lame de dérivation,* est placée sur le prolongement du grand côté de la première. Une troisième lame métallique F couvre la plus grande partie de la surface du cylindre laissée libre par la première lame. Ces trois lames sont d'ailleurs isolées les unes des autres, et communiquent chacune avec des viroles métalliques, sur lesquelles s'appuient des ressorts d'acier. La lame triangulaire est mise en communication, par le ressort R de sa virole, avec le pôle positif de la pile dont le pôle négatif communique à la terre. Un ressort S, mobile parallèlement à l'axe de rotation et qui communique avec l'un des bouts du fil de ligne, appuie sur la surface du cylindre et se trouve, à chaque révolution, en contact avec le pôle positif de la pile par l'intermédiaire de la lame triangulaire.

« Si on imprime au cylindre un mouvement de rotation uniforme et déterminé, il est évident que la durée de ce contact augmentera ou diminuera suivant qu'on poussera le ressort mobile vers la partie large ou vers la partie étroite de la lame métallique, et un vernier V, disposé sur l'axe du cylindre, pourra mesurer, avec le secours d'un compteur T et d'un chronomètre, la durée de ces contacts. Un cinquième ressort O, qui passe sur la lame de dérivation, sert à fermer un circuit de dérivation établi à l'autre bout du fil de ligne, un instant avant que le contact du premier bout du fil de ligne avec le pôle positif soit interrompu.

« L'extrémité du fil de ligne à laquelle est adapté le circuit de dérivation est en communication permanente avec la terre. Si, d'ailleurs, l'intervalle de dérivation est convenablement choisi et s'il reste constant pendant une même expérience, il est évident que la durée du courant dérivé étant toujours la même, à cause du mouvement uniforme de rotation de l'appareil, un galvanomètre placé dans ce circuit donnera des déviations dont les intensités correspondantes seront proportionnelles à l'intensité du flux électrique qui traverse le circuit de ligne. Lorsque ces deux contacts établis par la lame triangulaire et par la lame de dérivation auront cessé, il est clair que la troisième lame métallique F, qu'on aura fait communiquer avec un fil de terre, par le ressort E de sa virole, établira la communication avec la terre du bout du fil de ligne qui, tout à l'heure, communiquait avec la pile, et en facilitera ainsi la décharge, ce qui est une condition indispensable au succès de l'expérience. »

Parmi les déductions qui précèdent, il en est deux qui, au premier abord, semblent se contredire et qui peuvent cependant s'expliquer : ainsi, M. Guillemin a reconnu que les dérivations ont pour effet d'allonger la durée de la période variable, et pourtant, d'après ses expériences, il arrive que ces durées suivent un accroissement plus lent que celui des carrés des longueurs. Puisque les dérivations sont d'autant plus nombreuses que le circuit est plus long, il devrait en résulter, au contraire, que ces durées devraient croître plus rapidement que les carrés des longueurs. Mais ici intervient un autre élément qui complique encore singulièrement la question, c'est la quantité d'électricité développée par la pile dans un temps donné. Il est clair que si cette quantité était indéfinie, comme l'admet la théorie d'Ohm, l'isolement moins parfait de la ligne devrait intervenir de manière à diminuer la durée de l'état variable. Mais il est loin d'en être ainsi avec les piles dont on se sert en télégraphie ; on peut en avoir la preuve dans cette décroissance subite de la tension de la pile, que signale M. Guillemin, au moment où le circuit télégraphique est mis en communication avec elle.

Or, si le générateur électrique n'est déjà pas en rapport avec la charge qu'il doit fournir sur un circuit dans de bonnes conditions d'isolement, il le sera encore bien moins quand le circuit sera moins bien isolé et exigera un travail électro-chimique plus long ; de là la durée de propagation plus longue constatée par M. Guillemin dans les circuits mal isolés. Et comme pour un même degré d'isolation, la résistance totale du circuit diminue toujours à mesure que la ligne s'allonge, les rapports d'accroissement des durées, par suite de cet allongement, peuvent bien être inférieurs aux rapports des carrés des longueurs, bien que l'isolement plus mauvais de la ligne allonge les durées. Du reste, comme les conditions d'isolement, sur une ligne de 570 kilomètres, ne peuvent être les mêmes en tous les points de cette ligne par suite des différences climatériques, il pourrait arriver que d'une expérience à une autre on pût trouver, dans certaines conditions, des effets diamétralement opposés. Toutefois, comme M. Guillemin a expérimenté par un beau temps, et que ce beau temps était général sur toute la ligne, les conclusions que nous avons exposées précédemment peuvent être considérées comme ayant un caractère général pour les lignes télégraphiques.

Quant à la déduction relative à la durée de la propagation électrique par rapport à la tension de la source, durée qui devrait être indépendante de celle-ci, d'après les lois que nous avons posées, et qui pourtant est loin de l'être sur les lignes télégraphiques, ainsi que l'a montré M. Guillemin, on peut se rendre facilement compte du désaccord constaté, en considérant que dans le cas où cette durée a été supposée indépendante de la tension de la source, cette tension était regardée comme constante. Or, comme nous l'avons déjà dit, il était loin d'en être ainsi dans les expériences de M. Guillemin.

D'un autre côté, le circuit n'étant pas homogène, il devait se produire des distributions de tensions peu régulières et ayant pour effet de développer des forces électro-motrices dans les diverses parties des conducteurs, et cela dans des sens différents. En ce qui concerne la durée de la propagation absolue, il est permis d'affirmer que la chute de la tension polaire doit nécessairement l'allonger, car évidemment, quand la tension de la source s'abaisse, il faut plus de temps à une tranche déterminée du conducteur pour atteindre une tension donnée, que quand l'état électrique de la source reste constant ; mais il n'en est plus de même pour la durée de la propagation relative, et cette question n'est pas assez élucidée pour qu'on puisse affirmer ce qui doit en résulter théoriquement.

On voit, par toutes ces considérations, combien la question de la propagation électrique dans l'état variable est compliquée ; mais quelles que soient les lois qui puissent être établies à l'avenir à cet égard, il n'en est pas moins certain que les expériences de M. Guillemin ont posé des jalons qui peuvent guider dans les applications électriques, et nous ne comprenons pas la guerre acharnée qui lui a été faite, puisqu'en définitive il ne cherchait à découvrir dans ses expériences, que les modifications qui pouvaient être apportées aux lois d'Ohm dans la pratique télégraphique.

Les lois que nous venons d'étudier sont aussi bien applicables aux circuits sous-marins qu'aux circuits aériens ; seulement comme les conditions d'isolement sont plus parfaites avec les premiers, et que les effets de condensation qui sont produits allongent considérablement la durée de la période variable, il devient plus facile de les étudier sur les câbles sous-marins dans leurs plus petites particularités et principalement dans les conditions de la période relative. C'est ce que MM. Varley et Fleemming-Jenkin ont fait lors des essais du premier câble transatlantique. Nous devons toutefois faire remarquer que dans ce cas, comme dans les autres, les résultats obtenus doivent nécessairement différer un peu de ceux que semblerait indiquer la théorie d'Ohm, car les effets de condensation qu'ils déterminent, ne sont par le fait, ainsi que nous le démontrerons plus tard, que des effets de conduction ou de dérivation. On se trouve donc ramené au cas des circuits non isolés ; mais alors l'action de dérivation étant plus uniforme et plus régulière, les effets ne sont plus aussi capricieux que ceux qui ressortent des expériences de M. Guillemin.

Plusieurs ingénieurs des lignes télégraphiques, entre autres MM. Gounelle, Blavier et Lagarde ont, depuis les travaux de MM. Gaugain et Guillemin, repris la question de la propagation dans la période variable au point de vue mathématique, et sont arrivés à des déductions un peu différentes de celles que nous venons de constater.

Sans entrer dans la discussion qui a été échangée à cet égard entre MM. Gounelle, Blavier, Gaugain et Guillemin, nous allons rapporter les principales conclusions auxquelles la discussion des formules a conduit ces savants (1).

D'abord MM. Gounelle, Blavier et Lagarde, au lieu des désignations propagation absolue, propagation relative qui avaient été adoptées dans l'origine par M. Gaugain, ont préféré employer les expressions *variabilité proportionnelle*, *variabilité différentielle*, qu'ils définissent de la manière suivante.

Quand on considère la durée de l'état variable comme le temps nécessaire pour que le courant variable atteigne une fraction déterminée du courant à l'état permanent, c'est-à-dire pour que le rapport $\dfrac{\mathrm{I}}{\mathrm{I}'}$ ait une valeur donnée, la variabilité est dite *proportionnelle;* mais quand on considère cette durée de l'état variable comme le temps nécessaire pour que la différence $(\mathrm{I} - \mathrm{I}')$ entre l'état variable et l'état définitif ait une valeur très-petite et déterminée, la variabilité est dite *différentielle*.

Or, il résulte des déductions mathématiques des savants dont nous parlons les conclusions suivantes :

1° Dans un conducteur quelconque, dont l'une des extrémités communique avec une source électrique de tension constante et l'autre avec la terre, l'état permanent, n'importe comment on le considère, s'établit quatre fois plus vite pour le point milieu que pour l'extrémité en communication avec le sol. (C'est la loi des carrés retournée.) (Loi de Gounelle.)

2° Au point milieu du conducteur de longueur l, le courant est pour les mêmes moments, exactement moitié de ce qu'il serait à l'extrémité en contact avec la terre d'une ligne moitié moins longue, l'autre extrémité communiquant avec la même source électrique. (Loi de Gounelle.)

3° Dans un conducteur télégraphique, la durée de l'état variable, quelle que soit la manière dont on considère la variabilité, *est moindre*

---

(1) Voir les mémoires de M. Lagarde (*Annales-télégraphiques*, t. VII, p. 511, et t. VIII p. 1-19).

quand il y a des pertes tout le long du fil, que lorsque la ligne est parfaitement isolée.

4° La durée de l'état variable, lorsque la ligne a des pertes, n'est pas la même pour tous les points du fil ; elle *est moindre* pour le point milieu que pour l'extrémité en contact avec la terre. (Cette déduction est la conséquence de ce que les dérivations produisent leur effet le plus fâcheux quand elles sont appliquées au milieu du circuit.)

Les différentes déductions qui précèdent supposent nulle la résistance de la pile, ou tellement petite par rapport au circuit de la ligne, qu'elle peut s'effacer devant celui-ci. Toutefois, quand cette résistance n'est pas négligeable, les lois de la période variable deviennent différentes, et, d'après M. Lagarde, elles pourraient être résumées de la manière suivante :

5° La durée de la variabilité proportionnelle varie dans le même sens que la résistance de la pile, mais non pas proportionnellement.

6° Lorsqu'on fait varier la longueur du conducteur sans changer le nombre des éléments de la pile, la durée de la variabilité proportionnelle augmente, mais non pas proportionnellement au carré de la longueur.

7° La durée de la variabilité différentielle augmente avec la force électro-motrice de la pile, mais non pas proportionnellement ; et si le nombre des éléments de la pile ne change pas, elle augmente avec la longueur de la ligne, mais non pas proportionnellement au carré de cette longueur.

8° La durée de la variabilité différentielle augmente, mais non pas proportionnellement, avec la résistance de la pile, tandis qu'elle diminue, mais non pas proportionnellement, quand la conductibilité du fil augmente.

REPRÉSENTATION GRAPHIQUE DE LA PROPAGATION ÉLECTRIQUE PENDANT LA PÉRIODE VARIABLE.

Pour qu'on puisse se bien pénétrer de la manière dont se comporte la propagation électrique dans son état variable, nous allons représenter graphiquement la distribution successive des tensions sur le conducteur du circuit, comme nous l'avons fait quand nous avons étudié l'état permanent.

Dans' ces nouvelles conditions, la quantité d'électricité reçue par chaque tranche du conducteur n'est plus égale à celle qu'il perd, et la charge électrique augmente peu à peu suivant une fonction du temps qui peut être déterminée par le calcul, et qui suit à peu près les courbes de la figure 11.

Fig. 11.

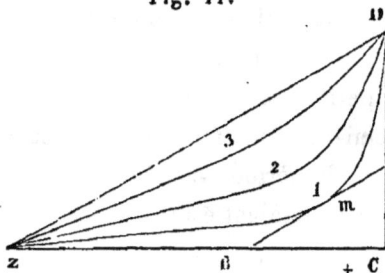

La force électro-motrice étant, bien entendu, toujours développée en C, ces courbes, comme on le voit, tendent toujours à se rapprocher de plus en plus de la ligne droite DZ à mesure que la durée de propagation augmente, et elles se confondent avec celle-ci, quand l'état permanent est établi.

Quant à l'intensité du courant aux divers points, elle est proportionnelle, à chaque instant, à la tangente trigonométrique de l'angle formé avec l'axe CZ par la tangente mC aux différentes courbes D1Z, D2Z, D3Z.

Fig. 12.

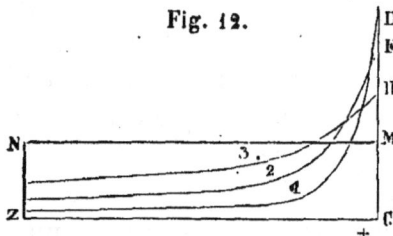

Les courbes D1Z, F2, H3 (fig. 12) représentent les courbes d'intensité du courant aux intervalles de temps 1, 2, 3. NM est l'intensité définitive qui est la même pour tous les points du conducteur. Dans la première partie du fil, l'intensité dépasse promptement la valeur définitive NM, puis décroit peu à peu. Dans la deuxième partie, elle augmente régulièrement jusqu'à ce qu'elle atteigne la valeur NM.

En nommant I l'intensité définitive, K, la conductibilité du fil conducteur, h, son coefficient de charge, l, sa longueur, π, le rapport de la circonférence au diamètre, e, la base des logarithmes népériens, l'analyse conduit à la formule suivante pour l'intensité X du courant à l'extrémité du conducteur, en fonction du temps :

$$X = I - I \left\{ e^{\frac{K\pi^2 t}{hl^2}} - e^{\frac{4K\pi^2 t}{hl^2}} + e^{\frac{9K\pi^2 t}{hl^2}} + etc. \right\}$$

Cette formule peut être discutée, et on peut en tirer quelques-unes des conséquences que nous avons déjà énoncées ; mais cette question est trop mathématique pour que nous nous y arrêtions, et nous renverrons le lecteur que cette question intéresse à l'ouvrage d'Ohm, et aux mémoires de MM. Blavier et Gounelle, insérés dans les *Annales télégraphiques* de 1859 et 1860.

ÉTAT VARIABLE PENDANT LES DÉCHARGES.

Jusqu'à présent, nous ne nous sommes occupés de l'état variable de la propagation électrique que par rapport à la charge des conducteurs, et nous ne l'avons pas encore considéré par rapport à la décharge. Cette question intéresse pourtant au même titre les applications électriques ; car, dans la plupart d'entre elles, les appareils ne fonctionnent que sous l'influence d'un courant dont l'intensité n'est qu'une fraction plus ou moins grande de son intensité maxima, c'est-à-dire sous l'influence d'un courant pris à une époque plus ou moins éloignée de sa période variable. Dans ces conditions, les décharges succèdent à des charges plus ou moins complètes, et il s'agit de voir comment se comportent les durées de la propagation dans cette double action.

Nous devrons d'abord considérer que la décharge peut s'effectuer de deux manières, soit par une seule des extrémités du conducteur, soit par les deux à la fois.

Si la charge a été complète ou du moins à atteint les 9/10 de son intensité maxima et que la décharge s'effectue d'un seul côté, *la durée de celle-ci est quatre fois plus longue que celle de la charge*, comme si le circuit avait une longueur double, et l'intensité, à chaque instant, est toujours représentée par la tangente trigonométrique de l'angle que forme la tangente aux courbes avec l'axe CZ. Ces courbes se dessinent d'ailleurs comme dans la fig. 13.

.·Si, au contraire, la décharge s'effectue par les deux bouts du conducteur à la fois, *sa durée est égale à celle de la charge* et les lignes distributives des tensions sont représentées alors successivement par les
courbes C1Z, C2Z, C3Z, etc. (fig. 14).

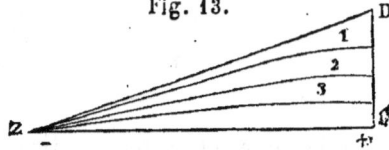

Fig. 13.

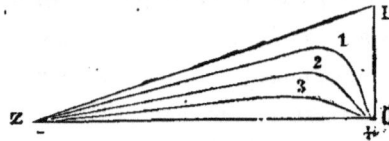

Fig. 14.

Dans les expériences faites par M. Guillemin sur son circuit de 570
kilomètres bien isolé, les durées de décharge ont été $0''$,0625, alors que
les durées de charge étaient $0''$,0170. Le rapport de ces deux nombres
est 3,68 : il est comme on le voit bien voisin de 4.

Cette différence de durée, dans ces deux cas de la décharge, s'explique aisément, si l'on considère que quand la décharge s'effectue par
les deux bouts du fil à la fois, la résistance du conducteur se trouve par
le fait diminuée de moitié, et comme les durées sont proportionnelles aux
carrés de ces résistances, la décharge double comparée à la décharge
simple, met un temps quatre fois moindre à s'effectuer; or, si le temps de
la décharge double correspond à celui de la charge du fil, la durée de la
décharge simple doit être quatre fois plus longue.

M. Gounelle, dans ses recherches mathématiques sur la propagation
électrique dans l'état variable, démontre l'égalité des durées de la charge
et de la décharge dans le cas où cette dernière s'effectue par les deux
bouts du circuit, en faisant voir que les formules de la charge et de la décharge sont alors identiquement les mêmes ; mais il faut, pour cela, que
le circuit soit parfaitement isolé. M. Lagarde montre qu'il en est encore
de même, quand le circuit est soumis à des dérivations, mais à la condition que la résistance de la pile soit négligeable. Quand cette résistance
n'est plus négligeable, la durée de la décharge devient différente de celle
de la charge, et, selon lui, la première augmenterait par rapport à l'autre
avec la force électro-motrice de la pile qui a servi à charger le fil (mais non
proportionnellement), et elle diminuerait avec la résistance de cette pile.

Nous ne devons pas perdre de vue que, dans les décharges que nous venons d'étudier, il s'agit de décharges provenant de charges maxima; or, comme dans la pratique, ces charges ne peuvent être obtenues, il est nécessaire d'examiner ce qui se passe suivant que l'intensité électrique que l'on emploie est une fraction très-petite ou très-grande de l'intensité maxima.

Dans le câble transatlantique actuel, par exemple, si l'on veut employer une force électrique qui soit les 9/10 de l'intensité *maxima*, la durée de la charge devra être de 1″,8 et la décharge aura à peu près la même durée que la charge, quand le câble sera en rapport avec le sol par ses deux extrémités ; mais si l'on ne prend *qu'un centième* de ce maximum, cette durée sera bien différente pour la charge et pour la décharge. Elle sera environ 2/10 de seconde dans le premier cas, alors qu'elle pourra atteindre plusieurs minutes dans l'autre. Cela se comprend d'ailleurs facilement, si l'on considère que, dans ce dernier cas, la force qui est alors fournie par la pile est loin de correspondre à toute la puissance de celle-ci ; de sorte que la charge du câble s'effectue sous l'influence d'une tension croissante, tandis que la décharge reste dans des conditions de stabilité relative.

La fig. 15 peut donner une idée parfaitement nette de ces différents effets. Elle représente les courbes de charges et décharges électriques du câble transatlantique aux différentes époques de la période variable de l'intensité d'un courant. Les ordonnées représentent les intensités du courant, les abscisses les durées ; les unités de grandeur de ces deux valeurs sont fonction l'une de l'autre, c'est-à-dire que si l'unité de durée est représentée par 1 millimètre, l'unité d'intensité de courant sera également représentée par 1 millimètre. Cela posé, nous admettrons que, pour la longueur du câble étudié, l'intensité maxima du courant sera représentée par 100 ; par conséquent, la ligne xx représentera la ligne des intensités maxima, et la ligne des abscisses AA celle des intensités minima. Toutes les courbes de charges et de décharges devront en conséquence être comprises entre ces deux lignes, à moins que la décharge changeant de signe, les ordonnées ne doivent plus être considérées, à partir de la ligne AA, de haut en bas.

Actuellement, nous avons à considérer les courbes correspondant à une durée prolongée du courant et à des durées déterminées, fractions plus ou moins grandes de l'intensité maxima.

La courbe D′DD montre au point d'arrivée l'intensité croissante d'un courant dont la fermeture est prolongée. On voit que tout en se rapprochant successivement de la ligne des intensités maxima xx à mesure que les durées de fermeture du courant augmentent, cette courbe D′D ne peut jamais l'atteindre complétement.

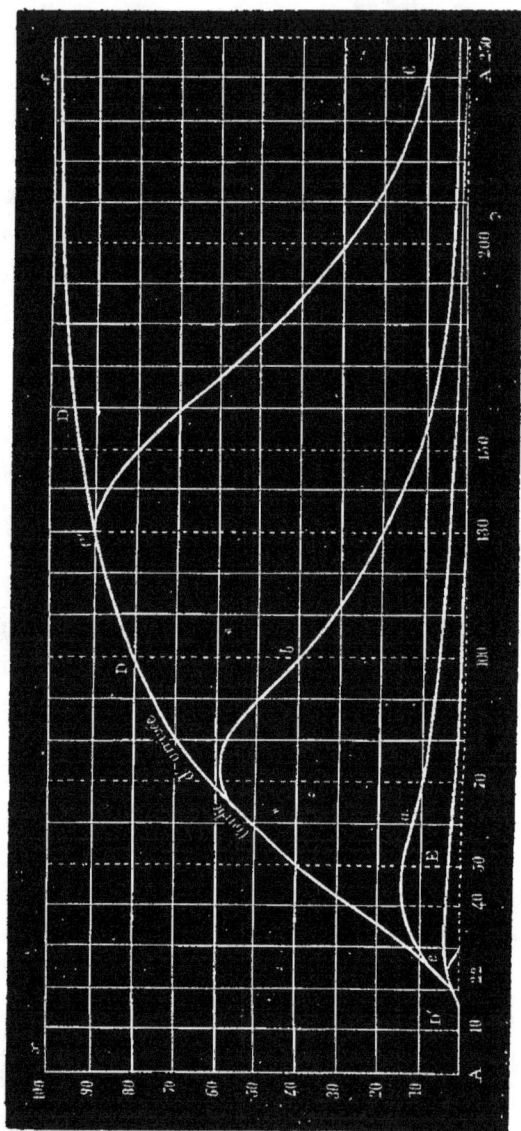

Fig. 15.

La courbe D′C′C représente la courbe de charge et de décharge d'un courant, dont l'intensité est arrivée aux 9/10 de l'intensité maxima, sous l'influence d'une durée de fermeture représentée par 130 unités, et en admettant que la décharge s'effectue par les deux bouts du câble à la fois. La partie CC′ de cette courbe représente la décharge. Cette courbe de décharge, pas plus que la courbe D′DD, à l'égard de la ligne *xx*, ne peut rencontrer la ligne AA, mais elle s'en rapproche de plus en plus à mesure que les durées d'ouverture du circuit augmentent, et montre qu'après 130 unités de durée, la décharge, comme la charge, atteint les 9/10 de sa valeur totale.

La courbe D′*b* représente l'intensité croissante et décroissante d'un courant au bout de 70 unités de durée de fermeture du circuit. Cette intensité n'est que les 6/10 de l'intensité maxima, et l'on voit que, dans ce cas, la courbe de décharge s'allonge considérablement.

Les courbes D′*a* et D′E représentent les intensités du même courant, prises au bout de 40 et de 22 unités de durée de fermeture du circuit, périodes après lesquelles ces intensités ne sont plus que les 14/100 et les 2/100 de l'intensité maxima.

Enfin, la petite courbe D′*e*, dont la durée de charge et de décharge est représentée par 22 unités, et qui n'est comme la courbe D′E, que les 2/100 de l'intensité maxima, représente le flux qui est utilisé sur la ligne transatlantique avec l'intermédiaire d'un condensateur ; la courbe de décharge, comme on le voit, est beaucoup plus rapide que celle qui correspond à la même durée de la période variable sans l'intervention du condensateur.

Les expériences de M. Fleemming Jenkin ont été faites sur des câbles sous-marins, à l'aide d'un galvanomètre très-sensible connu sous le nom de *Galvanomètre de Thomson*.

C'est un appareil, dont l'aiguille aimantée porte un petit miroir concave, et ce miroir projetant l'image d'un point lumineux à une certaine distance, permet d'amplifier considérablement les écarts de la déviation magnétique en rapport avec l'intensité des courants transmis.

En représentant comme précédemment, par une courbe, les différentes intensités du courant, aux différents instants de la transmission, et en étudiant les inclinaisons relatives de cette courbe, M. Fleemming Jenkin est arrivé aux conclusions suivantes :

1° A l'extrémité de la ligne, la courbe des intensités, dite dans ce cas, *courbe d'arrivée*, s'élevant d'abord rapidement puis se couchant successivement de plus en plus à mesure qu'elle s'approche de la ligne des

maxima, montre que les accroissements les plus importants de l'intensité
ont lieu dans les premiers moments, et qu'à partir des 9/10 du maxima,
l'augmentation devient pour ainsi dire insignifiante.

2° La forme de cette courbe d'arrivée est toujours la même, quelle que
soit la longueur du circuit, pourvu que l'intensité maxima corresponde
toujours à la même ligne xx; elle pourra seulement être plus ou moins
couchée, suivant la longueur des circuits.

3° Les *durées* figurées par les abcisses de cette courbe, ne peuvent
être fixées d'une manière absolue, car elles peuvent représenter des temps
plus ou moins longs, suivant les conditions du circuit; ainsi, pour des lignes
aériennes, la durée indiquée 150 (fig. 15) pourra représenter 25 millièmes
de seconde et ne représenter que des dixièmes de seconde sur une ligne
sous-marine.

4° Comme la courbe ne se sépare pas immédiatement de l'axe des
abcisses au point A qui représente l'instant précis où s'établit la fermeture du courant, il *faut admettre, qu'en réalité, un certain temps est nécessaire pour que la rupture de l'équilibre électrique se fasse sentir
d'un bout à l'autre du circuit,* ce qui est contraire à la théorie d'Ohm,
et ce temps est représenté sur la fig. 15 par l'intervalle AD' qui comprend environ 17 divisions.

5° La courbe Ac'B (fig. 16), correspondant à une intensité électrique
moitié de celle en rapport avec la courbe Acx, parce qu'on aura réduit
la force électro-motrice de moitié, présentera les mêmes phases de croissance; seulement les ordonnées $1a'$, $2b'$, $3c'$ de cette nouvelle courbe,
aux différents instants de la transmission, étant moitié des ordonnées
$1a$, $2b$, $3c$ de la première, la courbe sera beaucoup moins rapide, mais
les durées de propagation, pour atteindre telle ou telle fraction de l'intensité maxima, seront les mêmes.

6° La sensibilité d'un appareil interposé sur un circuit, pouvant être
représentée par une fraction plus ou moins grande de la ligne des intensités Ax, il fonctionnera d'autant plus rapidement qu'il sera lui-même
plus sensible *et que la force électro-motrice du courant sera plus considérable,* car, pour une même action magnétique exigeant une intensité électrique représentée par Ac, la distance hC, $h'C$ de la courbe de
charge à la ligne Ax est d'autant plus courte que cette courbe est moins
couchée.

7° Si on trace l'une à côté de l'autre deux courbes Aa'b', Aabx (fig. 17), en rapport avec deux circuits de longueur différente, les durées de propagation pour correspondre aux points *a, a', b, b'* des deux courbes situées sur une même parallèle à l'axe des abcisses, *ne sont pas* (avec un appareil très-sensible) *exactement proportionnelles aux carrés des longueurs des circuits, mais suivent une loi plus ou moins complexe, comprise entre la proportionalité au carré et la proportionalité à la simple longueur.* Cette déduction, conforme à celle de M. Guillemin pour les circuits aériens, résulte de ce que, dans les câbles sous-marins, la condensation joue le même rôle que les-dérivations.

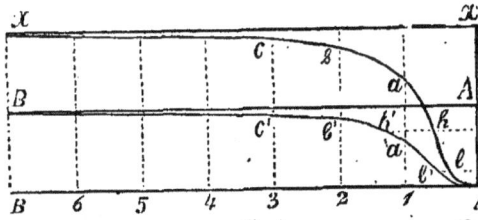

Fig. 16.

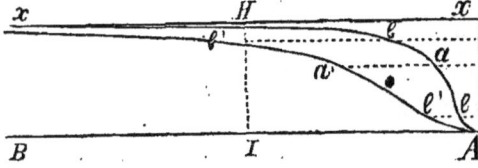

Fig. 17.

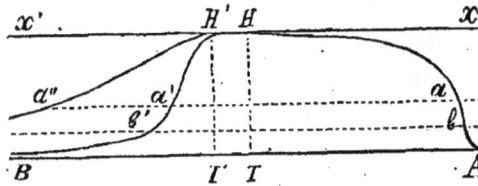

Fig. 18.

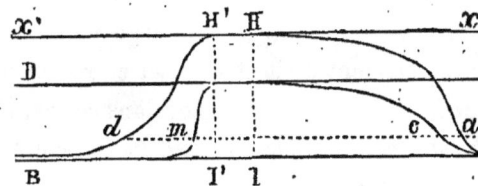

Fig. 19.

8° Quand on interrompt le circuit de manière à le mettre en communication à la terre par ses deux bouts à la fois, *la courbe de décharge descend dans les premiers moments d'une manière assez rapide, puis de moins en moins, et la décroissance suit alors exactement les mêmes phases que l'augmentation pendant la charge;* de sorte que la courbe CC' (fig. 15) représente à peu près la courbe D'C, mais en sens inverse.

9° Il en résulte que la durée d'une émission de courant, dans sa période décroissante, peut être *égale, plus courte ou plus longue* que celle correspondante à sa période croissante, suivant la hauteur de la parallèle Db', Ca', (fig. 18), etc. à l'axe des abcisses, qui indique le degré de sensibilité de l'appareil introduit dans le circuit ; et il peut arriver qu'avec des appareils très-sensibles, ce temps de décharge soit *considérablement plus long que le temps de charge ; cela a lieu quand cette sensibilité correspond à la parallèle* Db'*, par exemple.* Quand cette parallèle est située vers le milieu de la hauteur de l'intensité maxima, les durées de charge et de décharge peuvent devenir alors égales. Ces effets, toutefois, peuvent être modifiés suivant la nature des appareils, car, avec des électro-aimants, par exemple, les temps de charge, comme on le verra plus tard, sont toujours plus grands que les temps de décharge, parce que l'aimentation s'effectue moins vite que la désaimantation.

10° Si la communication à la terre. n'est faite que par un seul bout du circuit, la décharge s'effectue comme si la ligne avait une longueur double ; conséquemment, le point de l'abcisse où vient aboutir la courbe de décharge, est à une distance quatre fois plus grande que quand cette décharge s'effectue des deux côtés à la fois : alors la courbe est représentée par la ligne HH'a'' (fig. 18).

11° La forme des courbes qui représentent l'accroissement ou le décroissement de l'intensité d'un courant, est un peu modifiée dans la pratique, par la résistance de la pile, celle de l'instrument qui reçoit le courant, et par les courants induits qui se développent dans le circuit, mais sur les longues lignes, cette modification est peu sensible.

12° Les dérivations régulières, produites sur un circuit, ont pour effet d'abaisser la courbe représentant la charge et la décharge, en la couchant davantage, au moment de la charge, et en raccourcissant un peu le temps de la décharge ; d'où il résulte que, dans ce cas, *la durée totale de chaque émission est plus courte que quand la ligne est isolée*, comme on le voit (fig. 19).

13° Lorsqu'une ligne est déjà parcourue par un courant au moment où on envoie celui dont on veut étudier la marche, les courbes doivent s'interprêter en supposant la hauteur Ax (dans les figures précédentes) rendue égale à la somme ou à la différence des intensités des courants superposés ; la forme de la courbe n'en est d'ailleurs pas altérée (1).

---

(1) Voir le résumé des expériences de M. Fleemming Jenkin, dans le *Traité de télégraphie* de Blavier, 2e édition, tome II, p. 338.

LOIS DE LA PROPAGATION ÉLECTRIQUE DANS L'ÉTAT VARIABLE AVEC L'ÉLECTRICITÉ DE TRÈS-GRANDE TENSION.

Les lois de la période variable sont encore subordonnées à une foule d'actions particulières qu'il est impossible de prévoir tant elles sont complexes, et qui ne peuvent être constatées, que quand l'expérience les met en évidence. L'un des plus curieux et des plus importants effets de ces réactions particulières, est celui qui modifie les conditions de résistance des circuits pour les décharges de haute tension, phénomène découvert en 1866 par M. Guillemin.

Il résulte, en effet, de l'instantanéité d'une décharge de haute tension à travers un conducteur, que la résistance de celui-ci est d'autant moins grande que sa surface est plus développée, quand bien même sa section et sa masse seraient moindres. Si l'on considère que, d'après les expériences de M. Gaugain et autres, les lois de la transmission électrique, dans la période permanente sont les mêmes pour l'électricité statique que pour l'électricité des piles, on pourrait s'étonner, à bon droit, que la loi des conductibilités par rapport à la section des conducteurs fût ainsi modifiée ; mais si l'on considère que dans le cas dont nous parlons, la propagation s'effectue dans un temps tellement court, qu'il n'est qu'une fraction très-petite de la période variable, rien ne peut plus surprendre dans ce phénomène, puisqu'ainsi qu'on l'a vu déjà, les conditions des décharges avec des courants interrompus longtemps avant qu'ils n'aient atteint leur intensité maxima, sont toutes différentes de ce qu'elles auraient été, si l'interruption du courant eût été faite un peu plus tard.

Quoi qu'il en soit, il résulte de cette expérience que les fils de décharge des parafoudres, c'est-à-dire les conducteurs qui relient ceux-ci avec la terre, doivent être les plus larges possible et constitués par des lames métalliques minces et non repliées sur elles-mêmes (1).

Cette différence d'action dans la propagation des décharges de haute

---

(1) Pour démontrer cette action, M. Guillemin établit entre les deux bouts disjoints du circuit d'une forte batterie de Leyde, des systèmes conducteurs différents qui peuvent être, ou un gros fil de cuivre, ou une feuille mince de papier d'étain enroulée sur de la gutta-percha, ou des lames plus ou moins larges de différents métaux, ou des faisceaux de plusieurs fils réunis qu'il peut séparer par une distance plus ou moins grande les uns des autres ou réunir de manière à ne former qu'un seul fil; il établit, entre les deux bouts disjoints du circuit, une petite dérivation complétée par un fil de fer très-fin qu'il allonge plus ou moins suivant les différentes intensités du courant qui doit le

tension, eu égard au diamètre des conducteurs, n'est pas la seule ; les
lois de la résistance des circuits, par rapport à leur longueur, sont aussi
complétement différentes. J'avais déjà démontré, en 1860, qu'une résistance constituée par une solution de continuité interposée dans un circuit, influait moins sur l'intensité des courants directs de la machine de
Ruhmkorff qu'une très-longue résistance métallique, bien que cette dernière
fût par le fait beaucoup moins résistante (1). Mais, en 1868, M. Poggendorff a démontré, par des expériences nettes et précises, que, pour les
courants de la machine de Holtz comme pour ceux résultant des charges
des bouteilles de Leyde, *l'intensité électrique est complétement indé-*
pendante de la résistance des conducteurs du circuit. Ainsi, que la décharge (dans les deux cas) s'effectue par l'intermédiaire d'un fil métallique court ou d'une longue ficelle mouillée, le nombre des décharges de
la bouteille, dans un temps donné, reste toujours le même ; la chaleur
développée est constante et un galvanomètre disposé *ad hoc*, indique
toujours la même déviation. Cet effet avait, du reste, déjà été observé
par M. Gauss (2).

CONDITIONS DE CHARGE ET DE DÉCHARGE DANS LES CIRCUITS VOLTAÏQUES.

Dans les recherches que nous avons exposées jusqu'à présent, on a
admis que les générateurs électriques déterminant la force électro-motrice,
étaient disposés de manière à pouvoir effectuer toujours les charges des
circuits. Mais avec les piles voltaïques, ces charges exigent, pour être
produites, des conditions déterminées qui avaient besoin d'être définies ;
et il importait en même temps de préciser les effets produits dans le cas

---

traverser ; et, quand tout est ainsi disposé, il provoque de fortes décharges à travers les
différents systèmes de conducteurs dont nous avons parlé ; alors il allonge ou raccourcit
son fil de fer, qui lui sert dans ce cas d'électromètre, jusqu'à ce qu'il ne rougisse plus
sous l'influence du courant qui le traverse. Or, l'expérience lui a toujours démontré que
la quantité d'électricité passant par la dérivation est d'autant moins grande que le conducteur complémentaire a une surface plus développée, ou que les fils multiples composant ce conducteur sont plus éloignés les uns des autres. Nous parlerons plus tard de
ces réactions. — (Voir les *Comptes Rendus de l'Académie des Sciences*, année 1866.
Séance de mai).

(1) Voir ma *Notice sur l'appareil de Ruhmkorff*. — 5e édition, pag. 97, et mon *Mémoire*
sur la non homogénéité de l'étincelle d'induction, p. 31.

(2) Voir les *Mondes*, tome 18, p. 480.

d'une charge positive et d'une charge négative ; M. Wheatstone a entrepris, dans ce but, une série d'expériences sur une grande échelle qui ont conduit à des conséquences fort importantes, qu'on peut formuler de la manière suivante :

1° Si l'on met en communication un fil isolé avec l'un ou l'autre des pôles d'une pile, ce fil *pourra se charger de l'électricité dégagée à ce pôle, mais à la condition*, sine qua non, *que l'autre pôle pourra écouler une charge d'électricité de signe contraire équivalente, soit en terre, soit sur un second conducteur de même surface et de même résistance que le premier, mis en rapport avec ce second pôle.* Il y a donc une solidarité complète dans le mouvement des deux fluides dégagés dans la pile.

2° Quand un conducteur isolé est relié à l'un des pôles d'une pile dans les conditions voulues pour qu'il puisse être chargé par l'électricité dégagée à ce pôle, *il se produit, dans le premier moment, un courant de charge qui manifeste d'abord ses effets près de la pile, et qui disparait aussitôt que le flux électrique, après être parvenu jusqu'à l'extrémité du fil, a acquis le même degré de tension en tous les points du conducteur, ce qui constitue sa charge statique.*

3° Quand un conducteur ainsi chargé est séparé de la pile et se trouve mis en communication avec la terre par l'une ou par l'autre de ses extrémités, *un courant de décharge également éphémère se produit, et sa direction, quoique étant la même à travers le fil de communication avec le sol, peut être, à travers le long conducteur, dans le même sens que le courant de charge ou en sens contraire, suivant que c'est l'extrémité reliée à la pile ou l'extrémité opposée qui fournit la voie à l'écoulement électrique.* Dans le premier cas, le premier effet du courant se manifeste à l'extrémité du circuit; dans le second cas, il s'effectue près de la pile.

4° Dans un circuit métallique complet, une moitié du conducteur est chargée d'électricité positive, l'autre d'électricité négative, avec des tensions régulièrement décroissantes depuis les pôles de la pile jusqu'au milieu du circuit.

5° Lorsqu'on ferme un circuit métallique homogène près de l'un des pôles de la pile, le mouvement électrique s'effectue d'abord d'une manière double et simultanée, à partir des deux pôles de cette pile, et n'arrive que plus tard au milieu du circuit. Ainsi, quatre galvanomètres étant interposés dans un circuit, deux dans le voisinage des pôles de la pile et les deux autres dans le voisinage du milieu du circuit, une fermeture de courant opérée près du pôle positif, par exemple, aura pour effet de faire dévier immédiatement les deux premiers galvanomètres près de la pile, et les deux autres ne dévieront qu'après. Ce phénomène est la conséquence de ce que les deux pôles de la pile n'étant pas dans l'origine en rapport avec deux conducteurs de même longueur, *le circuit ne peut se charger qu'au moment même où il se trouve complété par sa double liaison avec la pile.* Dès lors, la charge communiquée par chacun des deux pôles s'effectue en même temps sur chaque moitié du circuit, et commence naturellement à partir des pôles eux-mêmes.

6° Quand la fermeture du circuit, au lieu de se faire près de la pile, est effectuée au milieu du circuit, le contraire a lieu, précisément parce que les deux moitiés disjointes du circuit, ayant pu se charger préventivement, fournissent vers le milieu du circuit et dans les premiers moments de sa fermeture, les premières recompositions électriques produisant la décharge ou le courant.

7° Lorsqu'un fil isolé par l'un de ses bouts est mis en communication avec l'un des pôles d'une pile dont l'autre pôle communique à la terre, il se charge, ainsi qu'on l'a vu précédemment, jusqu'à ce que la tension électrique soit devenue uniforme en tous ses points. Dans ce cas, la charge devrait être à l'état statique et ne plus manifester la présence d'aucun courant. Sur de longs fils, il n'en est pourtant pas ainsi, car la dispersion régulière et continuelle de cette charge provoque un petit courant permanent de décharge *dont l'intensité, mesurée près de la pile, est sensiblement proportionnelle à la longueur du fil, mais qui est en raison inverse de la distance de l'appareil rhéométrique à la pile, quand on la mesure en différents points de la longueur de ce fil.*

De la solidarité des deux fluides dégagés dans la pile, résulte une conséquence fort importante sur laquelle plusieurs physiciens de mérite ont commis souvent des erreurs inqualifiables, bien que pourtant j'aie longuement discuté cette question dans un Mémoire présenté à l'Institut, en 1851. C'est que le fluide positif, dégagé par une pile, ne peut jamais se combiner avec le fluide négatif dégagé par une autre pile semblable, de manière à donner lieu à un courant. Si on fait l'expérience en réunissant par un fil les deux pôles contraires de deux piles différentes n'ayant d'ailleurs aucune communication entre elles, on reconnaît qu'il ne se manifeste aucune action.

D'après ce que nous venons de dire de la propagation d'un courant issu d'une pile, on serait en droit de conclure que les courants n'ont pas de direction déterminée dans leur mouvement, puisque les deux flux électriques marchent à la rencontre l'un de l'autre ; mais si on considère que le galvanomètre qui accuse la présence de ces courants doit se trouver impressionné d'une manière tout opposée, suivant que c'est le flux d'électricité positive ou le flux d'électricité négative qui agit sur lui, on s'assurera que l'effet produit par l'électricité positive se trouve maintenu par l'électricité négative précisément en raison de la marche contraire des deux courants et de l'effet diamétralement opposé qui se trouve exercé dans les deux cas ; il s'ensuit donc que, par rapport au galvanomètre, le courant a un sens déterminé qui fait dévier à gauche ou à droite, sur toute l'étendue du circuit, l'aiguille aimantée ; et ce sens dépend de la manière dont les pôles de la pile se trouvent mis en rapport avec les extrémités du circuit qui doit agir sur cette aiguille. On est convenu de dire que le courant voltaïque marche du pôle positif de la pile au pôle négatif ; mais c'est une expression de pure convention.

VITESSE DE L'ÉLECTRICITÉ.

D'après ce que nous avons dit sur la période variable de la propagation électrique, il devient facile de se rendre compte des différences qui existent entre les divers chiffres qui ont été donnés pour représenter la vitesse de l'électricité. Elles tiennent précisément à ce que l'hypothèse qui a servi de base aux physiciens pour l'étude de la propagation de l'électricité n'est pas exacte. Si, au lieu d'assimiler cette propagation à celle du son ou de la lumière, on l'eût assimilée à celle de la chaleur, comme l'avait fait Ohm dans l'origine, on aurait pu voir immédiatement que le temps de la transmission électrique ne peut être déterminé qu'autant qu'on introduit, comme donnée du problème, le degré de force que doit avoir le courant en un point déterminé du circuit. En ne tenant pas compte de cette circonstance, le chiffre de la vitesse de la propagation électrique dépend uniquement de la sensibilité des appareils employés, ou du mode d'expérimentation, et ne peut être regardé que comme mesurant une époque plus ou moins longue de la période variable, époque qu'on ne saurait même déterminer d'une manière absolue. Voilà pourquoi M. Pouillet a trouvé que la vitesse de l'électricité devait être dix mille fois plus grande que celle de la lumière, alors que MM. Fizeau et Gounelle l'avaient trouvée de 100 000 kilomètres par seconde dans un fil de fer de 4 millimètres, et MM. Mitchell et Walker, de 40 000 kilomètres seulement.

En définitive, il résulte de tout ce que nous venons de dire, qu'il n'y a pas de vitesse proprement dite de l'électricité, mais bien un temps de fluctuations électriques, pendant lequel l'intensité du courant augmente successivement aux divers points du circuit, et qui atteint sa limite extrême lorsque le courant, étant arrivé à son maximum, se trouve avoir partout la même intensité. On a vu précédemment les lois qui concernent ces durées, mais en dehors de celles-ci, il existe encore, ainsi que nous l'avons dit page 66, un petit retard qu'on pourrait appeler durée de *l'inertie électrique*, dont les lois n'ont pas encore été étudiées et qui pourrait être considéré comme constituant à lui seul un temps de vitesse initiale de propagation.

M. Marié-Davy, tout en admettant les conséquences qui précèdent, et qu'il avait prévues lui-même, croit qu'il existe encore un coefficient de vitesse qui résulte du fait même de la propagation de l'électricité dans des conducteurs de forme définie (1). C'est sans doute ce coefficient de vitesse qui correspond à cette inertie électrique dont nous venons de parler, et qui empêche les courbes que nous avons données, de commencer précisément au point correspondant à l'instant précis de la fermeture du circuit.

COURANTS PRODUITS PAR DES CHANGEMENTS DANS LA TENSION ÉLECTRIQUE D'UNE CHARGE PERMANENTE.

Nous avons vu que, d'après la théorie d'Ohm, il suffit d'une différence de tension, en deux points différents d'un conducteur électrisé, pour déterminer, entre ces deux points, un flux électrique se comportant exactement comme un courant issu de deux tensions égales de signes contraires. Dans ce cas, la force électro-motrice qui préside à la propagation de ce flux électrique est exprimée par la différence des deux tensions. Or, si l'on admet qu'un conducteur se trouve préalablement électrisé, soit par une charge statique, soit par une charge dynamique, on pourra déterminer un mouvement électrique dans telle condition qu'il pourra conve-

---

(1) Voir le mémoire de M. Marié-Davy sur cette question : *Recherches sur l'électricité*. V. Masson 1861.

nir, si à l'une des extrémités de ce conducteur on parvient à diminuer ou à augmenter la tension préexistante; si on l'augmente et que la charge soit à l'état dynamique, on diminue la force électro-motrice et le courant se trouve affaibli ; on peut même l'anihiler complétement en augmentant assez cette tension pour qu'elle devienne égale à celle qui a déterminé le mouvement électrique. Au contraire, si on l'amoindrit, soit par une communication avec le sol, soit par l'action d'une source électrique con-traire, on rendra la force électro-motrice plus grande et le courant plus énergique. Toutefois, il ne faudra pas perdre de vue que, pour obtenir ce résultat avec une pile, il faudra que l'électricité de nom contraire à celle qui réagit sur le circuit, trouve à s'écouler dans le sol en proportion de l'action produite, car nous avons vu que les deux flux électriques dégagés dans une pile sont solidaires l'un de l'autre.

Il résulte de cette action une conséquence très-importante, c'est qu'un même circuit peut transmettre des actions électriques différentes en rapport avec plusieurs sources électriques, sans pourtant servir de véhicule à chacune d'elles. Il s'établit alors entre les tensions électriques, aux différents points de ce circuit, un équilibre qui peut fournir les amoindrissements ou les renforcements de force électro-motrice nécessaires pour faire varier l'intensité électrique dans le circuit, et déterminer les effets en rapport avec les fermetures et les interruptions des courants simples. Nous aurons occasion de revenir sur cette question au chapitre des accouplements des piles.

Une autre conséquence non moins importante résulte encore de la production de courants par le fait d'une différence de tension, c'est que si on charge un conducteur d'une manière quelconque, et que cette charge puisse s'accumuler et se maintenir à l'extrémité du circuit à l'aide d'un condensateur de grande surface, on pourra produire tous les effets des courants en modifiant très-peu la tension de cette charge, soit par des communications alternatives de courte durée avec la terre ou avec la source électrique, soit par des émissions successives de flux positifs ou négatifs de moindre énergie que l'action primitive. Ce système a produit d'excellents résultats sur les câbles transatlantiques, mais il pourrait présenter des inconvénients sur les lignes aériennes, en raison des dérivations par les poteaux qui, en temps de pluie, empêcheraient la charge complète du condensateur et fourniraient des affaiblissements de tension indépendantes de la volonté de l'expéditeur.

Les courants qui résultent d'un affaiblissement ou d'un renforcement produit dans la tension d'une charge électrique préexistante sur un conducteur, dépendent beaucoup; quant à leur intensité, non-seulement du chiffre de la différence de tension produite, mais *encore du temps employé* pour produire cette différence. Si ce temps est long, le courant qui en résulte est faible, s'il est court, il est infiniment plus fort; M. Varley a imaginé, pour démontrer ces différences d'effets, un appareil extrêmement ingénieux que nous croyons devoir décrire, pour qu'on puisse bien se pénétrer de cette question qui est beaucoup plus importante qu'on ne le pense généralement.

Fig. 20.

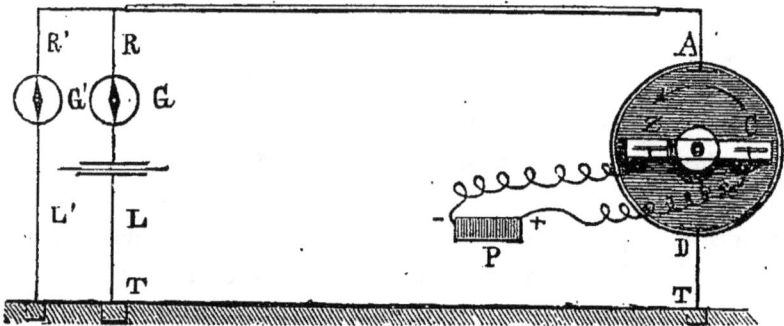

Cet appareil consiste dans un baquet AD isolé, rempli d'eau légèrement salée avec du sulfate de zinc. Deux électrodes en zinc amalgamé Z et C portées par une traverse, plongent dans ce baquet et sont mises en mouvement de rotation par un mécanisme d'horlogerie qui leur fait accomplir une demi-révolution en 40 secondes. Enfin, le liquide aux deux points opposés A,D d'un même diamètre du baquet, est en contact avec les deux bouts disjoints d'un circuit fermé très-résistant R' dans lequel est interposé un galvanomètre G', et les électrodes de zinc amalgamé communiquent aux deux pôles d'une pile P assez puissante.

Les appareils étant ainsi disposés, on observe que quand la traverse qui porte les électrodes de zinc est placée transversalement par rapport à la ligne diamétrale qui réunit les deux points opposés A et D, aucun courant ne traverse le galvanomètre G', tandis que dans la position contraire, c'est-à-dire dans la position AD, un courant assez énergique sillonne le circuit R' dans un sens qui varie à chaque demi-révolution de la traverse. Entre ces deux positions rectangulaires, le courant passe donc par des phases de décroissances et de renforcements successifs, mais d'une manière fort lente, puisque chaque demi-révolution exige 40 secondes pour s'accomplir.

Imaginons maintenant que la plaque A soit mise en rapport avec un second circuit très-résistant R communiquant à l'une des armatures d'un grand condensateur L, dont l'autre armature correspond à la terre et qu'un galvanomètre G soit interposé dans ce nouveau circuit.

Aussitôt que l'appareil fonctionnera et que le courant commencera à se faire sentir, les deux galvanomètres dévieront à peu près de la même manière, l'un sous l'influence de la décharge directe à travers le circuit R', l'autre sous l'influence de la charge du condensateur, mais aussitôt que celui-ci se trouvera chargé à la tension du flux électrique dans le circuit R, la déviation du galvanomètre G cessera, tandis que la déviation du galvanomètre G' persistera. Or, on peut voir que l'amplitude de la déviation du galvanomètre G ne *dépend pas du tout de la force du courant passant à travers le circuit R, mais uniquement de la rapidité des variations de sa tension,* variations qui ont pour résultat l'augmentation ou la diminution de la charge du condensateur. En effet, à mesure que le courant augmente d'intensité par suite du rapprochement successif des lames Z, C, des points A et D, la déviation du galvanomètre G' augmente dans une proportion considérable, tandis que celle du galvanomètre G reste toujours à peu près nulle, et cela parce que la tension augmentant lentement, les effets statiques succèdent presqu'immédiatement aux effets dynamiques et ne peuvent donner lieu qu'à une série de courants différentiels peu appréciables. Supposons, pour fixer les idées, que le courant arrivant au bout des deux résistances R et R', ait une tension représentée par 1 à travers les deux galvanomètres : la charge du conducteur R' sera accomplie et l'état statique succédant à l'état dynamique, la déviation du galvanomètre G cessera immédiatement. Maintenant, admettons que pendant ce temps le courant ait augmenté de force et que sa tension 1 soit devenue 2: le condensateur se chargera à 2 et pendant cette nouvelle charge le galvanomètre déviera jusqu'à ce que le condensateur soit de nouveau chargé à cette tension ; ainsi, l'effet dynamique produit alors dans le circuit, ne sera pas en rapport avec la force du courant, mais seulement avec les accroissements successifs de sa tension. Il n'en aurait pas été de même si, au lieu de faire croître lentement la tension, on avait effectué immédiatement la charge du condensateur par la communication directe du circuit R avec la pile. La déviation galvanométrique en G aurait pu être considérable et aussi énergique qu'en G', seulement elle n'aurait été que momentanée.

C'est pour la même raison que des deux courants qui naissent de l'induction, le courant direct a le plus de tension; car la désaimantation s'effectuant plus rapidement que l'aimantation, la charge du conducteur est successive dans un cas alors qu'elle est presqu'instantanée dans l'autre.

De tous les moyens qu'on peut utiliser pour obtenir des effets dynamiques par la tension électrique, le meilleur est sans contredit l'emploi des condensateurs; mais pour correspondre à l'électricité développée par la pile, il faut que ces condensateurs aient des dimensions considérables. Ceux qui sont employés dans les transmissions télégraphiques entre l'Europe et l'Amérique, ont environ quarante mille pieds anglais de surface. Avec ces appareils, on obtient de la part des armatures opposées à celles qui sont directement électrisées par la pile, des flux d'électricité repoussée qui agissent comme de véritables courants et qui réunissent des avantages que n'ont pas les autres courants, quand il sont appliqués sur de très-longues lignes télégraphiques.

Pour qu'on puisse comprendre ces avantages, il nous suffira de rappeler que sur de longues lignes télégraphiques, et surtout sur les lignes sous-marines, la durée de la période variable de la propagation électrique ne laisse pas que d'être assez appréciable, et que la décharge complète des lignes est relativement très-longue à s'effectuer. Or, avec les condensateurs, cette durée de décharge est infiniment raccourcie. En effet, quand le flux d'électricité repoussée est parvenu aux appareils et qu'il a commencé à produire son effet, une décharge du condensateur à la station qui transmet, a pour effet de faire suivre ce premier flux d'un second provenant de l'électricité accumulée sur le condensateur, et celui-ci, en tendant à s'écouler par la même voie que le premier flux, rencontre ce dernier sur son chemin et le neutralise immédiatement en provoquant une recomposition au sein même du conducteur. Nous donnerons plus tard des renseignements plus complets sur ce système de transmission; il nous suffit, quant à présent, de le signaler pour montrer tout le parti qu'on peut tirer de l'emploi des condensateurs dans les applications électriques. Nous verrons encore qu'en les utilisant d'une autre manière, on peut en faire de véritables emmagasineurs de la puissance électrique.

DE LA TRANSMISSION ÉLECTRIQUE PAR LE SOL.

Les premières recherches électriques par le sol remontent à l'année 1747. A cette époque, le Dr Watson, qui, par des expériences préalables sur la Tamise, avait reconnu le pouvoir conducteur des liquides, s'imagina de faire entrer la terre pour moitié dans un circuit parcouru par une décharge électrique, et s'assura que dans un circuit ainsi composé, comme dans un circuit entièrement métallique, la transmission électrique était instantanée. Les expériences qu'il entreprit à cet égard furent faites successivement avec des fils de 45 mètres, de 1609 mètres et de 3218 mètres de longueur, et toujours la réussite fut complète. Ces expériences furent ensuite répétées par MM. Franklin, de Luc, Lemonnier et l'abbé Nollet, mais elles n'ajoutèrent rien à la découverte du savant anglais.

Après la découverte de la pile de Volta, plusieurs savants, entre autres MM. Erman, Basse (de Berlin) et Aldini, cherchèrent à répéter, en 1803, avec les courants voltaïques, les expériences que Watson avait faites avec des décharges d'électricité statique ; ils reconnurent que le phénomène de la propagation du courant s'opérait de la même manière, mais sous certaines conditions. M. Feschner prétendit même que l'on pourrait utiliser cette propriété de transmission du sol dans la télégraphie électrique. Il est vrai qu'à cette époque la question de la télégraphie était loin d'être résolue, mais une chose curieuse à constater, c'est que tous ceux qui se sont occupés, dans le commencement du siècle actuel, de réaliser cette belle idée, ne cherchèrent pas à appliquer à leur système cette propriété si importante de la transmission électrique par le sol, qui était pourtant découverte depuis longtemps. Ce ne fut qu'en 1838 que M. Steinheil, physicien allemand, eut l'idée d'en tirer parti pour un télégraphe électrique qu'il avait imaginé. Les expériences furent faites à Munich, sur un circuit de 1 lieue ⅞ d'Allemagne, et elles lui montrèrent qu'effectivement la terre pouvait transmettre avantageusement un courant voltaïque et être employée dans les transmissions télégraphiques, si le fil conducteur, qu'il appelait *fil d'aller*, se terminait à son extrémité libre par une plaque enterrée dans le sol et que la pile fût elle-même en rapport avec la terre de la même manière. D'autres expériences lui prouvèrent ensuite que cette faculté de transmission de la terre était d'autant plus grande que les plaques avaient elles-mêmes plus de surface, et que le terrain était plus humide. Cette découverte était une véritable révélation, car elle permettait d'épargner sur toutes les lignes télégraphiques le *fil de retour*, et de réduire de moitié leur dépense d'installation. Aussi, tous les physiciens se mirent-ils à l'œuvre pour étudier les conséquences qui pouvaient résulter de cette question nouvelle. MM. Wheatstone et Cooke firent, en 1841, des essais qui eurent pour résultat d'établir que *la terre agissant comme un vaste réservoir d'électricité, ou, sous quelques rapports, comme un excellent conducteur, la résistance d'un circuit dans lequel elle se trouve introduite se trouve grandement diminuée ;* de sorte qu'avec son intermédiaire, une pile peut agir à une bien plus grande distance avec un fil conducteur de plus petit diamètre.

Ce fait était déjà d'une grande importance, car il prouvait que la terre, loin d'être un plus mauvais conducteur que le fil métallique, favorise, au contraire, la marche du courant, surtout quand la longueur du circuit est considérable, et, quand on put établir que la résistance du sol peut être par le fait *considérée comme nulle,* la question de l'établissement de la télégraphie électrique se trouva dès lors résolue pratiquement.

Rôle de la terre dans les transmissions électriques à travers le sol. — Quel rôle joue la terre dans les transmissions électriques à travers le sol ?... C'est une question qui a été fort agitée et qui divise encore les savants. Agit-elle comme un simple conducteur, ou bien ne joue-t-elle simplement que le rôle d'un absorbant comme on l'avait toujours admis pour l'électricité statique ? Telles sont les deux opinions qui sont en présence. Ceux qui veulent soutenir la première disent que, bien que la terre en elle-même soit un mauvais conducteur, elle supplée à cette mauvaise conductibilité par l'immensité de sa section, et que, d'ailleurs, les cours d'eau qui sillonnent le globe en tous sens sont d'admirables véhicules qui peuvent faire parcourir au fluide un chemin immense sans l'affaiblir, toujours en raison de leur section relativement très-considérable. Toute cette théorie peut du reste être résumée dans le voyage en zigzags et quasi fantastique qu'un illustre physicien fait faire à un modeste courant télégraphique pour aller de Paris à Berlin. Ceux qui soutiennent la seconde hypothèse, et c'est aujourd'hui le plus grand nombre, demandent aux premiers comment tant de courants envoyés de tant d'endroits différents peuvent arriver à destination sans se confondre, sans s'affaiblir ou se renforcer, lorsqu'on sait qu'un même conducteur métallique ne peut servir de véhicule à deux courants sans que les intensités de l'un ou de l'autre se trouvent altérées dans des sens différents. D'ailleurs, pourquoi admettre que la terre puisse servir de réservoir commun ou d'absorbant à l'électricité des machines, alors qu'on lui refuse cette qualité pour l'électricité de la pile qui ne peut cependant pas être d'une espèce différente ? Toutes ces raisons ainsi posées ne sont, nous devons le dire, d'un côté comme de l'autre, que des arguties plus ou moins spécieuses qui montrent qu'on s'est bien plutôt attaché à des définitions incomplètes du mot *conductibilité*, qu'au fond même de la question. En effet, d'après ce que l'on a vu page 33, la résistance d'un milieu plus ou moins conducteur *est indépendante de la distance séparant les électrodes en contact avec ce milieu et varie seulement avec la grandeur de celles-ci*. Or, pour qu'il en soit ainsi, il faut que la conductibilité directe d'une électrode à l'autre n'entre pour rien dans le phénomène de la conduction, et dès lors la transmission s'effectue à travers le milieu, *comme si les deux électrodes étaient en rapport avec des absorbants d'électricité*. Pourtant, les formules d'après lesquelles M. Kirschoff a déduit le principe que nous avons posé précédemment, dérivent complétement des lois de la conductibilité. Les différentes interprétations qui ont été données du phénomène de la transmission par le sol sont donc, par le fait, toutes les deux parfaitement vraies ; seulement, si on assimile ce phénomène à une action de conductibilité, on ne peut *pas admettre que le sol se comporte entre les deux plaques comme un simple conducteur plus ou moins résistant dans lequel le courant aurait une direction déterminée*. C'est dans l'interprétation de ce rôle de la terre, que gît toute la différence entre les deux opinions, et nous allons voir par les expériences de M. Wheatstone, que nous allons rapporter, que ce rôle de la terre est effectivement bien différent de celui d'un simple conducteur interposé entre les deux électrodes.

Si de l'un des pôles C d'une batterie voltaïque P (fig. 21), on fait partir un long fil de 177 kilomètres de longueur parfaitement isolé avec de la gutta-percha et disposé à l'air libre de manière à venir ensuite rejoindre l'autre pôle en Z, et que quatre galvanomètres A et B, B' et A' soient interposés dans le circuit, les deux premiers près de la pile, les deux autres dans le voisinage du milieu du circuit, il arrivera, si on opère la fermeture de ce circuit en C, que les galvanomètres A et B dévieront les premiers, et les galvanomètres A' et B' les derniers. Nous en avons expliqué les raisons p. 72. Mais si, au lieu de faire communiquer directement B avec la pile par le conducteur ZE, on fait communiquer Z et B avec la terre à l'aide de deux plaques différentes T, T', les effets changeront complétement : le galvanomètre A déviera d'abord, puis A'; puis B', puis B. Il est certain que si la terre entre les plaques T, T' jouait le rôle de simple conducteur, les choses devraient se passer comme dans la première expérience, car on ne peut invoquer dans ce cas que la ré-

Fig. 21.

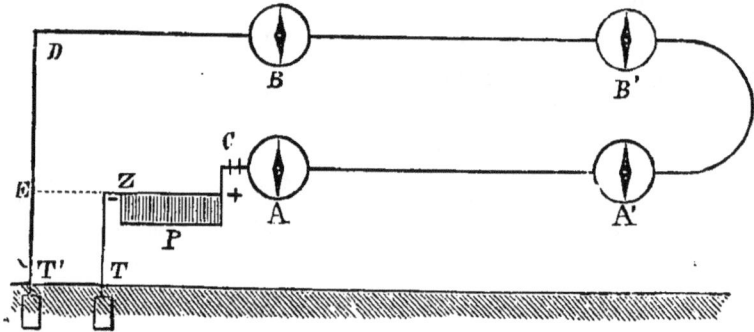

sistance du sol, en rallongeant le circuit, place le galvanomètre B au milieu de celui-ci, puisque cette résistance s'efface complétement devant celle du circuit métallique, ainsi que l'expérience le prouve ; force est donc d'admettre que la terre ne remplit pas le même rôle que le conducteur EZ. Or, il s'agit maintenant de savoir si la théorie de l'absorption ou de la conductibilité, par voie de dispersion en tous sens, rend compte du phénomène.

D'après ce que l'on a vu p. 71, on sait que quand un conducteur est mis en rapport avec l'un des pôles d'une pile dont l'autre pôle communique à la terre, il se charge successivement : en conséquence, le galvanomètre A déviera d'abord, puis le galvanomètre A', puis B', puis B. Pour que ce courant de charge devienne un courant permanent, que faudra-t-il ? Que cette charge s'écoule au fur et à mesure de sa production ; or, c'est précisément le rôle que remplit la terre. Mais, dira-t-on, pourquoi faut-il pour qu'il y ait courant dans ce cas, que la pile soit elle-même en communication avec la terre ?... C'est précisément pour absorber l'électricité contraire à celle qui doit charger le conducteur, absorption sans laquelle celui-ci ne pourrait jamais se charger, ainsi qu'on l'a vu par les expériences rapportées p. 71. Ainsi, quoi qu'on fasse, tout s'explique, tout est simple avec la théorie de l'absorption ou de la conductibilité par dispersion ; au contraire, tout est complexe, tout est contradictoire avec la théorie de la conductibilité directe ; d'ailleurs, quant aux résultats produits, quelle différence peut-il y avoir entre un courant résultant de l'absorption par la terre et un courant résultant de la recomposition des deux fluides au milieu du circuit ? Ne sont-ce pas les mêmes actions qui sont en jeu ? le même fluide qui circule ? les mêmes résistances qui sont à vaincre ?

Voici, du reste, encore une autre expérience tout aussi décisive due à M. Caselli.

Fig. 22.

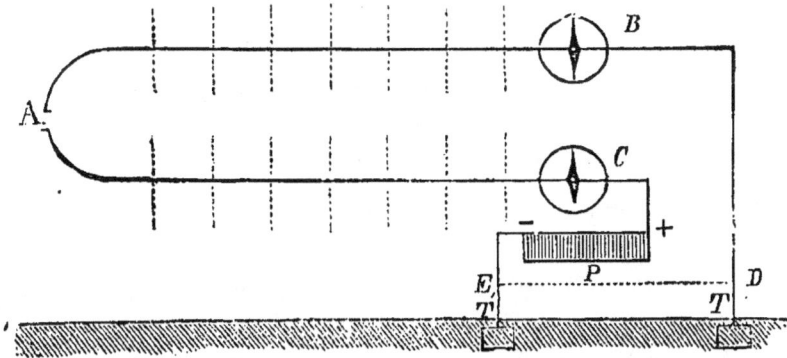

Si on réunit aux deux pôles d'une pile P (fig. 22) les deux extrémités d'un long circuit télégraphique interrompu en A, et qu'on introduise en B et C deux galvanomètres sensibles, ces deux galvanomètres dévieront sous l'influence des dérivations à la terre qui se feront tout le long du circuit ; mais si, au lieu de compléter le circuit par le conducteur ED indiqué en pointillé sur la figure, on termine le conducteur AB par une plaque T mise en rapport avec le sol, et que la pile elle-même communique également au sol par une plaque T′, la communication métallique n'existant plus entre le pôle — et le fil TB, on observera que le galvanomètre C déviera seul, et que le galvanomètre B n'indiquera plus la présence d'aucun courant, comme il l'avait fait primitivement. Pour qu'il en soit ainsi, il faut d'une part que la terre entre les plaques T et T′ ne se comporte pas comme le conducteur ED indiqué en pointillé sur la figure, et joue en quelque sorte, entre le conducteur AB et le pôle négatif de la pile, le rôle de *solution de continuité* ; d'autre part, que les courants qui, dans le premier cas, ont fait dévier à la fois les deux galvanomètres B et C *aient été la conséquence de l'absorption continue par le sol des charges électriques successivement et séparément transmises aux deux*

fils AB et AC *par chacun des deux pôles de la pile.* En effet, si le courant entre les fils AB et AC n'avait fait que *se dériver*, les deux galvanomètres B et C auraient dù dévier quelle qu'eût été la liaison du fil AB avec la pile, et quel qu'eût été le rôle de la terre entre les plaques T et T'. Cette expérience fournit donc deux preuves au lieu d'une de la dispersion électrique à travers le sol dans les transmissions télégraphiques.

En faveur de l'hypothèse contraire, M. Matteucci a opposé certaines expériences faites par lui, *desquelles il résulte que la résistance de la terre varie avec la longueur du circuit ;* mais cette variation de résistance, qu'il est, du reste, très-difficile de préciser exactement, en raison des effets de la polarisation électrique, ne prouve absolument rien en faveur de la conductibilité directe de la terre ; car, par suite de cette polarisation électrique, la résistance du sol exprimée par la différence entre la résistance totale du circuit et la résistance du fil métallique augmentée de celle de la pile, *croît avec la longueur du circuit métallique,* ainsi que nous le verrons plus tard ; d'ailleurs cette augmentation de résistance serait même contraire aux déductions de M. Kirschoff.

Quoi qu'il en soit de ces théories, il n'en est pas moins certain que l'interposition de la terre dans un circuit est d'autant plus avantageuse que la résistance du sol, étant un chiffre constant pour une petite distance comme pour une grande (quand toutefois les conditions de communication avec le sol restent les mêmes), s'efface devant la résistance d'une longue ligne, et diminue ainsi de près de moitié la résistance du circuit que le courant aurait à parcourir sans cette disposition : nous allons voir maintenant les particularités que présente ce genre de transmission.

Effets de la communication d'un circuit télégraphique avec le sol par rapport aux courants qui le parcourent. — Un circuit télégraphique se composant d'une partie métallique bonne conductrice et d'une partie médiocrement conductrice plus ou moins humide (le sol) mise en relation avec la première par l'intermédiaire de plaques métalliques plus ou moins grandes, il était à supposer que les effets de polarisation produits dans les circuits mi-partie métalliques, mi-partie liquides, devaient se retrouver à un degré plus ou moins marqué sur les circuits télégraphiques, et donner lieu à certaines perturbations qu'il était important de connaître, pour pouvoir se prémunir en conséquence. J'ai entrepris à cet égard de nombreuses expériences qui m'ont conduit à des résultats assez curïeux.

J'ai d'abord reconnu que, par le fait même de l'emploi d'un métal oxydable pour les lames de communication avec le sol, il se produit à travers un circuit télégraphique un courant naturel provenant d'une réaction analogue à celle qui se passe dans une pile, et dans laquelle l'une des lames se constitue négativement et l'autre positivement. Pour qu'il en soit ainsi, il suffit que les terrains dans lesquels ces lames sont enterrées soient différemment humides, et alors le courant qui prend naissance est dirigé (à travers le circuit métallique) de la plaque enterrée dans le terrain le plus sec à la plaque enterrée dans le terrain le plus humide. Il est d'autant plus fort que la différence d'humidité des terrains est plus grande, que la surface de la plaque électro-positive est plus attaquable et que la plaque électro-négative est plus grande.

Ces courants, pour un circuit métallique de 1735 mètres en fil de fer de 3 millimètres, ont pu atteindre une intensité représentée par 9°17' de la boussole des sinus de M. Bréguet, dont le multiplicateur n'avait que 30 tours, ce qui leur supposait une force électro-motrice représentée par 1005, alors que celle d'un élément de Daniell était représentée, avec la même boussole, par 5670.

J'ai, en second lieu, reconnu que, *par suite de la polarisation des plaques enterrées*, les courants transmis à travers les circuits télégraphiques sont loin d'avoir la fixité qu'ils ont dans les circuits complétement métalliques, et donnent lieu à divers effets qui peuvent être résumés ainsi qu'il suit :

1° Quand les plaques de communication du circuit avec le sol sont d'inégale surface, par exemple quand on emploie à l'une des stations une conduite d'eau ou de gaz et à l'autre une plaque métallique immergée dans un puits, *la résistance du circuit est beaucoup plus grande quand la grande plaque est positive que quand l'inverse a lieu.* La différence de résistance d'un circuit de 5205 mètres de longueur, complété par le sol, a pu varier de 202 tours de rhéostat à 231 tours, c'est-à-dire de 6938 à 7935 mètres (en fil de fer de 3 millimètres), et pour un circuit de 1735 mètres de 96 tours à 120 tours, c'est-à-dire de 3297 mètres à 4122 mètres.

2° Quand la grande plaque est positive, la résistance du circuit augmente sensiblement avec la prolongation de la fermeture du courant, tandis qu'elle reste sensiblement constante dans le cas contraire.

3° Les différences de résistance du circuit avec la disposition différente des pôles de la pile, par rapport aux plaques de communication avec le sol, *augmentent avec la longueur du circuit métallique*, mais seulement quand la grande plaque est positive. Ces différences avec des circuits de 1735 mètres et de 5205 mètres ont été 742 mètres et 878 mètres.

4° Avec des plaques de communication de mêmes dimensions, l'augmentation de résistance du circuit, par suite de la prolongation de la fermeture du courant, s'effectue toujours à peu près de la même manière, quel que soit le sens du courant par rapport à ces plaques (les effets étant symétriques de part et d'autre).

5° La résistance du sol est d'autant plus grande que les plaques de communication sont plus petites.

6° La résistance du circuit est d'autant moindre que les plaques sont enterrées dans un terrain plus humide (1).

Théoriquement parlant, on devrait tenir compte des différents effets dont nous venons de parler dans l'établissement des lignes télégraphiques, mais comme l'action des courants n'est jamais très-prolongée sur ces lignes, et que les différences de résistances dont nous avons parlé s'effacent complétement devant la résistance des lignes un peu longues, ils n'exercent par le fait qu'une très-minime influence. Toujours est-il qu'il résulte des expériences que nous avons rapportées, que la résistance de la terre, ou plutôt la résistance à la pénétration et à la diffusion du courant dans le sol, *n'est pas nulle*, comme beaucoup de personnes semblent le croire, et que dans de très-bonnes conditions, c'est-à-dire en prenant comme plaques de communication des conduites d'eau, elle peut atteindre 3876 mètres de fil télégraphique de 4 millimètres, avec un circuit métallique de 11,900 mètres et une pile de 20 éléments Daniell. On peut donc toujours conclure que, dans les conditions ordinaires, il n'est pas avantageux d'employer le sol comme complément d'un circuit quand celui-ci ne dépasse pas 4 à 5 kilomètres. Avec deux plaques de fer de 60 décimètres carrés de surface, cette résistance a pu atteindre 7167 mètres.

Bien que l'emploi de plaques métalliques soit essentiel pour les transmissions des courants à travers le sol, on peut cependant obtenir sans cela des contacts à la terre, sinon très-bons, du moins suffisants, pour

---

(1) Voir mon Mémoire *sur les transmissions électriques à travers le sol*, dans le tome IV des *Annales télégraphiques*, p. 465.

les transmissions télégraphiques. Ainsi, par exemple, on peut employer à cet effet les rails des chemins de fer ; malgré les pièces de bois qui les soutiennent et qui sembleraient devoir les isoler, la communication est néanmoins assez bonne. Du reste, avec des courants ayant une tension suffisante, on peut obtenir des transmissions sur un circuit télégraphique dont le fil est brisé et dont un bout touche seulement à terre. C'est même un moyen de reconnaître approximativement en quel point de la ligne a eu lieu cette rupture.

Conductibilité propre de la terre. — Bien que tous les faits fournis par l'expérience démontrent que la terre, dans les transmissions électriques, joue le rôle d'un absorbant, il est impossible cependant de ne pas admettre que, dans certains cas, elle ne remplisse le rôle d'un simple conducteur ; car, en définitive, elle représente un corps humide, et si une rivière, un terrain marécageux se trouvent placés sur le parcours du courant, ce genre de conductibilité doit évidemment exercer un certain effet dans la transmission électrique. Toutefois, cet effet ne peut être bien sensible passé 300 ou 400 mètres, car l'expérience démontré que le corps de l'homme, qui est certainement un corps humide dans des conditions de conductibilité plus favorables que la terre, présente entre les deux mains une résistance de près de 400 kilomètres de fil télégraphique de 4 millimètres de diamètre ; mais en admettant même l'intervention d'une rivière, il est facile de voir que la résistance qui serait fournie par le liquide, en la rapportant exclusivement à sa conductibilité propre dans un sens déterminé, serait environ 38 fois supérieure à celle de la ligne entière, si cette ligne avait seulement 10 kilomètres, et en admettant des plaques de communication avec le liquide de 1 mètre de surface, encore faudrait-il supposer à l'eau une conductibilité égale à celle de la solution de sulfate de cuivre. Il est donc permis de considérer comme nulle, dans les transmissions télégraphiques, la conductibilité directe de la terre, et si la qualité plus ou moins humide du sol dans le voisinage des plaques enterrées exerce une certaine action sur la résistance qu'il présente, c'est uniquement parce qu'elle favorise plus ou moins l'écoulement du fluide en terre. M. Guillemin a du reste fait une série d'expériences qui mettent ce fait hors de doute.

Dérivations à travers le sol utilisées pour les communications électriques. — La conductibilité de la terre a été mise à contribution dans certaines expériences télégraphiques et a fourni des résultats qui, au premier abord, semblaient tenir du merveilleux ; il s'agit de communications télégraphiques établies entre deux points sans l'intermédiaire de fils conducteurs.

Cette idée qu'on voit surgir de temps à autres dans les journaux avec accompagnement de points d'exclamation et de commentaires admiratifs, réellement comiques pour ceux qui sont au courant de la question, n'est certes pas nouvelle ; il y a plus de 30 ans, elle fut non-seulement conçue, mais même expérimentée entre Portsmouth et Gospord, par M. Van Rees.

L'expérience était disposée de la manière suivante :

A Portsmouth était disposée une pile assez énergique dont les deux pôles étaient en communication, par des fils et de larges plaques A et B (fig. 23), avec le bras de mer qui sépare cette ville de Gospord. Un manipulateur I était interposé sur l'un de ces fils, et le récepteur T, qui était à Gospord, communiquait avec le bras de mer de la même manière que la pile, c'est-à-dire par des plaques C, D. Une distance d'une demi-lieue sans fils conducteurs séparait donc le manipulateur du récepteur, et pourtant le récepteur fonctionnait parfaitement quand on faisait réagir le manipulateur.

Fig. 23.

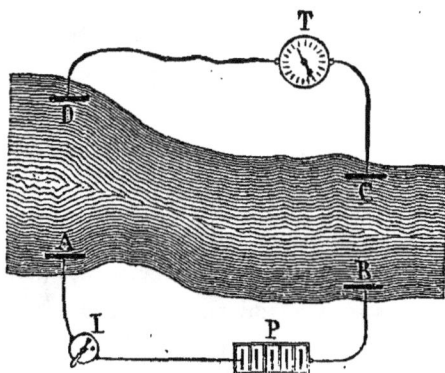

Pour peu qu'on réfléchisse à la disposition de cette expérience, il est aisé de voir que la réaction électrique ne se manifeste dans ce cas sur le récepteur, que par l'effet d'une dérivation du courant. Celui-ci, arrivant en effet aux deux plaques A et B de la pile immergée, se divise entre deux circuits, l'un complété par ces deux plaques et le liquide interposé, l'autre par les deux plaques immergées C et D du récepteur, le circuit métallique de celui-ci, et le conducteur liquide séparant la pile du récepteur. En écartant convenablement l'une de l'autre les plaques de la pile ainsi que celles du récepteur, et en leur donnant des dimensions en rapport avec les résistances que le courant doit vaincre, on peut, avec une pile peu résistante, rendre l'intensité du courant dérivé à travers le récepteur suffisante pour le faire fonctionner, du moins quand la distance qui le sépare du générateur électrique n'est pas très-considérable. Mais, pour de grandes distances, le problème nous paraît à peu près insoluble avec les moyens dont on peut généralement disposer, et c'est pourquoi nous doutons fort que l'on puisse jamais, par ce système, établir une communication télégraphique entre l'Angleterre et l'Amérique, ainsi que l'a avancé M. Lindsay.

M. Gintl, en substituant la terre à l'eau de mer dans l'expérience précédente, a constaté des effets analogues ; mais n'ayant pas précisé la distance séparant le récepteur de la pile, il est difficile de savoir si c'est à un effet de dérivation ou à un effet d'influence que l'on doit rapporter le phénomène ; la dérivation ne pourrait en effet exister que par suite d'une conductibilité directe de la terre, et nous avons vu que cette conductibilité directe est très-restreinte, quand un cours d'eau ou une nappe humide ne se trouvent pas interposés sur le trajet du courant.

RÉACTIONS EXTÉRIEURES DES COURANTS

Les courants ne se bornent pas à manifester leur action dans les circuits par de simples effets de propagation, ils exercent encore à l'extérieur une certaine influence, qui peut être très-différente suivant les différentes conditions des corps avoisinants et suivant qu'il agissent eux-mêmes comme *courants*, c'est-à-dire comme *flux électriques en mouvement*, ou comme *charges statiques*, c'est-à-dire à la manière de l'électricité accumulée sur les conducteurs d'une machine électrique, ou enfin comme *induisants*, c'est-à-dire en déterminant à la fois les deux genres d'effets que nous venons de signaler.

I.

RÉACTIONS DYNAMIQUES.

Quand les courants agissent simplement comme flux électriques en mouvement, leur réaction ne peut s'exercer que sur des corps qui sont eux-mêmes parcourus par des courants, ou qui peuvent, sous cette influence, donner lieu à un mouvement électrique analogue à un courant. Dans ce cas, la loi fondamentale qui préside aux réactions réciproques échangées peut être formulée de la manière suivante :

Les courants marchant dans le même sens tendent à s'attirer quand ils sont parallèles et cherchent à se placer parallèlement pour marcher dans le même sens quand ils sont croisés.

Cette loi résume à elle seule toute la théorie d'Ampère, non-seulement à l'égard des réactions réciproques des courants entre eux, mais encore à l'égard des réactions dynamiques échangées entre les courants et les aimants.

Il résulte, en effet, de cette loi :

1° Que des courants marchant en sens inverse l'un de l'autre *tendent à se repousser*, car ils cherchent à prendre la situation d'équilibre qui leur convient, c'est-à-dire celle dans laquelle ils pourraient marcher parallèlement dans le même sens. Or, pour atteindre cette position, il faudrait que celui des deux courants qui est mobile, pût accomplir une demi-révolution sur lui-même, et dans cette action qui ne peut pas être généralement accomplie entièrement, il semble céder à l'action d'une force répulsive; mais cette force n'est en définitive qu'une *force directrice*.

2° Que l'action d'un circuit disposé circulairement doit être différente aux extrémités opposées des différents diamètres, puisque le courant traversant ce circuit est, par rapport à un courant fixe, diamétralement opposé en ces différents points. D'où l'on conclut que si un circuit est enroulé en spirale et placé en équilibre sur un pivot, il subira de la part d'un courant rectiligne passant *en dessus et en dessous*, deux effets diamétralement opposés, mais qui auront tous deux pour résultat de faire pivoter la spirale, soit à gauche, soit à droite, jusqu'à ce que le plan des différentes spires soit venu se placer parallèlement au courant rectiligne, et dans un sens tel que les deux courants puissent marcher parallèlement dans le même sens. Quand l'équilibre sera établi, on reconnaîtra que cette position d'équilibre correspondra au croisement à angle droit de l'axe de la spirale avec le courant rectiligne.

3° Que le même effet se reproduisant exactement avec une aiguille aimantée substituée à la spirale dynamique, on peut admettre qu'un aimant est constitué par un courant magnétique circulant en spirale autour de lui et normalement à son axe.

4° Que le courant magnétique, dans les aimants, marche de l'est à l'ouest, si l'on prend pour pôle nord celui qui se dirige vers le nord de la terre ; et si l'on considère le sens du courant à la surface supérieure du barreau; d'où l'on conclut que dans la déviation de l'aiguille aimantée produite par un courant disposé parallèlement à son axe, le pôle nord se dirige à la droite de ce courant et le pôle sud à la gauche, si toutefois l'aiguille aimantée est placée au-dessus du courant fixe ; l'inverse a lieu quand l'aiguille est placée au-dessous. Par les mots droite et gauche du courant, il faut entendre la droite et la gauche d'un petit bonhomme qui serait couché dans le circuit la face contre ce circuit et les pieds tournés du côté du pôle positif.

5° Que quand le courant se présente obliquement ou verticalement par rapport à l'axe de l'aiguille, la déviation de l'aiguille à gauche ou à droite dépend : du sens de son obliquité quand il est horizontal, et de la position d'un côté ou de l'autre du plan de la ligne neutre de l'aiguille quand il est vertical.

6° Que les mêmes réactions pouvant s'exercer par rapport à l'inclinaison de l'aiguille, la déviation de celle-ci dans ce sens dépend,: 1° quand le courant est horizontal, de la position perpendiculaire ou oblique de celui-ci par rapport à l'axe de l'aiguille ou de sa position dans le plan même de l'aiguille, à la condition d'être parallèle à son axe ; 2° quand le courant est vertical, de l'inclinaison de celui-ci par rapport à la section de la ligne neutre.

7° Que toutes les réactions magnétiques qui viennent d'être passées en revue, dans l'hypothèse d'un courant rectiligne, se reproduisent de la même manière à l'égard d'un circuit fermé contourné en hélice ; car l'action des spires de cette hélice sur l'aiguille étant la même d'un côté comme de l'autre, se trouve neutralisée ; de telle sorte qu'il n'y a que l'action du courant dans le sens direct qui soit effective. Néanmoins, l'action est plus marquée dans celles des positions de l'aiguille où le courant magnétique et le courant électrique exercent un effet concordant.

A l'aide de ces différentes lois qui dérivent toutes les unes des autres, tous les phénomènes électro-dynamiques, même les plus complexes, peuvent s'expliquer, tels sont : la rotation des aimants sous l'influence des courants, et réciproquement ; la rotation des courants sous l'influence d'autres courants, ou des aimants, ou même du globe terrestre qui doit être considéré comme un aimant ; la disposition des courants verticaux dans le sens du méridien magnétique ; enfin l'attraction exercée par les aimants sur les courants mobiles.

II.

RÉACTIONS D'INDUCTION.

Quand l'action des courants s'exerce par influence sur les corps placés auprès d'eux, les effets peuvent être très-différents, suivant la nature de ces corps, suivant leur forme et leurs dimensions relatives, et d'après la manière même dont l'action électrique se trouve exercée. On a donné à ce genre d'effets le nom *d'effets d'induction*, pour les distinguer des effets par influence produits par l'électricité à l'état de repos.

Pour peu qu'on examine la manière dont l'induction peut s'exercer sur les corps, on ne tarde pas à reconnaitre qu'elle peut se manifester de plusieurs manières : d'abord à la manière des effets par influence des charges statiques, par suite de l'action des tensions électriques dévelop-

pées sur toute l'étendue du circuit parcouru par un courant, et cette
induction peut alors être appelée *induction électro-statique*; en second
lieu, en tendant à développer un mouvement électrique en rapport
d'équilibre avec celui du courant, et l'induction peut être alors appelée
induction électro-dynamique. Mais cette induction elle-même pouvant être compliquée par l'intervention de plusieurs causes physiques
qui en changent la nature, on se trouve conduit à distinguer une troisième sorte d'induction à laquelle on a donné le nom *d'induction moléculaire*. Nous allons rapidement passer en revue ces différents genres
d'induction, et nous n'insisterons que sur les effets qui peuvent avoir de
l'importance au point de vue des applications électriques.

Induction électro-statique. — Si le conducteur soumis à l'induction est parfaitement isolé de celui qui est traversé par le courant,
et qu'il enveloppe ce dernier dans toute sa longueur avec une communication à la terre, comme cela a lieu dans dans un câble sous-marin,
ces deux conducteurs ainsi séparés par une gaine isolante, constituent
par le fait un condensateur cylindrique, et la charge électrique passant
à travers le conducteur central, doit agir à la manière d'une charge électrique mise en rapport avec l'armature interne d'une bouteille de Leyde.
Il en résulte donc un effet de condensation qui a pour résultat de maintenir à l'état dissimulé, une charge électrique, et cette charge, *pour disparaître, exige soit une communication entre le conducteur du courant et le conducteur influencé, soit une communication à la terre, soit
la neutralisation du fluide dissimulé dans le conducteur par l'action
d'une charge contraire.*

Un fait des plus importants à constater tout d'abord, c'est que l'induction électro-statique, comme du reste les autres genres d'induction, *s'effectue toujours dans les premiers moments de la propagation électrique,
par conséquent pendant la période variable.* C'est en quelque sorte
une espèce de voie ouverte à la charge électrique pour se dériver, et,
comme les effets produits sont en rapport avec la conductibilité électrique
de la matière qui sert à l'isolation des conducteurs, on a été conduit à
penser dans ces derniers temps, *que les effets de l'influence et de la
condensation pouvaient bien n'être qu'une condition particulière de
la propagation électrique.* On a été d'autant plus facilement porté à
admettre cette hypothèse, que quelques-unes des formules d'Ohm semblaient l'indiquer indirectement, et qu'elle permettait d'expliquer la

création du courant électrique qui se produit, sans intervention de générateur électrique, quand on réunit le conducteur d'un câble immergé à son armature de fer. Quoi qu'il en soit, il résulte de cette réaction que la durée de la période variable de la propagation électrique se trouve considérablement allongée, ou ce qui revient au même, que l'intensité du courant inducteur se trouve diminuée pour une même durée, fraction plus ou moins grande de cette période (1).

Si la condensation dans le cas qui nous occupe, n'est qu'un cas particulier de la propagation des courants, *et que la seule différence qui puisse exister théoriquement entre l'action électrique par influence et la conduction, ne puisse être autre que celle qui existe entre la chaleur propagée par voie de rayonnement, ou par voie de conductibilité* moléculaire, ainsi que l'ont démontré MM. Siemens, Gaugain et Wheatstone (2), l'induction électro-statique devient facile à calculer, car il suffit de rechercher la résistance opposée par l'enveloppe isolante à ce genre de propagation ; or, la formule à laquelle sont arrivés les savants dont nous venons de parler, formule vérifiée depuis par MM. Thomson et Varley (3), peut être représentée par :

$$\rho = \frac{1}{2\pi l\lambda} \log \frac{R}{r}. \qquad (9)$$

ρ exprimant la résistance opposée par l'enveloppe isolante à l'induction dans le sens du rayon du conducteur cylindrique ; l la longueur de cette enveloppe ; λ sa conductibilité spécifique ; R le demi-diamètre ou le rayon de l'enveloppe isolante ; r le rayon du fil conducteur ; enfin, $\log \frac{R}{r}$ l'indice des lo-

---

(1) Voir les mémoires de M. Volpicelli, sur l'induction électro-statique ; le mémoire de M. Wheatstone sur la même question, dans le rapport de la Commission des télégraphes sous-marins (*Exposé des applications de l'électricité*, tome V) ; les mémoires de MM. Siemens, Thomson, etc.; les mémoires de M. Gaugain (*Annales télégraphiques*, tome VI, p. 409.)

(2) M. Volpicelli n'admet pas encore cette théorie et on pourra voir les raisons qu'il oppose dans un mémoire inséré dans *les Mondes* (t. IX, p. 238. Voir encore le tome VI des *Mondes*, p. 675 et 754).

(3) Voici la manière dont M. Gaugain est parvenu à calculer cette expression : Concevons un cylindre métallique A (de rayon OA) (fig. 24) enveloppé d'un anneau cylindrique AB dont la substance ne conduise que médiocrement, et imaginons que cet anneau soit lui-même enfermé dans un troisième cylindre B (de rayon OB) qui possède comme le cylindre A une conductibilité très-grande. Si l'on met le cylindre intérieur A en communication avec une source constante d'électricité, et si l'on fait en même temps communiquer le cylindre extérieur B avec la terre, il est clair que l'électricité se propagera du cylindre intérieur au cylindre extérieur et qu'elle marchera dans la direction des rayons.

garithmes népériens correspondant au rapport $\dfrac{R}{r}$.

Pour avoir maintenant l'expression de la charge électrique **K**, il suffira de considérer que celle-ci, étant en raison inverse de la résistance ρ, sera fournie par la formule précédente renversée, dans laquelle la quantité

Comme nous supposons que la conductibilité du cylindre intérieur est de beaucoup supérieure à celle de l'anneau moyen, nous pouvons admettre que la tension est partout la même dans toute l'étendue du cylindre A, bien que ce cylindre ne communique avec la source constante d'électricité que par l'une de ses bases. Par la même raison, la tension peut être considérée comme nulle dans toute l'étendue du cylindre B.

Fig. 24.

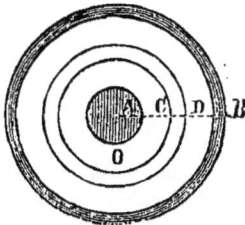

Si nous supposons que les trois cylindres soient coupés par une série de plans équidistants perpendiculaires à l'axe, il est clair que les disques provenant de cette division transmettront dans le même temps des quantités égales d'électricité, du moins si l'on excepte les disques placés dans le voisinage des bases. Par conséquent, lorsque la longueur des cylindres est très-grande par rapport à leur diamètre, de telle sorte qu'on puisse considérer comme négligeables les perturbations qui se produisent dans le voisinage des bases, la résistance totale de l'anneau cylindrique est égale à la fraction $\dfrac{1}{m}$ de la résistance de l'un des disques qui le forment, si le nombre des disques est m ; en d'autres termes, la résistance de l'anneau cylindrique est en raison inverse de sa longueur.

Maintenant, considérons l'espace annulaire compris entre les deux cercles très-voisins qui ont pour rayons AC et AD, la résistance de cet espace sera proportionnelle à la différence CD des rayons et inversement proportionnelle au développement de la circonférence AC, puisque l'électricité se propage exclusivement dans la direction des rayons.

Si donc nous désignons par x le rayon AC auquel cas CD sera dx ou la différentielle de x, et si nous représentons par l la longueur de l'anneau cylindrique, par λ la conductibilité de la substance qui le forme, par a un coefficient constant dépendant de l'unité adoptée, la résistance de l'anneau compris entre les cercles dont les rayons sont AC et AD aura pour expression :

$$\frac{adx}{2\pi l\lambda x}.$$

Mais si nous appelons ρ la résistance de l'anneau compris entre les cercles dont les rayons sont OA et x, la différentielle de cette résistance sera la résistance de l'anneau compris entre les cercles dont les rayons sont x et $x + dx$.

λ devra être considérée comme représentant la capacité inductive ; de sorte que l'on aura :

$$(36) \qquad K = \frac{2\pi l \lambda}{\log \dfrac{R}{r}},$$

formule qui donne pour valeur de la conductibilité spécifique de l'isolant, ou sa capacité inductive dans la nouvelle hypothèse :

Nous aurons donc :

$$d\rho = \frac{a}{2\pi l\lambda} \frac{dx}{x}.$$

Mais $\dfrac{dx}{x}$ représente la différentielle de $\log x$ et si nous passons de ces différentielles à leur fonction en pourra poser :

$$\rho = \frac{a}{2\pi l\lambda} \log x + \text{const.}$$

La constante est bien entendu inconnue et devra être déterminée convenablement pour se rapporter aux éléments de calcul qu'on a à sa disposition, c'est-à-dire au diamètre du câble et à celui de son fil conducteur.

Pour cela on supposera $x = OA$ ou si l'on veut $x = r$, c'est-à-dire le demi-diamètre du fil conducteur. Dans ce cas la résistance ρ est évidemment nulle et l'on peut poser :

$$\frac{a}{2\pi l\lambda} \log x + \text{const.} = o ;$$

D'où :

$$\text{Const.} = - \frac{a}{2\pi l\lambda} \log r.$$

Dès lors la valeur de ρ devient :

$$\rho = \frac{a}{2\pi l\lambda} \log x - \frac{a}{2\pi l\lambda} \log r ;$$

$$\text{ou } \rho = \frac{a}{2\pi l\lambda} (\log x - \log r) ;$$

$$\text{ou } \rho = \frac{a}{2\pi l\lambda} \log \left(\frac{x}{r} \right)$$

Si donc on fait $\rho = AB$ ce qui suppose le rayon x égal à celui du câble entier muni de sa couverture isolante lequel rayon nous appellerons R, on aura en définitive :

$$\rho = \frac{a}{2\pi l\lambda} . \log \frac{R}{r} ;$$

ou en faisant $a = 1$:

$$\rho = \frac{1}{2\pi l\lambda} . \log \frac{R}{r}.$$

(11)
$$\lambda = \frac{K \log \dfrac{R}{r}}{2\pi l}.$$

On peut déjà déduire de ces dernières formules que *plus la conducti-bilité* λ *de l'isolant est grande, plus est grande la charge électrique,* ou la condensation qui en est la conséquence ; et c'est en effet ce que l'expérience démontre. Ainsi la gutta-percha, qui est beaucoup plus conductrice que le caoutchouc, fournit une charge induite beaucoup plus grande.

Si on réfléchit maintenant que, d'après les formules d'Ohm que nous avons données page 19, les intensités électriques correspondantes à des circuits de résistance ρ et ρ', sont exprimées par :

$$\frac{nE}{\rho}, \frac{n'E}{\rho'},$$

on arrive, en substituant à ρ et ρ' leurs valeurs tirées de la formule précédente (9), à la proportion :

(12)
$$I : I' :: \frac{ln\lambda}{\log \dfrac{R}{r}} : \frac{l'n'\lambda'}{\log \dfrac{R'}{r'}},$$

de laquelle on peut déduire les lois relatives aux effets de l'induction électro-statique sur les circuits sous-marins

Supposons, en effet, que la substance isolante recouvrant deux câbles de longueur différente soit la même, et que ces câbles aient le même diamètre, la proportion précédente devient :

$$I : I' :: nl : n'l'.$$

Ce qui montre que, dans ce cas, l'intensité des courants provenant de la condensation *sera proportionnelle au nombre d'éléments de la pile ou à sa tension,* quand les câbles seront de même longueur, *ou à la longueur de ceux-ci, si la pile reste la même.*

Admettons maintenant que les quantités n, l, λ restent les mêmes et que R et r varient, la proportion, en devenant :

$$I : I' :: \log \frac{R'}{r'} : \log \frac{r}{R},$$

montre que les intensités du courant en question *sont en raison inverse des logarithmes népériens des rapports des deux rayons de l'enveloppe isolante.*

Maintenant, si on se rappelle que dans un circuit bien isolé, et c'est le cas des câbles sous-marins, *la durée de la période variable de la pro-pagation électrique est indépendante de la tension de la source, proportionnelle au carré de la longueur du circuit et à son coefficient de charge, inversement proportionnelle à l'aire de sa section ou au carré du rayon r du conducteur métallique* (1); si on considère, d'un autre côté, que ce coefficient de charge que l'on peut déduire de l'équation (10) peut

être alors représenté par $\dfrac{\lambda}{\log \dfrac{R}{r}}$ ou par $\dfrac{1}{\log \dfrac{R}{r}}$, en supposant les câ-

bles isolés avec la même matière, on arrive à la formule générale :

$$ t : t' : : \frac{l^2}{r^2 \log \dfrac{R}{r}} : \frac{l'^2}{r'^2 \log \dfrac{R'}{r'}}, $$

qui permet de calculer les temps de charge des câbles sous-marins dans les différents cas qui peuvent se présenter, ayant comme donnée une première expérience faite sur une longueur et un échantillon donnés de câble ; elle permet d'ailleurs de retrouver les lois simples qui gouvernent ces temps de charges, quand on fait successivement $l = l'$, $r = r'$, $\dfrac{R}{r} = \dfrac{R'}{r'}$, lois qui se trouvent exprimées par les rapports suivants : ·

$$ t : t' :: r^2 : r'^2 $$
$$ t : t' :: l^2 : l'^2 $$
$$ t : t' :: \left(\frac{l}{r}\right)^2 : \left(\frac{l'}{r'}\right)^2. $$

Toutes les lois que nous venons d'exposer ont été démontrées directement par l'expérience et par plusieurs physiciens, entre autres par MM. Siemens, Wheatstone et Guillemin. La loi seule relative à l'épaisseur de l'enveloppe isolante a été interprétée d'une manière différente par M. Wheatstone qui, en partant de la comparaison des nombres fournis par ses expériences, a conclu à l'énoncé suivant :

« La grandeur de la décharge (le courant résultant de la condensation) pour des fils de diamètres divers et recouverts d'enveloppes formées de même matière, mais ayant des épaisseurs différentes, *est sensiblement*

––––––––––––––––––––

(1) Voir p. 46, 47 et 48.

proportionnelle à la racine carrée du demi-diamètre du fil et en raison inverse de la racine carrée de l'épaisseur de l'enveloppe isolante. »

Cette loi, ne résultant d'aucune donnée théorique, est évidemment empirique ; mais il peut très-bien se faire qu'elle s'accorde numériquement, dans les circonstances où a opéré M. Wheatstone, avec celle que nous avons énoncée plus haut. C'est, du reste, ce qui m'est arrivé pour une loi empirique que j'avais formulée, relativement aux forces des électro-aimants de différentes longueurs.

Quant à la loi de la section, MM. Wheatstone et Guillemin l'ont vérifiée en mesurant la charge produite par plusieurs fils placés parallèlement les uns à côté des autres et isolés entre eux, et en la comparant à celle de ces mêmes fils réunis les uns au bout des autres ; ils ont trouvé que l'effet était le même dans les deux cas.

Les autres lois auxquelles l'expérience a conduit les savants dont nous venons de parler peuvent être résumées de la manière suivante :

1° La conductibilité du métal, toutes les autres circonstances restant les mêmes, n'a pas d'influence sur le courant résultant de la condensation. Si donc on emploie un mauvais conducteur, la résistance du circuit est augmentée, mais l'induction reste la même.

2° La température agit sur le courant en question, mais seulement dans les limites où elle modifie l'isolement : plus cette température est élevée, plus l'effet de condensation est prononcé ; mais les différences sont grandes entre les différentes substances isolantes, comme on le verra à l'instant.

3° La pression exercée sur un fil isolé n'a d'influence qu'en ce qu'elle augmente l'isolation du fil, et en conséquence son action est d'autant plus manifeste que la matière isolante est moins bonne.

4° Une résistance interposée entre la pile et le fil isolé, ou entre le fil et la terre, a une influence très-marquée sur le temps de la charge et de la décharge, qui se trouve alors considérablement augmenté.

5° La condensation qui résulte de l'action d'un fil isolé et maintenu chargé, est beaucoup plus grande que celle qui résulte du même fil mis en communication avec la terre et chargé d'une manière continue. Suivant M. Guillemin la différence est à peu près du double.

6° Lorsqu'on prend la terre comme intermédiaire, tant pour charger que pour décharger le fil isolé, le courant résultant de la charge ou de la décharge est toujours de même intensité.

7° Le fil conducteur ne prend qu'une quantité d'électricité très-faible quand on supprime pendant la charge la communication de l'armature extérieure à la terre.

Bien que les phénomènes de l'induction produite au sein des câbles aient été parfaitement éclairés par les expériences dont nous venons de parler, il restait encore un point à éclaircir, celui de savoir si les substances isolantes ont une capacité inductive indépendante de leur pouvoir conducteur et, à cet égard, on n'est pas encore parvenu à s'entendre.

Généralement, on admet l'indépendance de ces deux propriétés ; mais M. Gaugain, à la suite d'expériences très-nombreuses, a reconnu que, par le fait, cette capacité inductive n'est qu'illusoire, et que la plupart des corps diélectriques ne diffèrent, sous ce rapport, que par le temps plus ou moins long que la charge électrique met à atteindre sa valeur maxima.

Ainsi, le soufre, la gomme-laque, qu'on regardait jusqu'ici comme fournissant instantanément les effets maxima de condensation, effets qu'on croyait inférieurs à ceux provoqués par la gutta-percha, mise pendant un certain temps en rapport avec une source électrique, ont été reconnus par M. Gaugain exercer une action analogue à celle produite par cette dernière substance, mais après un temps beaucoup plus long. En effet, alors que la gutta-percha, servant d'intermédiaire entre deux lames métalliques, dont l'une est sans cesse électrisée, mettra un quart d'heure pour fournir sur l'autre lame une charge maxima d'une valeur A, je suppose, le soufre placé dans les mêmes conditions, et, quoique fournissant instantanément une charge beaucoup plus grande que la première substance, mais inférieure à A, pourra cependant fournir cette charge A au bout de deux ou trois jours. Au point de vue du maximum absolu, la *seule différence entre les effets inducteurs de ces deux substances n'est donc, par le fait, que dans le temps plus ou moins long de la charge définitive*. Mais au point de vue du maximum relatif, l'effet est assez complexe et semblerait annoncer dans certaines substances deux sortes de conductibilités. Nous n'insisterons pas toutefois davantage sur cette question, qui est trop spéculative pour l'ouvrage que nous publions ; mais nous ferons remarquer que, dans la pratique télégraphique, les durées de l'action électrique n'étant jamais longues, le point important est la détermination des rapports $\dfrac{\lambda}{\lambda'}$ des pouvoirs conducteurs ou des capacités inductrices des différents isolants, après un même temps de charge ; peu im-

porte la question théorique. Or cette détermination a été faite par plusieurs physiciens, qui ont obtenu, du reste, des chiffres assez concordants.

D'après M. Siemens, la plus petite induction de la gutta-percha étant
prise pour unité, celle de l'isolant de Wray serait représentée par 0,77,
celle du caoutchouc par 0,66, celle de l'isolant de Hughes par 1,00,
celle de l'isolant de Radcliffe par 1,09. Ces chiffres ont été obtenus à
l'aide de la formule n° 11, et correspondent à des câbles ayant une enveloppe de 6 millimètres d'épaisseur et un conducteur de 2 millimètres de
diamètre. D'après M. Wheatstone, ces capacités inductives, pour les
mêmes substances seraient : 0,1051 pour la gutta-percha, 0,0787 pour
l'isolant de Wray, 0,0787 pour le caoutchouc, 0,1054 pour l'isolant de
Hughes, 0,1139 pour l'isolant de Radcliffe.

Quant à la résistance réelle de ces différents isolants, et à ses variations avec la température, il nous suffira, pour la faire apprécier, de rapporter quelques-uns des chiffres qu'a obtenus M. Siemens sur les échantillons dont nous avons déjà parlé, et qui ont une épaisseur d'enveloppe
isolante de 6 millimètres.

SUBSTANCES ISOLANTES.	TEMPÉRATURE en degrés centigrades.	RAPPORT DES RÉSISTANCES de ces isolants, celle du mercure étant prise pour unité.	RÉSISTANCES de l'enveloppe isolante sur une longueur de 1 kilomètre.	
			kil.	
Gutta-percha à. . .	11°,11	2,630,000,000,000	35,385,755	kilomètres de fil télégraphique de 4 millimètres de diamètre.
Id. à. . .	22 ,22	960,000,000,000	12,838,350	
Id. à. . .	33 ,33	407,000,000,000	5,476,360	
Caoutchouc à. . . .	11 ,11	48,900,000,000,000	657,969,744	
Isolant de Wray à .	11 ,11	23,600,000,000,000	317,551,000	
Isolant de Hughes à	11 ,11	7,860,000,000,000	105,759,554	
Isolant de Radcliff à	11 ,11	480,000,000,000	6,458,598	

Les enveloppes de gutta-percha ayant toujours des défauts, c'est-à-
dire de petites fissures par lesquelles peuvent suinter les liquides, leur
conductibilité est toujours, après l'immersion des câbles, beaucoup plus
grande que dans l'origine, et il en résulte certains effets électriques très-
curieux, que M. du Colombier a été à même de constater d'une façon
particulière sur le câble d'Algérie. Ainsi, suivant que le câble immergé
est mis en rapport avec le pôle positif ou le pôle négatif de la pile, la
résistance de son enveloppe peut être augmentée ou diminuée dans une
proportion énorme et variable avec la tension de la pile. D'un autre
côté, l'intensité électrique au point de jonction du câble avec la pile, au

lieu d'aller toujours en diminuant dans le premier moment de la charge, comme cela doit avoir lieu, suit une marche inverse dans les deux cas.

D'après les expériences de M. du Colombier, la résistance d'isolation du câble d'Algérie étant représentée par 30,000 ou 40,000 kilomètres de fil télégraphique, quand la communication du câble avec la pile était opérée au pôle positif, est tombée spontanément, par suite de sa liaison avec le pôle négatif, à 385 kilomètres avec 29 éléments ; à 418 avec 15 éléments ; à 467 avec 10 éléments ; enfin, à 510 avec 6 éléments. Ces effets tiennent vraisemblablement à ce que, sous l'influence des courants positifs, il se forme, aux défauts de l'enveloppe isolante, une couche d'oxyde qui contribue à augmenter son isolement, tandis qu'avec les courants négatifs le métal reste toujours découvert.

Moyens employés pour conjurer les effets de l'induction électro-statique. — Dans les applications électriques, on a plutôt à combattre qu'à favoriser les réactions d'induction électro-statique, car ces réactions ont pour effet de déterminer des décharges secondaires qui succèdent aux courants transmis, et qui, en intervenant au milieu des effets déterminés par ces derniers, troublent toutes les actions mécaniques ou physiques qu'on voudrait obtenir. On a bien cherché à éluder ces effets contraires, en faisant en sorte d'établir une liaison directe entre le fil conducteur et l'armure influencée, aussitôt l'action du courant produite ; on a bien cherché encore à neutraliser la condensation par l'envoi de courants contraires et même par certaines combinaisons multiples de courants dont l'efficacité a été reconnue plus grande ; mais de tous ces moyens, celui qui satisfait le plus l'imagination, est le système imaginé par M. Varley en vue des communications électriques sur les câbles de très-grande longueur et dont voici le dispositif.

Imaginons un condensateur A (fig. 25) d'une très-grande surface, tel que celui de M. Varley, qui a 40 mille pieds carrés, et dont nous avons parlé page 78. Supposons que l'une des lames de ce condensateur soit mise en rapport avec un câble sous-marin CC′ dont le conducteur communique avec la terre en T′, et que l'autre armure soit mise en rapport avec une source électrique, par exemple avec le pôle positif d'une pile P dont le pôle négatif communiquera avec la terre : sous l'influence de la charge de ce condensateur, il se produira, comme nous l'avons déjà vu, un flux d'électricité positive qui traversera le conducteur du câble sous-marin, et qui, en passant, déterminera une induction électro-statique. En même temps, le condensateur retiendra, à l'état dissimulé, une charge d'électricité négative qui disparaîtra à travers le câble aussitôt que les deux armures du condensateur seront réunies, ou ce qui revient au même, aussitôt que l'armure en rapport avec la source électrique sera mise en communication OT avec la terre. Mais cette charge d'électricité négative, en passant à travers le câble, non-seulement neutralisera la charge dissimulée de nom contraire résultant de l'écoulement du flux positif, mais encore neutralisera la partie de ce flux qui ne sera pas encore écoulée et

(Fig. 25.)

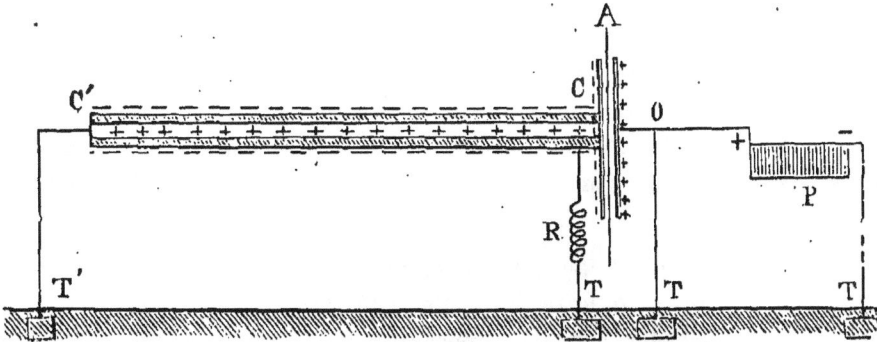

qui restera en plus ou moins grande quantité sur le conducteur ; en sorte qu'avec ce système, la condensation se trouve détruite, et le câble déchargé pour ainsi dire instantanément au moment même où le condensateur se trouve mis en rapport avec la terre. Pour obtenir une action encore plus prompte, M. Varley adapte au câble, près de l'armure C, une dérivation excessivement résistante CR (plus grande encore que celle du câble) afin de décharger le fil par ses deux bouts à la fois, ce qui diminue, ainsi qu'on l'a vu page 62, la durée de la période variable. Cette disposition a encore l'avantage de compenser l'excès de tension que pourrait avoir le courant négatif sur le courant positif à l'intérieur du câble, par suite de l'écoulement partiel de ce dernier courant.

Si l'on se rappelle que la charge électro-statique des câbles est d'autant plus grande que la tension électrique qui la détermine est plus considérable et que les armures de cette espèce de condensateur sont plus développées ; si on considère, d'un autre côté, que dans un câble de la longueur de celui qui relie l'Europe à l'Amérique la surface du fil conducteur représente une armure de 32 mille mètres carrés, on comprend quelle énorme charge et quelles perturbations seraient produites par l'induction électro-statique, si on n'employait pas, pour les conjurer, les moyens dont nous avons parlé précédemment, et même, si en en faisant usage, on ne cherchait pas à atténuer autant que possible les causes mêmes qui développent cette induction ou qui tendent à augmenter la durée de la période variable. Parmi ces causes, la tension électrique étant en première ligne, on devra chercher les moyens de pouvoir réaliser l'effet utile que l'on veut obtenir, en n'employant qu'une pile *extrêmement faible;* on évitera en même temps par là les décharges latérales qui contribuent beaucoup à altérer l'isolement du câble et on diminuera la durée de la propagation électrique; car, ainsi qu'on l'a vu précédemment, l'interposition d'une résistance entre le câble et la source électrique augmente dans une proportion considérable cette durée. Sur la ligne transatlantique, on en est arrivé à faire fonctionner les appareils avec une pile de 5 éléments de Daniell, et encore, en raison de la rapidité des transmissions, le courant fourni par cette pile n'agit que sous l'influence de $\frac{1}{200}$ de son intensité maxima.

Voici maintenant, en quelques mots, l'historique des autres moyens employés pour résoudre le problème que nous venons d'étudier.

L'un d'eux, le plus ancien proposé par M. Varley, en 1853-1854, consistait à envoyer après chaque courant positif un courant négatif. C'est ce système qui avait été généralement adopté sur les lignes sous-marines.

Dans un autre système également proposé par M. Varley, en 1856, on envoyait à travers la ligne un fort courant positif d'une force et d'une durée déterminées, et on le faisait revenir sur lui-même en le faisant suivre d'un faible courant négatif pour débarrasser la ligne. Ce système, comme l'a indiqué l'expérience, était déjà un progrès réalisé.

En 1858, le professeur W. Thomson proposa de se servir de trois courants d'égale durée, mais de force inégale et de signes contraires, pour n'obtenir qu'un seul signal à l'extrémité de la ligne, deux de ces courants devant être employés à se neutraliser mutuellement au sein de la ligne, et, par conséquent, à dégager celle-ci. Ce système produisit un résultat plus satisfaisant encore.

En 1863, M. Varley reconnut qu'en faisant usage de quatre ou cinq courants de même force, mais de durée variable, on pouvait obtenir une transmission encore plus rapide. Ces courants se succédaient de la manière suivante. On envoyait d'abord un courant positif et on le faisait suivre d'un courant négatif d'une durée beaucoup plus longue; ce dernier était suivi d'un courant positif d'une durée, beaucoup moindre, auquel succédait un courant négatif plus court encore, lequel était suivi par un courant positif presque instantané. Ce système de transmission avait pour résultat de produire une succession de vagues alternativement positives et négatives (3 positives et 2 négatives), d'amplitudes décroissantes, qui se terminait à l'extrémité du câble d'essai, par une petite vague positive, alors que le reste de la ligne se trouvait complétement déchargé par suite de la neutralisation successive de ces vagues entre elles. Ces sortes de transmissions étaient, du reste, opérées automatiquement à l'aide d'un manipulateur particulier, auquel MM. Warley et Thomson avaient donné le nom de *curb-key*.

Voici, du reste, les durées exactes de ces différents courants :

Durée.

1er courant + 4,0
2e courant — 5,5
3e courant + 2,5
4e courant — 1,5
5e courant + 0,6

M. Varley explique de la manière suivante comment s'effectuent les transmissions avec ce système.

Le premier courant envoyé a pour effet de provoquer un changement rapide dans l'état électrique du conducteur. Mais s'il était seul et sans réaction secondaire, il produirait sur le récepteur à l'extrémité de la ligne un effet beaucoup trop long, et c'est pour arrêter cet effet et ne lui laisser que la durée qu'il doit avoir, que le deuxième courant, de sens contraire, est envoyé ; d'un autre côté, afin que ce second courant puisse avoir la faculté d'agir le plus promptement possible après le premier courant, on le prolonge assez de temps pour qu'après avoir détruit le premier, il manifeste un excédant d'action qui se trouve ensuite annihilé par le troisième courant, lequel est corrigé à son tour par un quatrième, et ainsi de suite indéfiniment. M. Varley, toutefois, pense que cinq ou sept courants sont en nombre suffisant pour fournir pratiquement sur le câble transatlantique tous les effets heureux de cette combinaison ; mais il fait remarquer que, quel que soit le nombre des courants employés pour produire un signal, il est essentiel que les courants de même signe que celui qui doit fournir le signal simple à la station éloignée, aient dans leur somme de durée un excédant sur les courants opposés.

Comme pour une même épaisseur d'enveloppe, la charge électro-statique augmente seulement comme les racines carrées du diamètre du fil
conducteur, alors que la force du courant transmis augmente comme le
carré de ce diamètre, on devra toujours chercher à augmenter le diamètre du fil conducteur plutôt que l'épaisseur de la couche isolante
pour diminuer les effets de l'induction ; car, en faisant l'inverse, le courant transmis reste, il est vrai, dans les mêmes conditions, mais l'induction ne diminue que comme la racine carrée de l'épaisseur.

Nous verrons plus tard, à l'article des circuits sous-marins, les autres
conditions que ces sortes de circuits doivent réunir pour fournir les résultats les plus avantageux possibles. Quant à présent, nous allons terminer ce que nous avons à dire sur l'induction électro-statique, en ex-
posant la théorie de ce genre de phénomènes telle qu'elle a été posée
par Faraday et telle qu'elle a été élucidée depuis par M. Gaugain.

Suivant Faraday, il n'y aurait pas, à proprement parler, d'électrisation par influence, c'est-à-dire d'électrisation à distance, et ce serait par
l'intermédiaire même du milieu interposé entre le conducteur électrisé
et celui qui en subit la réaction, que se produiraient les phénomènes de
condensation. M. Faraday admet, en effet, qu'il se produit alors dans ce
milieu, de molécule à molécule, une série de décompositions du fluide
neutre telles, que chaque molécule prend deux pôles électriques contraires,
et c'est cet état qu'il désigne sous le nom de *polarisation* de ce milieu.
Ce serait donc, dans la nouvelle théorie, à la polarisation des molécules d'air ou d'un autre milieu (dit isolant), que serait due l'action que
paraissent exercer à distance les corps électrisés sur les corps à l'état
neutre, tandis que, dans la théorie admise jusqu'ici, l'air ne joue qu'un
rôle passif et ne fait, par sa non-conductibilité, que s'opposer à la recomposition des électricités contraires. En un mot, la théorie nouvelle tend
à supprimer l'action à distance pour la remplacer par une action continue
et constante d'un milieu, d'une matière intermédiaire, propre à transmettre l'action d'un corps à un autre. En nommant *pouvoir inducteur*
la propriété qu'ont les corps de transmettre au travers de leur masse l'influence électrique, M. Faraday trouve que tous les corps isolants n'ont
pas le même pouvoir inducteur, et suivant lui, en exprimant par 1 le pouvoir inducteur de l'air, ceux des autres subtances seraient représentés
ainsi qu'il suit :

Air 1,
Flint 1,76
Résine. 1,77
Poix. 1,80
Cire jaune. 1,86
Verre. 1,90
Gomme-laque. 2,
Soufre 2,24

Quant aux gaz, M. Faraday a trouvé qu'ils ont tous sensiblement le même pouvoir inducteur, et que ce pouvoir n'est modifié ni par la température ni par la pression du gaz.

D'après cette capacité inductrice propre, que possèdent les corps isolants, Faraday a donné à ces corps le nom de *diélectriques*, par opposition aux corps conducteurs qui ne jouissent pas de la même propriété.

Les calculs de MM. Siemens et Thomson, dont nous avons parlé page 94, sont précisément basés sur cette théorie.

De l'hypothèse que nous venons d'exposer, il résulte que la même théorie mathématique doit embrasser les phénomènes d'*induction* et de *conduction*, et cette conclusion avait été formulée par M. Faraday lui-même dès l'année 1838 (*Expérimental Reserches, n° 1320*) : toutefois, elle n'avait point fixé l'attention des physiciens. Dans ces derniers temps, comme nous l'avons vu, M. Gaugain a repris la question et a fait voir, par des expériences nombreuses, exécutées sur des condensateurs sphériques, plans et cylindres, que tous les problèmes qui se rattachent à la théorie de l'influence peuvent être résolus au moyen des formules déduites de la théorie de la propagation (*Annales de chimie et de physique*, 3e. série, février 1862). M. Gaugain ne croit pas cependant qu'il faille voir dans ce résultat une preuve décisive de l'exactitude des vues de M. Faraday ; il regarde comme démontré que les phénomènes d'influence et de conduction sont soumis à une loi commune (ce qui est important pour les applications pratiques) ; mais il ne croit pas pouvoir se prononcer sur la nature intime de ces phènomènes ; il est porté à penser que l'électricité, comme la chaleur, a deux modes de propagation distincts, que le mouvement appelé *conduction* est tranmis par les molécules de la matière pesante, et que l'*induction* ou *influence* s'effectue par l'intermédiaire seulement de l'éther.

Dans le travail que nous avons cité tout-à-l'heure, M. Gaugain suppose que le diélectrique est complétement dépourvu de conductibilité ; mais il n'y a guère en réalité que les gaz qui soient dans ce cas ; tous les corps solides, dits *isolants*, sont plus ou moins conducteurs; et lorsqu'ils jouent le rôle de diélectriques, cette conductibilité peut augmenter considérablement la grandeur de la charge développée par influence. Voici quel est, suivant M. Gaugain, son mode d'action :

Si nous supposons, pour fixer le langage, que l'armure *influençante* soit positive, le fluide naturel du diélectrique est décomposé lentement ; l'électricité négative vient s'accumuler sur la face qui touche l'armure *influençante*, l'électricité positive est repoussée sur la face opposée et neutralise l'électricité négative de l'armure *influencée*. On a donc ainsi un condensateur double, une batterie par cascade dont la charge dépend tout à la fois du temps écoulé, de la conductibilité *intérieure* ou ordinaire du diélectrique, et aussi d'une autre propriété que M. Gaugain appelle conductibilité *extérieure*. Cette dernière conductibilité consiste dans la facilité plus ou moins grande avec laquelle l'électricité se transmet du diélectrique aux armures ou réciproquement.

Lorsqu'elle peut être considérée comme nulle, la valeur maxima de la charge est généralement la même que si l'on substituait au diélectrique un conducteur parfait, tel qu'un métal ; seulement, il faut des heures, des journées quelquefois, pour atteindre cette limite, dans le cas d'un diélectrique isolant, tandis qu'un instant suffit pour l'obtenir dans le cas d'un métal. La charge maxima fournie par un diélectrique isolant peut être huit ou dix fois plus grande que la charge maxima obtenue avec le même diélectrique, lorsque la durée de l'action de la source est limitée à un instant très-court.

D'après ce qui vient d'être dit, il est aisé de se rendre compte des mouvements électriques qui doivent se produire dans le conducteur destiné à mettre l'armure *influencée* en communication avec le sol. D'abord, au moment précis où la source (que nous supposons toujours positive) est mise en rapport avec l'armure *influençante*, l'armure *influencée* se charge instantanément d'une certaine quantité d'électricité négative, et une quantité égale d'électricité positive est repoussée dans le sol. De cette première action, exclusivement attribuée à la *capacité* inductive, résulte un courant dont la durée est instantanée. Plus tard, la conductibilité du diélectrique étant mise en jeu, de la manière indiquée plus haut, de nouvelles quantités d'électricité négative viennent s'accumuler sur l'armure *influencée*, et des quantités égales d'électricité positive sont repoussées dans le sol. De cette action résulte un courant dont l'intensité décroît à mesure que la charge du condensateur approche de la limite, et qui finit par disparaître lorsque la *conductibilité* extérieure, dont nous avons parlé plus haut, est tout à fait nulle.

Lorsque cette *conductibilité extérieure* n'est pas nulle, il s'établit un état d'équilibre quand la quantité de fluide neutre décomposée dans l'intérieur du diélectrique est précisément égale aux quantités qui se reconstituent dans les petits intervalles qui séparent le diélectrique de ses armures. Alors un courant uniforme parcourt le conducteur qui met l'armure influencée en communication avec le sol. M. Gaugain, qui vient tout récemment d'étudier les propriétés de ce courant, a trouvé que son intensité n'est pas proportionnelle à la tension de la source. Lorsque cette tension s'abaisse au-dessous d'une certaine limite O, le flux dont il s'agit disparaît complétement. Lorsque la tension T est supérieure à O, l'intensité I du courant est exprimée par la formule : $I = \dfrac{T - O}{R}$, en désignant par R la somme des résistances du circuit.

M. Gaugain fait remarquer que cette formule est précisément la même qui représente l'intensité du courant, dans le cas où le circuit renferme un liquide *électrolysé ;* mais il ne suppose pas que la quantité O ait la même signification dans les deux classes de circuits que la formule embrasse. Dans le cas de *l'électrolysation*, la quantité O représente la force électro-motrice qui résulte de la polarisation des électrodes. Dans le cas des condensateurs dont nous nous occupons, l'abaissement de tension désigné par O ne paraît dû qu'à la discontinuité du circuit. M. Gaugain suppose, en effet, que l'électricité se propage alors par voie de *décharge disruptive* de l'armure au diélectrique et réciproquement, car il a constaté, par des expériences directes, que la formule citée plus haut est applicable à un circuit qui ne renferme pas de condensateur, lorsqu'il existe quelque part une solution de continuité que l'électricité franchit par voie de *décharge disruptive* (1).

(1) Voir les mémoires de M. Gaugain (*Annales de physique et de chimie, les Mondes,* tome I, p. 465, *Annales télégraphiques,* etc.)

Induction électro-dynamique. — Lorsque le corps soumis à l'induction constitue un système isolé qui accompagne le conducteur du courant inducteur dans toute sa longueur, tout en en étant très-rapproché, un effet par influence se produit également, mais dans des conditions qui peuvent être très-différentes de celles que nous venons d'étudier et qui se rattachent à des effets dynamiques plus ou moins complexes. Toutefois, une différence essentielle existe entre ces deux sortes d'inductions et peut les faire toujours distinguer, quoiqu'elles soient susceptibles de se développer simultanément sur le même conducteur : c'est que, dans un cas, l'effet produit par l'induction pour déterminer une décharge *exige une liaison entre le corps inducteur et le corps induit*, tandis que dans l'autre cas les mouvements électriques excités par l'induction ont une *complète indépendance et peuvent donner lieu à des décharges au sein même du conducteur induit, que celui-ci constitue ou non un circuit fermé.*

Quel est le mode de l'influence électrique dans l'induction électro-dynamique ? Plusieurs théories ont été émises par différents savants pour en rendre compte, entre autres par MM. Weber, Neymann et Delarive. Mais depuis que les effets par influence ont pu être ramenés à des effets de conduction, il pourrait bien se faire que ces théories ne fussent plus à la hauteur de la science actuelle, ou du moins ne concordassent plus avec cette nouvelle hypothèse. Quoiqu'il en soit, il est certain que les nouveaux phénomènes dont nous parlons ont un point commun avec ceux de l'induction électro-statique, car ils sont en rapport intime avec l'état variable de la propagation électrique, *et ne se manifestent qu'au moment même où il y a un changement dans l'état permanent des tensions*, que ce changement provienne d'ailleurs d'une interruption ou d'une fermeture du courant inducteur, d'un renforcement ou d'un simple amoindrissement. Est-ce à dire pour cela que l'effet déterminé par l'induction disparaisse totalement avec le flux électrique qui accompagne chaque variation de l'inducteur ? Rien ne le prouve, car un état statique peut succéder à un état dynamique, et comme ce dernier seul est visible, l'état statique qui survient équivaut extérieurement à une annihilation. Toujours est-il *que la manifestation électro-dynamique qui accompagne chaque variation du courant inducteur, change de sens suivant que l'état variable de celui-ci est croissant ou décroissant, et ce sens est, comme dans tous les effets par influence, contraire à celui de l'action électrique qui lui a donné naissance.* Ainsi, au moment de la fermeture du courant inducteur, le courant induit qui en résulte lui est *inverse;* il est, au contraire, *direct* ou de même sens au moment de l'interruption. De même, tous les changements d'intensité du courant inducteur qui auront pour effet d'augmenter sa tension, déterminera des courants induits inverses, tandis que ceux-ci seront directs quand ils résulteront d'un *affaiblissement dans la tension du courant inducteur. Ces courants sont en effet, en quelque sorte, l'expression de l'extinction ou de la naissance du courant différentiel qui a pour effet de constituer le courant inducteur en moins ou en plus.*

Si l'on considère maintenant que quand un circuit est enroulé en spirale autour d'une hélice traversée par un courant inducteur, on soumet d'une manière symétrique à l'action inductrice les différentes parties d'un même circuit, on reconnaît aisément que l'effet qui est alors déterminé au sein de l'hélice induite équivaut à celui d'un circuit voltaïque dans lequel on introduirait, aux différents points de sa longueur, un certain nombre d'éléments disposés en tension les uns par rapport aux autres, et on comprend dès lors que la tension des courants induits doit augmenter avec le nombre des tours de spires de l'hélice induite. Par une raison analogue, on conçoit qu'on peut en augmenter *la quantité* en augmentant le diamètre du fil induit, car on diminue par cela même la résistance de cette espèce de pile.

Il va sans dire que si on veut obtenir de la part de ces sortes de courants une action continue ou du moins une série d'actions qui, par leur succession rapide, puisse donner lieu à des effets continus, il faudra interrompre très-rapidement le courant inducteur, et si l'on veut que ces courants induits agissent dans le même sens, on devra disposer un appareil qui puisse les redresser à travers le circuit sur lequel ils doivent agir, lequel circuit devra naturellement compléter celui du fil induit.

Sans entrer dans les lois qui régissent ces sortes de courants et que nous étudierons d'une manière spéciale au chapitre des générateurs électriques par induction, nous pourrons dès maintenant établir comme loi résultant des actions électriques produites par renforcements ou affaiblissements successifs de la tension d'un courant, effets qui ont été étudiés page 74, *que les courants induits auront d'autant plus de tension que l'état variable du courant inducteur, dans sa croissance comme dans sa décroissance après chaque fermeture et chaque interruption du circuit, sera plus court,* ou ce qui revient au même, que les fermetures et les interruptions de ce courant inducteur seront plus brusques et plus nettes.

Nous verrons plus tard que, grâce à certaines réactions secondaires qui font que cette condition est mieux remplie pour les interruptions que pour les fermetures du circuit inducteur, *le courant direct a plus de tension que le courant inverse.*

Le courant magnétique des aimants réagissant, dans ses effets, sur les courants électriques comme s'il était un courant électrique lui-même, il était à supposer qu'il devait produire sur les corps conducteurs non magnétiques placés dans son voisinage, des effets d'induction analogues à ceux que nous venons de constater ; c'est en effet ce qui a lieu, et, chose assez curieuse, cette réaction est même beaucoup plus énergique que celle provoquée par les courants électriques. Comme le courant magnétique circule, ainsi qu'on l'a vu, normalement à l'axe de l'aimant, la disposition des appareils d'induction fondés sur l'emploi des aimants est excessivement simple, car les aimants représentent à eux seuls l'hélice inductrice des appareils d'induction électrique, et il ne s'agit, par conséquent, pour faire naître de cette manière des courants induits, que d'approcher et d'éloigner alternativement ces aimants de l'intérieur d'une simple hélice de fil isolé. Nous verrons plus tard comment, à l'aide de certaines dispositions mécaniques, on est parvenu à faire de ces courants, des courants continus susceptibles d'être employés dans les applications électriques ; nous ajouterons seulement, pour le moment, qu'en raison de l'action plus énergique du magnétisme, on a voulu réunir dans les appareils d'induction électrique les deux sortes d'effets et, pour cela on a muni l'hélice inductrice d'un faisceau de fils de fer. Ce faisceau, en s'aimantant sous l'influence du courant inducteur, réagit en effet concurremment avec ce dernier, pour renforcer considérablement l'induction.

Comme dans les circuits électriques d'une très-grande longueur, la période variable de la propagation des courants peut donner lieu à des fluctuations électriques différentes suivant les points du circuit où sont faites les interruptions; l'action des courants inducteurs transmis par ces sortes de circuits peut donner lieu à des effets particuliers qui peuvent paraître, au premier abord, anormaux, mais qui ne sont que la conséquence de la manière même dont l'état variable de la propagation du courant inducteur s'établit dans le circuit. Ainsi, quand on place sur une ligne télégraphique de 500 kilomètres de longueur un appareil d'induction, le sens des courants induits qui sont produits, non-seulement sont différents suivant que l'appareil est placé près de la pile ou à l'extrémité de la ligne, mais varient même suivant le point de la ligne où se font les interruptions du courant. Ces effets s'expliquent facilement si l'on considère que dans les premiers moments de la propagation du courant inducteur, la tension électrique s'abaisse brusquement près de la pile pour aller en augmentant successivement à l'extrmité du circuit; mais à mesure que cette augmentation a lieu, les tensions s'accroissent de nouveau près de la pile jusqu'à leur distribution définitive. Or, il résulte de cette double fluctuation, d'abord que des courants directs correspondent aux fermetures du circuit, quand l'induction se fait près de la pile ; en second lieu, que des courants inverses correspondent à ces fermetures quand l'induction se fait à l'extrémité opposée; et en troisième lieu, que des courants directs, puis inverses, peuvent correspondre à une même fermeture du circuit quand elle est opérée à l'extrémité de la ligne. Ces effets, découverts par M. Guillemin, peuvent-être très-facilement démontrés en traçant la courbe de la distribution des tensions sur le circuit aux différents instants de la période variable, mais ils se comprennent d'ailleurs parfaitement *dès lors qu'on part de ce principe, que tout affaiblissement du courant inducteur détermine un courant de sens direct et tout renforcement un courant de sens inverse.* Par suite, lorsqu'il y a successivement affaiblissement puis renforcement sous l'influence d'une même cause, il doit y avoir double manifestation électrique en sens inverse.

Quand, au lieu de s'exercer sur des fils, l'induction s'exerce sur des plaques métalliques, les effets deviennent très-complexes et dépendent d'une foule de circonstances particulières qu'il nous est impossible de signaler ici. Nous dirons seulement que cette action est assez puissante ; 1° pour paralyser complétement les effets d'induction que nous venons d'exposer lorsqu'on interpose entre les deux hélices un cylindre métallique ; 2° pour amortir les oscillations d'une aiguille aimantée lorsqu'on place au-dessous une plaque de cuivre rouge ; 3° pour arrêter même le mouvement communiqué à un disque lorsqu'il est placé entre les pôles d'un fort électro-aimant.

Enfin, quand l'induction s'exerce sur des corps isolants, les effets qui en résultent peuvent donner naissance, dans certaines conditions, à des courants d'une remarquable puissance, qui ont été l'origine d'une catégorie de générateurs électriques excessivement curieux et aujourd'hui très-expérimentés par les savants, sous le nom de machines de Holtz.

Ces différentes sortes de réactions ne jouant qu'un rôle très-accessoire dans les applications électriques, nous ne croyons pas devoir leur consacrer ici une étude spéciale ; nous renverrons, en conséquence, le lecteur que cette question pourrait intéresser, aux traités de physique modernes, à ceux de MM. Daguin, Jamin, Ganot, par exemple, et aux mémoires de MM. Holtz, Poggendorff, etc. Nous aurons d'ailleurs occasion de parler des dernières de ces réactions au chapitre des machines électriques.

Il nous reste maintenant à examiner les théories qu'on a données des effets de l'induction électro-dynamique, et pour bien préciser la question, examinons d'abord l'action qui serait produite sur un circuit rectiligne par un courant passant à travers un conducteur parallèle à ce circuit rectiligne et qui, étant mobile, s'avancerait jusqu'au contact de ce dernier pour s'en éloigner ensuite. Ce cas revient bien à celui d'un courant qui augmente successivement d'intensité jusqu'à un maximum, pour décroître ensuite de la même manière jusqu'à un minimum, et il est précisément celui d'un courant dont on ferme d'abord le circuit pour l'interrompre ensuite, car les différentes phases de la période variable représentent les effets de croissance et de décroissance successifs que nous avons admis. Nous pourrons donc étudier les phénomènes produits par l'induction dans les cas ordinaires où celle-ci s'exerce, d'après ceux qui résultent du rapprochement ou de l'éloignement réciproque des deux circuits appelés à réagir l'un sur l'autre.

Or, l'expérience démontre :

1° Que quand le circuit inducteur s'approche du circuit induit, il se développe dans celui-ci un courant inverse et que ce courant est d'autant plus énergique que le mouvement de rapprochement est plus rapide.

2° Que quand il y a éloignement des deux circuits, il se produit un courant direct qui est également d'autant plus intense que le mouvement d'éloignement est plus rapide.

Si l'on considère que d'après la direction des courants ainsi produits, les actions dynamiques exercées entre eux et le courant inducteur devraient avoir pour résultat des mouvements contraires à ceux qui sont effectués, puisqu'ils devraient se repousser dans le cas du rapprochement et s'attirer dans le cas de l'éloignement, on arrive à conclure :

1° Que si un courant fixe imprime un mouvement quelconque à un autre qui est mobile, il se développe dans les deux conducteurs, par suite de leur déplacement, des courants induits opposés qui diminuent l'intensité des courants primitifs. L'effet du mouvement produit est donc le même que celui d'une résistance qu'on introduirait dans les conducteurs, ou que celui d'une force électro-motrice qui serait de signe contraire à celle de la pile employée.

2° Que si un premier courant qui parcourt un conducteur mobile prend un mouvement de rotation continu, sous l'action d'un second courant qui est fixe, on développera dans la partie mobile un courant d'induction continu opposé au premier, en lui imprimant mécaniquement le même mouvement.

3° Qu'un conducteur soumis à des conditions déterminées de déplacement, n'éprouve aucune induction quand on le fait mouvoir devant un courant fixe; il est donc, par rapport à ce dernier, dans un état statique.

Ces déductions, établies par M. Lenz, expliquent plusieurs des phénomènes des réactions dynaniques des courants qui seraient inexplicables avec la seule théorie d'Ampère (1) et en particulier certaines expériences de M. Guillemin, dont nous aurons occasion de parler un peu plus tard.

Supposons maintenant que le circuit mobile soit à l'état naturel et qu'on l'éloigne de sa première position d'équilibre, il sera traversé par un courant induit qui l'y ramènerait. Si ensuite on le rapproche de la première position en l'éloignant de la seconde, on obtiendra un courant d'induction inverse du précédent. Il suit de là qu'en faisant tourner d'une manière continue ce circuit autour de son axe, il s'éloignera d'abord de la première position pour venir se confondre avec la seconde, puis s'éloignera de celle-ci pour revenir à la première ; par conséquent, le sens du courant changera à chaque demi-révolution, au moment où le circuit passera par l'une ou l'autre de ses positions d'équilibre. C'est ce qui explique le développement des courants dans les machines d'induction à rotation.

Les effets que nous venons d'étudier expliquent bien les différentes phases des phénomènes de l'induction électro-dynamique et les conséquences qui peuvent en résulter, mais ils ne rendent pas compte de la manière dont l'influence s'exerce. Suivant M. De la Rive, cette influence

(1) Voir le *Traité de physique* de M. Jamin, tome III, pages 273 et 277.

proviendrait de l'action des décharges intermoléculaires qui, selon lui,
doivent s'effectuer dans la transmission des courants, et qui ont pour
effet de maintenir les molécules du conducteur qui leur sert de véhicule
dans un état permanent de polarisation.

(Fig. 26.)

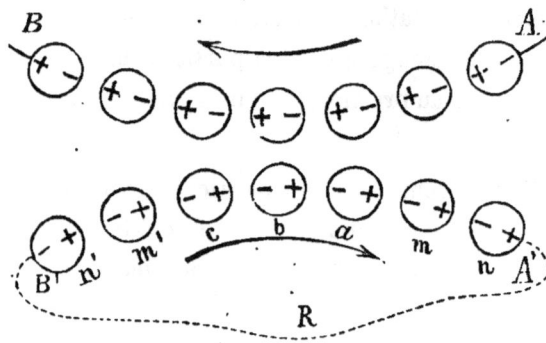

Supposons, pour fixer les idées, qu'on approche un courant AB d'un
conducteur à l'état neutre A'B'. Dans chacune des particules a, b, etc., le
fluide neutre va être décomposé par influence par les fluides polarisés de
la particule de AB la plus rapprochée, et cela aura lieu dans toutes les
parties de A'B', assez rapprochées de AB pour éprouver l'induction. Quant
aux molécules extrêmes $n\,n'$, qui sont en dehors de la partie induite,
elles seront polarisées par les actions des fluides de noms contraires des
molécules extrêmes m, m' de la partie induite, se déchargeront mutuellement et formeront ainsi dans la partie non induite A'B'R du circuit fermé
un courant instantané marchant en sens contraire du courant inducteur.

Si le circuit n'est pas fermé, on ne pourra évidemment pas constater ce
courant induit, mais les extrémités m, m' du fil induit seront chargées
d'électricités contraires, à la manière d'une pile composée de plusieurs
éléments dont les pôles ne sont pas réunis. Mais si le circuit est fermé par
un fil R, ou s'il est disposé de manière à permettre à une décharge de s'effectuer, il n'en sera plus de même, et un courant de sens inverse au courant
inducteur traversera le circuit ; toutefois, le mouvement électrique ne
pourra être qu'instantané, car les réactions réciproques de ces polarités
ainsi développées tendront à créer un état statique que M. Faraday a
désigné sous le nom d'*état électrotonique* et qui paralysera l'action dynamique. Or, il résultera de cette réaction un double effet : *la partie* A'bB'

directement exposée à l'induction restera polarisée et la partie A'RB'
reviendra à l'état neutre. Supposons maintenant que le courant inducteur soit interrompu, la polarisation de la partie A'bB' ne pourra plus
subsister, et dans ce retour à l'état neutre, les molécules extrêmes m, m,
de la chaîne se trouveront chargées d'une seule et même électricité qui
sera positive en m et négative en m', et qui donnera lieu dans la partie
A'RB' à un courant dirigé de A' en B', en sens contraire du premier, c'est-
à-dire dans le même sens que le courant inducteur. Si l'on considère que
le premier courant, c'est-à-dire le courant inverse doit, avant de s'établir,
vaincre toutes les résistances du circuit, c'est-à-dire celle de la partie
A'bB' aussi bien que celle de la partie A'RB', tandis que le second n'a par
le fait à vaincre que la resistance A'RB', on comprend pourquoi le courant
direct a plus de tension que le courant inverse.

Si on voulait embrasser tous les phénomènes de l'induction dans une
même théorie philosophique, on pourrait, ce me semble, considérer l'induction électro-dynamique *comme l'expression du mouvement qui s'accom-*
plit dans l'état électrique d'un corps, pour se mettre en état d'équilibre
électrique avec le corps électrisé qui l'influence; l'induction électro-
statique serait alors l'action qui succède à cet état d'équilibre établi,
et, comme chaque changement dans les rapports réciproques des deux
corps dont l'état électrique se trouve ainsi équilibré, entraîne de nouvelles conditions d'équilibre qui donnent toutes naissance à un mouvement
électrique, il en résulte que tout changement dans l'intensité électrique
de l'inducteur, tout rapprochement ou tout éloignement de l'inducteur et
de l'induit, doivent donner naissance à un courant d'induction qui devra
être dans un sens différent, suivant que ces changements s'effectueront
de manière à constituer l'action induisante en plus ou en moins. Or,
comme les lois d'équilibre entraînent toujours l'intervention de deux
actions contraires, on peut établir comme principe général : *que toute*
action donnant lieu à un changement dans l'état d'équilibre électrique
de deux corps, dont l'un est électrisé, doit provoquer dans celui qui en
subit l'influence, une action dynamique de sens contraire qui pourra
être un courant, si le mouvement produit pour constituer l'équilibre
s'effectue dans le sens de la longueur du corps ainsi influencé, ou un effet
de condensation, si ce mouvement s'effectue dans un sens normal à cette
longueur, mais qui ne se produira qu'au moment même où ce change-

*ment d'état électrique se manifestera; car aussitôt après, l'équilibre
entre les rapports électriques des deux corps se trouve rétabli.*

Il nous a paru opportun d'exposer ces considérations générales, car
le plus souvent les effets d'induction électro-dynamique sont unis aux
effets d'induction électro-statique, et leur grandeur relative dépend surtout de la disposition des circuits. Sur les câbles sous-marins les effets
d'induction électro-dynamique se montrent à un degré assez faible quand
le câble est immergé, mais ils deviennent un peu plus marqués quand
le câble, recouvert de son enveloppe métallique, est isolé. D'un autre côté,
dans les appareils d'induction, la condensation électro-statique se
retrouve d'une manière parfaitement caractérisée, et peut même donner
lieu à des décharges directes quand on réunit le fil induit au fil inducteur, quelque parfaite que soit d'ailleurs la couche isolante entre les deux
fils. Il est évident que tous ces effets ont des rapports communs qui doivent les ramener tous à un même principe, et quand la science sera assez
avancée pour qu'on puisse embrasser d'un même coup d'œil l'ensemble
de tous les phénomènes, on sera étonné de la simplicité du principe ainsi
que de la fécondité de ses conséquences.

Induction moléculaire. — L'induction électro-dynamique ne se
borne pas à l'action générale exercée sur toute la masse des corps qui s'y
trouvent exposés, elle peut agir plus profondément, si je puis m'exprimer
ainsi, en tendant à développer sur les molécules mêmes qui les composent des mouvements électriques finis, ayant pour effet de constituer des
polarités moléculaires ou atomiques analogues à celles qui se développent
dans une hélice voltaïque ou *Solenoïde*, comme la désigne Ampère. Il
est toutefois, dans ce genre d'induction, un caractère particulier qui
établit entre elle et l'induction électro-dynamique proprement dite, une
différence assez considérable pour rendre les effets produits complétement
différents. Ce caractère est que, dans l'induction électro-dynamique proprement dite, les mouvements électriques déterminés sont éphémères,
tandis que dans l'induction qui nous occupe en ce moment et que nous
appellerons *induction moléculaire*, ces mouvements sont continus et
durent non-seulement aussi longtemps que la cause qui leur a donné naissance persiste, mais même d'une manière indéfinie dans certains cas.
Cette différence d'action tient précisément à ce que l'induction, s'exerçant dans ce cas sur des particules matérielles *distinctes soumises à des*

actions physiques particulières qui en ont déterminé dans l'origine la structure et le mode d'agrégation, agit plutôt comme force directrice que comme force induisante, et d'après les résultats de l'expérience, ces effets semblent dépendre d'une certaine force appelée *coercitive ayant une relation avec la dureté des corps, l'espacement et la conductibilité de leurs atomes moléculaires, et une certaine analogie avec la force d'inertie.*

Plusieurs savants ont proposé des théories générales, qui permettent de relier ensemble les différents phénomènes qui se rattachent aux différentes sortes d'inductions, mais de toutes ces théories, celle qui satisfait le plus l'esprit et qui est la plus acceptée par les savants, est celle de MM. Weber et De la Rive, que nous allons essayer de résumer le plus clairement qu'il nous sera possible.

Suivant MM. Weber et De la Rive, on doit admettre d'abord que chaque atome de la matière possède une polarité électrique et naturelle fournissant un pôle différent aux deux points opposés d'un même diamètre, qui sera, si l'on veut, l'axe autour duquel a pivoté l'atome au moment de sa formation. Il en résulte conséquemment un mouvement des deux fluides électriques l'un vers l'autre par la surface de cet atome, qui constitue un courant opposé à celui qui le traverse intérieurement et qui établit son état d'équilibre. Ces atomes étant groupés et réunis de manière que les polarités électriques contraires soient en opposition les unes aux autres, constituent autour de la molécule qu'ils forment un courant électrique circulant autour d'elle. Mais pour que ce courant s'établisse ainsi autour de chaque molécule, il faut que les atomes soient, par suite de la constitution physique du corps, très-rapprochés. S'ils sont éloignés, il ne peut s'établir chez eux de chaîne électro-atomique naturelle, et ils sont par conséquent dans cet état d'équilibre où leurs courants extérieurs neutralisent le courant intérieur le long de leur axe. Dans le premier cas, les particules livrées à elles-mêmes s'arrangent de façon que ces courants se neutralisent tous mutuellement pour satisfaire aux lois de leurs attractions et répulsions réciproques, ainsi que l'a admis Ampère, et elles constituent *les corps magnétiques.* Mais ces courants individuels étant surexcités par l'action, par influence d'un courant électrique ou le courant magnétique d'un autre aimant, se disposent parallèlement suivant les lois des réactions réciproques des courants, en faisant pivoter les molécules autour de leur axe (1), et l'aimantation se trouve alors produite. Cette aimantation est persistante ou temporaire, suivant qu'une force à laquelle on a donné le nom de force coercitive est plus ou moins développée.

Nous remarquerons toutefois que, dans cette hypothèse, il est un élément dont l'action peut changer les résultats précédents, c'est la conductibilité des atomes. En effet, si cette conductibilité est assez grande pour que les électricités polaires se neutralisent à la surface même des atomes, elles ne peuvent se réunir à celles des atomes voisins, et le courant électrique moléculaire n'existe plus ; ce cas devient alors le même que celui dans lequel les atomes sont éloignés les uns des autres. Voilà pourquoi le cuivre et le zinc ne sont pas magnétiques, tout en ayant leurs atomes rapprochés ; mais si on empêche cette conductibilité en combinant ces corps avec de l'oxygène et du chlore, ils deviennent magnétiques. La même hypothèse rend compte également de la destruction du magnétisme par la chaleur, car l'intervention de cet agent physique a pour effet d'écarter les atomes (2).

Quand les atomes des corps sont écartés par une cause quelconque,

---

(1) D'après les expériences de plusieurs savants, l'aimantation produit en effet une action matérielle sur les molécules des corps magnétiques, qui se traduit par une modification dans leur longueur ; seulement on n'est pas d'accord sur le sens de cette modification. Les uns, comme MM. Joule, Tyndall, ont trouvé que sous l'influence magnétique le barreau s'*allonge* (voir *les Mondes*, tome VI, p. 622). D'autres, comme M. Trève, ont reconnu qu'il se contracte (voir *les Mondes*, tome XVII, p. 581). Enfin d'autres, comme M. Edlund, ont remarqué que quelques-uns de ces barreaux s'allongent et d'autres se contractent. Quoi qu'il en soit, ce mouvement annonce une action moléculaire, car la force coercitive qui se développe en même temps que ce mouvement, communique au fer le plus doux la dureté de l'acier. D'un autre côté, d'après les expériences de M. Edlund, la présence d'un courant électrique dans un corps conducteur détermine, indépendamment des effets calorifiques qu'il peut produire, un *allongement* qui lui est particulier (voir *les Mondes*, tome XVII, p. 25). Serait-ce un effet de ce genre qui serait produit dans les aimants ? . . . .

(2) J'ai fait, en 1852, une expérience décisive à cet égard, en suspendant au centre d'une hélice voltaïque parcourue par un fort courant, un cylindre de fer chauffé au rouge blanc. Le magnétisme développé par lui était à peu près nul dans cet état, mais à mesure que le fer refroidissait, il devenait de plus en plus énergique jusqu'à son complet refroidissement. Il est vrai que la résistance de l'hélice qui diminuait au fur et à mesure du refroidissement, rendait encore l'action du courant plus efficace.

En 1868, M. Trève a voulu répéter cette expérience sur de la fonte en fusion et il a trouvé que celle-ci avait acquis, sous l'influence du courant, un fort degré d'aimantation. J'avoue que cette expérience a lieu de m'étonner et semblerait indiquer une action différente entre les corps magnétiques à l'état solide ou à l'état liquide ; peut-être aussi cet effet est-il dû à une nature spéciale de la fonte (voir *les Mondes*, tome XIX, p. 219).

soit par leur nature propre, soit par la chaleur, ils ne peuvent donner lieu, ainsi qu'on l'a vu, à la création de courants moléculaires ; par conséquent, la réaction extérieure d'un courant, soit voltaïque, soit magnétique, ne pourra pas déterminer d'aimantation. Mais si ce courant est assez énergique et qu'il réagisse sur des corps naturellement dans ces conditions et appelés corps *dia-magnétiques,* il pourra déterminer chez ceux de leurs atomes qui sont les plus rapprochés de lui une direction telle, que leur axe devienne parallèle à sa propre direction, et qu'en même temps leurs pôles soient tournés en sens contraire de celui des particules polarisées du conducteur du courant. Ces atomes ainsi dirigés sous cette puissante influence, obligent à leur tour les autres atomes de la molécule dont ils font partie à se diriger de façon à se correspondre par leurs pôles opposés, et à former ainsi une chaîne électrique dont le courant aura nécessairement un sens contraire à celui du courant extérieur, puisque ce sens est déterminé par les premiers atomes qui sont soumis directement à l'action de ce courant.

Les choses se passeront de même pour les autres particules du corps dia-magnétique, de sorte qu'elles se trouveront entourées, du moins toutes celles qui seront sous l'influence extérieure, de courants électriques ayant une direction contraire à celle des courants qui agissent sur elles et qui produiront nécessairement une répulsion. Telle est la théorie des phénomènes dia-magnétiques qui ont occupé, il y a une quinzaine d'années, tous les savants et qui se rapprochent d'ailleurs des phénomènes de l'induction proprement dite.

Suivant M. De la Rive, l'induction dynamique d'un courant sur un corps conducteur ne diffère de la réaction dia-magnétique qu'en ce que cette dernière ne s'exerce que sur les molécules dia-magnétiques directement impressionnées, tandis que l'induction dynamique se manifeste sur le conducteur tout entier. Toutefois, dans les effets qui sont produits, il y a des différences assez marquées : ainsi, l'action dia-magnétique dure aussi longtemps que le courant qui lui a donné naissance, tandis que dans

---

Une expérience de ce genre, faite à Sheffield en Angleterre, ne mentionne pas ce fait ; elle indique seulement que le fer en fusion, sous une forte influence magnétique, se met à bouillonner avec production de bulles, que l'opération métallurgique est accélérée avec économie de combustible et que le fer acquiert une grande dureté et une grande ténacité, ce que n'a pas reconnu M. Trève (voir *les Mondes,* tome XIV, p. 145).

l'induction proprement dite les courants développés sont instantanés. D'un autre côté, l'induction proprement dite se manifeste aussi bien sur les corps non conducteurs que sur les corps conducteurs, tandis que l'action dia-magnétique qui donne naissance à des courants d'une grandeur finie, ne peut être produite que dans des corps conducteurs.

D'après la théorie d'Ampère, la création des aimants électriques ou magnétiques se trouve expliquée et les effets qu'ils exercent deviennent les conséquences des lois dynamiques qui régissent les réactions réciproques des courants. Ainsi, les pôles de noms contraires s'attirent parce que les courants des solenoïdes ainsi opposés l'un à l'autre marchent dans le même sens et sont parallèles ; l'inverse a lieu quand ils sont de même nom, parce que cette marche des deux courants est contraire, enfin toutes les autres réactions des aimants entre eux, ou par rapport aux courants électriques, peuvent être expliquées par suite de cette hypothèse. Toutefois, il ne faudrait pas être trop exclusif à cet égard, car ces effets dynamiques peuvent se compliquer de certaines réactions statiques, comme cela a lieu pour l'électricité, et donner lieu à des effets secondaires qu'il serait impossible d'expliquer avec la théorie d'Ampère. On peut cependant très-bien concilier ensemble les deux genres d'effets, en attribuant aux molécules magnétiques des actions polaires analogues à celles qui sont produites par les pôles des aimants, et qui cherchent, étant une fois développées, à se mettre entre elles dans un état d'équilibre statique réciproque, analogue à celui qui, dans la théorie d'Ampère, préside à l'équilibre dynamique de tous les courants préexistants, et qui doit avoir pour résultat final de distribuer toutes les polarités de même nom d'un côté de l'aimant et toutes les polarités contraires du côté opposé. Les conditions d'équilibre de ces polarités n'entraînent d'ailleurs qu'une inclinaison des axes magnétiques pour chaque molécule, et cette inclinaison n'altère en rien les conséquences de la théorie d'Ampère, pas plus que l'hypothèse d'une action statique magnétique n'entraîne comme conséquence le déplacement des fluides magnétiques d'une molécule à l'autre. Il en résulte seulement qu'il peut y avoir surexcitation de force dans une même molécule, par suite d'une action par influence dans laquelle les parties contiguës de deux molécules joueraient le rôle des armures d'un condensateur, et la force coercitive le rôle d'isolant. Je n'insisterai pas davantage sur cette théorie, que j'ai longuement développée dans mon étude du magnétisme et à laquelle plusieurs physiciens tendent maintenant à revenir, puisqu'ils finissent par reconnaître dans le soit-disant magnétisme rémanent, deux effets différents. Nous reviendrons d'ailleurs sur cette question au chapitre des électro-aimants (1).

III.

RÉACTIONS DYNAMIQUES ET INDUCTRICES

Nous avons vu précédemment que quand un courant réagissait par induction sur un circuit parcouru par un autre courant, les effets se trouvaient singulièrement compliqués et acquéraient une certaine importance avec des courants instantanés de grande tension ; nous allons maintenant examiner ce genre de réactions, que M. Guillemin a élucidées avec un grand soin dans deux mémoires qu'il a présentés à l'Institut en 1866 et 1867.

Les conclusions auxquelles ce savant est parvenu peuvent être formulées de la manière suivante :

1º Quand des courants instantanés, ayant une assez grande tension pour s'influencer facilement, marchent parallèlement dans le même sens, leur transmission à travers les conducteurs est rendue plus difficile, et cela d'autant plus que ces conducteurs sont plus rapprochés les uns des autres. Le maximum de cet effet nuisible correspond précisément au point de contact des conducteurs, ce qui explique le fait que nous avons énoncé page 69 que la conductibilité des courants instantanés dépend moins de la section des conducteurs que de leur surface.

2º Quand les courants marchent parallèlement en sens contraire les uns des autres, leur propagation se trouve facilitée dans la proportion de leur plus grand rapprochement.

3º Quand un conducteur est enroulé en hélice et qu'il se trouve par conséquent dans la situation de présenter, sur différents points de son circuit, des actions inductrices qui peuvent être effectuées dans différents sens. La résistance augmente généralement, mais elle peut subir une augmentation ou une diminution suivant le diamètre de l'hélice. Si ce diamètre est très-petit, une diminution a lieu ; dans le cas contraire, il y a augmentation.

(1) Une expérience présentée à l'Académie des sciences par M. Jamin, le 28 juin 1869 et décrite dans les Mondes, tome XX, p. 378, démontre victorieusement la vérité de cette théorie.

4° Quand les courants sont produits par une pile et n'ont pas, par conséquent, une aussi grande tension que ceux dont il a été question précédemment, les mêmes effets se reproduisent, mais pour pouvoir les constater, il faut que les courants soient soumis à des interruptions régulières et très-promptes et que les fils qui les conduisent soient enroulés en hélice comme dans les appareils d'induction. Dans ces conditions, on a pu constater une différence d'intensité produite par les mêmes courants dans le rapport de 10 à 14.

Ces effets, du reste, s'expliquent facilement, si l'on considère d'abord que l'action inductrice des deux courants se produisant dès les premiers moments de la période variable de leur propagation, cette période variable se trouve grandement allongée et d'autant plus allongée que l'action inductrice est plus énergique, ce qui équivaut, en fin de compte, à un retard dans la transmission. D'un autre côté, comme les courants qui en résultent sont de sens différents, de sens contraire au courant circulant dans le circuit induit quand les deux courants marchent parallèlement dans le même sens, de même sens au contraire quand ces deux courants marchent en sens inverse, il doit y avoir affaiblissement dans le premier cas et renforcement dans le second.

L'augmentation de résistance due à l'enroulement du circuit en hélice quand les spires sont de grand diamètre, et la diminution de cette résistance quand les spires sont de petit diamètre, vient de ce que, dans l'hélice, il existe des réactions de signes contraires, dont les unes retardent la propagation du courant et dont les autres l'accélèrent. Les premières sont dues à l'action exercée par les parties de l'hélice situées sur une même génératrice du cylindre sur lequel elle est enroulée; les courants s'y propagent dans le même sens. Les dernières résultent de la réaction des parties situées aux extrémités d'un même diamètre, dans lesquelles les directions des courants sont contraires. Les premières l'emportent lorsque l'hélice a un grand diamètre, et alors il y a retard comme dans le cas de courants marchant dans le même sens; les secondes, au contraire, deviennent prédominantes quand l'hélice a un petit diamètre, et alors il y a accélération.

LOIS DES COURANTS INTERROMPUS.

M. Pouillet a démontré que l'intensité du courant discontinu qui s'établit à l'aide d'un interrupteur dans un circuit court sans circonvolutions, est indépendante de la rapidité des interruptions, et ne dépend que du rapport de la durée du contact à celle de l'interruption : on en conclut que le courant atteint son état permanent dans un temps inappréciable, au moment où il est fermé, et s'évanouit de même au moment où il est ouvert. Si le circuit contient une bobine de fil conducteur, des effets d'induction sont produits et l'intensité du courant discontinu dépend, non-seulement du rapport de la durée du contact à celle de l'interruption, mais encore de la rapidité des interruptions et de la disposition du circuit ; elle diminue par l'introduction d'un noyau de fer dans la bobine, parce qu'alors la durée de l'état variable du courant n'est plus négligeable, soit lorsqu'il commence, soit lorsqu'il finit.

M. Cazin a cherché à formuler mathématiquement les différentes lois qui président à ces différentes sortes de réactions, et ces lois peuvent être résumées dans la formule :

$$K = \frac{nI}{R\,(I' - I'')} \, ;$$

n représentant le nombre des interruptions du courant par minute ; I la valeur de l'intensité du courant continu (*soit le volume d'hydrogène dégagé par ce courant en une minute*) ; R la résistance du circuit ; I' — I'' la différence des intensités du courant discontinu, traversant d'abord un circuit sans bobine, et ensuite un circuit avec bobine, mais de même résistance ; K une constante dépendant des unités adoptées et de la disposition de la bobine.

On en déduit :

1° Que si on fait croître graduellement l'intensité du courant discontinu en augmentant les durées de fermetures du circuit, I et n ne changeant pas, la différence des intensités des deux circuits interrompus avec et sans bobine croît, mais atteint une valeur constante qui est : (I' — I'').

2° Que si l'on fait varier n, I ne changeant pas, la valeur de I' — I'' est proportionnelle à celle de n.

3° Que si l'on fait varier I, en changeant la résistance R à l'aide d'un fil rectiligne, la valeur de I' — I'' est proportionnelle à I et en raison inverse de R.

4° Que si l'on change le nombre des couples de la pile, en réglant la résistance de manière que I ne change pas, la valeur de I' — I'' est en raison inverse de la résistance R du circuit.

La valeur de K est d'ailleurs indépendante des modifications que l'on fait subir à l'étincelle de rupture.

5° Que lorsqu'on établit un fil de dérivation rectiligne entre les deux contacts de l'interrupteur convenablement réglé, l'effet des réactions de la bobine, placée dans le circuit principal, *est de diminuer l'intensité moyenne dans ce circuit et de l'augmenter, dans le circuit dérivé, de quantités inversement proportionnelles aux résistances de ces circuits.*

6° Que la loi des équivalents électro-chimiques est applicable à un courant discontinu qui traverse une bobine (1).

---

(1) Voir les deux mémoires de M. Cazin dans *les Mondes*, tome VI, p. 125 et tome VII, p. 672, et le mémoire de M. Bertin dans le même ouvrage, tome III, p. 6.

DEUXIÈME PARTIE

TECHNOLOGIE ÉLECTRIQUE

PREMIÈRE SECTION

GÉNÉRATEURS ÉLECTRIQUES

CHAPITRE· I.

CONSIDÉRATIONS THÉORIQUES ET GÉNÉRALES SUR LES GÉNÉRATEURS D'ÉLECTRICITÉ.

Génération de l'électricité. — Pour qu'on puisse bien se pénétrer de la manière dont se développe l'électricité, il faut toujours se rappeler que *les corps de la nature ont un état d'équilibre électrique particulier, suivant lequel ils se sont constitués primitivement, et qui, étant rompu par suite d'une réaction extérieure, permet au fluide de manifester sa présence.* Or, de même que la chaleur peut se révéler à nous par le chaud ou par le froid, c'est-à-dire par sa présence ou par son absence, de même cette manifestation électrique peut se produire avec le signe $+$ ou avec le signe $-$, et donner lieu, par conséquent, à de l'*électricité positive* ou à de l'*électricité négative.*

D'après cette définition, on se trouve conduit à admettre, comme cause déterminante de la manifestation électrique, une *action* capable de rompre l'équilibre électrique des corps, et cette action qui donne naissance à la *force électro-motrice*, peut résulter de bien des causes différentes. *Le contact de deux corps hétérogènes suffit pour la faire naître ; mais elle n'est réellement très-énergique que lorsqu'une action chimique, physique ou mécanique, vient à surexciter l'effet de ce contact.* Alors l'un des corps développe de l'électricité négative, l'autre de l'électricité positive, et la propension que l'un ou l'autre de ces corps peut avoir à dégager telle ou telle électricité, dépend de sa nature et de ses rapports physiques

avec celui qui réagit sur lui. Ainsi, le verre frotté par un corps quelconque dégage de l'électricité positive, alors que le corps frottant dégage de
l'électricité négative ; la résine, au contraire, dégage de l'électricité
négative ; un métal plongé dans un liquide acidulé, susceptible de l'attaquer, dégage de l'électricité négative, et le liquide se trouve chargé
·d'électricité positive. Enfin, deux métaux différents, chauffés à leur point
de contact, développent également une manifestation électrique dans
laquelle l'un des métaux se constitue négativement, l'autre positivement.
La pression, le clivage, la capillarité, la lumière, la combustion, l'action
vitale, l'acte de la végétation, la réaction, même à distance, des corps
entre eux, suivant qu'on les approche ou qu'on les éloigne, sont encore
autant de causes qui peuvent développer une force électro-motrice et par
suite une manifestation électrique, et *il ne s'agit que de placer ces diverses causes dans les conditions les plus convenables pour favoriser
la destruction de l'équilibre électrique dans les corps qui y sont soumis, pour obtenir des générateurs plus ou moins énergiques d'électrité.*

Des différents moyens de générer l'électricité, celui qui est le plus simple et qui fournit le plus de quantité d'électricité dans un temps donné,
celui enfin qui est le plus susceptible d'application, est le système fondé
sur les réactions chimiques, et ce système, combiné dans les conditions les
plus avantageuses, constitue ce petit appareil si connu, si varié dans sa
forme, auquel on a donné le nom de *pile Voltaïque.*

Le nom de *piles*, qui a été donné aux générateurs électriques fondés sur
les réactions chimiques, vient de ce que, dans l'origine, cet appareil, découvert par Volta en 1799, était composé d'une série de disques de cuivre et de disques de zinc accouplés ensemble deux par deux et empilés
les uns sur les autres, après avoir été séparés, couple par couple, par une
rondelle de drap humide. Ils formaient effectivement alors une véritable
pile qu'on plaçait entre trois colonnes de verre pour la soutenir, et dont
chacun des couples constituait ce que Volta appelait un des *éléments.*

D'après cette origine, le mot *pile* implique l'idée d'un générateur composé de plusieurs éléments, mais, par extension, on a donné ce nom à une
pile composée d'un seul élément ; de sorte que, appliqué comme il l'est
aujourd'hui, il ne peut faire présumer l'objet qu'il désigne.

Quoiqu'il en soit, la découverte de la pile est certainement une des
plus belles qui aient été faites dans les sciences physiques ; car elle a mis
entre nos mains une source puissante d'électricité qui développe ce fluide

d'une manière continue sans qu'on ait à s'en occuper, dont on peut augmenter l'énergie à volonté d'après des lois connues, et qui, en raison de son peu de tension, n'exige pas un isolement parfait des conducteurs appelés à en transmettre les effets.

Pile. — Pour comprendre le mode de développement d'une manifestation électrique par voie de réaction chimique, il faut considérer que toutes les molécules des corps possédant un état d'équilibre électrique particulier, suivant lequel le corps auquel elles appartiennent s'est constitué, il doit forcément arriver que quand deux corps ayant *affinité* l'un pour l'autre sont en présence, leurs molécules, en se combinant successivement deux à deux, doivent avoir leur équilibre électrique rompu au moment de leur transformation. Or, tandis qu'un nouvel équilibre électrique, en rapport avec le nouveau corps formé, s'établit entre deux systèmes électriques différents, obligés de se reconstituer en un seul, il doit se produire une double manifestation électrique. que l'on peut regarder, jusqu'à un certain point, comme le résultat du dégagement des fluides qui se sont trouvées en excès et en déficit dans la combinaison, et dont la présence peut être accusée sur les corps appelés à se combiner, si toutefois ceux-ci sont conducteurs. Par contre, si un corps se décompose en deux éléments distincts, ceux-ci doivent emprunter aux corps conducteurs qui sont en contact avec eux les fluides qui leur sont nécessaires pour recomposer leur électricité naturelle et qu'ils avaient abandonnés au moment de leur combinaison primitive. Donc, dans une décomposition chimique comme dans une combinaison, il y a dégagement d'électricité ; mais, dans les deux cas, la manifestation électrique se fait d'une manière inverse.

La nature de l'électricité ainsi dégagée par les corps au moment de leur combinaison, dépend de la nature même de ces corps. Avec l'oxygène et les acides en général, c'est l'électricité positive qui devient libre au moment de la *combinaison*, et le corps avec lequel ils se combinent dégage de l'électricité *négative*. Au contraire, l'hydrogène et la plupart des oxydes ou bases salifiables laissent en liberté l'électricité négative ; alors les corps avec lesquels ils se combinent dégagent de l'électricité positive. De là les noms de corps *électro-positifs* donnés aux premiers, et de corps *électro-négatifs* donnés aux seconds (1).

L'affinité, d'après ce que nous venons de dire, en déterminant une

_____

(1) Voir le traité d'électricité de MM. Becquerel sur cette question.

réaction chimique, provoque donc un dégagement électrique ; mais il arrive aussi que, par réciproque, un courant électrique peut déterminer une affinité chimique.. Quelle est la cause initiale ? C'est une question que nous traiterons plus tard ; toujours est-il que si la disposition électrique des corps, par la facilité qu'ils pourraient avoir d'abandonner plus facilement telle ou telle des deux électricités, leur donne une propension à s'unir suivant les lois des attractions électriques, la présence d'un courant obligé de traverser ces corps à l'état de combinaison, doit en opérer la séparation, en rendant forcément à chacun l'électricité abandonnée au moment de la combinaison.

D'après ce principe, et surtout d'après la loi de Faraday, sur la transmission électrique par voie de décompositions chimiques, on pourrait croire que les liquides n'ont pas de conductibilité propre et indépendante de l'action électrolytique (1). Mais ce principe, qui avait été admis longtemps, a dû être, à la suite des expériences de MM. Foucault, Faraday, Matteucci, Masson et Despretz, un peu modifié, et on s'est convaincu que les liquides, en outre de leur conductibilité électrolytique ou décomposante, ont une conductibilité propre, très-faible à la vérité, mais qui se révèle surtout dans les courants de faible tension, assez peu énergiques pour opérer une décomposition. Ce principe, qui avait étonné beaucoup de physiciens dans l'origine, n'a d'ailleurs rien qui puisse surprendre, et ce qui serait le plus étonnant, selon moi, c'est qu'il n'existât pas. Du reste, l'expérience de M. Faraday, par laquelle des courants d'induction ont pu être créés au sein d'un liquide, en introduisant celui-ci dans un long tuyau de caoutchouc enroulé autour d'un cylindre de fer doux, soumis à l'induction, et l'expérience de Masson, par laquelle le courant d'induction de la machine de Ruhmkorff a pu échauffer jusqu'à l'ébullition de l'alcool, sans le décomposer, ont levé tous les doutes à cet égard. Ainsi la loi des équivalents électro-chimiques de Faraday, toujours théoriquement vraie, quant à la conductibilité électrolytique des liquides, ne l'est plus par rapport à leur conductibilité propre ; mais, dans la pratique, cette loi peut toujours être regardée comme suffisamment rigoureuse, car, comme je l'ai déjà dit, cette conductibilité propre des liquides n'intervient que très-faiblement et pour faciliter la conductibilité électrolytique.

Bien que toutes les réactions chimiques provoquent un dégagement élec-

---

(1) Action décomposante.

trique, il ne faudrait pas croire que ce dégagement pût être déterminé au même degré par ces différentes réactions ; les unes le favorisent, les autres le combattent. D'ailleurs, la disposition des éléments appelés à réagir les uns sur les autres, ne permet pas toujours de recueillir les électricités dégagées. Dans les appareils destinés à produire de l'électricité par voie de réactions chimiques, on a donc dû se préoccuper de cette double question, et c'est ainsi que la *pile* s'est trouvée successivement perfectionnée.

Historique des divers perfectionnements de la pile. — Tout le monde connaît la pile de Volta et son histoire (1); mais ce qu'on ignore en général, c'est que cet illustre savant eut, dès l'origine de sa découverte, l'idée de la pile à deux liquides, qui est venue, dans ces derniers temps, réaliser d'une manière si inattendue le problème des courants constants.

Sir Humphry Davy, en poursuivant cette idée de Volta, construisit même plusieurs systèmes de pile à deux liquides ; mais il n'en obtint alors aucun résultat avantageux, principalement à cause de la difficulté que présentaient la séparation des liquides et leur mise en contact.

Les piles de Wollaston furent la première modification importante de la pile de Volta ; chaque élément se composait d'une lame de zinc enveloppée par une lame de cuivre dont elle était isolée par de petites cales de bois, et le tout plongeait dans une auge carrée remplie d'eau acidulée. Ces piles purent fournir une bien plus grande quantité d'électricité que celle de Volta, et furent généralement employées jusqu'à l'invention de la pile à deux liquides, malgré l'irrégularité de leur action et leur disposition encombrante.

En 1826, M. Becquerel, qui commençait alors ses magnifiques travaux sur l'électro-chimie, ayant reconnu que le défaut de constance dans le dégagement électrique produit par les piles provenait du dépôt de bulles de gaz sur les lames polaires, dépôt qui tend à donner lieu à un contre-courant, chercha un moyen d'empêcher cette action nuisible, à laquelle fut donnée le nom de *polarisation électrique*, en faisant en sorte que la pile elle-même provoquât une réaction chimique capable d'absorber les gaz dégagés.

---

(1) Voir les détails de l'histoire de cette découverte dans *les Merveilles de la Science,* de L. Figuier, tome I. Nous ferons seulement observer que ce savant nous a emprunté la plus grande partie des renseignements qui concernent l'historique des perfectionnements de la pile. Nous avons en effet publié ces renseignements dès l'année 1855, dans la 2ᵉ édition de notre *Exposé des applications de l'électricité,* tome I, p. 54 et suiv.

Dans ce but, il construisit des couples dans lesquels deux liquides pouvant réagir l'un sur l'autre se trouvaient mis en contact à travers les pores d'une cloison poreuse. Ces liquides étaient : d'un côté de l'acide nitrique, de l'autre une solution de potasse. Deux lames de platine plongeant dans chaque compartiment, prenaient la polarité de ces liquides, et constituaient les pôles de la nouvelle pile. M. Becquerel obtint de cette pile l'effet qu'il en attendait, c'est-à-dire un dégagement électrique beaucoup plus constant.

Trois ans plus tard, en 1829, le même savant, en partant toujours du même principe théorique, chercha une nouvelle combinaison des liquides de sa pile qui pût lui permettre d'employer l'oxydation si énergique du zinc, tout en empêchant les effets de la polarisation électrique. Les liquides qu'il trouva être les plus favorables pour cette double action, furent le *sulfate ou le nitrate de cuivre* et *une solution saline neutre*. Les résultats fournis par cette pile furent des plus satisfaisants, et M. Becquerel s'en est toujours servi depuis ce moment dans ses expériences. C'est cette pile que nous employons aujourd'hui sous le nom de pile de Daniell, bien que M. Daniell n'ait fait connaître celle qui porte son nom que sept ans plus tard.

S'il faut en croire M. Daniell, le principe sur lequel il se serait appuyé pour imaginer la pile à sulfate de cuivre, serait bien différent de celui qui avait guidé M. Becquerel. Suivant le physicien anglais, l'irrégularité du dégagement électrique dans les piles de Wollaston, proviendrait de la précipitation du zinc sur le cuivre, en sorte que le but, suivant lui, qu'on devait se proposer dans les perfectionnements à apporter à cette pile, devait être de substituer à cette précipitation nuisible, une précipitation utile. Or, en faisant plonger le cuivre de la pile de Wollaston dans une dissolution de sulfate de cuivre, mise en contact à travers une cloison poreuse avec l'eau acidulée dans laquelle était immergé le zinc, cette précipitation utile s'opérait naturellement par le dépôt du cuivre du sulfate sur l'électrode de cuivre. Il est reconnu maintenant que l'effet avantageux produit par cette pile tient surtout à la dépolarisation de la lame négative, comme M. Becquerel l'avait annoncé ; car malgré sa disposition, la pile en question n'empêche pas complétement la précipitation du zinc sur le cuivre et surtout du cuivre sur le zinc, ce qui en diminue l'énergie et la durée.

Quelques années plus tard, en 1839, M. Grove, qui débutait alors dans

la carrière scientifique, où il s'est depuis tant illustré, chercha à perfectionner la pile de Wollaston, en utilisant, au profit du dégagement électrique, toute la puissance d'oxydation dont le zinc était susceptible, et
cela en empêchant la précipitation de l'élément positif sur l'élément
négatif. Une expérience inattendue, et des plus curieuses en elle-même,
le mit bientôt à même de réaliser ses espérances. Voici quelle fut cette
expérience :

« Après avoir mastiqué au fond d'un petit verre la tête d'une pipe à
« fumer ordinaire, dit M. Grove, je versai dans celle-ci de l'acide nitri-
« que pur et de l'acide chlorhydrique dans le verre. Deux feuilles d'or
« furent ensuite plongées dans ce dernier acide et abandonnées à elles-
« mêmes pendant plus d'une heure. Au bout de ce temps, ces feuilles
« étaient aussi brillantes qu'au moment d'être trempées. Alors, un fil d'or
« fut placé de manière à ce qu'il touchât en même temps l'acide nitrique
« et l'extrémité d'une des feuilles d'or. La feuille touchée fut immédiate-
« ment dissoute, tandis que l'autre ne fut pas attaquée, et le fil lui-même
« qui avait plongé dans l'acide nitrique n'avait subi aucune altération ;
« enfin, un galvanomètre, interposé entre les deux lames plongeant dans
« les deux acides, dénota immédiatement la présence d'un courant exces-
« sivement énergique, dans lequel la lame dissoute représentait l'élément
« positif et la lame inattaquée l'élément négatif. »

Les conclusions que M. Grove déduisit de cette expérience furent :

1° Que de la réaction des deux acides l'un sur l'autre naissait un courant électrique qui, étant convenablement établi, pouvait opérer leur
décomposition ;

2° Que de cette décomposition résultait une combinaison d'hydrogène
et d'oxygène ayant pour résultat de désoxyder l'acide nitrique, et de
laisser libre le chlore de l'acide chlorhydrique, lequel chlore à l'état naissant en se portant sur la lame positive, en opérait la dissolution ;

3° Que l'eau acidulée avec de l'acide sulfurique, pouvant abandonner
son hydrogène aussi facilement que l'acide chlorhydrique, pouvait être
substituée à ce dernier acide dans l'expérience précédente, à la condition que la lame d'or positive fût remplacée par un métal facilement
oxydable ;

4° Que le zinc étant le métal usuel le plus électro-positif qu'il y eût,
son emploi comme élément positif avec l'eau acidulée devait provoquer
une réaction électrique beaucoup plus énergique ;

5° Que la lame d'or, plongée dans l'acide nitrique, ne devant pas être attaquée et prenant seulement la polarité de cet acide, pouvait être remplacée avec avantage par un corps conducteur inattaquable aux acides, tel que le platine et le charbon (1).

Ces conclusions furent le point de départ de la pile à acides que M. Grove ne tarda pas à perfectionner, en y introduisant les vases poreux en terre demi-cuite (2), qu'il substitua, avec infiniment d'avantages, aux diaphragmes d'argile ou aux membranes de baudruche que l'on avait employés jusqu'à cette époque dans les piles à deux liquides.

Il chercha ensuite à combiner, de diverses manières, les éléments de sa pile. Il avait, dans l'origine, placé les zincs dans les vases poreux, et le platine roulé en cylindre dans le vase extérieur, où se trouvait l'acide nitrique ; mais, par mesure d'économie et à cause du prix élevé du platine, il renversa cette disposition, et il plaça, depuis lors, les zincs en dehors des vases poreux et les lames de platine en dedans, en changeant, bien entendu de place, les acides.

Enfin, il chercha à substituer le charbon de bois et même de cornue (3) au platine, pour obtenir une pile moins chère ; mais pensant que, dans le monde scientifique, on n'apprécierait, comme étant véritablement en harmonie avec la science, que les électrodes en platine, il ne parla jamais dans ses mémoires des électrodes de charbon. Quoi qu'il en soit, six mois après la découverte de M. Grove, c'est-à-dire vers la fin de 1839, on vendait, chez un opticien de Charring Cross, à Londres, des piles à acides avec charbon de cornue en guise d'électrode de platine, et ces piles n'étaient en aucun point différentes de ce qu'elles sont aujourd'hui. M. Cooper, en Angleterre, publia même, en ce temps-là, un long mémoire, qu'on retrouve dans les *Transactions philosophiques* de la Société royale de Londres, pour démontrer l'importance des *piles à charbon*.

Ce n'est qu'en 1843 que M. Bunsen, chimiste à Heidelberg, ignorant sans doute les travaux de MM. Grove et Cooper, proposa, comme *amélioration économique* des piles à acides, le charbon en guise d'électrode négative, et comme il en était resté à la première disposition des piles

---

(1) Voir les comptes rendus de l'Académie des Sciences, année 1839.

(2) Cette terre, qui est rouge et qui se trouve en Angleterre, constitue, paraît-il, de très-bons vases poreux.

(3) Ce charbon est un résidu très-dur, que la houille laisse au fond des cornues dans lesquelles elle brûle dans les usines à gaz.

de M. Grove, il s'efforça de composer un charbon susceptible d'être moulé en cylindre. C'est ainsi qu'ont été construites, jusqu'en 1849, toutes les piles à acides employées en France et en Allemagne. A cette époque, M. Archereau, habile expérimentateur, trouvant sans doute plus économique de recourber des lames de zinc que de mouler les charbons en cylindre, et ayant d'ailleurs reconnu que le charbon de cornue était préférable au charbon aggloméré de Bunsen, changea de nouveau la disposition de la pile à acide nitrique et, sans s'en douter, mit en vogue les piles de Grove, telles qu'elles avaient été combinées, dix ans auparavant, à Londres.

L'année même de la découverte de la pile à acides, c'est-à-dire en 1839, M. Grove envoya à l'Académie des Sciences de Paris un Mémoire sur l'importance de l'emploi du zinc amalgamé dans les piles, innovation qui avait été proposée vers cette époque par M. Kemp. Dans ce Mémoire, M. Grove attribue la perte d'action électrique des zincs non amalgamés à de petits courants secondaires créés au sein même du zinc, par la présence simultanée, dans ce métal, de plusieurs métaux différents constituant des espèces de couples voltaïques. Or, l'amalgame, en faisant disparaître ces couples dans une espèce d'enveloppe homogène, devait favoriser l'action électrique, et c'est en effet ce que l'expérience a démontré. Nous verrons plus tard les travaux qui ont été entrepris sur cette question théorique.

Les Mémoires de M. Grove sur ces différentes questions sont insérés dans les comptes rendus de l'Académie des Sciences de Paris (année 1839), et sont excessivement curieux à étudier.

Malgré l'analogie apparente qui existe entre la première des piles de M. Becquerel et celle de M. Grove, il est facile de voir que le point de départ de ces deux piles était bien différent. En effet, dans la pile à acide nitrique et à solution de potasse que M. Becquerel présenta à l'Académie des Sciences, en 1826, les lames polaires plongeant dans les deux liquides étaient toutes les deux en platine et la constance du dégagement électrique était basée sur la dépolarisation continuelle des lames, par suite de l'absorption de l'hydrogène résultant de l'action électro-chimique produite au contact de l'acide et de l'alcali. Dans la pile de M. Grove, au contraire, c'est la précipitation du métal positif sur l'élément négatif qu'on a cherché à éviter, et la force électro-motrice du couple qu'on a eu en vue de surexciter par une double réaction chimique. C'est pour cela que cette dernière pile, quoique n'ayant pas la constance

de celle de M. Becquerel, a pu fournir un dégagement électrique bien
plus considérable. Si M. Becquerel avait substitué à la lâme de platine
plongeant dans la solution de potasse de sa pile une lame de zinc, il serait arrivé au même résultat que M. Grove, et les piles à acides, qui sont
si énergiques, auraient été découvertes treize ans plus tôt, car la solution de potasse joue exactement le même rôle (comme le constate
M. Grove lui-même) que l'eau acidulée ; mais comme le problème qu'a-
vait en vue M. Becquerel ne le conduisait pas à cette substitution, cette
petite différence de disposition des deux piles constitue une ligne de dé-
marcation très-tranchée entre les deux systèmes.

Les effets avantageux produits par les piles de Grove, ont provoqué
une foule de perfectionnements faits en vue, soit de leur emploi plus économique, soit de leur meilleure disposition, soit de leur accroissement
d'énergie et de la facilité de leur chargement ; mais aucun d'eux n'a encore détrôné jusqu'ici d'une manière générale la pile primitive. Cependant, plusieurs des perfectionnements en question, entre autres celui de
de M. Delaurier, présentent de réels avantages ; mais, telle est la force
de l'habitude, qu'il faut des années avant de faire adopter une découverte,
quelque bonne qu'elle puisse être.

D'un autre côté, il faut considérer que les applications électriques sont
encore fort restreintes, et n'ont pas encore nécesssité une assez grande consommation d'électricité pour qu'on ait dû se préoccuper de la question économique de sa production. Toutefois, si l'emploi de l'électricité se répan-
dait, si de fortes industries pouvaient naître des produits obtenus par la
voie électrique, en un mot, si on avait à dépenser une grande quantité
d'électricité, plusieurs des systèmes proposés comme perfectionnements des piles de Grove, seraient évidemment employés ; ainsi, avec
la pile de M. Doat, les produits chimiques décomposés par la pile
peuvent être facilement révivifiés ; avec le système de M. de Douhet,
les résidus de sulfate de zinc peuvent fournir du zinc à bon marché ;
avec d'autres procédés, on peut obtenir comme résidus du blanc de
zinc, du sulfate de cuivre ou du fer, du stannate de soude, du jaune
de chrome, du blanc de plomb, du nitrate de plomb, de l'acide élaïdique, etc., toutes substances susceptibles d'être utilisées dans les arts. Mais
jusqu'à présent, comme nous le disions, les applications électriques sont
trop peu nombreuses pour qu'on veuille se préoccuper de cette question
économique, et on préfère s'en tenir à la pile primitive. Nous étudierons,
du reste, ces différentes piles.

La pile de Daniell a subi autant de perfectionnements que la pile de Grove ; mais, bien qu'elle ait été employée pendant longtemps, presque exclusivement, pour les applications demandant peu d'intensité électrique, elle est en ce moment employée concurremment avec deux nouvelles piles d'un système analogue imaginées, l'une, par M. Marié-Davy, l'autre par M. Léclanché. Dans la première de ces deux piles, le sulfate de mercure se trouve substitué au sulfate de cuivre. Dans la seconde, c'est le peroxyde de manganèse et c'est une solution de sel ammoniac qui sert de liquide excitateur. Celle-ci a l'avantage de ne pas s'user quand le circuit n'est pas fermé, mais elle est moins constante et, en somme, moins forte que la pile de Daniell. L'autre, au contraire est plus forte mais assez dispendieuse et irrégulière. Il est possible, du reste, que ces piles cèdent le pas à une nouvelle disposition à un seul liquide (le bichromate de potasse) dont la force électro-motrice est plus énergique que celle des piles précédentes et dont l'action est rendue régulière par un écoulement constant du liquide et l'intervention d'une couche de sable.

Parmi les perfectionnements apportés aux piles de Daniell, nous citerons ceux de MM. Callaud, Meidenger, Minotto et Siemens, au moyen desquels on supprime le vase poreux ; celui de M. Denis, par lequel on empêche les incrustations du vase poreux et la précipitation du cuivre sur le zinc ; celui de MM. Parelle et Vérité, au moyen duquel les éléments peuvent se maintenir chargés pendant un temps assez long.

Malgré les avantages que présentent les piles à deux liquides, on n'a pas oublié les piles à un seul liquide. Le premier perfectionnement qui leur a été apporté est celui de M. Smée, qui a diminuée la polarisation des lames de l'élément de Wollaston, en substituant à la lame de cuivre une lame de platine ou d'argent à surface rugueuse. Plus tard, M. Poggendorff a cherché à obtenir le même effet en employant un liquide susceptible d'absorber lui-même l'hydrogène dégagé par suite de l'action opérée sur le zinc. C'est ainsi qu'il a construit sa pile à bichromate de potasse, qui a été perfectionnée par MM. Grenet, Chutaux, etc., et qui produit aujourd'hui d'excellents résultats.

La pile à sulfate de mercure a pu être aussi disposée de manière à fonctionner avec un seul liquide, c'est-à-dire avec la seule dissolution de de sulfate de mercure, mais il faut que l'on emploie alors du sulfate de bioxyde de mercure. Dans ces conditions, deux petits éléments de 4 centimètres carrés de surface chacun peuvent fournir un courant assez énergique pour faire marcher un appareil d'induction et fournir même, par l'intermédiaire de cet appareil, des étincelles à distance ; on emploie avec avantage cette pile dans les appareils électro-médicaux, qui sont devenus dès lors très-portatifs. Mais cette pile se trouve aujourd'hui distancée par celle de M. Waren Delarue, perfectionnée par M. Gaiffe, qui reste toujours chargée, et qui est encore plus petite ; cette dernière a pour élément, le chlorure d'argent fondu et une solution de chlorure de zinc.

Les chaînes électro-médicales de M. Pulvermacher sont encore des piles à un seul liquide très-perfectionnées et qui, pour leurs petites dimensions, donnent des effets très-puissants.

Enfin, la mixture galvanique de MM. Breton frères, dans laquelle les éléments zinc et cuivre sont réduits à l'état de mixture, par un mélange pulvérulent de ces métaux avec de la sciure de bois et une solution de chlorure de calcium, a l'avantage de constituer, pour le corps humain, une pile inséchable qui n'a jamais besoin d'être entretenue et dont l'action est assez énergique.

Théorie de la pile. — Jusqu'à présent, nous avons étudié les différents perfectionnements apportés à la pile au point de vue théorique de leurs inventeurs ; mais, à l'époque où se firent ces perfectionnements, les connaissances théoriques sur les causes productrices de l'électricité n'étaient pas aussi avancées qu'elles le sont aujourd'hui. Je vais donc exposer la théorie de ces piles, telle qu'on l'admet actuellement en France, sans toutefois invalider pour cela celle qu'en ont donnée MM. Becquerel, Grove et Daniell. Trop souvent, hélas ! les théories physiques ont dû être modifiées par suite de découvertes nouvelles pour être ensuite remises en honneur. Il peut donc se faire que ces physiciens, quoique ne donnant pas alors de leur pile une théorie complétement en rapport avec les idées actuelles, aient pourtant été dans le vrai.

La théorie que Volta s'était faite du développement électrique dans sa pile, était fondée sur une action physique et non sur une action chimique. Par suite d'expériences qu'il regardait comme concluantes, il admettait que du *contact seul* de corps hétérogènes conducteurs mis en présence, devait résulter la création d'une force particulière à laquelle il donna le nom *de force électro-motrice* et qui devait avoir pour effet de constituer, d'une manière constante, l'un des deux corps dans un état électrique positif, l'autre dans un état électro-négatif. De telle sorte que, dans sa pile, il ne considérait le rôle rempli par les rondelles de drap humide que comme une action de simple conductibilité, qui permettait aux effets électriques produits par chaque élément individuel de s'accumuler aux deux extrémités de sa pile. Cette théorie fut longtemps adoptée et c'est elle qui a servi de base aux magnifiques recherches d'Ohm. Mais quand le développement électrique par l'effet des réactions chimiques fut parfaitement démontré (1), on put se convaincre que toutes les expériences de Volta pouvaient être interprétées d'une autre manière qu'il ne l'avait fait et elle fut, sinon complétement abandonnée, du moins notablement modifiée, comme nous allons le voir.

D'après la nouvelle théorie, la véritable cause du dégagement électrique dans la pile serait l'oxydation du zinc, sous l'influence du liquide mis en contact avec ce métal, et le cuivre, charbon, platine ou autre corps électro-négatif, qui s'y trouve adjoint, n'aurait d'autre rôle à remplir que celui d'un simple conducteur destiné à partager l'état électrique du liquide et à le communiquer au circuit extérieur, de manière à provoquer à travers celui-ci, mis d'ailleurs en contact avec le zinc, la décharge constituant le courant (2). Si la cause initiale qui provoque le dégagement électrique n'était pas persistante, les deux électricités ainsi en présence

_____

(1) Ce fut Fabroni, en 1792, qui donna les premières indications relatives à cette nouvelle théorie (voir les *Merveilles de la Science* de L. Figuer, tome I, p. 615).

(2) L'empereur Napoléon III, alors Louis Bonaparte, a donné des preuves irrécusables du rôle conducteur du liquide dans la pile, dans le mémoire que nous reproduisons ci-dessous et qui a été présenté avec éloge par M. Arago à l'Académie des Sciences le 29 mai 1843.

« Cette idée (la conductibilité du liquide) m'ayant paru si claire et si simple, je cherchai le moyen d'en prouver l'exactitude par l'expérience et je fis cet autre raisonnement : s'il est vrai qu'un des deux métaux employés dans la pile ne serve que de conducteur, on pourra le remplacer par un métal identique à celui qui s'oxyde, pourvu qu'il soit plongé dans un liquide qui, tout en permettant à l'électricité de passer, n'attaque pas ce métal.

« L'expérience est venue confirmer mes prévisions. Je construisis deux couples suivant le principe des piles à courants constants de Daniell, mais avec un seul métal ; je plongeai un cylindre en cuivre dans un liquide composé d'eau et d'acide nitrique, le tout contenu dans un tube en terre poreuse et j'entourai ce tube d'un autre cylindre en cuivre, plongeant dans de l'eau acidulée avec de l'acide sulfurique, mélange qui attaque peu le cuivre. Ayant établi les communications comme en le pratique ordinairement, je décomposai avec cette pile de deux couples, de l'iodure de potassium dissous, et ayant placé aux extrémités des pôles deux plaques en cuivre plongeant dans une dissolution de sulfate du même métal, je recueillis au pôle qui était en rapport avec *le cuivre attaqué* un dépôt de cuivre.

« Je fis une seconde expérience avec le zinc seulement. Je mis dans les tubes poreux du zinc avec de l'eau et de l'acide sulfurique et j'entourai ce tube d'un autre cylindre en zinc plongeant dans de l'eau pure tiède. Avec deux couples semblables je décomposai également l'iodure de potassium et j'obtins, en prenant les précautions nécessaires, un

se combineraient directement, aussitôt après avoir été développées, sans passer en totalité par le circuit, ou, si l'on veut, l'équilibre électrique rompu tendrait à se rétablir directement entre les deux éléments excitateurs en contact ; mais comme la réaction chimique est continue, le dégagement électrique se maintient sur les lames polaires, soit à l'état de charge dynamique si le circuit est fermé, soit à l'état de charge statique si les fluides ne trouvent pas en dehors de la pile une issue pour se recomposer. Il sera toutefois nécessaire, pour que cette réaction chimique soit continue et conserve son énergie, que le produit de l'oxydation du zinc, qui est peu soluble, puisse être facilement absorbé dans le liquide de la pile ; et c'est en cela que l'acide de ce liquide joue son rôle le plus important, car le sulfate de zinc auquel il donne naissance est très-soluble.

Quand les deux lames polaires d'une pile sont réunies par un conducteur métallique, la recomposition des fluides séparés, pouvant s'effectuer librement à travers ce conducteur, donne lieu à une décharge continue qui constitue le courant ; et celui-ci en appelant l'oxygène sur le métal électropositif (le zinc) et l'hydrogène sur la lame électro-négative (le cuivre ou le charbon) facilite la réaction chimique et, par suite, le courant devient plus intense.

On peut facilement se convaincre de cette différence d'action électrique avec une pile composée d'une lame de zinc et d'une lame de platine plongées dans de l'eau acidulée. Quand le circuit n'est pas fermé, on n'aperçoit aucun dégagement de gaz à travers le liquide, mais aussitôt que les deux éléments polaires sont réunis, l'action se développe avec énergie.

Cette expérience est surtout remarquable quand on emploie du zinc chi-

dépôt de zinc au pôle qui était en relation avec le zinc attaqué, comme précédemment.

« Enfin je renversai l'ordre habituel des métaux et mis le cuivre dans le centre d'un tube plongeant dans de l'eau et de l'acide nitrique et j'entourai le tube poreux d'un cylindre en zinc plongeant dans de l'eau pure et j'obtins ainsi une pile assez forte.

« J'aurais voulu pouvoir mesurer avec soin les différentes forces des courants électriques produits ; mais il m'a été impossible de le faire faute d'un galvanomètre ; mes efforts pour en construire un ne réussirent pas, parce que les aiguilles aimantées furent toujours déviées par l'attraction des barreaux de fer qui entourent mes fenêtres.

« Cependant, d'après les expériences que j'ai pu faire, il me semble démontré :

« 1° Que, dans la pile, la cause de l'électricité est purement chimique, puisque deux métaux ne sont pas nécessaires pour produire un courant ;

« 2° Que le métal qui n'est pas oxydé ne fait que transmettre l'électricité ;

« 3° Enfin que chaque métal est positif ou négatif (anode ou catode) à lui-même ou à d'autres suivant le liquide dans lequel on les plonge. »

miquement pur; car dans ces conditions ce métal, simplement en contact avec l'eau acidulée, n'est jamais attaqué et il faut qu'il constitue avec le liquide un couple voltaïque dont le circuit soit fermé, pour que l'action chimique devienne visible. Or, il résulte de cet effet une conséquence importante : c'est que *si le développement électrique produit dans la pile est dû en très-grande partie à l'action chimique qui s'y manifeste, celle-ci ne peut être considérée comme la cause initiale de ce développement ; et, pour trouver cette cause initiale qui peut être très-faible, il est vrai, il devient nécessaire de revenir à la théorie de Volta et d'admettre que du contact physique du zinc et de l'eau acidulée, résulte le développement d'une force électro-motrice qui, en raison de la prédisposition que possède l'oxygène de l'eau acidulée à s'unir au zinc, a pour résultat de constituer l'un des deux corps dans un état électro-négatif, l'autre dans un état électro-positif.*

Ces désignations d'état électro-positif et d'état électro-négatif ont toutefois besoin d'être précisées, car souvent elles sont l'occasion de quiproquos regrettables, en raison des dénominations affectées aux deux pôles de la pile. Généralement on croit que l'élément électro-positif est représenté par le conducteur qui fournit le pôle positif et que l'élément électro-négatif est représenté par le zinc : mais il est facile de voir qu'il n'en est pas ainsi, car les lames métalliques d'une pile représentent par le fait les lames de communication d'un circuit, semi-métallique, semi-liquide, traversé par un courant. Or, si le zinc est pôle négatif par rapport au circuit extérieur, il est pôle positif par rapport au courant traversant le liquide, et la preuve, c'est que l'oxygène s'y précipite. Eu égard à la pile, il représentera donc l'élément électro-positif, mais il sera constitué lui-même dans un état électro-négatif. Par les mêmes raisons, le conducteur fournissant le pôle positif sera constitué dans un état électro-positif, mais représentera l'élément électro-négatif de la pile.

L'oxydation du zinc dans la pile ayant pour effet de donner naissance à un dégagement d'hydrogène, et ce gaz en se déposant sur les électrodes polaires, particulièrement sur l'électrode négative, tendant à créer au sein de la pile une force électro-motrice en sens inverse de celle développée par l'oxydation, le rôle du second liquide dans les piles à courant constant est d'absorber ce gaz nuisible, en le faisant entrer dans une combinaison nouvelle avant d'atteindre l'électrode négative. Or, un dégagement électrique pouvant résulter de cette combinaison nouvelle ainsi que de l'action des deux liquides l'un sur l'autre, il peut se présenter deux cas, dans lesquels les effets sur le courant définitivement transmis, sont diamétralement opposés : ou ce nouveau dégagement électrique agit dans le même sens que le premier, c'est-à-dire en tendant à créer un courant de même sens ; ou il agit en sens contraire. Dans le premier cas, la pile a sa force augmentée tout en étant dépolarisée, et naturellement plus les deux actions chimiques développées seront énergiques, plus la pile approchera du désidératum qu'on peut rêver pour elle. Dans le second cas, au contraire, le courant définitif produit n'est plus qu'un courant différentiel ; mais il peut se faire que la dépolarisation de la pile soit alors tellement complète, que malgré cet affaiblissement on ait avantage à l'employer. C'est précisément le cas de la pile de Daniell, dont la force électromotrice se trouve ainsi diminuée de 1/13. La pile de Bunsen, au contraire, est dans le premier cas et sa force électro-motrice gagne 1/6 à sa dépolarisation.

Dans tous les cas, en raison du rôle prédominant de la dépolarisation, le liquide ou corps humide entourant l'électrode négative, dans les piles à courant constant, a pris le nom de *liquide dépolarisateur* et l'autre liquide, celui qui attaque le zinc, a été appelé *liquide excitateur*.

FORMULES DES PILES VOLTAÏQUES.

Nous avons vu dans la première partie de cet ouvrage, que par suite de l'assimilation qu'il avait faite de la propagation de l'électricité à celle de la chaleur, Ohm avait été conduit à admettre, comme formule de l'intensité d'un courant, l'expression très-simple :

$$I = \frac{E}{R},$$

E représentant la force électro-motrice mise en jeu, R la résistance du circuit. Dans un générateur voltaïque dont le courant est fermé sur lui-même par la réunion de ses deux lames polaires, la force électro-motrice E étant développée à la surface du zinc, la résistance R est très-complexe, car elle est représentée : 1° par l'épaisseur de la couche liquide interposée entre ces lames; 2° par la résistance des parois du diaphragme poreux du générateur; 3° enfin, par celle des lames polaires elles-mêmes et de leurs appendices métalliques, y compris les soudures ou contacts qui les réunissent. On désigne ordinairement cet ensemble de résistances sous le nom de *résistance intérieure de la pile ;* et, comme les liquides ainsi que les diaphragmes poreux, même après leur imbibition, sont assez mauvais con-

ducteurs ; que, d'un autre côté, les contacts des lames polaires avec les
électrodes sont le plus souvent oxydés et en mauvais état, cette résistance
intérieure de la pile ne laisse pas que de présenter un chiffre assez élevé
pour certaines piles. Quoiqu'il en soit, on est convenu de représenter par
R cette résistance ; de sorte que la formule précédente, *appliquée aux courants voltaïques, ne peut se rapporter qu'au circuit d'un élément de pile
dont le courant est fermé sur lui-même.* Que devient cette formule quand
on réunit les lames polaires de cet élément par un conducteur de résistance *r* qui, cette fois, constitue un circuit extérieur ?.... Il nous suffira,
pour répondre à cette question, de considérer que la résistance de ce nouveau conducteur s'ajoutant à celle de la pile, la résistance totale sera représentée par R + *r*, et par suite la formule devient :

$$I = \frac{E}{R + r} \qquad (13)$$

Sans doute, en réduisant *r* en fonction de R, on pourrait ramener cette
dernière formule à la première ; mais comme les valeurs de R sont des
quantités qui peuvent être déterminées une fois pour toutes pour chaque
espèce de pile, et qui peuvent être regardées théoriquement comme invariables, il vaut mieux distinguer l'une de l'autre ces deux parties du
circuit dans la formule qui représente l'intensité du courant.

Il s'agit de savoir maintenant ce que deviendra cette formule quand on
réunira ensemble plusieurs éléments :

1° Si on opère cette réunion de telle manière que le pôle négatif du
premier élément soit uni au pôle positif du second, le pôle négatif du second au pôle positif du troisième, etc., on aura un circuit voltaïque dont
la résistance se composera de la somme des résistances partielles de chaque élément de pile, c'est à-dire, en désignant par *n* le nombre de ces éléments, de *n* fois R, plus la résistance du circuit extérieur *r* ; et ce circuit
présentera à chaque résistance R un développement de tension qui, pour
n fois R, déterminera un nombre *n* de forces électro-motrices égales à E
agissant toutes dans le même sens. Or, comme d'après ce que l'on a vu
page 18, l'intensité d'un courant est égale à la somme de toutes les forces
électro-motrices développées dans le circuit qu'il traverse, divisée par la
somme de toutes les résistances réduites, on arrive à la formule :

$$I = \frac{nE}{nR + r}, \qquad (14)$$

dans laquelle R et *r* doivent être exprimés en unités de même nature.

Nous remarquerons que cette expression étant la même que celle qui résulterait de l'addition des quantités,

$$\frac{E}{nR + r} + \frac{E}{nR + r} + \frac{E}{nR + r}, \text{ etc......, etc.,}$$

qui représentent les intensités individuelles de chacun des courants fournis par les différents éléments de la pile, on peut considérer l'intensité totale du courant, avec cette disposition, comme égale à la somme des intensités partielles de chaque élément, absolument comme si les courants marchaient séparément dans le circuit en se superposant.

Cette disposition de la pile est dite *disposition en tension*, et cette désignation est bien justifiée, car elle permet au courant de vaincre un circuit plus résistant, ou, si l'on veut, *elle rend la résistance de ce circuit beaucoup moins grande*. On peut s'en convaincre facilement en divisant par n les deux termes de l'expression précédente qui devient :

$$I = \frac{E}{R + \dfrac{r}{n}}.$$

2° Si on réunit les différents éléments d'une pile par les pôles semblables, ce qui revient à faire de ces différents éléments *un seul élément* de grandeur beaucoup plus considérable, *la force électro-motrice E ne doit pas changer, car la différence des tensions aux deux extrémités du circuit reste toujours la même. Seulement la résistance R étant représentée par un conducteur (semi liquide, semi métallique) dont la surface de section se trouve augmentée proportionnellement au nombre d'éléments ainsi réunis, doit avoir sa résistance diminuée dans le même rapport;* ce qui équivaut à une augmentation d'intensité dans le rapport de

$$\frac{E}{R + r} \text{ à } \frac{E}{R + \dfrac{r}{n}}.$$

Dès lors, on a :
$$I = \frac{nE}{R + nr}. \tag{15}$$

Cette disposition de la pile est dite *disposition en quantité*.

La discussion de ces formules montre plusieurs conséquences importantes que l'expérience confirme.

D'abord, si dans les deux équations (14) et (15) on fait $r = o$ ou tellement petit, qu'il puisse être négligé par rapport à nR, elles deviennent :

1° Pour la pile en quantité :
$$I = \frac{nE}{R};$$

2° Pour la pile en tension :

$$I = \frac{E}{R} \; ,$$

ce qui montre que dans le premier cas l'intensité du courant croît proportionnellement au nombre des éléments, et que dans le second cette intensité reste la même, quel que soit le nombre des éléments, c'est-à-dire celle d'un seul élément.

Si dans les mêmes formules (14) et (15) on fait croître la résistance r proportionnellement aux éléments de la pile, elles deviennent, la première :

$$I = \frac{E}{R + r} \; ,$$

la seconde :

$$I = \frac{nE}{R + n^2 r} \; ;$$

d'où il résulte qu'avec la pile en tension, l'intensité reste toujours la même, c'est-à-dire celle d'un élément, tandis que cette même valeur décroît presque proportionnellement à la résistance qu'on ajoute, quand la pile est disposée en quantité.

Enfin, si dans les formules (14) et (15) la valeur de r devient tellement considérable, que la quantité nR puisse être négligée (ce qui suppose à R une valeur très-petite), ces formules deviennent :

$$I = \frac{nE}{r} \quad \text{et } I = \frac{E}{r} \; ,$$

et alors l'intensité du courant devient, dans le premier cas, proportionnelle au nombre des éléments de la pile réunis en tension, et, dans le second cas, elle se trouve réduite à celle d'un seul élément.

Les conclusions pratiques de ces formules sont : 1° que quand la résistance du circuit est considérable, il est préférable de réunir les éléments de la pile en tension ; 2° que quand elle est peu considérable, il faut les réunir en quantité.

Détermination de la meilleure disposition et du nombre d'éléments à donner à une pile dans des circonstances données, pour obtenir un effet donné. — Les conditions favorables de groupement des éléments de pile ne consistent pas seulement à les réunir en quantité ou en tension suivant les valeurs plus ou moins grandes de r, on peut les disposer en *séries*, c'est-à-dire par groupes composés chacun de plusieurs éléments réunis en quantité, et composer ainsi avec une pile d'un certain nombre d'éléments à petite surface une pile d'un moins grand nombre d'éléments, il est vrai, mais de dimensions plus grandes, et telles qu'on peut les désirer. Quels sont les cas où ce système doit être employé de préférence aux deux autres ? C'est ce que nous allons chercher à établir en partant des formules précédentes.

Soit b un certain nombre d'éléments groupés en quantité et ne formant conséquemment qu'un seul élément : l'intensité du courant fourni sera, d'après la formule (15), représentée par :

$$I = \frac{bE}{R + br} .$$

Et, si on groupe en tension un nombre a de ces éléments multiples, l'intensité sera :

$$I = \frac{abE}{aR + br} \quad \text{ou} \quad \frac{nE}{aR + br}. \qquad (16)$$

Et, si l'on compare cette formule avec les formules (14) et (15) qui représentent les valeurs de I, les éléments de la pile étant tous disposés en tension, ou tous réunis en quantité, on voit que les limites de la résistance du circuit extérieur r auxquelles ces intensités deviennent égales sont obtenues quand r est égal, d'un côté, à $\frac{nR}{b}$ et de l'autre, à $\frac{R}{b}$; de telles sorte, qu'en faisant b successivement égal à 2, 3, 4, 5, etc., on trouve que les valeurs correspondantes de r sont :

$$\frac{nR}{2} \text{ et } \frac{R}{2}, \quad \frac{nR}{3} \text{ et } \frac{R}{3}, \quad \frac{nR}{4} \text{ et } \frac{R}{4} \dots \text{ etc.}$$

D'où l'on conclut que les limites de résistance du circuit extérieur auxquelles les accouplements par éléments doubles, triples, quadruples, etc., comparés aux accouplements *en tension* et *en quantité* fournissent la même intensité, correspondent, d'une part à la moitié, au tiers, au quart de la résistance totale de la pile, et, d'autre part, à la moitié, au tiers, au quart de la résistance d'un seul élément.

Si on détermine maintenant et de la même manière, les limites de cette même valeur r auxquelles les différents systèmes d'accouplements multiples, comparés les uns aux autres, fournissent la même intensité, on obtiendra pour chaque genre d'accouplements, deux limites de la valeur de r

différentes, et si un fil entre lesquelles toute résistance intermédiaire correspondra à l'un ou à l'autre de ces systèmes d'accouplements. Or, ces limites sont :

1° Pour les accouplements par éléments doubles : $\dfrac{nR}{2}$ et $\dfrac{nR}{6}$;

2° Pour les accouplements par éléments triples : $\dfrac{nR}{6}$ et $\dfrac{nR}{12}$;

3° Pour les accouplements par éléments quadruples : $\dfrac{nR}{12}$ et $\dfrac{nR}{20}$;

4° Enfin, pour les accouplements par b, éléments réunis en quantité : $\dfrac{nR}{(b-1)b}$ et $\dfrac{nR}{(b+1)b}$.

Si on considère qu'entre les deux limites que nous venons ainsi de déterminer pour chaque genre de groupement des éléments de la pile, il doit exister une résistance intermédiaire qui corresponde plus efficacement que les autres à ce genre de groupement, et que cette résistance doit être précisément celle dont l'expression se trouve aussi rapprochée de $\dfrac{nR}{(b-1)b}$ que de $\dfrac{nR}{(b+1)b}$, on arrive à conclure, que *l'intensité maxima*, fournie par tel ou tel genre de groupement de pile, doit correspondre à cette valeur moyenne de r, et que pour l'obtenir pour un groupement de b éléments en quantité, il suffira de prendre la moyenne des quantités $(b-1)b$ et $(b+1)b$ et d'en faire le dénominateur de nR. En procédant ainsi on a :

$$r^{ma} = \dfrac{nR}{\dfrac{b(b-1) + b(b+1)}{2}} = \dfrac{nR}{b^2} ;$$

d'où il résulte, que les résistances *du circuit extérieur les plus favorables au groupement des éléments de la pile par éléments doubles, triples, quadruples, etc., correspondent précisément à la résistance totale de tous les éléments, dont se compose la pile, divisée par le carré du nombre d'éléments en quantité qui constituent chaque groupe de ces différentes combinaisons.*

Cette déduction va nous permettre de poser les conditions de maxima de la formule : $\dfrac{nE}{aR + br}$.

En effet, de l'équation :

$$r = \frac{n\mathrm{R}}{b^2},$$

on tire : $\qquad\qquad rb^2 = n\mathrm{R}$ ou $b^2r = ab\mathrm{R},$

ou enfin : $\qquad\qquad a\mathrm{R} = br$;

donc le maximum d'intensité du courant fourni par une pile, dont les éléments sont disposés en séries, est atteint quand le produit du nombre des éléments en tension multiplié par leur résistance propre, est égal au produit du nombre des éléments en quantité multiplié par la résistance extérieure du circuit.

On peut avoir la preuve de cette déduction par le calcul algébrique de ces deux valeurs : en effet, dans le cas ou $a\mathrm{R} = br$, le dénominateur de l'expression (16) $a\mathrm{R} + br$ devient égal à $2a\mathrm{R}$; dans le cas, au contraire, ou $a\mathrm{R}$ n'est pas égal à br, parce que le groupement des éléments de la pile ne sera pas fait de la même manière, la valeur de ce dénominateur sera

représentée par $a'\mathrm{R} + b'r$, ou si on rend b' fonction de a', par $\dfrac{a'^2\,\mathrm{R} + nr}{a'}$;

mais comme on a aussi : $\dfrac{a^2\mathrm{R} + nr}{a} = 2a\mathrm{R}$, on en déduit $r = \dfrac{a^2\mathrm{R}}{n}$,

et en substituant cette valeur de r dans l'expression correspondante aux quantités de a' et b', celle-ci devient en fin de compte :

$$\mathrm{R}\left(\frac{a^2}{a'} + a'\right).$$

Or, il est facile de voir que cette expression, quelque valeur qu'on donne à a', soit au-dessus, soit au-dessous de a, ne peut jamais être aussi petite que $2a\mathrm{R}$. En effet, si on suppose $a' < a$, il existera toujours un coefficient q plus grand que l'unité qui, en multipliant a', pourra le rendre égal à a, de sorte qu'on aura $a' = \dfrac{a}{q}$ et en substituant cette valeur dans la dernière expression que nous avons obtenue, elle devient :

$$\left(aq + \frac{a}{q}\right)\mathrm{R}, \text{ ou,} \left(q + \frac{1}{q}\right)a\mathrm{R}, \text{ ou enfin,} \left(2 + \frac{(q-1)^2}{q}\right)a\mathrm{R}.$$

Comme q est plus grand que 1, cette expression sera toujours plus grande que $2a\mathrm{R}$.

En supposant a' plus grand que a, on arriverait à la même déduction, car en divisant a' par un facteur q' plus grand que l'unité, on pourrait toujours rendre a' égal à a; de sorte que l'on aurait $a' = a\,q'$, or la substitution de cette valeur dans la formule primitive la ferait devenir:

$$\left(\frac{a}{q'} + a\,q',\right)R \text{ ou} \left(2 + \frac{(q'-1)^2}{q'}\right)aR.$$

Il n'y a donc que quand q ou $q' = 1$, c'est-à-dire quand $a' = a$ que l'expression $aR + br$ devient *minima*, et par suite I *maxima* (1).

De la démonstration de cette proposition résulte plusieurs conséquences importantes : d'abord il devient facile d'obtenir une formule qui fasse connaître immédiatement et sans tâtonnement la meilleure disposition des n éléments qui composent une pile donnée, eu égard à une résistance de circuit r également donnée. En effet, de l'équation $aR = br$ on tire :

$$(17) \qquad a = \sqrt{\frac{nr}{R}} \text{ et } b = \sqrt{\frac{nR}{r}}. \qquad (18)$$

D'un autre côté, il devient possible de déterminer le nombre des éléments d'une pile et la meilleure disposition de celle-ci pour obtenir, sur un circuit donné, une intensité I également indiquée.

En effet, de ce que $aR + br$ est égal à $2aR$ ou à $2br$ dans les conditions de maxima, on déduit :

$$I = \frac{nE}{2aR} \text{ ou } I = \frac{nE}{2br},$$

et par suite:

$$(19) \qquad a = \frac{2Ir}{E} \text{ et } b = \frac{2IR}{E}. \qquad (20)$$

Ces formules sont très-précieuses pour les applications électriques, parce qu'elles sont très-simples et qu'elles déterminent d'un seul coup deux conditions du problème tout en satisfaisant à une double donnée ;

---

(1) Pour démontrer cette proposition par le calcul différentiel, il suffit de prendre la dérivée de $aR + br$, dans laquelle on fait $b = \dfrac{n}{a}$. Cette dérivée est alors exprimée par $R - \dfrac{nr}{a^2}$. Or, pour que cette expression soit zéro, c'est-à-dire pour le minimum, il faut que $R = \dfrac{nr}{a^2}$; mais $\dfrac{n}{a^2} = \dfrac{b}{a}$ et on a en définitive comme conditions de maximum $aR = br$.

*mais il faut toutefois, pour qu'elles puissent être appliquées avanta-
geusement, que la résistance r soit inférieure à nR. Car ce n'est que
dans le cas ou b a une valeur supérieure à 1 que le maximum est atteint
avec aR = br (1).*

Le groupement des piles peut non-seulement s'effectuer ainsi que nous
venons de le voir par la réunion plus ou moins complexe de leurs appendices polaires, mais il peut se faire encore par l'intermédiaire d'un circuit.
Supposons, par exemple, qu'à une station A (fig. 27) se trouve disposée une
pile en tension P, et qu'à une autre station B, placée au milieu du circuit,
se trouve disposée une autre pile P' également disposée en tension et que
nous supposerons, pour simplifier les calculs, composée d'un même nombre
d'éléments que la première.

Fig. 27.

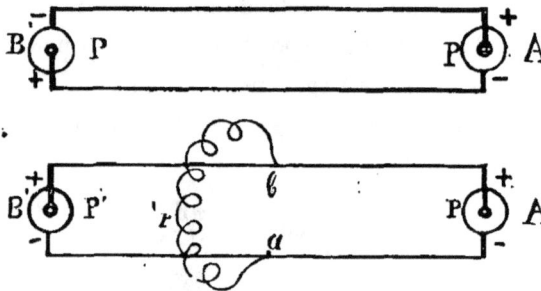

Fig. 28.

En reliant les pôles de ces deux piles avec le circuit, comme nous l'indi-
quons sur la figure, il est clair que les deux générateurs électriques ne
forment plus qu'une seule et même pile montée en tension, et la formule
qui exprimera l'intensité du courant transmis sera naturellement :

$$\frac{nE}{nR + r + nR} + \frac{nE}{nR + r + nR} = \frac{2nE}{2nR + r}.$$

Mais si les pôles des deux piles étaient placés d'une manière inverse
comme dans la fig. 28, des tensions égales seraient opposées l'une à
l'autre, et il ne pourrait circuler aucun courant dans le circuit r. Toutefois, les deux parties qui le composent seraient chargées à des tensions

---

(1) Voir à ce sujet un Mémoire de M. Gaugain (*Annales télégraphiques*, tome IV, p. 39).

différentes, et si un fil abl' les réunissait par le milieu, celui-ci pourrait
être sillonné par un courant, et l'intensité de ce courant serait représentée par la formule :

$$\frac{n\mathrm{E}}{\dfrac{n\mathrm{R}+r}{2}+l'}.$$

car le circuit entier $2n\mathrm{R}+r$ constituerait alors la résistance propre d'une
seule et même pile, composée de deux éléments disposés en quan-
tité, dont les appendices polaires seraient représentés par les deux fils
constituant le circuit r. De plus, l'intensité de ce courant serait la même
en quelque point du circuit r qu'on pût opérer la liaison métallique entre
les deux fils de jonction des deux piles, car la somme des résistances
du circuit resterait alors toujours la même et la tension électrique étant
uniforme sur chacun des deux fils, donnerait toujours naissance à une
même force électro-motrice.

Si la pile P', au lieu d'être placée en B à l'extrémité du circuit, était
placée en a ou en b ou sur la dérivation l', le cas pourrait être ramené à
celui que nous venons d'étudier, si les deux piles étaient disposées en quantité, l'une par rapport à l'autre. En effet, dans ce cas, la dérivation l' joue-

Fig. 29.

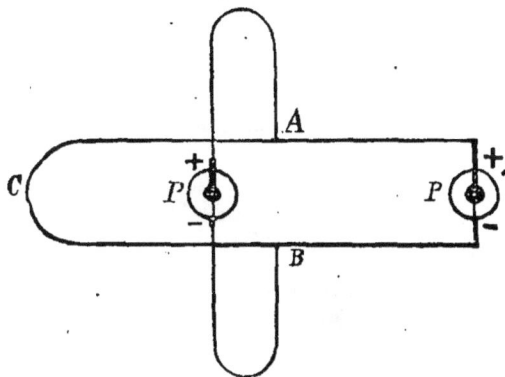

rait le rôle de la partie $a\mathrm{B}b$ du circuit et réciproquement, de sorte qu'il
suffirait de changer les désignations des deux résistances pour que la même
formule fût applicable aux deux cas. Si, au contraire, les piles étaient
disposées en tension, l'une par rapport à l'autre, comme dans la
figure 29 ci-dessus, les effets seraient plus compliqués, car alors le circuit
fournirait une double voie à la propagation électrique et il s'agirait d'examiner ce que peut devenir, dans les différentes parties de ce circuit,

l'intensité du courant transmis. Nous ne nous occuperons pas toutefois ici, des formules relatives à cette intensité, car nous anticiperions sur le chapitre qui va suivre, mais nous examinerons ce qui doit se passer comme effet produit, eu égard à la manière dont les tensions se trouvent distribuées dans ces différentes parties du circuit.

Si le pôle positif de la pile P', communique au point A du circuit de la pile P et le pôle négatif au point B, le courant des deux piles dans le circuit AP'BP' se trouvera toujours dans les conditions d'un courant issu de deux piles placées aux deux extrémités d'un même circuit comme dans la fig. 27, mais avec une dérivation ACB, et cette partie du circuit ACB ne pourra être parcourue par un courant qu'autant que la tension électrique au point A sera différente de la tension au point B. Or, si la résistance du circuit AP'B est égale à la résistance des circuits APB, ACB, ces deux tensions seront les mêmes, car à la tension affaiblie de la pile P au point A vient s'ajouter la tension non affaiblie de la pile P', et pour peu qu'on représente graphiquement cette distribution des tensions, d'après le système d'Ohm, comme on le voit fig. 30, on reconnaît que dans les conditions signalées plus haut, il y a une complète égalité des tensions en A et en B, lesquelles sont représentées par les lignes AT, BT. Il ne peut donc

Fig. 30.

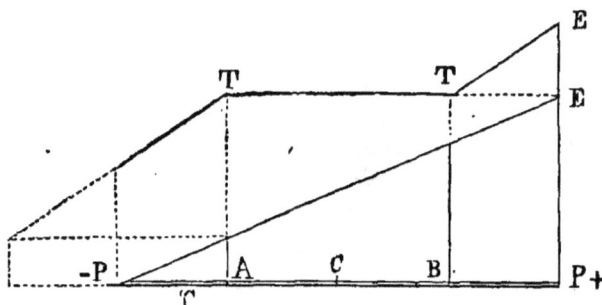

alors circuler aucun courant dans la partie ACB et, par conséquent, le courant circulant dans le reste du circuit a une intensité déterminée par la formule $\dfrac{2nE}{2nR + r}$. Dans le cas où l'égalité des résistances n'existe pas, il se produit dans cette partie un courant différentiel qui, pour être déterminé, exigerait le calcul des tensions aux points A et B, et, par suite, celui des forces électro-motrices dans les différentes parties du circuit, ce qui ne laisse pas que d'être assez compliqué ; toutefois, nous n'insiste-rons pas sur ces calculs, car ils ne sont guère susceptibles d'application (1). Nous dirons seulement qu'on peut arriver à déterminer les intensités du courant dans les différentes parties du circuit en les calculant pour chacune des piles prises isolément, à l'aide des formules des courants dé-rivés, en additionnant ces intensités ainsi calculées dans les parties où les deux courants marchent dans le même sens et en les différentiant dans les parties où ils tendent à marcher en sens contraire, comme cela a lieu dans la dérivation. Ce calcul est d'ailleurs facile ; car, en représentant par r et r' les résistances des deux parties du circuit dans lesquelles sont intercalées les piles (y compris la résistance de celle-ci), et d la résistance de la dérivation, on a, pour la valeur de la résistance totale T du circuit pour la pile P :

$$T = r + \frac{r'd}{r' + d}, \text{ et pour la pile P}', \ T' = \frac{rd}{r + d}.$$

Les intensités se calculent ensuite à l'aide des formules (14), (15), (16).

Toute cette question du groupement des piles est assez complexe dans ses détails et a été l'objet de plusieurs mémoires que j'ai présentés à l'Académie des sciences dans ses séances du 4 et 25 juin 1860, du 21 août 1860 et du 13 septembre 1869. Ce qui précède en est un résumé très-succinct.

Courants dérivés avec les piles. — Nous avons vu page 21, quelles étaient les formules représentant la résistance totale d'un circuit soumis à des dérivations, et les modifications que ce changement de résis-tance avait fait subir à la formule représentant l'intensité du courant. Nous allons examiner maintenant ces formules au point de vue des courants provenant des piles, et par rapport au nombre d'éléments qui les com-posent.

Les formules que nous avons posées, si on se le rappelle, donnent pour valeurs des intensités dans les différentes parties des circuits dérivés.

$$I = \frac{E}{L + T}, \ I' = \frac{E}{L + T} \cdot \frac{T}{a}, \ I'' = \frac{E}{L + T} \cdot \frac{T}{b}, \text{ etc.}$$

Or, dans le cas d'une pile composée de plusieurs éléments, puisque E

(1) Voir le mémoire de M. Trotin dans les *Annales télégraphiques*, tome VII, p. 375.

devient nE et que L se compose de R $+$ L, les formules doivent se trouver transformées de la manière suivante pour deux dérivations :

$$I = \frac{n\text{E}\,(a + b)}{(n\text{R} + \text{L})\,(a + b) + ab}, \qquad (21)$$

$$I' = \frac{n\text{E}b}{(n\text{R} + \text{L})\,(a + b) + ab}, \qquad (22)$$

$$I'' = \frac{n\text{E}a}{(n\text{R} + \text{L})\,(a + b) + ab}. \qquad (23)$$

Or, ces formules sont susceptibles d'être discutées au point de vue de la force de la pile par rapport aux conditions du circuit, et l'on peut reconnaître facilement : 1° que, quand les dérivations sont égales dans deux circuits dérivés, les intensités du courant sont égales dans chacun d'eux ; 2° que si l'une des dérivations est excessivement petite par rapport à l'autre, le courant passe presque entièrement par cette petite dérivation sans fournir de courant appréciable dans l'autre ; 3° que si on considère la résistance de la pile comme nulle, on peut dériver un nombre quelconque de circuits égaux sans que l'intensité électrique soit diminuée dans chacun d'eux en particulier. Cette dernière déduction, qui est le résultat de ce que, dans les formules (21), (22), (23), les quantités $(n\text{R} + \text{L})$ $(a + b)$ se trouvent alors détruites, a été souvent mal interprétée, et a fait croire à bon nombre d'inventeurs qu'on pouvait dériver indéfiniment le courant d'une pile, pourvu que les dérivations fussent prises à partir de ses pôles ; mais il faudrait pour cela que la valeur de R fut nulle, ce qui est matériellement impossible : il résulte toutefois de cette déduction que les dérivations, à partir de la source, peuvent être faites d'une manière d'autant plus avantageuse que cette valeur R est plus petite. Quant aux deux premières déductions, elles résultent de la symétrie des formules (22) et (23) :

Si nous considérons maintenant deux dérivations égales faites à partir des pôles mêmes d'une pile, et que nous cherchions l'expression de la valeur de l'intensité du courant dans chacune des dérivations, on trouvera que les formules (22) et (23) se réduisent en supposant L compris dans R, à :

$$\frac{n\text{E}a}{n\text{R}\,(a + a) + a^2} \quad \text{ou à :} \quad \frac{n\text{E}}{2\,n\text{R} + a};$$

avec trois dérivations elles deviennent :

$$\frac{nE}{3nR + a},$$

avec quatre dérivations :

$$\frac{nE}{4nR + a}. \cdots$$

Or, on peut déduire de ces formules, qui ne diffèrent de la formule ordinaire que par la quantité R qui se trouve multipliée par 2, 3, 4, etc., que les dérivations affectent surtout la résistance de la pile. Par consé-quent, plus cette résistance sera considérable, plus l'action des dériva-tions sera nuisible.

Enfin, si, d'après les formules 21, 22, 23, nous considérons que l'inten-sité du courant dans les parties circuit qui précèdent la dérivation, est représentée par $\dfrac{nE\,(a + b)}{(nR + r + r')\,(a + b) + ab}$, alors que l'intensité dans la dérivation a est représentée par $\dfrac{nEb}{(nR + r + r')\,(a + b) + ab}$, on comprendra aisément que, dans un circuit mal isolé, comme celui des lignes télégraphiques, deux appareils placés aux deux extrémités de la ligne fonctionneront avec des intensités bien différentes, quoique étant interposés en apparence dans un même circuit.

Si nous calculons maintenant les valeurs des intensités des courants dérivés par rapport à la formule simple que nous avons donnée page 26 pour représenter les dérivations sur les circuits télégraphiques, nous trouvons qu'elles peuvent être exprimées :

1° Dans le cas le plus favorable par :

$$I = \frac{nE\,\dfrac{a}{d}}{nR\left(l + \dfrac{a}{d}\right) + l\,\dfrac{a}{d}} \quad \text{ou} \quad I = \frac{nEap.}{nR\,(l^2 + ap) + lap.} \quad (24)$$

2° Dans le cas le plus défavorable par :

$$I' = \frac{nE\,\dfrac{a}{d}}{\left(nR + \dfrac{l}{2}\right)\left(\dfrac{a}{d} + \dfrac{l}{2}\right) + \dfrac{al}{2d}} \quad \text{ou} \quad I' = \frac{4nEap}{(2nR + l)\,(2ap + l^2) + 2apl} \quad (25)$$

Dès lors, l'intensité que l'on cherche à calculer approximativement est fournie par la moyenne des deux valeurs I et I'.

Des équations (24) et 25) l'on déduit :

$$1° \; n = \frac{lIa}{aE - RI \, (a + ld)}; \quad 2° \quad n' = \frac{(4a + ld) \, lI}{4Ea - 2IR \, (2a + ld)},$$

ce qui montre que l'on n'est pas toujours maître d'obtenir une intensité donnée sur un circuit télégraphique, quand bien même on augmenterait indéfiniment la force de la pile. En effet, les limites extrêmes des valeurs de n (dans le cas où toutes les valeurs $l, I, a, d, \ldots$, sont connues) sont atteintes quand : 1° $aE = RI \, (a + ld)$, 2° $4aE = 2IR \, (2a + ld)$; c'est-à-dire, en supposant les poteaux télégraphiques éloignés de 75 mètres les uns des autres, quand :

$$1° \quad l = \sqrt{\frac{a \, (E - RI)}{RI}} \times 75; \quad 2° \quad l' = \sqrt{\frac{2a \, (E - RI)}{RI}} \times 75,$$

d'où l'on conclut que la longueur d'une ligne télégraphique sur laquelle on peut obtenir une intensité électrique donnée est très-limitée, et peut être plus ou moins grande suivant les valeurs relatives de a, de I et de d. Plus les valeurs de I et de d sont considérables, plus cette longueur est petite ; au contraire, plus la valeur de a est grande, plus cette longueur est considérable.

Du reste, il est facile de voir que la valeur *minima* de la quantité a pour correspondre à une intensité donnée avec un nombre infini d'éléments de la pile est donnée par l'équation :

$$a = \frac{3RI \, ld}{4 \, (E - RI)}.$$

Si on prend pour valeur de a, 1500000 kilomètres de fil télégraphique, ainsi que nous l'avons vu page 29, valeur qui est le coefficient adopté par M. Varley (1), il en résulterait que la force électro-magnétique d'un

---

(1) Dans la formule que nous avons donnée page 28, pour la détermination de cette valeur, nous avons supposé que l'expérience était faite avec une source électrique dont la résistance était comprise dans la résistance l, mais maintenant que nous connaissons le rôle important de la résistance des piles dans les formules des courants dérivés, il importe d'avoir une expression qui tienne compte de cette valeur et cette expression peut être mise sous cette forme :

$$a = \frac{dlI'}{I} + \frac{Rd \, (I' - I)}{I}.$$

électro-aimant de 200 kilomètres de résistance, interposé sur une ligne de 400 kilomètres, pourrait être diminuée, par le fait des dérivations, dans le rapport de 70 à 40, c'est-à-dire de près de moitié. Dans ces conditions, la plus grande longueur du circuit à laquelle on pourrait fournir l'intensité 0,320, nécessaire pour faire fonctionner les appareils, serait de 1664 kilomètres ou 413 lieues, avec un fil de 4 millimètres de diamètre, et encore faudrait-il que la pile fut composée d'un nombre infini d'éléments.

Comme le milieu de la résistance d'un circuit télégraphique peut varier suivant les résistances non sujettes aux dérivations qui existent aux deux extrémités de la ligne, il vaut mieux désigner par x et x', ces deux résistances, sans préciser leur valeur dans l'établissement de la formule, quitte à leur restituer leur véritable chiffre lors de la discussion de cette formule. D'après ce principe l'expression (24) que nous avons donnée de la valeur de I devrait être :

$$I' = \frac{nEa}{(nR + x)\,(a + (l - x + x')d) + a\,(l - x + x')}.$$

De cette manière, on peut donner à x et x' différentes valeurs qui permettent de discuter la formule suivant les différents cas.

Ainsi, par exemple, si x' représente la résistance d'un électro-aimant et si on suppose x variable, les plus mauvaises conditions de la valeur de I' seront fournies par le maximum du dénominateur de la formule, lequel maximum correspondra à :

$$x = \frac{l + x' - nR}{2} = \frac{l}{2} + \frac{x' - nR}{2},$$

c'est-à-dire à la moitié de la résistance de la ligne augmentée de la moitié de la différence des résistances de l'électro-aimant et de la pile.

Ainsi, sur un circuit de 400 kilomètres, traversé par le courant d'une pile de 70 éléments Daniell et terminé par un électro-aimant d'une résistance égale à 115154 mètres, le point du circuit où les dérivations accumulées produiraient le plus mauvais effet, correspondrait à une longueur de la ligne égale à 222577 mètres à partir de la pile, c'est-à-dire à la moitié de la ligne plus $\dfrac{1}{18}$ environ de la longueur de cette dernière.

DÉTERMINATION DES CONSTANTES VOLTAÏQUES.

Les qualités d'une pile dépendent, d'après ce que l'on a vu précédemment, des valeurs de sa force électro-motrice et de sa résistance intérieure, valeurs qu'Ohm a supposées invariables pour une même espèce de pile, et auxquelles il a-donné pour cela le nom de *constantes*. Nous verrons plus tard que ces constantes, par suite de réactions secondaires, n'ont pas, par le fait, toute la constance qui leur a été supposée ; mais les variations qu'elles subissent sont dans la pratique peu marquées, et l'on peut toujours conclure que de la détermination des valeurs qui les représentent, résulte la possibilité de comparer entre elles les forces des différentes piles et d'apprécier les différents cas dans lesquels telles ou telles de ces piles peuvent être employées avec avantage. On comprend, d'après cela, que cette étude a dû faire l'objet de la préoccupation des physiciens, et plusieurs méthodes de détermination de ces constantes ont été proposées. Ne pouvant ici les décrire toutes, nous nous bornerons à celle d'Ohm, qui est la plus simple, et à la méthode dite par *opposition* qui paraît être la plus rigoureuse.

Méthode d'Ohm. — Pour que les valeurs des constantes voltaïques E et R puissent entrer dans les formules que nous avons discutées précédemment, il faut nécessairement qu'elles dérivent l'une de l'autre et soient estimées en fonction de la même unité ; jusqu'à présent, on n'est pas d'accord sur cette unité, et chaque physicien a la sienne. Nous discuterons plus tard cette grave question ; mais pour obtenir les valeurs relatives de R, de E et de I, peu importe l'unité, puisque, d'après la théorie d'Ohm, leurs rapports devraient être constants. Voyons donc comment les formules d'Ohm peuvent donner le moyen de déterminer directement ces valeurs en fonction les unes des autres.

Supposons que l'on introduise dans le circuit d'un élément de pile un instrument susceptible de mesurer des intensités de courants, et que, dans deux expériences successives, on ajoute à la résistance de ce circuit deux résistances connues r, r', l'intensité I, exprimée par l'instrument mesureur, sera forcément différente dans les deux cas, et on aura, d'après les formules :

$$I = \frac{E}{R + r} \text{ et } I' = \frac{E}{R + r'};$$

or, en cherchant la valeur de R au moyen de ces deux équations, on arrive à l'expression :

$$R = \frac{I' r' - Ir}{I - I'}, \tag{26}$$

qui représente la résistance de la pile et dans laquelle toutes les quantités sont connues.

En déterminant de la même manière la valeur de E, on arrive à la formule :

$$E = \frac{II' \ (r' - r)}{I - I'},$$ (27)

qui fournit également la valeur de la force électro-motrice au moyen des quantités données par l'expérience.

On pourrait, en faisant intervenir dans les calculs l'une ou l'autre des quantités E ou R, arriver à une détermination plus simple, car les formules précédentes se réduisent, dans ce cas, à :

$$E = I \ (R + r),$$ (28)

$$R = \frac{E}{I} - r.$$ (29)

Si une détermination est exacte, on doit retrouver les mêmes nombres par ces différentes méthodes.

Pour fixer les idées, nous allons prendre un exemple.

Soit P (fig. 31) une pile de Daniell ordinaire de moyen modèle dont le

Fig. 31.

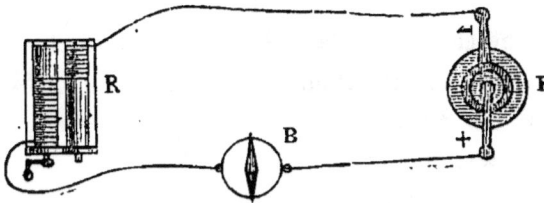

vase poreux a 12 centimètres sur 5°, 4 de dimensions, et dont le zinc a 9 centimètres sur 7.

Soit B une boussole des sinus très-sensible et R un rhéostat.

Après avoir bien orienté la boussole des sinus et avoir placé son cercle multiplicateur dans le plan du méridien magnétique, le zéro du cercle indicateur correspondant au zéro du vernier, on développe sur le rhéostat une certaine résistance que l'on estime par le nombre de tours accomplis par les cylindres de l'instrument, puis on ferme le circuit. La boussole des sinus dévie, et on estime l'intensité du courant par l'arc qu'on fait décrire au cercle multiplicateur de cette boussole pour ramener,

dans le plan de celui-ci, l'aiguille déviée par le courant. On note exactement cet arc, non-seulement en degrés, mais encore en minutes, puis on
procède à une nouvelle expérience dans laquelle on fait varier la résistance du rhéostat. On obtient alors une autre intensité, que l'on note
comme nous venons de l'indiquer. Ces deux résistances différentes, développées par le rhéostat, donneront les valeurs r, r', et les sinus des
deux arcs fournis par la boussole donneront les valeurs I,I.

Soit $r = 200$ tours de rhéostat,

Soit $r' = 250$ »

Soit I $= 28° 18'$ » .

Soit I' $= 22° 42'$ »

On convertira d'abord les résistances r, r', estimées en tours de rhéostat, en fonction de l'unité de résistance adoptée, soit en fil télégraphique
de 4 millimètres de diamètre. Cela sera facile quand on aura déterminé
une fois pour toutes la valeur d'un tour de rhéostat. Supposons que cette
valeur soit $58^m,4$: on aura :

$$r = 11680, \quad r' = 14600 ;$$

on ajoutera alors à ces résistances celles du fil de la boussole et des conducteurs que nous supposerons être de 149 mètres ; de sorte que les valeurs
définitives de r et r' seront :

$$11829 \text{ et } 14749.$$

Cela fait, on cherchera dans la table des sinus naturels les valeurs, en
sinus, des arcs $28° 18'$ et $22° 42'$ que l'on trouvera être $0,47409$, $0,38591$,
et en substituant ces divers nombres aux quantités I, I', r, r' dans les
formules précédentes, on aura :

1° Pour la formule $R = \dfrac{I'\, r' - I r}{I - I'}$,

$$R = \frac{0,38591 \times 14749 - 0,47409 \times 11829}{0,47409 - 0,38591} = 950^m ;$$

2° Pour la formule $E = \dfrac{I\, I'\, (r' - r)}{I - I'}$,

$$E = \frac{0,47409 \times 0,38591\ (14749 - 11829)}{0,47409 - 0,38591} = 6058,42 ;$$

3° Pour la formule $E = I\ (R + r)$,

$$E = 0,47409\ (950 + 11829) = 6058,39 ;$$

4° Pour la formule $E = I' (R' + r')$,

$$E = 0,38591 (950 + 14749) = 6058,40 ;$$

5° Pour la formule $R = \dfrac{E}{I'} - r'$,

$$R = \dfrac{6058,40}{0,38591} - 14749 = 950^m.$$

On voit que les quantités représentant les valeurs de E et de R obte-nues par ces différentes formules sont à peu près identiques, et les pe-tites différences qu'on remarque tiennent aux variations de résistance des circuits qui, ainsi qu'on le verra bientôt, altèrent un peu la valeur des constantes.

Si l'on considère que les deux formules (26) et (27) qui expri-ment les valeurs de la force électro-motrice et de la résistance d'une pile ne diffèrent l'une de l'autre qu'en ce que les valeurs r et r', sont multipliées dans un cas par II' et dans l'autre par ces mêmes quantités isolées, on arrive à conclure que les plus petites erreurs dans les valeurs de I et I' pourront affecter la valeur de R, alors qu'elles seront à peu près sans effet sur la valeur de E. Or, comme avec les résistances consi-dérables r et r', qu'on est obligé d'employer pour placer l'expérience dans les conditions ordinaires de l'application et pour éviter en même temps les effets de la polarisation, la valeur réelle de R se trouve quelque peu effacée, les erreurs d'observation dans l'appréciation des quantités I et I' peuvent être assez appréciables pour faire varier cette valeur R dans des proportions relativement considérables. Il nous suffira, pour donner une idée de la délicatesse de ce genre d'expériences, de dire qu'une diffé-rence d'observation de deux ou trois minutes avec une boussole des sinus galvanométrique de 50 tours et des résistances r et r' de 12 et 15 kilomètres de fil télégraphique de 4 millimètres, peut donner lieu à une erreur en plus ou en moins de près d'une centaine de mètres. J'ai cherché à faire disparaître cet inconvénient en prenant une méthode telle que, tout en conservant les résistances considérables dont j'ai parlé, je pusse amplifier suffisamment les effets dus à l'intervention de la résis-tance du couple pour que celle-ci pût en être déduite facilement. J'ai eu pour cela recours aux dérivations dont l'effet, comme on l'a vu, est de frapper principalement la résistance des couples.

En effet, dans la formule des courants dérivés $\dfrac{Ea}{R\,(a+b)+ab}$, la somme des résistances des dérivations a et b figure comme multiplicateur de la résistance R du couple, et, en amplifiant considérablement l'effet produit par l'intervention de cette quantité, elle en rend la détermination beaucoup plus facile et plus exacte. En un mot, avec la méthode dont je parle, on remonte à la cause en partant d'un grand effet, tandis qu'avec la méthode ordinaire, cette cause ne se révèle que par des différences de résistance, lesquelles se trouvent entachées de toutes les erreurs d'observation et de tous les caprices des instruments mesureurs. Voici maintenant comment j'opère.:

Je commence à déterminer, au moyen d'une boussole des sinus, l'intensité I de la source électrique dont je veux mesurer la résistance, en introduisant dans le circuit une résistance r de 12 ou 15 kilomètres de fil télégraphique de 4 millimètres. Je dérive ensuite le courant en réunissant les deux pôles de la pile par un fil de résistance connue b que je garde comme résistance type, et qui doit être d'autant plus long que la pile est plus résistante (2 ou 3 kilomètres environ). Enfin, je déroule de dessus le rhéostat une quantité de fil suffisante pour que l'intensité du courant à travers cet instrument reste la même, ou en d'autres termes pour que la boussole des sinus donne la même indication que quand, le circuit étant simple, la résistance du rhéostat était r. Calculant alors la résistance a du rhéostat après cette opération, je me trouve en possession de tous les éléments nécessaires à la détermination de la résistance R du couple.

En effet, d'après les lois d'Ohm, l'intensité du courant dans le circuit simple de résistance R est représentée par :

$$I = \frac{E}{R+r},$$

et dans le même circuit, de résistance a après la dérivation, par :

$$I' = \frac{Eb}{R\,(a+b)+ab}.$$

Comme les deux intensités sont égales, on peut poser :

$$\frac{E}{R+r} = \frac{Eb}{R\,(a+b)+ab},$$

d'où :
$$R = \frac{b(r-a)}{a}. \qquad (30)$$

On va voir, par l'exemple suivant, les avantages de cette méthode.

En expérimentant d'après la méthode ordinaire une pile de Daniell à vase poreux très-perméable, j'ai trouvé, pour des circuits r et r' ayant une résistance de 11829 et 14759 mètres de fil télégraphique de 4 millimètres, des intensités représentées à ma boussole des sinus par 29°50' et 23°45'. Avec ces données, la valeur de R était 586 mètres, la force électro-motrice 6175, et la valeur de I' en sinus, 0,40275. En établissant une dérivation entre les deux pôles de la pile par un fil de 417 mètres de résistance, il m'a fallu réduire la résistance r' de 14749 mètres à 7505 mètres pour obtenir la même intensité 0,40275. Si les valeurs de E et de R, déterminées précédemment étaient exactes, il faudrait qu'appliquées à la formule :

$$\frac{Eb}{R(a+b)+ab}$$

elles pussent fournir la valeur 0,40275. Or, on trouve une valeur notablement moindre, c'est-à-dire 0,33865. Partons maintenant de la nouvelle formule $R = \dfrac{b(r-a)}{a}$, nous trouvons :

$$R = \frac{417(14749 - 7505)}{7505} = 402.$$

Or, cette valeur, en nous fournissant cette fois (au moyen de la formule des courants dérivés) l'intensité 0,40780, quantité bien voisine de celle reconnue par l'expérience, nous donne, avec la formule du circuit simple 0,40756, pour la même valeur de I'.

On voit donc que les valeurs de R, déterminées par la méthode précédente, sont forcément plus exactes que les autres, puisqu'elles peuvent satisfaire à toutes les expériences, ce qui n'a pas lieu avec les valeurs fournies par la méthode ordinaire.

Méthode par opposition. — Pour éviter les conséquences des petites perturbations qui se produisent dans les piles et qui réagissent, ainsi que nous l'avons déjà dit, dans la détermination des constantes voltaïques, plusieurs physiciens, entr'autres MM. Gaugain et Regnault, ont cherché à obtenir directement la valeur de la force électro-motrice E, en opposant le courant de la pile dont ils voulaient déterminer les constantes à celui d'une pile thermo-électrique considérée comme pile étalon et dont ils pouvaient faire varier la force jusqu'au complet anéantissement des courants opposés, en lui empruntant tel ou tel nombre d'éléments. Cette pile étalon était composée de 40 couples bismuth et cuivre et se trouvait placée dans des conditions de constance convenables, par le maintien des soudures de ces différents couples aux températures de 0 et 100 degrés. Toutefois, comme les sources électriques à mesurer pouvaient avoir une valeur notablement supérieure à celle de la pile en question, on a dû employer des piles d'appoint disposées de manière à présenter des valeurs fort différentes et surtout le plus de constance possible.

Dans les expériences qu'il a récemment entreprises pour l'administration des lignes télégraphiques, M. Gaugain a adopté pour ces piles d'ap-

Fig. 32.

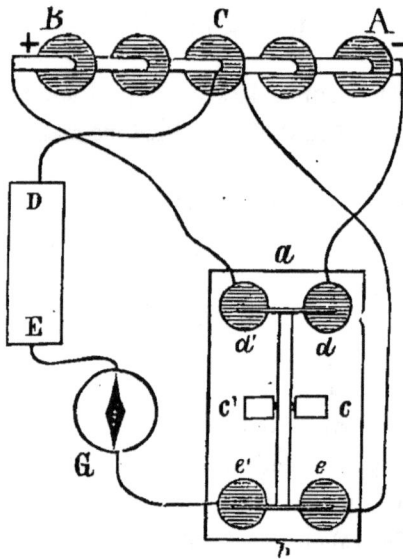

point, la pile zinc et cadmium, la pile cadmium et fer et la pile de Daniell. Naturellement l'élément bismuth et cuivre a constitué *l'unité*, et cette unité a été représentée par le symbole $\dfrac{\text{Bi} - cu}{0 - 100}$, qui indique la nature de l'élément et sa force aux deux températures 0 et 100 degrés. La pile cadmium et fer (*cd—fe*) représentait vingt unités. La pile cadmium et zinc (*zn—cd*), soixante-deux unités et la pile de Daniell (*zn—cu*), cent quatre-vingt-dix-sept unités. Nous donnerons plus tard la description complète de ces piles.

« Pour mesurer par la méthode de l'opposition la force électro-motrice d'un couple polarisé dans des conditions déterminées, dit M. Gaugain, il est nécessaire d'employer quelques dispositions particulières. La polirisation se détruit rapidement dès que le courant polarisateur cesse de passer et, par conséquent, il est indispensable d'opposer le couple polarisé à la pile-échelle au moment précis où le courant polarisateur est interrompu.

« Pour atteindre ce but, on fait usage d'un commutateur à bascule qui se compose d'un levier en bois *ab* (fig. 32), tournant autour d'un axe horizontal et de deux petits arcs métalliques fixés aux extrémités du levier et dont les branches peuvent être alternativement plongées dans des godets remplis de mercure *d*, *d' e*, *e'*, suivant la position du levier.

. « Tous les éléments dont on veut mesurer la force électro-motrice sont disposés en tension les uns à la suite des autres, de manière qu'un courant de même intensité les traverse et, afin que ce courant soit dans les conditions d'intensité qui conviennent à l'application qu'on veut faire de ces différents éléments, des bobines de résistance sont introduites dans le circuit, afin de le rendre plus ou moins résistant.

« Supposons maintenant qu'on veuille mesurer la force électro-motrice du couple C, qui fait partie de la pile ACB, après qu'il a été pendant un temps donné traversé par un courant d'intensité déterminée : on mettra d'une part les pôles de la pile ACB en communication avec les coupes *d*, *d'* par le moyen de fils qui compléteront, avec les bobines, la résistance déterminée et, d'autre part, on fera communiquer les pôles de l'élément C avec les coupes *e*, *e'* en interposant dans ce second circuit d'abord la pile-échelle DE, puis un galvanomètre G.

« Les choses ainsi disposées, on tiendra le circuit de la pile ABC fermé pendant le temps voulu, en maintenant plongé dans les coupes *d*, *d'* l'arc fixé à l'extrémité *a* du levier ; puis, lorsqu'on voudra mesurer la force électro-motrice du couple C, on fera basculer le petit levier *ab*, de manière à faire plonger dans les coupes *e*, *e'* l'arc fixé à l'extrémité *b*, et on ramènera immédiatement ensuite le commutateur à sa position première. En opérant ainsi, l'on n'interrompt que pendant un instant l'action du courant polarisateur et l'on obtient à peu près exactement la force électro-motrice du couple polarisé. Pendant le temps de la manœuvre, la polarisation éprouve bien encore une légère diminution et par conséquent la valeur obtenue pour la force électro-motrice est un peu plus forte qu'elle ne devrait l'être ; mais lorsqu'on opère rapidement, l'erreur que le procédé comporte est sans importance. »

La détermination de la force électro-motrice d'une pile étant faite par le procédé que nous venons d'indiquer, la valeur de la résistance R pourrait se déduire naturellement des formules d'Ohm par la mesure de l'intensité I du courant, avec une résistance interpolaire connue r. Toutefois, pour éviter les erreurs qui peuvent être la conséquence des effets de la polarisation à un moment donné, M. Gaugain croit que le calcul doit se compliquer de l'intervention d'un élément de comparaison regardé comme sensiblement constant et cet élément de comparaison est la pile de Daniell.

Il mesure donc avec la résistance r, non-seulement l'intensité du courant de la pile en expérience, mais celle de la pile de Daniell étalon. Il obtient de cette manière deux valeurs I et I', qui entrent de la manière suivante dans les formules d'Ohm :

1° Avec la pile expérimentée, $E = \alpha \, I \, (R + r) \;$;

2° Avec la pile de Daniell, $E' = \alpha \, I'(R' + r)$.

(α dans les deux cas, désigne une constante en rapport avec la sensibilité du rhéomètre mesureur de l'intensité). Or, de ces deux équations on tire :

$$R = \frac{E}{I} \frac{(R' + r) \, I'}{E'} - r. \qquad (31)$$

Comme les quantités E', I', R' et r peuvent être mesurées une fois pour toutes, il n'y a en définitive à déterminer dans chaque cas particulier que les deux quantités E et I.

Je dois, du reste, faire observer que les considérations qui précèdent, relativement à la détermination des constantes voltaïques, sont plutôt théoriques que réelles, pratiquement parlant, car les chiffres que M. Gaugain a obtenus, sont peu éloignés, dans leurs valeurs relatives, de ceux que j'avais déterminés moi-même au moyen de la méthode d'Ohm, comme on pourra s'en assurer par les chiffres des valeurs numériques que nous donnons plus loin.

Interprétation des valeurs des constantes voltaïques.
— Que représentent matériellement, dans les déterminations faites avec

la méthode d'Ohm, les valeurs E et R ? Telle est la question qui nous reste maintenant à éclaircir. Pour peu que l'on considère les formules exprimant ces valeurs, il est facile de voir que la quantité R seule est donnée en unités d'un ordre déterminé et de même espèce que celles qui ont servi aux évaluations de r et de r', car c'est la seule qui ne soit pas affectée par les constantes des appareils rhéométriques. La valeur de E, au contraire, n'est qu'un nombre abstrait qui n'a de valeur que par son rapport avec la quantité R, lequel rapport exprime la valeur de I (1).

D'après cela, il est facile de comprendre que si l'unité de mesure des quantités r et r' change, non-seulement la valeur de R devra changer, mais aussi celle de E ; car le facteur $(r' - r)$, qui multiplie $\dfrac{II'}{I - I'}$ pour fournir cette dernière valeur, se trouve ainsi augmenter ou diminuer sans que les valeurs I, I' changent.

Quant à la valeur de I, elle n'est, comme on l'a vu, que l'expression d'un rapport entre E et R ; mais cette expression doit correspondre toujours aux chiffres fournis par les instruments mesureurs des intensités, puisque c'est par l'emploi de ces chiffres que les valeurs E et R ont été elles-mêmes déterminées. Toutefois, comme les indications de ces instruments dépendent de leur construction, il est essentiel, pour qu'on puisse comparer entre elles ces valeurs, que les formules dont nous avons parlé soient affectées par un coefficient de relation qui les dégage des réactions étrangères. Ces réactions étrangères, avec les boussoles rhéométriques, viennent surtout de la manière dont le circuit agit sur l'appareil. Si ce circuit ne fait qu'une seule révolution autour de l'aiguille indicatrice, la formule d'Ohm $I = \dfrac{E}{R + r}$ n'a pas besoin de correction ; mais si, au lieu d'un tour, il en fait plusieurs, cette formule ne peut subsister telle qu'elle est, sans quoi l'accroissement d'intensité dû à la multiplicité de ces tours pourrait se trouver faussement attribuée à la force électro-motrice de la pile, ce qui conduirait à des déterminations fausses. Or, pour savoir ce que devient, dans ce dernier cas, la formule d'Ohm, il suffit de considérer que si la formule $I = \dfrac{E}{R + \rho}$ indique l'intensité d'un courant pour une seule révolution du circuit, cette intensité sera pour un nombre t de

(1) Voir mon mémoire sur les constantes des piles voltaïques, p. 7.

révolutions $\dfrac{tE}{R + t\rho}$, et si, pour plus de simplicité, on désigne $t\rho$ par ρ, on aura, avec un circuit extérieur r :

$$I = \frac{tE}{R + \rho + r}. \qquad (32)$$

Or, en faisant varier r, on aura deux équations qui donneront :

$$E = \frac{II' (r' - r)}{t (I - I')},$$

$$R = \frac{I't (r' + \rho) - It (r + \rho)}{tI - tI'},$$

qui montrent déjà que la valeur de E est seule dépendante de la quantité t, puisque, dans la formule donnant la valeur de R, cette quantité disparaît, et que la valeur de ρ doit figurer dans l'expression numérique des quantités r et r'.

Comment obtenir la valeur du facteur t ? Telle est la question qui nous reste à résoudre. Avec les boussoles à multiplicateur, la valeur de ce coefficient ne dépendant pas seulement du nombre des tours de ce multiplicateur, mais encore de leur distance moyenne à l'aiguille et de l'énergie du magnétisme de cette dernière, il devient difficile de la calculer sans expériences préalables, mais celles-ci ne présentent rien de bien difficile, car il suffit d'intercaler dans un même circuit les deux boussoles que l'on doit comparer, de les éloigner assez l'une de l'autre pour qu'elles ne s'influencent pas réciproquement et de noter les intensités qu'elles indiquent quand le courant d'une pile constante traverse le circuit. Comme le moment magnétique d'une aiguille galvanométrique est proportionnel à l'intensité du courant qui agit sur elle, multipliée par le nombre des révolutions du fil autour du multiplicateur, et que l'intensité du courant est alors rigoureusement la même pour les deux appareils, puisqu'il traverse le même circuit, le rapport des intensités constatées sur les deux boussoles représentera celui des coefficients t et t', ou la valeur du coefficient t' si t est pris pour terme de comparaison.

Si une même boussole est recouverte de deux multiplicateurs distincts, la détermination de cette valeur de t' pour le second multiplicateur exigera deux opérations distinctes ; on commencera d'abord par examiner l'intensité I produite par le premier multiplicateur, interposé dans le circuit d'une pile constante et ayant une résistance r, et on recherchera ensuite quelle résistance r' pourra ramener l'intensité fournie par le second multiplicateur à celle constatée en premier lieu ; on expérimentera de nouveau avec le premier multiplicateur, en prenant cette fois r'

pour résistance du circuit, et le rapport des intensités I et I' donnera celui des coefficients t et t', ou la valeur du coefficient t', si le coefficient t est pris pour unité de comparaison.

En effet, l'intensité fournie par le premier multiplicateur étant, dans ces conditions, égale à celle fournie par le second, on se trouve avoir : $R + \rho' + r' = t (R + \rho + r)$, ou si pour plus de simplicité on représente $\rho' + r'$ par r'_2 et $\rho + r$ par r_2, on aura $R + r'_2 = t (R + r_2)$; mais les intensités I et I' fournies par la seconde expérience peuvent donner la valeur de R, et celle-ci étant substituée à R dans l'équation précédente, il vient :

$$I'r'_2 - Ir_2 + r'_2 (I - I') = t'[I'r'_2 - Ir_2 + r_2 (I - I')]$$

d'où :
$$t = \frac{I}{I'}.$$

Naturellement r'_2 dans la dernière expérience doit être égal à $(\rho' - \rho + r')$, puisque la résistance ρ se trouve forcément maintenue. Nous reviendrons du reste sur cette question, dans le prochain volume, au chapitre des appareils d'expérimentation.

Variations des constantes voltaïques. — Il y a déjà longtemps (en 1846), M. Jacobi, à la suite d'expériences, nombreuses, avait démontré que les valeurs de la force électro-motrice et de la résistance d'une pile, calculées d'après les formules d'Ohm, varient suivant la résistance du circuit. Depuis, MM. Despretz, de la Rive, Poggendorff ont reconnu le même effet et ont cherché à l'expliquer par la polarisation électrique. Enfin, dernièrement, MM. Marié-Davy, Gaugain, Becquerel et Guillemin, ont trouvé que beaucoup d'autres causes sont encore en jeu pour changer la valeur de ces constantes. J'ai entrepris moi-même de nombreuses recherches sur ce sujet (1), et, grâce à ce concours de travaux, bien des points obscurs, bien des résultats contradictoires ont pu se trouver expliqués et même être prévus.

L'une des plus importantes conclusions auxquelles on est arrivé, c'est que, par suite des effets de la polarisation des éléments métalliques des couples dont Ohm n'a pas tenu compte dans sa théorie, la formule $I = \frac{E}{R + r}$ se trouve transformée en $I = \frac{E - e}{R + r}$, e désignant la force

---

(1) Voir mon Mémoire sur les constantes voltaïques, dans les *Mémoires de la Société des Sciences naturelles de Cherbourg*, t. VIII ; le Mémoire de M. Jacobi dans mon *Étude des lois des courants*, p. 32, et les Mémoires de M. Marié-Davy. (*Comptes rendus*, années 1861 et 1862.)

électro-motrice du courant de polarisation, r la résistance du circuit extérieur.

Or, de cette formule on peut déduire déjà, ainsi que je l'ai démontré
dans mon Mémoire sur les constantes voltaïques, que ces constantes doivent varier : 1° suivant la résistance du circuit extérieur ; 2° suivant la
durée de la fermeture du courant ; 3° suivant l'état plus ou moins neuf de
la pile ; 4° suivant qu'elle est agitée ou en repos, faits que l'expérience
met en évidence.

Que la force électro-motrice augmente à mesure que la résistance du
circuit devient plus grande, cela s'explique facilement, puisque la force
électro-motrice du courant de polarisation devant diminuer à mesure que
cette résistance augmente, la quantité $(E - e)$ devient par cela même plus
grande ; mais que la résistance de la pile augmente également dans les
mêmes circonstances, cela est plus extraordinaire et, pour s'en rendre
compte, il est nécessaire de considérer que, par suite de l'augmentation
de la valeur de la force électro-motrice, les lois de proportionnalité entre
les intensités du courant et les résistances du circuit sont changées, *que
ces intensités décroissent dans un rapport plus lent que les résistances
du circuit*, et que, si l'on déduit celles-ci de celles-là, en employant les
formules d'Ohm, les circuits entiers se trouvent acquérir un excès de résistance qui ne frappe la résistance R que parce que; dans les calculs,
on en décharge le circuit métallique. Nous reviendrons plus tard sur
cette question (voir p. 207).

Les autres causes des variations des constantes voltaïques seraient, suivant M. Marié-Davy, l'aération de l'eau, la plus ou moins grande quantité de zinc dissous dans le liquide excitateur, le degré de concentration
de la solution acide servant de liquide excitateur, la nature du zinc et
son degré d'amalgamation, la pureté de l'acide, la température des liquides, l'épaisseur des diaphragmes poreux et l'éloignement respectif des
éléments polaires.

Valeurs numériques des constantes voltaïques. — La
détermination des valeurs numériques des constantes voltaïques est tellement importante dans l'emploi judicieux que l'on peut faire de l'électricité à l'industrie et aux arts, que sans entrer davantage dans les déductions théoriques que cette question soulève et avant même d'avoir décrit
les différents systèmes de piles, nous croyons devoir les donner immédiatement, du moins pour les piles les plus usitées. Nous pourrons, de
cette manière, discuter les questions les chiffres en main.

PILES LES PLUS USITÉES DANS LES APPLICATIONS électriques.	VALEUR de E.	VALEUR de R.	RAPPORTS des valeurs E, celle de la pile de Daniell étant 1.
1° Élément type de Daniell au sulfate de cuivre (modèle des lignes télégraphiques françaises.)	5973	931ᵐ	1,00
2° Élément Bunzen avec zinc amalgamé. Peu de temps après la charge et mêmes dimensions que le précédent	11123	153	1,86
3° Élément Delaurier à acide chromique et eau salée (mêmes dimensions).	12413	366	2,08
4° Élément à bichromate de potasse à un liquide (système Chutaux)	11400	600	1,91
5° Élément Duchemin au perchlorure de fer et eau salée (mêmes dimensions).	9640	942	1,61
6° Élément à acide sulfurique et eau (les deux liquides séparés)	8547	880	1,43
7° Élément Marié-Davy à sulfate de mercure insoluble et eau (les deux liquides séparés).	8192	550	1,37
8° Élément Leclanché au peroxyde de manganèse et solution ammoniacale (grand modèle) . .	7529	400	1,26
9° Élément de Waren de la Rue à chlorure d'argent fondu et solution de chlorure de zinc dimensions microscopiques	5596	748	0,94
10° Élément Becquerel au sulfate de plomb minéral et eau (système Prudhomme). . . .	3301	880	0,55

J'ai employé pour la détermination de ces valeurs, la méthode d'Ohm dont j'ai parlé précédemment, et j'ai opéré avec une boussole des sinus à multiplicateur de 24 tours, en prenant pour valeur de r et r' des résistances de 11829 et 14749 mètres de fil télégraphique de 4 millimètres de diamètre. J'ai pris soin, avant chaque observation des intensités I et I', de laisser mon circuit fermé pendant 10 minutes et de répéter une seconde fois la première observation, pour que la moyenne de ces deux observations fût dans les mêmes conditions, relativement à la polarisation, que la seconde observation. Chaque détermination comporte donc trois observations faites à 10 minutes d'intervalle, et, par conséquent, sur une fermeture de courant de 30 minutes. Ces expériences ont été faites quotidiennement pendant plus de deux mois sur 20 modèles différents de pile, et les chiffres qui précèdent sont les moyennes de toutes les expériences.

Voici maintenant les valeurs déterminées par M. Gaugain par la méthode de l'opposition (1) :

1° *Élément à sulfate de mercure* (grand modèle).

Valeur de E moyenne, 258

256 unités therm. élect.	avec courants continus.
255	id.	courants interrompus.
263	id.	courants non fermés.

Valeur de R — 6 unités Siemens, soit 600 mètres.

2° *Élément Daniell* (mêmes dimensions).

Valeur de E moyenne, 173

174 unités therm. élect.	avec courants continus.
175	id.	courants interrompus.
170	id.	courants non fermés.

Valeur de R — entre 7 et 10 unités Siemens. Soit de 700 à 1000 mètres.

3° *Élément Callaud* (grand modèle).

Valeur de E moyenne, 186

190 unités therm. élect.	avec courants continus.
185	id.	courants interrompus.
183	id.	courants non fermés.

Valeur de R — 6 unités Siemens, soit 600 mètres.

4° *Élément Leclanché* (grand modèle).

Valeur de E moyenne, 237

209 unités therm. élect.	avec courants continus.
221	id.	courants interrompus.
280	id.	courants non fermés.

Valeur de R — 4 unités Siemens, soit 400 mètres.

Si on prend les rapports entre les forces électro-motrices de l'élément à sulfate de mercure et de l'élément Callaud à sulfate de cuivre, les seuls qui soient comparables dans les deux séries d'observations, on voit que dans la série de M. Gaugain il est 1,38 et dans la mienne 1,37 ; ce sont des rapports biens voisins. Il en est de même des résistances qui sont, du reste, excessivement variables d'un élément à l'autre.

D'après cela, si on voulait exprimer en unités thermo-électriques les forces électro-motrices des piles de Bunsen et de la pile à sulfate de plomb qui ne figurent pas dans le tableau de M. Gaugain, il suffirait de prendre les rapports de ces forces électro-motrices avec celle de la pile à sulfate de cuivre ou à sulfate de mercure de notre premier tableau, et de multiplier ou diviser par ces rapports les forces électro-motrices correspondantes du tableau de M. Gaugain ; on aurait alors : *pour l'élément Bunsen — 350 unités thermo-électriques et pour l'élément à sulfate de plomb — 104 unités thermo-électriques.*

En faisant de même pour traduire la valeur de la force électro-motrice

---

(1) Les chiffres qui suivent sont, pour les forces électro-motrices, les moyennes de trois mois d'observation. Les barreaux de bismuth de la pile étalon, n'avaient que 3 millimètres, et les soudures étaient maintenues à 100° et à la température ambiante. (Voir la description de cette pile au chapitre des piles thermo-électriques.)

de l'élément Leclanché en chiffres correspondant à notre série, on trouve 7529.

Les valeurs numériques des constantes voltaïques ont été calculées par plusieurs savants, et naturellement les chiffres qu'ils ont obtenus ont varié suivant les méthodes et les instruments employés ; mais les rapports réciproques des forces électro-motrices des différentes piles sont à peu près les mêmes que ceux que nous avons donnés.

Comparaison de l'intensité des différentes piles. — En partant des formules de maxima des piles, M. Jacobi est parvenu à comparer leur puissance relative sous le rapport de l'intensité (1). On comprend que cette comparaison n'était possible qu'en les plaçant chacune dans leurs conditions de maximum, car pour tout autre arrangement que celui qui correspond au maximum d'effet il n'y a pas de relation constante. Or, nous avons vu page 148, que les conditions de maxima d'une pile sont obtenues quand on a $aR = br$, d'où il résulte que l'intensité d'une pile ainsi disposée peut être représentée par $\dfrac{nE}{2aR}$ ou $\dfrac{nE}{2br}$.

Si, pour la pile servant de terme de comparaison, on admet $n = 1$, c'est-à-dire qu'on la suppose composée d'un seul élément, la formule précédente se réduit à $\dfrac{E}{2R}$ ou à $\dfrac{E}{2r}$; de telle sorte qu'en considérant égales les intensités fournies par les deux piles que l'on compare, on arrive aux équations :

$$\frac{nE}{2aR} = \frac{E'}{2R'} \text{ et } \frac{nE}{2br} = \frac{E'}{2r} ;$$

mais comme $n = a \times b$, ces équations peuvent être mises sous la forme :

$$\frac{bE}{2R} = \frac{E'}{2\,R'} \text{ et } \frac{aE}{2r} = \frac{E'}{2r},$$

desquelles on tire les valeurs de a et de b de la pile composée, pour fournir l'intensité de la pile de comparaison, et ces valeurs sont :

$$b = \frac{E'}{E} \times \frac{R}{R'} \text{ et } a = \frac{E'}{E}. \tag{33}$$

---

(1) Voir mon *Etude des lois des courants*, p. 78.

Le nombre total des éléments n sera ensuite donné en multipliant a par b.

D'après ces considérations, il sera facile de calculer les rapports de force des piles dont nous avons précédemment donné les valeurs des constantes. Ainsi on a, pour la pile à sulfate de mercure comparée à la pile de Bunsen :

$$b = \frac{11123}{8192} \times \frac{382}{154} = 3,35 \text{ et } a = \frac{11123}{8192} = 1,35 ;$$

d'où il résulte que $n = 4,52$. Mais comme la force électro-motrice d'un élément de pile ne peut se fractionner, il devient nécessaire, pour entrer dans les conditions de la réalité, de chercher des combinaisons de piles composées, dont les nombres d'éléments disposés en tension présentent approximativement entre eux le rapport indiqué pour la valeur de a, c'est-à-dire, dans le cas qui nous occupe, 1,35. Or, les nombres 4 et 3 fournissent à peu près ce rapport, de sorte que l'énoncé de la comparaison pourra être présenté sous cette forme : *trois éléments de Bunsen représentent, en intensité, 4 éléments à sulfate de mercure d'une surface 3 fois un tiers plus grande que celle de l'élément Bunsen*, ce qui suppose l'emploi de 5 éléments à sulfate de mercure convenablement disposés pour équivaloir à 1 élément Bunsen.

Pour la pile à sulfate de cuivre on a :

$$b = \frac{11123}{5973} \times \frac{931}{153} = 11,23 \text{ et } a = \frac{11123}{5973} = 1,86 ;$$

d'où il résulte que $n = 20,88$.

Par conséquent, on peut dire que 5 éléments Bunsen représentent 9 éléments Daniell d'une surface environ 11 fois plus grande, ce qui suppose l'emploi de 20 éléments Daniell, convenablement disposés pour représenter 1 élément Bunsen.

M. Jacobi n'a pas trouvé un chiffre aussi considérable, mais il faut observer qu'il expérimentait dans des conditions spéciales et non avec des piles en service depuis longtemps. D'ailleurs, la différence de perméabilité des vases poreux suffit pour expliquer cette différence. Comme les chiffres qu'il a donnés ont été vérifiés par l'expérience, nous devons les rapporter ici. Ainsi, suivant M. Jacobi, 6 éléments Bunsen ayant chacun un pied carré de surface sont équivalents à 10 éléments Daniell ayant chacun une surface de 10 pieds carrés.

On pourrait continuer les mêmes calculs pour toutes les piles ; mais nous nous contenterons de ceux qui précèdent et qui montrent suffisamment la marche à suivre pour obtenir les valeurs relatives des différentes piles comparées les unes aux autres.

Si on a bien saisi la pensée de M. Jacobi, quand il a indiqué le système de comparaison qui précède, il est facile de voir qu'il a voulu éviter de donner à r une valeur déterminée, et c'est pour cela qu'il a pris les piles dont il voulait comparer la force dans leurs conditions de maximum par rapport au circuit extérieur ; de sorte que dans les comparaisons qui précèdent, la valeur de r est, par le fait, égale à la résistance d'un couple de Bunsen, c'est-à-dire à 153 mètres de fil télégraphique. Mais il est facile de voir qu'à mesure que cette résistance augmente ou diminue, les chiffres indiqués plus haut, peuvent être modifiés considérablement ; car la valeur de la résistance R peut alors s'effacer plus ou moins ou devenir plus ou moins prépondérante dans la valeur du dénominateur de la formule $\dfrac{E}{R + r}$, qui représente l'intensité du courant.

Il peut même arriver, sur des circuits très-résistants, comme ceux des lignes télégraphiques, qu'elle soit tellement effacée, que le rapport des intensités des deux piles se trouve être comme celui des forces électromotrices de ces piles. Il est donc essentiel, quand on pose la question de comparaison des piles, au point de vue pratique, de faire entrer comme donnée du problème, la valeur de la résistance extérieure du circuit ; alors le chiffre indiquant le nombre d'éléments de la pile la plus faible équivalant à la pile la plus forte résulte de l'équation :

$$\frac{nE}{nR + r} = \frac{E'}{R' + r}.$$

Comme le second membre de l'équation peut être immédiatement calculé, puisqu'il ne renferme aucune inconnue et qu'il représente la valeur I, il suffit de poser :

$$\frac{nE}{nR + r} = I, \text{ d'où } n = \frac{rI}{E - IR} ;$$

toutefois, l'équation peut être résolue directement, et l'on a :

$$n = \frac{rE'}{ER' - E'R + Er}.$$

UNITÉ DE RÉSISTANCE.

Si l'on considère que les formules d'Ohm ne sont applicables qu'autant que les résistances des circuits sont *réduites* et rapportées à une même unité de mesure, on comprend facilement l'importance qu'il peut y avoir à l'établissement définitif d'une *unité de résistance*, qui, étant adoptée par tous les physiciens et tous les constructeurs, permettrait des études comparatives. Malheureusement, jusqu'à présent il est loin d'en être ainsi, et chaque physicien, contrairement aux règles de la logique, se fait un plaisir d'avoir une unité particulière. Les uns prennent pour unité un pied anglais, d'un fil de cuivre très-fin et très-pur, d'un diamètre vérifié ; les autres préfèrent un fil d'argent de 1 mètre, les autres un fil d'or, les autres une colonne de mercure purifié de 1 mètre de longueur sur 1 millimètre carré de section. Enfin d'autres, et c'est le plus grand nombre en France, rapportent les résistances à l'unité métrique du fil télégraphique en fer de 4 millimètres de diamètre. Toutefois, comme un étalon type, dans ce système, manque encore à l'heure où nous écrivons ces lignes, il arrive que les bobines de résistance que l'on vend chez les différents constructeurs sont loin de fournir des résistances concordantes, quoique indiquant un nombre donné de kilomètres de fil télégraphique. Cela vient de ce que l'on prend comme point de départ des étalons établis dans des conditions très-différentes, et mesurés par des personnes peu au courant des lois électriques. Ainsi, généralement les constructeurs, dans l'établissement de leur étalon, ne tiennent pas compte de la température ni de l'état de l'écrouissage du fer, et pourtant ces éléments font varier dans une proportion considérable la résistance des fils télégraphiques. Il me suffira, pour en donner une idée, de rappeler quelques-uns des chiffres que j'ai obtenus sur la ligne télégraphique d'essai que j'avais à ma disposition à l'administration des lignes télégraphiques. Cette ligne était composée de 20 fils de 3 millimètres de diamètre ; 10 de ces fils étaient recuits, les 10 autres étaient écrouis, et ils avaient tous une longueur de 1735 mètres. Le 1er juin 1861, la température étant de 15°,6, la résistance de quatre de ces fils recuits fut trouvée de 200 ½ tours du rhéostat de l'administration, et celle de quatre autres de ces fils non recuits de 215 tours. Le 20 juin, par une température de 31°, les résistances de ces mêmes fils furent trouvées de 213 tours et de 227 tours. D'un autre côté, entre différents échantillons de fil dans le même état de recuit, il peut exister des différences considérables ; ainsi, alors que quatre longueurs de fil recuit donnaient 200 ½ tours du rhéostat, quatre autres longueurs de fil également recuit, mais provenant d'un autre fournisseur, donnaient 209 ½ tours. On comprend facilement, d'après cela, que le constructeur qui aura établi son étalon le 20 juin, avec du fil non recuit, aura, pour représenter 6940 mètres de fil télégraphique de 3 millimètres, 227 tours du rhéostat, alors que celui qui aura établi le sien le 1er juin, avec du fil recuit, ne trouvera que 200 ½ tours pour représenter la même longueur de circuit ; de telle sorte que les résistances des bobines du premier seront 1,135 fois plus considérables que celles du second. Pour des bobines de 500 kilomètres il pourra donc se produire, sans parler des erreurs d'expérience et d'observation, une différence en plus ou en moins de 67 ½ kilomètres ! Est-il possible de compter sur de pareils étalons ?

Tous les télégraphistes ne sont pas d'accord sur l'unité qui doit être adoptée et la manière dont l'étalon doit être établi ; on tend cependant généralement à adopter l'unité de Siemens, qui représente la résistance d'une colonne de mercure purifié, ayant (à 0°) 1 mètre de longueur et 1 millimètre de section. MM. Pouillet et Marié-Davy avaient depuis longtemps proposé cette unité, mais aucun constructeur n'avait voulu se charger de la construction d'étalons basés sur une semblable mesure ; M. Siemens seul y est parvenu d'une manière satisfaisante, à ce qu'il paraît, puisque ses étalons sont très-concordants entre eux, ainsi que les bobines de résistance qu'il construit, et pour lesquelles il a créé un atelier spécial. Traduite en longueur de fil télégraphique de 4 millimètres, cette unité représente à peu près 100 mètres (97m,26).

Si les physiciens et les télégraphistes s'entendent pour prendre cette unité, ce sera un bienfait pour la science, et nous faisons des vœux pour qu'il en soit ainsi, car l'important avant tout, est de s'entendre. Dans ce cas, les recherches proposées pour la construction d'un étalon en fonction de la résistance du fil télégraphique, devraient seulement être dirigées dans le but de déterminer exactement le nombre d'unités Siemens qui correspondent à des longueurs de 1000 mètres des différents fils employés sur les lignes télégraphiques.

Bien que la conductibilité des bobines établies comme étalons de ré-

sistance varie peu quand elles sont soigneusement construites, ainsi que
l'a vérifié M. Jacobi, on ne saurait apporter trop de soin au choix et à la
qualité du métal qui doit entrer dans leur construction. D'après le rapport de la commission anglaise chargée de l'étude des câbles sous-marins, ce métal doit réunir les conditions suivantes : 1° une conductibilité
ne se modifiant pas quand on le passe au feu pour le recuire ; 2° une
conductibilité ne variant que faiblement avec la température ; 3° une inaltérabilité complète étant exposé à l'air. Ces conditions seraient réunies,
suivant la commission, *dans l'alliage d'or et d'argent.*

En 1861, une commission scientifique anglaise, frappée des inconvénients
que nous avons signalés, sur le peu de concordance des mesures de résistance, s'était réunie pour créer un étalon qui devait satisfaire théoriquement à toutes les mesures électriques, et, après un travail de plusieurs
années, elle avait fini par mettre au jour un étalon auquel elle avait donné
le nom d'Ohmad (1). Cet étalon a été envoyé à toutes les administrations
télégraphiques d'Europe, mais il ne paraît pas qu'on se soit empressé de
l'adopter généralement. Voici, en effet, le rapport qui a été rédigé à cette
occasion par M. Gaugain, au nom de la commission de perfectionnement
du matériel télégraphique de l'administration française, en février 1867.

« La commission anglaise ne s'est pas bornée à rechercher *l'unité de
résistance* la plus convenable, elle s'est occupée aussi des autres unités
électriques (unité d'intensité de courant, unité de force électro-motrice,
unité de quantité) ; mais, comme elle n'a formulé de conclusions définitives
qu'à l'égard de l'unité de résistance, nous croyons ne devoir considérer
ici que la partie de son travail qui se rapporte à cette unité.

« L'on a proposé, à diverses époques, une multitude d'unités différentes (2) ; mais aujourd'hui il n'y en a réellement que deux qui paraissent
susceptibles d'être adoptées généralement, l'unité à mercure de Siemens
et l'unité proposée par l'association britannique.

« L'unité de Siemens est une colonne de mercure pur, d'un mètre de
longueur et d'un millimètre carré de section.

---

(1) Cette commission se composait de MM. Williamson, Wheatstone, W. Thomson,
H. Miller, Matthiessen, Fleemming-Jenkin, C. Varley, Balfour Stewart, C. W. Siemens,
Joule, Esselbach, Sir C. Bright, Maxwell.

(2) Voir le résumé de M. Fleemming-Jenkin. (Rapport de 1865.)

« Il est impossible d'expliquer en peu de mots ce que représente l'unité de l'association britannique, et la définition suivante, indiquée par M. Fleemming-Jenkin dans son rapport de 1865 (p. 9), est la plus simple qu'il ait pu trouver. « L'unité de résistance absolue $\left(\dfrac{\text{mètre}}{\text{seconde}}\right)$ est telle

« que le courant produit dans un circuit de cette résistance, par la force
« électro-motrice d'une barre droite d'un mètre de longueur, qui se dé-
« place à travers un champ magnétique ayant pour intensité l'unité d'in-
« tensité (1), perpendiculairement aux lignes de force et à sa propre di-
« rection, développerait dans ce circuit, en une seconde de temps, une
« quantité de chaleur équivalente à l'unité absolue de travail, en suppo-
« sant qu'il ne se produise aucun autre travail, ou aucun autre effet équi-
« valant à un travail. D'après les expériences du docteur Joule, la quantité
« de chaleur équivalente à l'unité absolue de travail, est la quantité
« nécessaire pour élever d'un degré centigrade 0,0002405 grammes
« d'eau prise à son maximum de densité. »

« L'unité adoptée par l'association britannique est égal à dix millions de $\left(\dfrac{\text{mètres}}{\text{seconde}}\right)$.

« Pour établir un étalon matériel qui représente cette unité, la commission anglaise a déterminé d'abord avec beaucoup de soin la valeur en unités *absolues* de la résistance d'un certain fil de fer ; puis, au moyen de ce fil de fer, elle a construit la bobine étalon équivalent à $10^7 \dfrac{\text{mètres}}{\text{seconde}}$.

« La commission anglaise ne croit pas que la véritable valeur en mesure absolue de cet étalon puisse différer notablement de celle qui lui a été attribuée ; mais quand même de nouvelles déterminations, faites par des méthodes plus précises, viendraient à démontrer plus tard que l'étalon matériel de l'association britannique ne représente pas réellement 10^7 $\dfrac{\text{mètres}}{\text{seconde}}$, on ne le modifierait pas, on se bornerait, dans les applications scientifiques où cela deviendrait nécessaire, à faire usage d'un coef-

(1) Définition de Gauss.

ficient pour transformer en $\dfrac{\text{mètres}}{\text{secondes}}$ les unités de résistance mesurées

au moyen de l'étalon. La commission propose même, pour éviter toute
équivoque, de donner à cet étalon un nom qui ne rappelle pas son origine,
de le nommer, par exemple, unité BA (de l'association britannique) ou
Ohmad.

« Dans le cas où l'étalon viendrait à être perdu ou détérioré et où il
serait, par conséquent, nécessaire de le reproduire, la commission anglaise pense qu'il serait plus sûr de recourir aux moyens chimiques, que
de répéter les expériences qui ont servi de base à sa détermination.
On devrait donc procéder pour l'unité de l'association britannique
comme on le ferait pour une unité tout à fait arbitraire.

« Après avoir examiné avec beaucoup d'attention toutes les raisons exposées dans les quatre rapports qui nous ont été communiqués, *nous
croyons qu'il n'y a pas de motifs bien sérieux pour préférer l'unité
de l'association britannique à l'unité de Siemens.* Toutes les deux nous
paraissent satisfaire à peu près également aux conditions que l'unité de
résistance doit remplir, d'après le programme que la commission anglaise
a elle-même tracé. Ces conditions ont été indiquées de la manière suivante, dans le rapport de 1862 (page 126) :

« 1° La grandeur de l'unité doit être telle qu'elle se prête aux mesures
« les plus usuelles sans exiger l'emploi d'un nombre très-considérable de
« chiffres ou d'une longue série de décimales ;

« 2° L'unité de résistance doit présenter un rapport déterminé avec les
« unités qui seront adoptées pour mesurer la quantité, l'intensité du cou-
« rant et la force électro-motrice ; en d'autres termes, elle doit faire
« partie d'un système coordonné de mesures électriques ;

« 3° L'unité de résistance, de même que les autres unités, doit autant
« que possible présenter un rapport déterminé avec l'unité de travail qui
« forme le lien commun de toutes les mesures physiques ;

« 4° Il ne faut pas que la valeur de l'unité soit exposée, dans l'avenir,
« à subir des corrections ou des changements ; elle doit être invariable ;

« 5° L'unité doit pouvoir être reproduite avec exactitude, afin qu'on
« puisse remplacer l'étalon original, dans le cas où il éprouverait quelque
« avarie, et aussi, afin que les observateurs qui seraient dans l'impossibilité
« de se procurer des copies de cet étalon, puissent en construire un pour
« leur usage, sans erreur sérieuse. »

« Comme nous l'avons dit plus haut, les deux unités entre lesquelles il s'agit de choisir, nous paraissent remplir au même degré ces cinq conditions :

« 1° D'après le tableau qui accompagne les rapports de 1864 et 1865, la différence entre l'unité de Siemens et celle de l'association britannique est tout au plus de 4 ou 5 centimètres ; par conséquent, l'une se prête aussi bien que l'autre aux mesures usuelles : elles satisfont également à la première condition ;

« 2° et 3° La commission anglaise affirme (page 129, rapport de 1862) qu'aucune des unités de résistance arbitraires proposées ne satisfait en aucune manière à la seconde ni à la troisième condition, et c'est sur cette raison qu'elle se fonde pour donner la préférence à l'unité dite absolue de Wéber ; mais il nous semble que cette affirmation se trouve en opposition avec les principes exposés dans les pages précédentes du même rapport. Quelle que puisse être l'unité de résistance adoptée, il sera toujours possible de prendre pour unité de courant, le courant qui produit dans l'unité de temps l'unité de travail ; lorsque la résistance du circuit est égale à l'unité de résistance, l'on pourra également prendre pour unité de quantité la quantité d'électricité que l'unité du courant met en circulation dans l'unité de temps ; enfin l'on pourra prendre pour unité de force électro-motrice, la force électro-motrice qui produit l'unité de courant, lorsque la résistance du courant est égal à l'unité de résistance. Il sera donc toujours possible d'établir un système d'unités qui satisfasse à la seconde et à la troisième conditions, même en adoptant une unité de résistance tout à fait arbitraire.

« Ces propositions résultent directement des relations qui lient entre elles les quatre quantités électriques.

« Si nous représentons par W le travail que le courant C exécute dans le temps t, en parcourant un circuit de résistance R, nous avons d'abord

$$W = C^2 R t ;$$

« C'est la loi de Joule.

« En second lieu, si nous désignons par E la force électro-motrice, nous avons :

$$C = \frac{E}{R} ;$$

« C'est la loi d'Ohm.

« Enfin, si nous représentons par Q la quantité d'électricité mise en circulation par le courant C dans le temps t, il résulte des expériences de M. Faraday que l'on a $Q = Ct$.

« Or, il est bien clair que, quelle que soit la valeur attribuée à l'unité de résistance, on pourra toujours choisir les trois autres unités de manière que les trois équations précédentes soient satisfaites.

« 4° et 5° Si l'on s'en tenait rigoureusement à la définition donnée, l'unité de l'association britannique ne remplirait ni l'une ni l'autre de ces conditions ; mais, comme nous l'avons déjà fait remarquer, la commission anglaise a fait construire un étalon matériel qui devra toujours être considéré comme la véritable *unité*, lors même qu'il serait reconnu plus tard que cet étalon s'éloigne plus ou moins de la valeur absolue $10^7 \dfrac{\text{mètres}}{\text{secondes}}$ qu'il est censé représenter. Ainsi envisagée, l'unité de l'association britannique n'est ni plus ni moins invariable que toute autre unité arbitraire, et peut être reproduite avec le même degré de précision.

« En définitive, il nous paraît complétement indifférent que l'on adopte l'une ou l'autre des deux unités proposées. Si l'on n'avait pris encore aucun parti dans les autres pays, nous nous prononcerions pour l'unité de Siemens, parce qu'elle offre à l'esprit une idée plus nette que l'unité de l'association britannique ; mais, s'il est vrai qu'en Angleterre, en Amérique, en Allemagne, dans l'Inde et l'Australie, on soit généralement disposé à accepter cette dernière unité (ainsi que paraissent le croire les auteurs du rapport de 1864), nous conseillerons à l'administration française de l'adopter également, parce qu'il nous paraît avant tout désirable que la même unité soit admise par tout le monde.

« Nous pensons toutefois qu'avant de prendre une décision, il est utile de faire une enquête auprès des administrations des lignes télégraphiques les plus importantes et de s'assurer de leurs véritables dispositions.

« On eût pu croire qu'en raison de l'importance philosophique des déterminations qui servent de base au système absolu, ce système aurait été accueilli avec empressement, sinon par les hommes pratiques, du moins par les savants. Or, il ne paraît pas qu'il en ait été ainsi. De tous les savants que la commission anglaise a consultés, deux seulement ont répondu, MM. Werner Siemens et Kirschhoff ; le premier persiste à donner la préférence à l'unité à mercure qu'il a lui-même mise en avant ; le second ne croit pas qu'il soit nécessaire de faire un choix entre les deux unités proposées. (

« M. K.-H. Wéber n'a pas fait connaitre son opinion à la commission anglaise, mais M. Siemens affirme, dans un mémoire récemment publié (Mars 1866, *Poggendorffs Annalen*) ; que l'auteur du système absolu lui-même, est d'avis que l'on adopte l'unité à mercure, et que l'on se borne à faire connaitre aussi exactement que possible le rapport qui existe entre cette unité et l'unité absolue. »

EFFETS PRODUITS AU SEIN DES PILES.

Réactions réciproques des divers éléments constitutifs de la pile. — Dans la théorie de la pile que nous avons exposée p. 138, nous avons expliqué de quelle manière les effets électriques sont mis en jeu dans ce système de générateur, et nous n'avons considéré les effets subséquents qui peuvent résulter de ce dégagement électrique, que d'une manière très-superficielle. Nous allons maintenant examiner plus sérieusement cette question.

Certaines personnes croient que le rôle de l'acide entrant dans la composition du liquide excitateur, est d'attaquer plus énergiquement le zinc, et par cette action chimique plus vive, d'augmenter la force électro-motrice du couple : ceci est une erreur. C'est toujours l'oxydation du zinc, par l'oxygène de l'eau qui est la principale cause déterminante du développement de la force électro-motrice ; mais pour que cette oxydation puisse se faire avec énergie, il faut que l'oxyde de zinc qui en est la suite, puisse disparaitre facilement aussitôt formé, en se dissolvant dans le liquide. Or, le rôle de l'acide du liquide excitateur, outre la fonction qu'il remplit en rendant ce liquide plus conducteur, est précisément de favoriser cette dissolution en transformant l'oxyde de zinc, qui est peu soluble en sulfate de zinc qui l'est beaucoup plus ; et c'est la quantité d'eau non décomposée qui intervient pour opérer la dissolution du sulfate.

Il résulte de cette triple action, que quand le liquide se trouve saturé par le sel, toute action électrique cesse forcément, quand bien même la dissolution conserverait encore beaucoup d'acidité, et l'on comprend facilement que pour ranimer la pile dans ce cas, il suffit seulement d'ajouter de l'eau à la dissolution. Quelquefois cependant l'addition d'un peu d'acide lui donne une nouvelle énergie, c'est quand il y a eu excès d'eau dans la dissolution et que l'acide s'est alors trouvé complétement absorbé sans que la solution ait été saturée. Mais ce cas se présente rarement. Quoi-qu'il en soit, on peut conclure que les proportions d'eau et d'acide composant le liquide excitateur des piles, doivent être gouvernées de telle sorte que le sulfate de zinc qui résulte de l'action de l'appareil, soit capable de saturer l'eau sans qu'il y ait excès d'acide, c'est ce que l'on obtient généralement en acidulant l'eau à 1/10 de son poids.

D'après cette théorie, on comprend facilement que pour placer une pile dans ses conditions les plus avantageuses, on devra chercher autant que possible à employer pour électrode positive ceux des corps conducteurs qui ont le plus d'affinité pour l'oxygène, et pour électrode négative, ceux qui en ont le moins ; mais comme l'arrangement des couples ne comporte pas toujours, surtout avec les piles à deux liquides, l'emploi des corps qui pourraient convenir le mieux, on devra toujours rechercher ceux de ces corps qui présentent respectivement entre eux la plus grande différence sous ce rapport. Voici, du reste, d'après M. Smée, comment les métaux peuvent être classés à ce point de vue, en admettant que chacun des métaux désignés est électro-positif par rapport à tous ceux qui le suivent et électro-négatif par rapport à tous ceux qui le précèdent (1).

Potassium.	Fer.	Argent.
Baryum.	Bismuth.	Palladium.
Zinc.	Antimoine.	Or.
Cadmium.	Plomb.	Charbon.
Étain.	Cuivre.	Platine.

Cette classification ne se rapporte, bien entendu, qu'au cas ou ces métaux sont immergés dans des dissolutions acides. Dans d'autres liquides, mêmes acides, il n'en serait plus de même ; ainsi, suivant MM. Boëttger et Kukla, l'antimoine dans l'acide nitrique et sulfurique, serait le plus électro-négatif des métaux ordinaires. (Voir *les Mondes*, tome 18, p. 665.)

Il résulte de ces états électriques différents des métaux les uns par rapport aux autres, que si un métal agit légèrement sur un liquide oxygéné, le cuivre par exemple, et qu'il soit mis en contact avec un métal ayant une grande affinité pour l'oxygène, ce dernier métal étant

(1) Voir le *Manuel de galvanoplastie*, de Smée, édition de Roret, p. 24, t. I.

électro-positif par rapport au premier, se trouve dissous, et le premier devenu électro-négatif ne peut plus être attaqué par la dissolution. C'est en se fondant sur cette action galvanique que sir H. Davy avait cherché à préserver le doublage en cuivre des navires de l'action corrosive de l'eau de mer, en le mettant en contact avec du zinc. M. Smée croit que c'est à la présence de l'hydrogène à l'électrode négative, que celle-ci doit son inaltérabilité, et la preuve selon lui, c'est que si on plonge du cuivre dans un liquide où ce gaz est facilement absorbé, il se trouve immédiatement attaqué.

Afin qu'on puisse juger de l'action plus ou moins énergique des différents liquides excitateurs sur les métaux, au point de vue du dégagement électrique produit, nous donnons, d'après M. Ed. Becquerel, le tableau des forces électro-motrices développées par eux en présence de l'eau acidulée avec de l'acide sulfurique, de l'eau acidulée avec de l'acide azotique, d'une dissolution de potasse caustique, et enfin de l'eau distillée (1).

MÉTAUX.	EAU ACIDULÉE avec l'acide sulfurique (eau 9, acide 1).	EAU ACIDULÉE avec l'acide azotique (eau 10, acide 1).	DISSOLUTION de potasse caustique (eau 4, potasse 1).	EAU distillée.
Amalgame de potassium (mercure 100, potassium 1)	173,3	»	»	»
Zinc amalgamé.	102,2	102,1	103,8	100,0
Zinc pur pris pour unité.	100,0	100,0	100,0	»
Cadmium	79,2	82,4	70,5	21,0
Plomb.	66,6	65,7	64,1	»
Etain	65,9	66,4	86,2	»
Fer.	61,5	61,4	64,1	17,5
Aluminium.	51,4	82,4	109,0	»
Nickel.	45,1	47,8	30,7	»
Bismuth	37,2	40,7	46,2	»
Cuivre.	35,0	45,4	42,3	10,0
Argent	21,8	33,6	0,0	»
Or	0,0	0,0	0,0	»
Platine	0,0	0,0	12,8	»

Si l'action des dissolutions oxygénées sur les métaux est la cause princi-

---

(1) Voir les recherches de M. Ed. Becquerel sur les piles, *Annales du Conservatoire des arts et métiers*, n° octobre 1860, page 284.

pale du développement électrique dans les piles, la réaction des liquides
l'un sur l'autre dans les piles à 2 liquides, développe également, ainsi
que nous l'avons déjà vu, une force électro-motrice qui peut augmenter
ou diminuer l'énergie du courant définitif produit, suivant que les deux
réactions s'effectuent dans le même sens, ou en sens contraire l'une de
l'autre ; voici, d'après M. Ed. Becquerel (1), les forces électro-motrices
développées par les principaux liquides des piles mis ainsi en contact, et
le sens du courant auxquelles elles donnent lieu. Les nombres indiqués
expriment en centièmes la proportion qui appartient à l'action mutuelle
des liquides employés, dans l'estimation numérique de la force électro-
motrice de chaque couple.

LIQUIDES DU COUPLE	SENS DU COURANT		FORCES
(on désigne d'abord le liquide extérieur puis le liquide intérieur)	conducteur extérieur.	conducteur intérieur.	ÉLECTRO-MOTRICES.
Eau acidulée par l'acide sulfurique au 1/10 . . . . Dissolution saturée de sulfate de cuivre.	Platine +	Platine —	— 5,50
Eau acidulée par l'acide sulfurique au 1/10 . . . . Eau oxygénée.	Platine —	Platine +	+ 7,50
Eau acidulée par l'acide sulfurique. . . . . Acide azotique.	Platine —	Platine +	de + 19,25 à + 21, selon la température ambiante.
Eau acidulée par l'acide sulfurique. . . . . Acide chromique.	Platine —	Platine +	+ 27,80
Eau acidulée avec de l'acide sulfurique . . . . Eau chlorée.	Platine —	Platine +	+ 37,25
Acide chlorhydrique . . . . . . Acide azotique.	Platine —	Platine +	+ 52,50
Dissolution de potasse. . . . . Acide azotique	Charbon —	Charbon +	+ 60,00

D'après ce tableau, il est facile de prévoir les avantages ou les désavan-
tages qui peuvent résulter des substitutions de liquides dans les piles.

---

(1) Voir les recherches de M. Ed. Becquerel sur les piles, *Annales du Conservatoire*,
1860, page 279.

Dans l'avant-dernier tableau que nous avons donné page 185, nous avons vu dans quel ordre devaient être rangés les différents métaux par rapport à l'énergie de l'action chimique développée à leur contact avec les différentes solutions, et on a déjà pu remarquer que le zinc amalgamé, en développant une force électro-motrice supérieure à celle du zinc ordinaire, se trouvait, par cela même, acquérir une polarité électro-négative supérieure, quoique s'oxydant moins vite. Un effet du même genre s'observe également, mais dans un sens diamétralement opposé, pour le platine ; on peut donc en conclure que les conditions particulières des métaux eux-mêmes peuvent influer d'une manière marquée sur le développement de l'action électrique dans les piles, et il s'agit d'examiner comment et dans quelles circonstances, ces sortes de réactions peuvent se produire.

Nous avons déjà vu, dans l'historique que nous avons fait des perfectionnements de la pile, page 135, que l'un des principaux effets du mercure dans son amalgamation avec le zinc, était la destruction d'une infinité de couples locaux résultant de l'intervention de métaux étrangers dans la composition de ce métal. Mais, d'après les recherches de M. Regnault, il paraîtrait que l'effet principal de cette amalgamation serait d'augmenter l'état électro-positif du métal lui-même. Le zinc pur amalgamé fournit en effet les mêmes résultats avantageux que le zinc du commerce amalgamé, et, dans ce cas, il est évident que les couples locaux n'existent pas. Il restait à expliquer comment l'amalgamation pouvait produire un accroissement du pouvoir électro-positif du zinc, et c'est ce à quoi M. Regnault est parvenu en étudiant le rôle de l'amalgamation sur les différents métaux. Or, ses recherches l'ont conduit aux conclusions suivantes :

1° Toutes les fois qu'un métal est amalgamé, sa position dans l'échelle des affinités subit une modification ;

2° La résultante peut être de sens contraire, même pour des métaux voisins, car elle dépend à la fois de la fonction chimique du métal et *de sa chaleur latente de fusion* ;

3° Lorsqu'il se produit un abaissement de température pendant la combinaison du métal avec le mercure, et que, partant, la chaleur de constitution de l'amalgame est plus grande que celle du métal, ce dernier s'élève dans l'ordre des affinités positives ;

4° Dans le cas où l'ensemble des phénomènes est inverse, c'est-à-dire quand il y a dégagement de chaleur pendant la formation de l'amalgame, le métal amalgamé devient électro-négatif par rapport au métal libre.

Or, c'est parce que le zinc, en se liquéfiant dans le mercure, fixe plus de chaleur qu'il n'en perd en se combinant avec lui, en un mot, parce qu'il provoque un abaissement de température, qu'il devient plus électro-positif. Le cadmium, métal bien voisin du zinc, produisant par son amalgame un effet diamétralement opposé, devient au contraire électro-négatif par rapport à ce qu'il était dans son état de pureté.

Enfin, le fer amalgamé se trouvant dans les mêmes conditions que le zinc, s'élève comme lui dans l'ordre des affinités positives.

D'un autre côté, M. Gaugain a démontré :

1° Que le platine platiné par le seul fait du dépôt de platine à l'état rugueux devient plus électro-négatif qu'il ne l'était avant le dépôt, de telle sorte qu'on peut constituer avec une lame de platine et une lame de platine platiné un couple dont la force électro-motrice peut atteindre, au moment de l'immersion des lames, un quart de celle de l'élément Daniell ;

2° Que le platine non platiné qui séjourne dans une liqueur acide s'y modifie graduellement, de manière à devenir au bout d'un certain temps plus électro–négatif qu'il ne l'était au moment de l'immersion ;

3° Que le contraire a lieu quand ce métal séjourne dans une solution alcaline ;

4° Qu'il suffit d'essuyer le dépôt laissé sur ces lames pour les ramener à leur état électrique primitif. (Voir *les Mondes*, tome 21, page 791.)

Pourquoi le zinc amalgamé est-il moins attaqué que le zinc non amalgamé ? Telle est la question que M. d'Alméida a cherché à éclaircir. Les uns ont voulu expliquer cet effet par une homogénéité donnée à la surface du zinc par suite de l'amalgamation ; les autres, par la présence d'une couche d'hydrogène sur cette surface. M. d'Alméida fait voir que la première de ces deux explications n'est pas exacte, car, si le zinc devient, par l'amalgamation, moins oxydable, l'aluminium le devient au contraire davantage et l'état de leur surface est le même. Quant à la seconde, il croit qu'elle est la seule admissible, et montre à l'appui de son opinion que l'amalgamation d'un métal quelconque a toujours pour effet de fixer l'hydrogène. Ainsi, une pile zinc et cuivre, dont le cuivre est amalgamé, finit par ne plus fonctionner au bout de quelques instants par suite des bulles d'hydrogène qui s'y accumulent. Une électrode négative, amalgamée dans un électrolyse, donne lieu à une polarisation beaucoup plus grande.

M. d'Alméida croit que cet effet tient uniquement à ce que l'amalgame a pour effet de rendre unies et polies les surfaces métalliques avec lesquelles le mercure est combiné, et, comme preuve, il montre que quand la lame négative d'une pile est construite avec un métal quelconque, parfaitement poli, les bulles d'hydrogène se déposent en grande quantité sur cette lame et réagissent comme si celle-ci était amalgamée. Il croit même que c'est à cette propriété que le zinc pur doit de ne pas être attaqué facilement par l'eau acidulée, ce liquide ayant pour effet de rendre sa surface très-polie.

Cette propriété des surfaces polies et des amalgames avait, du reste, été déjà reconnue par M. Smée, qui l'attribue à un phénomène d'adhérence hétérogène. « Une surface polie détermine, dit M. Smée, l'adhérence des corps, et quand des bulles de gaz s'y déposent, cette adhérence est assez forte pour contre-balancer la tendance du fluide gazeux à s'élever vers la surface du liquide. Cette force doit avoir une grande énergie, si l'on considère la différence de pesanteur spécifique de l'hydrogène et de l'eau. En rendant la surface rugueuse, à l'aide d'un gros papier de verre, on empêche, jusqu'à un certain point, cette adhérence (1). »

Courants développés par des lames polaires de même métal. — Il n'est pas besoin, pour développer un courant par l'intermédiaire de deux lames formées d'un même métal, que l'une de ces lames eût subi l'effet de l'amalgamation ou du platinisage (2), deux lames découpées dans une même plaque métallique, pourront en faire naître d'assez sensibles, suivant les conditions dans lesquelles elles se trouveront placées l'une vis-à-vis de l'autre.

Si on prend deux lames de ce genre d'égale surface, et qu'on les plonge ensemble dans un baquet rempli d'eau, après les avoir reliées à une boussole des sinus, on ne remarque, il est vrai, la présence d'aucun courant ; il en est de même quand on établit leur communication avec la boussole après leur immersion, mais si on plonge d'abord l'une des lames

---

(1) Voir le *Manuel de Galvanoplastie* (édition Roret), page 34, tome I.
(2) Deux lames amalgamées peuvent même donner lieu à un courant, si l'une d'elles est amalgamée à nouveau, tandis que l'autre aura déjà servi; naturellement, c'est la lame fraîchement amalgamée, qui est la plus électro-positive.

et qu'on lui laisse le temps de s'oxyder un peu, un courant très-appréciable se manifeste au moment où on plonge la seconde lame. Toutefois, ce courant ne dure pas, et, au bout de quelques instants, la boussole revient à zéro. Cette expérience montre que, dans le cas où l'oxydation s'effectue en même temps sur les deux électrodes plongeant dans le liquide, les deux courants provoqués par ces deux lames se détruisent, étant d'égale énergie ; mais que, quand l'une des lames s'oxyde avant l'autre, celle qui est oxydée en dernier lieu ne joue que le rôle d'un simple conducteur qui prend la polarité du liquide jusqu'à ce qu'étant suffisamment attaquée à son tour, elle tende à fournir elle-même un courant contraire à celui qu'elle transmettait tout d'abord et susceptible d'opérer la destruction de celui-ci. Quand les lames sont d'égale surface et dans le même état de décapage, il n'y a pas de raison pour que l'un des courants produits soit prépondérant, et, effectivement, cette prépondérance n'existe pas avec des métaux homogènes ; mais avec des lames oxydables d'inégale surface, il n'en est plus, car ainsi, si le développement de la force électro-motrice est le même sur les deux lames, et la résistance du circuit constante dans les deux cas, il n'en est pas *de même des effets produits par l'antagonisme de polarité des deux gaz qui se trouvent alors dégagés simultanément aux deux électrodes, effets qui, comme ceux de la polarisation, devront être d'autant plus marqués que la surface de la lame sur laquelle ils se manifesteront sera moins développée.* Par conséquent, si on plonge dans l'eau deux lames du même métal oxydable ayant une surface très-différente, les courants dus à l'oxydation de ces lames, ne se trouveront plus neutralisés l'un par l'autre, et la direction du courant différentiel qui se produira alors, devra indiquer une action prépondérante du courant provoqué par la plus grande lame. C'est, en effet, ce que l'expérience démontre, car le courant qui manifeste extérieurement sa présence, est dirigé à travers le circuit métallique, comme si la petite lame constituait un pôle positif. Peut-être cette action entre-t-elle pour quelque chose dans l'effet que nous avons signalé précédemment, quand on immerge l'une après l'autre deux lames égales ; car avant d'avoir au sein du liquide une même surface, la lame que l'on immerge en second lieu commence par entrer dans le circuit avec une surface très-petite (1).

_____

(1) Pour que ces expériences soient bien concluantes avec de l'eau et des lames de fer, il faut que les surfaces des deux lames soient très-différentes. Dans mes expériences,

Ces résultats, qui ont été publiés en 1861, dans les *Annales télégraphiques* et en 1862 dans la 2ᵉ édition de mon *Exposé des applications de l'électricité*, page 87, tome V, ont été confirmés par M. Caudray, de Lausanne, qui a publié dans *les Mondes* du 7 mai 1868, exactement les mêmes expériences. Il est vrai qu'il les explique différemment et donne pour origine au courant différentiel dont nous venons de parler une différence d'oxydation des lames immergées, mais cette explication n'est pas acceptable, car la force électro-motrice d'un couple à grande surface ou à petite surface, est toujours exactement la même.

Polarisation électrique. — Lorsqu'un courant électrique passe à travers un liquide et que les lames qui plongent dans ce liquide sont suffisamment grandes et inattaquables, l'intensité du courant diminue rapidement et ferait croire à un affaiblissement considérable de la source électrique. Il n'en est pourtant rien, et, en analysant de plus près le phénomène, on ne tarde pas à s'assurer qu'il provient de la réaction d'un courant secondaire qui tend à se former sous l'influence du courant de la source et qui, étant de sens contraire à ce dernier, en diminue forcément l'énergie. On peut s'en convaincre facilement en retirant la source du circuit après quelques instants de circulation du courant, et en substituant à cette source un galvanomètre ; on voit immédiatement celui-ci dévier, et la déviation s'effectue précisément en sens inverse de ce qu'elle avait été avec le courant primitif. Plus l'action électrique se prolonge, plus ce courant secondaire acquiert d'énergie et, en reproduisant cet effet sur un certain nombre de conducteurs liquides, on finit par obtenir un courant très-énergique.

Il est aujourd'hui démontré que ces effets, auxquels on a donné le nom d'effets de polarisation, dépendent de la nature des lames métalliques employées, du poli de leur surface, de leurs dimensions, de la nature des gaz et substances transportées, de la nature des liquides dans lesquelles les lames sont immergées ; enfin, de l'intensité et de la tension

la grande lame avait 24 centimètres de longueur sur 15 de largeur, et la petite n'avait que 1 centimètre sur 10. Celle-ci avait été détachée de la grande pour que les deux métaux fussent dans des conditions identiques. J'ai répété l'expérience avec différents métaux et toujours les résultats ont été dans le même sens, quand toutefois ces métaux étaient bien homogènes. Du reste, les expériences précédentes sont plus nettes avec de l'eau pure qu'avec de l'eau acidulée, en raison des actions chimiques multiples qui se manifestent dans ce dernier cas, quand le métal est attaqué.

du courant électrique qui les font naître. Ainsi, avec des lames d'or, la polarisation par l'hydrogène est plus forte qu'avec des lames de platine, d'argent, de mercure, de cuivre et de zinc. Des lames polies polarisent davantage que des lames rugueuses, et la force électro-motrice due à cette polarisation est d'autant plus grande que la surface des lames est plus petite, que l'intensité du courant excitateur et la durée d'action de celui-ci est plus grande, du moins jusqu'à une certaine limite, après laquelle elle n'augmente plus que d'une manière très-peu sensible. On voit, en effet, que cette force électro-motrice, qui peut parvenir aisément à atteindre celle de deux éléments de pile à acide nitrique, reste à peu près stationnaire après que la tension du courant excitateur a atteint celle de sept ou huit éléments de Bunsen.

Quelle est la cause de la polarisation électrique, ou du moins, de quelle manière les réactions produites au sein d'une électrolyse, peuvent-elles exercer leur effet pour donner lieu à un courant secondaire inverse de celui qui leur a donné naissance et qui augmente successivement d'intensité avec la durée de fermeture du circuit?... C'est ce que nous allons maintenant examiner. Nous commencerons par dire, toutefois, que les physiciens sont loin d'être d'accord sur ce sujet. Suivant M. Smée, l'affaiblissement successif de l'intensité du courant dans les piles ou les électrolyses, ne serait dû qu'à l'*obstacle matériel opposé à la transmission du courant par les bulles de gaz* déposées à l'électrode négative, lesquelles étant de plus en plus nombreuses à mesure que le courant circule plus longtemps dans le circuit, augmentent successivement l'effet de cette réaction contraire (1). Suivant d'autres savants, et c'est le plus grand nombre, la polarisation électrique résulterait de ce que l'hydrogène déposé à l'électrode négative, constituerait avec l'oxygène dégagé à l'autre électrode, une sorte de pile à gaz, dans laquelle le premier de ces gaz, en réagissant sur le liquide excitateur, tendrait à reconstituer de l'eau; d'où résulterait un dégagement électrique qui s'effectuerait en sens inverse du premier. Selon d'autres encore, le corps conducteur lui-même composant l'électrode négative, aurait une faculté condensante ou absorbante qui, par ce seul fait, provoquerait un dégagement électrique contraire. Enfin d'autres savants, et en particulier M. Planté, croient que

_____

(1) Voir le *Traité de galvanoplastie*, de Smée (édition Roret), tome I, page 36.

dans les électrolyses dont l'électrode positive est susceptible d'être attaquée par le liquide, la polarisation résulte souvent d'une réaction chimique, tendant à s'établir entre le produit formé par l'oxydation et
l'hydrogène dégagé; alors, plus ce produit serait électro-négatif par
rapport au métal, plus la polarisation serait énergique.

Il est probable que toutes les causes que nous venons de signaler,
réagissent simultanément dans ce phénomène si complexe, mais il s'agit
d'examiner quelles sont celles de ces causes qui exercent un effet prépondérant.

Pour peu que l'on considère que *la présence seule de l'hydrogène
autour d'une lame métallique inattaquable plongée dans une solution
aqueuse, suffit pour constituer avec une autre lame également inattaquable immergée dans le même liquide, un couple relativement énergique*, et que le dégagement électrique produit par ce couple, est
accompagné d'une absorption successive de ce gaz par le liquide, on
arrive à conclure que la cause prédominante dans les effets de polarisation, est le dépôt de gaz hydrogène qui, dans la plupart des systèmes
d'électrolyses à solution aqueuse, s'effectue à l'électrode négative et a
pour effet de tendre à créer un contre-courant ou courant secondaire en
sens inverse de celui qui a provoqué la première réaction.

Pour qu'on puisse bien se pénétrer de ce genre de réaction dans les
piles, nous ne devrons pas perdre de vue que, d'après la théorie de
Faraday, le dégagement du gaz hydrogène à l'électrode négative, résulte
d'une série de décompositions et recompositions chimiques successives,
faites électriquement de proche en proche et de molécule à molécule au
sein du liquide excitateur, depuis l'électrode positive jusqu'à l'électrode
négative, et cela en tous les points de la masse liquide. Il résulte, en effet,
de cette série de réactions, que l'équilibre électrique des molécules liquides, se trouve sans cesse rompu et rétabli, ayant pour effet subséquent, au
moment de chaque neutralisation des avant-dernières molécules du côté
de l'électrode négative, de laisser libre, une certaine quantité d'hydrogène
dont le volume, par rapport à celui de l'oxygène absorbé par le zinc,
est dans la proportion voulue pour constituer l'eau. Si l'hydrogène ainsi
dégagé pouvait être absorbé ou s'élever sans obstacle en dehors du
liquide, le travail de l'oxydation du zinc ne serait troublé d'aucune manière et le dégagement électrique s'effectuerait d'une manière continue
et régulière; mais il n'en est pas ainsi : la lame électro-négative retient

en partie ce gaz à sa surface ou dans ses pores avec une force qui varie suivant l'état plus ou moins poli de cette surface, suivant la nature de l'électrode et même suivant sa température. Or, il en résulte que ce gaz à l'état naissant et en contact direct avec le liquide, tend à réagir chimiquement sur lui en empruntant aux molécules d'eau les plus voisines, la quantité d'oxygène nécessaire pour recomposer de l'eau. Dans ces conditions, l'hydrogène en contact avec la lame électro-négative, se trouve oxydé à la manière du zinc dans une pile, et tend à communiquer à la lame électro-négative elle-même, une polarité négative qui diminue la tension électrique au pôle positif de la pile. En même temps, la polarité positive des molécules liquides se trouve affaiblie et ne correspondant plus à l'oxydation primitive qui l'avait déterminée, la polarité électro-négative du zinc, aussi bien que la tension électrique à ce pôle, se trouve diminuée. Dès lors, la force électro-motrice du courant se trouve transformée en E — e, et comme il y a antagonisme de polarité entre les bulles d'hydrogène qui arrivent sur l'électrode négative et celles qui, s'y trouvant déjà retenues, vont entrer dans une nouvelle combinaison, que, d'ailleurs, ces dernières sont d'autant plus nombreuses et occupent une d'autant plus grande surface de l'électrode que le courant a circulé plus longtemps dans le circuit, l'affaiblissement de la force électro-motrice du couple continue successivement jusqu'à une certaine limite, qui doit dépendre de l'étendue de la surface des électrodes.

Il résulte de ces effets plusieurs conséquences importantes : d'abord, que si par un moyen quelconque, on parvient à empêcher le dépôt de bulles d'hydrogène sur l'électrode négative, on pourra à peu près détruire les effets de la polarisation ; c'est ce qui arrive quand on fait absorber chimiquement l'hydrogène par l'intervention d'un second liquide comme dans les piles de Bunsen, de Daniell, etc.; en second lieu, que la polarisation pourra être maintenue à son minimum et se trouver ainsi régularisée, si on parvient seulement à empêcher l'accumulation des bulles de gaz sur l'électrode négative. On peut obtenir ce résultat de diverses manières : soit en rendant très-rugueuse la surface de l'électrode négative comme l'a fait M. Smée dans la pile qui porte son nom, soit en agitant fortement le liquide autour de cette électrode, et cette agitation peut être produite, ou avec des courants d'air, comme l'a imaginé M. Grenet dans sa pile au bichromate de potasse à soufflet, ou par un mouvement de rotation communiqué à l'électrode négative elle-même, comme l'a fait M. Becquerel dans ses appareils dépolarisateurs.

D'un autre côté, comme une surface est d'autant plus vite couverte de bulles de gaz qu'elle est plus petite et que l'action électrolytique est plus concentrée, il doit arriver que la polarisation dans une électrolyse quelconque, est plus forte, même dès le début, quand l'électrode négative présente peu de surface que quand elle en présente beaucoup, et que la décroissance successive d'intensité du courant doit s'effectuer également beaucoup plus vite ; c'est en effet ce que l'expérience démontre et c'est ce qui explique pourquoi deux morceaux de zinc ou de fer d'inégale surface, plongeant dans un même liquide, peuvent déterminer un courant marchant de la petite plaque à la grande à travers le circuit extérieur, alors que deux lames d'égale surface ne peuvent le produire, ainsi qu'on l'a vu page 189 ; c'est encore par la même cause que les transmissions à travers le sol, quand les communications à la terre sont effectuées par des plaques de différentes surfaces, fournissent une intensité électrique beaucoup plus forte et beaucoup plus constante quand la petite plaque est positive et la grande négative, que quand l'inverse a lieu, ainsi qu'on l'a vu page 85.

Pour qu'on puisse se faire une idée nette des différences que peuvent entraîner ces effets de polarisation, il me suffira de rapporter les chiffres fournis par les expériences suivantes :

J'ai immergé dans un baquet plein d'eau pure une plaque de tôle de 60 centimètres de longueur sur 20 de largeur, roulée en cylindre et, au centre de ce cylindre, j'ai plongé une petite lame de même métal de 73 millimètres sur 28 ; j'ai interposé ce système dans le circuit d'un élément de Daniell, complété par une boussole de sinus de M. Bréguet, de 24 tours, et j'ai obtenu les résultats suivants, en ayant soin de laisser le courant interrompu pendant cinq minutes entre chaque expérience.

1° La petite plaque étant positive, son intensité au moment de la fermeture du circuit a été . . . . 34°,5′
   Après 10 minutes de fermeture du circuit . . . . 32°,2′
2° La grande plaque étant positive, son intensité au moment de la fermeture du circuit a été. 29°,15′
   Après 10 minutes de fermeture du circuit . . . . 23°,24′

Une deuxième série d'expériences a donné :

1° Au moment de la fermeture du circuit, la petite plaque étant positive. . . . . 35°
   Au bout de 10 minutes de fermeture du circuit. . . . . 32°,15′
2° Au moment de la fermeture du circuit, la grande plaque étant positive. . . . . 28′
   Au bout de 10 minutes de fermeture du circuit. . . . . 22″,18′

Dans les expériences que j'ai faites sur les transmissions à travers le
sol, les effets de polarisation sont encore plus prononcés; il est vrai que
l'une des plaques était représentée par les conduites d'eau de tout un
quartier de Paris, tandis que l'autre plaque, qui était en tôle de fer,
n'avait que 60 décimètres carrés. J'ai reconnu, en effet, que les différences d'intensité mesurées par le galvanomètre différentiel et représentées par les différences de la résistance attribuée au sol entre les deux
plaques, étaient exprimées en moyenne sur 20 expériences :

1° Quand la petite plaque était positive et au moment de la fer-
    meture du circuit par . . . .   2 557^m,73
    10 minutes après cette fermeture par. . . . .   2 564^m,52
·2° Quand cette petite plaque était négative et au moment de la fer-
    meture du circuit par. . . . .   3 200^m,03
    10 minutes après cette fermeture par. . . . .   3 469^m,95

Ces mêmes effets de polarisation se reproduisent dans les décharges
de l'électricité de tension, à travers les milieux aériformes. Ainsi, les
étincelles de la machine de Ruhmkorff s'échangent de plus loin et donnent lieu à un courant beaucoup plus intense, quand la décharge s'effectue d'une petite surface métallique à une grande, que quand l'inverse
a lieu, ou, en d'autres termes, quand le rhéophore le moins développé est
positif.

Dans ce cas, la polarisation est produite non-seulement par la séparation
des éléments de l'air et leur combinaison subséquente, qui donnent lieu
d'abord à de l'ozone, puis ensuite à de l'acide hypo-azotique, mais encore
par le transport matériel des particules métalliques arrachées à l'électrode
positive, lesquelles étant électrisées positivement, diminuent successivement la tension négative à l'autre électrode, au moment où elles s'y déposent. Ces effets sont assez énergiques pour diminuer successivement la
longueur des étincelles échangées entre deux boules métalliques, et même
les faire cesser complétement. On peut, suivant M. Hempel, avoir la
preuve que ce phénomène est bien un effet de polarisation, car il suffit
d'essuyer les deux boules et d'expulser l'air qui les entoure pour obtenir
de nouveau les effets primitifs (1).

L'explication des effets de polarisation que nous avons donnée précédemment, s'applique au cas où les électrodes sont composées de conducteurs inoxydables, et à celui ou les électrodes, tout en étant attaquables,

_____

(1) Voir les Mondes, t. XXII, p. 766.

ne donnent pas lieu à une réaction secondaire, ayant pour effet d'attirer l'hydrogène à l'électrode positive ; mais il est certains cas où cette réaction secondaire se produit d'une manière très-marquée, et alors les effets de polarisation que l'on constate, doivent être principalement attribués à l'électrode positive. L'un des plus remarquables effets de polarisation de ce genre, est celui qui se manifeste quand l'électrode positive d'une électrolyse est en plomb ; l'oxydation de ce métal donne naissance à un peroxyde de plomb de couleur brune, qui a une telle avidité pour l'hydrogène, que M. Planté a pu construire de cette manière une batterie de polarisation, fournissant un courant secondaire infiniment plus énergique que le courant qui lui donne naissance. Nous nous occuperons plus tard de ces curieuses batteries ; pour le moment, nous nous contenterons de faire observer que dans le cas en question, la réaction chimique primitive produite par l'oxydation du plomb, peut remplir un triple rôle : celui d'oxydant et, par conséquent, celui d'excitateur du courant électrique, (quand l'électrolyse constitue un couple), de conducteur électrolytique, si l'électrolyse est introduite dans un circuit voltaïque, et de polarisateur, par la création d'un produit susceptible de fournir à lui seul une action électrique inverse de celle qui lui donne naissance, mais qui ne se développe dans toute son énergie que quand l'hydrogène déposé à l'électrode négative, est libre de retourner sur ses pas et de se trouver absorbé par le peroxyde de plomb.

Une action d'un genre analogue se manifeste quand, dans un couple dépolarisé, un élément de Bunsen par exemple, le zinc ne dépasse pas la surface du liquide, et se trouve mis en communication avec le circuit par l'intermédiaire d'un conducteur électro-négatif inattaquable, soit par une lame de platine ou de charbon, soit même par une lame de cuivre. Dans ce cas, le courant est soumis à deux causes d'affaiblissement. La première résulte d'une dérivation d'une notable partie du courant par la lame de communication, qui, ne contribuant pas au développement de la force électro-motrice, tend à prendre la polarité du liquide excitateur, et à constituer avec la lame de zinc un couple local, dont le circuit est fermé par le liquide. Or, ce couple local, en diminuant la tension négative au pôle négatif de la pile, affaiblit par cela même la force électro-motrice, appelée à fournir le courant. La seconde cause, qui se traduit par un affaiblissement successif de l'intensité du courant, est due à un effet de polarisation, déterminé par une dérivation de ce courant à travers le liquide,

depuis le point où la lame de communication baigne dans le liquide, jusqu'au zinc. Cette dérivation constitue, en effet, une sorte d'électrolyse,
dans laquelle la partie de la lame de communication correspondant à son
point d'immersion dans le liquide, représente l'électrode positive, et le
zinc l'électrode négative : or, comme l'hydrogène se rend toujours à l'é-
lectrode négative, la lame de zinc se trouve entourée d'un dépôt incessant d'hydrogène, qui tend à lui faire perdre sa polarité négative, et qui
naturellement est d'autant plus nuisible que la lame de zinc est de moindre
surface, et que le courant a circulé plus longtemps dans le circuit. On
pourra se faire une idée de l'importance de ces effets par les chiffres
suivants.

En prenant pour lame de communication entre le zinc et le circuit une
petite lame de cuivre, recouverte de vernis isolant et mise en contact
avec le zinc par du mercure, l'intensité du courant indiquée par la boussole des tangentes a été 72°. Elle était parfaitement stable pendant plus
de 15 minutes de fermeture du circuit. En substituant à cette lame de
cuivre, une autre de la même grandeur et parfaitement décapée, cette
intensité est tombée subitement à 68° et, au bout de 8 minutes, elle était
réduite à 58°. Avec une lame de communication en charbon de grande
surface, ces effets ont été encore plus marqués ; ainsi, l'intensité du courant, qui était au début représentée par 59°, ne l'était plus au bout de
8 minutes que par 35°.

Des effets secondaires de même nature, se reproduisent avec les piles
à un liquide, quand le courant qui les traverse est assez fort pour
électrolyser le sulfate de zinc formé à la suite de l'oxydation de l'électrode
négative. Dans ce cas, ce sel est décomposé, le zinc se trouve déposé sur
l'électrode négative, comme l'avaient déjà observé MM. Daniell et Grove,
et des couples locaux se trouvent établis sur la lame électro-négative, au
préjudice de la tension positive déterminée sur cette lame. Ce genre de
polarisation ne se produit toutefois que quand la pile est relativement
puissante, car pour que le sulfate de zinc puisse être électrolysé, il faut une
énergie électrique supérieure à celle d'un élément même des plus puissants.
Il résulte, en effet, des expériences de M. Favre, que pour décomposer le
sulfate de zinc, 66000 calories sont nécessaires ; or, la pile la plus énergique n'en fournit guère que 50806. Ce n'est donc que sous l'influence
du courant d'une pile de plusieurs éléments que ce genre de polarisation
se manifeste.

Dans les piles qui contiennent des liquides dépolarisateurs, les effets de polarisation ne sont pas toujours évités, parce que la quantité d'oxygène qu'ils sont susceptibles d'abandonner facilement, peut ne pas être en rapport avec la quantité d'hydrogène dégagé, et peut s'épuiser assez vite pour ne pas fournir une action durable. Si à cette cause on joint celle de l'électrolysation des produits formés, dont nous avons parlé précédemment, on peut comprendre que les variations de l'intensité du courant peuvent être très-rapides, bien qu'on ait employé un liquide dépolarisateur ; c'est ce qui arrive précisément dans la pile au bichromate de potasse dont le chrome résultant de la réaction chimique effectuée, se trouve oxydé par l'acide chromique, puis transformé en alun de chrome, en développant sur l'électrode négative une force électro-motrice, en sens inverse de celle du couple.

Dans d'autres cas, il se produit des précipités insolubles qui se déposent sur les diaphragmes et rendent la résistance de la pile de plus en plus considérable, ou bien, c'est le liquide dépolarisateur lui-même qui, en se mêlant avec le liquide excitateur, laisse déposer sur la lame électropositive le corps métallique qui lui sert de base, comme dans la pile de Daniell, par exemple, dont le zinc après quelque temps de service se trouve recouvert d'un dépôt de cuivre ; il se développe alors entre ce dépôt et le zinc un courant local, qui diminue successivement la tension positive de l'électrode et rend la pile moins énergique.

Tous ces effets secondaires produits dans la pile, sont, comme on le voit, très-complexes, et si on considère qu'ils peuvent être encore modifiés par la nature métallique des électrodes et leur température, parce que les gaz qui y adhèrent pourront les pénétrer plus ou moins profondément et même, dans certains cas, donner naissance, au sein même de leurs pores, à des réactions plus ou moins complexes (1), on comprendra aisément qu'il est impossible de demander à la pile voltaïque une action parfaitement constante ; quand cette action sera exigée, il faudra donc recourir aux piles thermo-électriques ou aux générateurs mécaniques, particulièrement à ceux fondés sur les réactions d'induction.

---

(1) Voir le mémoire de M. Becquerel, sur ces sortes d'effets de polarisation (Comptes rendus de l'Académie des sciences, du 2 mai 1870) ; voir aussi le mémoire de M. Gaugain, dans les *Mondes*, t. XXII, p. 511. Parmi les métaux qui absorbent le plus l'hydrogène, on peut citer le palladium et le nickel de texture spongieuse. Ce dernier, suivant M. Raoult, condense ce gaz au point d'en absorber 165 fois son volume. (Voir *les Mondes*, tome 21, p. 292.)

Quoique l'expérience ait démontré que les effets de la polarisation sont déterminés le plus souvent par l'électrode négative, il est certain que dans les électrolyses dont les lames sont inattaquables, l'action de l'électrode positive peut être prépondérante, par suite du dégagement d'oxygène qui se développe alors sur cette électrode, et qui, en agissant en sens contraire de l'hydrogène dégagé à l'autre électrode, tend à lui communiquer une forte polarité négative. M. Gaugain, qui a fait de très-intéressantes recherches à ce sujet, a reconnu, en effet, que la part attribuable à la lame électro-positive dans la polarisation produite dans un électrolyse à eau acidulée et à lame de platine, était supérieure à celle de l'autre électrode, dans le rapport de 193 à 157 (1). Du reste, dans les électrolyses ou l'une des électrodes est attaquable, électrolyses qui constituent alors un couple voltaïque, l'électrode attaquée peut bien déterminer des effets de polarisation indépendants de ceux dont nous avons déjà parlé, car il peut se produire un dépôt accidentel d'hydrogène sur l'électrode positive, lequel, étant polarisé en sens contraire de l'oxygène, tend à déterminer un courant de sens contraire à celui de la pile. Physiquement parlant, ce dépôt ne devrait pas se faire, puisque l'hydrogène dans un électrolyse doit se rendre à l'électrode négative, mais, comme dans un électrolyse, dont les électrodes sont attaquables, la décomposition de l'eau s'opère au contact de la lame positive, il peut arriver et il arrive qu'une certaine quantité de bulles d'hydrogène échappent aux recompositions électrolytiques et viennent se déposer sur cette électrode, en tendant à lui communiquer l'électrisation qu'elles possèdent.

---

(1) M. Gaugain, pour apprécier cette action des deux électrodes, place dans un vase cylindrique de verre un vase poreux, d'un diamètre beaucoup plus petit, et remplit les deux vases avec le même liquide. Les lames de platine qui doivent servir à la décomposition du liquide, sont placées dans le vase extérieur et on introduit dans le vase poreux une troisième lame, qui, restant constamment en dehors du circuit parcouru par le courant, n'éprouve pas de polarisation, mais peut être successivement comparée à chacune des électrodes, lorsque celles-ci sont polarisées à saturation. Cette comparaison donne la mesure des deux polarisations de l'anode et de la cathode. La cloison poreuse sert à mettre la lame neutre à l'abri de l'hydrogène dégagé par l'électrolyse.

Voici les résultats qu'il a obtenus de cette manière, dans une série d'expériences exécutées sur un mélange de 9 parties en volume d'eau distillée et d'une partie d'acide sulfurique pur.

Polarisation de l'anode		193
—	de la cathode	157
—	totale	352

Il paraît indifférent d'ajouter à l'eau que l'on électrolyse une proportion plus ou moins grande d'acide sulfurique, pourvu que cette proportion ne s'abaisse pas au-dessous d'une certaine limite.

Influence exercée dans la pile par les dimensions plus ou moins grandes des électrodes polaires. — En partant de ce principe, que la force électro-motrice d'un couple est indépendante de la grandeur des électrodes polaires immergées, on s'est souvent demandé : 1° Si l'usure plus grande du zinc et des liquides de la pile, à mesure qu'on augmente la surface de la lame polaire électro-positive, est compensée par l'avantage qui peut résulter de la diminution de résistance du couple ; 2° si en augmentant convenablement la surface de la lame polaire électro-négative, qui ne joue qu'un rôle passif, c'est-à-dire celui d'un simple conducteur, on n'arriverait pas à compenser l'affaiblissement d'intensité produit par la réduction de la lame électro-positive.

La réponse à la première question, dépend essentiellement de la disposition du circuit. On comprend, en effet, que, si ce circuit présente une résistance considérable et que la pile se compose d'un petit nombre d'éléments, les différences en moins qui pourraient résulter de la réduction de la lame électro-positive, n'exercent qu'une très-petite influence sur la résistance totale du circuit, et naturellement l'intensité du courant doit en être très-peu affectée, c'est ce que l'expérience démontre. Ainsi, un élément de Daniell, dont le zinc, ayant 29 centimètres de largeur, était immergé dans le liquide excitateur, sur une hauteur de 12 centimètres et demi, a pu fournir, sur un circuit de 11264 mètres, un courant dont l'intensité était représentée par sinus 28°,22′ ; et cette intensité n'était réduite, quand le zinc était soulevé et ne plongeait dans le liquide que d'un demi centimètre seulement, que de 1°,19′, c'est-à-dire dans le rapport de 0,47511, à 0,46870, soit d'un peu plus d'un centième (1,0136). Cet affaiblissement était, il est vrai, un peu plus marqué mais toujours très-minime, quand l'électrode négative, qui était constituée par un cylindre de cuivre de 15 centimètres de hauteur sur 10 de largeur, au lieu de plonger dans le liquide sur une hauteur de 11 centimètres, ne plongeait que d'un demi centimètre seulement.

Sur un circuit très-court et peu résistant, l'influence de la résistance de la pile devient considérable et souvent même prépondérante. Dans ce cas, bien entendu, les dimensions plus ou moins grandes des lames polaires, peuvent avoir pour résultat de diminuer notablement l'intensité du courant, qui peut être réduite, de cette manière, de plus des deux tiers ; ainsi, la pile dont nous avons parlé précédemment, n'agissant que sur un circuit de quelques mètres, a fourni, dans les deux cas dont nous avons parlé, des intensités qui ont été, entre elles, dans le rapport de 0,46631 à 0,14054, c'est-à-dire de 3,32 à 1. Or, il est facile de comprendre que, dans ce cas, la réduction de la surface de l'électrode est impossible, à moins d'employer un moyen qui puisse y suppléer et qui réponde précisément à la seconde question que nous avons posée.

Si, pour répondre à cette seconde question, on considère que d'après les expériences rapportées précédemment, l'affaiblissement du courant par la réduction de la lame électro-négative, est plutôt plus considérable que celui qui résulte de la réduction de la lame électro-positive, on arrive à conclure qu'en développant considérablement cette lame négative, on pourra, jusqu'à un certain point, compenser l'affaiblissement produit par la réduction de la lame positive. Je dis jusqu'à un certain point, car les effets sont assez complexes : néanmoins on pourra s'en faire une idée par les calculs suivants.

D'après les expériences que nous avons citées précédemment, l'intensité du courant étant tombée de *sin* 28°,22' à *sin* 27°,75', avec une surface de zinc variant de 360 *c.c.* à 15 *c.c.* sur un circuit de 11264 mètres, la résistance de la pile déterminée par la formule $R = \dfrac{E}{I} - r$ s'est trouvée portée de 931 mètres à 1098 mètres.

En soulevant le cuivre après avoir immergé le zinc, l'intensité étant tombée de *sin* 28°, 22 à *sin* 27°, 37 avec une surface de cuivre qui a varié de 150 *c.c.* à 5 *c.c.*, la résistance de la dite pile s'est trouvée portée de 931 mètres à 1235 mètres.

Or, en maintenant soulevées les deux lames, de manière à ce qu'elles ne pussent plonger que de 5 millimètres chacune dans le liquide, j'ai obtenu une intensité, qui par rapport à celle constatée dans la dernière expérience, variait de *sin* 27°,37' à *sin* 26°,36', et par rapport à celle qui l'avait précédée, de *sin* 28°,22' à *sin* 26°,36'. Conséquemment, si on prend comme point de départ l'intensité du courant avec les deux électrodes réduites à leur plus petite surface, on pourra conclure qu'en augmentant la surface de la lame électro-négative dans le rapport de 5 *c.c.* à 150 *c.c.*, tout en maintenant le zinc avec sa plus petite surface immergée, le courant aura eu son intensité accrue dans le rapport de 0,44802 à 0,46355, c'est-à-dire dans un rapport plus grand que cette intensité s'est trouvé elle-même diminuée par suite de la réduction du zinc.

Les surfaces métalliques des électrodes étant, dans la disposition des piles de Daniell, très-dissemblables, et la conductibilité intérieure de la pile s'opérant par l'intermédiaire de deux liquides différents, dont la nature propre, pouvait intervenir en faveur de l'une ou de l'autre des deux électrodes, j'ai voulu m'assurer si, en prenant deux lames polaires d'égale surface, plongées dans un même liquide, je retrouverais les résultats précédents. J'ai en conséquence, pris une lame de charbon et une lame de zinc de 6 centimètres de largeur sur 25 de longueur, et je les ai disposées sur des supports à coulisses, qui me permettaient de les élever ou de les abaisser à volonté et de les éloigner plus ou moins l'une de l'autre. Après avoir plongé ces deux lames dans une solution de bichromate de potasse, à laquelle était ajoutée une certaine quantité de bisulfate de mercure, dans les proportions indiquées par M. Chutaux, j'ai répété les expériences dont nous avons parlé précédemment et voici les résultats que j'ai obtenus.

ÉLECTRODES.	Avec un circuit de 22379m et un écartement des électrodes.		Avec un circuit de quelques mètres et un écartement des électrodes.	
	de 0m,068	de 0m,02	de 0m,02	de 0m,068
1° Les deux électrodes polaires plongeant sur une hauteur de 11 centimètres	sin 33°,34' ou 0,55291	sin 33°,33 ou 0,55266	tang 65° ou 2,14451	tang 60° ou 1,73205
2° L'électrode positive (le zinc) étant seule immergée sur une hauteur de 5 millimètres.	sin 33°,25' ou 0,55072	sin 33°,18' ou 0,54902	tang 55° ou 1,42815	tang 50° ou 1,19175
3° L'électrode négative (le charbon) étant seule immergée sur une hauteur de 5mm.	sin 32°,28' ou 0,53926	sin 32°,44' ou 0,54073	tang 35° ou 0,70021	tang 30° ou 0,57735
4° Les deux électrodes étant soulevées et ne plongeant dans le liquide que sur une hauteur de 5 millimètres.	sin 32°,35' ou 0,53853	sin 32°,34' ou 0,53828	tang 30° ou 0,57735	tang 30° ou 0,57735

Avec le circuit court, la polarisation était tellement prompte, qu'en 5 minutes, les intensités que nous avons enregistrées tombaient de 65°

à 50, de 55° à 48, de 30° à 25, de 35° à 25 et même jusqu'à 20. L'addition d'acide nitrique à la solution qui, au dire de M. Paole Levison de Cambridge, devait rendre la pile plus constante, n'a produit aucun effet avantageux. Sur le circuit résistant, cette polarisation est très-peu sensible, car les chiffres sont assez concordants à des intervalles éloignés entre les expériences ; elle l'a été néanmoins assez pour effacer non-seulement les différences qui devaient résulter du rapprochement des lames, mais encore pour les donner dans un sens contraire. Quoiqu'il en soit, on voit, par les chiffres du tableau qui précède, que les conclusions que nous avions émises pour les piles ordinaires, sont également vraies pour les piles à un liquide ayant des électrodes de grandeurs comparables. Mais on remarquera que les *différences des effets résultant de la réduction alternative de la surface immergée des électrodes sont alors beaucoup plus considérables, non-seulement dès le début de l'expérience, mais surtout après que les effets les plus énergiques de la polarisation se sont produits.*

Cette différence d'action résulte évidemment des effets de la polarisation, comme nous l'avons démontré page 195, mais elle dépend aussi d'une autre influence tout aussi énergique, qui se manifeste surtout dans les piles à deux liquides, et qui peut même, dans certains cas, renverser les effets précédents. Cette influence est la *conductibilité plus ou moins grande du liquide, dans lequel est immergée l'électrode la moins développée.* On sait, en effet, que dans les transmissions électriques à travers les corps médiocrement conducteurs, les lames de comunication doivent être d'autant plus grandes que le conducteur est plus résistant. Conséquemment, si les deux électrodes d'une pile plongent dans deux liquides de différente conductibilité, il doit en résulter que, toutes choses égales d'ailleurs, *l'effet le plus préjudiciable de leur réduction de surface doit correspondre à celle de ces électrodes qui plonge dans le liquide le moins conducteur.* C'est en effet, ce que l'expérience démontre. Ainsi, une pile de Daniell disposée de manière à avoir des électrodes polaires de même surface, étant chargée avec de l'eau très-légèrement salée, fournira un courant dont l'intensité sera représentée :

1° Les deux électrodes étant entièrement immergées sur une hauteur de 10 centimètres, par . . . . 57°

2° L'électrode de cuivre ne plongeant que de un centimètre seulement, par. . . . . 38°

3° L'électrode de zinc ne plongeant que de un centimètre seulement, par. . . . . 16°

4° Les deux électrodes ne plongeant que de un centimètre seulement. . . . . 10°

En saturant l'eau avec du sel marin, puis ensuite en y ajoutant de l'acide sulfurique, ces chiffres sont devenus :

	Avec le sel marin.	Avec l'acide.
Dans le premier cas.	67°	77°
Dans le second cas.	41°	43°
Dans le troisième cas.	47°	60°
Dans le quatrième cas.	40°	45°

Ce dernier chiffre de 45°, qui devrait être moins fort que celui du second cas, est au contraire un peu plus fort, parce que le liquide s'était échauffé considérablement dans le quatrième cas, sous l'influence de l'action de l'acide.

Avec les courants provenant de l'oxydation de lames métalliques enterrées dans le sol, on remarque des effets analogues ; ainsi, si on enterre à deux stations A et B, deux plaques de tôle d'égale surface et qu'on les réunisse par un fil isolé, il se produira presque toujours un courant, parce que les terrains seront différemment humides à des distances même très-voisines ; mais si ce courant étant dirigé de A vers B parce que le terrain en B sera plus humide qu'en A, on vient à arroser le sol autour de la plaque A, le courant prendra une direction diamétralement opposée (1).

Quand les deux liquides sont également conducteurs, comme cela a lieu dans une pile de Daniell, qui a servi assez longtemps pour que le liquide excitateur soit saturé de sulfate de zinc, les effets produits par la réduction alternative des lames polaires sont peu marqués, parce que la pile se polarise peu ; cependant on les retrouve encore assez caractérisés pour les reconnaître, ainsi qu'on l'a vu précédemment. Avec les piles de Bunsen, ils sont plus ou moins apparents, suivant le degré de concentration de l'acide azotique. Néanmoins, quand le liquide excitateur est acidulé au dixième de son poids, les effets inverses que nous avons signalés précédemment n'existent pas.

(1) Voir mon mémoire sur les transmissions télégraphiques à travers le sol. (*Annales télégraphiques*, tome 4, p. 472.)

En définitive, les effets préjudiciables que peut entraîner la réduction de surface des électrodes polaires dans les piles, peuvent être plus ou moins grands avec telle ou telle électrode, suivant que les effets de polarisation sont plus ou moins prépondérants sur les effets résultant des différences de conductibilité des liquides ; mais généralement, c'est la réduction des électrodes négatives qui exerce la plus fâcheuse influence.

Si on considère qu'en somme la réduction de la surface de la lame électro-positive (le zinc) n'a pas des conséquences aussi fâcheuses sur l'intensité d'un courant qu'on semblerait le croire à première vue, qu'on peut même remédier avec avantage aux inconvénients qui pourraient en résulter par l'accroissement de la lame électro-négative, on arrive à conclure que si on a un grand intérêt au point de vue économique à réduire la surface du zinc dans une pile, on peut le faire sans aucun désavantage, à la condition d'augmenter dans le même rapport l'électrode négative.

Or, suivant M. Delaurier, ce grand intérêt ne serait'pas douteux, car il résulterait de ses expériences qu'une grande surface de zinc, en usant plus vite le liquide excitateur fournirait, en somme, un travail électrique beaucoup moindre qu'une petite surface. Nous examinerons, du reste, plus tard, ce côté de la question.

L'idée de réduire la surface de la lame électro-positive et de développer au contraire celle de la lame électro-négative, n'est pas nouvelle. Déjà, en 1855, elle avait été mise en pratique par M. Gérard, de Liége, qui composait sa lame polaire électro-positive avec *un fil de zinc contourné en spirale autour du vase poreux, et en 1864, M. Léclanché, dans sa pile au manganèse, l'avait réduite à un petit cylindre de zinc de la grosseur d'un fort fil* (1 cent. de diamètre), tandis que la surface de la lame négative avait été développée, en entourant le charbon qui la constitue de pulvérin ou de coke concassé. Dernièrement, M. Delaurier a complété d'une manière ingénieuse, ce genre de disposition pour les piles à un liquide, en faisant en sorte que le zinc, tout en ne présentant qu'une très-petite surface à l'action du liquide, pût durer longtemps sans être renouvelé. A cet effet, il vernit sur ses deux faces une large lame de zinc, qu'il replie plusieurs fois d'un côté et de l'autre, pour en augmenter la largeur, et ne laisse à découvert que les tranches de la lame, qui sont seules attaquées ; il donne ensuite aux lames de charbon constituant l'électrode négative le plus grand développement possible.

Les premières piles de Bunsen et de Daniell réalisaient du reste par-

faitement cet avantage, et c'est sans doute pour la simplification de leur
construction et parce qu'avec leur disposition actuelle le liquide excitateur, pouvant y être mis en plus grande quantité, est moins vite épuisé
et saturé de sulfate de zinc, qu'on a cru devoir renverser la position des
électrodes ; mais au point de vue de la dépense, et à celui de la constance du courant, il est évident que les premières dispositions étaient
préférables , surtout quand, pour les piles de Bunsen, on constitue le
cylindre de charbon par la juxtaposition d'un certain nombre de prismes
en charbon de cornue, communiquant isolément à l'appendice polaire par
des fils métalliques inattaquables aux acides et solidement insérés dans
la matière charbonnée. Le charbon de cornue est en effet plus conducteur que le charbon factice de M. Bunsen , et le système de collier de
cuivre de ce dernier était loin de fournir un bon contact. S'il faut en
croire certains savants, ce charbon développerait même une force électro-
motrice agissant dans le même sens que celle produite par l'oxydation du
zinc, mais je n'ai jamais pu vérifier cette allégation.

**Correction des coefficients de résistance des couples
voltaïques suivant les résistances des circuits extérieurs.** — Nous avons vu , page 169, que les effets de polarisation
qui se produisent dans les piles avaient pour conséquence immédiate,
quand on veut déterminer la valeur de leur résistance propre à l'aide des
formules d'Ohm, de fournir des chiffres très-différents qui sont d'autant
plus élevés que la résistance du circuit extérieur est elle-même plus considérable ; on peut se rendre facilement compte de cette déduction si on
considère que la formule représentant l'intensité d'un courant dans ces
conditions devenant :

$$I = \frac{E - e}{R + r},$$

on peut en déduire la proportion :

$$\frac{R}{R'} = \frac{I' (E - e) - II'r}{I (E - e') - II'r'}.$$

Comme la quantité e représentant la force électro-motrice due à la polarisation est d'autant plus grande que r est plus faible, on comprend
immédiatement que si r' est plus grand que r, $E - e$ sera plus grand que
$(E - e)$ et, par conséquent, R' sera plus grand que R. En effet, si la pile

avait été constante et que E et R fussent restés invariables, comme l'avait admis Ohm, la proportion précédente aurait été :

$$\frac{R}{R'} = \frac{I'\,(E) - II'r}{I\,(E) - II'r'},$$

et dans ce cas $IE - II'r' = I'E - II'r$.

Or, si on part de cette dernière formule pour calculer R et qu'on lui applique les valeurs observées de I' et I, il est aisé de comprendre que la variation de la force électro-motrice E entraînera forcément l'inégalité des deux membres de l'équation précédente, et que si $E - e'$ est plus grand que $E - e$, la valeur R' représentée par le premier membre, sera plus grande que la valeur R représentée par le second. De plus, si on considère la première proportion que nous avons posée, on reconnaît par le signe — qui suit les valeurs $(E - e')$, $(E - e)$, que la résistance R' *déduite des formules, croît dans un rapport plus grand, avec l'augmentation de résistance du circuit, que la force électro-motrice elle-même* (1).

Est-ce à dire pour cela, que cette valeur de R change véritablement ? évidemment non, mais les formules d'Ohm étant basées sur l'invariabilité des constantes voltaïques, ne peuvent évidemment la fournir *exactement* quand cette invariabilité n'existe pas, à moins de leur faire subir les modifications qu'entraîne l'intervention du facteur e. Alors, la formule (26), que nous avons donnée page 158, devrait être compliquée d'un terme représentant la différence des quantités e, e', différence qui pourrait être obtenue au moyen de deux déterminations successives de la va-

---

(1) D'après M. Ed. Becquerel, cette quantité e est fonction de I et peut être représentée par une expression de la forme :

$$c + c'I + c''I^2 +, \text{etc.},$$

dans laquelle c, c', c'' sont des constantes. La première de ces constantes c, peut disparaître devant E, mais il n'en est pas de même des autres termes et l'on voit qu'en ne considérant que le terme c'I, la formule primitive devient :

$$I = \frac{E - c'I}{R + r} = \frac{E}{R + r + c''}$$

de laquelle on déduit :

$$R + c' = \frac{E}{I} - r.$$

En prenant donc pour représenter R la valeur $\frac{E}{I} - r$, ce n'est pas R que l'on obtient mais R augmenté de la quantité c' et même de la quantité $c' + c''I$, si on considère le terme en I^2.

leur de la force électro-motrice, faites avec des résistances différentes
r et r' et par la méthode de l'opposition (que nous avons indiquée
page 163).

Dans ce cas on aurait :

$$R = \frac{I'r' - Ir - (e - e')}{I - I'} = \frac{I'r' - Ir}{I - I'} - \frac{E - E'}{I - I'},$$

et cette formule montre en même temps que la valeur calculée de R approche d'autant plus de la valeur réelle, que les résistances du circuit extérieur qui fournissent les intensités I et I' sont moins considérables ; car
la quantité à retrancher est d'autant plus grande que ces résistances
sont plus fortes (1).

Comme dans l'application pratique des formules d'Ohm, on ne tient
généralement pas compte des effets de la polarisation, et que ces effets
peuvent être représentés, dans les résultats que l'on obtient, par une
valeur plus ou moins grande attribuée à la quantité R, suivant la résistance du circuit extérieur, on devra naturellement, selon le cas dans
lequel se trouve placée l'expérience, employer pour exprimer la résistance propre de la pile des coefficients variables qui devront être calculés
au moins pour les deux conditions extrêmes que peuvent présenter les
résistances du circuit, dans les applications usuelles que l'on peut en
faire.

Les valeurs que nous avons données page 171, ayant été obtenues
avec des résistances de 11829 et 14749 mètres de fil télégraphique de
4 millim. de diamètre, lesquelles résistances sont près de trois fois supérieures à celles qui incombent à un élément de pile dans les transmis-

---

(1) Si I croissait proportionnellement à e, il est clair que la quantité à retrancher $\frac{e - e'}{I - I'}$
serait constante, mais $e - e'$ représente la différence E — E' des forces électro-motrices
observées, et, comme E' augmente avec r', il faut admettre que les intensités, dont le rapport est représenté alors par : $\frac{E(R + r')}{E'(R + r)}$, augmentent moins rapidement que les forces
électro-motrices correspondantes ; et cette augmentation sera d'autant plus lente que R
era plus petit par rapport à r'. Conséquemment, la quantité à $\frac{e - e'}{I - I'}$ sera d'autant plus
grande que les quantités r et r' seront plus considérables par rapport à R, car les différences I — I' seront, par cela même, relativement moins fortes, pour un même rapport
entre r et r'.

sions télégraphiques ordinaires (1), on peut les considérer comme pouvant être appliquées dans les cas de circuits résistants, et nous ne voyons pas qu'elles cessent d'être en rapport avec des circuits d'une moindre résistance, jusqu'à 5 ou 6 mille mètres par élément, car les chiffres calculés par M. Gaugain dans ces dernières conditions, sont peu différents des nôtres. On pourra donc considérer ces valeurs comme les *coefficients télégraphiques.* Sur des circuits très-courts ne présentant par exemple que des résistances ne dépassant pas 1000 mètres, les valeurs données dans les cours de physique et déterminées avec précision par plusieurs physiciens, avec des résistances de circuit variant de 40 à 224 mètres de fil télégraphique, devront être adoptées, et l'on pourra voir par les chiffres suivants obtenus dans ces conditions par M. Ed. Becquerel, combien elles sont différentes de celles que nous avons données p. 171. Ces valeurs pourront donc être considérées comme les *coefficients des petites résistances* ou *des expériences de cabinet.*

Résistance en fil télégraphique
de 4 millim. de diamètre.

Couple de Grove (grand modèle)............	8^m,16
— — (moyen modèle)............	14 ,18
— — (petit modèle)............	20 ,62
Couple de Bunsen (très-grand modèle)........ de	18 ,92 à 12^m,26
— — (grand modèle de laboratoire)... de	14 ,18 à 11 ,52
— — (moyen modèle)......... de	41 ,32 à 20 ,72
— — (petit modèle)...........	57 ,70
Couple de Daniell (grand modèle avec diaphragme constitué par un sac en toile à voile)....	7 ,82
avec vase poreux (grand modèle des laboratoires).............	53 ,64
— — (moyen modèle).......... de	56 ,94 à 59 ,64
— — (petit modèle)...........	180 ,18
Couple à sulfate de plomb du système de M. Ed.Becquerel avec eau salée, (très-grand modèle)de	50 ,00 à 69 ,6
— — (avec eau acidulée par quelques gouttes d'acide sulfurique)...........	303 ,8
— — (modèle moyen avec eau salée)	225 ,8

M. Ed. Becquerel n'a pas donné les coefficients de résistance des autres piles, parce qu'avec la faible résistance des circuits sur lesquels il

(1) Ordinairement, on emploie une pile de Daniell de 50 éléments sur une ligne de 250 kilomètres de résistance ; c'est donc une résistance de 5000 mètres qui se rapporte à chaque élément.

expérimentait, les variations produites par la polarisation des éléments empêchaient toute mesure même approximative. Ces déterminations, en effet, n'étaient possibles, avec les piles à bichromate de potasse, à sulfate de mercure, au peroxyde de manganèse, etc., qu'en donnant aux circuits de très-grandes résistances et, dans ces conditions mêmes, les chiffres que l'on déduit à la suite d'expériences successives, présentent de telles différences, qu'on ne peut avoir une idée approximative de la résistance qu'ils représentent, que par des moyennes établies sur un très-grand nombre de déterminations.

D'après ce que l'on a vu au chapitre de la réduction des surfaces des lames polaires des piles, la résistance des couples voltaïques est loin de diminuer ou d'augmenter proportionnellement à la surface immergée de ces lames. Cela tient à beaucoup de circonstances particulières qui interviennent et notamment à l'action des diaphragmes poreux. Dans la pile à un liquide, cette influence est beaucoup plus manifeste (1). Du reste, en raison de la manière dont les courants se propagent au sein des liquides, cette proportionnalité ne pourrait même pas exister, car, en admettant que le conducteur liquide constituant le milieu dans lequel plongent les lames polaires fût indéfini, il résulterait des calculs de M. Kirschoff que la résistance serait à peu près en raison inverse des racines carrées des surfaces des lames polaires. Mais, dans le cas qui nous occupe, intervient une conductibilité électrolytique, dont les lois sont encore peu étudiées, et qui se complique d'effets de polarisation, de changements de composition dans les liquides, de résistances intermédiaires, dont il est très-difficile de préciser le rôle et l'action ; ce qui est certain, c'est que la diminution de l'intensité du courant, même dans un circuit de quelques mètres, s'effectue dans un rapport moindre que la réduction de la surface des électrodes.

Puissance chimique de la pile et évaluation de sa dépense. — M. Ed. Becquerel, dans la troisième partie de son remarquable travail sur les piles, a traité cette question importante et nous ne pouvons mieux faire que de résumer ce qu'il a dit à cet égard.

« On sait, dit M. Becquerel, que les décompositions chimiques se font en proportions définies. Dès lors, quand un couple fonctionne et décompose

(1) Voir les recherches de M. Ed. Becquerel, sur les piles voltaïques. (Annales du Conservatoire des arts et métiers, no d'octobre 1860, p. 324.

électro-chimiquement une substance, *la quantité d'effets chimiques produits doit être équivalente au travail chimique intérieur du couple.*

« Dans les couples disposés avec soin et isolés convenablement, on vé-
rifie ce principe ; mais quand on se sert de couples préparés, comme
ceux qui servent journellement dans l'industrie, il y a une différence
plus ou moins notable entre le travail extérieur et le travail intérieur.
Cette différence est due à ce que le couple fonctionne même quand le circuit est ouvert, c'est-à-dire que le zinc peut être dissous sans qu'il y ait
action chimique extérieure, et à ce que les liquides se mélangent toujours
par l'intermédiaire des vases poreux. D'un autre côté, si la pile est formée
d'un grand nombre de couples et que l'isolement ne soit pas bien fait,
une portion de l'électricité peut passer par dérivation tout autour, surtout
quand le circuit est ouvert. Enfin, les courants locaux dûs à l'impureté du
zinc fourni dans le commerce et aux dépôts métalliques sur la lame
électro-positive, exercent leur action sans produire de travail extérieur.
Il résulte de là qu'il se dissout plus de zinc dans chaque couple qu'il ne
se produit d'effet chimique correspondant dans le voltamètre. Néanmoins,
comme des déterminations précises doivent être basées sur des couples,
montés dans des conditions normales, on devra ajouter aux nombres
théoriques une fraction qui représentera l'excès de la consommation intérieure sur celle qui devrait avoir lieu, si les causes perturbatrices indiquées plus haut n'exerçaient aucune action. »

L'unité de travail chimique adoptée par M. Becquerel, est le gramme
de sulfate de cuivre, déposé en une heure dans un voltamètre à solution
saturée de sulfate de cuivre. Ce sel est supposé purifié et obtenu par
plusieurs cristallisations successives, et la lame négative est en cuivre.

En prenant dans ses expériences toutes les précautions voulues pour en
assurer l'exactitude des résultats, M. Becquerel est arrivé aux conclusions
suivantes :

1° Le poids du métal déposé, ou le travail chimique d'une pile, est en
raison inverse de la résistance totale du circuit et en raison directe de la
force électro-motrice de la pile ;

2" Pour une force électro-motrice, représentée par celle du couple de
Bunsen, avec une résistance totale de circuit équivalente à 10 mètres
d'un fil de cuivre de 1 millimètre de diamètre à 0", la quantité de cuivre
déposée par heure peut être estimée à 10^{gr},4471 ; d'où il résulte que
pour l'élément Daniell, dont la force électro-motrice est moins forte dans

le rapport de 1 à 0,603,, et avec une résistance totale de circuit de 26 mètres, cette quantité de cuivre sera représentée par 10,4471 ×

$$0,603 \times \frac{10}{26} \text{ ou } 2,4269.$$

3° Les actions électro-chimiques se produisant en proportions définies, si on veut connaître quel serait le dépôt de l'argent, de l'or, du zinc, etc., qui aurait lieu par heure dans une pile quelconque, ou bien la quantité d'eau décomposée, il suffit de multiplier les nombres précédents par les rapports qui existent entre les équivalents du cuivre et ceux de ces métaux; on a ainsi :

	Cuivre.	Zinc.	Plomb.	Argent.	Or.	Eau.
1. Pour l'élément Bunsen, avec une résistance de circuit de 10 mètres	10,447	10,734	34,183	35,621	32,417	2,971
2. Pour l'élément Daniell, avec une résistance de circuit de 26 mètres	2,427	2,494	7,941	8,276	7,531	0,690

4° Le poids de cuivre déposé à l'électrode négative dans les voltamètres à électrodes de cuivre est toujours moindre que celui qui est dissous à l'électrode positive, mais la différence de ces poids varie suivant la nature du sulfate et surtout suivant le degré d'acidité de la solution. Avec une solution de sulfate pur acidulée au vingtième, elle peut être en moyenne les 33 millièmes du poids du dépôt, et elle est à peu près la même que celle fournie par la solution de sulfate de cuivre du commerce ; mais avec des sulfates purs provenant de plusieurs cristallisations successives, la perte à l'électrode positive varie seulement entre les 4 et 13 millièmes du poids du dépôt.

Les résultats rapportés précédemment permettraient, suivant M. Becquerel, de déterminer quelle est la dépense d'une pile, lorsque celle-ci fonctionne pendant un certain temps. « Les décompositions chimiques, dit-il, ayant lieu en proportions définies, chaque couple agit comme un appareil décomposant quand le courant circule, et présente le même travail chimique intérieur : il suffirait donc d'évaluer celui d'un des couples, pour en conclure le travail de la pile entière, si la dépense effective était représentée exactement par la dépense théorique. »

D'après cela, on pourrait établir que la dépense théorique d'une pile de Bunsen, dont la résistance varierait, suivant M. Becquerel, entre 6, 8 et 10 mètres du fil de cuivre pris par lui, pour unité de résistance, pourrait être représentée (en admettant pour la représentation des équivalents chimiques du cuivre et du zinc, les nombres 395,6 et 406,5) par 17^{gr},958^{mg}, 13^{gr},467^{mg}, 10^{gr},774^{mg}. En même temps que cette quantité de zinc serait consommée par heure, un équivalent d'acide sulfurique serait nécessaire pour former du sulfate de zinc, et un équivalent d'acide azotique serait employé à donner des vapeurs nitreuses et des produits azotés.

Cette évaluation donne ce qu'on peut appeler le travail théorique du couple, et si en prenant des précautions très-grandes, en évitant, par exemple, que le zinc amalgamé ne soit plongé dans l'eau acidulée sans fonctionner, en isolant convenablement les couples, etc., on approche des nombres précédents, il est loin d'en être ainsi dans la pratique, et on trouve toujours des chiffres supérieurs ; nous en avons expliqué précédemment les causes. Or, d'après les expériences de M. Becquerel, il faudrait ajouter au travail théorique, en évaluant le zinc par les équivalents chimiques, de un à deux dixièmes, pour représenter l'excès de zinc dissous dans les piles de Bunsen sans travail extérieur correspondant.

« On peut également conclure des nombreuses expériences que *j'ai entreprises*, dit M. Becquerel, qu'avec une pile d'un nombre de couples déterminé, on ne peut dépasser une certaine limite d'action, dépendant du nombre des couples, de leur force électro-motrice, et de leur résistance. Cette limite est telle, que pour les couples à acide azotique en usage, on ne dépasse guère de 20 *à* 30 *grammes de zinc dissous dans chaque couple par heure*, et encore, avec les éléments de la plus grande dimension que l'on possède, et quand la résistance extérieure est petite. Lorsqu'une résistance additionnelle est interposée dans le circuit, si cette résistance est égale à celle de la pile, *ce qui donne le maximum d'effet utile*, la consommation n'est que moitié du nombre précédent.

« On ne donne pas le prix de revient des matières consommées dans les couples, car ce prix peut varier, mais on peut aisément l'établir d'après les nombres rapportés plus haut et les équivalents chimiques.

« Il serait facile d'évaluer d'une manière semblable, la dépense des couples à sulfate de cuivre ou de tout autre couple, ainsi qu'on l'a fait, page 212, car il suffirait, d'après le tableau qui a été donné page 213, de connaitre la résistance des couples, la résistance additionnelle extérieure et la force électro-motrice du couple. »

Si l'on a bien compris le système d'évaluation de la dépense d'une pile que nous venons d'exposer, on reconnaît qu'il ne s'applique qu'à la disposition ordinaire des piles en usage, et ne prend en considération que l'action électrolytique produite au sein de la pile, pendant le passage du courant ; or, il était intéressant de savoir en quoi ces éléments de dépense peuvent être modifiés, quand les électrodes positives sont très-petites, relativement aux électrodes négatives. On doit se rappeler que les conclusions que nous avions formulées page 206, à ce sujet, étaient que si *on avait un grand intérêt* à réduire la surface de la lame polaire électro-positive, on pouvait le faire sans inconvénient, à la condition de compenser cette réduction de surface par un accroissement correspondant de la lame électro-négative. Ce grand intérêt existe-t-il ? ou en d'autres termes, y a-t-il avantage, au point de vue de la dépense d'entretien de la pile à opérer cette réduction ? c'est que nous allons maintenant examiner.

La question, toutefois, est assez complexe, car elle présente des conclusions qui peuvent varier :

1° Suivant que la pile est maintenue toujours chargée sans fournir d'action continue, ce qui arrive le plus souvent dans les applications mécaniques de l'électricité ;

2° Suivant qu'elle fournit une action continue pendant tout le temps de sa charge ;

3° Suivant l'énergie et la durée de cette action.

Dans le premier cas, la réponse à la question que nous avons posée n'est pas douteuse, car avec les zincs du commerce et les couples locaux qui s'y produisent, l'oxydation s'effectue sans que le circuit soit fermé, et cette oxydation se produisant sur toute la surface du zinc, entraine une perte d'autant plus grande que la lame de zinc est plus développée ; on a donc, dans ce cas, tout avantage à avoir des électrodes de zinc de petite surface.

Dans le second cas, il peut y avoir incertitude, car bien que, d'après les lois que nous avons exposées précédemment, un même travail électrique doive amener une même consommation de zinc, les effets complexes qu'entraînent les lames polaires d'inégale surface pouvaient bien être susceptibles de modifier les déductions théoriques. Il était donc important d'étudier expérimentalement la question, et voici les expériences que j'ai entreprises à cet égard :

J'ai pris deux éléments de Bunsen, du modèle employé par M. Ruhmkorff, pour ses grands appareils d'induction, et je les ai disposés d'une manière inverse par rapport à leurs électrodes polaires. Dans l'un, l'électrode négative était donc constituée par deux lames de charbon, plongeant des deux côtés du vase poreux dans le vase extérieur contenant l'acide azotique, et l'électrode positive, formée d'une seule lame de zinc amalgamé, plongeait dans le vase poreux renfermant l'eau acidulée, au dixième de son poids. Dans l'autre élément, deux lames de zinc réunies par leur partie inférieure remplaçaient les deux lames de charbon de l'élément que nous venons de décrire, et une lame de charbon tenait lieu de la lame de zinc. Les liquides étaient les mêmes, et leur hauteur dans les vases était exactement semblable, les zincs étaient en outre amalgamés à nouveau.

La lame de zinc unique du premier élément, avait une surface immergée de 224 centimètres carrés, et la surface totale également immergée des deux autres lames dans le 2e élément, était de 544 centimètres.

Ces surfaces étaient (à peu près) celles des lames de charbon.

Au début de l'expérience, l'intensité indiquée par la boussole des tangentes avec un circuit fermé par un fil de cuivre de 7 dixièmes de millimètre de diamètre sur 1 mètre 32 cent. de longueur, plus le gros cercle de la boussole a été :

Pour la pile à grande surface de zinc. . . . . 78°,5′

Pour la pile à petite surface. . . . . 84°,10′

La température du liquide excitateur était, pour la première, 21°,1, pour la seconde 21°,8.

Au bout d'une heure 18 minutes de fermeture continue du circuit, l'intensité du courant était tombée :

Pour la pile à grande surface de zinc à. . . . . 72°,5′

Pour la pile à petite surface. . . . . 77°,15′

La température de la première était devenue 29°,8 et celle de la seconde 30°,2.

Le poids du zinc dissous dans la première était 32 grammes, celui dissous dans la seconde 38 grammes.

Or, il résulte de ces expériences, qu'en tenant compte des différences des intensités, la consommation du zinc est bien à peu près la même dans les deux cas, eu égard au travail produit. Conséquemment, on peut conclure que, dans les piles où le courant reste constamment fermé, aucun avantage ne résulte, au point de vue de la dépense en zinc, de l'emploi d'électrodes positives à petite surface. En est-il de même à d'autres points de vue ? c'est ce que nous allons voir.

Nous reconnaissons déjà, en considérant les résultats des expériences précédentes, que le courant gagne de l'intensité quand l'électrode positive est plus petite que l'électrode négative ; ce qui est conforme, du reste, aux expériences que nous avons rapportées page 203, et cette différence ne peut être expliquée par une perméabilité différente des vases poreux ; car, après vérification, cette différence n'a pu faire varier l'intensité du courant de plus de 2°. Mais l'avantage le plus important de ces petites électrodes serait, suivant M. Delaurier, de ne pas épuiser et altérer trop promptement les liquides de la pile. Ainsi, d'après cet industriel, une lame de zinc de 9 millimètres de largeur a pu fournir, avec une dépense de 115 grammes, un dépôt de cuivre de 101 grammes en 48 heures, alors qu'une surface de zinc, 10 fois plus grande, n'avait pu fournir une continuité d'action au delà de une heure, avec un travail représenté par un dépôt de cuivre de 5 grammes pendant ce laps de temps. Les liquides étaient complétement épuisés. Cette observation a encore été faite sous une autre forme par M. Ruhmkorff, qui a reconnu que si on ne plonge le zinc d'une pile à bichromate de potasse que d'un cinquième de sa hauteur dans le liquide excitateur, le couple peut conserver pendant plus de 6 heures, une intensité qui sera le tiers de celle qui correspond à l'immersion totale du zinc, mais, dans ce dernier cas, le courant ne peut maintenir son intensité suffisante pour rougir un fil de platine, que pendant 10 minutes. Ces résultats sont donc à l'avantage des petites surfaces de zinc.

Quant au troisième cas, dont nous avons parlé page 215, il est facile de comprendre que si la pile doit fournir une intensité considérable et de longue durée, on aura avantage à prendre des zincs de grande surface, afin de ne pas avoir à les renouveler trop souvent, ou à employer le moyen indiqué par M. Delaurier page 206.

Une pile étant une véritable machine électrique qui fournit dans un temps donné une quantité d'électricité déterminée, il devient facile, en comparant le travail produit par elle et par une machine électrique, d'apprécier matériellement la quantité d'électricité développée par ces deux sortes de générateurs électriques et de comparer leur rapport de puissance à ce point de vue.

Parmi les moyens dont on peut se servir pour mesurer le travail produit par un courant, la décomposition de l'eau est, comme on l'a vu, un des plus simples et des plus exacts. En opérant ainsi, M. Faraday a trouvé que la quantité d'électricité nécessaire pour décomposer un gramme d'eau, correspond à celle qui serait fournie par une immense batterie électrique, qui aurait une surface égale à 328 millions de mètres carrés et qui serait chargée par une puissante machine électrique. C'est une quantité de même ordre que celle qui produit les orages les plus violents. Or, ce travail peut être obtenu, avec un seul élément Daniell (petit modèle), en deux jours ; d'où il résulte que la quantité d'électricité, mise en mouvement par cet élément, est à peu près égale à celle d'une batterie de Leyde de 2000 mètres carrés de surface, fortement électrisée.

Il nous reste maintenant à expliquer ce principe formulé par M. Becquerel, page 214, et que, du reste, l'expérience a toujours confirmé, à savoir que le maximum d'effet utile produit par la pile, ou ce qui revient au même, son plus grand travail avec le moins de dépense possible, est obtenu *lorsque la résistance du circuit extérieur est égale à la résistance intérieure de la pile.*

Ce principe peut être démontré immédiatement, en partant de la loi de Joule, qui indique que le travail produit par un courant est représenté par la résistance utile r du circuit, multipliée par le temps t et par le carré de l'intensité du courant I; de sorte que, si T représente ce travail produit, on aura :

$$T = I^2 r t,$$

ou en donnant à I sa valeur réelle exprimée par la formule (13), page 43, et en supposant $t = 1$:

$$T = \frac{E^2 r}{(R + r)^2}.$$

Or, les conditions de maximum de cette formule répondent à R $=$ r. En effet, divisons par r les deux termes de l'expression précédente, et exprimons R en fonction de r, en admettant que q soit le coefficient par lequel il faut multiplier R pour le rendre égal à r, la formule précédente représentant la valeur de T devient :

$$\frac{\dfrac{E^2}{R (q + 1)^2}}{q}.$$

Or, il est facile de voir que cette expression atteint sa valeur maximum, quand $q = 1$ ou ce qui revient au même quand $R = r$. Car dans le cas ou $q = 1$, le dénominateur de l'expression précédente devient 4R, et quand on·fait $q > 1$ ou < 1, cette valeur 4R augmente. Elle devient en effet, pour $r = Rq$ et $r = \dfrac{R}{q}$.

$$R\left[4 + \frac{(q-1)^2}{q}\right].$$

Avec le calcul différentiel, la démonstration eût été encore plus facile.

On remarquera toutefois, que cette déduction est également vraie, si on ne considère que l'effet électrique donnant lieu à ce travail utile, car la formule (18) que nous avons donnée page 149, conduit à l'équation :

$$\frac{a}{b}R = r,$$

dont le premier membre représente la résistance de la pile.

Au premier abord, on pourrait croire que ce maximum de I devrait correspondre à une résistance de circuit égale à zéro, car l'intensité du courant étant représentée, comme on l'a vu page 143, par $\dfrac{E}{R + r'}$, cette formule semble fournir ses conditions de maximum quand $r = o$, mais si on considère que l'effet utile que peut produire une pile, entraine forcément l'existence d'une résistance extérieure r et que cette résistance, ajoutée à celle de la pile, constitue une résistance totale représentée par *deux conducteurs de nature très-différente*, dont l'un R peut être modifié par la disposition de la pile, on peut comprendre que la combinaison plus ou moins heureuse de ces deux résistances dans leurs rapports réciproques et par rapport à l'arrangement de la pile, peut conduire à des conditions de maximum, basées·sur un minimum dans la résistance totale du circuit. Cette déduction de maximum avait été, du reste, posée par Ohm lui-même, dans la formule qu'il a donnée pour indiquer le nombre d'éléments que doit avoir une pile pour correspondre le plus efficacement possible à une résistance donnée du circuit. (Voir théorie d'Ohm, traduction de Gaugain, p. 131.)

Plusieurs physiciens ont cru que ces conditions de maximum devaient également s'appliquer aux électro-aimants ; mais il n'en est pas ainsi. Car, dans ce cas, la résistance r, au lieu de croître proportionnellement à l'effet utile qu'elle détermine, croît dans un rapport plus rapide, par suite de l'augmentation progressive de la résistance constituant chaque tour de spire de l'hélice magnétisante, et d'un autre côté, ces spires agissent d'une manière plus complexe que ne l'admet la formule de Joule. Dès lors, les conditions de maximum qui pouvaient convenir à l'hypothèse où l'effet utile était proportionnel à r, se trouvent forcément différentes dans les conditions réelles des électro-aimants, comme nous le verrons du reste, quand nous en serons à ce chapitre (1).

Effets thermiques des piles. — Un dégagement électrique résulte toujours, comme on l'a vu, page 129, d'une combinaison chimique, mais en même temps un développement de chaleur se produit et ce développement de chaleur, ainsi que l'action chimique elle-même, peut se trouver considérablement augmenté, si, comme cela a lieu dans la pile, l'électricité dégagée peut constituer un courant et provoquer *l'électrolysation* du liquide excitateur. Cette chaleur pourra même augmenter encore, si à cette action primitive se joignent d'autres réactions chimiques ou moléculaires subséquentes, qui seront la conséquence, soit de l'effet électrique déterminé, soit de l'introduction d'éléments chimiques nouveaux au sein de l'électrolyse, mais qui pourront d'ailleurs s'effectuer dans des sens différents, par rapport à l'énergie du courant transmis (2).

D'après ces considérations, on peut comprendre que la totalité de la chaleur produite dans une pile et son circuit, pourra être divisée en deux parts bien distinctes, l'une qui sera en rapport avec l'action chimique primitive et avec celles qui suivent l'électrolysation (lesquelles peuvent être étrangères à cette action), l'autre qui sera la conséquence de l'action électrolytique elle-même et qui pourra représenter par conséquent l'énergie du courant électrique développé. Or, d'après M. Favre, *la quantité de chaleur qui se trouve dans ce dernier cas, est précisément représentée par celle qui est transmise au circuit.* Par conséquent, si on

---

(1) Voir mes recherches sur les meilleures conditions de construction des électro-aimants, p. 5 et suiv.

(2) « M. Favre a constaté en effet, que pour une même quantité d'action chimique et pour une même valeur finie de la résistance extérieure du circuit, *la quantité de chaleur due à la résistance propre de la pile l'emporte sur celle du couple.* » « Cet excès de chaleur confinée dans la pile, dit M. Favre, provient pour les couples simples, comme la pile « de Smée : 1o de l'obstacle opposé à la transmission du courant, par l'hydrogène déposé « sur la lame électro-négative ; 2o de l'action locale due au passage de l'hydrogène, de « l'état naissant à l'état ordinaire ; 3o de l'action également locale due à la sulfatation « du zinc déposé sur la lame électro-négative . » (*Comptes rendus de l'Académie des sciences,* tome 67, p. 1013).

mesure la quantité de chaleur développée dans un couple voltaïque et son circuit plongés dans un calorimètre, et qu'on retranche de cette quantité celle qui résulte du même couple voltaïque, dont le circuit aura été placé en dehors de l'appareil calorimétrique, on pourra avoir l'expression numérique de la chaleur représentant *la totalité de l'action électrolytique*, et par conséquent, l'énergie du courant. En même temps et par une simple soustraction, on connaîtra la quantité de chaleur confinée dans la pile elle-même, laquelle résulte, ainsi que l'a également constaté M. Favre, de toutes les actions moléculaires qui *précèdent ou suivent* l'action électrolytique, actions qui, étant localisées dans la pile sans que le dégagement électrique auquel elles donnent lieu soit utilisé, s'effectuent en pure perte, et *dont l'effet thermique* (la chaleur) *est égale à la somme algébrique des quantités de chaleur mises en jeu dans chacune d'elles* (1). Cet effet thermique, ainsi que l'a encore constaté M. Favre, est, toutes choses égales d'ailleurs, *d'autant plus grand* (*dans les couples ordinaires*), *que l'électrolyse de l'acide sulfurique s'effectue dans un temps plus court*.

D'après la formule posée par M. Joule, V = KeR, dans laquelle V représente la quantité de chaleur développée dans une pile, E sa force électro-motrice, Ke un coefficient de relation que M. Joule suppose constant, on pouvait admettre que la quantité de chaleur développée dans une pile devait être proportionnelle à la force électro-motrice et indépendante de la nature de la pile. Cette déduction, qui avait été contestée par plusieurs physiciens, a été définitivement démontrée par M. Raoult, à la suite d'expériences très-précises; de sorte que l'on l'on peut admettre que *les quantités de chaleur transmissibles aux circuits varient exactement, avec les forces électro-motrices des couples, quelle que soit la nature de ceux-ci* (2). On remarquera toutefois, que les mesures calorimétriques exigeant un certain temps d'action de la pile et des circuits relativement courts, les déterminations de l'énergie des piles effectuées par cette méthode, placent ces dernières dans leurs plus mauvaises conditions, quand elles sont sujettes à des effets de polarisation ; M. Favre attend même dans ses expériences, que ces effets, qu'il appelle

---

(1) Voir le Mémoire de M. Favre, *Comptes rendus de l'Académie des sciences*, tome 68, page 1525.
(2) Voir les *Comptes rendus de l'Académie des sciences*, tome 73, p. 249.

actions locales, aient à peu près cessé. C'est pour cette raison probablement, que l'énergie des piles à bichromate de potasse constatée par MM. Favre et Leblanc est représentée par un chiffre très-inférieur à celui qui se rapporte aux éléments Bunsen, alors que les forces électro-motrices de ces deux systèmes d'éléments dont nous avons donné, page 171, les valeurs, sont dans un rapport précisément inverse. Ces conclusions diamétralement opposées ne peuvent évidemment pas provenir d'une erreur d'expériences ou de calculs, car les déterminations de ces forces électro-motrices faites en Angleterre et rapportées par M. Latimer Clarck, dans son *Formulaire électrique (Électrical Tables et formulæ)* (1), donnent un rapport fort peu différent des nôtres ; et d'ailleurs tout le monde sait qu'il faut moins d'éléments pour produire momentanément de la lumière électrique avec les piles à bichromate de potasse qu'avec les éléments Bunsen de même taille. Il est vrai que si on prend l'intensité moyenne de cette lumière au bout de deux heures d'action, l'avantage reste aux piles de Bunsen dans un rapport même considérable.

Une conséquence curieuse qui résulte des recherches de M. Favre, c'est que la chaleur dégagée dans une combinaison chimique n'est pas entièrement représentée par la chaleur absorbée dans la réduction ou décomposition ; *une partie de la chaleur dégagée ou absorbée est employée à préparer les corps, soit à la combinaison, soit à la réduction.* Il en résulte que si un liquide n'est pas ainsi préparé par la chaleur, il se décompose difficilement, et M. Favre assure que l'eau ne peut être électrolysée, même par les courants électriques les plus forts, que quand ces courants ont assez de tension pour traverser physiquement le liquide (en vertu de sa conductibilité propre) et élever assez sa température pour reproduire les conditions de l'expérience de Grove (la décomposition de l'eau par le platine incandescent). Suivant lui, l'eau est simplement un milieu très-mobile au sein duquel l'électrolyse peut se mouvoir librement et s'orienter conformément à la théorie de Grothus et d'Ampère.

Le système des mesures calorimétriques appliqué aux piles, que nous

(1) D'après ces tables, la force électro-motrice de l'élément Daniell étant 1, celle de la pile de Bunseu serait 1,888, celle de la pile au bichromate de potasse 2,028 et celle de la pile de Grove a acide nitrique fumant 1,956 (voir l'édition de 1871, p. 99.)

avons exposé précédemment, permettant de séparer les actions chimiques inutiles des actions utiles, il était important que des expériences précises fussent entreprises, non-seulement sur les différentes piles, mais encore sur les électrolyses constituées par les différentes catégories de composés chimiques, tels que les acides, les bases, les sels, etc., etc. C'est ce travail énorme, qui a nécessité pendant plusieurs années, de nombreuses expériences, qui a été entrepris par M. Favre, et, grâce à lui, on a maintenant des chiffres qui peuvent être d'un grand secours dans les applications de l'électricité. Ne pouvant donner ici tous ces résultats, nous nous bornerons à ceux qui se rapportent aux différentes piles, en faisant observer que le circuit extérieur sur lequel les expériences ont été faites, avait sa résistance représentée par celle d'un thermo-rhéostat, dont le fil de platine avait 3000 millimètres de longueur et auquel était adjoint une boussole des tangentes. On pourra avoir des renseignements plus complets dans les différents mémoires de M. Favre, insérés aux comptes rendus de l'Académie des sciences, tome 67, p. 1013, tome 68, p. 1525, tome 73, p. 249, 890, etc., etc.

Les premières recherches que dut entreprendre M. Favre, devaient concerner la quantité de chaleur en rapport avec la sulfatation du zinc, car dans toutes les piles, cette action se retrouve, et, pour isoler les autres actions, il fallait qu'elle fût d'abord déterminée avec beaucoup de précision. Nous ne parlerons pas de toutes les précautions qui ont été apportées à cette détermination pour en faire le pivot des autres recherches, on les trouvera exposées dans les comptes rendus, tome 73, p. 890. Nous dirons seulement que M. Favre a reconnu que dans la sulfatation du zinc d'un couple simple (zinc, platine et eau acidulée), 19500 calories (1) sont mises en jeu, mais que, sur ce nombre, 14950 calories seulement sont transmissibles au circuit. Il reste donc confinées à l'intérieur de la pile 4550 calories qui doivent être attribuées à des actions locales.

Dans les piles à deux liquides, les effets sont plus complexes, car, en outre de la chaleur développée par la double réaction chimique qui se produit sur le zinc et entre les deux liquides, il peut y avoir des réactions secondaires échangées entre les produits formés au sein de la pile

---

(1) La calorie est l'unité de chaleur, elle représente la quantité de chaleur nécessaire pour élever d'un degré centigrade, la température d'un kilog. d'eau.

et les liquides eux-mêmes, qui peuvent figurer, suivant les circonstances, avec des signes différents dans la répartition de la chaleur entre le circuit et la pile. Ainsi, par exemple, dans la pile de Bunsen à acide nitrique fumant, la formation d'eau qui résulte de la désoxygénation de l'acide nitrique a pour effet d'hydrater cet acide, et il en résulte un fort dégagement de chaleur (6000 calories environ). Or l'expérience montre que ce dégagement de chaleur est alors transmissible au circuit ; d'où l'on peut conclure que la réaction chimique produite par l'hydratation est dans ce cas favorable à l'action de la pile. Mais il n'en est pas toujours ainsi, car avec de l'acide azotique moins concentré, les effets sont diamétralement opposés ; la quantité de chaleur développée par suite de cette hydratation est alors beaucoup moins grande, et, comme l'acide déjà affaibli dans ses propriétés dépolarisantes tend à être encore plus affaibli par l'hydratation, la chaleur développée dans ces circonstances, au lieu d'être transmissible au circuit, reste confinée à l'intérieur de la pile et se produit conséquemment au détriment de l'énergie de celle-ci. On comprend, d'après cela, que l'énergie de ces piles est d'autant plus grande que l'acide est plus concentré.

La plupart des effets que nous avons désignés sous le nom d'effets de polarisation, sont les principales sources de la chaleur confinée au sein des piles, et la plus ou moins grande importance du chiffre qui la représente, par rapport à celui des actions chimiques auxquelles on l'attribue, peut indiquer si ces actions sont simples ou compliquées de plusieurs autres. C'est, grâce à ce système, que M. Favre a pu mieux approfondir qu'on ne l'avait fait jusqu'ici, les actions locales produites au sein des piles, actions dont le résultat est le plus souvent difficile à expliquer. On peut toutefois s'en faire une idée par ce qui se passe dans une pile, quand il s'y produit des couples locaux. Dans ce cas, le circuit de ces couples se trouve fermé par le métal même des électrodes polaires, et les courants qui en résultent, se trouvant presqu'en totalité confinés à l'intérieur de la pile, lui transmettent comme à un calorimètre la chaleur qu'ils développent. C'est à cette cause qu'il faut attribuer le développement de chaleur qui se produit à l'intérieur d'une pile dont les zincs ne sont pas amalgamés. On peut donc conclure que quand une pile s'échauffe dans une proportion plus grande que le circuit extérieur, il se produit en son sein des réactions chimiques contraires qui usent en pure perte les éléments qui la composent.

Voici du reste les valeurs exprimées en calories des effets thermiques des principales piles expérimentées par M. Favre.

PILES.	Quantité de chaleur transmise au circuit représentant l'énergie de la pile	Quantité de chaleur confinée dans la pile.	Quantité de chaleur correspondante à la réduction du liquide dépolarisateur.
1° Couple à acide hypochloreux.	50806 ᵉ	12064 ᶜ	62870 ᶜ
2° Couple de Grove à acide azotique fumant.	49847	2867	52714
3° Couple de Grove à acide azotique concentré ordinaire.	46447	— 4957	41490
4° Couple à acide permanganique et acide sulfurique mélangés.	39234	21420	60654
5° Couple à acide chromique et à acide sulfurique mélangés.	30225	28419	58644
6° Couple de Marié-Davy à sulfate de bioxyde de mercure.	29302	8270	37572
7° Couple de Daniell à sulfate de cuivre et eau acidulée	23993	1067	25060
8° Couple à eau oxygénée et acide chlorhydrique.	20804	44701	65515
9° Couple de Smée à acide chlorhydrique	16738	674	*
10° Couple de Smée à acide bromhydrique	14967	2983	*
11° Couple de Smée à acide sulfurique. .	14950	4550	*
12° Couple de Smée à acide iodhydrique	14584	3315	*
13° Pile à sulfate de cuivre et hydrogène allié au palladium, avec eau acidulée et l'hydrogène jouant le rôle de métal électro-positif.	4000	5800	*

On remarquera que la pile qui fournit le plus de chaleur confinée est le couple à eau oxygénée et acide chlorhydrique, ce qui provient d'une combustion d'hydrogène qui n'est pas utilisée comme dans les autres piles, c'est-à-dire qui ne fait plus partie essentielle du phénomène électrique proprement dit. Or il résulte de ce fait, comme le remarque M. Favre, une conséquence importante. *C'est que la chaleur mise en jeu pendant la combustion de l'hydrogène réduit dans l'électrolyse, est transmissible ou non transmissible au circuit, suivant la nature du composé qui fournit l'oxygène nécessaire à cette combustion.* (Comptes rendus de l'Académie des sciences, tome 69, p. 39).

Synchronisme des actions électro-chimiques, sous l'influence électrique. — Il est un fait remarquable sur lequel M. Favre a attiré l'attention des physiciens et qui peut expliquer certains phénomènes regardés jusqu'ici comme des anomalies, c'est l'action synchrone que tend à prendre, sous l'influence de l'action électrique, une réaction chimique quand elle se trouve en présence de plusieurs autres. On dirait d'une vibration qui cherche à se mettre à l'unisson de celles qui l'entourent pour se produire d'une manière concordante avec ces dernières. Ainsi, si on étudie isolément l'énergie de l'action chimique déterminée au contact du zinc et de l'eau acidulée avec de l'acide azotique, on reconnaît qu'elle est moins grande (2000 calories en moins sur 43247) qu'avec l'eau acidulée par de l'acide sulfurique, et qu'il ne se dégage pas d'hydrogène au moment de la formation de l'azotate de zinc, sans doute en raison de l'action de ce gaz sur l'acide azotique. Or, si on associe un couple de Smée à acide azotique à un couple de Smée à acide sulfurique, on peut constater deux effets différents suivant que le circuit est ouvert ou fermé. Dans le premier cas, le couple à acide azotique placé dans le calorimètre développe une certaine quantité de chaleur sans production de gaz, comme quand on étudie le couple isolément, mais, dans le second cas, le dégagement de gaz se produit avec accroissement d'action calorifique, et il se dégage en quantité sensiblement égale à celle que donne le couple à acide sulfurique placé à l'intérieur. D'un autre côté, un couple à double diaphragme poreux contenant dans le compartiment moyen de l'acide azotique concentré compris entre de l'acide sulfurique dilué versé dans le compartiment positif extérieur et de l'acide également dilué occupant le compartiment négatif central, ne différera en rien, sous le rapport thermique, de ce qu'il serait si l'acide azotique concentré était remplacé par de l'acide sulfurique dilué, dès lors qu'il se trouvera associé à un couple de Smée.

Enfin, dans un voltamètre à cloison, dont les électrodes sont en platine et dont le compartiment négatif contient de l'acide sulfurique dilué, tandis que le compartiment positif contient de l'acide nitrique concentré, les choses se passent comme si les deux compartiments ne renfermaient que de l'acide sulfurique dilué. Voici du reste ce que dit M. Favre à cet égard.

« Ne peut-on pas admettre que, de même que telle vibration sonore détermine une vibration synchrone dans certains corps, à l'exclusion de certains autres et de même que telle vibration lumineuse peut provoquer une vibration synchrone dans certains composés chimiques, à l'exclusion de certains autres ; de même la vibration électro-dynamique déterminée par la chute d'une molécule métalloïdique sur le métal positif de chaque couple (pour produire un composé d'un ordre spécial), peut déterminer une vibration synchrone dans les composés du même ordre que renferment les électrolyses et qui font partie du circuit ? Ainsi, pourvu qu'on emploie un nombre de couples suffisant, cette vibration (dont l'amplitude serait proportionnelle à l'énergie voltaïque du couple employé et croîtrait proportionnellement au nombre des couples de même nature, qui fonctionnent ensemble), peut devenir capable de porter les molécules constituantes des composés, entrant en vibration synchrone, au delà de de leurs sphères d'activité, entraînant ainsi leur séparation.

« En un mot, dans tous les corps, il y a une vibration de leurs molécules constituantes qui leur est propre, et pour dissocier ces molécules, il suffit de trouver l'agent qui peut donner lieu à une vibration synchrone d'une amplitude suffisante. » (*Comptes rendus de l'Académie des sciences*, tome LXXIII, p. 777.)

Conditions que doit réaliser une pile suivant les différentes applications auxquelles on veut la soumettre. — Dans les applications électriques qui exigent un circuit très-résistant, la principale qualité d'une pile est d'avoir une force électro-motrice considérable. Quand le circuit est bien isolé, la résistance intérieure de la pile est insignifiante, car elle s'efface devant celle du circuit ; de là l'emploi avantageux qu'on a fait des piles Daniell et Marié-Davy pour la télégraphie électrique. Mais quand le circuit est soumis à des dérivations ou à des pertes, comme cela a lieu sur les lignes télégraphiques, en temps de pluie, et avec les câbles sous-marins, par suite de la conductibilité relative de leur enveloppe de gutta-percha, cette résistance des couples peut se faire sentir d'une manière fâcheuse ; car l'augmentation de résistance du circuit qui survient alors, est d'autant plus grande que la résistance de la pile est elle-même plus grande. Nous voyons en effet que la formule (24) donnant l'intensité du courant sur les lignes télégraphiques soumises à des dérivations, qui est exprimée dans le cas le plus favorable par

$$I = \frac{n\,E}{nR\left(1 + \dfrac{ld}{a}\right) + l}$$

ne diffère de la formule ordinaire $\dfrac{nE}{nR + l}$, qui exprime l'intensité I dans le

même circuit sans dérivations, que par le facteur $1 \times \dfrac{ld}{a}$ *qui multiplie la résistance de la pile*, et l'on comprend dès lors parfaitement que plus cette résistance nR sera considérable, plus l'action des dérivations sera nuisible. Dans ce cas, la pile devra donc être peu résistante.

Quand les applications électriques auxquelles on doit soumettre une pile exigent de sa part une grande intensité et que le circuit extérieur est peu résistant, les qualités qu'elle doit présenter sont : une grande force électro-motrice et surtout une *très-faible résistance*. Or, cette résistance peut-être diminuée, soit en prévenant les effets de la polarisation, soit en rapprochant l'une de l'autre les lames métalliques des couples, soit en agrandissant leur surface, soit en rendant les liquides interposés meilleurs conducteurs, soit en diminuant l'épaisseur des vases poreux, ou en augmentant leur porosité, soit en les accouplant en séries, d'après les règles que nous avons exposées, page 148.

MOYENS MÉCANIQUES POUR RÉUNIR FACILEMENT LES DIVERS ÉLÉMENTS D'UNE BATTERIE VOLTAÏQUE ET LES GROUPER CONVENABLEMENT SUIVANT LES CONDITIONS DU CIRCUIT.

Les éléments d'une pile peuvent, ainsi qu'on l'a vu page 145, être groupés de trois manières différentes : *en tension, en quantité et en séries*, et le choix de l'un ou de l'autre de ces modes de groupement dépend des effets que l'on veut obtenir. Sans doute, si les conditions d'une ap-

Fig. 33.

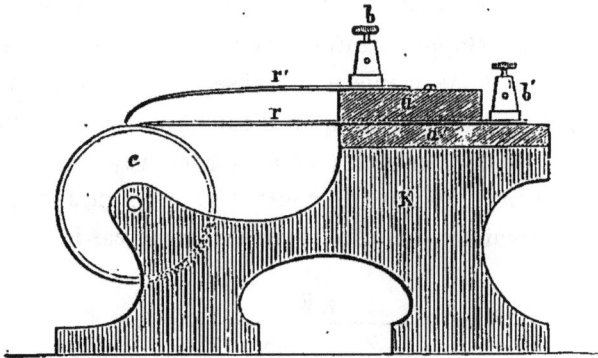

plication électrique sont assez nettement déterminées pour qu'il ne puisse y avoir doute sur le mode de groupement que l'on doit adopter, il n'est besoin d'aucun appareil pour disposer la pile, et les liaisons des éléments entre eux peuvent être établies une fois pour toutes; mais, dans beaucoup de circonstances, principalement dans les recherches expérimentales, et dans le cas où l'on veut utiliser une forte pile à plusieurs usages, un appareil permettant de grouper instantanément tous les éléments d'une pile de telle manière qu'il convient, peut être d'une très-grande utilité ; aussi a-t-on cherché souvent à disposer dans ce but un *commutateur* de pile, mais la solution la plus satisfaisante a été donnée par M. Lequesne, professeur à Rouen, dans un appareil auquel il a donné le nom de *Voltamériste*.

Fig. 34.

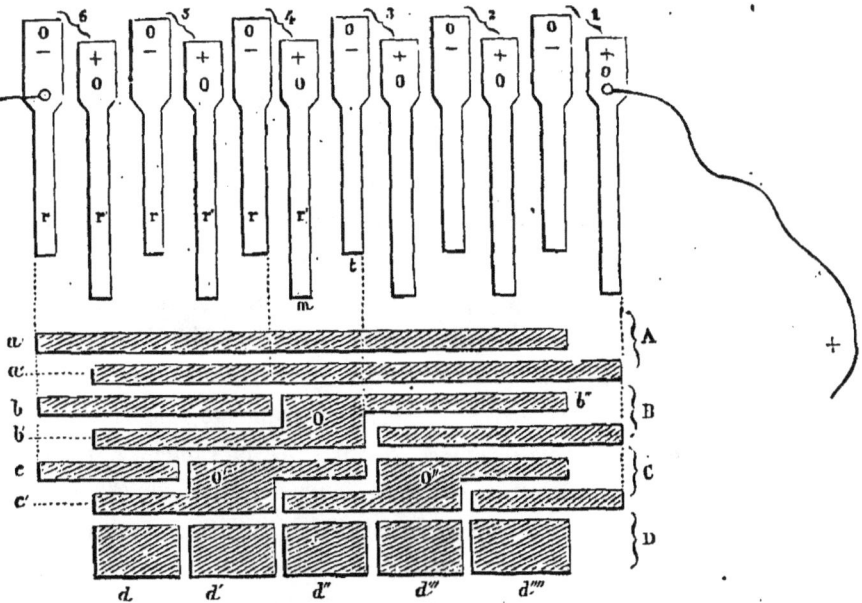

En principe, ce système se compose d'un cylindre en bois ou en caout-chouc durci c, fig. 33, à la surface duquel se trouvent fixées des découpures métalliques, disposées comme l'indique la figure 34 et sur lequel appuient deux systèmes r, r' de lames rigides en cuivre, disposées isolément sur deux plans différents et aboutissant à des bornes d'attache b, b', qui sont placées elles-mêmes sur deux lignes différentes. Les parties a, a' représentent la coupe des règles en ébonite, qui servent à l'isolation de ces lames, et K est un bâti en fonte qui porte tout le système.

Les pôles positifs des différents éléments de la pile sont tous reliés directement aux bornes supérieures b et les pôles négatifs aux bornes inférieures b' ; il existe, comme on le voit sur la figure, une petite différence de longueur entre les lames inférieures et les lames supérieures.

Le cylindre *c*, portant les différentes combinaisons de plaques découpées, dont nous avons parlé, peut tourner sur son axe, et, par conséquent, présenter aux deux systèmes de ressorts *r*, *r'* les plaques découpées. Si ces plaques, que nous appellerons lames de contact, ont une largeur et un intervalle de séparation convenables, elles pourront rencontrer alternativement et simultanément *deux par deux* les deux rangées de ressorts, et établir entre les différents éléments de la pile, des liaisons qui pourront être très-différentes et que nous allons examiner. Imaginons donc que ces lames sont découpées, ainsi qu'on le voit sur la figure 34, et supposons d'abord, que le cylindre *c* a été tourné de manière à faire arriver sous les deux rangées de ressorts les deux lames *a* et *a'* formant un système binaire A : la lame *a* correspondra aux ressorts *r* et la lame *a'* aux ressorts *r'*, de telle sorte que, si les pôles positifs des éléments de la pile sont en rapport avec les ressorts *r'* et les pôles négatifs avec les ressorts *r*, tous les pôles de même nom communiqueront ensemble et la pile sera disposée en quantité.

Admettons maintenant, qu'ayant de nouveau tourné le cylindre, nous ayons fait arriver sous les ressorts le système binaire B : les trois premiers ressorts de gauche de la rangée des *r*, toucheront simultanément la lame *b* et les trois autres ressorts de la même rangée la lame *b'* ; en même temps, les trois premiers ressorts de la rangée *r'* toucheront la lame *b'*, alors que les trois derniers toucheront la lame *b''*, réunie à *b'*. Trois des éléments de la pile seront donc disposés en quantité et la pile entière se composera de 2 éléments triples, dont la liaison s'effectuera en O par les ressorts *m* et *t*, appartenant, l'un *m* au pôle positif du 3e élément et l'autre *t* au pôle négatif du 4e élément. En raisonnant de la même manière, on reconnaîtrait que quand le cylindre *c* est tourné de manière à placer sous les deux rangées de ressorts *r* et *r'* le système binaire C, la pile se trouve divisée en trois éléments doubles et les points de liaison en tension de ces éléments doubles correspondent aux points O' et O''. Enfin, quand on a fait arriver sous les ressorts *r*, *r'* le système de lames D, qui est constitué par une série de lames assez larges pour que les deux rangées de ressorts touchent à la fois chaque lame, la pile est disposée en tension, car chacune des lames *d*, *d'*, *d''*, etc., fait communiquer ensemble le pôle positif d'un des éléments de la pile au pôle négatif de l'élément suivant.

Dans l'exemple que nous avons choisi, la pile ne se compose que de 6 éléments, mais il est facile de comprendre que la même disposition serait applicable à une pile d'un nombre d'éléments bien supérieur, il faudrait seulement, pour cela, que le cylindre *c* présentât autant de combinaisons binaires de plaques de contact, que la pile pût fournir de combinaisons, c'est-à-dire un nombre égal à celui des facteurs qui peuvent diviser exactement le nombre des éléments. Dans une pile de 24 éléments, le cylindre devrait porter 8 de ces combinaisons binaires, et il en comporterait 9 pour une pile de 36 éléments, etc., etc. Comme l'espace occupé par ces lames de contact dans le sens de la longueur du cylindre est d'autant plus grand que le nombre des éléments est plus considérable, et que le nombre des combinaisons binaires de ces lames, qui est en rapport avec le nombre des diviseurs, pourrait augmenter le diamètre du cylindre dans de trop grandes proportions pour une pile d'un très-grand nombre d'éléments, M. Lequesne construit ses appareils pour 24 éléments seulement, et les combine ensemble en plus ou moins grand nombre, quand il a à agir sur des piles plus fortes. Il suffit, pour cette combinaison, de relier les appareils les uns aux autres, en se rappelant que les bornes extrêmes de chaque appareil représentent les deux pôles de la pile à laquelle il est relié.

Il va sans dire que quand on ne veut pas employer tous les éléments de la pile, il suffit de placer les fils de communication du circuit à celle des bornes d'attache qui correspond à l'élément auquel on veut s'arrêter.

Le système que nous venons de décrire, dans sa construction pratique, a pu être considérablement simplifié par la liaison, à l'intérieur même du cylindre commutateur, des plaques de contact entre elles. On pourra avoir une idée exacte de l'appareil, tel qu'il est actuellement fourni par M. Lequesne, par la planche I que nous donnons ci-contre.

Dans cette planche, la fig. 1 représente une vue de face de l'instrument disposé pour une pile de 12 éléments ; la fig. 2, une vue de bout ; la fig. 3, une vue partielle en dessus ; la fig. 4, une section longitudinale du cylindre commutateur ; la fig. 5, une section transversale du même cylindre ; la fig. 6, le développement du cylindre commutateur et des lames frottantes ; la fig. 7, un détail du rochet et du cliquet servant à déterminer les positions d'arrêt du cylindre pour correspondre aux différents genres de groupement des éléments de la pile ; la fig. 8, un croquis du commutateur réduit à sa plus simple expression, c'est-à-dire pour une pile de deux couples.

Les tiges recourbées NN représentent les fils recouverts de gutta-percha qui réunissent les différents pôles des piles aux lames frottantes du commutateur ; le premier de ces fils, à gauche, correspond au pôle zinc du premier élément de la pile, le dernier, à droite, correspond au pôle positif du dernier élément. Ils sont reliés par les frotteurs I, J, les lames G,F et les tourillons du cylindre commutateur, aux deux boutons d'attache H, H, où sont fixés les rhéophores du circuit.

La disposition des lames découpées est nettement indiquée dans la fig. 6, mais il faut savoir que toutes les lames indiquées par la lettre G, communiquent ensemble métalliquement par une liaison intérieure. Il en est de même des lames F. Cette liaison intérieure est effectuée à l'aide de deux bandes de cuivre très-minces, logées dans les rainures α et β, et ces bandes se trouvent disposées de telle façon, que l'une, correspondante aux rainures β, peut passer au-dessus des plaques F sans les toucher et communique seulement avec les plaques G, tandis que l'autre bande correspondante aux rainures α est en contact avec les plaques F. On peut voir, du reste, ce système de communication dans la fig. 4.

Quand les frotteurs I, J, correspondent à la génératrice du cylindre passant par le chiffre 12, tous les éléments de la pile sont disposés en tension, et la pile est en conséquence composée de 12 éléments ; car le le courant marche alors de H en FCD, de F en J, puis en I, puis en E, puis en J, puis en I, et ainsi de suite d'élément à élément, jusqu'à la lame AB et au bouton H.

Quand les frotteurs I, J, correspondent au chiffre 4, la pile est disposée en séries de quatre éléments triples ; en effet, le courant arrivé à la plaque CD, suit la marche que nous avons étudiée précédemment jusqu'à la troisième lame E, mais arrivé à cette lame, le ressort J qui communique avec elle par l'intermédiaire du ressort I, touche une des lames G qui communique à la plaque AB, laquelle complète le circuit. On a donc ainsi quatre éléments en tension qui peuvent fournir leur courant au circuit extérieur. Mais en même temps, le ressort J appartenant à une autre série d'éléments, touche la plaque F en rapport avec la plaque terminale CD, et les autres ressorts en touchant trois nouvelles lames E, constituent une nouvelle série de quatre éléments en tension, qui, par les lames G et F, se trouvent mis en rapport avec les deux bouts du circuit, de manière à ce que les pôles de même nom aux extrémités des deux séries communiquent ensemble. Ces deux séries sont donc disposées comme si deux éléments comprenant chacun quatre éléments en tension, étaient réunis en quantité; et, comme les mêmes effets se reproduisent pour la dernière série des quatre éléments restants, on peut dire que la pile se trouve disposée de cette manière en trois groupes d'éléments réunis en quantité, chacun de ces éléments étant constitué par quatre éléments en tension. Cette disposition est, il est vrai, l'inverse de celle que nous avons discutée page 146; mais l'effet est exactement le même. En effet, si nous ne considérons qu'un seul des trois groupes, l'intensité du courant fourni aura pour expression $\dfrac{4E}{4R + r}$, et si on réunit en quantité trois de ces éléments multiples, l'expression précédente deviendra :

$$I = \frac{4E}{\dfrac{4R}{3} + r} = \frac{12E}{4R + 3r},$$

c'est-à-dire celle qui répond à l'intensité de quatre éléments triples en surface.

En faisant avancer les frotteurs I, J sur la génératrice du cylindre correspondante au n° 2, on s'assurerait, en suivant le courant dans sa marche, comme nous l'avons fait précédemment, que la pile serait disposée en six éléments sextuples en surface, et lorsque ces frotteurs seraient sur la génératrice correspondante au chiffre 1, tous les éléments de la pile seraient réunis en quantité, c'est-à-dire ne formeraient qu'un seul élément.

Enfin, en suivant toujours le même raisonnement, on reconnaîtrait que les ressorts I, J, étant placés vis-à-vis le chiffre 3, la pile serait formée de trois éléments quadruples en surface, et elle serait composée de six éléments d'une surface double, si ces ressorts correspondaient au chiffre 6.

APPAREILS DÉPOLARISATEURS A MOUVEMENT.

Afin de rendre constantes les actions électrolytiques, M. Becquerel a imaginé des appareils auxquels il a donné le nom de dépolarisateurs, et dont l'effet est effectivement de dépolariser continuellement deux lames de platine en communication avec la source électrique, et destinées à réagir sur la dissolution que l'on veut soumettre à l'action électrique.

L'un des systèmes de ces appareils est formé d'un vase en verre cylindrique renfermant l'électrolyse et dont le bord supérieur est recouvert d'une garniture métallique, interrompue en deux points. Chacune des moitiés est mise en communication avec l'un des pôles d'un couple à force constante. Sur cette garniture viennent s'appliquer avec pression les deux extrémités d'une traverse horizontale mobile en laiton, destinée à prendre les électricités de la source. La traverse est interrompue sur une longueur d'un centimètre, par une tige d'ivoire servant d'isolant. A chacune des branches de la traverse est fixée une lame de platine qui vient plonger dans le liquide du vase. De chacune de ces mêmes branches part une lame de cuivre formant ressort, qui vient s'appliquer sur un interrupteur cylindrique mobile placé au-dessus et mis en rapport avec une boussole des sinus ou un multiplicateur. On imprime à tout le système un mouvement de rotation au moyen d'un engrenage et d'un moteur quelconque. A l'aide du double interrupteur, les deux lames de platine étant sans cesse dépolarisées, et la même espèce d'électricité entrant toujours par le même bout du fil fermant le circuit de la boussole ou du multiplicateur, le courant est constant.

Le second appareil s'applique surtout à l'électrolysation de liquides différents, appelés à réagir l'un sur l'autre ; il est pourvu également d'un interrupteur, mais il est construit de telle sorte, que les deux lames de platine se trouvent chacune dans un vase séparé, renfermant un liquide différent. Ces lames peuvent, au moyen d'un mécanisme particulier, passer d'un vase dans l'autre, où elles se dépolarisent. Entre les deux vases se trouve un support en verre où l'on place l'intermédiaire qui doit mettre en présence les deux liquides appelés à réagir l'un sur l'autre, lesquels sont en relation avec les liquides des vases, au moyen de mèches de coton imbibées d'eau. Avec ces dispositions, le courant électrique résultant de la réaction chimique est constant. (Voir l'ouvrage de M. Becquerel, 1er vol., p. 190.)

CHAPITRE II.

PILES A DISSOLUTIONS SALINES.

I. PILES A SELS SOLUBLES, ET A COURANTS CONSTANTS DU TYPE DE DANIELL.

PILES AU SULFATE DE CUIVRE.

Pile de Daniell. — Nous avons vu, dans l'historique que nous avons fait des différents perfectionnements apportés à la pile, l'origine de la pile de Daniell ou de Becquerel, et quelles sont les différentes actions physiques mises en jeu dans ce remarquable élément, qui, malgré toutes les découvertes nouvelles, est demeuré toujours le plus parfait pour les applications mécaniques de l'électricité n'exigeant pas une grande force. Nous allons examiner maintenant les différentes propriétés qui le caractérisent, les différents perfectionnements qu'on lui a apportés et les différentes piles dont il a été le point de départ.

La pile de Daniell consistait, dans l'origine, dans un vase de verre renfermant la dissolution saturée de sulfate de cuivre, et dans lequel plongeaient : 1° un cylindre de cuivre muni, à sa partie supérieure, d'une espèce de petite gouttière percée de trous, destinée à recevoir des cristaux de sulfate ; 2° un vase poreux contenant de l'eau salée ou légèrement acidulée et une lame de zinc amalgamé. Ces éléments étaient généralement de grandes dimensions, afin de diminuer la résistance du couple et de lui donner plus de quantité.

L'application qu'on fit de ces éléments à la télégraphie, fit simplifier cette disposition ; la solution de sulfate de cuivre, au lieu d'occuper le vase extérieur, fut versée dans le vase poreux ; le cylindre de cuivre fut remplacé par un cylindre de zinc, et une petite lame de cuivre, soudée au cylindre de zinc de l'élément suivant, occupa dans le vase poreux la place de l'ancienne lame de zinc. Afin de soutenir les cristaux de sulfate de cuivre, destinés à entretenir la solution, une petite capsule percée de trous fut soudée sur la lame de cuivre constituant le pôle positif de la pile ; enfin, de l'eau pure fut substituée à l'eau acidulée et à l'eau salée qu'on employait primitivement, et qui ne servait d'ailleurs qu'à mettre la pile en état de fonctionner immédiatement. Les dimensions de ces éléments, dans leur application à la télégraphie, sont généralement très-exiguës. Le cylindre de zinc n'a que 9 centimètres de hauteur sur 7 de diamètre, et le vase poreux n'a que 12 centimètres de haut sur 54 millimètres de diamètre. Dans ces derniers temps, des expériences entreprises à l'administration des lignes télégraphiques françaises, ont conduit à faire augmenter considérablement ces dimensions.

Quoique cette pile ait été employée avec succès sur nos lignes télégraphiques, sa disposition, par les raisons que nous avons exposées page 206, n'était pas, par le fait, un progrès réalisé sur la pile primitive ; elle était moins dispendieuse de premier achat, et c'est évidemment là le secret de son succès. Du reste, comme toutes les autres piles, elle n'a pas tardé à être l'objet d'une foule de modifications et de perfectionnements plus ou moins heureux, que nous allons examiner et qui peuvent évidemment présenter des avantages, suivant les cas particuliers de leur application. Mais, parmi ces perfectionnements, il en est un qui devrait être accueilli avec empressement et qui a été appliqué aux piles de Daniell employées en Angleterre : ce serait de substituer à la simple lame de cuivre plongeant dans la solution de sulfate de cuivre, un cylindre de cuivre du diamètre le plus grand possible. De cette manière, là résistance de l'élément se trouve réduite, le courant est plus constant, et, si on dispose la lame de zinc de manière à ne plonger que fort peu dans le liquide et à pouvoir s'abaisser au fur et à mesure de son usure, la dépense de la pile devient beaucoup moindre, son entretien plus facile, et les efflorescences salines sont considérablement diminuées. Nous en avons expliqué les raisons page 215.

On peut réduire encore la résistance des éléments Daniell en prenant des vases poreux très-minces et très-perméables, mais, dans la pratique, cette question est moins simple qu'on ne le croirait à première vue. On a fait, en effet, aux vases très-poreux des objections qui ne laissent pas que d'être fondées. Ainsi on dit, et l'expérience, du reste, le prouve, que la solution de sulfate, en filtrant trop facilement à travers le vase poreux, forme sur le zinc des dépôts de cuivre qui non-seulement constituent une dépense de sulfate en pure perte, mais tendent à développer sur le zinc une polarité électrique contraire à celle qui est produite par l'oxydation du zinc (1). J'ai reconnu en effet que ces dépôts qui sont fortement polarisés en sens contraire de ce métal, tendent à dériver une partie du courant à l'intérieur de la pile. Suivant M. Denys, de Nancy, on pourrait conjurer ce défaut en substituant au sulfate de cuivre un mélange d'eau acidulée à 4 pour 100 et d'oxyde noir de cuivre (80 ou 100 grammes). Dans ce cas, il n'y aurait que très-peu de sulfate de cuivre de formé à la fois, et il n'y aurait pas de réduction directe en dehors de celle qui résulterait du courant ; on aurait de plus l'avantage qu'il ne se formerait pas de dépôts de cuivre réduit dans la pâte du vase poreux, et que la surface du zinc resterait beaucoup plus nette. La fabrication de l'oxyde noir de cuivre est d'ailleurs, suivant M. Denys, extrêmement facile (2).

Les inconvénients ordinaires des piles de Daniell sont, d'une part, les incrustations de cuivre dans les vases poreux ; d'autre part, les efflorescences de sulfate de zinc qui grimpent le long des parois des vases de verre contenant le liquide excitateur, et qui, en se déversant au-dessus de ces vases, établissent par endosmose une communication liquide entre les divers éléments, au grand détriment, bien entendu, du courant produit.

Le premier inconvénient n'a seulement de sérieux que l'action destructive qui en résulte et qui fait que ces vases, au bout d'un an de service et même de moins, se désagrégent et se fendent ; car, sous le rapport électrique, on gagne plutôt à cette incrustation, puisque, ainsi que je l'ai démontré, la résistance de ces vases est grandement diminuée. Toutefois, il est un moyen assez simple d'éviter les incrustations, c'est d'empêcher le contact des lames électro-négatives avec les parois des vases poreux ; ce moyen, indiqué par M. Smée, a été essayé par M. Froment et lui a parfaitement réussi ; nous avons vu, d'ailleurs, qu'avec le système de M. Denys on pouvait l'éviter.

---

(1) Voir mon mémoire sur cette question, *Annales télégraphiques*, tome IV, p. 173.

(2) Pour obtenir économiquement l'oxyde de cuivre, M. Denys emploie tous les fragments de cuivre rejetés comme ferraille, et particulièrement ceux qui constituent les dépôts des piles de Daniell ; il les introduit dans un tube en terre réfractaire, et les soumet pendant plusieurs heures à une chaleur rouge; sous cette influence calorifique, une couche plus ou moins épaisse d'oxyde de cuivre se détermine à la surface de ces fragments, et il suffit de triturer ceux-ci dans un mortier avec de l'eau, pour détacher entièrement cette couche d'oxyde, qui peut être employée dans cet état ou transformée en bioxyde par une nouvelle calcination.

Quant au second inconvénient, il est plus difficile à conjurer ; on a
bien proposé de recouvrir d'huile la surface des liquides, afin d'éviter leur évaporation et d'empêcher ainsi la formation du dépôt sur la
circonférence de contact du liquide avec les parois du vase extérieur ;
mais ce moyen exige beaucoup de précautions pour qu'il fournisse des
effets avantageux, et le meilleur système, suivant M. Froment, serait de
tremper les bords des vases dans de la cire jaune fondue avec de la
graisse, après les avoir préalablement lavés avec de l'essence de térébenthine. On pourrait également y parvenir, suivant certains constructeurs, en fermant hermétiquement ces vases. Quoiqu'il en soit, le moyen
le plus sûr de résoudre ce problème est de réduire considérablement la
surface du zinc, d'employer de grands vases renfermant une grande quantité de liquide et de ne pas les remplir trop près des bords.

Quant aux conditions de bon fonctionnement de la pile de Daniell, la
plus importante, selon moi, est de maintenir la solution de sulfate également saturée, et c'est à cet effet qu'a été adaptée la capsule trouée,
soudée à la lame électro-négative. La solution de sulfate de cuivre, en
effet, étant plus lourde que l'eau, tend toujours à occuper le fond du
vase poreux, et l'on comprend aisément que si les cristaux de sulfate
sont déposés au fond de ce vase, la partie inférieure de la solution se
trouve toujours saturée de ce sel, alors que la partie supérieure en est
plus ou moins dépourvue. Dans ce cas, l'acide du sulfate, ne filtrant à
travers le vase poreux que sur une très-petite surface, ne peut suffire
à aiguiser convenablement le liquide excitateur et, en même temps, la
solution se trouve beaucoup plus résistante en dessus qu'en dessous. Il
en résulte nécessairement que la force électro-motrice de la pile est affaiblie et que sa résistance est augmentée, comme on peut en avoir la
preuve par les expériences suivantes.

En prenant un élément dans les conditions que nous venons d'indiquer,
les constantes de cet élément ont été trouvées :

Pour la force électro-motrice. 4155
Pour la résistance du couple. . . . . . . 1309^m

En agitant la solution de sulfate de cuivre, ces constantes sont devenues :

Force électro-motrice 5566
Résistance du couple. . . . . 795^m

Or ces valeurs, avec l'instrument que nous avons employé pour ces expériences, étaient, pour le même élément bien chargé :

Force électro-motrice 5671
Résistance du couple. . . . . 756^m

Quand la solution de sulfate de cuivre est bien saturée, l'agitation de la pile produit l'effet contraire.

S'il faut en croire M. de Valicourt, le traducteur du livre de M. Smée, le moyen le plus efficace pour maintenir une solution de sulfate de cuivre également saturée, serait d'ajouter de temps en temps à la solution cuivreuse quelques cristaux de carbonate de ce métal. Ce sel, connu sous le nom de *bleu de Brême,* se prépare facilement en précipitant une solution de sulfate de cuivre par du carbonate de soude ou soude ordinaire du commerce. Ce moyen est dû à M. Philipp.

L'effet des solutions l'une sur l'autre est, dans cette pile, bien différent, suivant que le circuit qui lui correspond est fermé ou ouvert ; dans le premier cas, il y a transport par le courant du liquide excitateur dans le vase poreux, et le niveau de la solution de sulfate s'élève. Dans le second cas, le contraire a lieu. Le R. P. Secchi a imaginé une disposition pour éviter les inconvénients de cet exhaussement. Quant au rétablissement du niveau de la solution quand elle est abaissée, il est toujours facile, à l'aide d'une petite seringue.

Suivant M. Bergon, l'entretien d'une pile de Daniell du modèle employé sur les lignes télégraphiques n'est pas dispendieux ; chaque élément ne consomme pas en moyenne 1 kilogramme de sulfate de cuivre, soit 90 centimes ; les zincs durent de deux à trois ans, mais les vases poreux doivent être renouvelés deux fois dans l'année ; le prix coûtant d'un élément peut être établi de la manière suivante :

Vase extérieur de verre. . . . . . . 0^f,30
Vase poreux. . . . . 0 ,17
Zinc et lame soudés ensemble. . . . . 0 ,90
Total. . . . . 1^f,37

D'après ces données, le prix annuel d'entretien d'un élément Daniell peut être établi ainsi qu'il suit :

Sulfate de cuivre. . . . . 0^f,90
Vases poreux. . . . . 0 ,34
Zinc . . . . 0 ,45
Casse, faux frais. . . . . 0 ,31
Total. . . . . 2^f,00

J'ai étudié pendant longtemps la constance des éléments Daniell et j'ai reconnu qu'un élément chargé avec 100 grammes de sulfate de cuivre et expérimenté à quatorze reprises différentes, pendant deux mois avec une résistance de circuit d'environ onze kilomètres de fil télégraphique, a fourni, pour valeurs de E et de R, des nombres qui ont varié pour R de 850 à 1190 mètres, et pour E de 5950 à 6290. Une fermeture de vingt heures du circuit, produite par la réunion des deux pôles, n'a pas changé d'une manière sensible la valeur de ces constantes.

La force électro-motrice de la pile de Daniell, d'après les expériences de M. Gaugain (1) et déterminée d'après la méthode d'opposition, avec sa pile thermo-électrique, bismuth-cuivre, est en moyenne comme nous l'avons vu, de 173 unités ; elle varie peu, que les éléments soient en activité ou en repos, et qui plus est, il faut toujours à peu près le même temps pour les mettre hors de service. Ce résultat n'a rien de surprenant, car la destruction des piles à sulfate de cuivre dépend surtout des dépôts de cuivre qui se forment sur l'électrode zinc, et ces dépôts résultant du mélange des liquides doivent se former à peu près avec la même rapidité quand la pile est en activité et quand elle est en repos.

La résistance des piles de Daniell est, d'après M. Gaugain, en moyenne de 700 à 1000 mètres de fil télégraphique de 4 millimètres ou de 7 à 10 unités Siemens. C'est, du moins, le chiffre qui la représente quand les solutions sont complétement saturées et les diaphragmes poreux imbibés, ce qui exige au moins 5 ou 6 jours après le montage à neuf de la pile. Au moment de ce montage, cette résistance peut atteindre jusqu'à 6000 mètres.

Il est à remarquer, toutefois, que la plus ou moins grande perméabilité des vases poreux n'entraîne pas une augmentation ou une diminution proportionnelle de la résistance électrique des couples. Celle-ci peut varier extrêmement peu, tandis que celle-là peut fournir des différences très-notables. Il en résulte qu'on a tout avantage pour ces piles, à choisir des vases poreux très-peu perméables, car ces derniers s'opposent plus efficacement au mélange des liquides (2).

_____

(1) Voir le rapport de M. Gaugain, dans le *Journal des Télégraphes*, année 1869.
(2) Voici ce que M. Gaugain dit relativement à cette question dans son rapport :
« J'ai fait quelques expériences dans le but de rechercher s'il existe un rapport entre la résistance qu'un vase poreux oppose au passage du courant, et celle qui oppose au

Suivant M. Guillemin (1), la fermeture directe du circuit d'une pile de
Daniell sur lui-même, épuise vite cette pile, tant au point de vue de sa.
force électro-motrice que de son intensité. Au bout de 11 jours, la force
électro-motrice est réduite à 1/4 de sa valeur initiale. Avec un circuit de
peu de résistance interrompu, la pile de Daniell perd sa force électro-
motrice un peu moins rapidement, et quand une résistance est interposée,
on ne remarque plus de variations bien appréciables.

D'après mes propres recherches, les valeurs numériques de la pile de
Daniell sont en moyenne, pour la force électro-motrice, 5973 et pour la
résistance, 931 mètres, et avec la disposition Callaud, 5706 et 717 mètres.
On a vu, d'après les expériences de M. Favre, que sur les 25,060 calo-

---

transport mécanique des liquides, et bien que ces expériences soient fort incomplètes,
elles m'ont conduit à un résultat qui me paraît offrir quelque intérêt.

« J'ai opéré sur deux cylindres qui étaient marqués l'un du mot Choisy, l'autre
des lettres Bb. J'ai constaté d'abord, la perméabilité de ces deux vases, par le procédé
que mettent habituellement en usage les employés du contrôle, j'ai rempli d'eau les
2 vases, puis j'ai recueilli et pesé la quantité de liquide qu'ils ont laissé passer dans le
même intervalle de temps. Le vase marqué Choisy, a laissé passer en 24 heures 62,6
grammes d'eau, tandis que le vase marqué Bb a donné 1,1 gramme seulement. Les
perméabilités des 2 vases étaient, comme on le voit, extrêmement différentes.

« Pour mesurer leurs résistances électriques, j'ai procédé de la manière suivante :
Dans un vase cylindrique de verre contenant une dissolution concentrée de sulfate de
cuivre, j'ai plongé deux lames de cuivre qui étaient fixées à une planchette, de manière
que leurs positions relatives fussent invariables, j'ai fait passer un courant de l'une à
l'autre de ces lames et j'ai déterminé d'abord, la résistance de l'électrolyte au moyen
d'un pont de Wheatstone ; cela fait, j'ai interposé le cylindre poreux marqué Bb entre
les 2 électrodes et j'ai de nouveau mesuré la résistance de l'électrolyte, lorsque l'imbibition
du vase poreux a été complète. J'ai trouvé que l'accroissement de résistance dû à l'interposition de ce vase était égal à 2 unités. En opérant exactement de la même manière, j'ai
trouvé que l'interposition du vase poreux, marqué Choisy augmentait de 1s seulement
la résistance de l'électrolyte.

« Il résulte de ces expériences, que deux diaphragmes poreux, qui opposent au passage des liquides des résistances extrêmement différentes, peuvent cependant ne pas
différer beaucoup sous le rapport de la résistance électrique. Ce résultat n'a rien qui
doive surprendre et la théorie paraît même indiquer que le plus perméable des deux diaphragmes pourrait être, dans certains cas, celui qui oppose le plus de résistance au passage du courant. En effet, d'après les formules que MM. Wiedemann, Hagen et Poiseule
ont obtenues chacun de leur côté, la quantité de liquide qui traverse dans l'unité de
temps un tube capillaire à section circulaire est proportionnelle, toutes choses égales,
d'ailleurs, à la 4e puissance du rayon de ce tube. D'un autre côté, l'intensité du courant
qui traverse le liquide contenu dans le tube est, conformément à la loi d'Ohm, proportionnelle au carré de ce même rayon. Il résulte de là, que si l'on compare un tube de rayon
2 et un faisceau formé de la réunion de 8 tubes de rayon 1, le tube de rayon 2 laissera
passer 2 fois plus de liquide que le faisceau des 8 tubes plus petits, tandis que ce faisceau sera traversé par un courant 2 fois plus intense que le tube de rayon 2.

(1) Voir le rapport de M. Guillemin dans le *Journal des Télégraphes*, année 1870.

ries qui sont mises en jeu dans l'action d'un seul élément Daniell, 23993
sont transmissibles au circuit et représentent son énergie. Il en résulte
que la chaleur confinée dans la pile et qui est en rapport avec les actions
locales non profitables au courant, n'est que 1067 calories ; c'est le chiffre le moins élevé que présentent les différentes piles pour cette chaleur
perdue.

La disposition de la pile de Daniell a été, comme nous l'avons dit, extrêmement variée ; les plus importantes modifications sont celles de
MM. Callaud, Meidenger, Minotto, Siemens, Secchi, Buff, etc., etc., que
nous allons maintenant passer en revue. Toutefois, avant d'étudier ces
nouvelles piles, nous devons dire quelques mots de perfectionnements de
détails, qui ont été apportés aux piles de Daniell, par MM. Parelle, Vérité, Breguet, Bourseul, Gérard, le R. P. Timothée Bertelli, Viollet, etc.

Système de MM. Parelle et Vérité. — Lorsque les piles de Daniell
doivent fournir une action électrique continue et qu'elles se composent
d'un petit nombre d'éléments, comme, par exemple, quand on les emploie
pour l'horlogerie électrique, leur charge se trouve assez promptement
épuisée, et il devient nécessaire de la renouveler souvent. Pour éviter ce
soin, que l'on pourrait quelquefois oublier de prendre, M. Parelle, en
1852, imagina une disposition qui permettait à ces piles de fonctionner
pendant un temps très-long (six mois environ), sans qu'on ait à s'en occuper. Cette disposition consiste à surmonter les vases poreux dans lesquels se trouve la dissolution de sulfate de cuivre, d'un ballon en verre
rempli de cristaux de sulfate de cuivre baignés dans de l'eau. Le goulot
de ce ballon plonge dans le vase poreux, comme on le voit fig. 35 et comme
la dissolution cuivrée est plus lourde que l'eau ordinaire, elle sature toujours la dissolution du vase poreux à mesure que celle-ci s'affaiblit sous
l'influence électrique.

Cette disposition, connue vulgairement sous le nom de *pile à Ballon*,
revient, comme on le comprend aisément, à l'emploi d'un très-grand vase
poreux, au milieu duquel se trouverait une grille surmontée d'une quantité considérable de cristaux de sulfate de cuivre. Toutefois, un phénomène assez curieux se manifeste dans ces sortes de piles : c'est un affaiblissement assez notable du courant qui en provient.

Supposons, pour fixer les idées, que deux éléments de Daniell, montés d'après la méthode ordinaire, soient à peine suffisants pour faire
marcher une horloge électrique. En plaçant au-dessus d'eux des ballons

remplis de sulfate de cuivre, leur force électrique se trouvera diminuée au point de nécessiter la présence d'un troisième élément, pour exercer le même effet électro-mécanique. Ce phénomène est probablement de la même nature que celui par lequel les piles Bunsen sont moins énergiques quand les vases poreux renfermant l'acide nitrique se trouvent hermétiquement bouchés.

M. Parelle, dans le brevet qu'il a pris, indique encore une autre disposition supplémentaire pour maintenir toujours le liquide des vases extérieurs au même niveau ; mais comme cette disposition compliquerait la pile sans qu'il en résultât de grands avantages, je n'en parlerai pas d'avantage.

M. Vérité, qui sans doute, ignorait les droits de priorité de M. Parelle, avait fait figurer à l'Exposition de 1855 un modèle de ses piles, et ce modèle a pu faire fonctionner les appareils électro-magnétiques qu'il avait exposés pendant toute la durée de l'Exposition.

Du reste, ce système de pile a été aussi perfectionné par M. Breguet, par l'introduction au sein du ballon d'un tube IO (fig. 35), percé latéralement de deux petites ouvertures A, C, qui permettent l'une C, l'introduction de l'air à la partie supérieure du ballon, quand le liquide du vase poreux est descendu au-dessous de son niveau, l'autre A, l'écoulement du liquide saturé.

Fig. 35.

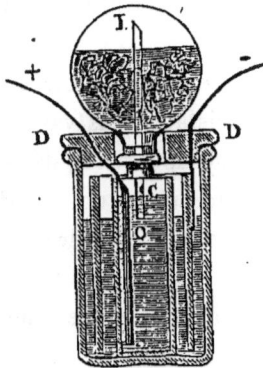

Cette disposition empêche en même temps l'obstruction de l'orifice de déversement, qui, de cette manière, se trouve toujours immergé. Les ballons eux-mêmes, au lieu de se trouver soutenus par les bords du vase extérieur, sont appuyés sur un couvercle en bois, ce qui permet aux appendices polaires de sortir aisément du vase de verre.

Système Bourseul. —Pour éviter les incrustations des vases poreux des piles de Daniell, M. Bourseul propose d'entourer la tige de cuivre qui constitue l'électrode négative d'une spirale en fil de cuivre soudée par le milieu au pôle positif, laquelle emboîtant exactement l'intérieur du vase poreux, se termine par une spirale plate appliquée au fond de ce vase. Nous ignorons jusqu'à quel point ce système est efficace, toujours est-il qu'il a été en partie réinventé par M. Gérard, de Liége, qui a même établi dans ce système l'électrode zinc.

Système du R. P. Timothée Bertelli. — Afin d'éviter la filtration du sulfate de cuivre à travers les pores du vase poreux de la pile de Daniell, et en même temps pour préserver ce vase des incrustations, M. Bertelli emploie pour électrode négative un vase de cuivre cylindrique, qu'il plonge dans le vase poreux, et c'est ce vase de cuivre qui reçoit les cristaux de sulfate de cuivre ; deux entailles faites à la partie supérieure de ce vase, et qui n'ont pas plus de deux centimètres de longueur sur 3 millimètres de largeur, établissent la communication entre les liquides, et à cause de cela, ces liquides, dans cette pile, ne doivent pas descendre au-dessous d'un certain niveau, qui correspond à la hauteur de ces entailles. Le cylindre de cuivre est d'ailleurs recouvert de cire vierge fondue dans sa partie supérieure, afin d'éviter les efflorescences, et le zinc se trouve suspendu au milieu du liquide du vase extérieur, à l'aide de 3 oreilles qui appuient sur les bords de ce vase, et qui font partie d'un collier de cuivre, sur lequel l'appendice polaire est soudé : ce collier de cuivre est fixé sur le zinc, à l'aide d'une vis de pression (1).

On a encore proposé plusieurs améliorations de la disposition Daniell, faites en vue de diminuer la résistance des vases poreux, en les rendant plus perméables et cela, par l'incorporation, dans un mélange céramique convenable, d'une substance organique qui se détruit par la cuisson. M. Viollet, auteur de cette invention, croit que les piles gagneraient beaucoup à cette disposition ; mais nous ne le pensons pas, attendu que le mélange des liquides deviendrait alors tellement facile, que la pile serait bien vite épuisée (2).

Piles de Callaud. —Préoccupé des inconvénients que présentent dans les piles de Daniell, les vases poreux qui se couvrent assez promptement,

---

(1) Voir les *Mondes*, tome 7, p. 570.
(2) Voir les *Mondes*, tome 1, p. 646.

comme on le sait, de depôts de cuivre plus ou moins abondants, lesquels dépôts les mettent bientôt hors de service, M. Callaud, horloger à Nantes, a cherché à les supprimer entièrement et pour cela, il a mis à contribution la différence de densité qui existe entre l'eau pure, ou même chargée, un peu de sulfate de zinc, et la dissolution de sulfate de cuivre. Chaque élément se compose donc d'un vase de verre rempli de ces deux dissolutions superposées, et ce vase porte à sa partie supérieure, un cylindre de zinc A (fig. 36) qui ne dépasse pas en hauteur la moitié du vase. Or ce cylindre étant accroché sur les bords du vase, à l'aide de 3 petites tiges recourbées, se trouve suspendu au milieu de la solution dépourvue de sulfate de cuivre, et joue, comme dans la pile de Daniell, le rôle d'électrode positive, tandis qu'un ruban de cuivre B enroulé sur lui-même, et plongeant au fond du vase, au milieu de la solution de sulfate de cuivre, constitue l'électrode négative. Pour obtenir la polarité positive, un fil de cuivre recouvert de gutta-percha est soudé à ce ruban de cuivre et sort de la double solution sans que son état électrique soit troublé, en raison de son isolement (1).

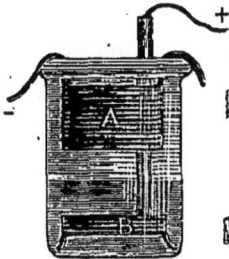 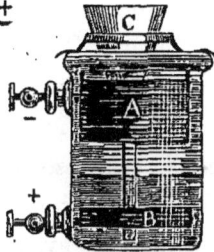

Fig. 36.   Fig. 37.

Pour charger cette pile, il suffit de jeter le sulfate de cuivre au milieu de la solution, avec le moins de secousse possible. Sans doute, en ce moment, les deux liquides se trouvent un peu mélangés, mais le trouble électrique est peu marqué, et les liquides ne sont pas longtemps à reprendre leur assiette ordinaire. On peut, du reste, éviter ce trouble en préparant d'avance la solution de sulfate de cuivre, et en l'introduisant au fond du vase, par l'intermédiaire d'un entonnoir.

---

(1) Cette disposition, aujourd'hui adoptée partout, est celle que j'avais indiquée en 1858 dans ma revue des applications de l'électricité ; celle de M. Callaud était beaucoup moins pratique, elle nécessitait un vase à 2 tubulures latérales, par lesquelles passaient les tiges des électrodes, comme on le voit fig. 37.

Les avantages pratiques de cette pile sont inconstestables ; le dégagement électrique est beaucoup plus régulier que dans la pile de Daniell, tant que la pile est dans un état de propreté convenable, il n'y a que quand les dépôts de cuivre sur le zinc sont assez considérables pour former des stalactites, qui descendent quelquefois assez bas pour toucher l'électrode de cuivre, que la pile devient irrégulière. Dans ce cas, on la voit souvent donner des courants énergiques immédiatement après avoir fourni des courants d'une faiblesse extrême, et cela vient de la chute intermittente de ces stalactites qui interrompent, par leur détachement du zinc, les circuits dérivés par lesquels une grande partie de l'électricité fournie par la pile, se trouve absorbée. Dans cette pile, il importe donc qu'on secoue de temps en temps le cylindre de zinc, afin de le débarrasser de ces stalactites. Du reste, les dépôts ainsi rejetés au fond du vase, au milieu du sulfate de cuivre, n'ont pas d'inconvénients réels, car ils sont fortement polarisés dans le même sens que ce sulfate.

Les recherches que MM. Gaugain et Guillemin ont entreprises dernièrement sur cette pile, ont démontré qu'on avait un grand intérêt à employer des éléments les plus grands possibles, tant au point de vue de la constance de leur force électro-motrice, qu'à celui de leur moindre résistance et de leur durée plus longue. C'est du reste un avantage que cette pile partage avec toutes les autres, comme on le verra par la suite. Les modèles, dont le vase en verre a 24 centimètres de hauteur sur 12 de diamètre, ont donné de très-bons résultats, mais il y aurait peut-être avantage à faire usage de couples de dimensions encore plus grandes.

On pourra avoir une idée des avantages des grands couples de Callaud, par les moyennes des forces électro-motrices déterminées par M. Gaugain, avec des couples de grandes et de petites dimensions.

Force électro-motrice du grand modèle.

Les courants étant continus . . . . 190,42 unités th. élect.
Les courants étant interrompus 185,51   —   —
Les courants non fermés. 183,10   —   —

Force électro-motrice du petit modèle.

Les courants étant continus . . . . 170,99 unités th. élect.
Les courants étant interrompus 178,7   —   —
Les courants non fermés. 161,16   —   —

Cette différence ne peut évidemment provenir que des irrégularités dont nous avons indiqué précédemment la cause, et qui sont beaucoup plus sensibles avec les couples de petites dimensions qu'avec les autres ; car, au point de vue théorique, la force électro-motrice doit être la même dans un cas comme dans l'autre.

D'après les formules d'Ohm, la résistance des éléments Callaud du grand modèle devrait être moindre que celle du petit, toutefois, l'expérience démontre qu'elle reste à peu près la même. Ce fait s'explique aisément par cette considération que si la colonne liquide du grand modèle offre une plus grande section, elle présente aussi une plus grande longueur.

La résistance d'un couple Callaud récemment monté est assez considérable, mais elle diminue graduellement lorsque le couple est mis en activité ; voici quelques nombres qui mettent bien en évidence la variation de cette résistance. Ainsi, M. Gaugain ayant trouvé que la résistance d'un couple du petit modèle était 37,6 unités Siemens, au moment même où le couple venait d'être monté, a reconnu que le circuit ayant été fermé, cette résistance était devenue :

Après 2	jours de marche		10,6
Après 3	jours	—	8,7
Après 5	jours	—	7,
Après 23	jours	—	5,5

Cette diminution de résistance tient principalement à ce que l'eau dans laquelle se trouve plongée primitivement l'électrode de zinc se charge graduellement de sulfate de zinc sous l'influence du courant et acquiert ainsi une conductibilité de plus en plus grande.

Fig. 38.   Fig. 39.

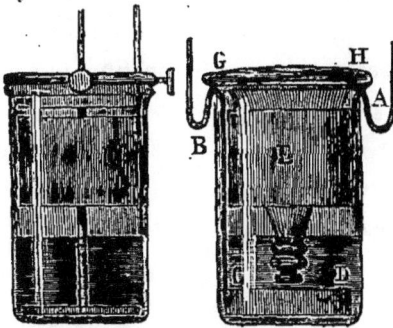

Les figures 38 et 39 ci-dessus représentent les modèles les plus perfectionnés des piles Callaud, construits par M. Robert-Houdin. Dans le premier, les deux électrodes peuvent se rapprocher plus ou moins, à l'aide de vis de pression adaptées à un couvercle qui supporte leurs tiges. Dans le second, la solution de sulfate de cuivre se trouve entretenue, à l'état de concentration, par des cristaux de sulfate de cuivre mis en provision dans un entonnoir en verre, dont les bords, en s'épanouissant, servent de couvercle à la pile et dont le goulot, muni d'une fermeture en bois à ressort, ne laisse filtrer que la quantité de liquide nécessaire pour entretenir la solution.

Piles de MM. Normann, Meidenger, Minotto, Jacobini, Secchi, Candido, Siemens, etc. — La première idée de la pile Callaud appartient à M. Gauthier de Claubry qui, dans ses recherches sur le traitement électrique des minerais métalliques, avait été conduit à adopter une disposition de ce genre. Du reste, cette idée est tellement simple, qu'une foule de personnes se l'approprient sans s'en douter. Ainsi, les piles de M. Normann, employées dans les bureaux télégraphiques de l'Italie méridionale, sont les mêmes que celles de M. Callaud, sauf qu'au lieu de lames de cuivre pour constituer l'électrode négative, ce sont des lames de plomb, et que le zinc au lieu d'être soutenu par des crochets, est maintenu par le vase de verre lui-même qui est, à cet effet, plus ouvert en haut qu'en bas. Les piles de M. Meidenger, employées dans le grand duché de Bade, en sont également une reproduction sous une autre forme. Cette dernière pile a été faite surtout en vue de maintenir toujours propre la solution de sulfate de cuivre.

A cet effet, le sulfate de cuivre est placé dans une espèce de tube de verre, analogue à un verre de lampe, qui plonge dans un verre à boire, de grandeur moyenne, lequel est placé lui-même à l'intérieur d'un large bocal rempli d'eau. Un cylindre de cuivre, soudé à un fil métallique isolé dans un petit tube de verre, est plongé dans le verre à boire et, par l'intermédiaire du fil qui ressort du bocal, constitue le pôle positif de l'élément. Le pôle négatif est formé par une lame ou un cylindre de zinc, qui est soutenu, comme dans la pile Callaud, ou celle de Normann, à la partie supérieure du vase de verre, et le tout est bouché avec un large bouchon de liége. L'inconvénient de cette pile est de présenter une grande résistance.

La pile de M. Minotto, employée dans l'Italie septentrionale, est une pile de Callaud, dans laquelle la séparation des liquides se trouve mieux assurée par l'intervention d'une couche de sable qui forme diaphragme poreux. Pour obtenir ce résultat, M. Minotto remplit le fond du vase de verre de la pile où se trouve déjà la plaque négative, avec une couche assez épaisse de sulfate de cuivre concassé et en partie pulvérisé, et une couche de sable fin, d'environ 2 centimètres d'épaisseur, sur laquelle appuie le zinc, surmonte le tout (1). De l'eau versée avec précaution sur cet ensemble de matières poreuses et remplissant le vase, charge la pile à la manière d'une pile Callaud ordinaire.

Cette pile présente quelques avantages sous le rapport de la constance et de la durée, mais elle a aussi quelques inconvénients ; ainsi, au moment du rechargement, qui, du reste, ne doit se faire qu'une fois par an, on ne peut recueillir le cuivre déposé, et on est obligé de rejeter sable et résidus, qui forment alors une espèce de boue dégoûtante ; elle présente aussi une grande résistance. Il est vrai que M. Calla, en disposant la lame électro-négative au-dessus de la couche de sulfate et en employant pour lame électro-positive un cylindre de zinc, comme dans la disposition Callaud, diminue considérablement cette résistance, mais quoiqu'on fasse, elle est encore plus considérable que dans la pile de Callaud.

Pour rendre la pile Minotto moins résistante et en même temps susceptible d'être rechargée, sans qu'il soit besoin de retirer le sable, M. Jacobini compose l'électrode négative d'un cylindre de cuivre ouvert par les deux bouts, lequel plonge jusqu'au fond du vase et se trouve percé dans sa partie inférieure de larges trous, jusqu'à la hauteur de 5 centimètres. Le bord inférieur de ce cylindre est déchiqueté en larges dents, comme une scie, et le bord supérieur est soudé au fil polaire. Ce cylindre métallique appuie au fond du vase sur une première couche de sable de 1 c. 1/2 d'épaisseur, sur laquelle se trouve appliquée une feuille de papier buvard, percée d'un trou au milieu (de la grandeur du cylindre de cuivre) et le zinc, qui a la forme d'un cylindre, comme dans la pile de Daniell, et qui enveloppe le cylindre en cuivre, appuie sur ce papier. Le reste du vase est rempli avec du sable, et le sulfate de cuivre concassé ou en poudre occupe seulement la capacité du cylindre de cuivre. Enfin, le tout est imbibé d'eau.

Le R. P. Secchi, à son tour, a modifié la pile de M. Jacobini, en fermant le tube de cuivre de la pile précédente avec un large sac en vessie, qu'il remplit de sulfate et en repliant en dehors les déchiquetures du

(1) Le zinc, dans cette pile, a la forme d'un disque et est posé à plat sur le sable.

fond du tube, pour empêcher qu'il ne soit fermé avec le cuivre précipité. M. Secchi prétend que cette pile est d'une constance de beaucoup supérieure à celle des autres piles, et explique cette particularité, en disant que la disposition que nous venons de décrire atténue les mouvements produits ordinairement au sein des liquides, par suite de l'oxydation du zinc, lesquels mouvements provoquent des actions locales nuisibles.

D'après cette théorie, le R. P. Secchi a été conduit à remplir de sable l'intervalle laissé entre le vase poreux et le vase extérieur des piles ordinaires, et il s'en est, parait-il, fort bien trouvé, car les vases n'ont présenté, au bout de 6 mois d'action continue, aucune trace d'incrustations (1).

La pile que M. Candido a présentée à l'Exposition de 1867, et qui a été imaginée en vue d'éviter la résistance des diaphragmes poreux, n'est en définitive qu'une simple modification de la pile de M. Jacobini. Comme dans celle-ci, l'électrode négative est constituée par un cylindre de cuivre, muni d'un large fond, dans lequel sont emmagasinés les cristaux de sulfate de cuivre, et ce cylindre, qui est troué de place en place, est séparé du cylindre de zinc par un *tube poreux*, qui remplit les fonctions du sable dans la pile Jacobini. Comme la filtration de la solution de sulfate à travers les trous du cylindre de cuivre placerait cette pile dans les conditions de la pile Callaud, le cylindre de zinc est maintenu à la partie supérieure du vase extérieur, au moyen de 3 petites oreilles adaptées au vase poreux, et sur lesquelles il appuie. Enfin, pour éviter le mélange trop direct de la solution de sulfate avec le liquide extérieur, au point d'application du tube poreux sur le fond du cylindre de cuivre (lequel est presque de la largeur du vase extérieur), on introduit du sable, de manière à former un diaphragme annulaire d'environ 2 centimètres de hauteur. De cette manière, la résistance de la pile ne se compose uniquement que de la couche liquide qui sépare le zinc du disque de cuivre. Comme cette solution doit contenir le moins possible de sulfate de cuivre, sa couleur peut servir de guide pour régler l'épaisseur de la couche de sable du diaphragme ; si elle est bleue à une trop grande hauteur, il faudra évidemment augmenter l'épaisseur de la couche de sable (2).

---

(1) Voir, pour les détails de ces piles, les *Mondes*, tome I, p. 318, tome II, p. 349 et 453, tome IV, p. 550 et tome V, p. 516.
(2) Voir les *Mondes*, tome 13, page 682.

La pile de M. Siemens, que nous représentons ci-contre, fig. 40, et qui a précédé celle de M. Minotto, ne diffère de

Fig. 40.

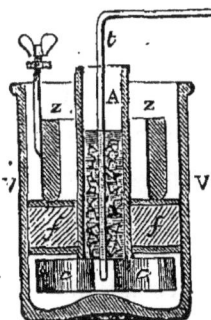

celle-ci qu'en ce qu'au lieu de sable pour diaphragme poreux, on emploie une couche de pâte de papier préparé à l'acide sulfurique concentré. Cette pâte ff est soutenue sur une rondelle de carton, laquelle est soutenue elle-même par une spirale de cuivre cc, servant d'électrode négative, et à travers ce diaphragme passe un tube de verre A qui contient les cristaux de sulfate de cuivre destinés à alimenter la solution négative. C'est à travers ce tube que passe le fil de cuivre t qui fournit le pôle positif, et le cylindre de zinc ZZ repose sur la couche de pâte de papier.

Pile de M. Wheatstone. — Dans la pile de M. Wheatstone, l'élément négatif est un amalgame pâteux de zinc, l'élément positif, un fil de cuivre, comme dans la pile Daniell. L'amalgame de zinc occupe le vase poreux, et le sulfate de cuivre est placé dans le vase extérieur. C'est alors la dissolution saline elle-même qui attaque le zinc et qui provoque la réaction électrique, sans qu'il y ait eu un dégagement électrique préalable. Le courant de cette pile reste constant tant que la dissolution de sulfate est maintenue à un degré convenable de saturation. L'avantage que présente cette pile, est de pouvoir utiliser tous les morceaux de zinc des autres piles qui se trouvent toujours perdus. Elle n'est du reste qu'une pile de Daniell à un seul liquide.

Cette pile a été modifiée dernièrement par l'abbé Fortin, qui prétend l'avoir rendue supérieure à celle de Daniell, eu égard à la durée, à la constance et à la résistance intérieure, qui, suivant lui, se trouve grandement diminuée. Dans cette pile, comme dans la précédente, l'élément positif est l'amalgame liquide de zinc, l'élément négatif une plaque de cuivre. Le vase extérieur est impénétrable et vernissé dans sa partie inférieure, contenant l'amalgame de zinc. A partir du niveau de l'amalgame, il est poreux sur une hauteur de 2 à 3 centimètres pour un diamètre de 8 centimètres. Cette paroi poreuse est destinée à éliminer le sulfate de zinc par voie de filtration ou d'efflorescence; le sel s'attache à la paroi après l'évaporation de l'eau et on le détache au moyen d'un grattoir, qui peut prendre la forme du vase. Un fil de cuivre isolé et plongé dans le mercure, prend la polarité de l'amalgame. Prolongé jusqu'au bord

supérieur du vase, il se recourbe et y reste fixé par sa courbure. Le vase
intérieur ou poreux est un peu moins large que le vase extérieur, moins
élevé aussi de 4 centimètres ; il est soutenu sur le bord supérieur de ce
dernier dans lequel il entre, par deux petites oreilles. Il est poreux principalement par le fond et un peu sur les côtés, jusqu'à moitié ou un peu
plus de sa hauteur, et il est vernissé sur le reste de sa surface, pour éviter le mélange des liquides ; son fond descend jusqu'à 3 centimètres de
l'amalgame liquide et reçoit pour électrode négative une rondelle de cuivre. On y verse une dissolution de sulfate de cuivre, en même temps
qu'on verse dans le vase extérieur de l'eau ou de l'acide sulfurique dilué.

« Par cela même que le sulfate de zinc formé est incessamment éliminé,
« dit M. Fortin, cette pile, à la condition seule que l'on remplacera, au
« fur et à mesure du besoin, la solution saline du vase intérieur, fonc-
« tionnera incessamment avec une grande constance. »

M. Fortin a du reste indiqué la même disposition pour les piles à sel
de mercure, de plomb et d'argent (1).

Pile Carré. — Afin de diminuer la résistance de la pile de Daniell,
M. Carré constitue le vase poreux en papier préparé à l'acide sulfurique,
et place dans cette espèce de sac une carcasse de bois, sur laquelle est
adaptée une longue spirale de fil de cuivre, aboutissant à un collier de
cuivre, qui constitue le pôle positif ; de plus, il emploie des éléments de
très-grandes dimensions (60 centimètres de hauteur). M. Carré prétend
qu'un élément de cette pile est plus énergique qu'un élément Bunsen,
mais cette prétention est réellement par trop exagérée, attendu que,
comme l'a fort bien fait observer M. Becquerel, la force électro-motrice
de l'élément ne peut rien gagner à cette disposition, et que quand bien
même la résistance serait réduite à celle de l'élément Bunsen, il y aurait
toujours une différence de force entre ces deux éléments dans le rapport de 11123 à 5973, soit 1,86 en faveur de l'élément Bunsen. Voici
du reste la description de cette pile, faite par M. Carré lui-même.

« Dans un vase de $0^m,12$ de diamètre et $0^m,60$ de hauteur, est un zinc
haut de $0^m,55$, porté sur un croisillon qui l'isole de la boue métallique
qui tombe au fond, et qui produirait l'incrustation, en venant toucher le
diaphragme ; le diaphragme est formé d'un papier préparé à l'acide
sulfurique, dit *papier parchemin*, ou, à son défaut, d'un papier imprégné

_____

(1) Voir les *Mondes*, tome 18, p. 366, 422, 597.

d'albumine surcoagulé à 230 degrés, température qui le rend complètement inattaquable par les liquides de la pile. Le papier est collé avec de la
gomme laque sur lui-même et autour d'un godet en matière non conductrice qui sert de pied au diaphragme et repose sur le croisillon précité. A
l'intérieur du diaphragme, se place une carcasse cylindrique de même hauteur, formée de baguettes de bois, espacées de 3 à 4 millimètres, assemblées sur un fond de même matière et réunies supérieurement par
une bague de cuivre qui forme comme une garniture cylindrique à l'extrémité de cette carcasse. Cette bague est dentelée en dehors et le fond de
bois qui sert de support au cylindre, portant lui-même des saillies en
correspondance avec les dentelures, permet à un fil de cuivre entortillé
autour d'elles, d'envelopper la carcasse d'une espèce de réseau présentant un développement considérable et sur lequel le dépôt de cuivre s'opère
normalement dans toutes ses parties. A l'intérieur de la carcasse et sur
toute la hauteur du diaphragme se placent les cristaux de sel de cuivre, qui
forment une colonne divisée, que le liquide intérieur baigne sur une large
surface, ce qui donne une solution toujours saturée sur toute la hauteur du diaphragme, quelque grande qu'elle soit, et assure le maximum
d'effet utile. On comprend que la carcasse et son cercle collecteur servent indéfiniment ; lorsque le fil du réseau est surchargé de cuivre, trois
minutes suffisent pour le remplacer. »

Nous devons dire, dans l'intérêt de la vérité, que ces sortes de diaphragmes en papier avaient déjà été employés par M. Jedlick et Csapo.

Le meilleur liquide extérieur, suivant M. Carré, est une solution de
sulfate de zinc à 18 degrés, acidulée au vingtième ; elle fournit un
dégagement d'électricité sensiblement constant, jusqu'à ce qu'elle atteigne
40 degrés. Il suffit alors, pour maintenir la constance, de la remplacer en
partie par de l'eau. En mêlant cette solution avec un dixième de son volume d'une solution saturée de sel ammoniac, on obtient un courant électrique plus intense, sans éprouver les inconvénients que pourrait apporter
la présence d'autres sels.

Pile de M. Buff. — « La cause principale des changements qui
s'opèrent peu à peu dans la pile de Daniell, dit M. Buff, est l'endosmose qui transporte la solution de cuivre dans celle du zinc. Non-seulement il y a du cuivre précipité par la voie chimique ordinaire et un
équivalent de zinc perdu pour l'action électrique, mais de plus le cuivre,
précipité sur la surface du zinc, modifie l'état de la surface du métal

électro-positif et donne ainsi naissance à des courants secondaires qui favorisent une nouvelle précipitation de cuivre, et entraînent une perte considérable en zinc. Ces courants locaux sont également cause que les pores de la cellule en terre se remplissent peu à peu de cuivre métallique, et qu'enfin ce métal apparaît sur la surface extérieure de la cellule. Par la disposition qui suit, on réduit au minimum l'influence de l'endosmose.

« Un vase en verre *i, i*, à bords dépolis (fig. 41), est recouvert par un couvercle fermant bien *dd*, qui est percé de trois ouvertures destinées à recevoir trois tubes cylindriques en verre. Le tube *rr*, qui pénètre par l'ouverture du milieu et qui est le plus grand possible, est fermé par le bas par une vessie. Des deux autres tubes, l'un *aa*, descend jusque dans une couche de mercure qui recouvre le fond du vase, et l'autre *bb*,

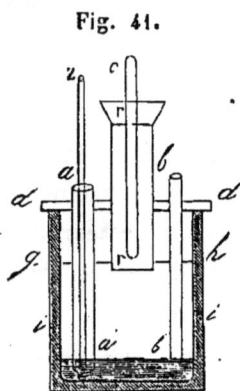

Fig. 41.

débouche immédiatement à la surface de ce mercure. Le vase est rempli avec du sulfate de zinc jusqu'à la hauteur *gh*, de façon que la liqueur baigne la cloison poreuse. Dans le cylindre *rr*, on verse la solution cuivreuse mélangée à des morceaux solides de sulfate de cuivre. Si dans cette dernière liqueur on introduit une lame ou même un simple fil de cuivre *c*, puis dans le tube *a* un fil de zinc Z, et qu'on mette en communication *c* avec Z par un bon conducteur de l'électricité, il en résulte un courant d'une constance parfaite, puisqu'il se dissout constamment du zinc dans le mercure et en quantité suffisante pour l'entretien d'une activité uniforme.

« L'endosmose, par cette disposition, n'est pas, il est vrai, complétement évitée, mais elle se produit avec une extrême lenteur, parce que la dissolution du sulfate de zinc se fait plus difficilement que celle du sulfate de cuivre. Le fil de zinc plonge et descend à mesure que son extrémité inférieure se dissout.

« Pour pouvoir remplacer facilement le sulfate de cuivre sans arrêter le courant, on a coupé le bouchon de liége que porte le vase au cuivre, de manière qu'on puisse en enlever un segment et découvrir une ouverture sans ôter le cuivre de place. Au moyen du tube *bb*, on peut au besoin retirer un peu de sulfate de zinc et le remplacer par de l'eau.

« Une expérience comparative servira à indiquer combien cette disposition est supérieure à celle ordinaire de Daniell.

« Une pile ordinaire de Daniell, dans le circuit de laquelle on avait introduit un long multiplicateur, a accusé d'abord 78°, puis après neuf jours de marche 33° seulement de déviation, tandis qu'une pile de la construction décrite ci-dessus, avec introduction du même multiplicateur qui donnait en commençant une déviation de 77°,5, n'a pas présenté de changement au bout de neuf jours. Dans la pile de Daniell, on a consommé (par suite des influences locales indiquées) cent soixante-huit fois plus de zinc, et dans la nouvelle pile, sept fois seulement (dans le même temps), que la quantité qui est nécessaire d'après les lois des électro-moteurs pour la production du courant; de façon que la nouvelle disposition présente non-seulement une plus grande constance, mais est, sans comparaison, beaucoup plus économique en raison des pertes moindres en zinc.»

Pile de M. Ryhiner. — Cette pile se compose : 1° d'un cylindre en fonte de fer qui, pour augmenter sa surface oxydable, est pourvu intérieurement de mamelons pyramidaux, et porte en deux points opposés de son bord supérieur deux prolongements servant de points d'attache aux conducteurs et en même temps d'anses pour le soulever ; 2° d'un cylindre en grosse toile recouverte de trois ou quatre doubles de papier ; 3° d'un cylindre de plomb servant de lame négative. On charge cette pile avec une solution concentrée de sulfate de cuivre d'une part et de l'autre avec de l'eau salée. Dans la première de ces solutions, on introduit le cylindre de plomb, dans la seconde le cylindre de fonte. Ce dernier n'a jamais besoin d'être nettoyé, attendu que les enduits les plus épais de rouille se dissolvent d'eux-mêmes dans l'eau salée. D'un autre côté, les dépôts de cuivre peuvent aisément être retirés des lames de plomb, en raison de la flexibilité de celles-ci.

« Cette pile, dit l'auteur, opère avec une constance remarquable ; elle n'a, il est vrai, qu'une faible influence sur l'aiguille aimantée, mais elle jouit d'une grande force de réduction sur les solutions de sels métalliques. »

PILES A SELS SOLUBLES DIVERS.

Pile de M. Selmi. — La pile de M. Selmi, appelée *pile à triple contact*, réalise, suivant son auteur, des avantages tellement étonnants que, n'ayant pas été à même de les vérifier, nous préférons nous maintenir sur la réserve, en laissant parler l'inventeur lui-même.

« La pile, dans son ensemble, dit M. Selmi, se compose : 1° d'un verre ou vase récepteur ; 2° d'un élément positif, formé d'une lame de zinc

roulée en cylindre ; 3° d'un élément négatif, formé d'une lame de cuivre
roulée en hélice. Ce dernier est suspendu et porté par des fils de cuivre,
terminés à leur extrémité par des crochets qui les mettent en contact avec
un cercle métallique, auquel communique aussi métalliquement l'élément
positif, plongé par sa partie inférieure dans le liquide excitateur. Par
cette disposition, l'élément négatif communique à la fois avec l'élément
positif, avec le liquide et avec l'air, ce qui explique pourquoi cette pile
est appelée à triple contact. Deux fils de cuivre soudés, l'un au cuivre,
l'autre au zinc, font fonction de rhéophores. Le premier est le pôle négatif,
le second le pôle positif. La lame de zinc a 5 ou 6 centimètres de largeur,
6 ou 7 de hauteur. La lame de cuivre a 7 mètres environ de longueur, un
centimètre et demi de hauteur ; les spires, au nombre de 20 ou 25, ne se
touchent pas, elles sont, au contraire, séparées par un petit intervalle
vide, dans lequel le liquide monte par absorption capillaire. Le vase en
verre est d'un litre environ de capacité ; le liquide excitateur le plus
avantageux est une solution concentrée de sulfate de·potasse, formée
avec dix parties (en poids) de sel, dissoutes dans cent parties d'eau. Si
l'effet qu'on veut obtenir n'exige qu'un courant de faible tension, comme
dans le cas de la télégraphie électrique, on réduit la proportion de sel à
6 ou même à 3 pour 100.

« Lorsque l'élément est en activité, le liquide ou sulfate de potasse est
décomposé ; l'acide se porte sur le zinc, qui d'abord s'oxyde, puis se
transforme partie en sulfate ou sous-sulfate de zinc, partie en carbonate
de zinc hydraté. Ces deux sels tombent au fond du vase sous forme de
précipité amorphe ; la potasse devenue libre, se porte sur le cuivre. Si
la solution est peu concentrée, le travail de la pile se continue pendant
plusieurs semaines, à la seule condition d'ajouter de temps en temps un
peu d'eau pour suppléer à celle qui s'évapore ; si la solution est concentrée, il faut agiter le liquide toutes les vingt-quatre heures, afin que l'alcali libre qui entoure le cuivre fasse précipiter les sels de zinc, et que le
liquide recouvre sensiblement sa conductibilité première.

« L'utilité ou mieux la nécessité du contact triple du cuivre avec le
zinc, l'eau et l'air, est facilement mise en évidence par les faits suivants :
1° Si l'on fait plonger entièrement l'élément négatif, l'intensité du courant, mesurée au galvanomètre, diminue dans une proportion énorme ;
elle reprend sa valeur primitive lorsque le cuivre plonge en partie dans
le liquide, en partie dans l'air ; 2° tant que le cuivre ne plonge pas entiè-

rement dans le liquide, il ne se dégage pas même une bulle d'hydrogène ; 3° si, lorsque le triple contact est établi, on recouvre le cuivre d'une cloche pleine de gaz oxygène, ce gaz est rapidement absorbé ; 4° si l'on suspend la communication métallique entre le zinc et le cuivre, le liquide est presque complétement inactif, le zinc ne s'oxyde presque plus ; de sorte que quand la pile à triple contact ne fonctionne pas, il n'y a pas consommation de zinc, alors même qu'il n'est pas amalgamé.

« La force d'un élément de la nouvelle pile est à très-peu près la même que celle d'un élément Daniell de mêmes dimensions ; elle reste sensiblement constante pendant vingt-cinq ou trente jours seulement, si la solution de sulfate de potasse est concentrée ; mais si la solution est plus ou moins faible, l'action se continuera toujours la même pendant un temps beaucoup plus long.

« Les résidus de cette pile peuvent être facilement transformés en blanc de zinc, dont le prix, poids pour poids, est supérieur à celui du zinc consommé ; mais, en admettant qu'on ne veuille pas tirer parti des résidus, la pile à triple contact consommera à peine le *quarantième* de ce que consomment les piles actuelles des télégraphes, dont la dépense annuelle est évaluée à 4 francs par élément. Elle a en outre le très-grand avantage d'un entretien plus facile ou d'exiger moins de soins et de main-d'œuvre. »

Plie de Weare au chlorure de cuivre et au chlorure de calcium. — Suivant M. Weare, cette pile aurait sur celle de Daniell l'avantage de fournir un courant plus constant et plus énergique, d'être plus maniable et moins encombrante. Enfin, elle aurait le privilége de permettre l'utilisation des produits résultant de l'action chimique opérée pendant son action.

En réalité, cette pile n'est qu'une pile à auges, dans laquelle les éléments zinc et cuivre sont enveloppés de papier buvard et renfermés séparément dans des espèces de sacs servant de diaphragmes poreux. Ces sacs sont constitués par de petites feuilles très-minces de bois de sapin, qui sont recouvertes en dedans et en dehors, par un papier assez épais et suffisamment poreux pour laisser filtrer les liquides. Toutefois, pour que cette filtration ne s'opère que sur les faces de cette espèce de sac, les côtés, la partie inférieure et les bords sont recouverts d'un enduit en glu-marine.

Ces sacs, munis de laine métallique, sont placés deux à deux ou trois à trois dans chaque auge de la pile, qui est enduite tout entière de glu-marine,

et les lames cuivre et zinc sont réunies d'un élément à l'autre au moyen
de pattes de cuivre. Les liquides excitateurs sont le chlorure de cuivre
et le chlorure de calcium dissous à saturation dans de l'eau ; le chlorure
de cuivre est versé dans les sacs aux cuivres, le chlorure de calcium dans
les sacs aux zincs. De cette combinaison résulte la réaction suivante :

Sous l'influence de la chloruration du zinc, le chlorure de cuivre se
trouve décomposé ; le cuivre se porte sur la lame négative comme dans
les piles de Daniell, et le chlore dégagé va réparer les pertes en chlore
de la solution de chlorure de calcium. Il résulte, comme résidu, du chlorure de zinc, qui a son application dans l'industrie.

Pour obtenir le chargement facile de ces éléments, M. Weare dispose
au-dessus de la pile, un petit réservoir composé de deux petits compar-
ments qui, au moyen de tubes de verre capillaires, se trouvent mis en
communication avec les différents sacs ; on verse dans un de ces compartiments la solution de chlorure de cuivre, et dans l'autre, la solution
de chlorure de calcium, et comme ces liquides tombent goutte à goutte,
d'une hauteur permanente, et se trouvent filtrés d'une manière incessante, à travers toutes les feuilles du papier buvard qui entrent dans la
construction de ces sacs, les effets nuisibles de la polarisation des lames
sont diminués et les liquides, après leur filtration, viennent se déverser
dans un second réservoir placé au-dessous de la pile. Suivant l'auteur,
ces liquides ainsi déversés peuvent servir plusieurs fois ; mais nous comprenons difficilement qu'il puisse en être ainsi ; car, ainsi mélangés et
chargés de solutions différentes, ces liquides ne peuvent plus avoir les
mêmes propriétés que les solutions primitives. Nous croyons d'ailleurs
que le prix relativement élevé des sels employés et les émanations malsaines qui résultent du travail de cette pile, seraient un grand obstacle à
son application, dans le cas où elle presenterait les qualités que son auteur lui suppose.

**Pile de M. Boulay au sulfate de cuivre azotate de po-
tasse eau salée et fleur de soufre**. — Dans cette pile, le sulfate
de cuivre de la pile de Daniell est mélangé, à volume égal, avec de l'azotate de potasse cristallisé, de manière à former une solution la plus concentrée possible. Le liquide excitateur est une solution de chlorure de
sodium (sel marin), à laquelle on ajoute un volume de fleur de soufre égal
au volume du chlorure. D'après M. Boulay, la fleur de soufre n'entre-
rait pas en combinaison chimique, mais elle interviendrait comme
obstacle à la réduction du cuivre sur le zinc et à la polarisation. Sous

l'influence du courant, le sulfate serait décomposé comme dans la pile de Daniell, mais l'acide sulfurique transformerait le chlorure de sodium en oxyde de zinc et décomposerait le nitrate de potasse qui fournirait de l'acide nitrique à l'état naissant.

Suivant l'auteur, la force électro-motrice de cette pile serait sensiblement égale à celle de la pile au sulfate de mercure, et sa résistance serait moins grande que le quart de celle de Daniell (250 mètres de fil télégraphique) ; sa constance serait très-grande et elle pourrait fonctionner 6 mois presque sans rien perdre.

Quoiqu'il en soit, l'introduction de la fleur de soufre dans la pile n'est pas une conception nouvelle, nous verrons dans la suite que M. Blanc-Filipo l'avait déjà employée, mais dans des conditions plus avantageuses ; car, au lieu de faire réagir cette substance sur l'électrode positive, en déterminant un effet assez incertain, ce dernier inventeur avait cherché à concentrer son action sur l'électrode négative, et il en résultait, ainsi que l'a constaté M. Matteucci, une réelle augmentation dans la force électro-motrice du couple. (Voir les *Mondes*, tome 7, p. 652).

Dans les conditions de la pile de M. Boulay, la fleur de soufre a pour effet de diminuer la force électro-motrice de la pile à sulfate de cuivre, de dégager de l'acide sulfhydrique et de provoquer des dépôts de cuivre à l'extérieur des vases poreux, qui peuvent mettre ceux-ci assez promptement hors de service ; il est vrai qu'en revanche, il se produit fort peu de ces dépôts sur les zincs, ce qui est un véritable avantage.

D'après les expériences de M. Ed. Becquerel, la force électro-motrice de cette pile serait inférieure à celle de l'élément Daniell dans la proportion de 1 à 0,77.

Pile de M. Caussinus à sels combinés. — Le but de cette pile est la suppression des acides liquides employés souvent dans les piles ; elle se compose d'abord d'un vase de zinc, au fond duquel se trouve un disque de liége, et, en second lieu, d'un vase tout en cuivre rouge ou en plomb, qui est moitié plus petit que le premier, et qui est posé sur le disque de liége. On charge avec de l'eau et un mélange de sels, que l'on prépare de la manière suivante :

Dans un demi-litre d'eau, on met 100 grammes de sel marin et 200 grammes d'azotate de potasse, puis on chauffe et on fait réduire de moitié. On ajoute ensuite, peu à peu, 200 grammes d'acide sulfurique, et on chauffe encore, jusqu'à ce que le tout ne fasse plus qu'une espèce de

pâte. Cette pâte est ensuite exposée à l'air, dans des assiettes, pour laisser évaporer les liquides et cristalliser les sels, et c'est avec ces sels,
appelés par l'inventeur *sels combinés,* qu'on charge la pile, en ayant soin
de remplir préalablement à moitié le plus grand vase (celui en zinc) de
sel marin. Les sels combinés remplissent alors le second vase et la moitié
du plus grand. La présence de ces sels suffit, selon M. Caussinus, pour
produire un dégagement électrique assez intense. Pour régénérer la pile
pendant sa marche on ajoute, quand besoin en est, une eau seconde
faite avec moitié eau, moitié acide sulfurique.

Piles-échelles de M. Gaugain au sulfate de cadmium.
— Comme nous l'avons dit au commencement de ce chapitre, M. Gaugain a cherché à obtenir des piles d'intensités très-différentes, pour servir
d'appoint multiplicateur à sa pile thermo-électrique étalon, et les piles
auxquelles il a eu recours pour cela, sont les piles au sulfate de cadmium,
avec électrode positive en fer ou en zinc.

La pile cadmium et zinc (*cd—zn*) se compose d'une lame de zinc, plongée
dans une dissolution de sulfate de zinc et d'une lame de cadmium, plongée
dans une dissolution de sulfate de cadmium ; les deux liquides sont séparés,
comme dans la pile de Daniell, par une cloison poreuse. Cette pile est constante, dans l'acception ordinaire du mot, c'est-à-dire qu'elle ne se polarise
que faiblement, lorsqu'elle est mise en activité, même dans le cas ou la résistance interposée est sensiblement nulle. Mais lorsqu'elle demeure inactive, le diaphragme poreux ne s'oppose pas entièrement au mélange des
liquides ; l'électrode zinc se recouvre de dépôts de cadmium, et la force
électro-motrice du couple s'affaiblit assez rapidement. Pour atténuer cet
inconvénient, M. Gaugain a donné au vase extérieur, qui reçoit l'électrode zinc, un diamètre 4 ou 5 fois plus grand que celui du vase poreux,
dans lequel est placée l'électrode de cadmium.

Comme le cadmium que l'on trouve dans le commerce n'est jamais chimiquement pur, il arrive souvent que les couples de ce genre n'ont pas
tous exactement, même quand ils viennent d'être montés, la même force
électro-motrice ; toutefois, la valeur moyenne de cette force peut être estimée à 62 unités thermo-électriques, ou, en prenant les chiffres en rapport
avec la détermination par la méthode d'Ohm, à 1969.

La pile cadmium et fer (*cd—fe*) est disposée comme la précédente ; l'é-
lectrode négative est toujours une lame de cadmium placée dans le vase
poreux qui contient la dissolution de sulfate de cadmium. L'électrode

positive est un gros fil de fer placé dans le vase extérieur qui renferme une dissolution de sulfate de fer. Les actions chimiques qui se produisent dans cette pile sont plus complexes que celles qui ont lieu dans la pile de Daniell, mais la force électro-motrice reste sensiblement constante pendant un temps assez long, lorsque l'élément reste inactif, ce qui était le point essentiel pour l'application que M. Gaugain voulait faire de cette pile. Cette force électro-motrice peut être estimée à 12 unités thermo-électrique, ou représentée par le chiffre 381, quand le fer est plongé dans une dissolution pure de proto-sulfate de fer. Mais on peut l'augmenter plus ou moins en ajoutant à la dissolution de sulfate de fer des quantités extrêmement minimes d'acide azotique, et les couples $(cd - fe)$, dont M. Gaugain s'est servi, ont été gradués par ce moyen, de manière à ce que leur force électro-motrice différât peu de 20 unités. Outre que les couples qui présentent ce degré de force, sont d'un emploi plus commode que ne le seraient des couples plus faibles, M. Gaugain a reconnu qu'ils sont aussi plus *constants ;* ces couples, en effet, ont pu rester montés 7 ou 8 jours, sans que leur force électro-motrice s'abaissât de plus d'une unité.

M. Ed. Becquerel a combiné dernièrement, dans le même but que M. Gaugain, une pile-échelle de très-faible puissance, ayant pour électrodes polaires, deux lames de zinc laminé, dont l'une seulement est amalgamée, et qui plongent dans une solution saturée à froid de sulfate de zinc pur. Cette dissolution est rendue la moins acide possible par une ébullition prolongée avec du carbonate de zinc. Afin que les lames ne se touchent pas, on les sépare dans chaque couple au moyen d'un diaphragme poreux en buiscuit de porcelaine, comme dans les piles à deux liquides, mais on fait en sorte que la même dissolution se trouve des deux côtés du diaphragme. On réunit les pôles opposés de chaque couple, par des fils de cuivre soudés aux lames de zinc, et ces fils plongent dans des tubes contenant du mercure ; de sorte qu'à l'aide de ces derniers, on peut aisément interposer dans un circuit, un nombre variable de couples, depuis l'unité jusqu'à la somme des éléments de la pile. M. Becquerel n'indique pas la force électro-motrice de ces éléments, mais il est facile de comprendre qu'elle doit être très-faible ; elle pourra donc, peut-être, être substituée avantageusement, comme unité, à celle des couples thermo-électriques dont s'est servi M. Gaugain dans ses expériences, sur la détermination des forces électro-motrices (1).

(1) Voir le mémoire de M. Ed. Becquerel dans les *Mondes*, tome 22, p. 141.

Du reste, une foule d'inventeurs ont essayé la pile de Daniel avec différents sels et en ont été plus ou moins contents. Ainsi, M. Manuelli Gia-
como prétend qu'en substituant le sulfate de zinc au sulfate de cuivre
dans cette pile, on obtient une grande économie sans diminuer la force
de la pile ; la dépense se réduit à la simple consommation du zinc, qui
est encore moindre que celle que l'on fait avec le sel de cuivre. Ces
avantages nous paraissent bien problématiques. D'un autre côté, M. Sa-
vary, capitaine en retraite, croit pouvoir recommander, comme source
féconde et économique d'électricité, une pile de même genre au sulfure de
fer et au chlorure de sodium.

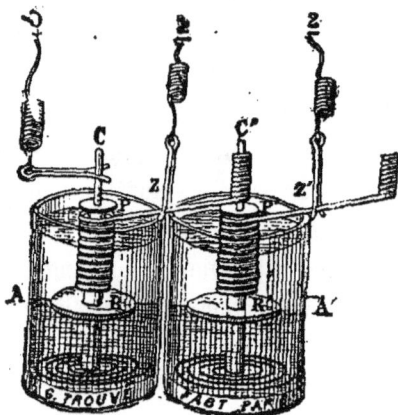

Fig. 42.

Nous signalerons encore, pour
terminer avec les piles à sels solubles, la nouvelle disposition que
M. Trouvé vient de donner aux
piles Callaud. Cette disposition, que
nous représentons fig. 42 ci-contre, est d'une simplicité extrème
et dans les conditions les plus économiques qu'on puisse trouver ;
l'électrode zinc est constituée par
un fil de zinc PP', enroulé en hélice
autour d'un tube de verre à travers
lequel passe le fil de cuivre de l'élec-
trode négative, qui est constituée elle-même par l'enroulement en spirale
plate d'une certaine longueur de ce fil. Un disque de liége R, R' arrête à
hauteur convenable la spirale de zinc et empêche les communications
métalliques entre les deux électrodes ; enfin les jonctions des divers
éléments entre eux s'effectuent à l'aide de boudins, qui enserrent les extrémités des tiges de cuivre C C' des électrodes négatives et qui terminent
eux-mêmes les fils de zinc. Des fourchettes à ressort Z, Z' correspondantes aux
fils du circuit, permettent de prendre la polarité de ces diverses électrodes.

II. PILES A SELS PEU SOLUBLES DU TYPE MARIÉ-DAVY.

PILES AU SULFATE D'OXYDULE DE MERCURE.

La pile de Daniell est, comme on l'a vu, celle de toutes les piles dont le
courant a le plus de constance, mais elle a l'inconvénient d'être peu
énergique et de fournir des courants sans quantité. La dissolution de sul-

fate de cuivre qui remplit le vase poreux finit toujours par traverser celui-ci, et, en se déposant sur le zinc, diminue la force électro-motrice de la pile, occasionne des dépenses inutiles de matière et oblige de faire de fréquents nettoyages. D'un autre côté, le cuivre, en se vivifiant, bouche les pores des vases poreux, et finit par les fendre et les rendre impropres à continuer le service. M. Marié-Davy a cherché si, parmi les sels susceptibles d'être réduits par l'hydrogène, il ne s'en trouverait pas un qui pût fournir une réaction à l'abri de ces inconvénients et qui pût développer une force électro-motrice supérieure à celle provoquée par le sulfate de cuivre. Le sulfate de protoxyde de mercure lui parut réunir toutes les conditions voulues pour obtenir ces résultats. En effet, ce sel peut être réduit par l'hydrogène plus facilement que le sulfate de cuivre, et, comme il est insoluble, sa filtration à travers les pores du vase poreux n'était pas à craindre. D'ailleurs, cette filtration pût-elle exister, elle ne pouvait avoir de conséquences fâcheuses, puisqu'il ne pouvait en résulter qu'une amalgamation du zinc, amalgamation ayant pour effet de constituer ce métal dans un état encore plus électro-positif, ainsi que cela résulte des expériences de M. Regnault. L'expérience a confirmé toutes ces prévisions, et c'est ainsi que M. Marié-Davy s'est trouvé conduit à la pile qui porte son nom et qu'il a disposée, du reste, de plusieurs manières, suivant les usages auxquels on veut la soumettre.

Cette pile n'est autre chose qu'une pile de Daniell, dans laquelle le sulfate de mercure est substitué au sulfate de cuivre, et c'est un prisme de charbon qui remplace la tige de cuivre. Elle se compose donc d'un vase extérieur en faïence ou en verre, d'un cylindre de zinc plongeant dans de l'eau pure, d'un vase poreux à l'intérieur du cylindre de zinc, et, au sein du vase poreux, d'un prisme de charbon entouré d'un mélange pâteux de sulfate de mercure et d'eau.

La préparation de la pâte de sulfate de mercure n'offre d'ailleurs aucune difficulté. On délaye dans de l'eau le sel que l'on a préalablement bien pulvérisé ; on laisse reposer, on décante, et il reste une masse pâteuse blanche légèrement jaunâtre qui constitue la matière en question. On prend ensuite le charbon que l'on tient à la main, bien au milieu du vase poreux, et on remplit complétement les vides avec de la pâte de sulfate, en s'aidant d'une petite spatule en bois. On verse ensuite la liqueur décantée dans le vase de verre qu'on achève de remplir avec de l'eau pure.

La force électro-motrice de la pile de M. Marié-Davy, déterminée par M. Gaugain, par la méthode d'opposition des couples dont nous avons parlé page 163, est équivalente moyennement, comme nous l'avons déjà vu, à celle de 258 couples thermo-électriques de l'échelle de M. Gaugain. Elle varie peu avec la durée de la mise en action de la pile, quand les éléments sont de grand modèle, mais il n'en est pas de même quand les couples sont de petites dimensions ; alors elle peut devenir nulle et même négative après un intervalle de temps de 2 à 7 semaines. Avec les grands éléments, cette force électro-motrice ne s'est abaissée que de 252,7 à 247, dans l'espace de 5 mois. Du reste, dans l'un et l'autre cas, la force électro-motrice de la pile à sulfate de mercure conserve sa valeur initiale presque tout entière jusqu'au moment où elle s'éteint complétement.

La résistance de la pile Marié-Davy, suivant M. Gaugain, varie peu avec la grandeur des éléments ; quand ceux-ci sont fraîchement montés, elle diminue pendant un certain temps, ce qui tient à l'imbibition graduelle du vase poreux. Lorsque cette imbibition est complète, la résistance du couple est voisine de 600 mètres de fil télégraphique de 4 millim. ou de 6 unités Siemens, avec des vases très-poreux et quand le sulfate de mercure contient la proportion de 3 0/0 d'acide libre.

D'après le même savant, cette résistance de la pile Marié-Davy n'augmente pas avec la durée de la fermeture du circuit, mais subit au contraire une légère diminution qu'il attribue à l'échauffement du liquide renfermé dans la masse poreuse qui enveloppe l'électrode de charbon. Cette résistance avec une pile épuisée peut même être réduite à 200 ou à 300 mètres, en raison de la meilleure conductibilité du liquide qui remplace alors le sulfate de mercure.

Quand la pile à sulfate de mercure est restée longtemps inactive et qu'elle n'est traversée que par des courants d'une faible intensité, sa résistance éprouve quelquefois un accroissement considérable, qui peut aller jusqu'à 6,500 mètres. Mais ces effets tiennent évidemment à des causes accidentelles qu'il est difficile d'apprécier.

La détermination des valeurs de la force électro-motrice et de la résistance de la pile Marié-Davy, que j'avais faite, m'avait donné pour la première 8192, pour la seconde 382 mètres. Il va sans dire que le premier chiffre ne représente pas des unités thermo-électriques.

D'après M. Guillemin, la force électro-motrice de l'élément Marié-Davy, quand son circuit est fermé sur lui-même sans l'interposition d'une résistance, peut être réduite au quart de sa valeur initiale au bout de 11 jours, mais il n'en a fallu que 7 pour l'élément du petit modèle. Avec un circuit interrompu 2 ou 3 fois par seconde, cette réduction au quart a nécessité 20 jours pour le grand modèle et 15 pour le petit modèle, le circuit comprenant une résistance interpolaire de 3 kilomètres par élément.

La pile Marié-Davy, subit dans certaines conditions de très-énergiques perturbations, qui peuvent être attribuées, soit à une polarisation énergique par suite d'un dépôt d'hydrogène sur la lame de charbon, soit à une réduction de zinc au sein du vase poreux à la suite d'une infiltration de la solution dans laquelle plonge le cylindre de zinc. Dans ce dernier cas, le zinc s'amalgame au mercure réduit, et celui-ci ne conserve plus au même degré sa propriété électro-positive, par rapport au zinc du couple. Bien plus même, il peut devenir électro-négatif pour une certaine proportion d'amalgamation, et alors le courant change de direction. Toutefois, ce genre de perturbation ne peut guère se produire que quand le courant de la pile a déjà été notablement affaibli par la polarisation. Il n'est donc qu'une conséquence de celle-ci, et c'est elle qu'il s'agit de combattre pour utiliser de la manière la plus avantageuse ce genre de pile.

La polarisation des piles à sulfate de mercure dépend de beaucoup de circonstances :

En premier lieu de la durée de la fermeture du circuit ; elle augmente constamment avec cette durée, sans atteindre, comme dans les électrolyses, un maximum après lequel elle semble rester stationnaire ;

En second lieu, de l'intensité du courant. Si cette intensité est faible en raison de la grande résistance du circuit, la polarisation est à peine appréciable. Si au contraire, elle est considérable, cette polarisation peut devenir si grande que la force électro-motrice du couple peut être réduite de moitié en une heure ;

En troisième lieu, des dimensions du couple ; on a vu en effet que ce genre d'effet électrique est d'autant moins énergique que les lames polaires sont elles-mêmes plus développées et mieux immergées ; il faut ajouter aussi que, par suite de ses plus grandes dimensions, la pile se trouve chargée d'une plus grande quantité de sulfate, et cette circonstance contribue encore puissamment à diminuer les effets de la polarisation ;

En quatrième lieu, de la composition du sulfate de mercure. Celui qu'on emploie généralement est du sulfate d'oxydule, dont la formule est HG^2OSO^3. Ce sel n'est pas neutre et il doit contenir 3 0/0 d'acide libre. C'est pour cela que les vieux sulfates qu'on recueille des piles usées et qu'on lave généralement, sont loin de produire les effets avantageux des sulfates neufs. Il est certain que ces sulfates ainsi lavés, n'ont plus la composition chimique qui convient à leur usage, et il peut arriver, en les employant, que la force électro-motrice d'un couple puisse changer de signe au bout d'un jour de fonctionnement continu dans un circuit de peu de résistance. Suivant M. Gaugain, le sulfate de bioxyde ayant pour formule $HGOSO^3$, pourrait être également employé, et peut-être même avec avantage, au point de vue de la polarisation.

En cinquième lieu, de l'adhérence plus ou moins intime de la pâte de sulfate avec la lame de charbon. Quand cette adhérence n'existe pas et qu'il existe une couche liquide entre la pâte et le charbon, la polarisation est considérable et rapide.

Il est encore une remarque assez curieuse que M. Gaugain a faite relativement à la polarisation des piles à sulfate de mercure, c'est que lorsqu'un couple de cette nature est polarisé fortement, il reprend sa force initiale au bout de 3 ou 4 minutes d'interruption du courant. Mais si on fait réagir le courant après ce petit laps de temps, il se polarise beaucoup plus fortement et beaucoup plus rapidement que si un intervalle de temps de quelques heures a séparé les deux actions du courant.

Du reste, M. Gaugain a reconnu qu'il existe entre la polarisation, l'intensité du courant et la grandeur des couples, une relation intime qui fait que la polarisation conserve la même valeur, quand la grandeur du couple et l'intensité du courant varient dans le même rapport.

Suivant M. Guillemin, la polarisation si énergique de la pile Marié-Davy devrait être attribuée à la faible solubilité des composés mercuriels, à leur peu de stabilité, à la précipitation du mercure sur le charbon, à l'augmentation de la résistance, par suite du durcissement du sulfate de mercure, enfin à la polarisation des conducteurs de plomb qui relient la lame métallique au charbon.

Les conclusions de la commission de perfectionnement des télégraphes relativement à cette pile, ont été formulées de la manière suivante :

« Les couples à sulfate d'oxydule de mercure (SO^3Hg^2O) n'offrent pas pendant leur action, comme les piles de Daniell et de Callaud, une force électro-motrice à peu près-constante et indépendante de la résistance du circuit ; car si cette résistance ne dépasse pas certaines limites, lorsque le circuit est fermé, la force électro-motrice diminue d'autant plus que la résistance est moindre. En outre, ils donnent quelquefois lieu à des variations dans l'intensité du courant, par suite de différentes causes, et ils ont l'inconvénient de- renfermer une substance très-vénéneuse. Mais lorsqu'on a soin de maintenir le même niveau de liquide dans leur intérieur, que le sel mercuriel ne fait pas défaut, que leurs dimensions sont suffisantes et qu'ils sont placés sur des circuits très-résistants, ils peuvent donner de bons résultats.

« Il serait nécessaire que le sel mercuriel destiné à ces couples, eût une composition et un état physique parfaitement définis et toujours les mêmes, afin d'éviter les difficultés provenant de l'emploi de sels défectueux.

« Dans les piles de ce genre, les couples dont les vases extérieurs ont 12 centimètres de haut, 9 cent. 1/2 de diamètre, le charbon 14 cent. et le zinc 9 centimètres sur 8 et 4 millim. d'épaisseur sont préférables. »

Pile à sable de M. José de Menna Apparicio. — Cette pile est l'application à la pile au sulfate de mercure de M. Marié-Davy, de la disposition au sable de M. Minotto. En conséquence, elle se compose comme cette dernière pile d'un vase extérieur en verre, au fond duquel est déposée une couche de sulfate de mercure. Au milieu de cette couche est appliquée l'électrode négative composée d'une plaque circulaire de charbon, et cette plaque est percée, à son centre, d'un trou dans lequel est introduit la tige métallique qui doit fournir le pôle positif, laquelle est vernie, de manière à éviter les dérivations du courant. Une couche de sable fin est tassée au-dessus de la couche de sulfate, et une bande de zinc enroulée en limaçon et placée sur le sable constitue l'élément électro-positif. Il suffit ensuite de verser un peu d'eau pour charger la pile.

L'auteur prétend que 20 petits éléments de cette pile ont suffi pour transmettre, avec un appareil Morse peu sensible, sur un circuit de 500 kilomètres (en bobines) (1).

_____

(1) Voir les _Mondes_, tome 7, page 622.

PILES AU SULFATE DE BIOXYDE DE MERCURE.

Quand il s'agit de produire une action énergique et de courte durée, la pile à sulfate de mercure peut être disposée d'une manière extrêmement simple et atteindre des dimensions pour ainsi dire microscopiques. Aussi cette pile a-t-elle été utilisée avec le plus grand succès dans les appareils électro-médicaux qui, grâce à elle et à d'heureuses dispositions apportées à ces appareils par MM. Ruhmkorff et Gaiffe, ont pu être contenus dans de petites boîtes de 18 centimètres de longueur sur 9 de largeur et 3^c 1/2 d'épaisseur. La disposition que M. Gaiffe a donnée à cette pile est des plus simples et des plus commodes ; c'est une petite auge en gutta-percha de 7^c 1/2 de longueur sur 3^c 1/2 de largeur et 2^c de profondeur, divisée en deux compartiments carrés, au fond desquels se trouvent fixées à plat deux plaques de charbon C et C' (fig. 43). Des fils de platine AP', C'P, CB, insérés dans le corps même de la gutta-percha, relient les deux éléments et constituent en A et B les deux appendices polaires de la pile. Pour cela, les fils AP' C'P font saillie en P et P', et c'est sur eux et sur deux petits taquets t et t' que les zincs viennent se poser quand la pile est chargée ; le fil C'P est d'ailleurs fixé en C' dans le

Fig. 43.

charbon C' et le fil CB communique pareillement avec le charbon C ; de telle sorte que les parties des fils AP', CB, qui ressortent en dehors de la caisse de gutta-percha, peuvent transporter les deux pôles de la pile sur deux ressorts R et R', entre lesquels celle-ci se trouve introduite quand on veut s'en servir.

Pour charger cette pile, il suffit de jeter sur les lames de charbon une pincée de sulfate de bioxyde de mercure, qu'on arrose d'une quantité d'eau suffisante pour dépasser les fils P et P', et il ne s'agit plus que de poser les zincs Z, Z', sur ces fils et sur les taquets t et t' pour mettre l'appareil en marche.

Le courant que cette pile fournit, peut durer suffisamment intense pendant trois quarts d'heure, mais au bout de ce temps, il s'affaiblit rapidement et finit par être à peine appéciable. Le sel est devenu alors complétement jaune, et les zincs se trouvent recouverts d'un dépôt de mercure, ce qui en rend l'usure pour ainsi dire insignifiante. La différence qui existe entre cette pile et celle que nous avons décrite précédemment, c'est que l'une a un diaphragme poreux, tandis que l'autre n'en a pas et que le sel employé dans cette dernière, dont la formule est SO^3HGO, est soluble, ou plutôt se partage en un sel acide qui se dissout et en turbith qui se précipite.

La force électro-motrice de cette pile placée dans les conditions de grandeur des éléments télégraphiques peut être représentée par 8322 et la résistance par 166 mètres. Les proportions d'acide et de sel sont les suivantes :

Eau acidulée au vingtième. . . . . 1 litre
Sulfate de bioxyde de mercure. . . . . . . 100 grammes.

Estimée d'après les effets thermiques qu'elle produit, l'énergie de cette pile peut être représentée comme on l'a vu, par 29302 calories et il reste confinées, dans la pile, 8270 calories, qui représentent les actions chimiques non utilisées.

Ce genre de pile, en raison des dimensions très-petites qu'on peut leur donner, sont d'un emploi très-fréquent dans beaucoup de petites applications électriques. Ainsi, M. Trouvé en a renfermé une dans un étui, de la dimension des étuis ordinaires pour les aiguilles à coudre et l'a disposée de manière à n'être chargée que quand l'étui se trouve placé dans une position déterminée. Ainsi, quand l'étui est placé verticalement, les pôles en haut, les lames polaires ne plongent pas dans le liquide ; au contraire, elles y plongent dans une position inverse ou simplement quand l'étui est couché horizontalement. Cette pile a été appliquée à l'animation de petits bijoux électriques que M. Trouvé construit d'une manière fort habile.

Dans cette pile, à laquelle M. Trouvé a, du reste, donné différentes dimensions, les électrodes polaires sont disposées de manière à satisfaire aux conditions de bon fonctionnement dont nous avons parlé p. 201. Ainsi, la lame de charbon qui est très-mince est circulaire et appliquée exactement contre les parois de la boite cylindrique en caoutchouc durci, qui constitue l'étui dons nous avons parlé ; la lame positive formée d'un bout de fil de zinc assez court, est scellée dans le couvercle également en caoutchouc durci qui se visse exactement sur cette boîte, et le liquide exci-

Fig. 44.

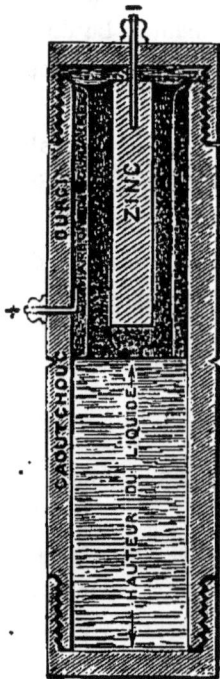

tateur ne remplit celle-ci qu'à moitié, pour éviter l'explosion qui pourrait résulter du dégagement des gaz et de la clôture hermétique de l'appareil.

La fig. 44 ci-contre représente la coupe de grandeur naturelle du moyen modèle de cette pile, qui a été imaginée dès l'année 1864.

D'un autre côté, MM. Duchenne, de Boulogne, et Ruhmkorff ont cherché à disposer la pile à bisulfate de mercure de manière à la rendre susceptible de fournir des courants continus assez intenses pour agir par leur action électrolytique dans les applications qu'on peut en faire en chirurgie ou en thérapeutique, et comme l'action de ces courants doit varier suivant les cas, la pile est disposée de manière à ce que son intensité (sous le rapport de la quantité) et sa tension puissent être gradués à la volonté de l'expérimentateur.

Nous représentons, fig. 45, cette nouvelle pile habilement construite par M. Ruhmkorff.

L'appareil est enfermé dans une boîte A A', contenant 42 éléments ; les vases en verre V sont placés au fond B de la boîte, dans les loges d'un casier divisé en six rangs contenant, chacun, sept compartiments. Les zincs Z et les charbons c de chaque élément sont fixés au double fond mobile C, qui est fait de caoutchouc durci, et on les enfonce à volonté dans les vases V contenant une solution faible de bi-sulfate de mercure, à l'aide d'un pignon d et d'une crémaillère g, placée de chaque côté. Dans l'intervalle des applications de la pile, le double fond C est soulevé de manière que les zincs et les charbons ne plongent plus dans la solution.

On trouvera tous les détails concernant cette pile dans la *Gazette des hôpitaux* du 22 mars 1870, au compte rendu de la Société de médecine du 7 janvier 1870.

M. Barker, dans l'emploi qu'il en avait fait aux grandes orgues de

Saint-Augustin, avait grandement perfectionné les piles au sulfate de bioxyde de mercure en leur donnant de grandes dimensions, en préparant le sel de manière à ne plus précipiter de turbith, ce qu'il obtenait

Fig. 45.

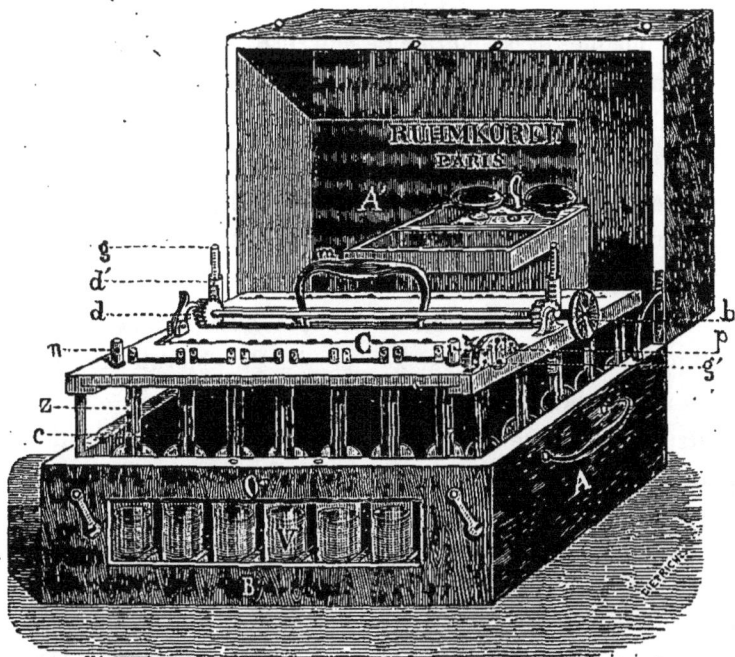

en opérant par la voie humide, et en le faisant entrer dans la solution avant sa dessiccation, enfin, en établissant des contacts parfaits entre le charbon et la lame polaire qui s'y trouve adhérente. Il paraît, suivant lui, que le sulfate de bioxyde de mercure que l'on achète est très-défectueux et que quand il est préparé convenablement, il ne se produit jamais aucun précipité au fond des vases. Ce qui est certain, c'est que 12 éléments de 30 cent. de hauteur sur 15 de diamètre ont suffi pour faire marcher les grandes orgues de Saint-Augustin et mettre en action simultanément jusqu'à 30 électro-aimants à gros fil (1 millimètre de diamètre).

S'il faut en croire M. Roudel, on aurait un grand avantage à remplacer dans les piles précédentes le sulfate de bioxyde de mercure par *du chlorure double de mercure* et de potassium : il faudrait alors remplacer le charbon par un fil de platine, employer un diaphragme poreux et prendre pour liquide excitateur, de l'eau salée avec du chlorhydrate d'ammoniaque. Voici en deux mots comment cette pile doit être disposée.

Le fond du vase poreux de forme conique doit être couvert de mercure. Dans ce liquide, plonge le bout d'un fil de platine soudé par l'autre bout à un fil de cuivre recouvert (ainsi que celui de platine sur toute la partie qui doit être en contact avec la solution aqueuse de chlorure), d'un enduit isolant. Le zinc est immergé dans une solution de chlorhydrate d'ammoniaque, et la solution de chlorure double est maintenue à saturation, par une quantité suffisante de ce sel. Par économie, le fil de platine n'a qu'un centimètre de longueur et un demi millimètre de diamètre.

La force de cet élément est plus grande que celle d'un pareil élément à bisulfate de mercure dans le rapport de 42 à 37 et elle est, suivant l'auteur, beaucoup plus constante.

Le chlorure double de mercure et de potassium se prépare en traitant 1200 parties de mercure par 245 parties de chlorate de potasse et un excès d'acide chlorhydrique. Le sel obtenu sec doit renfermer six équivalents de bichlorure de mercure pour un équivalent de chlorure de potassium.

PILES AUX SULFATES DE PLOMB, D'ANTIMOINE, D'ALUMINE, ETC.

Piles à sulfate de plomb de M. Marié-Davy. — Le prix dispendieux du sulfate de mercure a donné l'idée à M. Marié-Davy de rechercher, parmi les sels insolubles, un autre sel moins coûteux et pouvant donner lieu à des effets analogues. Les qualités physiques de ce sel, destiné à absorber l'hydrogène et à fournir au zinc l'acide appelé à le dissoudre, devaient donc être, qu'il fût bon conducteur en même temps que facile à réduire ; or le sulfate de plomb qui s'obtient comme résidu du traitement de l'alun par l'acétate de plomb, pour la préparation de l'acétate d'alumine employé en teinture, qu'on trouve, même à l'état minéral, dans certaines mines du Midi de la France, lui parut réunir les conditions voulues pour former une pile pratique, d'autant mieux que celle-ci devait donner, comme résidu, du plomb à l'état métallique. C'est ainsi qu'il s'est trouvé conduit à la pile à sulfate de plomb qui a été en vogue pendant quelque temps, et qui du reste avait été imaginée dans l'origine par M. Becquerel.

Pensant qu'en raison de son insolubilité complète, le sulfate de plomb, employé comme réducteur dans une pile, pouvait constituer lui-même le diaphragme poreux de celle-ci, M. Marié-Davy a disposé sa nouvelle pile à la manière des piles primitives à colonne.

« Mes piles, dit-il, sont formées de plats en fer battu étamé, fabriqués par Japy, pour les usages domestiques. Le fond de ces vases est doublé extérieurement d'une rondelle de zinc de même dimension, fondue en forme de grille, et chacun d'eux contient une couche de sulfate de plomb de quelques millimètres d'épaisseur, noyée dans une couche d'eau pure, ou contenant du sel de zinc en dissolution ; tous ces vases sont placés parallèlement les uns au-dessus des autres, de manière que le zinc d'un élément plonge dans l'eau de l'élément inférieur. Quarante éléments ainsi disposés forment une colonne qui ne dépasse pas un mètre de hauteur.

« L'emploi des sels de plomb présente un autre avantage. J'ai badigeonné au pinceau, d'un côté seulement, une feuille de papier épais et non collé avec du sel de plomb broyé dans un peu d'eau légèrement gommée ; ce papier a été coupé en rondelles, et j'ai monté une pile de Volta fer-blanc, zinc, papier au sel de plomb. Trois de ces éléments ont fait marcher pendant six heures une sonnerie électrique à fil court. »

Nous devons dire, toutefois, que cette pile n'a pas réalisé les espérances qu'on avait conçues dans l'origine. Le dépôt de plomb qui se formait sur le zinc au préjudice de la force électro-motrice développée, et qui se produisait à travers même les diaphragmes de flanelle et de papier épais, qu'on avait fini par placer au-dessus de la couche de sulfate, rendait cette pile tellement inconstante, que son énergie disparaissait en peu de temps. Elle n'avait, d'ailleurs, qu'une faible intensité, très-peu de tension, et donnait lieu à des débordements de liquide qui établissaient une communication conductrice entre les différents éléments au préjudice du courant fourni. D'un autre côté, les effets nuisibles de la polarisation étaient extrêmes dans cette pile, par suite de sa disposition verticale qui empêchait les gaz de se dégager, et de l'absorption trop lente de l'hydrogène par le sulfate de plomb. On a montré, il est vrai, qu'une sonnerie électrique avait pu marcher pendant très-longtemps avec une pile de cette nature ; mais il n'y a en cela rien d'étonnant, si l'on considère que certaines sonneries sont assez sensibles pour marcher avec un seul élément à sable simplement imbibé d'eau pure.

Pour éviter les différents inconvénients que nous venons de signaler, on a fait subir à cette pile différentes transformations ; on a d'abord rendu les disques de zinc indépendants des lames négatives, et, au lieu d'employer pour celles-ci des plats en fer battu, on a construit ces plats en cuivre. D'un autre côté, on a employé comme diaphragmes des vases poreux très-larges, très-bas de bords, et disposés de manière que la partie bombée des plats de cuivre pût s'y adapter hermétiquement. On pouvait alors combiner les éléments de deux manières différentes : soit en plaçant les zincs au fond des assiettes et en mettant la pâte de sulfate de plomb au fond des vases poreux, soit en prenant la disposition inverse, c'est-à-dire en mettant le sulfate de plomb dans les assiettes et en plaçant les zincs dans les vases poreux. Ces deux dispositions ont donné des résultats plus avantageux que ceux dont nous avons parlé en premier lieu, mais il se formait toujours un dépôt de plomb du côté du zinc et un autre du côté du cuivre. De plus, les assiettes se trouvaient bien vite corrodées et devenaient mauvaises conductrices. Enfin, on a abandonné la disposition verticale pour en revenir à la disposition ordinaire des piles de Daniell, et les résultats en ont été assez satisfaisants ; on a eu soin seulement de composer l'électrode négative avec une large lame de cuivre étamé, repliée sur elle-même, pour fournir une plus grande surface. M. Prudhomme, pendant longtemps, n'a pas employé d'autres éléments pour ses sonneries. Leur force électro-motrice est environ moitié de celle des éléments Daniell, comme on l'a vu page 171.

Piles à sulfate de plomb de M. Becquerel. — Comme nous l'avons déjà dit, la pile à sulfate de plomb avait été imaginée et employée par M. Becquerel dès l'année 1846. Voici, en effet, ce que dit à ce sujet cet illustre savant, dans une communication faite par lui à l'Académie des sciences, le 2 avril 1860 :

« Les physiciens s'occupent en ce moment des piles à sulfate de plomb que j'ai fait connaître il y a longtemps, et dont je me suis fréquemment servi depuis, particulièrement pour le traitement des minerais de plomb argentifère. Dès 1837 (*Comptes rendus de l'Académie*, t. IV, p. 824), en mettant plusieurs substances insolubles en contact, j'étais parvenu à réduire en masse différentes substances métalliques, notamment le chlorure et le sulfure d'argent, le sulfate de plomb et le phosphate de ce métal. En 1846 (t. XXII, p. 780), j'ai montré tout le parti que l'on pouvait tirer de l'emploi des substances insolubles dans la construction des couples voltaïques à courants constants, ces couples pouvant être composés d'un métal oxydable (de zinc ou de fer), d'un seul liquide (en gé-

néral d'eau salée), et d'un conducteur en fer-blanc, ou autre, entouré
d'une des substances indiquées dans le mémoire, notamment des miné-
rais à base d'argent, de plomb, de cuivre, et en particulier de sulfate
de plomb. Je disais, page 785 : « En réunissant voltaïquement un certain
« nombre d'appareils pour augmenter l'intensité de l'action électro-chi-
« mique, on a une pile à courant constant, semblable à celles que j'ai for-
« mées il y a plus de 15 ans (en 1829) et qui ont servi de types à toutes
« celles en usage aujourd'hui. » Depuis cette époque, dans le cours de
mes recherches électro-chimiques, j'ai fait usage fréquemment des piles
à sulfate de plomb ; j'ai exposé les principes sur lesquels elles reposent
dans les cours du Muséum d'histoire naturelle, et mon fils les a exposés,
de son côté, dans ses leçons au Conservatoire-des-arts et métiers.

« Les couples à sulfate de plomb étaient à un seul liquide ; ils fonc-
tionnaient, en général, avec de l'eau salée ; le métal altérable était le
zinc, le second élément était une tige de charbon, une lame de cuivre,
de fer-blanc ou de plomb plongeant au milieu d'un sac en toile à voile
ou d'un vase perméable rempli d'eau salée, saturée de sulfate de plomb,
ou de sulfate en suspension dans le liquide. L'intensité de l'action de
ces couples provient de la dépolarisation de la lame négative par le sulfate de plomb, avec réduction du métal par l'hydrogène, de l'absence
de dégagement d'hydrogène, et de ce que le sulfate de plomb est dissous
par l'eau salée saturée (dans la proportion de 1 de sulfate pour 50 de
dissolvant) à la température ordinaire. La dissolution renferme du sulfate de plomb qui est réduit en même temps que le sulfate en masse.
La cloison perméable est utile pour s'opposer à ce que le plomb, précipité sur le zinc, quand on emploie l'eau salée, ne forme pas circuit et ne
détruise pas l'effet de la pile. Il y a quelques années, à l'usine de Dieuze,
on a réduit ainsi à l'état métallique, des masses de sulfate de plomb de
la fabrique d'acide sulfurique, et qui n'étaient d'aucun usage ; mais il
importe d'indiquer qu'il faut user de certaines précautions pour opérer
la fusion du plomb ainsi réduit. »

Pile à sulfate de plomb de M. Ed. Becquerel. — M. Ed.
Becquerel, ayant reconnu les inconvénients de la disposition de la pile
employée par M. Marié-Davy, a voulu faire revenir cette pile à la forme
ordinaire, en profitant de la propriété particulière que possède le sulfate
de plomb de pouvoir se gâcher et se prendre en masse à la manière du
plâtre, après avoir été délayé dans une dissolution saturée de chlorure

de sodium ; en conséquence, il fait de cette substance un cylindre au milieu duquel il implante une tige de plomb, et celui-ci étant plongé dans le vase rempli du liquide excitateur, qui n'est autre que de l'eau salée, joue à la fois le rôle de vase poreux, de dépolarisateur et d'élément négatif de la pile. Le seul inconvénient de cette pile est de n'avoir qu'une faible force électro-motrice et de présenter une grande résistance. Estimées avec l'appareil qui a servi à déterminer les chiffres que nous avons donnés pour les piles de Daniell, de Bunsen et de Marié-Davy, ces constantes sont représentées par E = 3301. R = 880 mètres. (Voir page 171.) Voici, du reste, la description que M. Ed. Becquerel a faite lui-même de ces piles : .

« Le sulfate de plomb jouit de la propriété, lorsqu'on l'a délayé à l'état de pâte dans une dissolution saturée de chlorure de sodium, d'acquérir de la compacité et de durcir ; d'autres chlorures donnent lieu à une action analogue. On sait que cette propriété de durcir à la manière du plâtre est partagée par différentes matières, lorsqu'elles sont imbibées par certaines dissolutions. On peut alors mouler des cylindres avec cette pâte de sulfate de plomb, en ayant soin de placer au centre une tige de cuivre, de plomb, de fer étamé, ou même de charbon de cornue. Ces cylindres, une fois desséchés, sont perméables au liquide conducteur dans lequel on les plonge, et, avec une plaque en zinc immergée dans ce liquide, ils constituent un couple à courant constant. On peut également mouler des plaques avec cette matière ; et, en faisant reposer ces plaques au fond d'un vase sur un support conducteur en cuivre, en plomb ou en fer-blanc, si l'on suspend une lame de zinc au-dessus, et que le vase renferme une dissolution de chlorure de sodium ou de l'eau acidulée, on forme également un couple à courant constant à un seul liquide et sans diaphragme. Mais, la plupart du temps, la forme cylindrique me semble préférable, ainsi que l'emploi d'un diaphragme en toile ou en porcelaine, d'un diamètre un peu plus grand que celui des cylindres.

« Tous les échantillons de sulfate de plomb ne se comportent pas de la même manière, probablement en raison des matières mélangées. Il y en a qui deviennent très-durs ; d'autres n'acquièrent pas une résistance assez grande, et ne tardent pas à se dilater dans l'intérieur des couples. Sans connaître quelles sont les conditions nécessaires dans certains cas pour éviter cet inconvénient, j'ai remarqué qu'un mélange de 100 grammes de sulfate de plomb, préalablement desséché et broyé, de 20 à 30

grammes de chlorure de sodium, et de 50 centimètres cubes d'une dissolution saturée de chlorure de sodium, donnait de bons résultats ; l'addition de 20 à 25 grammes d'oxyde de plomb (massicot ou minium)
augmente la dureté de la masse. Il y a, du reste, un moyen qui permet
d'utiliser les différents sulfates de plomb, et qui sera peut-être préféré
à tout autre. On enduit extérieurement le sulfate de plomb qui vient
d'être moulé au moyen d'une légère couche de plâtre, ou bien l'on coule
simplement le plâtre autour du cylindre en sulfate. Cette masse, recouverte d'un enduit en plâtre, étant plongée dans un liquide au milieu d'un
cylindre creux en zinc, constitue un couple ; on évite, par ce moyen,
que le sulfate ne se dilate, et, en outre, on n'a pas besoin de diaphragme,
puisque le plâtre en tient lieu et s'oppose au contact du plomb réduit
et du zinc. Ce mode d'envelopper le sulfate de plomb solide peut s'appliquer aussi à d'autres composés. Je me propose du reste de revenir sur
les précautions à prendre pour obtenir des masses compactes et perméables dans les conditions les plus favorables.

« On peut former un couple avec un cylindre ou une plaque de sulfate de plomb ainsi préparée et une lame de zinc amalgamé ou non, en
se servant soit d'eau salée, soit d'eau faiblement acidulée par l'acide sulfurique ; quand on emploie l'eau acidulée, la force électro-motrice est
un peu moindre qu'avec la dissolution de chlorure de sodium, mais le
pouvoir dissolvant de ce dernier liquide pour le sulfate de plomb fait
que le zinc se couvre de plomb réduit, qu'il faut enlever de temps à autre ; avec l'eau acidulée, cet inconvénient n'a pas lieu.

« Dans les premiers instants de l'action des couples, la force électro-
motrice dépend de la nature du conducteur en contact avec le sulfate
de plomb, mais aussitôt qu'il y a du plomb métallique réduit, elle acquiert une valeur constante. Il suffit donc de prendre une tige de plomb
pour tige métallique centrale de ces couples.

« Lorsque ces couples fonctionnent, les masses de sulfate de plomb
sont réduites à l'état métallique, et l'acide sulfurique qui en provient
forme du sulfate de zinc ; on peut obtenir le plomb par fusion. Il est
facile, d'après les équivalents chimiques, de connaître les poids relatifs
de deux électrodes de chaque couple pour que le courant soit constant
pendant toute la durée de l'action électrique. Pour 100 grammes de zinc,
il faut 470 grammes de sulfate de plomb, c'est-à-dire près de cinq fois
plus de sulfate que de zinc. Les masses solides perméables aux liquides

et employées comme électrode négative, en évitant la polarisation, jouent le même rôle que les peroxydes de manganèse et de plomb, l'acide azotique et les sels métalliques réductibles ; mais leur résistance à la conductibilité, qui du reste varie à mesure que la réduction du sulfate est plus avancée, s'oppose à ce que ces couples à un seul liquide puissent être employés aux mêmes usages que les couples à acide azotique. Cependant, je ne doute pas que, dans les circonstances où l'on a besoin de pile à grande résistance et de longue durée, on ne puisse les utiliser avec avantage. »

M. Denis, dans un très-intéressant travail publié dans les Mémoires de l'Académie de Stanislas de Nancy (année 1860), a démontré les avantages des piles à sulfate de plomb, dont le liquide excitateur est aiguisé avec du chlorure de sodium (sel marin), et qui donne pour résidu du sulfate de soude, du chlorure de zinc et du plomb métallique. Il montre le parti avantageux qu'on pourrait tirer de ces piles dans les applications en grand de l'électricité, et indique les moyens d'utiliser les résidus.

Pile à sulfate d'antimoine de M. Pérémé. — M. Pérémé a proposé de substituer au sulfate de mercure dans les piles Marié-Davy du sulfate d'antimoine, mais les expériences que j'ai faites avec cette disposition de pile, n'ont pas été aussi avantageuses que leur auteur l'avait supposé. La force électro-motrice n'est en effet représentée que par 4817 et la résistance du couple atteint en moyenne 713 mètres ; d'où l'on peut conclure que cette pile est environ moitié plus faible qu'un élément Marié-Davy. D'un autre côté, la pâte de sulfate se couvre au bout de peu de temps d'une couche liquide très-acide, qui attaque vigoureusement le zinc vers son extrémité supérieure, sans produire pour cela une action électrique plus énergique.

Pile de M. Van den Eynde à sulfate d'alumine. — Dans cette pile, l'élément électro-négatif se compose d'un charbon entouré de sulfate d'alumine concassé, tassé dans le vase poreux, et ce sulfate est recouvert d'une couche de sable qui achève de remplir celui-ci. Le liquide est de l'eau fortement salée. Cette pile, suivant l'auteur, serait très-constante et pourrait fonctionner de 6 à 8 mois sans avoir besoin d'être remontée.

Pile de M. de La Rive au peroxyde de plomb. — M. de La Rive a démontré que l'absorption de l'hydrogène de l'eau décomposée dans la pile à eau acidulée pouvait être obtenue de la part même d'un oxyde solide. Cet oxyde solide est le peroxyde de plomb. Ainsi, en tassant du peroxyde de plomb en poudre, dans un diaphragme, autour d'une lame de platine ou de charbon, et plongeant ce diaphragme dans un vase contenant un zinc et de l'eau acidulée, on forme un couple qui, suivant M. de la Rive, est presque aussi énergique que les couples de Bunsen. Malheureusement le peroxyde de plomb est très-cher.

PILES A CHLORURES MÉTALLIQUES.

Pile au chlorure de plomb de M. Marié-Davy. — Le chlorure de plomb étant un corps beaucoup plus conducteur que le sulfate de plomb et susceptible d'une réduction infiniment plus facile, il a été possible à M. Marié-Davy de construire avec cette substance une pile très-énergique, de petite dimension et pouvant d'ailleurs être disposée comme les piles à sulfate de plomb que nous avons décrites en premier lieu. Le plus grand inconvénient de ce système de pile est la cherté du chlorure de plomb, et c'est sans doute la raison pour laquelle elle n'a pas été employée davantage.

En donnant à cette pile la disposition des éléments Marié-Davy, ainsi que l'avait proposé M. Pérémé, la force électro-motrice est représentée par 3878 et sa résistance par 844 mètres.

Pile de M. Waren de la Rue au chlorure d'argent fondu. — La pile de M. Waren de la Rue, est analogue en principe, à celle au bi-sulfate de mercure. Elle est remarquable par sa simplicité. Elle se compose, en effet, uniquement de deux électrodes cylindriques, l'une en zinc, l'autre en chlorure d'argent fondu, immergées toutes deux, l'une à côté de l'autre, dans une dissolution de chlorure de sodium (1) (eau salée). Ces deux électrodes, qui n'ont guère plus 6 millimètres de diamètre sur une longueur de 64 millimètres, sont soutenues dans la solution, soit par le bouchon du vase qui contient le liquide, soit par une traverse placée au-dessus de ce vase. Le cylindre de zinc s'usant beaucoup plus vite que le cylindre de chlorure d'argent, il est généralement plus long, afin qu'on puisse le descendre dans la solution au fur et à mesure de son usure. Les meilleures dimensions sont 10 cent., sur 4 millim. et demi de diamètre.

_____

(1) 25 grammes de chlorure de sodium dans un litre d'eau.

Le chlorure d'argent fondu, forme une masse compacte et serrée, analogue pour l'aspect à de la corne et entoure, dans la pile de M. Waren de la Rue, un fil d'argent de 7 dixièmes de millim. de diamètre, qui constitue l'élément électro-négatif ; or, c'est celui-ci qui fournit à son extrémité libre, le pôle positif de la pile.

La théorie de cette pile est la même que celle des piles à sulfate de mercure et à chlorure de plomb, dont nous avons parlé précédemment.

Suivant l'auteur, la force électro-motrice de cette pile serait à peu près la même que celle de l'élément Daniell, mais sa résistance serait beaucoup moindre.

Plusieurs physiciens, entre autres MM. Pinkus et Marié-Davy, ont réclamé la priorité de cette invention. Ce qui est certain, c'est que *le chlorure d'argent fondu*, qui constitue toute l'invention, avait été employé par M. Marié-Davy, dès l'époque de ses recherches sur les piles à sulfate de mercure et à chlorure de plomb. Le chlorure d'argent non fondu, avait été employé auparavant par M. Ed. Becquerel. Quant à l'invention de M. Waren de la Rue, elle remonte au mois de mars 1868, et celle de M. Pinkus au mois de juillet de la même année.

Quand la pile est usée, l'argent du chlorure se trouve agrégé autour du fil d'argent, sous forme d'une masse spongieuse très-déliée, parfaitement adhérente au fil ; seulement cette masse, après la réduction complète du chlorure, est recouverte d'un peu de zinc qui provient de l'électrolysation d'une partie du chlorure de zinc qui s'est formé dans le liquide. Par conséquent, avant de recueillir le métal réduit, il est nécessaire de mettre les cylindres d'argent poreux dans de l'acide chlorhydrique étendu pour dissoudre le zinc qui se trouve déposé dans sa masse. Il est bon toutefois de mettre auparavant tous les cylindres épuisés dans de l'acide chlorhydrique étendu, et en contact avec du zinc pour s'assurer de la réduction complète du chlorure (1).

Dans la pile de M. Pinkus, le chlorure d'argent n'était pas fondu ; il était déposé dans une petite capsule d'argent, constituée par une lame très-mince de ce métal, et le fil polaire positif était soudé au fond de cette capsule ; le zinc soudé à un fil rigide, passant à travers le bouchon du vase contenant le liquide excitateur, pouvait être fixé à une plus ou

(1) Voir la description de cette pile dans les *Mondes*, tome 18, p. 318, 329 et 666. Tome 19, p. 10.

moins grande distance de la capsule d'argent, et celle-ci, constituant l'électrode négative du couple, était immergée entièrement au fond du vase extérieur; le liquide excitateur était d'ailleurs, de l'eau acidulée au 4/5.

M. Gaiffe a perfectionné considérablement la pile de M. Waren de la Rue, pour l'appliquer aux appareils électro-médicaux, et grâce à ses perfectionnements, ces appareils sont devenus de véritables machines automatiques qui n'exigent plus pour fonctionner aucune préparation, ni aucun montage; ils réunissent donc à la fois les avantages des machines magnéto-électriques et ceux des appareils d'induction voltaïque; c'est un résultat réellement très-important.

Pour réaliser ces conditions avantageuses, M. Gaiffe a renfermé, comme l'avait fait du reste avant lui M. Trouvé dans sa pile au bi-sulfate de mercure, les liquides et les différents éléments qui composent cette pile dans des vases à fermeture hermétique; de cette manière, les liquides ne s'évaporent pas, et la pile peut rester chargée indéfiniment jusqu'à l'usure complète du chlorure d'argent. Or, comme cette matière ne se décompose sensiblement que quand le circuit de la pile est fermé, les médecins n'ont pas à se préoccuper de la charge ni de la décharge de leur pile, pendant un temps relativement assez long (un mois ou deux).

Les vases de cette pile, que nous représentons, fig. 46, sont de petits étuis d'ébonite, dont le couvercle GH, également en ébonite, se visse à la partie supérieure de l'étui GSTH. Un petit anneau en cuir graissé, adapté au fond de ce couvercle dans sa partie anguleuse, permet de rendre plus hermétique encore la fermeture. C'est ce couvercle qui porte les éléments excitateurs du couple, lesquels sont représentés isolément en VZ et VY (fig. 47-48) et réunis dans la figure 46.

Fig. 46.

Ces éléments, comme on le voit, ne sont plus ceux que nous avons décrits plus haut. Les fréquents contacts opérés entre la lame de zinc et la lame de chlorure d'argent, finissaient, avec ces derniers, par établir une dérivation intérieure qui, après un certain temps d'action de la pile, et alors que l'argent commençait à se réduire, devenait assez forte pour annihiler complétement le courant dans le circuit extérieur. Pour éviter cet inconvénient, M. Gaiffe enveloppe la lame de chlorure d'argent dans une espèce de

petit sac en toile, dispose entre les deux éléments deux petits tasseaux I
et I' en ébonite et serre le tout à l'aide d'une ligature en caoutchouc JK.
Pour remplacer aisément les deux éléments VZ et VY quand ils sont usés,
M. Gaiffe les accroche à deux agrafes V,V', adaptées au couvercle GH, et
celles-ci s'y trouvent fixées à l'aide de deux boutons d'argent ou de cuivre
nickelisé, qui servent en même temps d'appen-
dices polaires ; deux petites rondelles en peau
de gant graissée rendent hermétiques les trous
pratiqués à travers le couvercle pour le passage
des tiges des agrafes. Les lames de zinc sont
amalgamées et portent à leur extrémité supérieure, deux petites fentes dans lesquelles s'in-
troduisent les crochets des agrafes V. Les
lames de chlorure d'argent sont fixées à des
lames d'argent terminées également à leur
partie supérieure, par un trou pour l'introduction du crochet de l'agrafe V' qui doit les
soutenir. Ces lames de chlorure d'argent sont
plus ou moins longues, suivant l'intensité que
l'on veut donner au courant ; si l'on ne veut que
de la tension, elles n'ont guère que 2 cent. 1/2 ; si on veut un peu plus de
quantité, elles en ont 5, et la hauteur du liquide dans les cylindres doit
être en rapport avec ces longueurs.

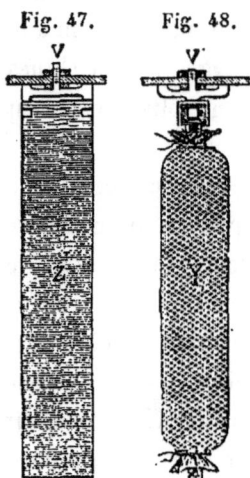

Fig. 47.   Fig. 48.

Une autre modification importante que M. Gaiffe a apportée à la pile
à chlorure d'argent est la composition du liquide excitateur. Avec la solution de sel marin, il se produisait, entre les deux chlorures mis en présence, une réaction qui déterminerait un dégagement de chlore, et ce gaz
devenu libre, non-seulement faisait éclater les vases à fermeture hermétique qui les contenait, mais encore déterminait une décomposition du
couvercle en ébonite, qui se recouvrait à l'intérieur d'un sulfure conducteur ; or, ce sulfure en dérivant le courant d'un pôle à l'autre, empêchait
le courant de passer par le circuit extérieur. M. Gaiffe a évité cet inconvénient en remplaçant l'eau salée par une solution de chlorure de zinc,
dans la proportion de 3 à 5 pour cent.

La force électro-motrice de cette pile est représentée par 5596, et sa
résistance par 750 mètres de fil télégraphique, une fermeture de circuit
de 20 heures, n'a pas changé sensiblement ces valeurs, qui sont devenues
5616 et 982 mètres.

Malgré tous ces perfectionnements, la pile dont nous parlons présenterait encore de sérieux inconvénients, si on ne prenait un soin spécial à n'employer pour lame électro-positive que du zinc à peu près pur. Le zinc du commerce donne lieu à des dégagements de gaz, qui ont eu souvent pour conséquence l'explosion des éléments quelque temps après leur clôture hermétique. Depuis que M. Gaiffe a employé du zinc pur, fourni par la Compagnie de la Vieille-Montagne, et surtout depuis qu'il ne remplit ses éléments qu'aux 2/3 de leur hauteur, ces accidents ne se sont pas renouvelés et ses appareils sont aujourd'hui dans d'excellentes conditions.

Fig. 49.

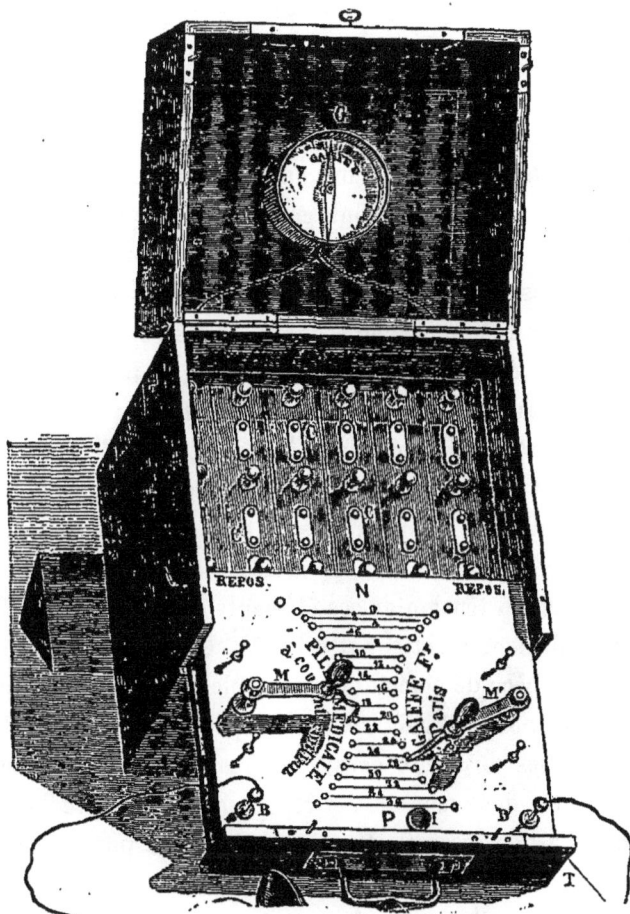

M. Gaiffe a disposé ces piles dans des boîtes qui permettent de les monter immédiatement en batterie, de prendre tel ou tel nombre d'éléments qu'il convient et de remplacer instantanément tel ou tel de ces éléments qui se trouve usé ou hors de service. Cette boîte, que nous représentons fig. 49, se compose d'une série de tiroirs verticaux C,C,C, disposés chacun comme on le voit fig. 50, et dans lesquels sont placés les

Fig. 50.

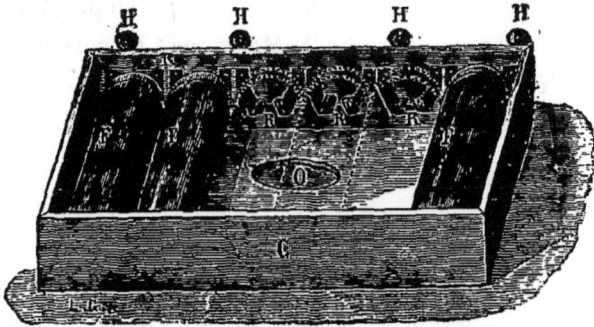

différents éléments F,F,F, etc., ordinairement au nombre de 6. Dans la fig. 50, trois de ces éléments sont enlevés, afin qu'on puisse voir la manière dont les liaisons polaires sont établies ; ces liaisons consistent dans des systèmes de doubles ressorts R,R,R, contre lesquels appuient les extrémités polaires de chaque élément, et ces ressorts communiquant extérieurement à des appendices métalliques H,H,H, permettent de prendre dans chaque tiroir, tel ou tel nombre d'éléments qu'il convient. Seulement, comme ces éléments sont très-petits, M. Gaiffe les relie métalliquement deux à deux, de sorte que chacun des appendices H,H,H, correspond à un double élément. Les petites lamelles métalliques que l'on distingue fig. 49, entre ces appendices polaires, représentent précisément la liaison en tension de ces éléments doubles.

Comme complément à cette batterie, M. Gaiffe a adapté à sa partie supérieure, une espèce de commutateur double NI, dont les contacts sont, de chaque côté, en nombre égal à celui des appendices polaires H,II,H, etc., et qui sont disposés sur deux arcs, de manière à pouvoir être touchés par les ressorts de deux manettes M,M'. Comme ces contacts sont reliés métalliquement à des ressorts de cuivre, qui correspondent aux appendices H,H,H, etc. quand la planche qui les porte est poussée au fond de la boîte, il devient facile non-seulement de prendre sur la batterie tel ou tel nombre d'éléments qui est jugé nécessaire, mais encore de choisir l'une ou l'autre des séries d'éléments, afin que ce ne soit pas toujours la même qui soit en service. Des chiffres placés sur des lignes réunissant les divers contacts de ce commutateur indiquent le nombre des éléments qui leur correspondent, et il suffit de porter l'une des manettes M sur l'un ou l'autre de ces contacts, pour composer la pile du nombre d'éléments que l'on désire. L'autre manette M' sert à changer les séries d'éléments, et pour savoir alors le nombre des éléments qui sont mis en action, il suffit de différentier les numéros des contacts touchés par les deux manettes. Les rhéophores du circuit s'attachent d'ailleurs aux boutons d'attache B,B' et un galvanomètre placé au fond de la boîte, indique non-seulement l'intensité du courant produit par chaque groupement d'éléments de pile, mais permet de juger immédiatement de l'état de charge des différents éléments. Cette constatation est plus importante qu'on ne le croirait à première vue, car lorsqu'un élément se trouve tout à fait usé, il constitue une espèce de voltamètre et les gaz qui résulteraient de l'action des autres éléments pourraient le faire éclater ; dans ce cas, il devient important de le recharger de suite ou de le remplacer par un autre élément fraîchement monté.

Pile au chlorure de plomb de M. Gaiffe. — Comme on l'a vu précédemment, M. Gaiffe qui s'est adonné spécialement à la construction des engins électriques propres à la médecine et à la chirurgie, s'est préoccupé de réduire le plus possible les dimensions des piles destinées à ce genre d'application, afin de les rendre plus transportables et plus maniables ; il a cherché en même temps à en simplifier assez la disposition pour en rendre le montage facile et susceptible d'être effectué par des mains inexpérimentées. En conséquence, et malgré les ingénieuses dispositions que nous avons déjà décrites, M. Gaiffe a continué ses recherches et il est arrivé à un modèle de pile, qui, sous le rapport du volume, semble ne laisser rien à désirer, car il a pu réunir dans une boîte de 17 centimètres de longueur sur 10 de largeur et 3 c. 1/2 d'épaisseur, une pile de 40 éléments dont les électrodes polaires ont 2 c. 1/2 de largeur et de hauteur (soit 6 c. 25 de surface) et qui donne un courant assez énergique pour satisfaire aux principaux besoins de la médecine.

Cette pile, un peu analogue, quant au principe, à la pile de Volta, est formée de 13 lames d'ébonite (caoutchouc durci) très-minces, dans chacune desquelles sont percés 24 trous carrés, distants tout au plus de 3 millimètres les uns des autres et dans lesquels se trouvent incrustés : 1° dans les lames paires, des espèces de petits sachets en drap, remplis de poudre chlorure de plomb; 2° dans les lames impaires, des doubles plaques métalliques, zinc et cuivre, soudées l'une derrière l'autre. Ces plaques sont disposées en nombre pair dans les deux sens et présentent alternativement, une surface cuivre et une surface zinc; de sorte que, quelle que soit la manière dont on prenne la lame et on la superpose sur la lame contenant les sachets de chlorure de plomb , il est impossible de faire erreur et de ne pas bien établir les communications, ce qui est un grand point pour les applications médicales.

Naturellement, les lames métalliques sont disposées de manière à correspondre exactement aux sachets, et pour charger la pile; il suffit de tremper les lames qui contiennent ces derniers, dans de l'eau salée. Une fois cette imbibition exécutée, on empile les unes sur les autres, les différentes lames, on les place dans la boîte qui leur sert de receptacle et un commutateur placé sur cette boîte, permet de mettre en action sur le circuit, tel ou tel nombre de couples qu'il convient.

Comme on le comprend aisément, le chlorure de plomb agit dans cette pile comme substance dépolarisante, et l'eau salée qui imbibe les sachets comme liquide excitateur; le courant fourni, dure plus d'une heure, et il est relativement constant, quand on a eu soin d'étamer préalablement les surfaces des lames de cuivre en contact avec les sachets et que les lames d'ébonite ont été polies avec un corps gras, afin de repousser l'eau et d'empêcher une conductibilité liquide entre les divers éléments de la pile.

Pile de M. Duchemin, au perchlorure de fer. — La pile de M. Emile Duchemin tient un peu de la pile de M. Marié-Davy comme disposition. Un prisme de charbon et un cylindre de zinc en constituent les électrodes, et les liquides dans lesquels ces électrodes sont immergées, sont d'une part (dans le vase poreux), une solution de perchlorure de fer et d'autre part, une solution de chlorure de potassium ou simplement de l'eau salée, qui agit comme liquide excitateur. Voici alors ce qui se passe, au moment où cette pile entre en activité : sous l'influence de l'oxydation du zinc, l'hydrogène de l'eau décomposée, devenu libre, va réduire le perchlorure de fer, et celui-ci se trouve ramené à son minimum de chloruration, c'est-à-dire à l'état de proto-chlorure, en déterminant une formation d'eau ; le chlore, devenu libre, agit à son tour sur le zinc, à la manière de l'acide sulfurique dans la pile de Marié-Davy. Toutefois, la dépolarisation est loin d'être complète dans cette pile, car celle-ci est peu constante et il se dépose au bout de peu de temps, sur le charbon, une couche de fer qui en augmente encore l'irrégularité (1).

En mesurant la force électro-motrice de cette pile par les procédés que j'ai employés pour les autres piles, j'ai trouvé qu'on pouvait la représenter par le nombre 9640, au moment de sa charge et par 9235 au bout de 7 jours de charge sans circuit fermé ; en moyenne, elle peut être estimée à 9439. C'est, comme on le voit, une force électro-motrice intermédiaire entre celle de la pile de Bunsen et celle de la pile de Marié-Davy, et sa résistance qui varie entre 674 et 942 mètres n'est guère supérieure à celle de l'élément Daniell. Aussi cette pile peut-elle faire marcher des appareils d'induction de Ruhmkorff de moyen modèle et fournir des étincelles assez intenses.

On a fait à la pile Duchemin l'objection que le perchlorure de fer (substance employée en médecine) est trop cher pour son emploi usuel, mais M. Laurent Casthelus, fabricant de produits chimiques, rue Sainte-Croix-de-la-Bretonnerie, n° 19, assure qu'il peut fournir cette substance en toute quantité, à raison de 50 francs les 100 kilog., soit 50 c. le kil. Du reste, cette pile est actuellement employée dans l'usine galvanoplastique de M. Oudry.

Voici les proportions les plus convenables pour les solutions mises à contribution dans la pile Duchemin :

Eau. . . 150 gr. — Perchlorure de fer à 30°. . . 200 gr.
Eau. . . 1000 gr. — Sel marin . . . . 125 gr.

Il est facile de ramener la solution de perchlorure, quand elle est épuisée, à son premier état, en la faisant bouillir, et en la régénérant avec quelques gouttes d'acide nitrique, jusqu'à cessation du précipité bleu par le ferrocyanure (2).

M. Duchemin a mêlé avec avantage le perchlorure de fer à du charbon pilé, pour constituer autour de l'électrode négative, une espèce de de pâte conductrice, comme dans la pile de M. Leclanché ; avec cette disposition, le vase poreux doit être complétement bouché.

_____

(1) Voir le mémoire de M. Eicher dans les *Mondes*, tome 17, p. 341.
(2) Voir le travail de M. Bardy, dans les *Mondes*, t. 8, p. 250.

PILES A SOLUTIONS AMMONIACALES.

Dans les piles dont le liquide excitateur est une solution alcaline, la décomposition de l'eau par le zinc n'est pas la cause prédominante dans l'effet électrique produit, et on peut s'en convaincre par les chiffres que nous avons donnés p. 186, pour représenter les forces électro-motrices développées au contact des principaux liquides employés dans les piles. On voit en effet, que la force électro-motrice, développée au contact de l'acide azotique et de l'eau acidulée par de l'acide sulfurique, n'est que le cinquième environ de la force électro-motrice du couple, alors qu'une solution de potasse substituée à cette eau acidulée, détermine une force électro-motrice qui entre dans celle du couple pour les six dixièmes. Suivant M. Leclanché, il en serait de même pour les liquides excitateurs composés avec des solutions de sulfates alcalins. On comprend, d'après cela, que l'emploi de ces solutions, quand il sera fait judicieusement, permettra d'utiliser plus complétement l'oxydation du zinc, car celui-ci ne pourra dès lors être attaqué que quand une action électrique sera produite. C'est cette considération qui a surtout été prise en considération dans les piles que nous allons maintenant étudier.

Pile de M. Leclanché, au peroxyde de manganèse et solution ammoniacale. — La pile de M. Leclanché, que nous représentons, fig. 51, n'est, quant à sa forme, qu'une pile Marié-Davy, dans laquelle le sulfate de mercure est remplacé par une espèce de pâte, faite avec un mélange de poudre grossière de peroxyde de manganèse et de charbon, et l'eau par une solution de sel ammoniac. Fortement imbu des idées théoriques que nous avons développées page 201, relativement aux dimensions des électrodes polaires, M. Leclanché a réduit le plus possible la lame électro-positive ; de sorte qu'au lieu d'un cylindre creux de zinc, enveloppant le vase poreux, il emploie un bout de fil de zinc n'ayant pas plus de un centimètre de diamètre. Ce fil est placé dans l'un des angles du vase extérieur de sa pile, ainsi qu'on le voit sur la figure. Cette disposition de pile, nous devons le dire dès à présent, est excellente et elle est de jour en jour plus appréciée. Aujourd'hui, on l'emploie sur plusieurs lignes de chemins de fer et dans un grand nombre d'applications électriques.

La théorie de cette pile, quoiqu'assez complexe dans les effets produits, peut néanmoins être établie d'une manière nette et précise, voici en effet comment M. Leclanché la définit.

« Examinons, dit-il, ce qui se passe dans une pile à un liquide, excitée avec une solution ammoniacale quelconque, soit du sulfate d'ammoniaque $SO^3.O.AzH^4$. L'acide sulfurique et l'oxygène $SO^3.O$ viendront, sous l'influence du courant, se rendre sur le zinc, et le composé AzH^4, jouant le rôle

Fig. 51.

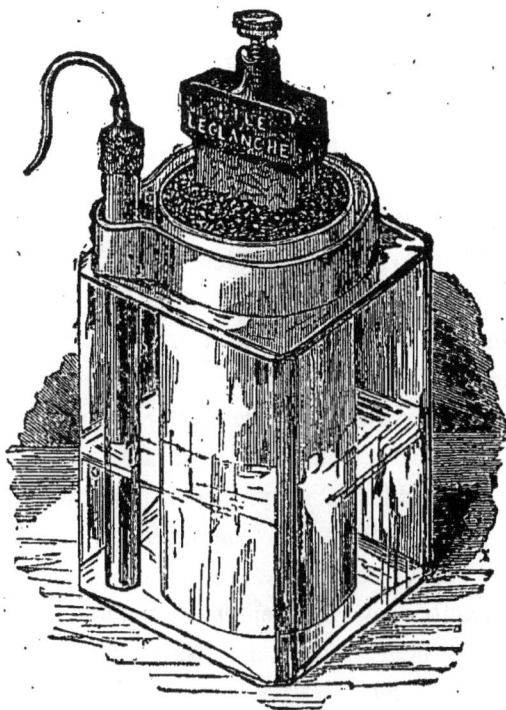

d'un métal, se portera sur la plaque négative sans décomposer l'eau, et pourra être brûlé directement par le peroxyde de manganèse, ce qui n'a jamais lieu avec l'hydrogène libre. Cette grande différence de combustibilité entre le produit AzH^4 (ammonium), et l'hydrogène libre, en présence du peroxyde de manganèse, est si réelle, qu'en mettant du peroxyde de manganèse en présence d'un amalgame de sodium et de l'eau, on n'obtient jamais de traces de sesquioxydes ou d'oxydes inférieurs, tandis qu'en substituant un almagame d'ammonium, à l'amalgame de sodium, il y a toujours une réduction manifeste du peroxyde de manganèse.

« En prenant une solution de chlorhydrate d'ammoniaque, les mêmes

19

effets se reproduisent : le courant décompose ce sel, en donnant naissance à un oxy-chlorure de zinc, et l'hydrogène uni à l'ammoniaque, se rendant au pôle positif, y détermine la réduction du peroxyde de manganèse. »

Le peroxyde de manganèse, mêlé au charbon, étant bon conducteur de l'électricité, ce système peut être considéré comme une pile à un seul liquide, dans laquelle le pôle positif est formé d'un métal artificiel, ayant une grande affinité pour l'hydrogène ; on supprime ainsi l'endosmose inévitable dans les piles à deux liquides. De plus, le zinc se conservant indéfiniment sans altération dans la solution ammoniacale, et le peroxyde de manganèse étant complétement insoluble dans ce liquide, la pile, une fois montée, ne donne jamais lieu à une action locale intérieure.

« Pour obtenir de bons résultats, dit M. Leclanché, certaines précautions sont à prendre :

« Il faut avoir soin de choisir un peroxyde de manganèse très-pur et bon conducteur de l'électricité : le meilleur est celui qui est connu dans le commerce sous le nom de *manganèse aiguillé* : il est cristallisé, soyeux, et possède un éclat graphitoïde très-prononcé ; s'il joint à ces différents caractères une certaine dureté, il possédera le pouvoir conducteur le plus considérable. Pour employer ce peroxyde, on commence par enlever la gangue, puis on le concasse en grains grossiers ; on le passe sur un tamis afin de supprimer la poudre, et on y ajoute un volume égal de charbon de cornue concassé. On a ainsi un mélange conduisant parfaitement l'électricité.

« Les chiffres suivants, qui représentent la polarisation de l'élément, montrent la différence énorme qui existe entre le pouvoir dépolarisateur des poudres fines et celui des poudres grossières :

POUDRE FINE.		POUDRE GROSSIÈRE.	
Circuit fermé :		Circuit fermé :	
Pendant 15 min., polarisation	= 0,300	Pendant 15 min., polarisation	= 0,082
Après 30 minutes, id.	= 0,450	Après 30 minutes, id.	= 0,090
Après 45 minutes, id.	= 0,500	Après 45 minutes, id.	= 0,110
Après 1 heure, id.	= 0,510	Après 1 heure, id.	= 0,118

« D'après ce tableau, on peut constater qu'au bout d'une heure, dans le cas de l'emploi de la poudre fine, la force électro-motrice tombe de près de 50 pour 100 de sa valeur, tandis que celle de la pile construite avec de la grosse poudre ne perd que 14 pour 100. Pour ces expériences, je n'ai interposé qu'une résistance de 250 mètres, afin de ren-

dre les effets de polarisation aussi sensibles que possible. Cette différence dans les pouvoirs dépolarisateurs s'explique par la différence de
conductibilité des deux mélanges.

« En effet, la résistance de la poudre fine atteint de 1500 à 2000
mètres. Comme elle est plus considérable que celle du liquide qui humecte
la masse, l'hydrogène, au lieu de se distribuer uniformément dans le mélange, se rend directement sur la plaque de charbon et n'est pas absorbé.

« La résistance de la poudre grossière n'allant que de 100 à 150 mètres, et étant ainsi beaucoup plus faible que celle du liquide de la pile,
l'hydrogène est distribué et absorbé uniformément dans la masse.

« En pratique, pour que les éléments puissent entrer en fonction aussitôt après le montage, il faut se servir de diaphragmes très-poreux.
Si l'on recouvre de cire la partie supérieure du mélange renfermé dans
le vase poreux, on peut faire voyager la pile, sans craindre que le mélange s'échappe ; mais il faut pratiquer dans la cire un trou qui per-
mette la sortie de l'air, lorsque le vase est immergé dans le liquide de
la pile.

« Quant à la dissolution de sel ammoniac, il est bon de l'employer
toujours concentrée ; en mettant un excès de ce sel dans l'élément, il
entre en dissolution au fur et à mesure de son usure.

« Il faut avoir soin que cette dissolution ne baigne le vase poreux que
jusqu'à la moitié de sa hauteur : plus la matière contenue dans le vase
poreux est sèche, meilleures sont les conditions de conductibilité et de
fonctionnement.

« On se sert d'une dissolution saline concentrée, parce que les oxy-
chlorures de zinc qui s'y forment sont alors beaucoup plus solubles que
dans une dissolution étendue. En pratique, 100 grammes de sel ammoniac correspondent à 50 grammes de zinc dissous dans l'élément et à
100 grammes de peroxyde de manganèse.

« Dans cette espèce de pile, où il n'entre aucun acide, on devrait,
théoriquement, pouvoir employer des zincs non amalgamés ; mais pendant que la pile fonctionne, l'attaque du zinc détermine à sa surface
une multitude d'aspérités qui deviennent le siége de cristallisations salines lorsqu'il y a des variations de température, tandis qu'au moyen de
l'amalgamation, on a constamment une surface dépourvue de cristaux :
ils tombent au fond du vase, et ne pouvant adhérer au zinc, ils n'altèrent
pas la surface conductrice.

« J'ai adopté en pratique trois dimensions d'éléments. Le petit modèle peut faire face à un travail électrique annuel représenté par 40 grammes de cuivre réduit au voltamètre. Le modèle moyen peut fournir facilement 60 à 70 grammes par an ; enfin, le grand modèle donne, au besoin, un travail de 100 à 125 grammes. Le petit modèle, avec vase poreux de 11 centimètres de hauteur, suffit parfaitement au service des postes télégraphiques secondaires fonctionnant sans relais. Le modèle moyen, avec vase poreux de 15 centimètres de hauteur, peut s'appliquer aux postes télégraphiques les plus surchargés de travail et fonctionnant même avec relais. Le grand modèle ne diffère du modèle moyen que par le diamètre du vase poreux, qui est de 8 centimètres, au lieu de 6. Ce modèle est spécialement destiné au service des sonneries de disques des chemins de fer, où les fermetures du courant ont lieu vingt heures sur vingt-quatre ; il est nécessaire, dans ce cas, d'employer des sonneries d'au moins 50 kilomètres de résistance.

« Lorsque les fermetures du courant n'ont lieu qu'aux passages des trains, c'est-à-dire pendant quelques heures par jour seulement, on peut très-bien ne se servir que de sonneries de 5 à 6 kilomètres de résistance. Par là, on voit que ces piles peuvent recevoir les applications les plus variées.

« Les éléments de mon système ont une force électro-motrice très-considérable : elle est représentée par 1,382, la force électro-motrice de la pile à sulfate de cuivre étant prise pour unité.

La résistance du grand modèle est égale à environ 450 mètres de fil de fer de 4 millimètres de diamètre. La résistance du modèle moyen est alors de 550 à 600 mètres, et celle du petit modèle de 900 à 1000 mètres. Ces résistances, relativement très-faibles, sont très-avantageuses en télégraphie, car les pertes de ligne par dérivations se font beaucoup moins sentir, et, de plus, il est à remarquer que cette résistance reste, à peu de chose près, constante pendant toute la durée de la pile, résultat impossible à obtenir avec les piles à sulfate d'oxydule de mercure, dans lesquelles la résistance va continuellement en augmentant et atteint en moyenne 2000 mètres, quoique au début elle n'ait été que de 500 à 600 mètres. Cette résistance croissante est due au tassement naturel du sel mercuriel, corps mauvais conducteur, qui tend à isoler de plus en plus la plaque de charbon. Dans la pile au manganèse, au contraire, plus le tassement est considérable, meilleures sont les conditions de conductibilité de l'électrode négative.

« En pratique, 40 éléments Daniell sont remplacés avantageusement par 28 de mes éléments au manganèse.

« Un élément au manganèse, lorsqu'il reste monté sans travailler pendant un an, n'éprouve d'autre usure que celle qui résulte de l'action de l'air sur le zinc. Cette usure est si insignifiante, qu'elle n'est représentée que par quelques centigrammes de zinc. En conséquence, cet élément est toujours prêt à fonctionner, quoique monté même depuis plusieurs années. La durée des piles au manganèse en service dans les postes télégraphiques peut atteindre de un à trois ans et même plus (1), puisque cette durée est toujours en relation parfaite avec le travail et la dimension de l'élément employé. »

D'après les expériences de M. Gaugain, la force électro-motrice de la pile Leclanché, déterminée par la méthode de l'opposition avec sa pile thermo-électrique (bismuth et cuivre), est très-variable, suivant la durée de la fermeture du circuit. Au début, elle peut être représentée par 288,7 unités thermo-électriques, mais après quelque temps d'interruption des observations, elle se trouve réduite à 213,7.

Ainsi, la force électro-motrice de l'élément Leclanché éprouve d'abord une diminution subite et très-notable dans un intervalle de temps qui ne dépasse pas généralement trois jours et qui peut même être beaucoup moindre. Mais, après ce premier abaissement, la décroissance est beaucoup plus lente, et au bout de 5 mois cette force électro-motrice a pu être encore représentée par 153,9 unités thermo-électriques. Différente en cela de la pile à sulfate de mercure, cette pile ne reprend pas sa force après un certain temps de repos ; ce qu'elle a perdu, elle l'a bien perdu, et ne peut revenir à son état primitif que par une nouvelle charge.

La résistance de la pile Leclanché, est à peu près indépendante de la grandeur des couples, mais elle est très-difficile à constater d'une manière précise, en raison de sa polarisation énergique ; comme dans les autres piles, elle devient moindre à mesure que les liquides se saturent,

---

(1) Le poste de la gare des marchandises de la Villette, à la Compagnie des chemins de fer de l'Est, ayant un service télégraphique relativement chargé, a fonctionné avec une régularité parfaite pendant deux ans et demi, tout en n'étant monté qu'avec de petits éléments contenant seulement 70 grammes de manganèse.

mais elle atteint très-vite sa valeur minima, qui est environ 400 mètres. (Voir le rapport de M. Gaugain, dans le *Journal des télégraphes*.)

Pile de M. Sinsteden. — Afin de rendre l'électrode négative des piles Leclanché plus développée, M. Sinsteden a renversé la disposition de l'élément que nous venons de décrire et en a fait une sorte d'élément Bunsen du modèle primitif. Seulement, dans cette nouvelle disposition, le cylindre de charbon préparé est remplacé par une série de prismes de charbon de cornue rangés circulairement autour des parois du vase extérieur. Ces charbons sont serrés les uns contre les autres à l'aide de coins et reliés métalliquement, par des fils d'argent, à un gros fil de cuivre fixé sur le bord extérieur du vase et constituant l'appendice polaire. Le vase poreux renfermant la solution ammoniacale et le petit cylindre de zinc amalgamé sont introduits à l'intérieur de cette espèce de couronne de charbons, et on tasse, tout autour de ce vase, le mélange de peroxyde de manganèse et de charbon concassés, que l'on arrose avec la solution ammoniacale. L'élément est ensuite fermé à l'aide d'un couvercle et, suivant M. Sinsteden, il pourrait servir pendant 15 mois, étant au bout de ce temps aussi propre et aussi actif que le premier jour (1).

Pile de M. Ney au carbonate de cuivre et sel ammoniac. — M. Ney, s'est proposé dans cette pile le même but que M. Leclanché, c'est-à-dire de mettre en présence deux solutions dont l'une ne peut se dissoudre dans l'autre quand la pile est inactive. A cet effet, il emploie comme élément électro-négatif du carbonate de cuivre, et comme liquide excitateur une solution de chlorure d'ammonium, qu'il mêle à du sable, quand il applique cette pile aux usages militaires. Suivant l'auteur, le carbonate de cuivre est insoluble dans la solution de chlorure d'ammonium, mais en fermant le circuit, le chlorure se décompose en acide chlorhydrique et ammoniaque, l'acide chlorhydrique s'accumule au pôle zinc et l'ammoniaque au pôle cuivre ; dès lors le carbonate de cuivre devient soluble et donne naissance à un courant qui a la force de celui d'un élément de Daniell tout en en ayant la constance. Il faut, par exemple que le zinc soit amalgamé.

Pile de M. Fortin, à sel ammoniac et charbon pulvérisé. — Cette pile qui, d'après les renseignements qui nous ont été donnés, aurait précédé la pile de M. Leclanché et qui aurait été déjà mise

(1) Voir les *Mondes*, tome 25 p. 244.

en pratique par M. Breguet, en 1865, n'est en quelque sorte qu'un perfectionnement de la pile de Bagration et ne diffère de la pile de Léclanché que par l'absence du peroxyde de manganèse dans le compartiment
électro-négatif. On retrouve en effet dans cette pile, comme électrode
négative, un prisme de charbon entouré de coke ou de charbon de cornue
concassé; et comme liquide excitateur une solution de sel ammoniac.
M. Breguet l'emploie depuis longtemps pour ses sonneries électriques
et en est très-satisfait.

M. Devos, en Belgique, a donné à cette pile une autre forme en faisant
remplir à la lame de charbon le rôle de diaphragme poreux ; celle-ci, en
effet, divise le vase de la pile en deux compartiments ; dans l'un se trouve
un mélange de coke concassé et de sel ammoniac ; dans l'autre, la lame
de zinc, et le tout est rempli d'eau ; une pince adaptée à la lame de charbon constitue le pôle positif.

La force électro-motrice de cette pile rapportée à celle de l'élément
Daniell prise comme unité, serait représentée d'après les expériences de
M. Saint-Edme, par 1,084, ou, en prenant les chiffres en rapport avec
nos propres expériences, par 6475. Elle est, à ce qu'il paraît, très-constante et très-propre aux usages télégraphiques.

Si dans la pile précédente on suppose le diaphragme poreux supprimé
et remplacé par du sable, et l'électrode négative constituée par une lame
de cuivre, on obtiendra la pile connue depuis longtemps, sous le nom de
pile du prince Bagration. Cette pile qui, dans l'origine, avait promis
beaucoup, s'est trouvée, peu de temps après sa découverte, abandonnée
à cause de son inconstance, et pourtant nous la voyons aujourd'hui
remise en honneur sous une autre forme. La raison en est qu'elle avait été
mal appliquée au début, et l'on peut reconnaître par là que, pour réussir,
une invention ne doit pas seulement être bonne, mais encore être appliquée dans des conditions favorables.

CHAPITRE III.

PILES A ACIDES.

I. PILES A ACIDES ET A DEUX LIQUIDES DONT LE PRINCIPAL TYPE EST LA PILE DE GROVE.

PILES DE GROVE ET DE BUNSEN.

Dans l'historique que nous avons fait des divers perfectionnements de la pile, nous avons vu comment la pile de Wollaston était devenue successivement la pile de Grove et la pile de Bunsen. Nous avons vu ensuite comment M. Archereau, en renversant la disposition de la pile de Bunsen, par mesure de simplification de construction, et en substituant le charbon de cornue au charbon préparé (1), avait sans s'en douter remis en honneur les piles de M. Grove : il nous reste maintenant à étudier la manière la plus avantageuse de construire ces piles, et les perfectionnements nouveaux qui leur ont été apportés.

Dans les piles ordinaires, le charbon n'est nullement travaillé, c'est une espèce de parallélipipède qu'on a scié dans un morceau de charbon de cornue et qui est uni à la lame métallique servant d'appendice polaire au moyen de pinces en cuivre. Les zincs consistent dans des morceaux rectangulaires de zinc en planche qu'on a roulés sur un gabarit, et sur lesquels est fixée la lame polaire négative qui doit être en cuivre rouge. La manière de fixer cette lame n'est pas indifférente : il est important qu'elle ne soit pas simplement soudée, car elle ne tiendrait pas sous l'influence des émanations acides qui se dégagent de cette pile ; il faut qu'elle soit fixée sur le métal, convenablement décapé en cet endroit, au moyen d'un rivet de fer ou de cuivre ; encore faut-il que cette opération se fasse avant que le zinc soit amalgamé, car une fois combiné au mercure, ce métal devient si cassant, que les coups de marteau pourraient

(1) Voir la manière de préparer ces charbons dans le *Manuel de galvanoplastie* de Smée, édition de Roret, page 343.

le mettre en morceaux quand il est mince. Du reste, il faut bien se garder d'employer du zinc mince, car l'économie qu'on pourrait faire sur la
matière serait bien vite dépassée par le prix de la main-d'œuvre et son
usure plus prompte. C'est ordinairement du zinc de 4 à 5 millimètres
d'épaisseur qui est le plus couvenable pour ce genre d'emploi.

Les vases dans lesquels se trouve versée l'eau acidulée doivent être
choisis de préférence en grès vernis ; le verre est trop fragile et la
faïence se trouve bientôt fendue par l'action prolongée de l'acide et surtout par les cristaux de sulfate de zinc qui la pénètrent ; enfin, les vases
poreux doivent être suffisamment grands pour que l'acide azotique qu'ils
contiennent ne s'affaiblisse pas trop promptement.

Des piles ainsi construites peuvent durer assez longtemps, surtout si
les zincs sont épais et bien amalgamés. Il faut, par exemple, avoir soin
de retirer ceux-ci de leurs acides ainsi que les charbons aussitôt que la
pile ne fonctionne plus, et avoir soin de bien laver les zincs.

L'affaiblissement d'une pile de Bunsen vient surtout de l'épuisement
de la solution acide servant de liquide excitateur et de sa sursaturation de
sulfate de zinc ; en renouvelant donc l'eau acidulée, on peut maintenir
pendant longtemps l'action de cette pile. Quand l'acide azotique est trop
hydraté, c'est-à-dire contient trop d'eau, on peut lui donner une nouvelle vigueur en y mêlant une certaine quantité d'acide sulfurique concentré. Celui-ci, qui est très-hygrométrique, s'empare alors de l'eau en
excès dans l'acide azotique et permet à celui-ci de continuer ses fonctions de dépolarisateur (1). Le zinc lui-même peut d'ailleurs être brûlé
moins vite, si on a soin de l'amalgamer fréquemment, et cette opération
peut s'effectuer d'elle-même si on ajoute au liquide excitateur, c'est-à-dire
à l'eau acidulée, une petite quantité de nitrate de bioxyde de mercure,
ou du sulfate de mercure. M. Wigner prétend même qu'il suffit pour cela
de mettre au fond du vase qui contient le zinc un peu de mercure. Ce
système, suivant lui, aurait l'avantage de permettre en même temps de
constituer l'électrode positive de deux parties distinctes, qui se trouve-

---

(1) C'est M. Le Roux qui a eu le premier l'idée de ce mélange, et M. de Waltenhofen
qui en 1864, a étudié d'une manière spéciale, les effets avantageux qu'il pouvait fournir, a
reconnu que la force électro-motrice de la pile à acide nitrique; gagnait à cette addition
de 6 à 13 pour cent (voir les *Mondes*, tome V. p 145):

raient réunies métalliquement par le mercure. L'une de ces parties, qui pourrait occuper la presque totalité du vase, serait destinée à l'oxydation, et pourrait brûler jusqu'à extinction ; l'autre qui ne jouerait que le rôle de conducteur et d'appendice polaire, pourrait être constituée par une lame de cuivre assez longue pour plonger dans le mercure et se replier en dehors de l'élément, de manière à fournir le pôle négatif, ou à être réunie au charbon de l'élément voisin ; seulement pour éviter une perte de courant, cette dernière lame devrait être vernie ou recouverte de gutta-percha, sur toute la partie immergée dans l'eau acidulée. Avec ce système, on peut employer des débris de zinc, on évite les mauvais contacts qui existent souvent entre les zincs et les appendices polaires, et on a l'avantage de pouvoir remplacer facilement un zinc brûlé, ou détacher un couple sans déranger les voisins. Cette idée, déjà ancienne, et qui parait appartenir à M. Smée (voir son *Traité de Galvanoplastie*, édition de Roret, page 44), a été réinventée par M. Fortin, comme on peut le voir dans les *Mondes* (tome 19, p. 142).

On a proposé plusieurs méthodes pour amalgamer les zincs ; mais la plus simple et la plus expéditive est celle de M. Berjot, pharmacien à Caen, qui consiste à les immerger dans un liquide composé de nitrate de bioxyde de mercure et d'acide chlorhydrique. Une immersion de quelques secondes suffit pour l'amalgamation complète d'un zinc, quelque sale qu'il soit à sa surface ; et avec un litre de ce liquide, qui ne coûte pas plus de 2 francs, on peut amalgamer plus de 150 zincs. Voici du reste la préparation de ce liquide :

On fait dissoudre à chaud 200 grammes de mercure dans 1000 grammes d'eau régale (acide nitrique 1, acide chlorhydrique 3) ; la dissolution du mercure étant terminée, on y ajoute 1000 grammes d'acide chlorhydrique.

L'élément Bunsen, bien qu'il se trouve toujours dépolarisé par l'action de l'acide azotique, est loin d'être constant. Au bout de quelques heures de service, il peut devenir plus faible qu'un élément Daniell. Ainsi les valeurs de sa force électro-motrice et de sa résistance étant, peu d'instants après sa charge :

$$E = 11123 \text{ et } R = 154^{m},$$

sont devenues, au bout de 7 heures de fermeture de circuit sans résistance interposée :

$$E = 9042, R = 550,$$

et au bout de 19 heures :

$$E = 5251, R = 2068.$$

Le repos a diminué, il est vrai, cette dernière valeur de R, mais il n'a pas augmenté la force électro-motrice. Pour qu'on puisse voir combien cet élément est variable, il nous suffira de dire que la valeur de R, étant déterminée par la méthode du galvanomètre différentiel, a été trouvée de 324 mètres pour une fermeture du circuit de 10 minutes, 284 mètres pour une fermeture du circuit de 5 minutes, 161 mètres pour une fermeture de 1 minute, et moins de 34 mètres pour une fermeture de 7 secondes.

Du reste, la force électro-motrice de la pile de Bunsen, comme on l'a déjà vu, ne résulte pas de l'action seule de l'eau acidulée sur le zinc, la réaction des deux liquides l'un sur l'autre développe également une force électro-motrice qui entre dans la force électro-motrice du couple pour plus de $\frac{1}{5}$. Or, le changement successif de composition des liquides, à mesure que la pile fonctionne, en modifiant les conditions de l'action chimique primitive développée entre eux, doit faire varier non-seulement la force électro-motrice qui en résulte, mais encore la résistance de l'élément ; c'est, du reste, ce que montrent les expériences de M. Favre, dont nous avons parlé, page 223, et desquelles il résulte que le degré de concentration de l'acide azotique, non-seulement influe considérablement sur l'énergie de cette espèce de pile, mais peut donner lieu, par suite de l'hydratation de l'acide à des effets diamétralement opposés. Ainsi, quand on emploie de l'acide nitrique fumant, la force électro-motrice du couple, est plus considérable que celle qui résulte de l'emploi de l'acide nitrique ordinaire ; et cela tient à ce que cet acide, en s'hydratant par suite de l'absorption de l'hydrogène provenant de l'oxydation du zinc, subit une réaction moléculaire qui développe à elle seule une force électro-motrice dans le même sens que celle du couple et qui la renforce ; aussi remarque-t-on que cette pile, contrairement à toutes les autres, gagne de l'énergie, pendant la première demi-heure de son action, et même souvent pendant plus longtemps ; mais quand l'acide azotique se trouve suffisamment hydraté, il n'en est plus ainsi, et toute addition d'eau devient nuisible à l'action qu'il doit exercer sur l'hydrogène, et par suite, au développement de la force électro-motrice qui en résulte ; c'est pourquoi, quand une pile de Bunsen commence à s'affaiblir, son action décroit rapidement, car l'hydratation de l'acide augmente de plus en plus (1).

On a vu que la différence d'énergie entre un élément de Grove, chargé avec de l'acide azotique fumant, et un élément chargé avec de l'acide nitrique ordinaire, était dans le rapport de 49847 calories à 46447, c'est-à-dire dans le rapport de 1,0732 à 1 : mais ce qui est curieux à constater, c'est que dans les piles à acide concentré ordinaire, l'action absorbante de l'hydrogène provoque un refroidissement au lieu d'un échauffement, comme l'indique le signe de la quantité de chaleur qui devrait être confinée dans la pile, lequel signe est négatif. Il en résulte que la chaleur électrolytique est plus forte que la somme des quantités de chaleur, résultant des diverses actions moléculaires qui se produisent dans le couple et qu'on retrouve d'ailleurs en totalité lorsque la résistance extérieure du circuit est nulle.

L'un des inconvénients les plus désagréables de la pile de Bunsen est la production constante de vapeurs nitreuses qui en rendent l'usage impossible dans les appartements habités. On a bien cherché à prévenir cet effet, soit en fermant hermétiquement les vases contenant l'acide nitrique, soit en faisant absorber ces vapeurs par certains corps, tels que l'acide oléique, qui se trouve ainsi transformé en acide élaïdique, soit en coiffant les éléments avec un vase renversé, contenant une certaine quantité de rognures de fer-blanc, lesquelles rognures auraient la faculté, suivant M. Archereau, d'absorber complétement l'acide hypo-azotique : mais tous ces moyens n'ont réussi que très-imparfaitement. Le meilleur serait peut-être, ainsi que l'indique M. Wigner, de placer la pile devant un large foyer, afin que les vapeurs nitreuses se trouvent enlevées avec la fumée par le tirage de la cheminée ; la chaleur de ce foyer aurait en même temps l'avantage d'augmenter l'énergie de la pile, d'en diminuer la résistance et d'éviter les effets de la condensation des vapeurs, condensation qui fournit au courant une dérivation au sol beaucoup plus nuisible qu'on ne le croirait à première vue. On pourrait peut-être encore avoir

_____

(1) Cet effet est très-sensible avec une pile de Bunsen, assez forte pour produire de la lumière électrique. Ainsi le courant d'une pile de 48 éléments donnant au début une lumière équivalente à 109 becs carcel, a fourni, au bout d'une demi-heure, une lumière équivalente à 134 becs, et au bout d'une heure une lumière de 137 becs ; mais une demi-heure après, cette lumière ne représentait plus que 106 becs, et, après une autre heure, elle était réduite à 66 becs.

recours au moyen indiqué par M. Ruhmkorff, qui consiste à n'employer que de l'acide nitrique, filtré préalablement sur des cristaux de bi-chromate de potasse.

Le point important pour qu'une pile de Bunsen fonctionne bien, est que le contact de la lame polaire positive avec le charbon soit le plus parfait possible. Il faut donc au moment de chaque expérience avoir soin de bien décaper cette lame métallique avant que de la placer sur le charbon. Malgré cette précaution, l'acide azotique, qui pénètre par capillarité et endosmose dans tous les pores du charbon, finit toujours, quand une batterie reste quelque temps chargée, par oxyder les points de contact des lames en question et diminuer par suite l'intensité du courant produit. Pour éviter cet inconvénient, j'ai imaginé de pratiquer à l'extrémité des charbons de petites cavités dans lesquelles sont versées quelques gouttes de mercure, et les zincs se trouvent unis à ces charbons par des fils de fer plongeant dans ces cavités.

Du reste, la liaison des lames polaires avec les charbons a été et est encore l'objet de la préoccupation de ceux qui emploient les piles de Bunsen ou de Marié-Davy, et les moyens employés ont été très-variés ; tantôt c'est une ligature faite avec des fils de cuivre fins et qui étant trempée dans un bain de plomb, constitue une espèce de manchon métallique fortement adhérant au charbon, qu'on recouvre ensuite de vernis ou de cire à bouteille, jusqu'à un centimètre au-dessous de la ligature ; tantôt c'est un trou pratiqué dans la partie supérieure du charbon et dans lequel on introduit un bouchon métallique soudé à l'extrémité de la lame polaire négative ; tantôt c'est une simple fente dans laquelle la lame polaire elle-même est introduite avec force ; tantôt c'est une pince de cuivre avec vis de pression qui serre la lame polaire contre le charbon ; tantôt c'est un cuivrage galvanoplastique de la partie supérieure du charbon, opérée après une immersion prolongée de cette partie dans de la résine fondue, puis dans de la stéarine ; de cette manière les pores du charbon se trouvent bouchés, et l'endosmose de l'acide nitrique, suivant M. Bergeat (de Passeau), ne peut plus altérer la couche métallique qui s'y trouve déposée ; c'est alors sur ce dépôt qu'est soudée la lame polaire. De tous ces systèmes, c'est celui par lequel les charbons sont unis aux lames métalliques par des pinces de cuivre qui est le plus employé, mais il faut avoir soin de nettoyer de temps en temps ces pinces en les trempant d'abord dans de l'acide nitrique, puis, ensuite dans de l'eau, et en

les essuyant immédiatément après ; on nettoie de la même manière les
extrémités des lames polaires qui doivent fournir les contacts.

Les inconvénients qui peuvent résulter des mauvais contacts avec les
lames polaires, ne sont pas seulement inhérents aux charbons : en Angleterre, où l'on se sert de préférence de lames de platine, on éprouve de
grandes difficultés à souder convenablement ces lames aux appendices polaires ; presque toujours, toutes les soudures sont attaquées plus ou moins
vigoureusement, et si les lames tiennent encore l'une à l'autre, elles présentent à leur point de jonction une grande résistance. Pour diminuer
ces inconvénients, M. Delarive a proposé d'enrouler la lame de platine
en spirale autour du vase poreux. Cette lame se trouvant alors maintenue
par le vase, la soudure peut être faite plus haut, et n'exige pas autant de
force. M. Poggendorff, de son côté, conseille de fermer les vases poreux
avec des bouchons hermétiques en serpentine, de faire traverser ces
bouchons par une tige de platine fendue dans sa partie inférieure, de
manière à venir s'enfourcher sur les bords de la lame de platine en la
pinçant. Cette tige porte à sa partie supérieure un bouton d'attache,
pour recevoir les fils de communication. Comme le couvercle de serpentine peut être assez grand pour dépasser les bords du vase poreux et
venir s'emboîter à l'intérieur du cylindre de zinc, l'élément se trouve de
cette manière maintenu dans une position fixe.

Mieux sont isolés les éléments d'une pile, plus est grande leur tension ;
cela est si vrai, qu'en soutenant sur des supports en verre 500 petits
éléments à acide nitrique, M. Gassiot est parvenu à obtenir des étincelles
à distance à l'air libre et à produire dans le vide tous les effets qui sont
fournis par la machine d'induction de Ruhmkorff. Il est donc essentiel,
pour qu'une pile soit dans de très-bonnes conditions de fonctionnement,
que les éléments soient disposés sur une surface très-sèche (la plus isolante possible), soutenue elle-même au-dessus du sol au moyen de supports isolants. Une longue grille en bois appuyée par ses extrémités sur
deux tubes de verre ou sur quatre disques de cire à bouteille, est ce qu'il
y a de mieux pour cela. Par la même raison, il faut éviter de laisser
déborder les liquides qui remplissent les différents éléments et d'en
verser quelques gouttes à côté ; bien des piles ont souvent manqué par
suite de ce simple défaut de précautions.

Les piles de Bunsen ont été, comme nous l'avons déjà dit, modifiées
de mille façons différentes, tantôt au point de vue économique de la pro-

duction de l'électricité, tantôt au point de vue de leur accroissement d'é-
nergie. Nous allons étudier à l'instant ces diverses modifications, mais
nous devons dès maintenant parler, comme perfectionnement de détails,
du système que M. Ruhmkorff a appliqué à ses grandes machines d'induction et qui a fourni les meilleurs résultats.

Afin d'obtenir une pile qui, sous le plus petit volume possible, pût donner une grande quantité d'électricité, condition qui était à remplir pour
la mise en action de ses grands appareils d'induction, M. Ruhmkorff a
employé des éléments plats, disposés de manière à fournir à l'action du
liquide excitateur une grande surface de zinc, et à la conduction du courant dans la pile une grande surface de charbon. La fig. 52 ci-dessous
représente un de ces éléments. La lame de zinc ZZ est repliée sur elle-

Fig. 52.

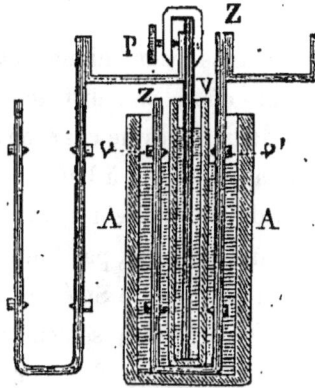

même, de manière à laisser vide un espace d'environ 4 centimètres, dans
lequel on introduit le vase poreux V, dont les dimensions sont : hauteur,
20 centimètres ; largeur, 17 centimètres ; épaisseur, 28 millimètres. Ce
vase est maintenu à distance convenable du zinc à l'aide de petites vis
calantes v, v', v'', etc., et est construit en terre rouge anglaise, qui jouit
d'une grande porosité et d'une certaine conductibilité relative.

La lame négative est une grande lame de charbon très-mince ayant
23 centimètres de hauteur sur 16 centimètres de largeur et 8 millimètres d'épaisseur ; elle est reliée directement à la patte de cuivre formant
l'appendice négatif de l'élément suivant, par une pince P. Enfin le tout
est plongé dans un vase rectangulaire en porcelaine AA, ayant 21 centimètres de hauteur sur 19 centimètres de largeur et 7 centimètres d'é-

paisseur, dans lequel est versée l'eau acidulée. On comprend qu'avec une semblable disposition, qui se rapproche du reste de celle des piles de Wollaston, la résistance intérieure de chaque couple est considérablement réduite, et que le courant engendré se trouve notablement renforcé sous le rapport de la quantité.

Le seul inconvénient de cette pile, c'est que les vases poreux, après avoir servi, se détériorent au bout de quelque temps et finissent par se piquer et se percer sous l'influence des cristallisations de sulfate de zinc qui se forment à l'intérieur des pores. Il faudrait, pour éviter cet inconvénient, avoir soin de les plonger dans l'eau aussitôt après les avoir employés, et les y laisser tout le temps qu'on ne s'en sert pas.

Cinq éléments de cette nouvelle pile suffisent pour faire produire à la nouvelle machine d'induction de Ruhmkorff des étincelles de 45 centimètres de longueur.

Cette disposition de pile permet, comme on l'a vu page 216, de satisfaire facilement aux conditions économiques et de durée dont nous parlions page 206 et 298. En effet, en substituant à la grande lame de zinc repliée sur elle-même, deux lames de charbon réunies à leur partie supérieure par une lame métallique fixée à l'aide de 2 pinces, et en plaçant au fond du vase poreux de petits débris de zinc, réunis entre eux par quelques gouttes de mercure, on peut, par l'interversion des liquides, obtenir à la fois une pile à débris de Smée et une pile de Bunsen à électrode négative développée. Il faudra seulement avoir soin que la lame de communication destinée à prendre la polarité des débris de zinc soit recouverte de vernis, de gutta-percha ou de caoutchouc, à moins qu'elle ne soit elle-même constituée par un fort fil de zinc. Nous en avons expliqué les raisons page 197.

M. Delaurier qui, comme nous l'avons dit page 206, a reconnu l'importance du développement des électrodes négatives dans les piles, a cherché à obtenir ce développement avec la disposition ordinaire des piles de Bunsen, en faisant les vases poreux de grande taille et en reliant ensemble plusieurs prismes de charbon par un collier de cuivre, comme on le voit dans la fig. 53 ci-contre. Ce système d'électrode négative, revient un peu au cylindre de charbon de Bunsen ; mais, comme il est constitué avec du charbon de cornue, il est placé dans des conditions bien meilleures.

Il y a déjà longtemps, mais dans un tout autre but, MM. Liais et

L. Fleury avaient eu l'idée de substituer aux prismes de charbon de la pile de Bunsen renversée, des cylindres de cette même matière; mais ces cylindres formaient des espèces de gobelets et étaient destinés à remplacer les vases poreux eux-mêmes. En conséquence, le charbon devait être préparé et rendu un peu poreux pour permettre le filtrage des deux liquides ; grâce à ce système, la résistance de la pile se trouvait 5 fois moins grande et les avantages que nous avons signalés précédemment étaient réalisés de la manière la plus simple. Je ne comprends pas pourquoi cette disposition, qui avait été déjà appliquée sous une autre forme par M. Duchenne, de Boulogne, dans son appareil volta-féradique, n'a pas été adoptée d'une manière générale.

Fig. 53.

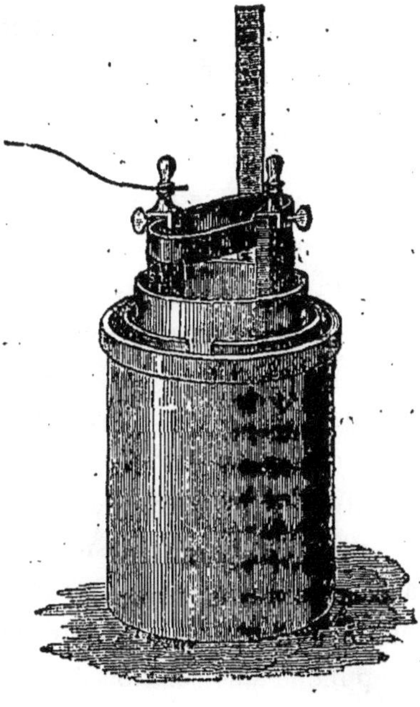

La dépense d'entretien d'un élément de Bunsen de moyenne grandeur, faisant partie d'une batterie suffisamment puissante pour produire la lumière électrique, a été estimée par heure :

En zinc, à . . . . 0^r,0127
En acide sulfurique, à . . . . 0 ,0044
En acide nitrique, à . . . . 0 ,0243
En totalité à . . . 0 ,0414

Soit 5 centimes par heùre environ (1). Quand un élément ne fait pas partie d'une batterie, il dépense moins, car l'action électrolytique étant beaucoup moins intense en raison de la moindre intensité du courant, les réactions chimiques sont beaucoup moins énergiques. Toutefois, comme les prix des acides et du zinc, dans les calculs qui précèdent, ne sont pas estimés au prix du détail, la dépense d'un élément est par le fait beaucoup plus grande que nous ne venons de l'indiquer.

Quand un expérimentateur est soigneux et qu'il prend toutes les précautions que nous avons signalées pour mettre sa pile dans de bonnes conditions de fonctionnement, on peut en quelque sorte doubler sa puissance. M. Wigner, qui s'est occupé beaucoup de lumière électrique, a constaté, en effet, qu'une pile de 60 éléments de moyen modèle, telle qu'on l'emploie généralement, c'est-à-dire sans prendre de précautions pour l'isolement des éléments, le bon contact des appendices polaires, la bonne amalgamation du zinc et la réduction de la résistance de la pile, ne donne à la lumière qu'elle engendre qu'un éclat de 1860 bougies (de blanc de Baleine), tandis qu'avec les précautions qu'il indique et avec de l'acide sulfurique mélangé à l'acide nitrique, cette lumière, pour le même nombre d'éléments et les mêmes dimensions, devient égale à 5360 bougies (2).

On a à différentes reprises, et le plus souvent par mesure d'économie, essayé de substituer le fer au zinc dans les piles de Bunsen, mais les effets n'en ont pas été jusqu'à présent très-satisfaisants ; on a cru aussi que si on pouvait parvenir à amalgamer le fer, on réussirait mieux : nous n'en sommes que médiocrement convaincu ; toutefois, nous allons indiquer aux amateurs qui voudront en faire l'essai, un moyen d'amalgamer le fer imaginé par M. Lecyre, qui parait très-simple sinon très-efficace.

Sur le fer nettoyé avec soin, on verse une solution de chlorure de cuivre dans de l'acide chlorhydrique et il se dépose une mince couche de cuivre. Sur celle-ci, on applique une solution de bichlorure de mercure dans de l'acide hydrochlorique et toute la surface se trouve ainsi amalgamée. Le mercure se combine-t-il avec quelque chose de plus que la

---

(1) Ces prix sont établis dans l'hypothèse que le kilogramme d'acide azotique revient à 0ʳ,56, le kilogramme de zinc à 0ʳ,80, et le kilogramme d'acide sulfurique à 0ʳ,18. (*Voir* le Mémoire de M. Ed. Becquerel dans le Bulletin de la Société d'encouragement, tome IV, (2ᵉ série), p. 530.)

(2) Voir les *Mondes*, tome 17, p. 394.

couche superficielle de cuivre ? Nous ne voudrions pas en répondre, malgré l'assertion de l'auteur.

MANIPULATION ET MONTAGE DES BATTERIES DE BUNSEN.

La charge des piles Bunsen est longue, ennuyeuse, et donne toujours lieu à des émanations nitreuses qui sont malsaines : leur manipulation facile et prompte est donc un des problèmes les plus importants à résoudre. Depuis longtemps, cette question a préoccupé les physiciens, et elle n'est pas encore résolue d'une manière bien satisfaisante ; nous allons néanmoins indiquer les différents systèmes qui ont été proposes.

On a cherché à résoudre le problème de deux manières : soit par un procédé mécanique à l'aide duquel on pût charger ou décharger en peu d'instants de leurs acides les divers éléments de la pile (tout prêts montés) ; soit par un procédé au moyen duquel la pile pût être maintenue toujours en état de fonctionner instantanément au gré de l'expérimentateur, sans qu'il y eût pour cela altération des éléments producteurs de l'électricité quand la pile est inactive.

Le premier de ces systèmes, imaginé par M. Archereau, convient à de fortes batteries ; le second, imaginé par moi, ne peut guère s'approprier qu'à des batteries de huit ou dix éléments au plus.

Système d'Archereau. — Le système d'Archereau consiste à employer deux pompes qui injectent, dans les compartiments des piles où ils doivent être versés, les liquides excitateurs, et cela au moyen de tubes verticaux plongeant jusqu'au fond des vases. Ces tubes en gutta-percha, au nombre de deux pour chaque élément de pile, sont soudés à deux conduits horizontaux qui se trouvent reliés aux pompes et qui sont d'un diamètre assez grand pour que les liquides injectés puissent être distribués à la fois dans tous les tubes verticaux. Les pompes employées par M. Archereau sont construites de manière à ce que le tube aspirateur devient, au gré de l'expérimentateur, tube injecteur *et vice versà*. Il en résulte que, sans déranger les conduits, on chasse le liquide d'un réservoir dans la pile, ou on le fait revenir de la pile dans le réservoir.

La pompe a pour effet, il est vrai, de lancer une quantité de liquide moindre dans les vases les plus éloignés que dans les vases les plus rapprochés ; mais comme les systèmes de tubes verticaux et horizontaux se trouvent remplis d'un seul coup par les pompes, il s'établit,

par l'action syphoïdique de tout le système de conduits, un niveau parfaitement égal dans tous les vases de la pile, pendant les injections inter-
mittentes de la pompe, ou plutôt pendant que la pompe agit pour aspirer
le liquide du réservoir. On peut vider la pile par le seul effet des conduits formant le siphon composé. Le liquide revient au réservoir de lui-
même, si l'on ne ferme pas le tube principal. Le système syphoïdique
étant une fois amorcé, il y aurait à craindre qu'il ne s'établit par les liquides une communication électrique qui empêcherait le fonctionnement
de la pile ; mais il est facile de prévenir cet inconvénient en vidant les
tuyaux, ce que l'on peut faire en soulevant simplement hors des liquides
un des tubes plongeurs..

Une pile de 100 éléments, dit M. Archereau, peut, avec ce système,
être chargée en cinq minutes. Il suffit d'un coup ou de deux coups de
pompe pour réamorcer le système syphoïdique, et tout se vide ensuite
sans aucune manipulation.

Dans le cas où l'on ne voudrait pas employer de pompes, M. Archereau a proposé un autre système, par lequel les liquides se déversent
d'eux-mêmes dans les différents vases où ils doivent être distribués.

Voici en quoi il consiste :

La batterie toute montée, comme dans le système précédent, est placée dans une grande caisse recouverte d'un enduit imperméable et inattaquable à l'eau acidulée. Cette caisse est placée au-dessous des deux
réservoirs dans lesquels se trouvent en provision les liquides excitateurs,
et peut, d'autre part, communiquer avec un troisième réservoir.

Les vases extérieurs des piles en grès bien vernissé sont tous percés,
à leur partie inférieure, d'un petit trou à travers lequel passe un bouchon
de caoutchouc. Ces bouchons, suffisamment retenus à l'extérieur des
vases, sont fortement attachés à des ficelles, et ces ficelles sont toutes
fixées à des traverses de bois appuyées sur les bords de la caisse. Avec
cette disposition, l'eau acidulée qui remplira la caisse ne pourra pénétrer dans les vases qu'autant que les bouchons de caoutchouc auront été
soulevés par un moyen quelconque ; il ne s'établira donc à l'état normal
aucune communication liquide entre les différents éléments de la batterie. Pour soulever les bouchons, il suffit simplement de tirer les traverses de bas en haut, car le caoutchouc, en s'allongeant, s'amincit et
laisse par cela même un facile accès au liquide.

Tous les vases extérieurs se trouvent donc remplis de cette manière

presque instantanément. Pour l'acide azotique, l'opération est plus déli-
cate, en ce qu'elle exige une combinaison de siphons sans cesse amorcés
et susceptibles d'offrir à un moment donné un isolement complet des
liquides contenus dans chacun des vases poreux de la pile. Pour obtenir cet amorcement permanent, M. Archereau vernit la partie inférieure
des vases poreux, de manière à ce qu'il reste toujours au fond de ces
vases une assez grande quantité d'acide azotique pour que l'air n'entre
pas dans les siphons. Ceux-ci, qui communiquent d'un vase poreux à
l'autre, peuvent être en verre ou mieux en gutta-percha, rendue inattaquable à l'action de l'acide azotique. Ces siphons présentent en leur
point de courbure un petit robinet en matière non conductrice de l'électricité qui peut, étant fermé, intercepter la communication des liquides
dans les deux branches des siphons. Le jeu de l'appareil est alors facile
à concevoir. Au moment où l'on veut charger la pile, on ouvre le robinet
du réservoir d'acide azotique, et ce liquide, par l'intermédiaire d'un conduit, s'écoule dans le premier vase poreux ; mais, comme le siphon qui
réunit ce vase au suivant est amorcé, le liquide s'écoule dans ce dernier,
puis de la même manière dans le troisième, le quatrième, etc., jusqu'au
dernier. Il faut, par exemple, comme on le comprend aisément, que la
grosseur des tuyaux soit calculée de manière à ce que le niveau du liquide dans les différents vases s'établisse le plus régulièrement possible.

Quand les différents vases poreux se trouvent remplis, on ferme les
robinets pour empêcher la communication des liquides, et la pile est en
état de fonctionner.

Pour la décharger, il suffit d'un siphon que l'on tient toujours amorcé,
et par l'intermédiaire duquel on réunit le dernier vase poreux de la batterie au réservoir de décharge. On ouvre les robinets des siphons, et
les vases se vident absolument de la même manière qu'ils s'étaient remplis.

Pour les vases extérieurs où se trouve déversée l'eau acidulée, ils se
vident, comme on l'a déjà deviné, en faisant écouler l'eau acidulée de la
caisse et en tirant de nouveau les tringles de bois, afin d'ouvrir les orifices de communication.

M. Jaxton, dans un brevet qu'il a pris pour un régulateur de lumière
électrique, décrit un système de pile à peu près de ce genre ; néanmoins,
le système que nous venons d'étudier nous paraît préférable, et, dans

cette conviction, nous nous bornons simplement à mentionner celui du physicien américain.

Système de M. Th. Du Moncel. — Étudions maintenant le second mode de montage des piles par lequel celles-ci sont toujours maintenues chargées, sans qu'il y ait pour cela altération des éléments producteurs de l'électricité quand la pile ne fonctionne pas. On comprendra facilement l'importance de cette question, pour peu que l'on réfléchisse que quelquefois les expériences de physique bien faites durent plusieurs semaines, que souvent elles n'exigent de la pile qu'une activité très-passagère et de peu de durée, et que l'ennui de monter et de démonter une pile a été, pour les expérimentateurs, une cause qui les a souvent empêchés de faire des recherches qui auraient pu les conduire à un résultat important. Voici comment j'ai résolu le problème pour une petite pile de huit éléments, destinée à faire marcher (pour la curiosité des visiteurs) les différentes machines électro-magnétiques placées dans mon cabinet de physique.

Dans mon système, rien n'est changé à la disposition de l'élément Bunsen. C'est toujours la disposition Archereau avec le zinc au dehors, seulement trois combinaisons mécaniques doivent y être adaptées : 1° une combinaison pour le transport simultané de tous les vases poreux avec leur charbon ; 2° une combinaison de récipients ou de réservoirs d'acide nitrique dans lesquels doivent plonger tous les vases poreux après qu'ils ont été enlevés ; 3° une combinaison pour le transport des zincs.

1ʳᵉ *Combinaison.* — La première combinaison consiste dans une simple planche de bois résineux, percée de larges trous dans lesquels s'emboîtent exactement les vases poreux par leur partie supérieure. Ces trous sont faits, bien entendu, de manière à correspondre aux vases poreux suivant la position qu'ils occupent dans la pile. De plus, la planche est entièrement recouverte, ainsi que les rebords des trous, d'une couche épaisse de cire à bouteille ou de gutta-percha. Cette dernière substance doit être choisie de préférence pour être interposée dans les trous entre les vases poreux et le bois, car les émanations et les infiltrations de l'acide nitrique détruisent le bois avec la plus grande facilité. Les charbons restent dans leurs vases poreux respectifs et sont maintenus dans une position fixe par de petites cales de bois sur lesquelles on coule de la cire à bouteille. Il en résulte que les émanations si désagréables de l'acide nitreux se trouvent confinées à l'intérieur du vase et ne viennent pas empoisonner les expérimentateurs; pas plus pendant le travail de la pile que pendant son repos. Les appendices métalliques servant de pôles positifs sont fixés sur la planche par des vis, et communiquent aux charbons par le système de bouchons métalliques trempant dans le mercure que j'ai décrit précédemment.

Par cette disposition, tous les vases poreux de la batterie, ainsi que leurs charbons, peuvent être enlevés simultanément et transportés en dehors de la batterie ; mais pour opérer ce transport sans démonter la pile, une condition indispensable restait à remplir ; c'était de rendre les attaches des pôles positifs aux pôles négatifs susceptibles de se prêter à ce transport. C'est ce à quoi je suis parvenu en unissant les appendices métalliques servant de pôles aux divers éléments, par un, deux ou trois fils recouverts de gutta-percha, d'une longueur suffisante pour que le transport des vases puisse s'effectuer. Ainsi, avec cette combinaison, un seul mouvement accompli de la pile aux récipients permet de mettre la pile en état de fonctionner ou de ne pas fonctionner.

2ᵉ *Combinaison.* — Si je m'étais contenté de transporter seulement les vases poreux avec leur acide et leur charbon en dehors de la pile, l'acide azotique en filtrant à travers les pores du vase poreux se serait bien vite perdu et évaporé. Il était donc nécessaire qu'au sortir de la pile les vases poreux plongeassent dans des récipients remplis eux-mêmes d'acide nitrique. De cette manière, l'acide nitrique des vases poreux, au lieu de s'affaiblir par son contact avec l'eau acidulée, comme cela aurait lieu si on les laissait dans les vases extérieurs, ne fait que réparer ses pertes par son endosmose avec l'acide plus concentré des récipients. Un petit trou pratiqué dans le vase poreux, un peu au-dessous de la planche-support, permet d'ailleurs qu'un niveau constant s'établisse toujours dans les vases poreux après qu'ils ont été plongés dans leurs récipients respectifs.

Ces récipients consistent dans de petits bocaux de verre, un peu plus grands que les vases poreux eux-mêmes, et sont maintenus dans une position fixe pour être toujours à portée de ces derniers.

Afin d'éviter une évaporation trop grande de l'acide de ces récipients, chacun des vases poreux se trouve encadré au-dessous de la planche-support par une rondelle de caoutchouc qui assure une fermeture plus exacte entre les bords supérieurs des récipients et la planche-support elle-même.

3° *Combinaison*. — Pour faire sortir les zincs des vases à l'eau acidulée, la disposition que nous avons indiquée pour les vases poreux
peut être employée ; seulement elle est dans ce cas beaucoup plus simple, puisqu'il suffit d'un cadre en bois qui circonscrive extérieurement
ces zincs. Ceux-ci s'y trouvent fixés par leur appendice polaire à l'aide
d'une vis, afin qu'on puisse aisément les remplacer quand ils sont usés ;
de plus, ils ont leur amalgame entretenu par du nitrate de bioxyde de
mercure.

En résumé, on voit que deux mouvements suffisent pour faire marcher ou arrêter la pile, et, au besoin, ces mouvements pourraient être
combinés mécaniquement pour obtenir ce résultat d'un appartement à un
autre où serait la pile.

Pour plus de sûreté et de commodité, la pile et les récipients doivent
être placés dans une même caisse à bords très-bas.

Système de M. Daguin. — M. Daguin a appliqué d'une manière
ingénieuse la disposition mécanique adoptée dans l'origine aux grandes
piles de Wollaston au chargement et au déchargement des piles de
Bunsen. Dans ce système, les éléments de pile sont disposés sur une seule
rangée à la partie inférieure d'un bâti en bois qui porte au-dessus un mécanisme à engrenages ayant pour effet de lever ou d'abaisser un châssis,
occupant toute la longueur du bâti. Ce mécanisme peut d'ailleurs se déplacer latéralement à l'aide d'un petit chemin de fer et peut, par conséquent, non-seulement élever ou abaisser le châssis mobile, mais encore
le déplacer de côté parallèlement à lui-même. Tous les zincs de la pile,
ainsi que les vases poreux munis de leurs charbons, sont fixés sur le
châssis mobile et peuvent par conséquent être immergés simultanément
dans les vases à eau acidulée qui se trouvent au-dessous ; ils peuvent en
être retirés de même, et si à côté de ces vases, est disposée une grande
auge dans laquelle seront placés de distance en distance (précisément
en face des vases à eau acidulée), des récipients remplis d'acide nitrique,
on pourra, en déplaçant latéralement le châssis mobile et en l'abaissant,
faire immerger les vases poreux dans les récipients d'acide nitrique et
les remplir instantanément de ce liquide. En relevant le châssis et en
l'abaissant de nouveau, après l'avoir replacé au-dessus des vases à eau
acidulée, on pourra donc charger la pile en peu d'instants.

M. Daguin emploie d'ailleurs, pour l'application du châssis sur les
vases extérieurs de la pile et le bouchage des vases poreux, les moyens

que j'avais déjà employés, et comme la liaison des zincs aux charbons est effectuée d'une manière constante par des communications métalliques établies sur le châssis, on n'a pas à s'en préoccuper.

On comprend aisément que si une seule rangée d'éléments n'était pas suffisante, on pourrait adapter deux ou trois rangées parallèles; seulement il faudrait autant d'auges à récipients qu'il y a de rangées, et par conséquent, le bâti de l'appareil devrait avoir une largeur calculée en conséquence.

Système de M. Fabre de Lagrange. — M. Fabre de Lagrange, par une disposition mécanique particulière, a cherché à rendre constante l'action des piles de Bunsen aussi bien que celle des couples de Volta.

« Cette continuité d'action, dit M. Fabre de Lagrange, s'obtient comme on obtient la continuité de l'action calorifique d'un fourneau garni en bas d'une grille pour laisser tomber les cendres, et qu'on alimente continuellement de combustible par le haut. Ce moyen est simple, et loin d'augmenter la dépense, il la diminue. On va en juger.

« Envisageons d'abord la disposition d'un couple à un seul liquide. Soit un vase percé d'un trou au milieu du fond, comme un pot à fleurs ; dans ce vase, un diaphragme cylindrique en toile à voiles un peu moins élevé, ayant le même axe et fixé, par la partie inférieure, au moyen d'un mastic. Supposons, dans le diaphragme, un crayon de charbon de cornue très-dense, entouré de petits grains de ce même charbon, et, autour du diaphragme, un cylindre de zinc amalgamé et de l'eau acidulée qui a été fournie goutte à goutte par un réservoir supérieur. Joignons maintenant les deux pôles par un fil conducteur et voyons ce qui se passe dans l'intérieur de l'appareil. L'eau acidulée, qui continue d'arriver goutte à goutte, se déversera, d'une part, par dessus le bord du diaphragme de toile sur les charbons qui seront ainsi continuellement lavés par le mouvement du liquide, sans être inondés, en sorte que la polarisation sera suspendue et que les bulles d'hydrogène se dégageront librement par les interstices des grains ; d'autre part, les couches inférieures d'eau acidulée, par l'effet de la pression qu'elles supportent, filtreront lentement à travers la toile, ce que ne feront pas notablement les couches supérieures et moyennes. Or, ces couches inférieures sont précisément celles qui contiennent le sulfate de zinc qu'il s'agit d'éliminer. Le résultat est un courant électrique tout à fait constant jusqu'à l'entière disparition du zinc, obtenu sans autre soin que celui d'alimenter le réservoir.

« Voici maintenant comment on réunit un grand nombre de couples. Les vases de grès qui les contiennent, et qui peuvent être plus ou moins grands, sont réunis et cimentés en faisceau, en bloc facilement transportable ; la surface supérieure de ce bloc est horizontale et de petites rigoles amènent l'eau acidulée à chaque couple. Avec cette disposition, en plaçant au-dessus de la pile un second réservoir et en changeant la nature et l'élévation des diaphragmes, il est facile d'employer un second liquide que l'on fera tomber directement et goutte à goutte sur les charbons, soit, par exemple, de l'acide azotique, et l'on obtiendra ainsi une pile de Bunsen dont la charge sera sans cesse renouvelée et qui sera de la plus grande constance. On pourra même employer de l'acide affaibli et lorsqu'il ne peut plus servir pour les piles Bunsen ordinaires, car la dépolarisation peut se faire alors comme dans une pile de Smée. Les liquides, à leur sortie des éléments, sont recueillis et peuvent reserver jusqu'à saturation. »

Système de MM. Jedlick et Csapo. — Ce système, qui a figuré à l'exposition de 1855, et qui avait été expérimenté alors devant la commission avec un succès assez grand pour lui valoir une récompense, a promis plus qu'il n'a tenu quand on en est arrivé à l'application pratique. Néanmoins, en raison de la réputation que cette pile a eue, nous allons en faire une description rapide.

L'élément Bunsen, dans ce système, rappelle par sa disposition celui de Wollaston. Le charbon qui est préparé à peu près comme celui des piles de Bunsen primitives, est taillé en planche mince et carrée et se trouve introduit, sur les deux côtés d'un cadre isolant et inattaquable aux acides. Pour éviter les effets de l'oxydation de la lame polaire positive qui s'y trouve adaptée, la partie supérieure de ce charbon a été trempée préalablement dans un bain de stéarine. De cette manière, les pores du charbon se trouvent bouchés, et l'endosmose de l'acide est arrêtée. La partie supérieure de cette portion du charbon ainsi enduite est ensuite poncée et plongée dans un bain de sulfate de cuivre, afin qu'elle puisse se recouvrir par la galvanisation d'un dépôt métallique. C'est sur ce dépôt qu'est soudée à l'étain la lame polaire.

Le cadre isolant, sur lequel est fixée la lame de charbon, est confectionné avec un mélange fondu de peroxyde de fer, de soufre et d'amiante. Cette composition, qui peut se mouler très-facilement, devient après le refroidissement d'une extrême dureté et ne peut être attaquée par aucun acide.

En haut et en bas de ce cadre se trouvent adaptés deux petits tuyaux *a* et *b;* l'un (*a*) est en verre et est destiné à donner issue aux vapeurs nitreuses qui se dégagent, l'autre *b* est terminé par une petite boule, et donne issue à l'acide nitrique quand l'élément est monté. Ce dernier tuyau est composé avec les mêmes matières que le cadre.

Le vase poreux est constitué par du papier trempé dans de l'acide nitrique concentré que l'on colle, au *collodion*, sur les deux faces du cadre. Grâce à sa préparation, qui lui a donné les propriétés du coton-poudre, ce papier peut résister aux acides, et comme il ne présente pas d'épaisseur, il n'oppose presque pas de résistance à la transmission du courant électrique.

C'est dans cette petite caisse de papier ainsi disposée, qu'est contenu l'acide nitrique, et, pour achever le couple, il ne s'agit plus que de la placer dans une auge remplie d'eau acidulée, entre deux plaques de zinc de même grandeur qu'elle.

La disposition de ce couple permet de rapprocher très-près l'un de l'autre les éléments polaires, et par conséquent d'augmenter considérablement l'intensité du courant. Aussi un couple de cette nature équivant-il, en quantité, (surface pour surface) à plus de deux éléments de Bunsen; de plus, en raison de leur peu d'épaisseur, ces couples peuvent être réunis en grand nombre sur un petit espace, et, au moyen d'un système assez simple, ils peuvent être chargés et déchargés instantanément.

Dans la disposition adoptée par MM. Jedlick et Csapo, les couples sont placés dans une même caisse et séparés les uns des autres par des cloisons en ardoise. La caisse elle-même a ses côtés intérieurs revêtus d'une enveloppe de caoutchouc, mais son fond est constitué par un plancher de mastic composé de la même matière que les éléments. Ce plancher de mastic est moulé de manière à présenter au milieu de chaque compartiment une concavité en forme de tasse, dans laquelle s'emboîte exactement le bouchon semi-sphérique de l'élément négatif. Ces concavités donnent ouverture à un petit trou qui correspond précisément à celui du bouchon, mais qui aboutit intérieurement à un tuyau ménagé dans l'épaisseur du plancher de mastic (1). Ces concavités se trouvent toutes placées du même

---

(1) Ce mode de liaison des éléments négatifs avec le tuyau de distribution du liquide acide est motivé par la nécessité dans laquelle on est de rendre l'élément négatif mobile, et de l'assujettir, en le plaçant, à certains mouvements qui pourraient briser tout autre mode de communication.

côté, mais du côté opposé existent d'autres petits orifices disposés de la
même manière, qui communiquent à un second tuyau ménagé également
dans le plancher de mastic. Ces deux tuyaux correspondent, d'un côté de
la pile, à un tuyau vertical dans lequel on verse les liquides excitateurs
au moyen d'un entonnoir, et de l'autre côté à un robinet par lequel ces liquides peuvent être écoulés. Inutile de dire que ce robinet et les tuyaux
sont composés avec le même mastic que le plancher. Enfin, les éléments
communiquent supérieurement, au moyen des petits tubes, à un conduit
qui rejette au dehors les émanations nitreuses de la pile.

Les liaisons métalliques des éléments entre-eux se font par des lames
attachées aux éléments polaires, et qui plongent dans deux rainures prati-
quées sur le couvercle de la pile. Ces rainures divisées en autant de compartiments qu'il y a d'éléments, sont remplies d'un amalgame de zinc, de
sorte qu'à l'aide de lames métalliques recourbées on peut, avec la plus
grande facilité, disposer la pile soit en tension, soit en quantité.

Pour charger la pile, il suffit de verser par les tuyaux verticaux de la
caisse les acides, jusqu'à ce que le niveau des liquides soit arrivé à une
hauteur donnée. On est sûr alors que les liquides sont arrivés à pareille
hauteur dans tous les éléments, car ils forment avec ces tuyaux des
vases communiquants.

On a objecté que la communication des éléments entre eux par les
liquides excitateurs devait affaiblir beaucoup la tension des piles ainsi
disposées, mais il n'en est pas ainsi, à cause de la facile pénétration des
diaphragmes par les courants et de la petitesse des orifices de communication. Du reste, l'expérience a démontré que cet inconvénient n'existait
pas.

MM. Jedlick et Csapo ont essayé avec succès de substituer dans leur
pile l'azotate de soude à l'acide nitrique. Ils ont constaté, à la vérité, un
affaiblissement dans l'intensité du courant résultant, mais cet inconvénient était largement compensé par la constance plus grande du dégagement électrique.

Il paraîtrait, d'après les renseignements qui m'ont été transmis, que la
pile de MM. Jedlick et Csapo avait été imaginée dès l'année 1845, et
que, pendant plus de dix ans, ces inventeurs se sont efforcés de la perfectionner. Il serait peut-être important que ces messieurs s'expliquassent
sur les dates de ces différents perfectionnements, car on trouve au bureau
des brevets d'invention un brevet par lequel M. Frascara, professeur de

physique en Piémont, réclame la propriété des diaphragmes en papier préparé à l'acide nitrique, et qu'il appelle *papier xiloïdé*. Ce brevet date du mois de décembre 1854. Il est vrai que la disposition de ses éléments est différente, car il emploie pour liquides excitateurs un acide et une base (l'acide sufurique ou nitrique et l'ammoniaque), et le charbon est plongé dans l'alcali, tandis que l'acide est contenu dans un vase en fonte de fer qui devient pôle négatif.

D'un autre côté, il existe un brevet pris par MM. Guillon et D'Artois, dans lequel le chargement et le déchargement des piles Bunsen ordinaires s'opère par un moyen à peu près semblable à celui de MM. Jedlick et Csapo. Ce brevet a été pris en 1853. A qui revient la priorité de ces deux perfectionnements ? C'est une question difficile à éclaircir, car il arrive bien souvent que la date des brevets n'indique pas celle des inventions.

Du reste, depuis l'année 1855 jusqu'à l'année 1859, ce système de pile a subi de nombreuses modifications. Déjà, à la fin de l'année 1855, MM. Jedlick et Csapo avaient substitué l'eau salée à l'eau acidulée, pour éviter l'échauffement énorme qui résultait du passage du courant au sein de la pile. Le dégagement électrique avait été, il est vrai, un peu amoindri par cette substitution, mais on y gagnait une plus grande régularité d'action.

Fig. 54.

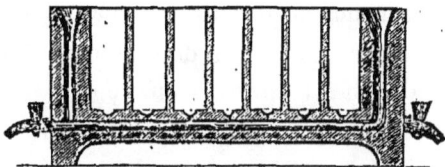

En 1859, M. Marçais, associé de MM. Jedlick et Csapo, dans le but de rendre ce système de pile plus simple et plus solide, s'est imaginé de couler en un seul bloc de matière isolante, l'auge entière contenant les différents éléments de la pile, ainsi que les cloisons de séparation de ces éléments eux-mêmes et les tubes et entonnoirs communiquant aux tuyaux de charge. Cette matière isolante était toujours composée de soufre, d'oxyde de fer et d'amiante. Le tout était moulé de manière que les parties semblaient évidées au sein de la masse elle-même, comme on le voit fig. 54.

Les orifices de communication entre le tuyau de l'acide nitrique et

les différents éléments ont été en même temps modifiés, de manière à
avoir une fermeture plus hermétique.

Système de M. W. Wigner. — Ce système, imaginé principalement en vue de la charge des grandes batteries et qui a une certaine
analogie avec celui de M. Archereau, est décrit de la manière suivante
par son auteur :

« Je mélange les acides dans deux grandes dames-jeannes en terre,
munies de bouchons qui ont chacun deux trous. A travers un de ces
trous passe un tube de verre qui descend au fond de la dame-jeanne, il
est recourbé au dehors sur une longueur de deux ou trois pouces. A ce
tube est joint un tube en *caoutchouc*, d'environ six pieds de longueur,
avec un jet qui n'a pas plus de trois pouces à son extrémité. Ce jet est
formé d'un bout de tube en verre, légèrement aplati à la lampe, pour
qu'on puisse l'introduire facilement dans les éléments de la pile. Pour
régler et arrêter l'écoulement de l'acide, je me sers d'une pince à ressort
de Mohr, qui serre le tube en caoutchouc. L'autre trou de chaque bouchon est destiné à recevoir un tube à souffler, entrant à une petite profondeur dans la dame-jeanne, pour faire jouer les siphons. Ceux-ci
étant remplis, il est très-facile de passer le jet d'un couple à l'autre (en
arrêtant l'acide avec la pince) sans perdre une seule goutte ; et cela
peut se faire si rapidement, que j'ai chargé plusieurs fois une pile de
soixante éléments avec les deux acides (sans être aidé de personne) en
20 ou 25 minutes. Les dames-jeannes doivent naturellement être à environ quatre pieds au-dessus du niveau de la pile. Le tube en caoutchouc
doit être rincé, immédiatement après qu'on s'en est servi, avec de l'eau
contenant un peu d'alcali ; il peut de cette manière durer très-longtemps. »

Système de M. de La Rive. — « La modification que j'ai apportée à la pile de Grove, dit M. de La Rive, a essentiellement pour objet
d'en rendre le maniement plus commode et plus prompt. Un flacon en
verre, ayant une ouverture de dix centimètres environ, fermée par un
bouchon usé à l'émeri, contient un litre à peu près d'acide nitrique. Quand
on veut monter le couple, on enlève le bouchon et on le remplace par un
tube poreux, d'un diamètre tel, qu'il puisse entrer librement dans le flacon par l'ouverture. Ce tube, assez long pour plonger à peu près jusqu'au fond du flacon, présente dans sa partie supérieure un renflement
annulaire, au moyen duquel il repose sur le bord de l'ouverture. Il renferme de l'acide sulfurique étendu d'eau, et la lame polaire électro-posi-

tive qui est immergée dans la solution acidulée. Il est de plus entouré
extérieurement d'une lame mince de platine, à laquelle est soudé à l'or
un fil également de platine qui vient aboutir extérieurement, en traversant
le renflement annulaire du tube poreux. Le zinc et le fil de platine portent
chacun des pinces d'où partent les conducteurs. On peut avoir plusieurs
couples semblables, et rien n'est plus facile que de les avoir en séries, de
manière à obtenir ainsi une pile plus ou moins puissante. Mais un seul
couple, est assez fort, s'il est bien monté, pour presque toutes les expériences d'électro-dynamique ; en particulier pour la démonstration des
lois d'Ampère, comme pour la production des phénomènes que présente
la décharge de l'appareil de Rumhkorff dans les gaz raréfiés. Il n'est pas
nécessaire de changer souvent l'acide nitrique, vu que le flacon en renferme une grande quantité. Le même acide peut servir pendant plusieurs
jours pour un grand nombre d'expériences. Par contre, il est avantageux de changer fréquemment l'eau acidulée qui remplit le tube poreux,
opération très-facile et très-peu dispendieuse. Enfin, une précaution importante à prendre, c'est, quand on cesse de se servir du couple, de sortir le tube poreux du flacon d'acide nitrique, en ayant soin de le remplacer immédiatement par le bouchon usé à l'émeri, et de le plonger dans
un bocal rempli d'eau pure. On évite ainsi les émanations des vapeurs
nitreuses et la pénétration de l'acide nitrique à travers le tube poreux.

« Il faut se garder de plonger les zincs amalgamés dans la même urne
où l'on a plongé les tubes poreux, car il suffit de la plus légère trace
d'acide dans l'eau pour altérer les zincs. »

MODIFICATIONS APPORTÉES AUX PILES A ACIDES.

Le prix très-élevé de l'acide azotique et son usure prompte, rendent
les piles de Bunsen d'un emploi tellement dispendieux, qu'on ne peut
guère les utiliser dans les applications mécaniques de l'électricité, qui
exigent une certaine continuité d'action. Pourtant, la grande quantité
d'électricité qu'elles fournissent sous un petit volume, devrait les rendre
préférables à toutes les autres piles. On a donc dû rechercher le moyen
de remplacer l'acide nitrique par un autre composé chimique moins dispendieux ; mais les résultats qu'on a obtenus jusqu'à présent, quoique
présentant des avantages, n'ont pu encore faire renoncer à l'emploi de
l'acide azotique. Quoiqu'il en soit, nous allons passer en revue les différents systèmes qui ont été proposés dans ce but.

Systèmes de M. Le Roux et de M. Guignet, basés sur l'action du chlore. — L'une des premières modifications de la pile de Bunsen, au point de vue du liquide dépolarisateur, a été combinée par MM. Le Roux et Guignet. Pensant avec raison que l'acide nitrique pouvait être remplacé dans son rôle de dépolarisateur et même dans son action chimique sur le liquide excitateur, par un corps susceptible d'absorber avec avidité l'hydrogène dégagé par suite de l'oxydation du zinc, ces deux savants eurent immédiatement l'idée d'employer le peroxyde de manganèse, l'un en l'alliant à de l'acide chlorhydrique étendu d'eau, l'autre à de l'acide sulfurique.

Le motif qui avait déterminé M. Le Roux à employer l'acide chlorhydrique, était l'affinité prononcée du chlore pour l'hydrogène, et l'action de l'acide chlorhydrique sur le peroxyde de manganèse, détermine comme on le sait, un dégagement de chlore ; malheureusement, en raison de la prompte usure du peroxyde de manganèse et de sa précipitation au fond du diaphragme poreux, ce liquide dépolarisateur n'a pas fourni une action régulière ; il faudrait, pour qu'une pile ainsi disposée fût constante, que le mélange fût agité fréquemment.

Les raisons qui avaient engagé M. Guignet à allier l'acide sulfurique au peroxyde de manganèse étaient basées sur ce qu'un pareil mélange, qui ne dégage pas, il est vrai, d'oxygène à la température ordinaire, absorbe très-facilement l'hydrogène à l'état naissant ; il devait donc agir en définitive comme l'acide azotique et d'après les expériences faites par ce savant, la force de la pile ainsi disposée serait exactement la même que celle de la pile de Bunsen ordinaire. De l'acide sulfurique non concentré à 52°, tel qu'il sort des chambres de plomb avant la concentration, et du peroxyde de manganèse en poudre grossière, suffisent parfaitement pour produire ce résultat.

D'après M. Guignet, la modification qu'il propose réaliserait une économie de 50 pour 100 sur les frais d'entretien de la pile et entraînerait la suppression des vapeurs rutilantes de l'acide nitrique. Ces conclusions, toutefois, ont été contestées par M. Leroux qui, en reprenant les expériences de M. Guignet, a reconnu :

1° Que l'effet du bioxyde de manganèse, mêlé à l'acide sulfurique concentré, n'est pas comparable, à la température ordinaire, à celui qu'on obtient avec de l'acide azotique, et qu'il n'augmente pas sensiblement la production de l'électricité due à l'oxydation du zinc ; de sorte que, dans ce cas, l'acide sulfurique contenu dans le diaphragme n'agit plus que comme conducteur ;

2° Que, lorsqu'on a laissé plusieurs heures le mélange abandonné à lui-même, et qu'on vient à l'introduire dans la pile, on remarque pendant les premiers instants un courant presque aussi énergique qu'avec l'acide azotique, mais que l'intensité de ce courant décroît rapidement, de sorte qu'au bout de dix minutes, un quart d'heure au plus, il est aussi faible qu'il a été dit précédemment ;

3° Que cette augmentation d'intensité que nous venons de signaler, étant le résultat d'un dégagement abondant d'oxygène, il convenait, pour augmenter la force de ce genre de pile, de la soumettre à une température élevée (75° environ).

D'après ces contre-expériences, il s'ensuivrait qu'il faudrait une température de 70 à 80°, pour que le mélange d'acide sulfurique et de manganèse proposé par M. Guignet, pût remplacer l'acide azotique dans la pile de Bunsen. Je ne sais, néanmoins, jusqu'à quel point on doit ajouter foi aux assertions de M. Le Roux, car, d'après des expériences réitérées faites, en 1851, par M. Payerne, à Cherbourg, il paraîtrait, au contraire, que le mélange d'acide sulfurique et de peroxyde de manganèse, remplaçant l'acide nitrique de la pile de Bunsen, aurait produit d'excellents résultats. Quoiqu'il en soit, ce système de pile, que s'attribue M. Guignet, a été expérimenté bien longtemps avant lui, comme le témoignent les comptes rendus des travaux de la Société des sciences naturelles de Cherbourg.

M. Favre a étudié une pile du genre de celle dont nous venons de parler, composée d'acide permenganique et d'acide sulfurique mélangés ; mais les résultats constatés par lui sont loin d'être favorables : la chaleur confinée dans le couple, dépasse considérablement celle des éléments Bunsen ; elle atteint 21420 calories et l'énergie du courant qu'elle fournit est représentée par 39234 calories ; elle est par conséquent plus faible que celle du couple de Bunsen, dans le rapport de 1 à 1,184 et, de plus, cet élément est beaucoup moins constant. M. Favre rend compte de cette inconstance en disant que l'oxygène qui brûle l'hydrogène dans le compartiment électro-négatif, au fur et à mesure de sa production, est emprunté d'abord, presqu'uniquement, à l'acide permanganique, puis en partie et de plus en plus, à l'acide manganeux qui provient de la réduction partielle du premier, et qui jouirait ainsi d'une plus grande stabilité.

Suivant M. Favre, la présence de l'acide sulfurique dans ce couple serait nécessaire pour dissoudre les oxydes provenant de la réduction de l'acide permanganique, mais malgré son action, il se forme un précipité assez abondant qui n'est autre chose qu'un oxyde, et qui s'attache spécialement à la surface extérieure du vase poreux, mouillée par l'acide permanganique (1).

Systèmes à acide chlorhydrique. — On a essayé, en 1853, chez MM. Christofle et Duboscq et au laboratoire de chimie de l'École polytechnique, de remplacer l'acide nitrique des piles de Bunsen par de l'acide chlorhydrique, qui est beaucoup moins cher et qui ne devait pas dégager de vapeurs aussi nuisibles ; mais les résultats obtenus, qui au début de l'expérience promettaient d'être avantageux, ont révélé tant d'inconvénients, qu'on a dû y renoncer définitivement. Du reste, cette substitution d'acides n'avait pas théoriquement sa raison d'être, car, en conservant l'eau acidulée avec de l'acide sulfurique, comme liquide excitateur, la dépolarisation ne pouvait se produire, et le développement électrique n'était énergique au début que par l'action momentanée du chlore sur le zinc. Mais, il résultait de l'action des deux liquides l'un sur l'autre, un dégagement d'acide sulfhydrique fort nuisible ; et un abaissement successif de l'intensité de la pile en était la conséquence. Quand l'eau acidulée avec de l'acide sulfurique était remplacée par de l'eau acidulée avec de l'acide chlorhydrique, l'effet était à peu près le même, mais le dégagement d'hydrogène sulfuré n'avait pas lieu ; en revanche, il se produisait beaucoup de vapeurs de chlore.

Du reste, M. Leblanc, dans une note insérée aux comptes rendus de l'Académie des sciences du 9 octobre 1871, démontre par des expériences nettes et précises, fondées sur le travail produit, que l'emploi de l'acide chlorhydrique seul (en dissolution), sur lequel l'hydrogène est sans action, ne modifie pas l'énergie d'une pile où l'on ne ferait intervenir que de l'acide sulfurique.

Systèmes basés sur l'emploi de l'acide chlorique. — MM. Salleron et Renoux, en 1859, et M. Vergnes, en 1862, se fondant sur la désoxydation facile des chlorates en général, et de l'acide chlorique en particulier, se sont imaginés de faire intervenir ce genre de pro-

---

(1) Voir comptes rendus de l'Académie des sciences, tome 73, p. 896.

duits dans la pile Bunsen, pour en former la base du liquide dépolarisateur.

Dans le système de MM. Salleron et Renoux, le chlorate employé est
du chlorate de potasse en dissolution dans de l'acide sulfurique qui contient, selon les besoins de la pile, depuis un tiers jusqu'à un sixième d'a-
cide pur en volume ; on sait que le chlorate de potasse abandonne si facilement son oxygène qu'il suffit de chauffer ce sel à l'état solide, pour
obtenir immédiatement un dégagement d'oxygène.

« Observe-t-on la marche d'une pareille pile ? disent MM. Salleron et
Renoux, on constate que l'acide en excès du vase poreux va constamment
remplacer celui qui disparaît dans le vase extérieur, l'augmente même
pendant les premiers jours, donnant une assez grande énergie à la pile.
C'est ainsi que ces éléments conservent une intensité sensiblement constante pendant plus de huit jours, si l'on a employé une solution contenant
au moins un sixième d'acide.

« Afin d'obtenir un liquide toujours saturé de chlorate, nous employons
des charbons cylindriques percés d'un trou longitudinal, où l'on met le
chlorate de potasse, et d'ouvertures latérales plus petites, qui donnent
accès au liquide.

« Cette pile a été essayée pour l'électrotypie et a donné d'excellents
résultats. Beaucoup plus énergique que la pile de Daniell, elle est intermédiaire entre cette dernière et celle de Bunsen, et nous paraît devoir
rendre des services dans tous les cas où l'on désire unir une certaine
énergie à une constance suffisante.

« A poids égal, le chlorate de potasse détruit cinq fois autant d'hydrogène que le vitriol bleu, et son prix n'est environ que trois fois plus élevé ;
on voit donc que l'usage de ce sel tendra plutôt à diminuer qu'à augmenter le prix d'entretien de la pile. »

Dans le système de M. Vergnes, le chlorate de potasse est allié au bichromate de potasse et à de l'acide sulfurique manganésé à saturation.

Au lieu d'un simple vase poreux, il en emploie deux, qu'il place l'un
dans l'autre. Mais le plus petit, qui est en porcelaine dégourdie, plus
cuite que celle de l'autre, n'a pas de fond, et se termine supérieurement
en forme de flacon, afin qu'on puisse le boucher hermétiquement avec un
bouchon de verre. Ce dernier vase est rempli de morceaux de ckco
concassés et brillants, qu'on choisit le plus calcinés possible, et l'intervalle annulaire entre ce vase et le premier est occupé par de petits mor-

ceaux de coke granulé et très-poreux, tassés fortement de manière à maintenir les deux vases en parfaite union ; une lame de platine repliée, traversant ces deux couches de coke, ressort à l'extérieur pour constituer l'appendice polaire.

Le liquide dépolarisateur est composé de la manière suivante (1) :

>   Solution de bichromate de potasse .   16 parties.
>   — de chlorate de potasse. . .   1   —
>   Acide sulfurique maganésé   4   —

Le liquide excitateur est toujours, d'ailleurs, de l'eau acidulée au dixième, et les zincs doivent être fortement amalgamés.

Suivant M. Ailhaud, cette pile aurait les avantages suivants :

1° Son action serait constante pendant au moins une semaine avec un circuit fermé ;

2° Son intensité serait supérieure à celle des piles de Grove et de Bunsen ;

3° La consommation des liquides serait très-minime et très-peu dispendieuse ;

4° Elle ne produirait aucune émanation nuisible.

Ces avantages résulteraient de l'action de l'air emprisonné dans le vase intérieur sur le liquide imprégnant les charbons, action qui aurait pour effet de dépolariser d'une manière beaucoup plus complète l'électrode négative par suite de l'absorption de l'hydrogène sur une très-grande surface.

Le liquide dépolarisant doit être versé dans le vase poreux extérieur de manière à dépasser un peu le niveau de la couche de coke, et quelques gouttes doivent être également versées dans le vase intérieur, afin de rendre l'action plus prompte.

M. Vergnes emploie pour amalgamer ses zincs, un moyen particulier que nous croyons devoir signaler, bien que nous préférions le liquide amalgamant de Berjot.

« On prend, dit-il, cinq parties de plomb et une de mercure ; on fait fondre le plomb, et quand il est fondu, on le recouvre d'une couche grasse de suif et de résine ; on le laisse alors refroidir, puis on verse le mercure,

---

(1) Voir les détails de la fabrication de ce liquide dans les *Annales télégraphiques*, tome V, page 190.

on agite le mélange, et lorsqu'il est complétement refroidi, on obtient une espèce de pâte qui a la consistance de la cire molle, et avec laquelle on recouvre les zincs. Il ne s'agit plus alors, pour amalgamer ceux-ci, que de les frotter avec une brosse. »

M. Leblanc, qui a essayé directement l'acide chlorique, prétend que cet acide en dissolution même étendue fournit des effets relativement énergiques et qui s'accroissent avec le degré de concentration de cet acide.

« On peut remarquer, dit-il, que l'acide chlorique appartient à la catégorie des corps dits explosifs, et que la réaction de l'hydrogène sur cet acide est la résultante de plusieurs effets thermiques s'exerçant dans le même sens et mettant en jeu une quantité considérable de chaleur, savoir la combustion de l'hydrogène par les éléments de l'acide et la ségrégation chimique de ces mêmes éléments (1). »

De ces différents systèmes de piles fondés sur l'action de l'acide chlorique, et de ses composés, celui qui donne les effets les plus énergiques est le couple à acide hypochloreux de M. Favre. La force de cet élément, ou du moins son travail utile serait représentée, d'après ce savant, par 50806 calories, alors que celle de l'élément Bunsen ordinaire ne le serait que par 46447 ; elle serait donc plus considérable dans le rapport de 1,094 à 1 et pourtant la chaleur confinée dans la pile serait plus grande.

Dans cette pile, l'hydrogène provenant de l'oxydation du zinc se trouve brûlé par le chlore et non par l'oxygène, comme l'a démontré d'une manière très-ingénieuse M. Favre (2) ; il se forme par conséquent de l'acide chlorhydrique qui, en réagissant sur l'acide hypochloreux, le décompose en se décomposant lui-même, d'où il résulte un dégagement de chlore dont le volume est double de celui de l'hydrogène dégagé.

Système de M. Dering, à azotate de potasse et acide sulfurique anhydre. — Afin d'obtenir une réaction plus grande de la part de l'acide azotique dans les piles de Grove, M. Dering s'est imaginé de lui substituer un mélange d'azotate de potasse et d'acide sulfurique anhydre dissous dans une quantité d'eau ne dépassant pas le tiers du mélange. Par ce moyen, de l'acide azotique à l'état naissant et à un haut degré de concentration se trouve formé et peut provoquer, sui-

---

(1) Voir les comptes rendus de l'Académie des sciences, tome 73, p. 906.
(2) Voir les comptes rendus de l'Académie des sciences, tome 73, p. 942.

vant l'auteur, plus énergiquement la désoxydation. On se rappelle que c'est par un procédé analogue qu'on a préparé, dans l'origine, la poudre-coton à défaut d'acide nitrique concentré. Toutefois, il paraîtrait, d'après M. de Waltenhofen, que la force électro-motrice du couple de Bunsen n'en serait pas pour cela augmentée, mais que la constance de l'intensité du courant durerait moins longtemps.

Comme élément métallique électro-positif, M. Dering emploie, soit un cylindre de zinc renforcé dans son épaisseur vers les parties qui s'usent le plus vite, comme, par exemple, dans la partie qui correspond au niveau du liquide excitateur, soit de la tournure de fonte de fer dont la polarité se trouve recueillie au moyen d'une spirale de fer ou de plomb. Le liquide excitateur de cet élément n'est alors autre chose que de l'eau salée ou toute autre solution saline capable d'oxyder les métaux précédents et de dissoudre les oxydes qui sont formés ; on évite par conséquent, de cette manière, l'emploi de l'eau acidulée.

M. Dering a cherché aussi à remplacer l'acide nitrique dans lequel plonge l'élément électro-négatif, lequel est d'ailleurs toujours du charbon, par une combinaison d'acide chlorhydrique et d'acide sulfurique. Je ne vois pas quels avantages, sous le rapport de l'intensité du courant produit, pourraient résulter de cette substitution.

Système de M. Tabarié, à azotate de soude et acide sulfurique. — Dans cette pile, le liquide électro-négatif a une composition analogue à celui de la première pile de M. Dering, c'est un mélange d'acide sulfurique, d'eau et d'azotate de soude dissous dans les proportions de 1 litre pour le premier, 3 litres pour le deuxième, et de 0,2 pour le troisième.

Système de MM. Alix et Henry, à électrodes d'aluminium. — MM. Alix et Henry, pour un motif qu'il est facile de deviner, se sont imaginés de supprimer le zinc dans les piles de Bunsen et de le remplacer par de l'aluminium ; ils prétendent avoir ainsi un couple sinon d'une grande énergie, du moins d'une grande constance, sans aucune dépense de métal, puisqu'il n'y a plus alors d'oxydation produite. Ils partent de là pour dire que la théorie qu'on a faite jusqu'ici de la pile est fausse, puisqu'on admet que c'est l'oxydation du zinc qui est la cause première du dégagement électrique. On aura déjà compris que les inventeurs en question se sont mépris eux-mêmes sur le phénomène qu'ils ont observé, car, en admettant même qu'il n'y ait pas dans ce cas d'oxydation de l'électrode

positive, ce qui est loin d'être démontré, puisqu'avec le temps l'aluminium s'oxyde dans de l'eau pure, il y a toujours l'action des deux liquides
l'un sur l'autre qui se produit, et cela de la même manière que dans
la première pile à courant constant, de M. Becquerel, que nous avons
décrite, page 132.

Système du docteur Reinch à coke et eau régale. —
Cette pile a été combinée en vue : 1° d'éviter l'inconvénient du dépôt des
cristaux de sulfate de zinc qui s'attachent aux zincs d'une pile de Bunsen
au bout d'un certain temps de travail, et qui forment un obstacle matériel
à la propagation du courant ; 2° de réduire les dimensions des récipients
où se trouvent versés les liquides. Voici quelle est la disposition de cette
batterie :

On prend un vase poreux pouvant contenir de 50 à 60 grammes d'eau ;
on y introduit un petit morceau de coke. Dans ce morceau de coke on
perce un trou de 12 à 13 millimètres, et autour de lui on tasse une certaine quantité de petits fragments de coke concassé, débarrassés par le
tamisage de la poussière fine produite par le concassage. On verse sur
ces fragments de coke de l'eau régale (environ 130 grammes) et on place
le tout dans le vase à eau acidulée muni de son zinc amalgamé. Le trou
fait dans le morceau de coke sert à l'introduction d'un bouchon métallique soudé à une lame de cuivre et cette lame est destinée, comme dans
la pile de Deleuil, à servir de lame polaire positive. Suivant l'auteur,
ces éléments sont excessivement énergiques et peuvent rester pendant
huit jours sans perdre sensiblement de leur force. M. Leblanc a reconnu,
en effet, l'avantage que présente l'emploi de l'eau régale (1).

Dès qu'on n'a plus besoin du courant, on enlève le vase rempli de coke
de la dissolution excitatrice, et on le dépose dans un verre bien sec, dont
le bord a été dépoli, et qu'on recouvre avec une plaque de verre.

**Système de M. Kukla à acide azotique manganésé, eau
salée, et électrode-négative en antimoine.** — Cette pile n'est
qu'une modification de la pile de Grove, dans laquelle l'antimoine est
substitué au platine, et dont les liquides excitateurs sont, d'un côté, de
l'acide azotique dans lequel on a jeté une petite quantité de poudre de
peroxyde de manganèse, et, de l'autre, de l'eau saturée de sel marin.

---

(1) Voir les comptes rendus de l'Académie des sciences, tome 73, p. 906.

Avec cette pile, le zinc n'a pas besoin d'être amalgamé. Dans ces batteries, on se sert d'un chapeau en gutta-percha, qui couvre l'antimoine et
qui repose sur un anneau plat, flottant sur la solution du zinc. Ce chapeau s'oppose au dégagement des vapeurs et maintient le peroxyde d'a-
zote en contact avec la solution d'acide azotique.

L'antimoine doit être purifié et moulé sous forme convenable ; on lui
donne une surface polie et on l'attache avec des fils, des vis, des lames
de plomb, de zinc ou autre métal, en le plongeant presque tout entier
dans le vase poreux. Suivant M. Boëttger, qui a également employé l'antimoine comme électrode négative, ce métal serait le conducteur le plus
électro-négatif des métaux communs. Mais nous avons vu page 184, qu'il
l'est moins que le charbon.

Cette pile peut encore être excitée avec d'autres liquides, avec l'acide
chlorhydrique particulièrement ; on emploie celui-ci, concentré avec
l'antimoine, et étendu avec le zinc.

Systèmes à acide azotique et eau de M. Rousse. — Afin de
rendre la pile de Bunsen d'un usage moins dispendieux, et surtout moins désagréable, à cause de
ses émanations nitreuses, M. Rousse, professeur
de physique au lycée de Saint-Étienne, a cherché
à en obtenir des résidus facilement vendables,
et à faire absorber les vapeurs nitreuses elles-
mêmes par un corps susceptible d'acquérir, par
suite de cette absorption, une valeur commerciale
réelle.

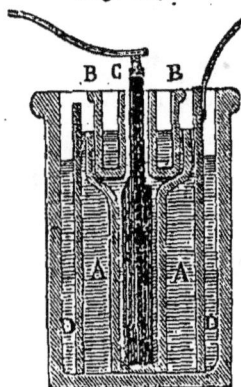

Fig. 55.

Pour cela, il donne d'abord à la pile la forme
que nous représentons (fig. 55) (1).

AA est le vase poreux terminé supérieurement par une espèce de coupe ;
CC est le charbon, qui est aminci à sa partie supérieure, et passe à travers une espèce de godet de grès BB. Ce godet est muni, à cet effet,
d'une tubulure, et son fond circulaire est à claire-voie ; enfin DD est un
cylindre de plomb, disposé comme les cylindres des piles Bunsen ordinaires et emboîtant le vase poreux à sa partie supérieure.

(1) Cette pile a été construite chez M. Deleuil.

Pour exciter un pareil élément, M. Rousse n'emploie que de l'eau et de l'acide azotique. L'eau est versée dans le vase extérieur, et l'acide azotique dans le vase poreux ; seulement on verse au-dessus de ce dernier, et dans le godet BB, une couche de 2 à 3 centimètres d'acide oléique. Sous l'influence de l'action électrique et de l'acide nitrique filtrant à travers le vase poreux, le plomb se trouve attaqué, et il se forme, comme résidu, du nitrate de plomb qu'on transforme aisément en céruse ou en azotate de potasse, produits qui ont une grande valeur commerciale. D'un autre côté, l'acide nitreux se trouve absorbé par l'acide oléique, et celui-ci se transforme alors en acide élaïdique, corps gras et concret qui peut être employé à la fabrication des bougies stéariques. C'est pour retirer facilement cette substance, quand elle est figée et durcie, que M. Rousse a adapté au vase poreux le godet BB qui joue, en quelque sorte, le rôle d'une écumoire.

M. Rousse prétend que cette pile a la force des éléments de Bunsen, et une constance beaucoup plus grande ; il a pu, dit-il, faire fonctionner avantageusement une pile de cette sorte de quatre éléments, pendant plus d'un mois, sans aucun autre soin que de remplacer l'eau évaporée, et de changer l'acide oléique concrété et durci par de l'acide liquide.

D'après mes propres expériences, la force électro-motrice de cette pile (grand modèle) peut être représentée par 7627, alors que celle de l'élément Daniell est représentée par 5973, et sa résistance intérieure n'est que 163 mètres. Avec un cylindre en fer au lieu d'un cylindre de plomb, ces constantes ont été 7009 et 158 mètres.

M. Rousse a voulu appliquer ce même système aux piles télégraphiques. Il emploie alors de petits vases poreux de 8 centimètres de hauteur et des charbons de dix centimètres, et, comme liquides excitateurs, soit de l'eau pure (avec le plomb) et une solution d'azotate de protoxyde de mercure cristallisé (avec le charbon), soit de l'eau pure et de l'acide nitrique à 36° étendu de deux fois son volume d'eau, soit de l'eau pure et de l'acide nitrique étendu d'eau et mélangé avec du bioxyde de plomb.

M. Rousse assure qu'une pile de ce genre de 15 éléments a fonctionné pendant deux mois et demi à la station de Saint-Étienne, desservant le poste de Lyon, sans qu'on ait eu à lui apporter d'autres soins qu'une faible addition d'eau acidulée dans le vase poreux, de dix jours en dix jours. Une pile disposée de cette manière n'émet pas de vapeurs nitreuses et n'exige pas, par conséquent, d'acide oléique ; elle est toujours dans un grand état de propreté, et son courant serait constant, d'après l'auteur.

Nous avons essayé cette pile, mais, pour être véridique, nous devons dire que nous n'avons pu reconnaître tous les avantages dont nous venons de parler. Nous avons bien constaté qu'au moment de la charge, cette pile avait une force électro-motrice supérieure à celle de Daniell, dans le rapport de 7211 à 5973, que sa résistance n'était que de 304 mètres (en fil télégraphique de 4 millimètres), alors que celle de Daniell est de 900 mètres environ ; mais le deuxième jour, cette force électro-motrice était tombée à 6985, et la résistance était devenue 338 mètres. Ces valeurs se sont maintenues deux ou trois jours, le circuit étant resté ouvert ; mais celui-ci ayant été fermé pendant vingt heures, la force électro-motrice est tombée à 2259, et la résistance a pu atteindre 2210 mètres. Il est vrai qu'après vingt-quatre heures de repos de la pile, cette force électro-motrice est revenue à 4719, chiffre qu'elle n'a plus dépassé, mais la résistance avait plutôt augmenté que diminué.

Cette pile, d'ailleurs, se polarise très-promptement en raison de l'affinité très-grande du peroxyde de plomb pour l'hydrogène. Ainsi, ayant pris son intensité alternativement avec deux circuits r et r' de 11826 mètres et de 14747.^{n} à dix minutes d'intervalle entre chaque observation (le courant restant fermé), nous avons trouvé pour la résistance de 11826^m une première fois 20°,14' et une seconde fois 17°,45', et pour la résistance de 14747^m, une première fois 17°, et une seconde fois 13°,46'.

La pile de Daniell de même taille, essayée concurremment avec cette pile, et ayant les mêmes dimensions, est restée, au contraire, pendant deux mois et demi, avec une force électro-motrice variant de 5950 à 6290 et une résistance variant de 850 mètres à 1190 mètres. Après une fermeture du courant de vingt heures, ces valeurs n'avaient changé que d'une manière insignifiante.

La pile de M. Rousse a été exactement copiée en 1863 par M. Maiche, qui s'en est tenu à la disposition avec le cylindre de fer sans l'intervention de l'acide oléique. M. Calla, qui s'est fait le champion, quand même, des nouvelles inventions et qui fait l'apologie de cette pile dans les *Mondes* (tome 5, p. 538) n'est pas plus au courant des travaux de M. Rousse que M. Maiche ; toutefois, il entre dans des considérations théoriques intéressantes pour démontrer qu'avec ce système la polarisation est moindre qu'avec le système Bunsen ordinaire. Il en a d'ailleurs, comme moi, constaté l'infériorité sous le rapport de l'énergie du courant développé.

Système Zaliwski à acide azotique, eau salée et ammoniaque. — Afin d'éviter l'effervescence des piles Bunsen, M. Zaliwski compose les liquides : 1° d'acide nitrique concentré par de l'acide sulfurique ; 2° d'une solution de sel marin à saturation et d'ammoniaque au quinzième. De cette manière, les vapeurs ne se produisent qu'au commencement et à la fin de l'opération.

La pile est une auge en bois mastiquée à l'intérieur ; elle contient alternativement un charbon et un diaphragme poreux ; une face de chaque lame plonge donc dans l'acide et l'autre dans l'eau saline ou acidulée, et la liaison des éléments entre eux s'effectue ainsi par les charbons.

La lame de zinc mobile à volonté, baigne dans l'eau acidulée, et deux rigoles latérales amènent les liquides dans leurs cases respectives ; elles servent en même temps à recueillir ces liquides quand l'opération est terminée. Enfin une plaque de zinc remplace le charbon au dernier pôle négatif.

Le mastic employé pour rendre l'auge imperméable est formé de suif uni à de la résine, ou d'un mélange de sulfate de baryte et de caoutchouc dissous dans une essence.

M. Zaliwski a encore une autre disposition de pile qui comporte trois liquides séparés les uns des autres, ce qui donnerait, suivant lui, une plus grande énergie à la pile ; il emploie à cet effet deux vases poreux placés l'un dans l'autre, et les liquides sont, acide nitrique, acide sulfurique, et dissolution de chlorhydrate d'ammoniaque (1).

Du reste, M. Zaliwski convient que les corps que l'on doit mettre en contact avec le charbon pris comme élément électro-négatif dans les piles, doivent être en général très-oxygénés, et que parmi les corps oxygénés, les substances impressionnables à la lumière paraissent les plus efficaces ; c'est pourquoi l'acide nitrique et les manganates de potasse donnent de bons résultats. Il croit en conséquence qu'une pile dont le charbon est préalablement imprégné d'une solution ammoniacale de chlorure d'argent, puis ensuite séché et traité par de l'acide nitrique pour achever d'enlever l'excès d'ammoniaque, doit fournir, même avec de l'eau pure, une intensité remarquable.

Système de M. Delaurier à acide chromique. — Des divers

(1) Voir les *Mondes*, tome 22, p. 352.

systèmes proposés pour remplacer avantageusement l'acide nitrique dans les piles de Bunsen, celui qui a fourni jusqu'à présent les résultats les plus satisfaisants, est le système de M. Delaurier, qui paraît même avoir une énergie plus grande que la pile de Bunsen et sans aucune émanation malsaine. Il est vrai que cette pile est moins constante que celle à acide nitrique sur des circuits très-peu résistants, mais elle l'est suffisamment pour beaucoup d'applications électriques. Quoi qu'il en soit, voici la composition du liquide que M. Delaurier substitue à l'acide nitrique.

Eau.	60 parties
Acide chromique	25,14
Persulfate de fer.	25,00
Acide sulfurique anglais.	30,62

L'acide chromique qui entre dans ce liquide est sans doute très-coûteux quand on l'achète pur dans le commerce, mais M. Delaurier assure qu'il a trouvé un nouveau procédé de fabrication qui lui permet de livrer le liquide, tel que nous venons d'en indiquer la composition, à un prix inférieur à celui de l'acide azotique. D'ailleurs, on peut le préparer d'une manière indirecte en le composant de la manière suivante :

Eau.	30 parties
Bichromate de potasse	5,04
Sulfate de fer,	4,00
Sulfate de soude cristallisé.	5,00
Acide sulfurique à 66°.	25,00

Suivant M. Delaurier, les réactions de ces sels entre eux auraient pour effet de former, par suite de doubles décompositions opérées en présence de l'acide sulfurique en excès, des perchromates de fer et de soude et de l'*acide chromique*, qui est très-riche en oxygène et facile à désoxyder. L'absorption de l'hydrogène se trouverait donc dès lors grandement facilitée et en même temps l'action sur le zinc augmentée.

M. Delaurier combine, du reste, cette pile de deux manières, suivant les cas de son application. Quand il veut obtenir des courants très-intenses et de peu de durée, il emploie des zincs amalgamés et les immerge dans de l'eau acidulée, en donnant à sa pile la forme que nous avons décrite page 304, et que nous représentons fig. 56. C'est du reste absolument la disposition de la pile de Bunsen, et elle n'en diffère que par la composition du liquide dépolarisateur. Quand, au contraire, il veut obtenir des courants de longue durée, et n'exigeant seulement que de la tension, il emploie comme liquide excitateur de l'eau salée à 30 0/0, avec du sel de cuisine et comme da-

Fig. 56.

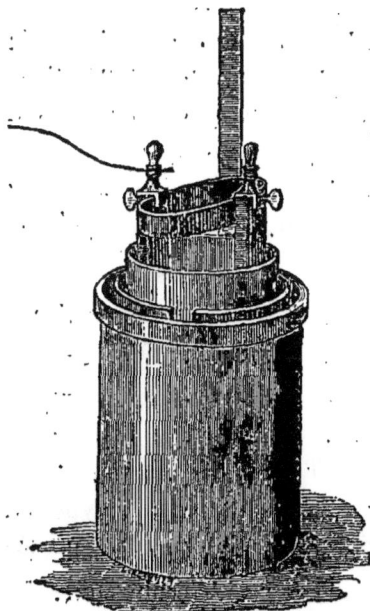

phragmes poreux des vases en porcelaine dégourdie de grande capacité, vernis extérieurement et ne présentant pour le filtrage des liquides qu'une petite partie, large d'environ un centimètre qui se trouve dégarnie de vernis sur les 2/3 de leur longueur. De cette manière, la résistance de la pile est augmentée, mais le mélange des liquides est beaucoup plus lent et leur action plus constante. Dans ces dernières conditions, un seul charbon suffit et celui-ci se trouve soutenu par un couvercle en bois goudronné qui ferme hermétiquement le vase poreux. Le zinc n'a plus dès lors besoin d'être amalgamé.

La force électro-motrice de cette dernière pile, au moment de sa charge, est représentée par le chiffre 12912 ; rapportée à celle de l'élément Daniell pris pour unité de comparaison, elle est 2,162 fois plus grande. Le courant de cette pile étant fermé pendant 5 jours consécutifs à travers une résistance de 12413 mètres, cette force électro-motrice est devenue 12329, c'est-à-dire 2,064 fois celle de l'élément Daniell. Un repos de 24 heures l'a reportée à 12721.

La résistance du même élément au moment de la charge est environ 685 mètres, mais elle diminue par suite du mélange des liquides et acquiert une valeur moyenne de 366 mètres, avec un circuit fermé, de 12413 mètres.

J'ai voulu m'assurer de l'influence exercée dans cette pile par les sels de fer et de soude ajoutés à la solution du bichromate de potasse et j'ai en conséquence répété la série de mes expériences avec un élément exactement semblable au premier, ne contenant seulement que la solution de bichromate, j'ai pu constater une supériorité marquée dans la pile de M. Delaurier. Ainsi, la force électro-motrice de l'élément avec solution de

bichromate de potasse et acide sulfurique a été au moment de la
charge 12135, et en moyenne 11460 avec le courant fermé à travers la
résistance de 12413 mètres pendant 3 jours. La résistance du même élément qui, au moment de la charge, était de 675 mètres, est devenue en
moyenne avec le circuit fermé 403 mètres. La force électro-motrice de la
pile de M. Delaurier est donc, par le fait, plus forte d'un dixième environ avec sonliquide qu'avec la simple solution de bichromate de potasse, et j'ai remarqué également une plus grande constance.

Suivant M. Delaurier, l'acide azotique peut être encore remplacé
avantageusement dans les piles de Bunsen par un liquide composé de la
manière suivante :

Eau.	36	parties
Proto-sulfate de fer	20	—
Acide sulfurique mono-hydraté	7	—
Acide azotique mono-hydraté	1	—
Total . . .	64	parties

Il aurait l'avantage d'empêcher le dégagement de l'acide hypoazo-
tique et de fournir une force électro-motrice a peu près égale à celle déterminée par la solution de bichromate dans l'acide sulfurique. La
dépolarisation se produirait par la transformation de l'acide azotique en
sulfate d'ammoniaque, sous l'influence de l'acide sulfurique et de l'hydrogène naissant, et par l'intermédiaire du proto-sulfate de fer.

« Il y a, dit M. Delaurier, une considération très-importante à observer
dans la fabrication de ce liquide : il ne faut pas mêler tous les produits
précédents ensemble ; car l'acide azotique transformerait de suite le
proto-sulfate de fer en persulfate, et comme il ne resterait pas de proto-
sulfate en dissolution, presque tout le bioxyde d'azote s'échapperait et
produirait de l'acide hypo-azotique. Il faut donc d'abord dissoudre le
proto-sulfate de fer à l'abri de l'air dans la quantité d'eau indiquée ; on
ajoute ensuite lentement l'acide sulfurique, on agite et puis peu à peu
on verse l'acide azotique. Il se forme, il est vrai, du persulfate de fer,
mais tout le bioxyde d'azote est absorbé par l'excès du proto-sulfate de
fer. Si on faisait l'inverse, l'opération serait manquée (1). »

_____

(1) Voir les *Mondes*, tome 292,   18.

. . M. Delaurier préfère, dans ces conditions, prendre la disposition première des piles de Bunsen, c'est-à-dire la disposition avec un charbon
cylindrique enveloppant le vase poreux et au lieu d'eau acidulée pour
liquide excitateur, il choisit de l'eau salée, quand il veut avoir un courant durable et constant.

Système de M. Bacco, au sulfate de sesquioxyde de fer.
— Cette pile, comme une foule d'autres, ne diffère de la pile de Bunsen
que par le liquide dépolarisateur qui, au lieu d'être de l'acide nitrique,
est une solution de sulfate de sesquioxyde de fer. Nous ignorons quels
effets avantageux peut produire une semblable substitution.

PILES A ACIDE SULFURIQUE CONCENTRÉ ET EAU.

Plusieurs personnes se disputent la première idée de ces sortes de
piles, qui ont été, pendant un certain temps, sous une forme ou sous une
autre, l'objet d'un grand nombre de brevets. A notre connaissance, c'est
M. l'abbé de Laborde qui s'en serait le premier occupé, mais l'idée d'une
pareille pile est tellement simple et tellement naturelle, qu'il est bien
possible qu'elle soit d'une date beaucoup plus ancienne que nous ne le
supposons.

En principe, cette pile, qui d'apparence ressemble considérablement
à une pile de Bunsen, n'est pourtant qu'une pile de Wollaston, dont
la solution acidulée se trouve sans cesse entretenue par de l'acide sulfurique plus ou moins concentré versé à cet effet dans le vase poreux
et dont la force électro-motrice développée sur le zinc est renforcée par
celle qui résulte de l'action de l'acide sur l'eau. Il pourrait même résulter encore de cette double action une certaine constance dans l'effet électrique produit, car à mesure que l'action de l'acide sur l'eau diminue,
celle de l'eau sur le zinc augmente par l'effet de l'acide dont elle s'empare peu à peu, et cette compensation successive tend à maintenir au
même degré la force du courant. Cette pile se compose donc : 1° d'un
vase extérieur dans lequel plonge le zinc et qui dans l'origine, ne contient que de l'eau pure ; 2° d'un vase poreux rempli d'acide sulfurique
concentré ; 3° d'un charbon de cornue plongé dans cet acide.

La force électro-motrice de cette pile est considérable et se maintient
assez longtemps constante, mais en revanche sa résistance est très-
grande et augmente d'une manière énorme avec la fermeture prolongée de

son circuit ; ce qui tient d'une part à la mauvaise conductibilité de l'acide sulfurique concentré, et d'une autre part à des incrustations d'un précipité de sulfate de zinc qui se produisent successivement dans les pores du vase poreux sous l'influence de l'acide sulfurique, et qui finissent même, en se cristallisant, par détacher en fragments minces la paroi interne de ce vase (1).

Les constantes de cet élément, au moment de sa charge, sont pour la force électro-motrice 10354 mètres, et la résistance 2040 mètres, et après un certain temps de service, alors que l'acide s'est un peu hydraté, elles deviennent 8547 et 880 mètres. Dans le premier cas, cette force électro-motrice est bien voisine de celle de l'élément Bunsen ; dans le second, elle est un peu moindre ; mais M. Delaurier, qui s'est occupé beaucoup de ce genre de piles (2), prétend qu'on n'y perd pas pour cela, car la résistance du couple devient moindre et les incrustations de sulfate de zinc ne se produisent plus ; c'est pourquoi il préfère à l'acide sulfurique concentré de l'acide sulfurique étendu de 5 ou 10 fois son poids d'eau, suivant la force électro-motrice plus ou moins grande que l'on veut obtenir. Dans ces conditions, cette pile devient celle de plusieurs inventeurs, tels que MM. Lavenarde (3), Marseille et Ferret, Grove, etc. M. Delaurier conseille, d'ailleurs, de ne pas employer avec ces piles des lames de charbon, mais bien des lames de cuivre ou de platine. Cette pile a, du reste, été employée en Belgique pendant quelque temps.

Suivant M. Delaurier, on peut rendre très-constants ces sortes d'éléments, en les excitant avec une solution suffisamment concentrée de sul-

---

(1) Suivant M. l'abbé de Laborde, l'acide sulfurique concentré, outre qu'il est moins bon conducteur, se décompose, et l'hydrogène sulfuré qui s'en exhale, rend très-incommode le maniement de la pile : il faut qu'il contienne assez d'eau pour échapper à une décomposition qui porte alors presqu'entièrement sur l'eau ; il se dégage encore, il est vrai, un peu d'acide sulfureux, mais ce dégagement indique une action favorable, car l'hydrogène naissant qui tend à envelopper d'une mousse gazeuse la paroi extérieure du charbon, et à former ainsi un obstacle à la circulation électrique, est enlevé par l'acide sulfurique qui perd à cela un équivalent d'oxygène ; de là la production d'acide sulfureux.

(2) Voir le *Traité de galvanoplastie* de Smée, édition Roret, t. I, p. 354.

(3) M. Lavenarde, au lieu d'eau pure, emploie de l'eau salée dans la proportion de 200 grammes d'eau à 40 grammes de sel, et l'eau acidulée dans laquelle est immergé le charbon, est combinée avec l'acide dans la proportion de 400 grammes d'eau à 8 grammes d'acide. Il indique encore l'hypochlorite de chaux pour être substituée à la dissolution saline.

fate de zinc à laquelle on ajouterait un peu de sulfate de cuivre, ou bien en introduisant dans le liquide excitateur du nitrate de potasse.

« Cette pile ainsi disposée, dit M. Delaurier, produit des courants d'une continuité et d'une constance remarquables. J'ai eu pour celle que j'ai fait construire une déviation qui, de 14° n'est descendue, au bout de quinze jours, qu'à 12° seulement avec une aiguille peu sensible. Le courant est à peu près de la force de celui d'un élément Bunsen, sans acide sulfurique, comme cela est nécessaire pour obtenir une certaine durée d'action. Cette pile est donc la plus constante et la plus puissante des piles à acide. »

M. Delaurier indique encore une autre disposition de cette pile, destinée à augmenter sa constance et qui est fondée sur un écoulement constant du liquide excitateur, établi de telle manière que le courant liquide vienne lécher dans leur longueur les surfaces des lames cuivre et zinc. Mais cette disposition est trop compliquée pour être réellement pratique.

J'ai essayé la disposition indiquée précédemment avec du nitrate de potasse, et j'ai reconnu qu'effectivement elle offrait de réels avantages. Ainsi, en ajoutant 30 grammes de nitrate de potasse à l'eau acidulée, baignant le zinc d'un élément à acide sulfurique de petit modèle, ayant pour liquide négatif de l'eau acidulée au cinquième de son poids, la force électro-motrice qui, sans le nitrate de potasse, était représentée par 8547, s'est trouvée portée à 9232, et la résistance de 880 mètres est devenue 765 mètres. Une fermeture de circuit de 12 heures à travers une résistance de 8675 mètres, a seulement réduit ces constantes à 8540 et 695 mètres.

Une autre amélioration importante de ces piles, proposée par M. Boëttger, consiste à employer comme électrodes négatives des charbons imprégnés d'acide nitrique. Il suffit pour cela de laisser tremper pendant quelque temps ces charbons dans de l'acide nitrique concentré et de les laisser sécher à l'air pendant 12 heures environ. La pile ainsi disposée devient en quelque sorte une pile de Bunsen et fournit, en conséquence, un courant plus régulier que les piles précédentes, malheureusement l'effet n'est pas durable. Je me suis souvent assuré de la vérité de l'assertion de M. Boëttger, mais je n'ai pas été à même de pouvoir le faire à l'égard d'un système du même genre proposé par M. Croissant, pharmacien à Laval, qui prétend qu'on peut augmenter considérablement la force des éléments de Bunsen, en recouvrant les charbons d'un enduit d'oxyde de tungstène,

22

calciné par une action calorifique suffisante. L'effet de cette substance se-
rait-il de.rendre le charbon plus électro-négatif, ou de rendre la dépolarisation plus complète ?

M. Boëttger a encore proposé de substituer aux charbons, dans les
piles à acide sulfurique, des lames d'antimoine, comme M. Kukla l'avait fait
pour les piles à acide nitrique, et cela à cause de la propriété dont jouit
ce métal d'être le plus électro-négatif de tous métaux communs. Dans
ce cas, il emploie comme liquide excitateur une solution énergique de
chlorure de sodium (sel marin) et de sulfate de magnésie. Le zinc doit
être alors amalgamé.

Système de M. Raphaël Napoli. — Cette pile n'est autre chose
que la pile à acide sulfurique, avec une disposition renversée et contenant en plus, pour entretenir l'amalgamation du zinc, une certaine quantité de mercure. Celui-ci est versé avec l'acide sulfurique dans le vase de
verre, et l'eau occupe avec le zinc le vase poreux ; de sorte qu'à l'inverse
des piles ordinaires, le pôle négatif est au centre du vase poreux, et le
pôle positif en dehors, sur le cylindre de charbon qui, comme dans les
anciennes piles de Bunsen, entoure le vase poreux. Ce charbon peut
d'ailleurs être remplacé par un fil de cuivre enroulé en hélice. Suivant
M. Raphaël Napoli, il résulte de cette disposition trois réactions chimiques conspirant dans le même sens et contribuant à augmenter le développement électrique : d'abord l'acidification successive de l'eau, l'oxydation du zinc, et l'amalgamation successive de ce métal par suite de la
filtration du mercure à travers le vase poreux. 30 grammes de mercure
par élément suffiraient pour obtenir un très-bon résultat. Cette pile combinée il y a plus de 10 ans, réalise le système à électrode négative développée auquel on semble en ce moment vouloir revenir.

Système de MM. Crova et Delhaumuceau. — Dans cette
pile, qui n'est qu'une modification de la précédente, le zinc est semi-
circulaire et se trouve placé dans le même vase que le charbon, de
manière que l'un occupe un des côtés du vase, l'autre l'autre côté. Le
charbon est creusé dans sa longueur, de façon à constituer un vase poreux,
et se trouve adapté à un entonnoir de plomb qui sert de couvercle au
vase. Celui-ci est rempli d'eau pure, mais l'entonnoir, ainsi que la cavité
pratiquée dans le charbon, est sans cesse alimenté d'acide sulfurique, par
l'intermédiaire d'un ballon renversé rempli de cet acide. Il en résulte
que ce liquide, en filtrant à travers les pores du charbon, acidifie succes-

sivement l'eau, et on peut profiter ainsi de l'action chimique produite par la combinaison des deux liquides et de celle résultant de l'oxydation du zinc, laquelle est d'autant plus énergique, qu'elle s'effectue alors avec de l'eau fraîchement aiguisée; les communications polaires des éléments entre eux s'effectuent avec des lames de plomb, ce qui, suivant les auteurs de cette pile, les rend inaltérables.

Système de MM. Liais et Lucien Fleury. — Ce système, imaginé en 1852, est une pile du genre de celle que nous étudions en ce moment, mais dans laquelle intervient un troisième liquide, l'acide nitrique, qui est mis en présence des deux autres par l'intermédiaire de l'électrode de charbon. Dans ce système, les vases poreux sont rétablis à l'intérieur des charbons, comme dans les anciennes piles Bunsen ; seulement, ces charbons sont entaillés d'une rigole circulaire, dans laquelle se trouve l'acide nitrique. L'on charge du côté du charbon avec de l'acide sulfurique concentré, et du côté du zinc, avec de l'acide dilué comme à l'ordinaire. De cette manière, la conductibilité de la pile est presque la même que dans la pile de Bunsen, mais la tension est presque doublée. Si, au lieu de faire agir directement à l'aide d'un seul diaphragme l'acide sulfurique concentré sur l'acide à 12°, on interpose plusieurs diaphragmes, de manière à faire agir l'acide concentré sur un acide à un degré moindre, celui-ci sur un autre un peu plus étendu, et ainsi de suite jusqu'à l'acide à 12° environ, dans lequel on plonge le zinc, on trouve qu'il y a un accroissement considérable de tension. Un élément de cette dernière pile se comporte donc comme une pile de Bunsen, de plusieurs éléments de même surface, mais coûte beaucoup moins.

PILES ÉCONOMIQUES.

Lorsqu'une réaction chimique, provoquée dans un but quelconque, offre pour résidu des substances susceptibles d'être utilisées, elle n'est plus une dépense et peut être appliquée avec avantages ; mais lorsque, pour créer un effet physique, on est obligé d'allier ensemble des corps dont la combinaison n'est susceptible d'aucun produit vendable, la production du travail est effectuée dans les plus mauvaises conditions possibles. Or, c'est précisément là le cas des piles à acides, dont le résidu est d'une part de l'acide azotique hydraté et de l'autre du sulfate de zinc, qui n'a aucune valeur. Transformer ces matières en produits vendables, ou combiner la pile de manière à les fournir directement : telle est la question qui, depuis longtemps, occupe les chimistes et les physiciens, mais qui est encore loin d'être résolue. Néanmoins plusieurs essais ont été tentés, et nous allons les passer successivement en revue.

Système d'Archereau à électrode positive en cuivre. — Le sulfate de zinc est un produit de nulle valeur, ou à peu près, comme nous l'avons déjà dit, mais il n'en est pas de même du sulfate de cuivre, qui, depuis la suspension des ateliers d'affinage, est devenu d'un prix exorbitant. Que faut-il changer à la pile de Bunsen, pour obtenir du sulfate de cuivre au lieu du sulfate de zinc? telle a été la question que s'est faite M. Archereau, et à laquelle il a répondu en remplaçant le zinc de sa pile par du cuivre. Il a obtenu, en effet, de cette manière, de très-beaux cristaux de sulfate de cuivre. Mais la question économique était-elle pour cela résolue ?... Pour le savoir, il fallait calculer si le sulfate de cuivre ainsi obtenu pouvait compenser le prix du métal usé, ou si l'action physique par son importance pouvait balancer la différence. Or, l'expérience a prouvé qu'en somme, les avantages de ce système étaient loin de compenser la dépense qui était, à peu de chose près, la même que celle des piles ordinaires. En effet, dans ces sortes de piles la grosse dépense, qui est l'acide nitrique, reste toujours la même, et l'on n'obtient, volume pour volume, que le quart de l'électricité produite par les piles à zinc.

Système de MM. Leuchtemberg, Gluckeman, Payerne, Frascara, etc., à électrode positive en fer. — Dans le système adopté par ces Messieurs, le zinc de la pile de Bunsen ou de Wollaston est remplacé par le fer, tantôt en copeaux, tantôt en limaille, tantôt constituant le vase extérieur lui-même. On obtient alors pour résidu du sulfate de fer ou de la couperose verte du commerce. M. Beckensteiner, inventeur d'un système analogue, mais plus compliqué dans ses détails de disposition, prétend même que la réaction de l'acide azotique sur le sulfate de fer, ainsi déposé comme résidu, forme un sulfate rouillé de fer qui est recherché comme mordant pour les teintures, et que l'on prépare ordinairement directement en versant de l'acide azotique sur le sulfate de fer. Reste à savoir si les avantages résultant de ce résidu sont susceptibles d'être contrebalancés par l'action moins énergique que l'on obtient, et qui est due au peu d'énergie de l'oxydation.

Système de M. Watson. — M. le docteur Watson croit être

parvenu à produire pour rien, ou à très-bas prix, la lumière électrique, en faisant servir le courant de la pile qui illumine les charbons, à préparer des matières colorantes dont la vente couvre, dit-il, les dépenses d'entretien de la pile. « Si nous en croyons le *Scientific American Journal*, dit le *Cosmos,* la matière précipitée par la pile de M. Watson serait du chromate de plomb au lieu de sulfate de zinc sans valeur, obtenu jusqu'ici. Cela supposerait que dans la nouvelle pile on a substitué des lames de plomb aux lames de zinc et le bichromate de potasse à l'acide sulfurique. Nous n'osons pas croire à cette économie merveilleuse, et nous avions chargé un ami de nous procurer une pile du nouveau modèle. Il n'a pas été plus heureux que M. Fisher ; il a bien vu, apposée sur les murs de Londres, en grosses capitales, une affiche avec ces mots : *Electric power and color Company ;* mais il n'a pu rencontrer nulle part, pas même à Wandsworth, où on les disait établis, ni les directeurs de la compagnie ni même M. Watson. »

Un système du même genre a été proposé, en 1866, par M. Torreggiani, seulement, au lieu de bichromate de potasse, il emploie un carbonate alcalin, du carbonate de soude, par exemple, qui donne comme résidu du carbonate de plomb ou céruse.

Système de M. Martins-Roberts, à électrodes positives en étain et à acide nitrique étendu.

— La pile de M. Martins-Roberts d'après le Cosmos se compose de cinquante plaques d'étain de six pouces de hauteur sur quatre pouces de largeur, placées chacune entre deux plaques de platine de mêmes dimensions. Les plaques d'étain, avec leur enveloppe en platine plongent dans des auges en porcelaine de deux pieds de profondeur, remplies d'acide nitrique étendu d'eau. La profondeur de ces auges peut paraître effrayante, mais elles ont été établies ainsi pour recueillir un produit résidu qui, selon l'inventeur, doit couvrir à lui seul les frais de production de l'électricité. Sous l'influence, en effet, du courant, l'étain donne naissance à un oxyde d'étain hydraté qui tombe à mesure au fond des auges et se combine avec de la soude, en donnant naissance à un stannate de soude, sel employé en grande quantité, comme mordant, dans la teinture des toiles et cotons.

L'intensité de cette pile de cinquante éléments était très-considérable ; on s'en est servi pour produire la lumière électrique, et elle a donné de très-brillants effets. Essayée pour la décomposition de l'eau, elle a donné neuf pouces cubes par minute du mélange d'oxygène et d'hydrogène ;

son action est sensiblement constante pendant cinq ou six heures, et on peut la comparer, sous ce rapport, comme sous celui de l'intensité, à une pile de Grove, dont les éléments seraient en même nombre et de même grandeur.

Système de MM. de La Valette et Delaurier, à solution de chlorure de zinc. — Dans la pile imaginée par MM. de La Valette et Delaurier, la disposition des éléments polaires est analogue à celle des piles à hélices ou de Wollaston. Seulement, au lieu d'eau acidulée pour liquide excitateur, on emploie une dissolution de chlorure de zinc qui résulte elle-même d'une action chimique utilisée électriquement. Le chlorure de zinc peut résulter en effet de la réaction de l'eau acidulée avec de l'acide chlorhydrique sur le zinc d'une pile dans laquelle ce liquide serait substitué à l'eau acidulée avec de l'acide sulfurique. Or, ce chlorure de zinc entrant comme liquide excitateur dans une pile composée d'un couple zinc et cuivre disposé en hélice, forme un oxychlorure de zinc susceptible d'être employé dans les arts comme du blanc de zinc.

Le dégagement électrique de cette pile peut être considérablement activé par l'échauffement du liquide.

Pile de M. J. Balsamo à électrode positive en plomb, acide oxalique et solution d'azotate de potasse. — Cette pile, qui peut être classée au nombre des piles économiques, se compose d'un cylindre de plomb immergé dans de l'acide oxalique, et d'un vase poreux qui occupe le centre du cylindre de plomb, lequel vase poreux contient de l'azotate de potasse dissous dans de l'acide azotique du commerce.

Les meilleures proportions sont : 10 grammes d'acide oxalique cristallisé, dissous dans 126 grammes d'eau, 10 grammes de nitre pur dans 30 grammes d'acide azotique du commerce. Sous l'influence du courant, de l'oxalate de plomb commence aussitôt à se déposer à l'état amorphe, sur la surface de plomb, et, s'accumulant de plus en plus, tombe au fond du vase; en même temps l'acide azotique, passant du vase poreux dans le liquide en contact avec le cylindre de plomb, décompose l'oxalate de plomb et l'acide oxalique devient libre. Le sel plombifère, qui se dépose au fond du récipient, est un composé complexe de carbonate, d'hydrate et d'oxalate de plomb, dans un état d'union moléculaire intime, formant un blanc de plomb qui ne le cède en rien à la céruse ordinaire. Mais il a l'inconvénient d'être acide ; il oxyderait l'huile avec laquelle on voudrait le détremper et prendrait une teinte noirâtre. Pour lui enlever son acidité, on jette les produits de la pile dans une eau de chaux saturée (hydrate de chaux), qui doit être renouvelée trois ou quatre fois par mois; il gagne d'autant plus en homogénéité, en blancheur et en opacité, qu'il a séjourné plus longtemps dans l'hydrate de chaux.

L'emploi de l'essence de térébenthine, ajoute beaucoup aux qualités de la nouvelle pile, surtout à son intensité. Le plomb, baignant par sa partie inférieure dans un centimètre du liquide oxalique, ou d'une solution de chlorate de potasse, et par tout le reste de sa surface dans de l'essence de térébenthine, ne recevant l'action de l'acide azotique que vers la base du vase poreux, a dégagé pendant vingt-deux jours, au dire de l'inventeur, un courant intense et peu variable.

« L'essence de térébenthine, dit M. Balsamo, peut rendre de très-grands services dans les piles à métaux très-oxydables, comme le zinc. Une électrode de ce métal baignant dans de l'essence de térébenthine superposée à une couche mince d'acide oxalique étendu, et mis en rapport avec un charbon plongé dans de l'acide azotique, recouvert aussi d'un peu d'essence, produit un courant d'une grande constance et d'une longue durée. Les piles de Bunsen elles-mêmes, gagneraient beaucoup si l'on prenait l'habitude de verser sur la surface de l'acide azotique, une quantités d'essence de térébenthine suffisante pour le couvrir ; les émanations nitreuses seraient alors presque complétement nulles. Pour suspendre l'action voltaïque d'une pile, disposée comme on vient de le dire, il suffirait de soulever les métaux oxydables du fond du récipient où se trouve le liquide actif, et de les maintenir dans la zone de la térébenthine. »

M. Balsamo a constaté, enfin, que dans le fonctionnement de la pile à essence, l'action électrique donnait naissance à des essences isomères, de l'essence de térébenthine, essence de girofle, camphre de Bornéo, etc., et de beaucoup d'autres corps, dont il voudrait que la formation fût étudiée par un savant aussi exercé que M. Berthelot à la synthèse chimique (1).

M. Balsamo a encore combiné une pile dans laquelle les deux éléments polaires sont formés de lames de fer. L'une d'elles plonge dans une dissolution de chlorure de calcium, l'autre dans de l'acide sulfurique étendu, les liquides étant séparés par une cloison poreuse.

---

(1) Voir les *Mondes*, tome 15, p. 174.

Autres systèmes. — Il existe encore une infinité d'autres systèmes du genre de ceux que nous venons de passer en revue, mais sur
lesquels nous n'insisterons pas, parce que leur disposition n'a rien de
particulier. C'est ainsi que M. Selmi produit du blanc de zinc avec les
résidus de sa pile à triple contact, dont nous avons parlé page 255. Il
suffit, pour cela, de les recueillir sur un filtre, de les laver, de les sécher
et de les traiter par l'eau bouillante, additionnée d'une petite quantité
de lait de chaux (1). C'est encore ainsi que M. de Douhet a cherché à
utiliser le sulfate de zinc produit par les piles à acide sulfurique, en le
traitant par du sulfure de barium. Il se forme alors du sulfure de zinc et
des sulfates de baryte insolubles, d'une telle blancheur, l'un et l'autre,
qu'ils peuvent être utilisés comme couleur pour la peinture à l'huile (2).
Enfin, c'est ainsi que M. Magrini, en substituant l'acide chlorhydrique à
l'acide sulfurique (une partie d'acide chlorhydrique pour dix parties
d'eau) dans la pile de Bunsen, est arrivé à produire de l'oxy-chlorure de
zinc, sous la forme d'une pâte très-fine qui s'attache aux parois des vases
poreux, et dont on peut tirer un parti excellent pour la peinture, surtout
avec les nouveaux procédés de M. Sorel. L'auteur croit que l'énergie
de la pile de Bunsen ne serait pas diminuée par cette substitution, et
que la constance resterait la même, mais nous avons vu, p. 221, qu'il
est loin d'en être ainsi.

Dans les piles que nous venons d'étudier précédemment, les résidus
se trouvent être des produits utiles, ou tout au moins susceptibles d'être
transformés en produits vendables. Dans d'autres systèmes que nous allons maintenant passer en revue, ces résidus permettent une révivification
facile et prompte, des substances premières qui ont servi à les produire.

Système de M. Doat à iode et mercure. — Dans la première pile de M. Doat, les substances premières étaient l'iode et le
mercure, et voici quel rôle elles remplissaient.

---

(1) Un kilogramme de zinc consommé au sein de la pile, donne en moyenne, suivant
M. Selmi, 1,300 grammes de blanc de zinc, dont la valeur intrinsèque et commerciale
diffère peu de celle d'un poids égal de ce métal. En admettant que le zinc coûte 1 franc, et
le blanc de zinc 90 centimes le kilogramme, les 1,300 grammes de blanc de zinc obtenus,
vaudront 1 fr. 17 centimes. Ce serait donc un gain de 17 centimes qu'il faudrait retrancher de la mise de fonds première et du coût de la main-d'œuvre, pour avoir le prix de
revient de la force obtenue.

(2) Depuis 1853 jusqu'en 1856, on a fabriqué, par les soins de M. de Douhet, et
livré au commerce 130,000 kilogrammes de ce produit, sous le nom de *blanc métallique*.

Le mercure était déposé en couche mince, au fond d'une cuvette carrée de gutta-percha EFGD, fig. 57. (Cette figure représente un élément de cette pile, vu en coupe.) Au-dessus de cette couche de mercure était versée une dissolution d'iodure de potassium, et sur ce liquide flottait une seconde cuvette dont les côtés étaient en gutta-percha, mais dont le fond était en porcelaine poreuse. Enfin, dans cette seconde cuvette se trouvait appliquée une grille conductrice A, faite en charbon de cornue, et sur laquelle étaient déposés quelques cristaux d'iode. Cette grille plongeait elle-même dans une légère couche d'iodure de potassium, et constituait le pôle positif de l'élément. Le mercure constituait le pôle négatif.

Dans cette pile, la cause initiale du dégagement électrique, au lieu

Fig. 57.

d'être une oxydation comme dans les piles Bunsen, est l'ioduration du mercure. L'iodure de potassium, en effet, étant en contact avec ce liquide métallique, se décompose pour former, d'un côté du proto-iodure de mercure, qui ne tarde pas à passer à l'état de periodure de mercure, en révivifiant par ce seul fait une partie du mercure qui le constitue, et de l'autre une combinaison nouvelle du potassium devenu libre avec l'iode placé en provision sur la grille de charbon. Cette dernière combinaison, qui réalise l'effet dépolarisateur dû à l'absorption de l'hydrogène dans les piles de Bunsen, et qui rend dans la nouvelle pile le dégagement électrique plus constant et plus énergique, reconstitue de l'iodure de potassium, de telle sorte que la solution excitatrice se trouve entretenue au même degré de saturation jusqu'à l'entière absorption de l'iode. Si l'on considère maintenant que le periodure de mercure, qui se forme comme résidu et qui sature plus ou moins la solution d'iodure de potassium, provoque l'action excitatrice de cette solution, au lieu de la diminuer, comme le fait le sulfate de zinc dans les piles Bunsen, on comprendra facilement que cette pile doit être d'une constance remarquable.

Quand l'iode qui est sur la grille de charbon est entièrement épuisé, la solution d'iodure de potassium n'étant plus entretenue, se sature complétement de periodure de mercure, et alors la pile s'affaiblit considérablement.

Pour révivifier les éléments excitateurs, M. Doat commence par chauffer, sous un large récipient de verre et dans une capsule de platine, la dissolution qu'il a retirée de la pile (au moyen d'un syphon). A une température qui n'est pas très-élevée le periodure de mercure se volatilise et vient se condenser sur les parois du récipient, laissant dans la capsule l'iodure de potassium qui se trouve ainsi révivifié. En prenant ensuite ce periodure de mercure qui a été condensé, et le mêlant à de la baryte caustique, de manière que celle-ci soit en excès, il se forme un oxyde de mercure et un iodure de barium qu'il devient facile de séparer par un nouveau chauffage. Le mercure, en effet, se volatilise et vient se condenser en gouttelettes très-fines sur les parois du récipient. Pour le recueillir, ce récipient est emboîté dans une large rigole circulaire, pratiquée sur une plaque de fer. Alors, les gouttelettes de mercure, en glissant le long des parois du récipient, viennent se réunir dans la rigole et forment bientôt une masse plus ou moins compacte de mercure liquide. Après cette seconde opération de chauffage, il reste dans la capsule de l'iodure de barium, dont on extrait l'iode en ajoutant de l'eau mêlée à quelques cristaux d'iode et en faisant chauffer de nouveau. L'iode se cristallise sur les parois du récipient, et par une évaporation à siccité, on finit par avoir pour résidu définitif de la baryte caustique qui sert pour une nouvelle révivification.

Au premier abord, quand on considère le prix élevé de l'iode et du mercure, les dimensions considérables qu'on est obligé de donner à chaque élément pour qu'il présente à l'action chimique, une surface métallique suffisamment grande, le soin qu'il faut apporter à l'installation de ces différents éléments pour que leur horizontalité soit parfaite, on pourrait croire que cette pile n'est guère susceptible d'une application pratique. Mais, si à ces inconvénients on oppose les avantages qu'elle présente, la production d'un courant énergique, rigoureusement constant, pendant plusieurs jours consécutifs, la possibilité de révivifier au prix courant d'une très-minime quantité de charbon les matières excitantes, on finira par comprendre que, dans les applications en grand de l'électricité où la dépense première des appareils n'est que très-peu de chose auprès des dépenses d'entretien, ces piles pourraient être d'une très-grande ressource. Ces applications en grand, sauf celles qui se rapportent à l'argenture, à la dorure et à l'électrotypie, n'existent pas encore, il est vrai, mais elles pourront être créées un jour, et c'est alors qu'il sera important d'employer des piles dont les éléments puissent se révivifier. Quant à l'installation des piles dont nous parlons, elle deviendrait dans ce cas facile, car on pourrait en disposer les différents éléments sur des étagères superposées, dont les planches pourraient être inclinées plus ou moins, à l'aide d'une tige munie d'une vis à écrou, jusqu'à ce que leur horizontalité fût complète.

Nous devons dire toutefois que la force électro-motrice qui se trouve développée dans ces piles étant moitié de celle des piles Bunsen, l'électricité qu'elles fournissent a peu de tension, mais en revanche elle s'y trouve développée en quantité considérable. Il y aurait donc des applications spéciales, et la galvanoplastie serait de ce nombre, où ces piles devraient être principalement choisies. M. Doat calcule que la force d'un élément de sa pile est un tiers plus faible que celle d'un élément pareil de Bunsen de même surface.

Depuis la présentation de sa pile à l'Institut, M. Doat l'a notablement améliorée tant au point de vue de la force qu'au point de vue économique. Laissons en effet parler l'auteur.

« A l'époque où M. Becquerel me fit l'honneur de présenter lui-même à l'Académie ma pile galvanique ayant le mercure et l'iode pour éléments actifs et la révivification de ces éléments pour principe, il m'était déjà démontré que, dans plusieurs circonstances, pouvait se faire sentir le besoin d'une action plus riche en force électro-motrice; aussi, immédiatement après la communication de mon travail, je portai toute mon attention sur les compositions de l'iode avec les métaux les plus électro-positifs amalgamés avec le mercure, et j'obtins des dispositions de pile dont l'énergie et la constance ne pouvaient être égalées par aucune des piles déjà existantes. Seulement, pendant longtemps, la révivification des iodures des métaux de première classe, et notamment de l'iodure de zinc, me présenta de telles complications, que plusieurs fois je fus sur le point de renoncer à mes recherches, regardant comme insurmontables les difficultés qui s'accumulaient devant moi. Ainsi l'iodure de zinc, qui est indiqué dans les meilleurs traités de chimie comme perdant l'iode lorsqu'on le chauffe en présence de l'oxygène de l'air, devient volatil juste à la température où l'oxygène le décompose; il se forme alors une atmosphère d'iodure de zinc qui écarte l'oxygène de la masse chauffée, et ce n'est qu'après des opérations bien souvent répétées qu'on élimine une quantité notable d'iode.

« Heureusement, dans le cours de mes travaux, j'ai trouvé un agent de décomposition des plus énergiques, relativement à la plupart des iodures, c'est le *carbonate basique de bioxyde de cuivre*. Tandis que les sels solubles de bioxyde de cuivre, en réagissant sur les iodures alcalins, ne précipitent que la moitié de l'iode, j'ai trouvé que les sels basiques, principalement le carbonate, n'exercent qu'une action à peine sensible sur ces iodures alcalins, et qu'au contraire ils agissent avec la plus grande rapidité sur les iodures alcalinoterreux des classes plus élevées, notamment sur l'iodure de zinc; ils éliminent alors *la totalité de l'iode* en passant à l'état de sel protoxyde et en oxydant le métal combiné avec l'iode.

« C'est d'après ce principe que je produis la révivification des éléments de ma pile galvanique formée avec l'amalgame de zinc, l'iodure de potassium et l'iode.

« Les vases ont absolument la même forme que celui qui fut mis sous les yeux de l'Académie lors de la présentation de ma pile à mercure pur. Seulement, sur le pôle plat en charbon, on dispose un filtre très-évasé en terre poreuse, renfermant du carbonate de bioxyde de cuivre hydraté. Lorsque la pile a fonctionné, on soutire le liquide contenu dans les auges et on le rejette sur les filtres. Ce liquide, qui n'est alors formé que d'un iodure double de zinc et de potassium, est décomposé par le sel de cuivre. L'iodure alcalin reste pur, et l'iodure de zinc est changé en oxyde de ce métal, tandis que l'iode, mis à nu, se dissout dans l'iodure alcalin, passe avec lui à travers le filtre et va tomber sur le pôle en charbon, où il empêche de nouveau la polarisation. A la température ordinaire, l'action du sel de cuivre et très-prompte, mais, vers 60° centigrades, elle est instantanée.

« Ainsi la révivification de l'iode n'exige d'autre dépense et d'autre soin que de soutirer et de jeter le liquide saturé des auges sur un filtre chargé de carbonate hydraté de cuivre.

« Pour opérer la révivification du zinc, on prend les produits restés à l'état insoluble sur le filtre et composant un mélange de carbonate de protoxyde de cuivre et d'oxyde de zinc, et, après les avoir broyés avec du charbon en poudre, on les met dans un creuset ordinaire qu'on place dans un fourneau dont le tirage soit bon; on chauffe, et dans un temps fort court la réduction est opérée. Primitivement, je poussais la chaleur au rouge blanc pour recevoir le zinc par distillation, tandis que le cuivre restait pur dans le creuset et pouvait être livré au commerce; mais l'expérience m'a démontré qu'il est bien plus simple de ne pousser la chaleur qu'au rouge; c'est alors du laiton que l'on obtient, mais ce laiton, livré au commerce au prix des vieilles mitrailles de laiton, couvre parfaitement les dépenses de la pile, lesquelles ne consistent que dans l'achat du zinc métallique, du sulfate de cuivre et du carbonate de soude, ces deux derniers sels, en dissolution, servant à produire le carbonate hydraté de cuivre. Ces divers produits se trouvent partout, et la mitraille de laiton a son écoulement dans les plus petits centres de population.

« Dans la pratique, je me suis bien trouvé d'opérer la révivification de l'iode toutes les vingts-quatre heures, cette opération n'exigeant que la peine de verser un liquide dans un vase à filtration. Quant aux produits métalliques, je les place de côté pour en opérer la révivification tous les mois seulement, car en opérant sur des quantités un peu considérables de matière, on peut produire une très-belle fonte de laiton et augmenter ainsi sa valeur commerciale. »

II. PILES A UN LIQUIDE DU TYPE DE SMÉE.

Si les piles à deux liquides ont détrôné les piles de Volta et de Wollaston, dans la plupart des applications de l'électricité, la disposition simple et commode de ces dernières, et surtout la facilité qu'elles donnent d'augmenter considérablement le nombre et la grandeur des éléments les font encore rechercher dans certains cas. Aussi ont-elles été comme les autres l'objet de perfectionnements importants.

PILES A EAU AIGUISÉE.

Piles de Smée et de Wollaston. — Dans sa construction la plus simple, l'élément de Smée se compose d'une large lame de platine, interposée entre deux lames de zinc amalgamé dont la largeur est seulement le tiers de celle de la lame de platine. Ces deux lames isolées l'une de l'autre par des cales en bois plongent dans l'eau acidulée, et les bandes métalliques en rapport avec elles déterminent les deux pôles. Pour obtenir la dépolarisation du couple, la lame de platine est elle-même platinée, c'est-à-dire recouverte d'un dépôt de platine pulvérulent.

En somme, cette pile ne diffère de celle de Wollaston que par la platinisation de la lame positive qui donne au dégagement électrique une plus grande constance et une plus grande énergie, car la substitution du platine au cuivre de la pile de Wollaston n'a que peu d'importance puisque ces métaux n'entrent dans la pile que pour partager la polarité du liquide ; tout métal ou tout corps conducteur peu attaquable à l'eau acidulée, peut être employé dans le même but. C'est ainsi que l'argent, même le plomb, le charbon, le cuivre, l'aluminium, le fer rendu passif, etc., etc., ont pu être substitués à la lame de platine de la pile de Smée, sans différence d'action électrique autre que celle provenant de la dépolarisation que ces lames pouvaient opérer.

Le rôle du platinisage dans la pile de Smée est d'empêcher l'adhérence des bulles d'hydrogène à la lame électro-négative en rendant et en maintenant la surface de celle-ci très-rugueuse. On a vu en effet, page 189, que les surfaces polies retiennent énergiquement ce gaz et qu'il suffit de les limer grossièrement pour faciliter considérablement son dégagement. Or, il résulte de cette action que si l'effet polarisant de l'hydrogène n'est pas, par ce système, complétement détruit, il est du moins maintenu constant dans ses conditions de minimum, puisque les bulles de gaz ne peuvent s'accumuler successivement. C'est déjà, comme on le comprend facilement, un résultat très-avantageux, car le point important avant tout, est d'obtenir un dégagement électrique constant.

Pour obtenir le platinisage des lames électro-négatives, M. Smée forme avec ces lames, un couple analogue à celui de Daniell, en remplaçant la solution de sulfate de cuivre par une solution de chlorure de platine dans laquelle celui-ci se trouve en petite quantité ; il faut seulement avoir soin de frotter préalablement la lame avec du papier de verre ou de la faire attaquer vigoureusement par un acide. M. Smée ne cite comme susceptibles d'être recouverts par la poudre noire de platine, que le palladium, l'argent attaqué par l'acide nitrique, le cuivre, toute espèce de fer et le charbon, mais on verra bientôt qu'on est également parvenu à platiniser le plomb. M. Smée donne, du reste, la préférence à l'argent, à cause de son prix relativement peu élevé et parce qu'il ne subit aucune altération. Avec ce métal, il est bon d'ajouter à la solution de chlorure de platine de l'acide nitrique (1).

L'énergie de la pile de Smée peut être excitée en ajoutant à l'eau acidulée (au 7me de son volume), quelques gouttes d'acide nitrique, mais il ne faut pas en mettre une trop grande quantité avec des électrodes d'argent. Nous avons du reste donné, page 225, les chiffres qui représentent l'énergie de cette pile.

_____

(1) Voir le _Manuel de galvanoplastie de Smée_, édition de Roret, tome 1, p. 42.

Quand on fait usage de la pile de Smée, il faut avoir soin qu'aucune parcelle d'un sel de cuivre, de plomb ou d'autre métal se trouve mélangée au liquide excitateur, car l'électrode platinisée serait bien vite recouverte d'un dépôt de ce métal, et celui-ci en s'oxydant pourrait paralyser l'action du platine. Lorsque cet accident a lieu, on y remédie en plongeant la plaque négative dans de l'acide sulfurique étendu, auquel on ajoute quelques gouttes de chlorure de platine.

On a cherché à modifier la disposition des éléments de Smée, tantôt en faisant de l'auge elle-même contenant les liquides, l'électrode négative du couple, tantôt en plaçant les éléments horizontalement dans des cuvettes, tantôt en substituant à la couche de platine pulvérulent (pour la dépolarisation des électrodes), du charbon réduit en poudre ; tantôt en interposant entre les couples zinc, cuivre ou platine, du sable ou autres substances poreuses imprégnées du liquide excitateur, tantôt en variant la nature des liquides, tantôt en disposant les éléments de manière à constituer une chaîne portative. Chaque inventeur prétend que son système est le meilleur ; mais pour nous, qui n'avons pas de parti pris, ces différents systèmes peuvent avoir chacun leurs avantages et être employés dans des cas différents. Nous allons en conséquence les passer en revue.

L'artillerie autrichienne, dans les applications qu'elle fait de l'électricité à certaines opérations militaires, fait usage d'une pile de Smée, d'une disposition très-commode et très-avantageuse, tant au point de vue de la pratique économique, qu'à celui de l'intensité électrique produite. Dans cette pile, le platine est remplacé par une lame de plomb platinisée et la lame de zinc par une *série de fragments de zinc* déposés dans un vase percé de trous sur les côtés et contenant au fond quelques gouttes de mercure, dans lequel plonge la lame fournissant le pôle négatif. Ce vase est suspendu à la partie supérieure du récipient qui contient l'eau acidulée, et celle-ci s'y trouve en très-grande quantité, afin que le liquide n'ait pas besoin d'être renouvelé ou aiguisé fréquemment.

La force de cette pile est relativement considérable et elle a l'avantage de pouvoir utiliser tous les débris de zinc quels qu'ils soient, lesquels se trouvent toujours amalgamés par suite de leur contact permanent avec le mercure.

On a cherché aussi à rendre constant l'élément de Wollaston en l'excitant avec une solution suffisamment concentrée de sulfate de zinc à laquelle

on ajoute un peu de sulfate de cuivre et d'acide sulfurique. Suivant M. de
•Valicourt, une pile ainsi disposée marche avec la même intensité pendant
plusieurs jours de suite, et non-seulement elle n'a pas besoin d'être net-
toyée, mais plus elle sert, plus sa marche devient régulière, la solution
de zinc se concentrant de plus en plus aux dépens des éléments qui la
composent. Lorsque le courant commence à diminuer, il suffit d'ajouter
de nouveau une petite quantité de sulfate de cuivre et d'acide sulfurique.

Piles à sable et autres du même genre. — La pile primitivement employée en Angleterre sur les lignes télégraphiques était celle
de M. Cooke, construite dans le système de la pile Bagration. Elle consiste en une auge en bois dur, en chêne, par exemple, longue de 75 centimètres, large de 14 centimètres, et divisée par des cloisons d'ardoise
en vingt-quatre cellules, ce qui donne à chaque cellule une largeur d'environ 3 centimètres. L'intérieur de l'auge est rendu parfaitement imperméable par une ou plusieurs couches de ciment ou de glu marine. Les éléments
électro-positifs sont des plaques de zinc amalgamé, et ces plaques ont 112
millimètres de hauteur sur 87 millimèt. de largeur ; l'épaisseur du zinc
est de 5 millimètres et demi. Les plaques sont assemblées en couple de
cuivre et de zinc par des bandes de cuivre de 25 millim. de largeur,
soudées ou mieux rivées ensemble. Un simple zinc commence la série
et forme le pôle négatif par le fil qui s'y rattache ; un simple cuivre
la termine et forme le pôle positif. Chaque couple intermédiaire est placé
à califourchon sur les cloisons d'ardoise, et les deux plaques dont il se
compose entrent dans les cellules contiguës. Les extrémités supérieures
des couples sont vernies pour qu'elles se maintiennent propres et qu'elles
échappent à la corrosion. Les cellules sont remplies jusqu'à 25 millimètres du bord supérieur, avec du sable que l'on imbibe d'une petite quantité d'eau acidulée par une partie d'acide sulfurique concentré, sur quinze
parties d'eau ; il suffit que le sable soit rendu humide. Dans cet état, la
pile peut facilement être transportée d'un lieu dans un autre, ce qui serait
difficile si on remplissait les cellules d'eau acidulée. Il vaut beaucoup
mieux augmenter le nombre des couples en se servant d'une solution plus
faible que de recourir à un liquide plus acidulé. Le nombre des couples
doit d'ailleurs être proportionné à la distance entre les stations ; il est en
général de 24 pour une distance de dix à quinze mille anglais, de 48 pour
une distance de quarante à soixante mille anglais, et une pile neuve
montée avec soin peut fonctionner pendant six ou huit mois, si les dé=

pêches ne sont pas trop multipliées ; il en est qui. ont fait un excellent service pendant plus d'une année ; la seule opération qu'on ait eu à leur faire subir, a consisté dans l'addition d'un peu d'eau acidulée ; on renouvelait aussi le sable quand il était trop sali, après l'avoir expulsé par un fort jet d'eau.

Pile de MM. A. Brett et Little. — Dans un brevet pris en 1847 par MM. Brett et Little, il est fait mention d'une pile à sable entretenue par un courant constant d'eau acidulée qui s'écoule goutte à goutte au-dessus de chaque élément, par l'intermédiaire de récipients en forme d'entonnoirs, dont le dégorgeoir est obstrué par une éponge. La partie inférieure des différents compartiments renfermant le sable et les lames zinc et cuivre se termine elle-même en forme d'entonnoir, et le dégorgeoir, muni également d'une éponge, comme les récipients supérieurs, laisse écouler goutte à goutte les liquides en excès au fer et à mesure de leur renouvellement. Ce système avait été combiné par MM. Brett et Little, principalement en vue d'éviter les efflorescences salines et de maintenir plus constante l'action chimique produite au sein de la pile. Inutile de dire qu'une auge placée au-dessous des différents éléments, recevait les liquides rejetés en dehors de la pile et permettait de les réunir dans un vase d'un transport facile.

Afin d'obtenir des éléments de plus grande surface, MM. Brett et Little indiquent qu'on peut faire des compartiments eux-mêmes, constituant les cellules des divers éléments de la pile précédente, les lames positives des différents couples, en les construisant en cuivre et en les isolant les uns des autres sur un support commun. Les lames de zinc sont alors soutenues au milieu de ces vases à l'aide de rondelles de bois, et les vases eux-mêmes sont remplis de sable, comme il a été dit plus haut.

Élément de M. Mœnig. — Cet élément n'est encore qu'une modification de la pile à sable que nous avons décrite ; seulement au lieu de sable, l'inventeur emploie des oxydes, acides ou sels métalliques, secs et réduits en poudre, qu'il mélange en quantité à peu près égale avec de l'amidon, de manière à former une espèce de pâte poreuse. Lorsque cette pâte est sèche, aucune action électrique ne se manifeste, mais aussitôt qu'on l'arrose avec une dissolution excitante, un dégagement électrique se produit, et il est d'autant plus énergique que la pâte est plus poreuse ; c'est pourquoi M. Mœnig introduit quelquefois dans cette pâte du verre pilé ou de la silice. Si les proportions d'oxyde ou sels métalliques secs

23

sont plus considérables que celles d'amidon, le dégagement électrique est plus considérable, mais le courant est moins constant. Dans le cas contraire, le courant est plus faible, mais aussi plus constant.

Pile de M. Weare. — Dans l'élément de M. Weare, les plaques zinc et cuivre de la pile de Wollaston sont recouvertes de plâtre ou d'un ciment poreux, et adaptées sur un cadre de bois recouvert de glu marine dont l'intérieur sert de cellule pour le liquide excitateur. Dans ces cellules se trouve placée de la paille hachée très-finement, du papier mâché ou même du carton en pâte non durcie qui, dans cette pile, remplace le sable des piles à sable que nous avons décrites.

Pile de Muncke à éléments multiples plongés dans le même liquide excitateur. — MM. Faraday et Muncke ont employé une disposition de pile analogue à celle de Wollaston, mais avec cette distinction que les éléments ont moins de surface et plongent tous dans la même auge remplie d'eau acidulée. La différence de conductibilité des métaux et des liquides fait que l'on perd peu à faire baigner tous les éléments dans la même dissolution. Chaque lame de cuivre est séparée des lames de zinc par de petits morceaux de liége, et l'on comprend que par sa disposition, un zinc est toujours placé entre deux cuivres et *vice versa*.

La disposition de cette pile permettant l'accumulation d'un très-grand nombre d'éléments, on peut obtenir des effets très-énergiques au moment où les couples plongent dans le liquide, mais l'action s'affaiblit rapidement.

Piles à mouvement mécanique. — Nous avons vu, page 189, que deux lames de même métal, même inoxydable, pouvaient constituer un couple voltaïque par leur immersion dans un liquide conducteur, pourvu que l'une d'elles fût en mouvement et l'autre en repos ; M. Ed. Becquerel s'est imaginé d'appliquer ce principe aux piles à un liquide, comme la pile de Smée, pour en augmenter considérablement l'énergie. En mettant en effet en mouvement les électrodes négatives de chaque couple, on peut arriver à faire produire à ces piles un dégagement électrique au moins égal à celui qui est obtenu dans les piles à courants constants de même résistance.

Bien que M. Ed. Becquerel ne regarde pas ce nouveau système de pile comme susceptible d'application pratique, nous croyons que, dans certains cas, par exemple dans les usines où se trouvent des machines à vapeur et où l'on applique en même temps l'électricité, comme chez M. Cristofle, il pourrait être employé avantageusement, puisque le moteur ne coûte rien. Dans tous les cas, ce système mérite à tous égards de figurer parmi les perfectionnements de la pile.

Cette disposition a, du reste, été proposée depuis par plusieurs personnes, entre autres par M. J. Erckmann en 1859 et par M. L. Maistre en 1864.

M. Erckmann a cherché à résoudre le problème en appliquant aux éléments métalliques des couples de Wollaston, un mouvement de va-et-vient susceptible de leur faire subir une série d'immersions successives alternées d'un élément à l'autre, et dont l'action fut complétée par un système de nettoyage des surfaces métalliques au moyen de brosses fixes. De cette manière, suivant lui, la polarisation des lames doit se trouver détruite et l'effet électrique doit être maintenu au maximum, tout le temps des immersions.

Pour obtenir une disposition plus en rapport avec ce système de dépolarisation des piles, M. Erckmann propose de faire les couples de forme circulaire, de les monter sur un axe de rotation commun mis en mouvement par un moteur quelconque, et de les immerger jusqu'à la hauteur de cet axe dans des auges isolées remplies du liquide excitateur. Les brosses seraient alors fixées au bâti de l'appareil entre les surfaces métalliques de ces couples, de telle sorte qu'une moitié de chaque couple serait immergée alors que l'autre serait brossée. De cette manière, il n'y aurait plus de variations d'intensité dans le courant transmis, qui serait toujours maintenu à son maximum d'énergie.

M. L. Maistre décrit sa pile de la manière suivante :

« Dans une caisse en bois, sont disposés très-près l'un de l'autre dix bocaux de verre ou de grès ayant à peu près la forme de ceux de la pile de Wollaston. Dans chacun de ces vases, qui sont remplis d'eau acidulée par un centième de son volume d'acide azotique, plonge une feuille de tôle de fer, roulée en forme de cylindre creux (cette idée de substituer le fer au zinc et l'eau acidulée avec de l'acide azotique à l'eau acidulée avec de l'acide sulfurique appartient à M. Rousse). Dix roues en charbon ou en cuivre supportées par un arbre en fer recouvert de gutta-percha et isolées les unes des autres par des rondelles de porcelaine, sont installées au-dessus des vases de verre, de manière à plonger dans le liquide par un tiers de leur surface environ ; l'arbre est supporté à ses extrémités par deux coussinets fixés sur la caisse et se trouve mis en mouvement par un tourne-broche.

« Dix lames de cuivre également fixées au bord de la caisse par des lames en laiton, servent à recueillir l'électricité du charbon. Pour mettre la pile en tension, chaque borne, percée d'un trou et garnie d'une vis de pression, établit la communication du charbon d'un couple au fer du couple suivant au moyen d'un fil de cuivre soudé à chaque feuille de fer. »

M. Maistre croit nouvelle l'idée des piles à mouvement, mais il a sans doute oublié que cette disposition est un des moyens de dépolarisation indiqués depuis 20 ans, par M. Becquerel.

PILES A BICHROMATE DE POTASSE.

La pile au bichromate de potasse, dont on a fait un fréquent usage depuis une quinzaine d'années, avait été imaginée, dans l'origine, par M. Poggendorff, qui avait composé son liquide de la manière suivante :

Eau. . . . . 18 parties.
Bichromate de potasse . . . . 3　　»
Acide sulfurique . . . . 4　　»

D'après ce savant, ce liquide substitué à l'acide azotique dans la pile de Bunsen, doit donner un effet aussi énergique que celui produit par celle-ci, et on a l'avantage, en l'employant, d'obtenir un alun de chrome dans la dissolution, après la réduction complète de l'acide chromique. En reprenant les résidus, on peut facilement, selon lui, reformer du bichromate de potasse sans perdre le sel de chrome.

Dans cette pile, l'action électro-chimique se produit d'une manière analogue à celle que l'on remarque dans la pile de Bunsen : l'hydrogène résultant de l'oxydation du zinc désoxyde l'acide chromique du bichromate pour former de l'eau ; mais en même temps il se produit une réaction secondaire tout à fait particulière à cette pile, dans laquelle le métal réduit dans l'électrolyse se trouve oxydé par l'oxygène de l'acide chromique et transformé en sesquioxyde de chrome (1). Celui-ci se trouvant

---

(1) Voir le mémoire de M. Favre, *Comptes rendus de l'Académie des Sciences*, t. LXIX, p. 36.

alors en présence de l'acide sulfurique et du sulfate de potasse qui s'est formé pendant cette action, constitue un sulfate double de potasse et de chrome qui n'est autre qu'un alun de chrome (1), auquel se trouve associé, comme résidu, du sulfate de zinc et même du zinc dissous, en partie révivifié à l'état pulvérulent. Comme cette oxydation du chrome à l'électrode négative et sa sulfatation ultérieure entrainent un dégagement électrique en sens inverse de celui qui est transmis par l'action du couple, et que l'oxydation du chrome réduit, détourne une partie de l'oxygène de l'acide chromique qui aurait pu absorber l'hydrogène dégagé, il en résulte une polarisation énergique et un épuisement rapide du liquide qui rendent, en définitive, cette pile très-peu constante. C'est pour éviter cet inconvénient que M. Grenet, en 1856, avait établi pour cette pile un système de ventilation, au moyen de soufflets qui, en agitant le liquide autour des électrodes et en aérant celles-ci, non-seulement empêchait le dépôt du chrome de se faire, mais encore détruisait par suite de l'action de l'air sur l'hydrogène naissant le peu de polarisation qui pouvait survenir du fait de ce gaz.

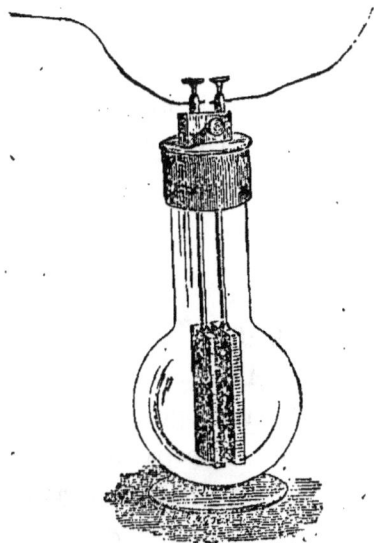

Fig. 58.

Un pareil système, comme on le comprend aisément, n'était guère applicable dans la pratique, et, malgré la disposition ingénieuse que lui avait donnée M. Grenet, on a préféré s'en tenir à la simple disposition de la pile primitive qui a été, du reste, très-variée quant à la forme, et dont la fig. 58 représente le modèle le plus répandu.

La composition du liquide employé par M. Grenet était dans les proportions suivantes :

_____

(1) C'est à la présence, dans la dissolution, de cet alun de chrome, qui est d'un noir violet, qu'est due cette teinte noire que l'on remarque dans le liquide de cette pile quand elle a été quelques temps en action.

Eau . . . .   1000 grammes.

Bichromate de potasse.   100   »

Acide sulfurique   300   »

Mais M. Delaurier croit que ces proportions ne sont pas rationnelles et qu'elles devraient être établies de la manière suivante :

Eau. . . . . , ...   200 parties.

Bichromate de potasse   18   »

Acide sulfurique monohydraté.   42   »

« Il faut dit-il : 1° prendre les 18 parties de bichromate de potasse et les faire dissoudre à froid dans les 200 parties d'eau ; 2° ajouter ensuite peu à peu les 42 parties d'acide sulfurique monohydraté. De cette manière on obtient un liquide qui attaque presque tous les métaux, principalement le fer et le zinc, sans dégagement de gaz, qui est peu coûteux et qui fournit un sel de chrôme d'une grande valeur. »

Nous ne voyons pas trop où est la différence si grande que M. Delaurier constate entre la composition qu'il indique et celle de MM. Grenet et Poggendorff, car, si on rapporte toutes les valeurs à la proportion d'eau prise comme unité de volume, on trouve les chiffres suivants :

	Liquide Poggendorff.	Liquide Grenet.	Liquide Delaurier.
Eau	1,00	1,00	1,00
Bichromate de potasse . .	0,17	0,10	0,09
Acide sulfurique	0,22	0,16	0,21

D'après le général Konstantinoff qui a fait, en Russie, un grand usage de ces sortes de piles, on obtiendrait de cette manière l'électricité, à trois fois meilleur marché qu'avec les piles de Bunsen. Mais une chose assez curieuse qu'il a constatée, c'est que si l'on emploie du platine au lieu de de charbon pour l'électrode négative, le dégagement électrique est infiniment moins considérable, et la force de la pile notablement diminuée.

La force électro-motrice de la pile à bichromate de potasse peut être représentée moyennement sur un circuit résistant par 11400 et la résistance de l'élément (moyen modèle) par 160 mètres de fil télégraphique de 4 millimètres de diamètre. C'est à peu près la même résistance que celle de l'élément Bunsen, mais la force électro-motrice est un peu supérieure, celle de ce dernier élément étant 11123. Toutefois l'énergie de cette pile déterminée par les effets calorimétriques, est, comme on l'a vu, beaucoup moindre que celle de l'élément Bunsen, puisque l'une est représentée par

30225 calories, alors que l'autre est exprimée par 46447 calories ; cela
tient à ce que la pile au bi-chromate de potasse se polarisant énergiquement, les mesures calorimétriques, qui exigent un certain temps pour être
constatées, ne représentent pas son action au moment de la fermeture du
courant ; d'ailleurs, les expériences calorimétriques sont effectuées avec
un circuit extérieur relativement court.

Pile de M. Grenet. — L'application la plus importante que M.
Grenet a faite de sa pile se rapporte aux opérations de cautérisation chirurgicale, telles que les pratiquent aujourd'hui MM. Amussat, Middel-
dorff et autres chirurgiens. Cette pile a en effet une puissance calorifique
telle, qu'un groupe de trois éléments, disposés comme nous les représentons dans la fig. 59, peut produire les effets d'une pile de 12 ou 15 éléments Bunsen de moyenne grandeur, surtout quand la dissolution de bichromate de potasse est fraîchement faite, et que l'insufflation est convenablement conduite. Du reste, ces effets ne doivent pas surprendre, car
tout le monde sait qu'un simple élément de Wollaston, au moment de son
immersion dans l'eau acidulée, peut
rougir un fil d'une certaine dimension,
et que la pile de Muncke, dans les premiers moments de son action, dégage
une quantité d'électricité formidable.
D'ailleurs, il ne faut pas se méprendre
sur les dimensions de la pile en question ;
bien qu'elle ne représente à la vue qu'un
cube de 20 centim. de côté tout au plus,
sa surface oxydable de zinc est d'environ 7200 centimètres carrés ; ce qui

Fig. 59.

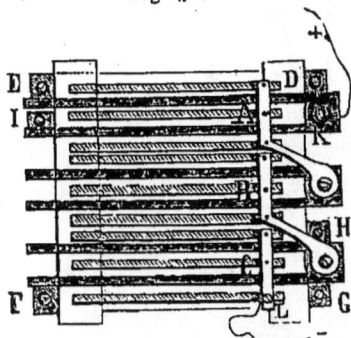

équivaut à un élément dont la plaque de zinc aurait 60 centimètres dans
les deux sens. L'appareil est, du reste, assez habilement combiné : les
plaques de zinc, réunies trois à trois par des brides de fer-blanc A, B, C,
se trouvent séparées dans chaque élément par des lames de charbon qui
les dépassent des deux côtés d'environ 3 centimètres, et qui sont également réunies deux à deux à l'une de leurs extrémités. Des bandes de
caoutchouc durci séparent ensuite les éléments les uns des autres, et ces
éléments se trouvent réunis en tension au moyen des brides A, B, C elles-
mêmes, qui se trouvent découpées en conséquence. Le tout est encastré
dans un bâti formé par quatre colonnes D, F, E, G de caoutchouc durci

montées sur un socle de la même substance, à l'intérieur duquel se trouve
le récipient pour l'air insufflé. Ce récipient est, à cet effet, percé de nombreux petits trous qui correspondent aux vides laissés entre les plaques
zinc et charbon, et c'est par les tuyaux en caoutchouc durci H et I que
l'insufflation se fait. Enfin, le dessus de l'appareil est recouvert par une
planche munie d'une poignée dans laquelle se trouvent fixées les colonnes
du bâti, et à travers laquelle ressortent les deux tiges polaires K et L.
C'est cet ensemble, qui est, comme on le voit, très-facilement maniable,
qu'on plonge, comme une pile de Muncke, dans le vase où se trouve la
dissolution de bichromate de potasse.

Pile de M. Trouvé. — M. Trouvé a rendu la pile Grenet d'un

Fig. 60.

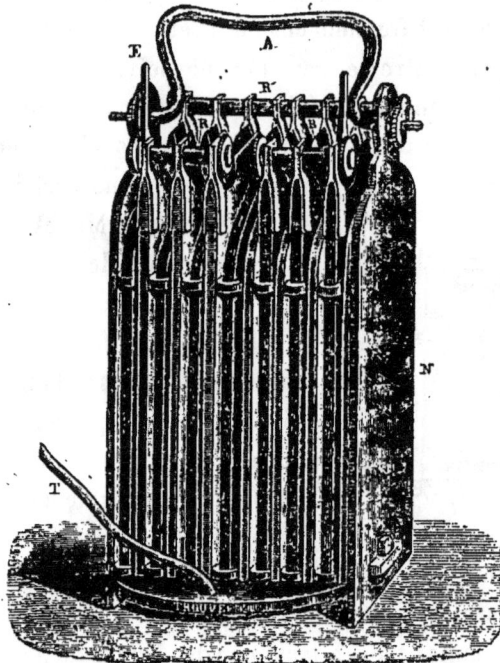

beaucoup plus petit volume et d'un usage plus pratique en la constituant
avec des plaques zinc et charbon tout à fait mobiles. Le contact de ces lames
entre elles se trouve évité au moyen de jarretières en caoutchouc disposées sur les charbons, et les éléments sont serrés les uns contre les autres
dans une espèce d'étrier en caoutchouc durci, dont la traverse supérieure
constitue une sorte de poignée. La figure 60 représente cette disposition

de pile. On remarquera que les plaques de zinc du côté droit présentent en avant, à leur partie supérieure, un de leurs angles abattu ; c'est pour donner la facilité d'adapter aux charbons les pinces R',R',R' qui doivent les réunir métalliquement aux tiges destinées à en prendre la polarité pour la communiquer au pôle positif ; il en est de même pour les lames de charbon du côté gauche à l'égard des lames de zinc. Cette pile est divisée sur la figure en deux éléments en tension, comprenant chacun quatre éléments en quantité ; c'est pourquoi l'on remarque deux plaques, à angles abattus, l'une à côté de l'autre, au milieu de la pile ; mais on peut la disposer de toute autre manière, puisque les contacts R,R' sont mobiles aussi bien que les lames polaires. Toutes ces lames, d'ailleurs, sont échancrées à leur partie inférieure , afin de permettre à l'air insufflé par le tuyau T de pouvoir agir sur toute la masse du liquide de bas en haut. Il va sans dire que la pile ainsi disposée est plongée dans un seul vase contenant la solution de bichromate de potasse, et, malgré la communication des éléments entre eux par le liquide, leur effet est assez énergique pour satisfaire aux opérations chirurgicales les plus longues et qui demandent l'intensité calorifique la plus intense.

Les avantages de cette pile, en dehors de la petitesse de ses dimensions et de sa disposition commode, sont :

1° De permettre de grouper les éléments dans l'ordre que l'on peut désirer pour faire varier le courant en quantité ou en tension ;

2° De permettre d'amalgamer les zincs aussi souvent qu'il est nécessaire, ce qui rend la pile beaucoup plus constante dans ses effets ;

3° De permettre de retirer les contacts de la pile, quand on n'en fait pas usage, pour les mettre à l'abri de l'oxydation, ou tout au moins pour vérifier leur état de décapage ;

4° De permettre le remplacement facile des zincs, sans nécessiter l'intervention d'aucun ouvrier.

Nous ajouterons encore que les deux joues N',N' de l'étrier support, n'étant réunies à la lame de caoutchouc durci qui forme sa base que par des clavettes, peuvent être très-facilement démontées, et que l'on peut même se passer de l'insufflation, en agitant la pile dans son liquide excitateur, ce qui est très-facile au moyen de la poignée A.

Pile de M. Chutaux. — La pile au bichromate de potasse, quand elle n'est pas agitée par un courant d'air, ou par un mouvement communiqué au liquide, se polarise, comme on l'a vu, assez promptement; et, par ce mot polarisation, il faut entendre surtout ici les réactions chimiques secondaires qui s'effectuent au sein du liquide dans le voisinage de l'électrode négative.

Fig. 61.

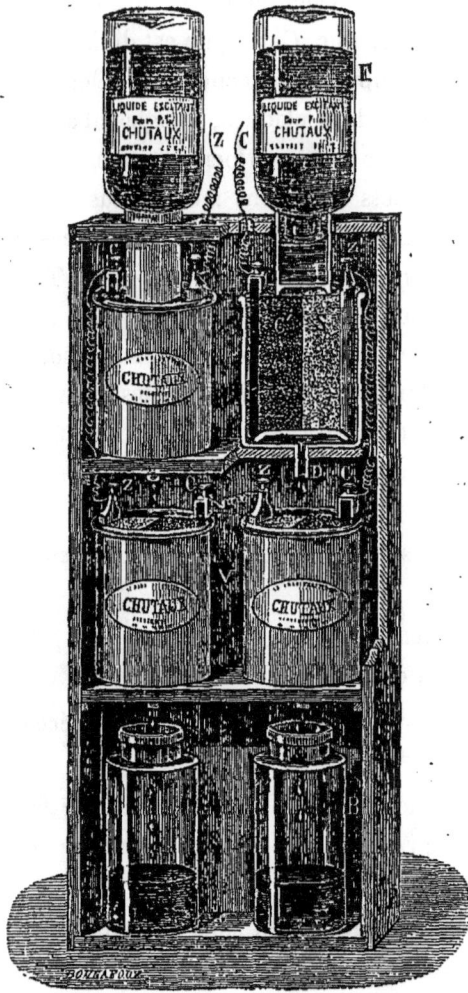

Pour rendre cet inconvénient moins préjudiciable, M. Chutaux a cherché à disposer les piles à bichromate de manière à ce que le liquide fût sans cesse renouvelé et ne se trouvât en contact avec les lames polaires que par l'intermédiaire d'un corps poreux, imprégné constamment de ce liquide. Il a obtenu effectivement, de cette manière, de très-bons résultats ; le dégagement électrique est devenu plus constant et plus régulier., les efflorescences et les sels grimpants se sont trouvés dans l'impossibilité de se produire, et les résidus provenant de l'action sur le zinc, au lieu de sursaturer le liquide excitateur et de diminuer sa force, comme cela a lieu dans la plupart des piles, se sont trouvés sans cesse éliminés ; aussi cette pile est-elle toujours d'une propreté extrême et d'un très-facile entretien.

Dans la disposition de M. Chutaux, que nous représentons fig. 61, la solution du bichromate est en provision dans un grand flacon F, qui est renversé dans un vase poreux, et celui-ci est appuyé sur une couche de charbon pulvérisé et de sable siliceux SC' ou mieux de grès grossièrement pulvérisé qui garnit entièrement la pile entre les deux électrodes polaires. Celles-ci consistent toujours dans des lames zinc et charbon occupant les deux extrémités opposées d'un même diamètre du vase extérieur, mais le charbon est entouré d'une certaine quantité de pulvérin ou de coke concassé C', afin de diminuer la résistance de la pile et d'uniformiser la polarisation. Le zinc, disposé en barre massive et moulé de manière à s'emboîter contre les parois du vase, est entouré de sable S; en sorte qu'une moitié de l'élément est occupée par le zinc et le sable, et l'autre moitié par le charbon et le pulvérin. Enfin, une couche de sable recouvre le tout jusqu'à 2 centimètres environ des bords du vase. Un trou D, pratiqué à la partie inférieure de celui-ci et recouvert par une soucoupe renversée, permet aux liquides en excès de s'écouler, après avoir filtré à travers le sable. De cette manière, il se produit un courant liquide continu et incessant qui réalise les effets avantageux dont nous avons parlé en commençant.

Inutile de dire que ces éléments sont disposés dans des boîtes faites en conséquence, et que des récipients B, placés au-dessous de chacun de ces éléments, reçoivent les liquides qui ont produit leur action. Souvent M. Chutaux dispose les uns au-dessous des autres plusieurs rangs de ces éléments, et alors ceux du dessous servent de récipients à ceux du dessus; mais, comme les liquides, après leur filtration, sont un peu affaiblis, il est peut-être préférable, dans des applications importantes, de s'en tenir à une seule rangée, ou à deux rangées tout au plus. Je dois dire, cependant, que pour les sonneries électriques j'ai pu sans inconvénient faire passer 4 fois de suite le même liquide à travers chaque élément de pile.

Voici maintenant comment ces éléments se chargent.

Au-dessus du trou pratiqué au fond du vase, on place la soucoupe renversée dont nous avons parlé, puis on divise provisoirement le vase en deux parties égales, au moyen d'une lame métallique un peu mince. On place dans l'un des compartiments ainsi déterminés la lame polaire de zinc, et dans l'autre la lame de charbon, puis on remplit de sable le compartiment où se trouve le zinc, et de charbon concassé le compartiment où se trouve le charbon; on recouvre le tout d'une couche de 1 ou 2 centimètres de sable, et on verse la solution de bichromate jusqu'à ce que l'écoulement se fasse à la partie inférieure du vase. On replace l'élément sur son étagère; on dispose au-dessus du sable le vase poreux, que l'on coiffe du flacon contenant le liquide, et l'élément se trouve ainsi chargé.

Dans une disposition récente, M. Chutaux a remplacé les flacons alimentateurs par des ballons en verre dont la tubulure se trouve luttée hermétiquement avec les vases poreux d'écoulement. Ces ballons sont ouverts par leur fond et peuvent être remplis de liquide, quand besoin en est, sans qu'on ait à les déranger. Les récipients eux-mêmes ont été remplacés par une cuve en plomb, qui occupe tout l'espace laissé vide dans la boîte au-dessous des éléments, et qui peut contenir une beaucoup plus grande quantité de liquide.

Enfin, dans une autre disposition qu'il destine aux télégraphes militaires, M. Chutaux emploie une petite caisse de gutta-percha, divisée en 8 compartiments isolés, et organisés de manière à constituer 8 éléments dans le système que nous avons décrit précédemment. Ces éléments sont hermétiquement clos avec un couvercle en gutta-percha, et il n'en sort que les vases poreux d'alimentation dans lesquels on met le liquide excitateur. Ceux-ci tiennent d'ailleurs solidement sur le couvercle, et le tout est contenu, ainsi que la caisse en plomb servant de récipient, dans une boîte en fer-blanc, de 35 centimètres de longueur sur 30 de hauteur et 15 d'épaisseur, qui peut être portée à dos d'homme, à l'aide de brassières et de courroies disposées en conséquence. Cette pile a une force équivalente à celle que peuvent produire 15 éléments Marié-Davy à sulfate de mercure insoluble.

Le liquide de M. Chutaux diffère aussi de celui employé généralement dans ce genre de piles par l'addition d'une certaine quantité de bisulfate de mercure. L'addition de ce sel ne présente guère d'autres avantages que celui de maintenir amalgamés les zincs et d'amoindrir leur usure. Toutefois, j'ai reconnu que cet avantage n'est réel que pour les piles à grande surface et à liquides libres, destinées à la production d'effets électriques très-intenses. Pour les piles dont nous parlons, on peut en faire l'économie, car la force électro-motrice n'en est pas pour cela diminuée, ni la résistance du couple augmentée, et, comme les sels de mercure sont très-chers, l'entretien de la pile devient, par suite de cette suppression, plus de moitié moins coûteuse. Quoi qu'il en soit, voici la composition du liquide de M. Chutaux :

Eau.	1500 grammes.	
Bichromate de potasse	100	»
Bisulfate de mercure.	50	»
Acide sulfurique (à 66°). . . .	200	»

La force électro-motrice de cette pile, au moment de sa charge, peut être représentée par 11848 ; elle est par conséquent à peu près deux fois plus forte que celle de l'élément Daniell et la résistance est environ 500 mètres. Mais ces chiffres ne se maintiennent pas longtemps et la valeur moyenne de ces constantes, avec un circuit ouvert, peut être estimée à 11400 et 600 mètres ; et, avec un circuit de 12 kilomètres, fermé pendant plusieurs jours, à 11038 et 600 mètres. Grâce à l'écoulement continu du liquide excitateur et surtout à la disposition des électrodes, cette pile est relativement assez constante sur des circuits résistants, et présente évidemment de grands avantages pratiques.

En admettant, en principe, que le liquide ne passe qu'une fois à travers la pile, ce qui est peut-être exagéré, car, en le faisant passer deux fois, je n'ai pas observé une diminution notable dans la valeur des constantes, il devient facile de calculer le prix d'entretien de l'élément Chutaux. J'ai reconnu, en effet, par l'expérience, que la filtration du liquide à travers les vases poreux employés par cet industriel, absorbe de 24 à 27 centimètres cubes de liquide par jour, soit 820 centimètres par mois, ou 10 litres environ par an et par élément. Si on considère que le prix du bichromate (en gros) revient à 1 fr. 60 c. le kilog., l'acide sulfurique à 0 fr. 16 c. le kilog., on voit que le prix du liquide dans les proportions indiquées par M. Chutaux revient à 0 fr. 19 c. pour un litre et demi, soit 0 fr. 13 c. par litre ; de sorte que la dépense annuelle par élément ne s'élève qu'à 1 fr. 30 c. Si l'on ajoute à cette dépense la valeur du zinc détruit, qui est, en raison de sa petite surface, moins forte que dans la pile Daniell et que nous porterons à 0 fr. 45 c., on arrive à une dépense totale de 1 fr. 75 c. par élément, c'est-à-dire à un prix d'entretien moindre que celui d'un élément Daniell, et l'on a l'avantage d'avoir une pile d'une force électro-motrice à peu près double de celle de celui-ci, d'une résistance moitié moindre, qui ne fournit jamais d'efflorescences ni de sels grimpants, et qui est maintenue toujours dans un état satisfaisant de saturation et de propreté, sans qu'on soit obligé de s'en occuper, puisque le liquide emmagasiné dans les flacons peut alimenter la pile pendant au moins un mois.

Pour éviter l'inconvénient qui peut résulter de l'emploi d'un liquide, préparé dans des proportions déterminées, et d'un transport toujours difficile, M. Chutaux a cherché à obtenir un sel solide de bichromate de potasse sulfaté dans des conditions telles, que pour préparer la solution

excitatrice, on n'eût d'autre soin à prendre que de jeter dans de l'eau
une quantité assez grande de ce sel pour être en excès dans la solution.
Il y est arrivé, jusqu'à un certain point, en faisant chauffer et évaporer
presque à siccité un mélange à poids égaux d'eau, d'acide sulfurique et
de bichromate de potasse, lequel mélange constitue une sorte d'acide
chromique très-concentré, allié à du sulfate acide de potasse. Pour cela,
il chauffe jusqu'à ce que le mélange réduit à une consistance sirupeuse,
présente une surface un peu gercée; le refroidissement permet ensuite sa
solidification, et, après être séché, il a l'apparence de bichromate
de potasse un peu rougi; il est d'ailleurs assez dur et se dissout un
peu plus lentement que le bichromate ordinaire, à peu près comme le
sulfate de cuivre, mais on peut hâter sa dissolution en employant de l'eau
bouillante.

J'ai voulu m'assurer, au point de vue du dégagement électrique produit, de la valeur de cette solution, comparativement au liquide dont
nous avons indiqué précédemment la composition (moins le bisulfate de
mercure), et par rapport à une solution concentrée de bichromate de
potasse. J'ai reconnu que, toutes choses égales d'ailleurs, le courant produit par le liquide acide préparé directement avait une intensité variant
de 45 à 48°, tandis que celui que fournissait la nouvelle solution ne pré-
sentait plus qu'une intensité variant de 34 à 38°. Il est vrai qu'avec la solution de bichromate de potasse seule cette intensité n'était que de 8 à 10°.

On n'obtient donc pas avec ce nouveau liquide une force électrique
tout à fait aussi grande (à 1/5 près) qu'avec le liquide préparé *ad hoc*,
mais le courant semble avoir une plus grande constance et surtout une
plus grande durée d'action, avantage qui est surtout manifeste dans les
piles à sable dont nous parlons. Cet effet se comprend d'ailleurs facilement, si l'on considère que la différence d'action que nous venons de
constater, dépend surtout de la résistance intérieure du couple qui est
naturellement moins grande avec une solution acidulée qu'avec une dissolution saline. Or, cette plus grande résistance du nouveau liquide est
d'autant moins apparente que la résistance de la pile est elle-même plus
considérable, et avec la disposition de l'élément que nous venons de décrire, cette résistance est, comme nous l'avons vu, assez grande. En définitive, cette innovation est assez satisfaisante, car elle simplifie beaucoup le maniement de la pile, qui peut dès lors être alimentée comme
les piles ordinaires de Daniell.

Pour les courants de grande intensité qu'il destine à la lumière électrique, aux mines et à la chirurgie, M. Chutaux a combiné deux autres dispositions de pile que nous allons maintenant décrire.

Dans l'une de ces dispositions représentée fig. 62, le vase de grès qui renferme le liquide porte, d'un côté un petit conduit D formant déversoir, qui vient s'emmancher à la partie supérieure du vase, et d'un autre côté

Fig. 62.

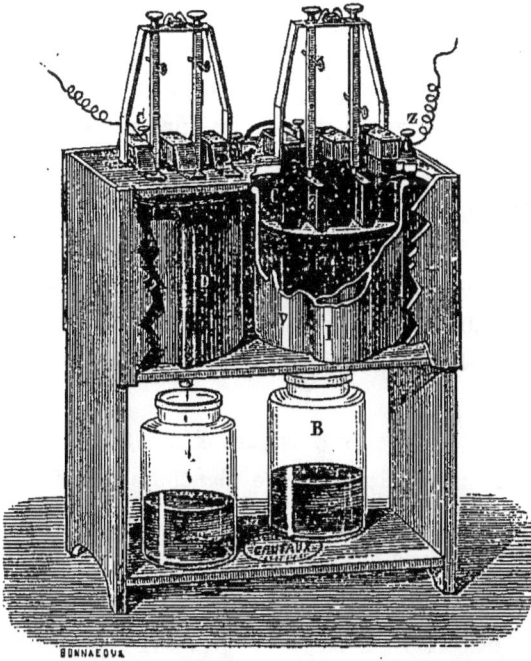

un réservoir cylindrique I, également en grès, qui communique avec l'intérieur du vase à 4 centimètres environ du fond. Le tout est monté d'une seule pièce et réunit les conditions de solidité désirables. La lame polaire négative est constituée pour l'élément simple par deux ou trois lames de charbon C, fixées sur un couvercle en bois et plongeant continuellement dans le vase de la pile.

Comme de pareilles lames sont dispendieuses, M. Chutaux les compose avec des prismes de charbon juxta-posés, qu'il relie ensemble à leur partie supérieure par une enveloppe de plomb. Celle-ci ressort en dehors du couvercle et se trouve mise en rapport avec les lames de communication et les boutons d'attache des rhéophores. La lame positive est constituée

par deux plaques de zinc fort épaisses Z (1 centimètre environ), placées
entre les lames négatives et susceptibles d'être relevées assez facilement,
quand la pile n'est pas en action (1). A cet effet, ces plaques portent, à
leur partie supérieure, une tige en fer étamé ou en cuivre qui glisse à
travers un pont assez élevé, adapté au-dessus de la pile sur le couvercle
de bois. Ce pont est en feuillard étamé et permet, à l'aide de goupilles
et de trous pratiqués dans les tiges, de maintenir les zincs soulevés à telle
hauteur qu'il convient.

Pour charger l'appareil, on le remplit jusqu'au niveau de l'orifice du
syphon de déversement, avec le liquide excitateur, et on renverse sur le
réservoir latéral un ballon rempli de ce même liquide, qui finit par prendre un certain niveau en rapport avec les pressions exercées de part et
d'autres. L'excès du liquide se déverse par le syphon dans un vase B
disposé à cet effet ; et, pour mettre la pile en activité, il suffit de laisser
tomber les zincs qui, en déplaçant une certaine quantité de liquide, provoque un nouvel écoulement par le syphon. Or, c'est cette quantité de
liquide déplacée à chaque chargement de la pile qui entretient la solution
suffisamment concentrée et empêche le trop prompt épuisement de l'acide
chromique.

Quand la pile se compose de plusieurs éléments, les couvercles en bois
sont constitués par une seule et même planche placée au-dessus de tous
les éléments et percée des ouvertures nécessaires pour le versement des
liquides, la sortie des zincs et l'introduction des ballons alimentaires dans
les réservoirs latéraux. Une pile de ce genre de 24 éléments peut fournir une lumière électrique assez brillante, qui ne revient à guère plus de
0 fr. 75 c. par heure (2).

La seconde disposition que M. Chutaux a donnée à ce genre de pile
et que nous représentons fig. 63, a été faite en vue de prendre le moins
de place possible et d'être facilement transportable dans les applications
qu'on peut en faire à la chirurgie et à la médecine. Cette fois, les éléments sont carrés et disposés dans une même caisse, et le tout est moulé
en gutta-percha. Afin de prendre le moins de place possible et d'éviter

---

(1) Dans cette pile, les vases des deux éléments de la pile sont tournés en sens contraire, afin qu'on puisse voir le dispositif.

(2) Chaque élément contient environ 5 litres de liquide, sa force électro-motrice, un
mois après la charge, est représentée par 11245 et sa résistance par 169 mètres.

l'emploi de goupilles pour arrêter les zincs hors la pile, les tiges J' qui soutiennent ceux-ci sont articulées et peuvent se renverser comme on le voit en J. De plus, elles sont toutes reliées entre elles par une traverse

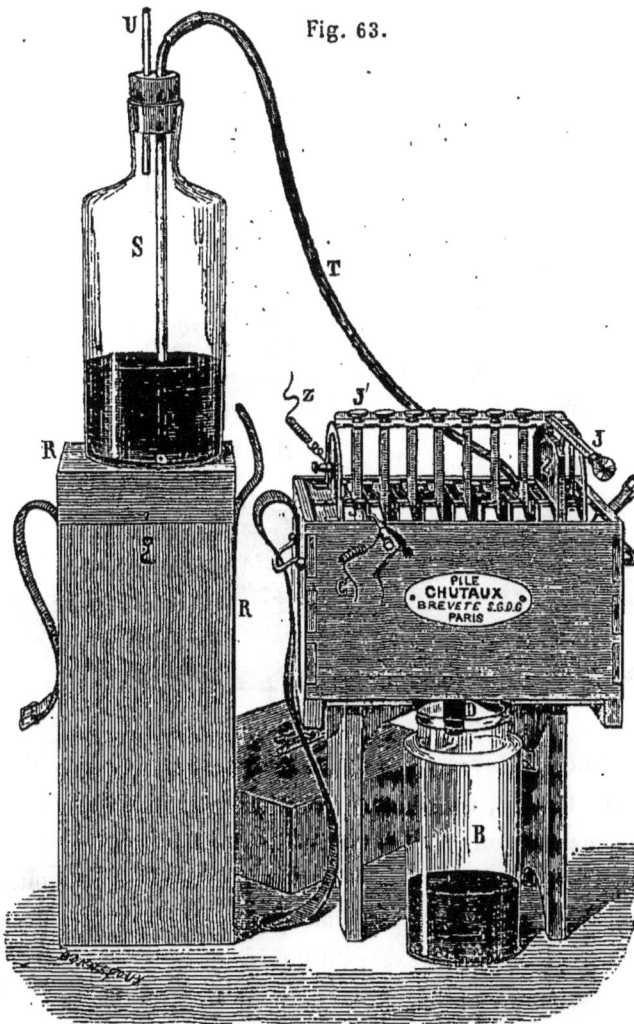

Fig. 63.

commune qui permet de charger et de décharger en même temps tous les éléments. Six éléments d'une pile ainsi construite, dont les dimensions sont : longueur 0m,30, largeur 0m,20, hauteur 0m,25 ont pu faire rougir et maintenir incandescents pendant un certain temps, une tresse de 6 fils de platine de 5 centimètres de longueur.

Les accessoires qui entourent la pile Chutaux dans la fig. 63 ont pour óbjet de la charger et de la décharger rapidement. S est le récipient contenant la solution de bichromate ; U un tube par lequel on souffle pour chasser le liquide du récipient dans la pile ; T un tuyau en caout-

Fig. 64.

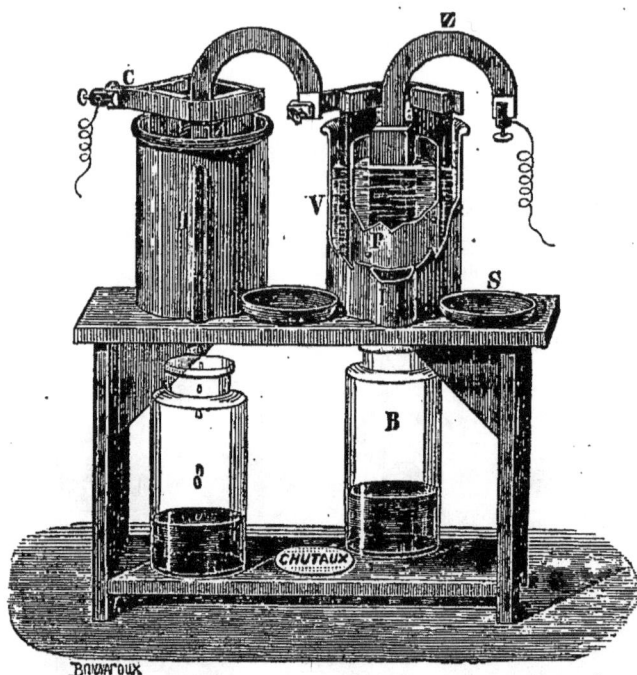

chouc communiquant au réservoir de la pile ; enfin S le tube d'écoulement du liquide disposé, d'ailleurs, comme les tubes des flacons d'eau de Seltz. Pour charger, on place le récipient sur la boîte RR, comme l'indique la figure ; pour décharger, on le place par terre au-dessous de la pile, et au lieu de souffler, on aspire l'air par le même tube U, le niveau s'établit en sens contraire et l'excès du liquide se déverse dans le bocal B de la même manière que dans la pile primitive.

Les figures 64 et 65 représentent différentes dispositions de cette pile prises en vue d'augmenter la surface des lames polaires, ou de faire usage de diaphragmes poreux. La résistance de la pile avec ces dernières dispositions n'est, du reste, pas considérable et peut être estimée en moyenne à 150 mètres. C'est à peu près la même que celle des piles de Bunsen.

On a fait, pendant le siége de Paris, plusieurs essais de la pile Chutaux, concurremment avec la pile de Bunsen, pour obtenir de la lumière électrique, et voici les résultats qu'ont fourni les deux batteries composées chacune de 48 éléments, et mises chacune en activité pendant deux heures.

Fig. 65.

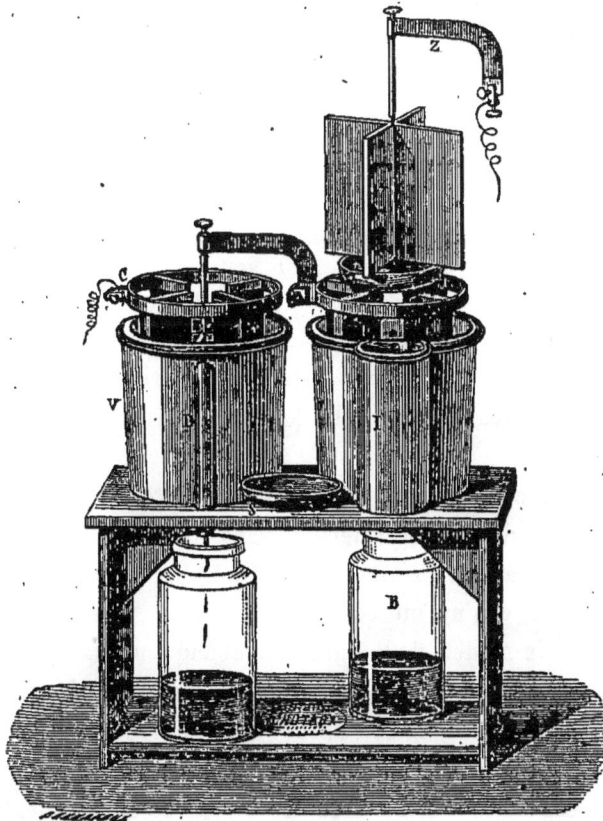

PILE BUNSEN.   PILE CHUTAUX.

DÉBUT.	FIN de l'expérience.	MOYENNE.	SURFACE de zinc employée.	DÉBUT.	FIN de l'expérience.	MOYENNE.	SURFACE de zinc employée.
109 becs Carcel.	66	87,5	49248^{cc}	132. becs Carcel.	63	97,5	14400^{cc}

En faisant fonctionner successivement une demi-heure chacune de ces batteries, M. Sautter a trouvé les résultats suivants :

	PILE BUNSEN.	PILE CHUTAUX.
1re période d'une demi-heure.	109 becs Carcel.	132 becs.
2e période , id.	Début, 134 becs C. Fin, 137 »	128 becs C. 100 »
3e période id.	Début, 106 » , Fin, 97 »	80 » 51 »
4e période id.	Début, 66 »	63 »

On voit, d'après ces chiffres, que la pile à bichromate de potasse est beaucoup plus irrégulière que la pile de Bunsen et qu'elle s'affaiblit beaucoup plus vite, ce qui tient évidemment à sa polarisation qui, quoiqu'on fasse, est toujours très-considérable. Mais en somme elle est beaucoup plus économique.

Un avantage assez important de ces piles, c'est qu'on peut les conserver indéfiniment dans un local fermé, sans qu'elles dégagent aucune odeur ni aucune émanation malsaine ; les liquides s'évaporent d'ailleurs assez difficilement, et j'ai pu constater qu'après plus d'une année de charge, une pile du modèle de la figure 62, abandonnée à elle-même, n'avait presque rien perdu de son énergie. Le modèle à sable peut également ment fonctionner très-longtemps, après que tout écoulement de liquide a cessé, et alors qu'à sa surface on le croirait desséché. Il importe, toutefois, que les contacts des fils avec les lames polaires soient vérifiés de temps en temps et que les lames de zinc se trouvent débarrassées des aggrégations salines et sablonneuses qui, après des alternatives de dessèchement et d'humectation, constituent autour d'elles une sorte d'écorce très-dure et peu perméable. Cette opération n'a, d'ailleurs, rien de difficile et n'est même pas nécessaire quand la pile est bien entretenue de liquide.

Pile de M. Barker à écoulement continu. — M. Barker a définitivement choisi pour faire fonctionner les grandes orgues de Saint-Augustin, la pile au bichromate de potasse qu'il a disposée de manière à fournir un courant de liquide lent et continu et à ne se charger qu'au moment même où il en est besoin. Pour cela, il place les vases

contenant la solution de bichromate sur un soufflet horizontal qui s'élève
au moment où les orgues sont mises en jeu, et qui s'abaisse aussitôt
qu'elles ne fonctionnent plus. Au-dessus de ces vases sont fixés d'une
manière permanente les lames polaires (charbon et zinc), de sorte que
quand la pile doit être mise en action par suite du gonflement du soufflet
dont nous avons parlé, ce sont les vases remplis de liquide qui viennent
trouver les lames polaires et les immergent. Un système de flacons et
de vases communiquants à niveau constant permet au liquide d'un récipient de se déverser dans un filtre, qui laisse suinter goutte à goutte la
solution lorsque la pile est chargée. Un syphon de décharge déverse ensuite les liquides en excès. Mais afin que cet écoulement ne se fasse pas
quand la pile est inactive, le système de vases communiquants correspondant au filtre, est placé sur un châssis à bascule que peut faire incli-
ner d'un côté ou de l'autre un levier articulé mû par le plateau supérieur du soufflet. Il en résulte que quand le soufflet est à la hauteur
convenable, le système d'écoulement est disposé de manière à fournir
le suintement dont nous avons parlé, tandis que quand il est au bas de
sa course, l'écoulement devient impossible, la pente du liquide étant en
sens inverse. Nous parlerons plus tard de cette ingénieuse disposition.

Pile à un liquide de M. Delaurier. — M. Delaurier a encore
combiné une pile à un seul liquide, qui ne diffère guère au fond de la
pile dont nous avons parlé page 331, mais dans laquelle on aurait supprimé le vase poreux et la solution saline. Se fondant sur les considérations que nous avons exposées page 206, il a employé des lames polaires
d'inégale grandeur consistant : 1° pour la lame électro-positive, en une
large lame de zinc repliée un grand nombre de fois d'un côté et de l'autre
et vernie partout, excepté sur les tranches latérales qui sont seules attaquées ; 2° pour la lame électro-négative, en deux grandes lames de charbon fixées au couvercle de l'appareil et entre lesquelles se trouve placée
la lame de zinc. M. Delaurier émet, à l'occasion de cette disposition, une
théorie thermique, dans laquelle nous ne le suivrons pas (1) ; mais, d'a-

(1) M. Delaurier attribue le courant électrique de la pile à un effet électro-thermique
résultant de l'inégal échauffement des électrodes polaires. Bien que cette action inter-
vienne, elle n'est que très-secondaire, ainsi que le démontrent les expériences de
M. Gore (voir les *Mondes*, tome 25, p. 246). Dans tous les cas, elle ne peut être déterminante, puisque l'inégale température du circuit aux deux pôles est la conséquence du
passage du courant ou de l'action chimique produite sur la lame électro-positive.

près ce que nous avons dit page 206, cette disposition des lames polaires est éminemment avantageuse. Quant au liquide. il se compose de
la manière suivante :

Eau................	40k,000	ou	
Bichromate de potasse.	4k,500	Eau	40k,000
Acide sulfurique à 66°..	9k,000	Chromate neutre de	
Sulfate de soude......	4k,000	soude	5k,400
Proto-sulfate de fer...	4k,000	Acide sulfurique à 66°	10k,000

Le journal *les Mondes* (tome 26, page 743) mentionne une pile à bichromate de potasse, combinée par M. V. Barjou, qui aurait une grande
constance. Cette pile serait comme celle de M. Delaurier à deux liquides,
seulement le vase poreux serait en charbon et le liquide dépolarisateur
serait composé de bichromate de potasse, d'acide sulfurique et d'une
certaine substance chimique que l'auteur tient *secrète* et de laquelle dé-
penderait la constance relative de cette pile. On doit se rappeler que
M. Delaurier a obtenu un résultat analogue en ajoutant, à la solution de
bichromate acidulée, du sulfate de fer et de soude. Serait-ce une composition analogue ?...

PILES DIVERSES.

**Pile de MM. Defonvielle et Humbert à acide chlorhy-
drique et courant de chlore.** — *Le Cosmos* décrit cette pile en
ces termes : « Cette pile est à un seul liquide : de l'eau acidulée par un
dixième d'acide chlorhydrique. Elle se compose de lames de zinc et de
plaques de charbon réunies par des conducteurs métalliques. Quoique
fonctionnant avec un seul liquide, elle est constante, la dépolarisation
se produisant par un courant de chlore. Le gaz, par sa combinaison
avec l'hydrogène naissant de la pile, maintient le liquide excitateur au
même degré de concentration. On atteint au bout de quelques minutes,
pour un dégagement de chlore déterminé, dégagement qui se produit
bulle à bulle, un certain effet qui reste le même pendant tout le temps
que dure le passage du gaz. Les effets électrolytiques, lumineux et calorifiques sont remarquables par leur intensité. En résumé, la pile zinc et
charbon, armée comme elle est par MM. Defonvielle et Humbert, réunit
les avantages suivants : 1° elle est constante ; 2° elle fonctionne avec un
seul liquide ; 3° les substances qu'elle consomme se trouvent toutes à bas

prix dans le commerce ; 4° la majeure partie des résidus possède une certaine valeur vénale, surtout si on les traite comme l'a indiqué M. Kuhlmann. »

Pile de M. Maynnoth ou de Callan à acide sulfurique mêlé à de l'eau salée. — Cette pile, décrite dans le *Cosmos*, d'après une communication de l'ingénieur du Panopticon, M. Warner, est une pile du même genre que la précédente. Elle se compose d'une série d'éléments ou de couples de fonte et de zinc amalgamés, que l'on charge ou excite avec un des liquides suivants : 1° acide chlorhydrique du commerce ou acide chlorhydrique concentré, étendu de moitié d'eau ; 2° un mélange en parties égales d'acide sulfurique et d'acide chlorhydrique, étendu d'un égal volume d'eau ; 3° acide sulfurique mélangé dans trois fois son volume d'une dissolution de sel de cuisine. Ce dernier liquide est préférable aux autres, et le courant voltaïque qu'il produit sur deux plaques fer et zinc, placées l'une à côté de l'autre, est beaucoup plus intense, suivant l'auteur, que celui que l'on obtient d'une pile quelconque à acide nitrique de mêmes dimensions, du moins si on l'expérimente au moyen d'un bon galvanomètre à fil court et gros.

Pile de M. J. Roudel à eau acidulée avec de l'acide chlorhydrique et diaphragme en argile. — Le *Cosmos* décrit cette pile de la manière suivante : « Nous prenons date pour un de nos correspondants, M. J. Roudel, professeur de physique au petit séminaire de Brives, d'une nouvelle disposition de pile à un seul liquide très-simple, assez énergique, et qui aura pour grand avantage de donner comme résidu une solution concentrée de chlorure de zinc, dont l'industrie tire déjà et tirera plus encore un précieux parti. Prenez de l'argile de potier, ne faisant pas effervescence avec les acides ; laissez-la sécher d'abord à l'ombre ; broyez-la avec de l'acide chlorhydrique, de manière à la transformer en pâte homogène, peu résistante ; prenez un vase de porcelaine plus ou moins grand, suivant que vous voulez avoir un élément plus ou moins énergique ; déposez au fond du vase en porcelaine une plaque en cuivre ou en laiton, à laquelle est soudée une lame verticale de même métal, recouverte sur la portion plongée d'un enduit isolant ; recouvrez la lame d'une couche suffisamment épaisse de l'argile préparée, versez sur la couche de l'acide chlorhydrique du commerce, étendu de cinq fois son poids d'eau ; suspendez au sein de la solution acidulée un cylindre de zinc amalgamé, portant une languette de cuivre, la pile est alors constituée ;

son énergie semble comparable à celle des piles connues; elle est très-constante; la dissolution de chlorure de zinc qu'elle produit pendant son exercice arrive à peser 20 ou 30 degrés au pèse-sel.

Pile de M. Blanc Filipo à eau salée et fleur de soufre.
— Cette pile à un seul liquide a pour électrodes métalliques une lame de zinc et une lame de plomb suspendues parallèlement l'une à côté de l'autre au milieu du liquide, seulement la lame de plomb qui descend jusqu'au fond du vase doit être recouverte d'une couche isolante dans sa partie supérieure, celle qui avoisine le plus le zinc, et d'une couche de sulfure de cuivre dans sa partie inférieure. Le liquide excitateur est une solution de chlorure de sodium (eau salée), dans laquelle on jette une certaine quantité de soufre, en poudre, de manière à former au fond du vase une couche d'une certaine épaisseur, et c'est au milieu de cette couche que l'on plonge la partie de la lame de plomb recouverte de sulfure de cuivre.

Voici, suivant l'auteur, ce qui se passe dans cette pile : l'hydrogène qui se développe à l'électrode négative étant en contact avec le soufre en poudre, donne naissance à de l'acide sulfhydrique qui décompose le chlorure de sodium en formant du sulfure de sodium et de l'acide chlorhydrique; celui-ci se porte alors sur le zinc en déterminant la formation d'un chlorure de zinc qui, à son tour, est transformé en sulfure, par le sulfure de sodium et celui-ci se trouve de nouveau converti en chlorure.

Les avantages de cette pile, suivant l'auteur, seraient :

1° Économie par la qualité des substances employées ;

2° Économie par les quantités employées , relativement aux piles de Daniell ;

3° Commodité par la longue durée de son action et le petit volume qu'on peut donner aux couples.

M. Matteucci, qui a étudié cette pile, en parle de la manière suivante :

« Le soufre divisé, placé au contact du métal électro-négatif augmente naturellement la force électro-motrice, la constance et la durée de cette pile ; on peut donc espérer d'obtenir de l'usage du soufre dans une combinaison voltaïque, certains avantages, principalement pour les piles employées ordinairement dans l'industrie. Le soufre quoique insoluble et isolant, entre en combinaison avec l'hydrogène et, par son intermédiaire, avec le sodium rendu libre par le courant électrique : reste à expliquer l'action exercée par une quantité très-petite de sulfure de cuivre dans ces phénomènes, action qui est démontrée indispensable par l'expérience. »

Suivant M. Matteucci, il y aurait à tenir compte dans cette pile du courant électrique qui se développe au contact d'une solution de sel marin et de sulfure de sodium, lequel courant est en sens contraire de celui de cette pile (1).

Élément de M. Prax à diaphragmes en flanelle et papier. — L'élément combiné par M. Prax, professeur de physique, n'est aussi qu'une modification de la pile de Bagration. Il se compose d'une plaque de zinc et d'une plaque de cuivre séparées par 5 doubles de flanelle et de deux diaphragmes de papier imbibés des liquides excitateurs. Pour charger cette pile, on commence d'abord par humecter les deux surfaces métalliques avec une dissolution de sel ammoniac, puis on place sur la lame de zinc un des morceaux de flanelle imbibée de cette même dissolution. On place au-dessus de cette flanelle un diaphragme en papier également humecté, et au-dessus de celui-ci deux morceaux de flanelle imbibés de la dissolution saline et de plus chargés d'une couche de sel ammoniac pulvérisé ; au-dessus de ces deux doubles de flanelle, on place un nouveau diaphragme de papier; et, au-dessus de lui, les deux derniers doubles de flanelle qui sont seulement imprégnés d'eau. C'est sur ce matelas de laine qu'est placée la plaque de cuivre du côté bien entendu où elle a été mouillée. On assure la bonne adhérence de tous les éléments qui composent cette pile à l'aide d'un poids que l'on place sur la plaque de cuivre. Il paraîtrait, d'après l'auteur, qu'une pile ainsi disposée aurait beaucoup d'avantages sur les autres piles à courants faibles. Par une disposition un peu différente, l'inventeur a pu donner à ces piles une énergie beaucoup plus grande et suffisante pour qu'avec 5 éléments on puisse avoir de belles étincelles et brûler des fils de platine.

Dans cette disposition, on n'emploie que quatre morceaux de flanelle au lieu de cinq ; ils sont tous trempés dans la dissolution de sel ammoniac et recouverts d'une couche d'un sel excitant. Les deux couches qui sont placées du côté du zinc sont composés du verdet pulvérisé, les deux autres de sel ammoniac également pulvérisé, mais elles sont séparées par un diaphragme de papier humecté qui empêche les deux corps de se mé-

---

(1) Voir les *Mondes*, tome 7, p. 652.

langer. On pourrait, comme on le conçoit facilement, n'employer que deux morceaux de flanelle au lieu de quatre ; mais l'action électrique serait moins durable.

Pile portative et à effet constant de MM. Breton frères. — Quoique n'offrant rien de nouveau dans les éléments qui la constituent, cette pile se présente sous une forme telle, qu'elle peut se prêter à une foule d'applications plus ou moins importantes, et à ce titre nous devons en dire quelques mots. Elle est composée, pour l'un des éléments ou pôles, d'un mélange de poudre de cuivre rouge et de poussier de bois, qui n'a d'autre effet à remplir que de mieux diviser les parties métalliques. Ces poudres sont mêlées ensemble dans une dissolution saturée de chlorure de calcium, qui en fait une mixture toujours humide, ce sel ayant, comme on le sait, la propriété d'absorber sans cesse l'humidité de l'air. Dans l'élément du second pôle, la poudre de cuivre est remplacée par de la poudre de zinc. Ces deux préparations mises dans un vase partagé en deux parties par une cloison poreuse, peuvent constituer une pile voltaïque, mais dans leur application au corps humain, qui a été le véritable but de leur invention, elles sont placées séparément dans des sachets adaptés à des espèces de tabatières métalliques et ces sachets étant appliqués sur deux points différents du corps constituent, par l'intermédiaire de celui-ci, une véritable pile qui, pour être mise en activité, n'a besoin que d'une liaison métallique entre les deux éléments qui la composent.

Piles en chaines. — Il est souvent nécessaire, dans certaines applications de l'électricité, notamment dans les applications électro-médicales, d'avoir des piles portatives d'une très-grande tension, d'un très-petit volume et susceptibles, par la mobilité de leurs éléments de se prêter à telle disposition qu'on veut leur donner. Dans ce but, M. Pulver-Macher, s'est imaginé de donner à la pile la forme d'une véritable chaîne et d'en constituer les maillons par les éléments voltaïques eux-mêmes.

Pour parvenir à produire avec cette disposition des effets électriques énergiques, il fallait réunir plusieurs conditions assez difficiles à réaliser ; il fallait d'abord que les couples présentassent assez de surface pour que l'électricité fût produite en quantité suffisante ; en second lieu, il fallait que ces surfaces, tout en étant très-rapprochées l'une de l'autre, fussent suffisamment isolées et disposées de manière à retenir quelque temps entre elles le liquide excitateur. Enfin il fallait, entre ces surfaces, l'interposition d'un corps solide isolant, pour leur solidité et le maintien assuré de leur disposition réciproque. Pulver-Macher a réalisé toutes ces conditions dans ses chaînes dont nous représentons fig. 66 et 67 deux spécimens.

Chaque élément se compose d'un petit morceau de bois mince, légèrement bombé sur ses deux faces et sur lequel sont enroulés en hélice, l'un à côté de l'autre, un fil de zinc et un fil de cuivre. Ces fils sont en quelque sorte incrustrés dans le bois, car la machine qui sert à les enrouler prati-

Fig. 66.

Fig. 67.

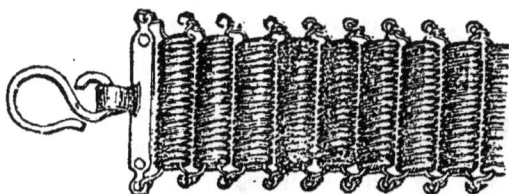

que devant eux, sur le bois, une rainure assez profonde dans laquelle ils sont introduits et qui empêche leur déplacement. Pour augmenter la grandeur des surfaces métalliques appelées à exercer l'action électromotrice, M. Pulver-Macher emploie quelquefois des fils *plats* placés de champ au lieu de fils cylindriques. On gagne, paraît-il, à cette disposition, un dégagement électrique d'autant plus considérable que le contact des surfaces métalliques avec l'air atmosphérique facilite l'absorption de l'hydrogène par la combinaison de celui-ci avec l'oxygène de l'air. De là résulte la *constance* relative des effets de cette pile.

Les figures 66 et 67 indiquent la manière dont peuvent être attachés ensemble les éléments qui doivent composer la pile. Quand leur nombre n'est pas considérable, ils sont accrochés les uns à la suite des autres, le fil zinc des éléments pairs se joignant avec le fil cuivre des éléments impairs. Mais quand ces éléments doivent être en grand nombre, on les joint parallèlement entre eux, comme on le voit dans la fig. 67, et toujours de manière qu'un fil zinc soit uni à un fil cuivre.

Pour charger une chaîne électrique, il suffit de la plonger dans du vinaigre, comme on le voit fig. 68. Une fois imprégnée de liquide, elle peut conserver longtemps ses propriétés électriques.

Du reste, la sensibilité de ces piles est telle que la moindre trace d'humidité suffit pour stimuler leur action électrique. C'est ce dont on peut se convaincre par la déviation de l'aiguille aimantée, qui a lieu quand l'on serre entre le pouce et l'index un peu humecté, un maillon de cette chaîne enfermé dans le circuit d'un galvanomètre multiplicateur.

Fig. 68.

L'énergie des effets électriques produits par les chaînes de M. Pulver-Macher dépend du nombre des éléments dont la chaîne est composée.

Une chaîne de 25 éléments, même à l'état sec, fait diverger les feuilles d'or dans l'électroscope de Bohnemberg sans employer de condensateur ;

Une chaîne de 30 à 40 éléments décompose immédiatement l'eau pure, en quantité proportionnelle, bien entendu, à la grosseur des maillons ;

Une chaîne de 150 à 180 éléments produit des étincelles électriques ;

Une chaîne de 200 éléments, de dimensions plus grandes, allume la poudre à distance ;

Une chaîne de 120 à 130 éléments, de grandeur ordinaire, cause une violente contraction des muscles au moment où le circuit est interrompu ; quand il est fermé constamment (sans interruption), l'effet calorifique est assez fort pour cautériser la peau.

Préoccupé sans cesse de perfectionner ses chaînes électriques, M. Pulver-Macher est arrivé dernièrement à les réduire à leur plus simple expression et à les fournir à un prix tellement réduit, qu'il a fallu toute une installation mécanique pour pouvoir obtenir un pareil résultat. Voici, du reste, ce que dit le *Cosmos* de ces nouvelles piles, dans son numéro du 25 décembre 1857 :

« Les nouvelles chaînes de M. Pulver-Macher, dit-il, sont le résultat d'un travail mécanique vraiment merveilleux. Les fils de cuivre et de zinc, qui sont les métaux électro-moteurs ou générateurs du courant, sont cette fois enroulés mécaniquement et systématiquement autour d'une bande flexible de gutta-percha qui leur sert à la fois de support et d'isolateur. Cette bande, toujours mécaniquement, est percée d'un grand nombre de trous circulaires qui donnent accès au liquide excita-teur unique (l'acide acétique étendue d'eau ou du vinaigre) et lui ser-vent en même temps de réservoir. Par cette disposition simple, les chaînes électriques sont devenues à la fois plus puissantes et plus conti-nues ou plus constantes dans leurs effets. Elles constituent un appareil électro-médical efficace, universel. Comme, d'ailleurs, on peut à volonté augmenter la largeur du tissu métallique, la chaîne qui, en raison du grand nombre de ses éléments, donnait déjà un courant de forte tension, pourra, quand le besoin se fera sentir, produire aussi de la quantité, et satisfaire par conséquent à toutes les exigences du médecin.

« Malgré son prix, grandement abaissé, la nouvelle chaîne ne consti-tuant pas encore un appareil populaire, l'habile constructeur a conçu, il y a quelques années, l'idée, aujourd'hui réalisée, d'une pile n'ayant pour support qu'une simple feuille de papier épais, sur laquelle on dé-pose ou l'on fixe, par impression et en bandes parallèles, les métaux électro-moteurs réduits en feuilles minces ou en poudre, le zinc et le cuivre, ou l'or et le fer, disposés de manière à ce que l'effet des divers couples s'ajoute et produise une résultante proportionnelle à leur nom-bre. Au fond, c'est la pile de Zamboni, composée, non plus d'éléments superposés et formant une colonne cylindrique, mais juxtaposés en ran-gées étroites, formant une surface aussi grande qu'on le voudra, et dont l'effet pourra s'accroître à volonté par l'intervention d'un liquide excita-teur plus ou moins énergique. Ainsi se trouve réalisée, mais dans des conditions d'efficacité certaine, l'heureuse idée des topiques ou cataplas-mes électriques de l'illustre Récamier.

« Les appareils qui précèdent donnent des courants continus, et, au jugement d'un grand nombre de médecins, c'est le meilleur mode d'ap-plication de l'électricité. Dans certains cas, cependant, dans le cas de paralysie, par exemple, on sent la nécessité de faire agir sur le système nerveux des courants intermittents, lancés à intervalles, isochrones, plus ou moins rapprochés, au gré de l'expérimentateur, et il fallait sa-tisfaire à ce besoin impérieux. Dans ce but, M. Pulver-Macher a com-

biné, avec les mêmes assemblages de fils de zinc et de cuivre, une pile
qu'il appelle à triple contact, et qu'il suffit de plonger pendant quelques
instants dans du vinaigre plus ou moins dilué, pour obtenir un courant
à haute tension que l'interrupteur réglé du même artiste, si admirablement construit et si étonnant dans ses résultats, suspend ou rétablit à
volonté. Les fils de cuivre sont laminés à plats ; les fils de zinc, en spires
serrées, les recouvrent sur toute leur longueur ; on obtient ainsi beaucoup de surface sous très-peu de volume, et quantité abondante en
même temps que tension très-forte. Un autre avantage considérable,
c'est que, comme cette pile est continuellement exposée à l'air, traversée
par l'air, on n'a plus à redouter l'accumulation de l'hydrogène à la surface des fils électro-négatifs, et cet état de polarisation, qui a pour conséquence nécessaire la diminution incessante du courant ; elle jouit, au
contraire, d'une constance vraiment remarquable, et bien supérieure à
celle que l'on obtient avec les piles à un seul liquide dans lequel les éléments sont sans cesse plongés. »

Les résultats avantageux qui ont été obtenus de l'application des
chaînes électriques de M. Pulver-Macher ont à tel point surexcité la con-
voitise de certains pharmaciens, médecins et autres, que chacun a voulu
avoir une chaîne galvanique de son invention. Il va sans dire que toutes
ces espèces de chaînes reposent sur le même principe, et qu'elles ne
varient que dans la forme ou la manière dont les éléments cuivre et zinc
sont disposés les uns vis-à-vis des autres, mais, pour ces prétendus
inventeurs, le point important était de se dire brevetés, et ils l'ont été.
C'est ainsi qu'au bureau des brevets d'invention on trouve des chaînes
et rubans galvaniques de MM. Wiese et Jurisch, de Couvents, de Dutter,
de Basset, et Gaumont, de Goldberger, de String-Felow, etc., etc. Il
est vrai, par exemple, que leur réputation n'est pas sortie des cartons
du ministère de l'agriculture et du commerce.

Dans les unes, celles de M. String-Felow, chaque élément se compose
d'une lame de zinc enveloppée dans une gaîne trouée de cuivre et isolée
de ce métal au moyen d'un corps fibreux isolant. Cette gaîne de cuivre
peut être constituée soit par de la gaze de cuivre, soit par des lames
très-minces entaillées ou percées de trous.

Dans d'autres chaînes, les lames métalliques sont plus ou moins découpées, et fixées sur une bande de cuir. D'autres encore ont leurs chaî-
nons composés de métaux différents et alternés dans le même ordre,

mais, comme je l'ai dit, tous ces systèmes se rapportent plus ou moins à celui de M. Pulver-Macher, qui est resté le meilleur de tous.

Pile à chapelet de M. Palagi. — Les expériences auxquelles a été conduit M. Palagi pour utiliser à la télégraphie les courants telluriques, expériences dont nous aurons occasion de parler bientôt, ont suggéré à ce savant l'idée d'une pile nouvelle qui peut avoir quelques applications utiles quand on n'a pas besoin d'une grande force électrique.

Cette pile se compose uniquement de zincs et de charbons trempés dans de l'eau salée, mais il faut, pour des raisons que nous expliquerons plus tard, que les charbons soient composés de fragments suspendus les uns à la suite des autres, comme les grains d'un chapelet, par des fils de cuivre ; il faut, de plus, que ces fragments ne se touchent pas. Plus la chaîne est longue, plus l'effet électrique est sensible.

Chaque élément se compose donc d'une chaîne disposée comme précédemment, accrochée sur les bords d'un vase qui peut être étroit, mais qui doit être forcément très-haut, et d'une lame de zinc de même hauteur que la chaîne qui est placée en face de l'autre côté du vase. De l'eau salée ou même de l'eau pure versée dans ce vase suffit pour provoquer le dégagement électrique.

Plusieurs éléments peuvent être groupés ensemble comme dans les piles ordinaires, et l'on obtient ainsi un générateur d'électricité, pour ainsi dire inusable, qui n'exige pour son entretien aucune dépense. M. Robert Houdin s'est servi avec succès de cette pile pour ses horloges électriques.

Comme on le voit, les piles de Volta et de Wollaston, malgré la supériorité incontestable et incontestée des piles de Grove et de Daniell, n'ont pas été pour cela abandonnées et peuvent encore être employées avec avantage dans certains cas, et c'est pour cela que nous leur avons consacré un chapitre spécial.

Comme piles hydro-électriques, j'aurais bien encore à parler des piles à tasses, des piles à auges, des piles à hélices et des piles de Sturgeon, d'Yong et de Schœnbein, mais comme elles sont très-connues, et d'ailleurs décrites dans la plupart des traités de physique, je les passerai sous silence, d'autant qu'elles n'offrent plus maintenant qu'un intérêt historique.

CHAPITRE IV.

COMBINAISONS VOLTAÏQUES DIVERSES

I. — PILES A SYSTÈMES AMPLIFICATEURS.

Batteries de polarisation. — Nous avons vu au sujet des phénomènes de la polarisation électrique, page 191, qu'en multipliant le nombre des électrolyses où se produisent des effets de polarisation, on pouvait arriver à créer une batterie susceptible de produire des courants secondaires assez énergiques. Ritter est le premier qui se soit occupé de ce genre de batteries, mais M. Jacobi a cherché le premier à en tirer parti pour la télégraphie, ainsi que nous le verrons plus tard. Dans ce but, il fit établir une batterie composée d'une série de lames de platine plongées deux par deux, dans les différents compartiments d'une caisse de gutta-percha, divisée par des cloisons, et, en réunissant les unes aux autres ces différentes lames à la manière ordinaire, il obtenait par l'intermédiaire d'un liquide acidulé, remplissant la caisse, et sous l'influence d'un courant électrique, un courant de polarisation dont l'énergie était en rapport avec le nombre et la grandeur des lames. Ce système de batteries a été successivement perfectionné par MM. Thomsen (1) et Hjorth, et une batterie combinée par ce dernier savant figurait même à l'Exposition de 1867 ; mais quoiqu'assez énergiques, relativement, ces batteries se sont trouvées considérablement distancées, quant aux effets produits, par celle de M. Planté qui, en réagissant comme un puissant condensateur voltaïque, a pu produire des effets réellement extraordinaires.

L'étude spéciale que M. Planté, l'ingénieux inventeur des anodes de

---

(1) La batterie de Thomsen se composait de lames de platine platiné, et un dispositif particulier permettait de produire une succession de courants secondaires assez rapprochés, pour fournir un courant continu d'une tension supérieure à celle du courant de la pile excitatrice.

plomb en galvanoplastie, avait faite des courants secondaires lui ayant fait reconnaitre que la force électro-motrice inverse fournie par des électrodes de plomb est environ deux fois et demi plus grande que celle qui est produite par des électrodes de platine platiné, et six fois et demi supérieure à celle qui est donnée par des électrodes de platine ordinaire, il pensa que la substitution du plomb au platine dans les batteries de polarisation serait très-avantageuse, et il chercha à combiner une batterie fondée sur ce principe.

Fig. 69.

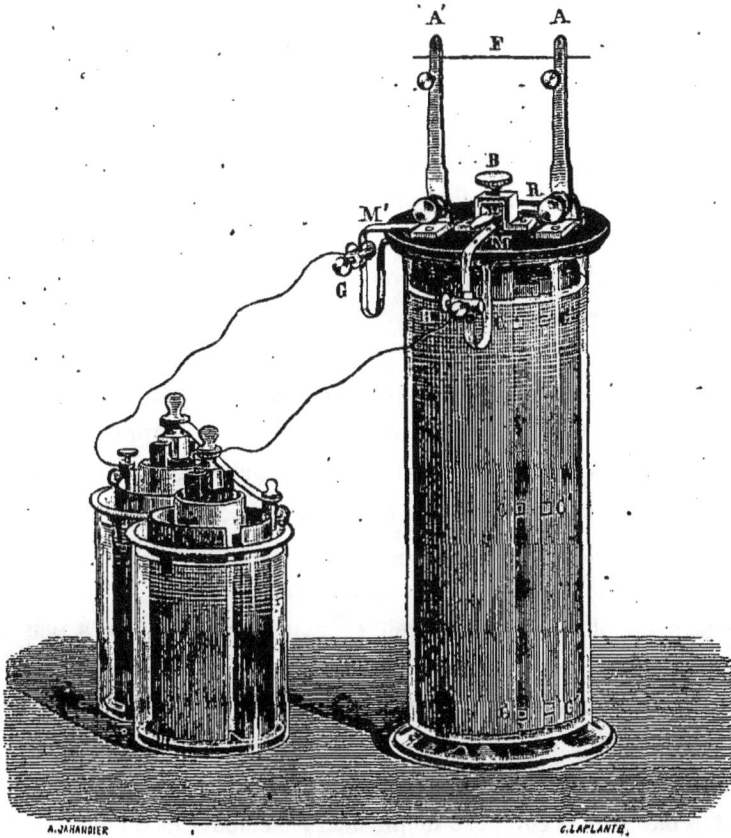

Le premier système qu'il imagina et dont les effets étonnèrent déjà beaucoup les savants quand il fut présenté à l'Académie des sciences, date de l'année 1860. Mais depuis cette époque, M. Planté l'a considérablement perfectionné au point de vue pratique et après avoir donné aux éléments qui le composent bien des formes différentes, il s'en est tenu à la disposition que nous représentons fig. 69. Dans ses conditions les plus simples chaque élément de cette batterie est formé de deux longues et larges lames de plomb roulées ensemble en hélice, séparées l'une de l'autre par deux ou trois paires de bandes étroites de caoutchouc C,C,C, C',C',C', et plongées dans des récipients en verre remplis d'eau acidulée au dixième par de l'acide sulfurique. Comme dans ce système d'électrolyse il ne se dégage pas de gaz, l'hydrogène étant absorbé par le peroxyde de plomb qui s'est formé à l'électrode positive, ces éléments peuvent être hermétiquement clos par un couvercle, et rester toujours chargés sans qu'on ait à renouveler souvent les liquides.

Quand la batterie ne se compose que d'un seul élément, auquel on peut du reste donner une grande surface, le couvercle dont nous venons de parler, qui est en caoutchouc durci, porte les pièces métalliques destinées à fermer le circuit secondaire. Le couple étant chargé, comme on le voit fig. 69, les extrémités des deux lames de plomb communiquent à l'aide des pinces G, H, à la fois avec la pile primaire formée de deux éléments de Bunsen de petite dimension, et avec les lames de cuivre M, M'. La lame M est disposée au-dessous d'une autre lamelle de laiton R, dont l'extrémité prolongée formant ressort peut être abaissée à l'aide du bouton B, et comme cette lame R communique avec la pince A, la lame de plomb correspondant à M peut à volonté être mise en rapport métallique avec la pince A. La lame M' est d'autre part en communication constante avec la pince A', et c'est entre les branches de ces deux pinces que sont placés les fils métalliques destinés à être portés à l'incandescence ou jusqu'à la fusion par le passage du courant secondaire.

Les lames de plomb de l'appareil représenté fig. 69, ont à peu près $0^m,50$ de longueur sur $0^m,20$ de largeur, et leur surface totale est égale à $0^m,40$ décimètres carrés environ. On peut avec ce couple secondaire bien chargé, rougir pendant une minute un fil de platine de un millimètre de diamètre, et fondre des fils d'acier de même diamètre.

Quand la batterie se compose de plusieurs éléments et qu'on désire les associer en tension comme dans la fig. 70, les lames des couples secondaires ont $0^m,12$ de largeur sur $0^m,18$ de longueur, et leur surface utile est d'environ $0^m,8$ décimètres carrés ; elles sont d'ailleurs écartées l'une de l'autre de $0^m,003$. La résistance de chacun de ces couples est équivalente à $8^m,77$ d'un fil de cuivre de 1 millimètre de diamètre, soit environ $23^m,39$ de fil télégraphique. Ces couples sont disposés sur deux rangs au nombre de vingt et communiquent avec les ressorts d'un commutateur destiné à les associer successivement en surface ou *quantité* pendant la charge, et en *tension*, pour recueillir la décharge (1). Ce commutateur se compose de deux cylindres CC, C'C' (fig. 70), dont l'un est destiné à relier tous les pôles des couples secondaires de rang pair, l'autre tous les pôles de même couples de rang impair par l'intermédiaire de ressorts r,r,r. Ces deux cylindres sont reliés à une règle plate arrondie

Fig. 70.

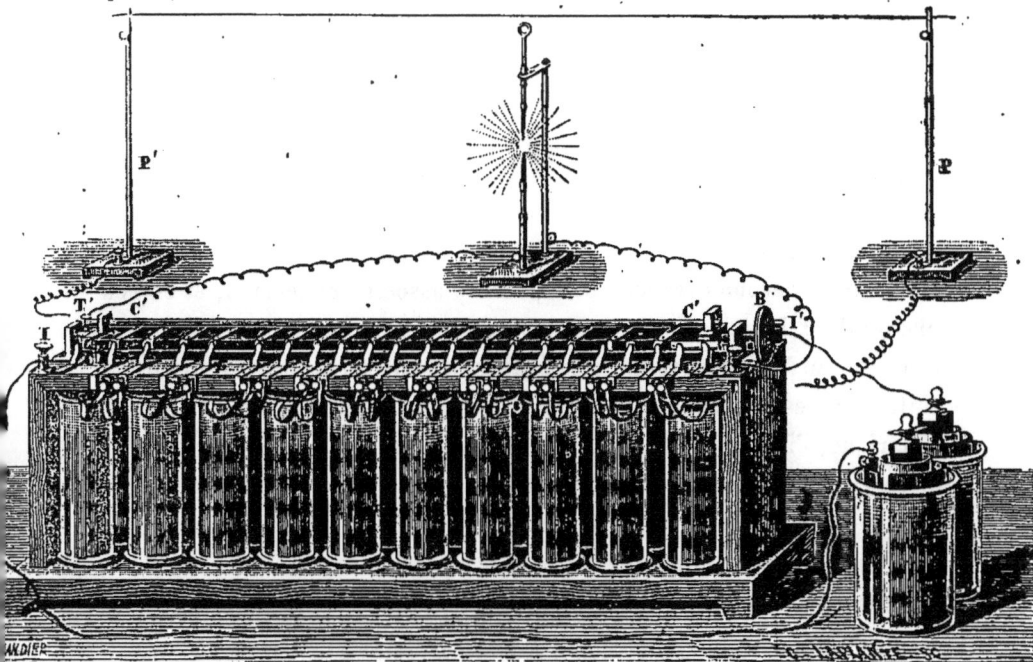

de matière isolante placée entre eux deux et portant des lamelles de cuivre distribuées obliquement à sa surface. Ces lamelles sont destinées à frotter, à un moment donné, contre les ressorts r,r,r. Le système peut faire un quart de révolution autour de l'axe de la règle, qui pivote sur deux tourillons, suivant qu'il s'agit d'associer les couples secondaires en quantité ou en tension.

(1) Cette disposition a été prise en vue de faire produire aux couples secondaires *associés en tension*, toute l'action électrique qu'ils sont susceptibles de fournir individuellement. Une disposition permanente en tension de ces différents couples, ne pouvait évidemment pas résoudre ce problème, car la force électro-motrice des différents éléments

Pour charger la batterie, on fait aboutir les rhéophores ou fils de la pile excitatrice, qui se compose alors de deux ou trois éléments de Bunsen (deux éléments peuvent suffire), aux boutons d'attache I,I' en relation par des ressorts avec les extrémités des cylindres CC, C'C', et le courant se divise ainsi entre les vingt couples qui forment la batterie, en développant dans chacun d'eux une force électro-motrice inverse, égale à une fois et demi environ celle d'un couple de Grove ou de Bunsen. C'est grâce à cette association en surface de tous les couples secondaires au moment de l'action de la pile excitatrice que la batterie peut se charger ; car s'ils étaient disposés à la suite les uns des autres, en tension, la force électro-motrice des éléments Bunsen destinée à la charge, et supposée égale à 2 ou 3 unités, ne pourrait développer la tension de 30 unités que l'on peut obtenir dans les vingt couples secondaires.

Quand la batterie est chargée, on tourne à l'aide du bouton B, le commutateur, de manière à ce que les extrémités des lamelles obliques viennent frotter contre les ressorts r,r,r, comme le montre la figure 70. Les couples secondaires se trouvent alors associés en tension, et en réunissant deux batteries, c'est-à-dire 40 couples, on obtient, pendant la décharge, une force électro-motrice égale à celle de 60 éléments Bunsen, par suite, tous les effets que peut produire une pile de cette énergie, la lumière électrique, l'incandescence d'un fil de platine de deux mètres de longueur et de 1/2 millimètre de diamètre, etc. Une seule batterie donnant une décharge équivalente au courant de 30 grands éléments de Bunsen suffit pour produire l'arc voltaïque.

Le même appareil, bien que destiné plus particulièrement à la produc-

de la batterie étant supérieure à celle des éléments de la pile destinée à les polariser, il devenait impossible de charger complétement une batterie de ce genre disposée en tension avec un petit nombre d'éléments de pile, ou du moins on ne pouvait la charger qu'à une tension égale à celle de la pile. Dès lors, on ne gagnait rien à la transformation. Mais M. Planté ayant réfléchi que l'effet de tension qu'il cherchait à obtenir, ne devait se produire qu'après la charge de la batterie de polarisation, il pensa qu'il pourrait charger cette batterie comme un simple élément, en la disposant en quantité, et qu'étant une fois chargée, il suffirait de disposer en tension les divers éléments qui la composaient pour obtenir les effets de tension désirés. En un mot, il chercha à combiner son appareil de manière à ce que tous les éléments fussent chargés simultanément *en quantité* et être déchargés ensuite en tension ; et c'est ce à quoi il est parvenu au moyen du commutateur dont il s'agit. Nous devons dire toutefois qu'une disposition de ce genre avait déjà été employée par M. Poggendorff pour obtenir à l'aide d'électrodes en platine, une force électro-motrice supérieure à celle du courant primitif.

tion d'effets de tension, peut servir également à la manifestation de puissants effets de quantité, à l'aide de pinces spéciales qu'on adapte aux cylindres métalliques qui répartissent le courant excitateur dans tous les couples secondaires. Lorsque la batterie est chargée, on tourne le commutateur de manière à isoler les cylindres des ressorts qui les font communiquer avec les couples secondaires. Si on dispose alors entre ces pinces un gros fil de platine de 2 millimètres de diamètre, et qu'après avoir enlevé toute communication avec la pile, on ferme à l'aide du commutateur le circuit secondaire, le fil est porté à l'incandescence et même jusqu'à la fusion, par suite de la grande quantité d'électricité fournie en quelques instants par l'ensemble des couples secondaires associés ainsi en surface. Une seule batterie de 20 couples suffit pour réaliser cette expérience.

Nous avons déjà parlé, page 197, des effets de polarisation produits par l'électrolysation des lames de plomb, et nous avons vu précédemment que la force électro-motrice du courant secondaire qui en résultait était supérieure à celle de la pile de Bunsen, dans le rapport de 1, 5 à 1 : c'est ce qui fait que pour charger une batterie de plomb, il faut au moins deux éléments Bunsen. Mais, un phénomène assez curieux que présentent ces sortes de batterie, c'est la faculté qu'elles ont de produire, comme la bouteille de Leyde, plusieurs décharges résiduelles qui ont une certaine énergie et qui s'effectuent toujours dans le même sens.

On sait que les courants de polarisation, abandonnés à eux-mêmes ne sont pas durables et qu'ils diminuent successivement d'intensité, jusqu'à ce qu'ils deviennent à peu près nuls, et le temps que cette décharge met à s'effectuer d'une manière complète est d'environ 10 ou 15 minutes avec la batterie de M. Planté. Or, si après avoir ainsi déchargé une batterie de ce genre, on interrompt le circuit et on laisse reposer la batterie un quart d'heure environ, on pourra produire une nouvelle action en fermant de nouveau le circuit. Cette action sera, il est vrai, un peu moins vive que la première et durera moins longtemps, mais elle sera encore très-énergique. En procédant de la même manière à différents intervalles de temps, on pourra obtenir jusqu'à cinq ou six décharges successives.

Ces décharges résiduelles viennent de ce que la couche de peroxyde de plomb, en se combinant à l'hydrogène, ne se trouve pas usée immédiatement dans toute son épaisseur. Dans les premiers moments de l'action du circuit secondaire, la partie superficielle de cette couche perd l'excès

de son oxygénation pour passer à l'état de protoxyde de plomb, et comme
la lame non oxydée par le courant primitif, se recouvre alors elle-même

Fig. 71.

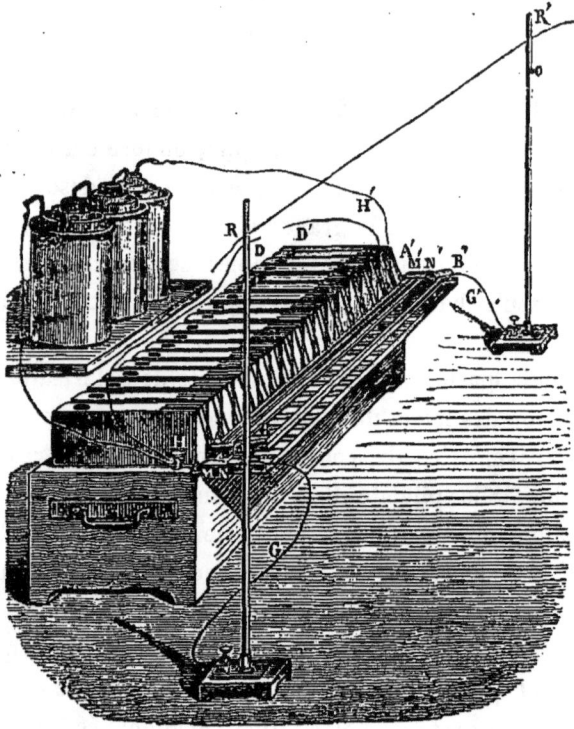

d'une *légère* couche de peroxyde de plomb sous l'influence du courant
secondaire, il se détermine une force électro-motrice inverse de celle
du courant secondaire lui-même, qui annule bientôt celui-ci avant que la
couche du peroxyde de plomb de la première lame soit complétement
désoxydée. Si on maintient le circuit ouvert pendant quelques instants,
la légère couche de peroxyde de la 2ᵉ lame se trouve à son tour désoxydée successivement par le liquide, et cette lame revient à l'état neutre
par rapport à la première, dont la couche de peroxyde conserve encore
une certaine action, et il se détermine un nouveau courant secondaire au
moment où on ferme de nouveau le circuit.

Il n'est pas d'ailleurs besoin d'une forte batterie pour produire avec ce
système des effets très-énergiques. Ainsi, deux petits fils de plomb polarisés pendant quelques secondes peuvent fournir un courant secondaire
assez fort pour démagnétiser un électro-aimant portant 200 grammes.

Nous représentons, fig. 71, 72, 73, la disposition des batteries de M. Planté avec des lames de plomb droites disposées, dans les récipients, comme les lames de platine des autres batteries de polarisation. Ces lames, au nombre de 6, sont rangées parallèlement les unes à côté des autres et communiquent alternativement de l'une à l'autre, de telle manière, que les lames paires et les lames impaires constituent deux groupes séparés, abc, $a'b'c'$, fig. 73, représentant eux-mêmes les deux électrodes de la pile.

Fig. 72.   Fig. 73.

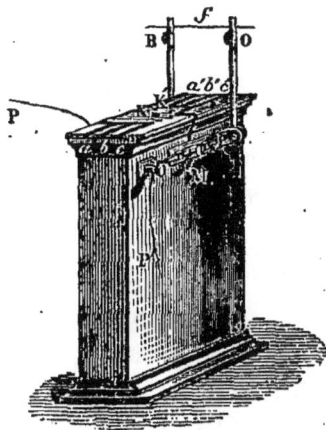 

La fig. 72 représente un seul élément à grande surface avec son excitateur et la fig. 71 une batterie de 20 éléments avec son commutateur.

Pour charger au maximum un couple secondaire de $0^m,40$ décimètres carrés de surface, il faut environ 8 ou 10 minutes avec deux couples de Bunsen, mais à condition qu'il soit bien formé, c'est-à-dire que ce couple ait longtemps servi, qu'il ait été fréquemment traversé par le courant excitateur, tantôt dans un sens, tantôt en sens contraire, et en dernier lieu dans un sens déterminé qu'on adopte définitivement, de manière à ce qu'il y ait à la surface des électrodes une couche de peroxyde de plomb d'une certaine épaisseur d'une part, et d'autre part une couche de plomb divisé, réduit, provenant d'une peroxydation antérieure. Quand le couple est resté quelque temps sans servir, il faut, avant de pouvoir obtenir le maximum d'effet, faire passer le courant excitateur pendant 20 ou 25 minutes pour le mettre bien en fonction, ensuite toutes les ou 8 minutes, ou toutes les 8 ou 10 minutes, suivant l'état de la pile de Bunsen. On reconnaît que la pile secondaire est chargée au maximum,

à l'apparition des bulles de gaz provenant de la décomposition ae l'eau,
qui, n'étant plus absorbées par l'oxydation et la réduction, sont obligées
de se dégager ; mais, ce dégagement ne peut fournir cette indication
que quand la pile est dans l'état décrit plus haut, car, avec un appareil
neuf, soumis pour la première fois à l'action du courant excitateur, on
voit presque toujours des bulles de gaz se dégager dès les premiers
moments de son action et sans que la charge ait atteint son maximum.

Quant à la durée de la décharge, elle varie suivant la résistance qu'on
lui oppose : plus cette résistance est grande, plus la décharge met de
temps à disparaître. Un fil de platine de 1 millimètre de diamètre et de
7 à 8 centimètres de longueur, peut, avec un couple secondaire dans de
bonnes conditions et chargé au maximum, rester rouge pendant une minute.
Un petit fil de 1/10 de millimètre de diamètre et de 3 à 4 centimètres de
longueur, aura son incandescence prolongée pendant 8 ou 10 minutes ;
enfin, avec une très-grande résistance de circuit, le courant secondaire
peut mettre plusieurs heures avant de disparaître complétement ; mais
en revanche, il s'anéantit rapidement en quelques minutes, avec une résistance très-faible. Quand le circuit reste ouvert, la charge peut se
conserver assez bien pendant plus de 48 heures, et fournir au bout de
ce temps l'incandescence d'un fil de platine de un demi-millimètre de
diamètre pendant une minute.

Pour les batteries destinées aux effets de tension, la surface des 40
couples réunis étant plus grande que celle de la pile dont nous venons
de parler, il faut de 15 à 20 minutes pour les charger au maximum avec 3
couples de Bunsen (quand ils sont bien formés). Pour une batterie de 20
couples, il faut à peu près moitié moins de temps. La durée des effets
produits varie, comme nous l'avons dit précédemment, avec la résistance
du circuit interpolaire ; la lumière électrique, par exemple, peut se maintenir très-belle (avec 40 couples) pendant près d'une demi-minute ; l'incandescence d'un fil de platine de deux mètres de longueur et de 1/2 mil.
dure environ 45 secondes. (Voir les *Mondes*, tome 27, page 469.)

Piles à condensateurs voltaïques. — Nous venons de voir
que le courant d'une pile en passant à travers une batterie de polarisation, peut multiplier sa puissance dans une proportion considérable, en
créant un courant de polarisation qui se comporte comme si la batterie
avait emmagasiné, en quelque sorte, l'électricité développée par la pile
pendant un certain laps de temps. Quand on ne demande à la pile

qu'une action énergique passagère, ce système a donc des avantages très-marqués, mais quand il s'agit d'effets continus et de longue durée, il ne peut être employé, car, en définitive, il joue, par rapport à la pile, le même rôle que la bouteille de Leyde par rapport à l'électricité statique.

Plusieurs physiciens, et en particulier M. Guillemin, ont recherché, si en appliquant à la pile des condensateurs à grande surface, on ne pourrait pas obtenir des effets du même genre, mais cette fois continus et susceptibles d'être utilisés dans les applications électriques. Pour arriver à ce résultat, M. Guillemin fait partir des deux pôles de la pile qui doit agir sur le circuit, deux dérivations qui vont aboutir aux deux armures d'un condensateur de grande surface ou d'une pile de condensateurs. Avec cette disposition, on conçoit que quand le circuit métallique sur lequel doit réagir la pile est interrompu, l'électricité développée par cette pile charge le condensateur, et que quand, au contraire, ce circuit se trouve fermé, la charge du condensateur se joint à celle de la pile pour renforcer le courant transmis. Le condensateur dans ces conditions joue donc le rôle d'une espèce d'emmagasineur d'électricité, qui utilise au profit de l'intensité du courant transmis les temps d'interruption du circuit qui le conduit. Mais comme la charge du condensateur, dans ces conditions, exige de la part de la source électrique *une forte résistance* afin que la décharge ne s'effectue pas en même temps que la charge, ce système ne peut fournir d'avantages réels qu'autant que la pile est composée d'un très-grand nombre d'éléments de très-petite surface. Si on dispose convenablement entre eux les différents éléments de ce système, on peut arriver à renforcer l'action du courant presque proportionnellement à la surface du condensateur. On pourra en juger par les expériences suivantes que M. Guillemin a publiées dans le *Journal des Télégraphes* (année 1869).

« Une pile de 80 éléments Daniell ayant été chargée avec très-peu de liquide, on a ajouté à sa résistance propre, une résistance factice de 4000 kilomètres, ce qui faisait par conséquent 60 kilomètres de résistance par élément. Le circuit auquel cette pile correspondait, représentait une résistance isolée de 600 kilomètres, laquelle, en y ajoutant la résistance de l'appareil destiné à constater les effets produits par le courant, constituait une résistance totale de 800 kilomètres. Dans ces conditions, c'est-à-dire avec le courant seul de la pile, l'appareil révélateur en question fonctionnait très-difficilement. Mais aussitôt que cette pile s'est trouvée mise en rapport avec un condensateur de 18 mètres carrés de surface, l'appareil a pu fonctionner parfaitement et a montré que la force produite par le courant était notablement augmentée. Cette augmentation était un peu *plus grande*, quand au lieu d'un condensateur on en interposait plusieurs ; toutefois, ces effets d'accroissements de puissance exigeaient 1/4 de seconde avant de se produire, et ils s'expliquent facilement, si l'on considère que l'induction se produisant dans les premiers moments de la charge d'un circuit, ainsi qu'on la vu page 93, la charge du condensateur absorbe à son profit dans les premiers moments de la propagation électrique, une partie de celle du circuit lui-même. Du reste, ce retard ne peut se produire qu'une fois, au commencement de l'expérience, car les armures du condensateur étant toujours en communication avec les pôles de la pile, ne se chargent qu'au moment où le circuit se trouve interrompu.

« Dans une autre série d'expériences, on s'est servi d'une ligne télégraphique de 550 kilomètres et d'une pile de Daniell de 128 éléments d'une résistance de 3 kilomètres par élément ; l'appareil dont nous avons parlé précédemment, était disposé de manière à ne plus fonctionner du tout sur ce circuit, avec le courant simple de la pile. On a interposé successivement un, deux, trois, quatre condensateurs, et on a reconnu que l'appareil, non-seulement fonctionnait alors dans d'excellentes conditions, mais accusait encore un *accroissement successif dans la force produite par le courant et presque proportionnel au nombre des condensateurs*, ce qui n'avait pas eu lieu dans la première expérience. »

Suivant M. Guillemin, cette proportionnalité entre la surface condensante et l'accroissement de la force produite par le courant dans le cas des circuits télégraphiques, tient au coefficient de charge du circuit, qui est beaucoup plus considérable sur une ligne télégraphique que sur les fils des bobines de résistance, et aussi aux dérivations de la ligne qui entraînent une charge plus grande des condensateurs. L'expérience a en effet démontré que la charge des 4 condensateurs employés dans cette dernière expérience était égale à 3 fois environ celle de la ligne de 550 kilomètres.

Les phénomènes dont il vient d'être question, sont très-peu appréciables avec les piles dont on se sert en général dans les applications électriques, parce que leur résistance est trop faible, mais ils pourraient être très-marqués avec des condensateurs d'une surface suffisamment grande.

L'adoption de ce système de générateur électrique est donc subordonnée aux prix de ces espèces de réservoirs d'électricité, à leur degré
d'isolement et à leur pouvoir condensant. Au prix où sont maintenant
ces condensateurs, il semble plus économique et plus simple, si l'on veut
augmenter la puissance des piles, de diminuer leur résistance en augmentant la dimension des éléments ; mais si l'on trouvait moyen de
perfectionner les condensateurs, d'augmenter leur force condensante sans
détruire leur isolement et d'en diminuer le prix, ils pourraient être
appliqués avec avantage, car ils ont l'avantage de réduire considérablement l'étincelle de l'extra-courant qui produit des effets si nuisibles au
moment des interruptions du courant, et ces avantages seraient d'autant
plus manifestes que la tension de la pile serait plus grande.

Pile à condensateur voltaïque de M. De la Rive. — Si
l'on considère que le courant d'une pile peut en réagissant sur un appareil d'induction développer des courants induits plus ou moins forts, et
que ces courants induits peuvent être ajoutés à celui de la pile de la
même manière qu'on réunit deux éléments voltaïques distincts, on comprend aisément qu'il devient possible, par ce moyen, d'amplifier la force
d'une pile sans en augmenter la dépense. Tel est le principe de l'appareil de M. De la Rive, connu sous le nom de *condensateur voltaïque.*

La disposition de cet appareil ne présente du reste rien de compliqué, c'est un électro-aimant droit, muni d'un interrupteur automatique
auquel on a donné depuis le nom de *trembleur,* et dont les extrémités de
l'hélice sont interposées dans le circuit de la pile, de manière à fournir
des courants marchant dans le même sens. Nous aurons plus tard occasion de parler de cet interrupteur découvert par Neef, qui joue un grand
rôle dans les applications électriques, mais nous dirons seulement, en ce
moment, que c'est à la suite de son application au condensateur de
M. de la Rive qu'il s'est trouvé connu, et c'est pour cette raison qu'on
lui a souvent donné le nom *d'interrupteur de De la Rive.*

Au moyen de cet appareil, un couple de Grove qui ne décompose l'eau
que très-légèrement, un couple de Daniell qui ne la décompose pas sensiblement, deviennent capable de la décomposer avec une grande énergie.
On peut obtenir jusqu'à 10 ou 15 centimètres cubes de gaz par minute.

Pour que l'appareil condensateur marche bien, il faut que le fil de l'é-
lectro-aimant soit d'un fort diamètre et d'une médiocre longueur, si l'on
veut obtenir de la quantité. Celui qui donne les meilleurs résultats pour
les actions chimiques, est constitué par la réunion de 3 fils de 1 mil-

limètre chacun, faisant 100 tours autour du fer. Nous parlerons longuement de ces conditions d'enroulement et de diamètre au chapitre des
appareils d'induction.

Piles à appendices polaires très-développées. — M. Gillard, fabricant de produits chimiques, ayant besoin d'emmagasiner
une grande charge électrique, afin de pouvoir la distribuer d'une manière continue entre un grand nombre de circuits, s'est imaginé de
constituer chacun des appendices polaires de la pile par une très-grande
longueur de fil enroulée sur un tambour en bois, et constituant une
énorme surface de charge. Ces tambours, car y il en a deux, l'un répon-
dant au pôle positif de la pile, l'autre au pôle négatif, sont peu élevés,
mais ils sont d'un très-grand diamètre (2 mètres) et sont placés l'un
au-dessus de l'autre, séparés par un intervalle vide où viennent converger
les communications électriques, destinées à la distribution du courant ; ils
sont de plus enveloppés, chacun, par une chemise cylindrique de cuivre
mise en relation avec le fil enroulé et par suite avec les pôles de la pile, et
c'est cette enveloppe qui constitue, par le fait, les lames polaires de la
pile. En conséquence, elle porte les vis d'attache des rhéophores qui, dans
l'appareil établi à Choisy-le-Roi, sont au nombre de 2500 pour chaque
pôle. Le fil enroulé sur chacun de ces tambours est lui-même composé
d'un faisceau de fils de cuivre enveloppé d'une gaine isolante en papier,
lesquels fils constituent ensemble un diamètre total de trois centimètres.

L'appareil ainsi établi est disposé au centre d'une chambre, et, autour
de lui sont disposés circulairement, sur 9 étages, les 2500 cases où aboutissent deux à deux les rhéophores du circuit et où se produisent les décompositions chimiques qui constituent les produits exploités par M. Gillard, au nombre desquels figure l'aluminium.

La pile employée par M. Gillard a été variée ; il s'est servi avec avantage de la pile Duchemin au perchlorure de fer, cette matière étant fa-
briquée par lui dans des conditions très-économiques ; mais il croit obtenir
de meilleurs effets de la pile Delaurier. Quoiqu'il en soit, les éléments de
cette pile, qui sont au nombre de 50, ont des dimensions considérables ;
les vases poreux ont 1 mètre de hauteur sur 70 centimètres de diamètre,
et on peut juger par là de la surface de zinc immergée.

Suivant M. Gillard, la quantité d'électricité produite par cette pile
agissant directement sur les cases à décomposition, serait beaucoup moins
grande qu'avec l'intermédiaire de l'appareil que nous venons de décrire
et auquel il donne le nom d'*électropolyphore*.

II. PILES A GAZ.

Pile à gaz de M. Grove. — M. Grove a eu l'idée de réunir en pile des couples formés par deux lames de platine plongées mi-partie dans de l'oxygène et de l'hydrogène, mi-partie dans un liquide conducteur. Il a obtenu ainsi ce qu'il a appelé la *pile à gaz*, dans laquelle il n'entre qu'un seul liquide et un seul métal, et où l'action électrique résulte des actions exercées par les lames auxquelles adhèrent l'hydrogène et l'oxygène.

Chaque élément de cette pile se compose de deux tubes de verre renfermant chacun une longue lame de platine et fermés à l'une de leurs extrémités par une douille de cuivre, à laquelle est soudée la lame de platine. L'un de ces tubes est rempli de gaz oxygène, l'autre de gaz hydrogène, et ils plongent tous les deux dans un vase rempli d'eau acidulée, de manière à ce que les lames de platine soient immergées par leur extrémité inférieure.

Dans un couple ainsi disposé, le pôle positif est formé par la lame de platine plongeant dans l'oxygène, et le pôle négatif correspond à l'autre lame.

D'après M. Becquerel, la cause du dégagement électrique dans la pile à gaz doit être rapportée à la combinaison lente des gaz, dissous dans le liquide sous l'influence des lames de platine. En effet, quand on décompose l'eau dans un voltamètre à l'aide d'une batterie à gaz, à mesure que les volumes des gaz provenant de la décomposition de l'eau augmentent dans le voltamètre, les volumes de l'oxygène et de l'hydrogène de chaque couple à gaz diminuent dans la même proportion ; or, cet effet montre que dans chaque couple il se forme de nouveau autant d'eau qu'il y en a eu de décomposée dans le voltamètre.

Cette déduction, comme on le verra plus loin, conduit au mouvement perpétuel, et ne doit évidemment pas être prise au pied de la lettre. Du reste, cette théorie a été contestée par plusieurs savants (entr'autres par M. Schœmbein), et M. Gaugain par des expériences récentes, et en précisant exactement le rôle de chacun des éléments qui entrent dans cette pile, en a donné une théorie beaucoup plus rationnelle.

En effet, M. Gaugain a pu constater que l'action du platine ne s'exerce que sur les gaz déjà dissous dans les liquides, et non sur les gaz eux-mêmes, ainsi que l'avait admis M. Grove ; en sorte que les cloches dans lesquelles sont renfermés ces gaz ne jouent absolument d'autre rôle que celui de réservoirs ou de gazomètres destinés à maintenir à l'état de saturation les dissolutions qu'elles recouvrent. En second lieu, M. Gaugain a reconnu qu'un seul de ces gaz (l'hydrogène) est nécessaire pour obtenir un courant de la part de ces sortes de piles, et que la force électro-motrice de ce courant ne change pas, quand on change la nature du gaz de la seconde cloche, ou même qu'on emploie au lieu de gaz, de l'eau privée de gaz. Enfin, il a montré que la présence de l'oxygène ne contribuait en rien à la production du courant, puisqu'en répétant pour l'oxygène les expériences précédentes faites avec l'hydrogène, on n'obtenait aucun courant. La conclusion de ces expériences est donc que la force électro-motrice du courant produit par la pile à gaz, provient exclusivement de l'affinité qui s'exerce entre l'oxygène de l'eau et l'hydrogène condensé par le platine, et que l'oxygène n'a d'autre rôle à remplir que celui de dépolarisateur de la lame positive, absolument comme le sulfate de cuivre dans une pile de Daniell. Seulement, dans ce dernier cas, la dépolarisation est beaucoup plus complète, car, tandis que la force électro-motrice reste à peu près constante dans l'élément Daniell, elle s'abaisse rapidement dans la pile à gaz, et la part que prend l'électrode entourée d'oxygène entre dans cet abaissement pour 96, alors que la part de l'autre électrode n'y entre que pour 26.

La force électro-motrice de la pile à gaz a été estimée à 155 unités thermo-électriques $\frac{Bi-cu}{100-0}$ dans ses meilleures conditions ; elle est donc pas rapport à l'élément Daniell, dans le rapport de 1 à 1,116. Elle varie du reste singulièrement avec l'état des fils de platine dont on se sert, et suivant M. Matteucci, on exalte leur action en les faisant chauffer dans la flamme d'une lampe à alcool, avant de les employer comme électrodes.

D'un autre côté, M. Emilio Villari prétend que la force élecro-motrice des piles à gaz peut être augmentée considérablement quand on substitue le palladium ou platine dans les électrodes, en raison de la force condensante du palladium, à l'égard de l'hydrogène qui, d'après M. Thomas Graham, peut absorber dans ses pores plus de 900 fois son volume d'hydrogène. Seulement, comme cette condensation est assez lente avec ce métal, il faut maintenir celui-ci au moins 30 minutes en contact avec l'hydrogène (1) avant de l'employer comme électrodes.

Pile du Dr Carosio. — Le docteur Carosio, de Gènes, a tenté

(1) Voir le mémoire de M. Villari dans les *Mondes*, tome 22, page 537.

en 1855 de faire de la pile à gaz un appareil à mouvement perpétuel, dont les journaux de l'époque ont fait beaucoup de bruit, mais qui ne devait aboutir, comme tous les essais du même genre, qu'à une complète déconvenue. Comme les appareils de M. Carosio avaient été exécutés sur une grande échelle, il n'est pas sans intérêt de connaître la description qu'en a fait le *Cosmos* dans son numéro du 16 janvier 1855.

« MM. Deleuil père et fils, dit-il, nous ont invité à venir voir dans leurs ateliers l'appareil qu'ils ont construit pour la mise à exécution de l'idée fantastique du docteur Carosio, qui prétend transformer la pile à gaz de Grove en source féconde et économique de force motrice. Cet appareil vraiment extraordinaire est très-habilement construit sur les plans de l'auteur. Ce sont deux grands cylindres formant l'un la pile, l'autre le voltamètre. Les parois du premier cylindre sont en gutta-percha parfaitement moulée ; il est divisé en deux compartiments par une cloison en terre poreuse ; le long de chaque compartiment règne un cylindre dè charbon tourné au tour et auquel sont appendues 120 plaques rectangulaires, aussi en charbon, constituant les éléments positifs de la pile à gaz. Cette pile compte donc deux fois 120 ou 240 éléments. Le cylindre enveloppé sera rempli à moitié d'eau acidulée par de l'acide sulfurique, puis d'un côté avec de l'oxygène, de l'autre avec de l'hydrogène. Le voltamètre a ses parois en verre ; il est partagé aussi en deux compartiments par un diaphragme en porcelaine poreuse, et dans la longueur de chacun des compartiments règnent trois tubes recouverts de feuilles de platine. Les feuilles de platine d'un des compartiments communiquent avec le pôle négatif, les feuilles de l'autre compartiment communiquent avec le pôle positif : le premier compartiment sera rempli moitié d'eau acidulée, moitié de gaz oxygène ; le second, moitié d'eau acidulée, moitié de gaz hydrogène. Quand la pile sera armée comme nous l'avons dit, *elle devra* engendrer à son tour des torrents de gaz ; ces torrents de gaz devront enfin soulever les pistons énormes d'une toute-puissante machine ! *Parturient montes !* »

III. PILES TERRESTRES.

Le sol étant toujours plus ou moins humide et sa résistance extrêmement faible (1), il était à supposer qu'en enterrant à une certaine distance l'une de l'autre deux plaques zinc et cuivre ou zinc et charbon, le globe

---

(1) Voir mon Mémoire sur les Transmissions à travers le sol, *Annales télégraphiques*, tome IV, page 465.

terrestre pourrait constituer avec ces deux éléments une espèce de pile à
la Bagration capable de fournir un courant électrique. C'est en effet ce qui
arrive, et cette action non-seulement se produit avec des métaux différents,
mais même avec des plaques d'un même métal sous certaines conditions.

C'est au professeur Kemp, d'Édimbourg, que l'on doit les premières
recherches qui ont été faites à ce sujet. Ce savant imagina, en 1828, de
plonger dans la mer, à un demi-mille de distance l'une de l'autre, deux
grandes plaques zinc et cuivre, qu'il reliait par un fil suffisamment isolé
sur le rivage. En interposant au milieu de ce fil un galvanomètre, il put s'assurer qu'un courant énergique le parcourait dans sa longueur. Peu de temps
après, M. Fox, de Falmouth et M. Reich, de Freyburg, répétèrent ces
expériences en substituant la terre à l'eau de mer. Pour cela, ils enter-
rèrent à une certaine distance l'une de l'autre leur plaque de zinc et leur
plaque de cuivre, et en réunissant métalliquement les deux plaques, ils
trouvèrent exactement les même effets ; de sorte qu'ils purent conclure
que la terre, dans cette circonstance, jouait le rôle du sable humecté
dans une pile à sable ordinaire composée d'un seul élément.

Ces différentes expériences répétées par MM. Becquerel, Magrini, Matteucci, et autres, etc., montrèrent bientôt que non-seulement la terre
pouvait engendrer des courants électriques à la manière d'une pile à sable,
comme on vient de le voir, mais encore de beaucoup d'autres manières,
dépendant des conditions particulières des lames enterrées par rapport
à la nature chimique du sol, à son état physique, à la température relative
des points extrèmes de la ligne, à la différence d'altitude de ceux-ci
et même à l'orientation de la ligne.

D'après les recherches de M. Becquerel, faites avec des lames inoxydables, une simple différence dans l'action de l'eau sur les matières qui
entrent dans la composition des terrains aux deux extrémités de la ligne
suffit pour donner lieu à des courants, parce que cette différence d'action
a pour effet de constituer ces terrains, et par suite les lames polaires qui
s'y trouvent plongées, dans des états électriques différents ; alors les courants qui en résultent ont pour force électro-motrice, ou la différence des
tensions aux deux extrémités du circuit, si ces tensions sont de même signe, ou leur somme si elles sont de signes contraires (1).

_____

(1) L'une des plus intéressantes observations que M. Becquerel a faites sur ces sortes
de courants, est que l'eau est positive par rapport à la terre quand elle appartient à un
cours d'eau ou à une rivière, mais que l'inverse a lieu quand cette eau est dormante au

Si au contraire l'action de l'eau sur les terrains reste la même, mais que le terrain à l'une des extrémités du circuit soit à une température plus froide qu'à l'autre extrémité, comme cela a lieu quand on plonge l'une des plaques dans un glacier, alors que l'autre plaque reste en terre, on obtient également un courant, mais il est thermo-électrique.

Ces différents effets sembleraient expliquer à eux seuls les courants produits par l'action de la terre sur des circuits mis en rapport avec elle : cependant, d'après les expériences de MM. Matteucci et Magrini, il faudrait encore admettre d'autres causes, et la principale serait, d'après eux, *l'action même du globe terrestre*. Ainsi, M. Matteucci assure que quand les deux extrémités du circuit sont placées à des altitudes différentes ou que la ligne est orientée suivant le méridien magnétique, il se détermine des courants toujours dirigés dans un même sens (du Sud au Nord, dans ce dernier cas; de bas en haut dans le premier), qui fournissent des variations diurnes d'intensité en rapport avec les phénomènes météorologiques, et qui augmentent même à mesure que les plaques sont enterrées plus profondément (1).

Suivant M. Magrini, la présence d'une seule plaque enterrée suffirait pour déterminer des courants dans un fil librement suspendu en l'air et la source de ces courants se comporterait en quelque sorte comme une source calorifique, car leur intensité décroîtrait à partir de la plaque enterrée jusqu'à une certaine limite, après laquelle la différence ne pourrait plus être appréciée, mais qui pourrait être éloignée par l'allongement du fil ou la réunion de plusieurs fils. Ces courants, d'après M. Magrini, ont cela de curieux que leur direction est inverse de celle

fond d'un puits. M. Lambron, inspecteur des eaux de Luchon, qui a étudié cette question au point de vue des eaux thermales et sulfureuses, a reconnu que ces conclusions de M. Becquerel peuvent être modifiées dans certaines circonstances. Ainsi, avec les eaux sulfureuses, la terre est toujours positive par rapport à ces eaux, *qu'elles soient courantes ou dormantes*. Avec les eaux ordinaires les effets signalés par M. Becquerel se retrouvent le plus souvent, mais M. Lambron a reconnu cependant que la terre était négative par rapport à l'eau d'un puits creusé dans un sol sableux très-infiltrable à 250 mètres d'un cours d'eau ; l'eau de ce puits partageait donc la même polarité que celle du cours d'eau lui-même. D'un autre côté, M. Lambron a également reconnu que cette même eau courante pouvait devenir négative par rapport à la terre, après avoir subi une chute sur des rochers et alors qu'elle se trouvait à l'état floconneux et bouillonnant. (Voir le mémoire de M. Lambron dans le *Bulletin de la Société médicale de Paris.*)

(1) Voir les deux mémoires de M. Matteucci dans les *Mondes*, tome V, page 115.

qui correspondrait à un développement électrique dû à une simple oxydation de la lame enterrée.

Quoiqu'il en soit de ces différentes origines des courants issus du globe
terrestre, il n'en est pas moins vrai qu'ils jouent un rôle important dans
les transmissions électriques, et on a pu même en tirer parti dans la
télégraphie, comme nous allons le voir à l'instant. Toutefois, avant d'é-
tudier les différents systèmes qui ont été proposés dans ce but, nous
croyons devoir exposer les conclusions auxquelles nous ont conduit de
très-nombreuses expériences faites sur des circuits terminés par des
plaques oxydables de différentes dimensions. Voici ces conclusions.

1° Des plaques oxydables de même métal et de même grandeur, réunies
par un fil isolé, peuvent donner naissance à un courant tellurique assez
énergique lorsqu'elles sont enterrées dans des terrains différemment humides ; alors le courant qui prend naissance est dirigé (à travers le circuit
métallique) de la plaque enterrée dans le terrain le plus sec à la plaque
enterrée dans le terrain le plus humide, celle-ci se comportant d'ailleurs
exactement comme la lame électro-positive d'un couple voltaïque ;

2° Le courant ainsi produit est d'autant plus énergique que la différence
d'humidité des terrains est plus grande, que la surface de la plaque électro-
positive est plus attaquable, et que la plaque électro-négative est plus
grande ;

3° Ces courants, pour un circuit métallique constitué par un fil de fer
télégraphique de 3 millimètres de diamètre et de 1735 mètres de longueur, ont pu atteindre une intensité représentée par 9°,17, avec une
boussole des sinus de M. Bréguet, dont le multiplicateur n'avait que
30 tours, ce qui leur supposait une force électro-motrice représentée
par 1005, alors que celle d'un élément Daniell était représentée avec la
même boussole par 5973 ;

4° Ces courants perdent successivement de leur intensité à mesure que
la terre se dessèche autour des plaques ;

5° En définitive, un circuit télégraphique mis en rapport avec le sol
par des plaques oxydables se trouve toujours sillonné par un courant
provenant, soit de la différence d'humidité du terrain autour de ces plaques, soit de la différence des dimensions de celles-ci, soit de l'état plus
ou moins oxydable de leur surface, et l'intensité aussi bien que la direction de ce courant dépendent de la prédominance de telle ou telle de ces
causes. (Voir mon mém. sur cette question, *Annales télégr.*, t. IV, p. 465.)

Pile terrestre de M. Palagi. — Les expériences que nous venons de citer, avaient bien démontré que la terre, sous certaines conditions, pouvait engendrer un courant; mais dans ces conditions mêmes, ce courant ne pouvait pas être utilement employé en télégraphie. M. Palagi, à la suite d'expériences du plus haut intérêt, semble avoir résolu ce problème, du moins pour les télégraphes à aiguilles.

L'un des grands inconvénients des courants électriques obtenus par l'immersion de lames métalliques, zinc et cuivre, était le changement irrégulier et continuel de leur direction, changement qui, d'après les observations de M. Palagi, faites deux fois par jour pendant trois mois, ne semblait avoir aucune cause apparente. Voulant se rendre compte de ce phénomène, M. Palagi remplaça la lame de cuivre par une plaque de charbon, et quel fut son étonnement lorsqu'il reconnut non-seulement que le courant produit était plus intense, mais encore qu'il se trouvait dirigé d'une manière régulière et durable du charbon au zinc ! Cette découverte l'encouragea à entreprendre d'autres expériences, et il put reconnaître bientôt les faits suivants :

1º La force du courant tellurique obtenu avec charbon et zinc plongés dans l'eau aux deux extrémités d'un circuit diminue, il est vrai, d'intensité quelques instants après l'immersion des lames, mais devient bientôt d'une constance très-grande ;

2º L'énergie des courants telluriques ne dépend pas de la surface des lames de charbon et de zinc, mais bien du nombre de ces lames lorsqu'elles sont suspendues les unes à la suite des autres (les lames charbon avec les lames charbon, les lames zinc avec les lames zinc), comme les grains d'un chapelet; alors l'accroissement d'énergie du courant est presque proportionnel au nombre des plaques formant chacune des deux chaînes ;

3º Si les plaques charbon et zinc, au lieu d'être suspendues les unes au-dessous des autres, sont réunies aux deux extrémités du fil formant le circuit, cette augmentation d'énergie n'existe pas ;

4º La condition essentielle pour que le développement électrique ait lieu, est que la chaîne formée par les plaques de zinc ne touche pas le sol, mais flotte librement au sein de l'eau dans laquelle elle est immergée;

5º La chaîne charbon peut toucher sans inconvénient le fond de l'eau dans laquelle elle est immergée, à la condition que les fils de cuivre formant la suspension des charbons ne se touchent pas. Si cependant ce

contact avait lieu, l'intensité du courant diminuerait, comme si on sup-
primait les charbons placés à la suite du fil touché ;.

6° Plus les zincs ou les charbons réunis en chaîne sont éloignés les uns
des autres, plus le courant est énergique ;

7° Si les lames de zinc se touchent entre elles, le courant cesse complétement. Si, au contraire, les charbons se touchent, le courant n'est
que notablement diminué ; il reste cependant plus fort que si les charbons
ne formaient qu'une seule pièce ;

8° Si les zincs sont relevés de l'eau et plongés de nouveau sans avoir
été essuyés, le courant diminue d'énergie, et ne reprend sa force première qu'après avoir été essuyés, puis replongés. Les charbons, au
contraire, peuvent être retirés de l'eau, puis replongés sans avoir été
essuyés, sans qu'aucun changement ait lieu ;

9° L'amalgamation des zincs augmente l'intensité du courant ;

10° La chaîne des charbons et celle des zincs peuvent être plongées
dans un même puits ou dans des puits plus ou moins éloignés, ou dans
des rivières ; elles peuvent être placées verticalement ou horizontalement, en les soutenant par des flotteurs ;

11° La déviation de l'aiguille aimantée n'est pas diminuée quand on sort
de l'eau la chaîne des charbons, pourvu qu'ils soient humides, et que le
dernier d'entre eux, au moins, soit plongé en totalité ou en partie ;

12° Les chaînes peuvent même être placées dans des vases d'eau pure
isolés de la terre.

Voici maintenant les expériences tentées par M. Palagi pour utiliser les
courants telluriques obtenus de la manière précédente à la télégraphie :

« 1° Le 20 septembre 1857, dit M. Palagi, douze lames de zinc d'environ 20 centimètres de longueur sur 20 de largeur, furent placées dans un
puits aux Batignolles. A Asnières, douze charbons de piles de Bunsen, de
20 centimètres de longueur sur 4 de diamètre, furent plongés dans la
Seine. Ces deux chaînes furent réunies aux deux extrémités d'un fil de
ligne télégraphique de 3 kilomètres de longueur environ. Deux appareils
Bréguet à cadran, placés dans le circuit, fonctionnèrent d'une manière
satisfaisante.

« 2° Le 16 octobre, à Asnières, on fit usage d'une chaîne de 45 charbons : à Chatou, une chaîne de 24 zincs fut mise dans la Seine ; le fil télégraphique entre ces deux stations avait environ 12 kilomètres de
longueur. L'appareil Bréguet fonctionna d'une manière imparfaite ; mais

le télégraphe à aiguille de Wheatstone fonctionna parfaitement.

« 3° Le 31 octobre, une chaîne de vingt-quatre zincs fut mise dans la Seine au pont d'Oissel, près Rouen, et une de quarante charbons à Asnières ; la distance entre ces deux stations était de 120 kilomètres ; le télégraphe Wheatstone put fonctionner ; il fonctionna même avec un seul charbon. »

Pile terrestre de MM. Hogé et Pigott. — Avec la disposition ordinaire des circuits telluriques, même avec celle que nous venons de décrire, on est toujours dans l'impossibilité de renverser à volonté le sens du courant, puisque les pôles de la pile qui les engendre sont aux deux extrémités de la ligne : on est donc obligé de télégraphier avec un courant toujours dans le même sens, ce qui entraîne l'emploi de signaux télégraphiques très-compliqués. Pour éviter cet inconvénient, MM. Hogé et Pigott ont eu l'idée d'employer, au lieu d'une lame de cuivre et d'une lame de zinc, trois lames de métaux différents d'une nature telle, que l'un de ces métaux fût à la fois électro-négatif et électro-positif par rapport aux deux autres. Ces conditions ont été réalisées avec le cuivre, le fer et le zinc.

A chaque station, MM. Hogé et Pigott enterrent donc trois plaques, cuivre, fer et zinc, en ayant soin de mettre les plaques de fer en rapport avec des conjoncteurs L, L' (fig. 74), reliés à la fois aux appareils télégraphiques T, T' et aux manipulateurs AB, A'B'. Les deux appareils télégra-

Fig. 74.

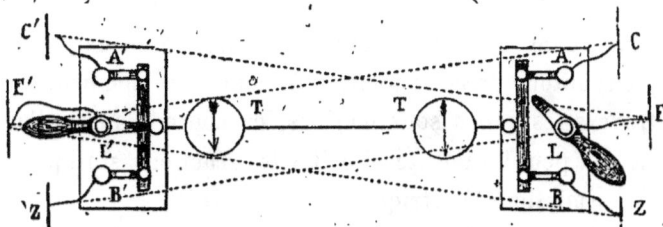

phiques sont d'ailleurs reliés par le fil de ligne, et les deux touches à ressorts A et B de chaque manipulateur correspondent dans chaque station aux plaques cuivre et zinc C, Z. Avec cette disposition, quand on abaisse la touche cuivre A à la station S, le courant passe de A à la lame AB, de celle-ci à l'appareil T, traverse la ligne et le télégraphe T' arrive à A'B', puis au conjoncteur L', puis à la plaque de fer F', et revient à

la plaque C à travers le sol, la plaque de fer étant négative par rapport
à la plaque de cuivre. Quand on abaisse la touche zinc B, le courant part
au contraire de la plaque F′, va au conjoncteur L′, à la lame A′B′, traverse la ligne et les deux télégraphes, passe à travers la lame AB, la
touche B, la lame Z, et revient par le sol à la plaque F′, cette fois électro-
positive par rapport à la plaque Z. Le courant se trouve donc ainsi envoyé
dans les deux sens opposés, suivant qu'on touche l'une ou l'autre des
lames à ressort A et B, et il en serait de même avec les touches A′,B′,
puisque les appareils et les plaques Z,F,C sont symétriquement placés
aux deux stations. Mais il faut avoir soin pour cela que la communication
de la plaque de fer avec le conjoncteur correspondant soit retirée du
poste expéditionnaire, car cette communication n'est faite que pour introduire les appareils dans la ligne, comme cela a lieu quand on met les
appareils à la croix dans les télégraphes ordinaires. Ainsi, quand c'est la
station S′ qui transmet, le conjoncteur L′ ne doit plus toucher la plaque A′B′.

M. Pigott, après de nombreuses expériences, a reconnu que les dimensions des plaques devaient varier avec la longueur des circuits, et que
pour obtenir une même intensité de courant avec des circuits de longueurs différentes, il fallait que les surfaces de ces plaques fussent aug-
mentées dans le rapport des racines carrées des longueurs de ces circuits.

Suivant MM. Hogé et Pigott, ce système télégraphique présenterait
l'avantage d'exiger un moins bon isolement du fil de ligne ; car le courant, ayant franchi la première moitié du circuit, a plus de propension
à continuer sa route vers la station opposée qu'à revenir sur ses pas. Il
pourrait même, dans ce cas, traverser une solution de continuité, pour
peu qu'il y eût autour de cette solution de continuité une couche humide.
Envoyé à travers les lignes sous-marines, ce courant aurait l'avantage,
en raison de son peu d'intensité, d'éviter les réactions statiques si nuisibles aux transmissions électriques.

S'il faut en croire certains journaux anglais, ce système télégraphique
aurait été essayé avec succès entre Southampton et Guernesey. Mais j'a-
voue que ce résultat me paraît très-extraordinaire, car en appliquant ce
système à un télégraphe anglais à aiguilles et employant pour plaques
de transmission des lames de près d'un mètre carré de surface, je n'ai
pu faire fonctionner convenablement l'appareil au delà de 20 kilomètres.
On peut, du reste, trouver tous les renseignements concernant ce télé-

graphe dans une brochure publiée à Londres chez M. Edward Stranford (Charing-Cross), par M. S. Beardomore, et intitulée : *The Globe Tele-graph.*

Pile sous-marine de M. Pigott. — M. Pigott a démontré dernièrement que des réactions du genre de celles que nous venons d'é-tudier peuvent se retrouver dans un câble sous-marin immergé. En réunissant en effet l'âme d'un câble à l'enveloppe de fer qui l'entoure, on obtient un courant électrique appréciable, et ce courant résulte précisément de ce que l'enveloppe isolante du câble jouit d'une sorte de con-ductibilité particulière qui donne lieu au phénomène de condensation dont nous avons parlé page 93, et qui suffit pour placer le câble entier dans les conditions d'un couple voltaïque, dont l'armature protectrice représente l'élément électro-positif, c'est-à-dire l'élément oxydable et le fil du cuivre l'élément électro-négatif. La résistance de l'enveloppe iso-lante du câble représente alors la résistance de ce couple, et a pour expression ainsi qu'on l'a vu page 54 :

$$\rho = \frac{1}{2\pi l \lambda} . \log \frac{R}{r} .$$

D'après cette donnée, l'intensité du courant produit par le câble tran-satlantique serait représentée par :

$$\frac{2644}{18\,412\,700^m} \text{ ou } 0,0001436.$$

Or, ce nombre exprime à peine la quarante millième partie de l'intensité du courant fourni par un seul couple de Daniell agissant sur un circuit sans résistance. On voit par là, qu'il faudrait des appareils bien sen-sibles pour constater les différences d'intensité que pourrait présenter un pareil courant, si, comme l'a proposé M. Pigott, il s'agissait de lui faire fournir des signaux télégraphiques par l'effet d'un renforcement ou d'un affaiblissement dû à l'intervention d'une pile auxiliaire. Cette difficulté serait naturellement encore plus grande sur un câble télé-graphique de moindre longueur que le câble transatlantique, puisque la surface de la gaine isolante serait alors moins grande.

Pile terrestre de M. Lenoir. — De tous les essais tentés pour faire intervenir d'une manière efficace, l'action de la terre dans la pro-duction de courants susceptibles d'être utilisés, aucun n'a fourni de ré-sultats plus complétement satisfaisants, que ceux entrepris en 1871 par M. Lenoir. Ses expériences ont été faites en Belgique sur plusieurs lignes, que M. Vinchent avait eu l'amabilité de mettre à sa disposition, et elles ont pu être poussées jusqu'à une longueur de ligne de 57 kilomètres.

Dans les différents systèmes de piles terrestres que nous avons précédemment passés en revue, le dégagement électrique est fondé uniquement sur l'oxydation du zinc par suite de l'humidité du sol, d'où il résulte que le globe terrestre joue alors le rôle d'un couple voltaïque dont la résistance est représentée par le coefficient de résistance que nous avons assigné au sol dans les transmissions télégraphiques, et varie suivant la grandeur des plaques enterrées. Or, un pareil système de pile, ainsi que nous l'avons déjà dit, ne peut être très-énergique, puisqu'en définitive l'oxydation du zinc par l'eau ordinaire, ne peut jamais développer une grande force électro-motrice. C'est précisément pour donner à ce système de pile, les avantages des piles ordinaires que M. Lenoir a fait les essais dont nous avons parlé, et ces essais lui ont fait en même temps reconnaître d'autres propriétés avantageuses de ces sortes de générateurs électriques sur lesquelles il ne comptait pas.

Le système de M. Lenoir consiste à placer les deux lames zinc et charbon ordinairement employées pour ces sortes de piles, dans des vases poreux de très-grandes dimensions, enfoncés en terre aux deux stations opposées dans un terrain humide, et contenant chacun un liquide différent. L'un de ces liquides, qui correspond au vase poreux dans lequel est immergée l'électrode de charbon, est de l'eau acidulée avec de l'acide nitrique à un degré très-faible. L'autre dans lequel est immergée la lame de zinc n'est que de l'eau salée avec du sel ordinaire. On obtient de cette manière une sorte d'élément Bunsen qui a une force relativement considérable et une constance infiniment plus grande que les piles terrestres dont nous avons parlé. Cette constance, d'après les expériences de M. Lenoir, devrait être attribuée principalement à la présence de l'acide azotique, qui sans doute atténue un peu les effets de la polarisation ; M. Lenoir a en effet observé que sans acide nitrique, le courant produit par cette pile diminue assez promptement d'intensité, mais qu'il suffit *de cinq à six gouttes seulement de cet acide*, pour donner à l'intensité électrique une constance relative très-marquée.

Une conséquence très-importante de l'emploi de ces courants et que M. Lenoir a constatée d'une manière certaine, c'est qu'avec eux l'isolement des fils de la ligne n'a plus besoin d'être aussi parfait qu'avec les piles ordinaires ; il a pu en effet établir sans inconvénient au milieu de la ligne d'essai qu'il avait à sa disposition, une dérivation très-peu résistante à la terre, sans altérer sensiblement la marche de ses appareils. Cet effet se comprend, du reste aisément, si l'on réfléchit que la résistance du sol dans les transmissions télégraphiques pouvant être considérée *comme nulle*, la formule des courants dérivés que nous avons donnée page 155, se trouve réduite à :

$$I = \frac{E\frac{a}{d}}{l\frac{a}{d}} \quad \text{ou} \quad \text{à } I = \frac{E}{l}.$$

Or, cette expression ainsi transformée représente précisément celle qui exprime l'intensité du courant sur un circuit parfaitement isolé.

M. Lenoir a également remarqué qu'avec ces sortes de courants les fils de ligne ainsi que les fils des électro-aimants devaient avoir un diamètre beaucoup plus gros que dans le système des transmissions ordinaires, et cela était d'ailleurs facile à prévoir, puisque la pile ne se composant alors que d'un seul élément a beaucoup moins de tension que les piles généralement employées, et ne peut vaincre, par conséquent, aussi facilement une résistance un peu grande. Mais ce qui s'explique plus difficilement, c'est qu'un fil multiple, c'est-à-dire un faisceau composé de plusieurs fils réunis parallèlement les uns à côté des autres donne des effets beaucoup plus satisfaisants qu'un fils unique d'une section égale à la somme des sections de tous ces fils réunis en faisceau. Cet effet aurait-il une relation avec les expériences de M. Guillemin que nous avons rapportées page 69 ?

Bouées électriques de M. Duchemin. — La mer, par la composition saline de ses eaux, se prête admirablement bien à la construction d'une pile, et l'expérience de M. Kemp, d'Edimbourg, que nous avons rapportée en commençant, tout en prouvant qu'on pouvait transmettre un courant électrique dans un circuit d'une certaine longueur par l'immersion dans la mer d'une lame électro-positive et d'une lame électro-négative, montrait également qu'on pouvait constituer une pile ordinaire avec l'eau même de la mer, en rapprochant les deux lames l'une de l'autre. Cette idée est venue, du reste, à plusieurs inventeurs, et l'on trouve aux brevets d'invention plusieurs descriptions d'appareils imaginés dans ce but ; l'un de ces brevets est même intitulé : *pile pouvant fonctionner dans la mer.*

Les bouées électriques de M. Duchemin sont des piles de ce genre. Ce n'est donc pas la nouveauté de l'invention que nous devrons rechercher dans ces appareils, mais bien les bonnes applications qui en ont été faites, particulièrement à la préservation des coques des navires en fer.

La bouée électrique de M. Duchemin est par le fait un élément de pile de Wollaston formé d'un cylindre de charbon EF, fig. 75, enveloppant une lame de zinc G, le tout maintenu par une traverse de bois sur laquelle se trouvent vissés les appendices polaires A,B et qui est soutenue elle-même par un flotteur en liége ou en bois. Cet élément plonge donc dans la mer, et naturellement les fils isolés qui aboutissent aux appendices polaires doivent transmettre un courant analogue, quant à la force électro-motrice, à celui d'une pile zinc charbon et eau salée, mais beaucoup

Fig. 75.

plus constant, d'abord, en raison de la masse du liquide excitateur qui conserve toujours un même degré de saturation saline, et en second lieu, à cause du mouvement continuel de ce liquide qui dépolarise les électrodes. La force électro-motrice de cet élément peut être estimée à 4406.

M. Duchemin énumère de la manière suivante les applications que ses bouées électriques peuvent recevoir : 1° conservation des coques et des cuirasses en fer des navires, la pile étant placée dans un puits à bord de ces navires et le pôle négatif communiquant à leur cuirasse de fer ; 2° inflammation des mines sous-marines et des torpilles par l'intermédiaire de la bobine de Ruhmkorff ; 3° nettoyage, aussi par l'intermédiaire de la même bobine, des carènes des navires ordinaires, l'expérience ayant montré que quand on a fait communiquer un pôle de la bobine avec la coque, l'autre avec la mer, les moules et autres mollusques se détachent promptement ; 4° transmission par signaux électriques des commandements et des manœuvres à bord des navires ; 5° signalement dans les ports, aux navires qui veulent y entrer, du niveau actuel de la mer ; 6° indication des voies d'eau les plus faibles ; 7° transmission des signaux électriques d'un navire à l'autre par des câbles ou conducteurs volants. La combinaison des bouées avec la bobine de Ruhmkorff et des tubes de Geisseler permettrait de signaler pendant la nuit, en chiffres de feu, les passes dangereuses et de rendre visibles les bouées des entrées des ports, application que M. Brioude, de Rouen, a signalée et poursuit en ce moment.

Dernièrement, c'est-à-dire en 1870, M. Duchemin a eu l'idée d'augmenter considérablement l'énergie électrique de ses bouées, en plongeant les lames de charbon dans des vases poreux remplis de la solution de perchlorure de fer, dont nous avons parlé page 286, et en ayant soin d'entourer ces lames d'une certaine quantité de petits fragments de coke concassé comme dans la pile Leclanché.

Cette disposition a produit de très-bons résultats, mais elle n'est en définitive que la reproduction sous une autre forme de la pile au perchlorure de fer du même auteur.

IV. PILES SÈCHES.

A l'époque où la pile de Volta fut découverte, le développement électrique produit était, comme on l'a vu, uniquement attribué au développement de la force électro-motrice par le simple contact de corps hétérogènes, et comme les rondelles de drap humide étaient alors supposées ne jouer d'autre rôle que celui de conducteurs, on chercha à disposer une pile sans l'intervention d'aucun liquide ; on n'atteignit pas complètement ce but, mais on obtint des organes électriques particuliers auxquels on a donné le nom de piles sèches. MM. Hachette et Desormes remplacèrent d'abord le liquide dans les piles ordinaires par de la colle d'amidon. Deluc,

quelques années après, forma une colonne composée de disques de zinc et
de papier doré d'un côté seulement, entassés les uns sur les autres, le
zinc en contact avec la face dorée. L'humidité du papier suffisait pour
charger la pile. Zamboni, en 1812, construisit une pile du même genre,
mais plus perfectionnée, qui produisit des effets tout à fait remarquables.
Cette pile se composait de milliers de disques de papier dont une des
faces était étamée et dont l'autre était recouverte d'une couche de peroxyde de manganèse broyé avec un mélange de farine et de lait. En entas-
sant tous ces disques les uns sur les autres et les serrant fortement, on
formait un cylindre de papier qui donnait une charge électrique différente
à ses deux extrémités, et cette électricité avait une assez grande tension
pour exercer des effets analogues à ceux de l'électricité statique. Un phénomène bizarre que présentent ces piles, c'est qu'elles cessent de fonctionner au bout d'un certain temps, pour redevenir actives quelques instants
après. On a reconnu que ce phénomène résultait de la déperdition d'humidité du papier, par suite de l'action électrique produite, et, pour éviter
ces intermittences, on coule ordinairement du soufre autour de la pile,
ne laissant à nu que les deux extrémités. Du reste, comme l'électricité
fournie par ces piles est en très-petite quantité, les effets ordinaires des
courants voltaïques sont très-faibles et même souvent inappréciables.
C'est en raison de cela que ces piles n'ont servi jusqu'ici qu'à produire
des mouvements continus au moyen des faibles attractions et répulsions
qu'exercent les électricités accumulées aux deux pôles. On a aussi employé les piles sèches pour augmenter la sensibilité de l'électromètre
condensateur. C'est là une de leurs applications les plus utiles.

Pile de MM. Lacassagne et Thiers. — Il y a une quinzaine
d'années environ (en 1855), tous les journaux de Lyon retentissaient
d'une découverte qui n'aurait été rien moins que la découverte de la
pierre philosophale, si la nouvelle eût été vraie, mais qui ne devait pas
être plus sérieuse que celle du docteur Carosio, dont nous avons parlé
précédemment, puisque jamais on n'en a entendu parler depuis. Cette
prétendue merveille était une pile sèche, imaginée par MM. Lacassagne et
Thiers et qui aurait engendré comme résidu de l'aluminium ; d'où il serait
résulté que non-seulement l'électricité n'aurait rien coûté, mais qu'on se
serait enrichi à la produire.

D'après les journaux de Lyon, ce nouveau générateur d'électricité
fonctionnerait sans eau ni acides. Ces liquides seraient remplacés par des

sels anhydres qu'on ferait passer à l'état de fusion ignée, et pendant cette opération, on verrait se produire d'un côté l'électricité nécessaire pour l'éclairage, de l'autre l'aluminium.

L'appareil serait disposé comme un élément Bunsen, seulement le vase extérieur serait constitué par un creuset en terre réfractaire et le cylindre de zinc par un cylindre de fer ; on remplirait le creuset extérieur avec du sel marin anhydre (chlorure de sodium) et le vase poreux avec du chlorure d'aluminium ou toute autre combinaison de l'aluminium avec un métalloïde. L'appareil étant chauffé au rouge cerise, on verrait les deux sels entrer en fusion ignée, et aussitôt qu'on unirait les deux conducteurs, soudés, l'un au fer, l'autre au charbon, il se produirait une action électrique d'une remarquable puissance. Cette pile aurait encore la propriété, non-seulement d'agir avec une série d'éléments de même nature et d'arriver ainsi à un degré de puissance énorme, mais encore de pouvoir s'accoupler avec des piles d'un autre genre.

Il paraîtrait que l'aluminium se déposerait au fond des vases poreux, après deux heures d'exposition de la pile au feu ; il se présenterait, soit sous la forme de grenailles, soit sous celle d'un culot.

Je ne parlerai pas des récits emphatiques des journaux de Lyon, sur les expériences de MM. Lacassagne et Thiers, je ferai seulement observer que plusieurs personnes qui se sont dérangées tout exprès, pour aller voir, par elles-mêmes, cette pile merveilleuse, et s'assurer de la vérité, non-seulement n'ont rien vu, mais encore n'ont rien pu apprendre de précis à cet égard.

Du reste, en fait de canards de ce genre, rien ne doit étonner, car peu de temps après que la pile précédente avait été lancée dans le public, les journaux politiques retentissaient d'une autre prétendue merveille, de la pile de M. Delalot-Sevin, qui devait fournir la chaleur à meilleur marché que le combustible, et la lumière à un prix infiniment inférieur à celui du gaz. Or, savez-vous à quoi ont abouti ces magnifiques annonces ? à faire vendre au prix de 3f,50 une brochure de 30 pages, dans laquelle on ne trouvait absolument rien, et tout cela venait d'un soit disant Trappiste !!! Quelle mystification.

V. PILES THERMO-ÉLECTRIQUES.

La chaleur, dans certains cas, peut développer de l'électricité. Ainsi, il existe certains cristaux tels que le tourmaline, le topaze, etc., qui étant chauffés donnent des signes très-marqués d'électricité ; Volta avait même reconnu qu'une lame d'argent chauffée inégalement à ses deux extrémités, constituait un élément électro-moteur. Toutefois, ces différentes réactions électriques étaient tellement minimes, que bien certainement on n'aurait jamais eu l'idée de les appliquer utilement, si M. Seebeck, professeur à Berlin, n'avait découvert, en 1821, les conditions dans lesquelles ces sortes de dégagements électriques pouvaient non-seulement se produire, mais encore augmenter de puissance par la multiplication de leurs effets.

En soudant en effet sur une lame de bismuth, les extrémités d'une lame de cuivre recourbée de manière à laisser un certain espace vide entre les deux lames, M. Seebeck put reconnaître qu'en chauffant une des soudures de ce système métallique, une aiguille aimantée, placée entre les deux lames, se trouvait déviée, et cela d'autant plus que la différence de température entre les deux soudures était plus grande ; en même temps il reconnaissait que le courant ainsi produit se dirigeait toujours de la soudure chauffée à la soudure froide. Il devait naturellement en conclure que, dans ces conditions, l'accouplement de deux métaux différents soudés ensemble constituait un véritable élément de pile, et que, par suite, on pouvait en accumuler les effets, en réunissant à la manière d'une pile ordinaire, plusieurs éléments ainsi constitués. Telle fut l'origine des piles thermo-électriques qui, dans ces derniers temps, ont produit des effets si importants et si remarquables (1).

Depuis l'époque de la découverte de Seebeck, la question des courants thermo-électriques a été longuement et fréquemment étudiée, et on a reconnu que non-seulement ces sortes de courants pouvaient naître de l'accouplement de métaux différents, mais encore qu'ils pouvaient être le résultat de l'échauffement inégal de deux parties d'un même métal placé dans certaines conditions, ainsi que l'avait annoncé Volta. Dès lors, l'explication des phénomènes devenait facile, car en procédant par voie de déduction, on pouvait dire : 1° que ces sortes de courants ne pouvaient naître d'un effet de contact, puisqu'un même métal pouvait les produire ;

---

(1) Depuis que la théorie du contact est redevenue à la mode, surtout en Allemagne, on explique le développement électrique dans les piles thermo-électriques par des actions de contact. M. Avenarius a publié sur cette question des mémoires très-intéressants, dont on pourra lire un résumé dans les *Mondes*, tome 4, p. 34.

2° qu'ils ne pouvaient pas non plus naître d'une action chimique, puis-que suivant M. Becquerel, ils peuvent se produire dans le vide ou dans l'hydrogène ; on se trouvait donc naturellement conduit à conclure que c'est à l'inégale propagation du calorique à travers les différentes parties d'un circuit disposé de cette manière qu'il fallait les attribuer.

Le pouvoir électro-moteur des différents couples thermo-électriques est bien différent, suivant la nature des métaux qui les constituent. En formant des circuits de différents métaux, dont une soudure était portée à 20 degrés, tandis que l'autre était maintenue à zéro, M. Becquerel a pu ranger les métaux dans l'ordre croissant de leur pouvoir thermo-électrique, savoir : bismuth, platine, argent, étain, plomb, cuivre, or, zinc, fer et antimoine ; chacun étant positif avec ceux qui le précèdent, et négatif av ecceux qui le suivent.

Suivant M. Becquerel, la chaleur aurait pour effet de détruire l'équilibre du point chauffé et de provoquer dans le circuit, à partir de ce point, un double courant dirigé dans deux sens différents. Dans un métal ho-mogène, ces deux courants ne peuvent manifester leur présence, l'effet de l'un étant détruit par l'effet de l'autre, mais dans un circuit non homogène, la conductibilité calorifique n'étant plus la même, l'un de ces deux courants devient prépondérant et manifeste sa présence. Or, dans ces conditions, le courant différentiel doit être d'autant plus intense que les métaux soudés l'un à l'autre présentent plus de différence par rapport à leur pouvoir thermo-électrique.

Les courants thermo-électriques ont une tension infiniment moins grande que les courants hydro-électriques ; mais comme leur résistance intérieure est par le fait extrêmement petite, pour ne pas dire nulle, ils peuvent avoir une très-grande intensité, c'est pourquoi on est obligé, quand on fait des expériences avec ces sortes d'appareils, d'avoir recours à des rhéomètres ou galvanomètres à gros fil.

La première pile thermo-électrique a été composée par MM. Œrsted et Fourier ; elle se composait d'une suite de petits barreaux de bismuth et d'antimoine soudés à la suite les uns des autres en ligne droite ou en cercle de deux en deux soudures. Les barreaux de bismuth se termi-naient par une partie coudée qui plongeait dans de la glace à zéro, tandis que les autres soudures étaient portées à une température de 200 à 300 degrés à l'aide de petites lampes.

M. Nobili a modifié cette forme fort incommode et encombrante, en repliant sur elle-même en zigzags et sur ses soudures la chaîne de barreaux bismuth et antimoine, de manière que toutes les soudures de même espèce par rapport à la superposition respective des métaux fussent d'un même côté. En réunissant l'une à côté de l'autre et de la même manière plusieurs chaînes ainsi disposées, après avoir eu soin de les faire communiquer métalliquement ensemble par les extrémités et les avoir soigneusement isolées les unes des autres (avec du papier vernis) aussi bien que les barreaux eux-mêmes, M. Nobili est parvenu à faire entrer dans un cube de 2 centimètres de côté 50 éléments. Les pôles de cette pile, constitués l'un par le premier barreau d'antimoine de la pile, l'autre par le dernier barreau de bismuth, se présentent, par l'intermédiaire d'un petit prolongement métallique isolé, au-dessus de la boîte de cuivre qui leur sert d'enveloppe, et cette boîte est ouverte sur deux côtés, de manière à laisser à découvert les deux faces du cube occupées par les soudures, lesquelles se trouvent recouvertes d'un enduit noir pour mieux absorber la chaleur.

Les avantages des piles thermo-électriques sont faciles à saisir, d'abord elles sont d'une merveilleuse constance, puisqu'elles ne varient qu'avec la différence des températures des soudures, et qu'il est toujours facile d'obtenir deux températures constantes 0 et 100 degrés, au moyen d'un bain d'eau légèrement glacée et d'un bain d'eau bouillante ; nous avons déjà vu que cette propriété avait été utilisée pour la détermination des constantes voltaïques et pour la vérification des lois des courants ; en second lieu, étant munies d'un galvanomètre convenablement disposé, elles peuvent tenir lieu d'un thermomètre excessivement sensible dans une foule de recherches scientifiques, entr'autres dans celles que l'on peut faire sur la polarisation de la chaleur, d'après la méthode de M. Melloni, et sur les températures à l'intérieur du sol, d'après la méthode de M. Becquerel.

Nous verrons plus tard qu'on les a utilisés dans beaucoup d'autres cas et même dans les applications industrielles. En attendant, nous allons passer en revue les différents perfectionnements qu'on leur a apportés.

Pile thermo-électrique de MM. Marcus et Farmer (argent allemand, alliage d'antimoine, de zinc et de bismuth). — M. Marcus ayant constaté que la puissance d'une pile thermo-électrique est grandement accrue quand on prend pour la former des alliages métalliques multiples au lieu de métaux simples, et surtout quand on soumet ces alliages à des fusions successives (fait qui s'explique par la destruction de la structure cristalline de la masse métallique qui s'opère alors), a construit une pile avec deux alliages métalliques, composés l'un de nickel de cuivre et de zinc (alliage connu sous le nom *d'argent allemand*), l'autre d'antimoine, de zinc et de bismuth (ce dernier n'entrant que dans la proportion de 1 à 18). Cette pile se trouvait disposée de manière que les soudures homologues pussent être chauffées chacune par un petit bec de Bunsen.

Une pile de 30 éléments, construite par M. Wheatstone, d'après ce système, a fourni des étincelles brillantes au moment du contact des rhéophores. Un fil de platine, placé entre ces rhéophores, a pu devenir incandescent et même se fondre sur une longueur de 1 centimètre ; l'eau d'un voltamètre était décomposée ; une pièce de monnaie se recouvrait en quelques secondes d'un dépôt d'argent ; un électro-aimant rendu actif par le courant a porté plus de 50 kilog. Cette pile, enfin, qui avait l'intensité de deux éléments de Daniell, a produit des étincelles brillantes par l'intermédiaire d'un appareil de Ruhmkorff (1).

Une pile du même genre a été aussi construite par M. Ladd, qui a pu faire fonctionner avec elle la grande bobine d'induction de Ruhmkorff et lui faire produire des étincelles de 38 millimètres de longueur. Il est vrai que la même machine donnait des étincelles de 279 millimètres avec 6 éléments de Grove, mais l'aimantation du fer doux de l'électro-aimant était très-forte. Avec une armature très-étroite de 12 millimètres 1/2, qui touchait sa surface sur une longueur de 76 millimètres environ, la force d'adhésion était de plus de 26 kilog. (2).

M. Farmer, de Boston, a présenté également, en 1868, une pile analogue à celle de M. Marcus, qui a produit de fort beaux résultats pour la réduction des métaux et la création de courants uniformes et constants. Dans cette pile, les lames positives sont constituées par un alliage de 10 parties de cuivre, 6 de zinc et 6 de nickel ; elles s'étendent au dehors, de manière à recevoir l'influence rafraîchissante, et les lames négatives sont formées par un alliage de 12 parties d'antimoine, 5 de zinc et 1 de bismuth. Les deux métaux sont vissés l'un dans l'autre, de sorte que leurs jonctions inférieures peuvent être chauffées par un bec de gaz et les jonctions supérieures refroidies par un courant d'eau.

---

(1) Voir les *Mondes*, tome 8, p. 376.
(2) Voir les *Mondes*, tome 10, p. 519.

Piles thermo-électriques de M. Bunsen au pyrite de cuivre et à la pyrolusite. — En raison des propriétés thermo-électriques toutes particulières que présentent le pyrite de cuivre (sulfure de cuivre et de fer), et la pyrolusite (peroxyde de manganèse), qui les placent au-dessus du bismuth, dans la série des corps les plus propres à développer le pouvoir thermo-électrique, M. Bunsen a eu l'idée de faire tailler ces substances en plaques et de constituer avec elles, des couples thermo-électriques, en les alliant, l'une (le pyrite de cuivre) avec du cuivre, l'autre la pyrolusite avec un alliage d'antimoine et d'étain.

La pile au pyrite de cuivre est constituée avec des plaques de cette matière, longues de 70 millimètres, larges de 40 et épaisses de 7, dans lesquelles sont insérées, vers les deux extrémités de leur longueur et à 35 millimètres l'une de l'autre, deux clavettes de cuivre, de forme un peu conique, dont le moyen diamètre est de 9 millimètres et qui doivent être recouvertes d'un dépôt de platine platiné. Ces barreaux sont disposés de manière à ce que les clavettes métalliques placées à leur partie supérieure puissent, en se prolongeant, être introduites dans la partie non lumineuse de la flamme d'un bec de gaz, et que la partie inférieure avec les clavettes qui s'y trouvent adaptées puissent plonger dans de l'eau froide ou être tout au moins refroidies avec de l'eau. En fermant ensuite le circuit par la réunion métallique des deux clavettes, on obtient un courant assez intense et qui est très-constant, si on a soin de défendre la flamme de toute fluctuation anormale. La force électro-motrice de cette pile dans ses conditions les plus favorables (c'est-à-dire avec un échauffement voisin du point de fusion de l'étain, d'une part, et une température de 60 degrés, d'autre part) est à celle de l'élément Daniell comme 1 : 9,7 ; sa résistance est 0,72 de celle de ce même élément.

Au-dessus de la température dont nous venons de parler, la pile courerait risque d'être altérée, mais sa force augmenterait encore si on poussait plus loin l'échauffement. Quoiqu'il en soit, dans ces conditions, le couple de M. Bunsen est 10 fois plus fort que le couple bismuth et antimoine chauffé à 0 et 100 degrés (1).

La pile à la pyrolusite associée au platine peut fournir une force élec-

---

(1) Le pyrite de cuivre ne conserve ses propriétés thermo-électriques aussi caractérisées, qu'autant qu'il n'a pas été fondu.

tro-motrice représentant le dixième de celle d'un élément Daniell ; elle a
sur la précédente l'avantage de pouvoir être chauffée à une haute température, sans qu'on ait à craindre que la chaleur décompose le minerai.
Seulement, la résistance est environ 18 fois plus grande que celle de l'élément Daniell. Cette pile se construit avec de petits cylindres de pyrolusite
de 6 millimètres de diamètre sur 5 centimètres de longueur, taillés
dans des fragments de ce minerai et dont les extrémités sont enveloppées avec des fils de platine. La jointure qui doit être chauffée est pro-
tégée par une espèce de clavette de mica, tandis que l'autre jointure
plonge dans l'eau froide.

La pile de M. Bunsen au sulfure de cuivre a été construite par
M. Ruhmkorff de la manière suivante : les couples sont formés de plaques
de sulfure de cuivre à l'état naturel, de 9 centimètres de longueur sur
4 de largeur et 8 millimètres d'épaisseur, percées à leurs deux extrémités de trous pour recevoir des montants de cuivre rouge soudés à des
tiges massives de ce même métal. Les tiges en rapport avec celles des
extrémités des plaques de sulfure qui doivent être chauffées dans la
flamme du gaz, sont horizontales ; les autres tiges sont verticales et plongent dans de l'eau à la température ordinaire ou dans de la glace pour
maintenir la seconde extrémité des plaques à une basse température.

Suivant M. Bunsen, le pyrite de cuivre préparé fond à la température
du rouge intense et en fondant il perd beaucoup de son pouvoir thermo-
électrique, qui le ramène bien au-dessous du bismuth dans la série des
tensions, et c'est pour cela qu'il préfère le minerai à l'état naturel.
Toutefois, M. Ed. Becquerel ne paraît pas être de cet avis, car dans la
pile qu'il a proposée et que nous allons décrire, il emploie du sulfure
fondu et prétend développer, en associant cette substance au maillechort,
une force électro-motrice supérieure à celle de l'élément dont nous parlons.

**Pile thermo-électrique de M. Ed. Becquerel (sulfure
de cuivre et maillechort).** — Cette pile se compose de barres de
sulfure de cuivre fondu et de barres de maillechort ou argentan, mais les
soudures sont disposées de manière que ce sont les lames métalliques de
maillechort qui supportent l'action de la chaleur, laquelle, comme dans
la pile précédente, est produite par des becs de gaz. Ce n'est donc que
par la simple conductibilité du métal que le sulfure de cuivre se trouve
échauffé. Il est nécessaire, ajoute M. Becquerel, d'encastrer l'extrémité
du barreau de sulfure de cuivre à l'aide de petites lames de maillechort

fixées à vis, afin que la flamme du bec de gaz ne vienne pas griller et réduire le sulfure.

L'élément de M. Ed. Becquerel, composé de barres métalliques de 8 centimètres de longueur sur 2 centimètres carrés de section, chauffées à une température de 360 degrés, a une force électro-motrice qui atteint environ le huitième de celle d'une pile de Daniell, c'est-à-dire 747. C'est une force qui est plus du double de celle du couple thermo-électrique à alliage d'antimoine. Par chaque 100 degrés de différence de température, cette force électro-motrice va à peu près en doublant jusqu'à 450 degrés, mais au delà elle diminue, et cela d'autant plus qu'on s'approche du point de fusion de la matière. En raison de la mauvaise conductibilité du sulfure de cuivre, la pile de M. Becquerel est beaucoup plus résistante que les autres. Ainsi, cette résistance est représentée pour un élément par 287 mètres de fil télégraphique de 4 millim., tandis que la résistance d'un couple à alliage d'antimoine est représentée par 4 mètres environ.

M. Becquerel prétend qu'avec une pile de 30 éléments, chauffés à une température de 350 à 400 degrés, il a pu décomposer rapidement de l'eau acidulée et faire rougir un petit fil de platine ; cette pile a même pu marcher toute une semaine d'une manière continue, sans diminution sensible d'intensité.

Pour obtenir les barreaux de sulfure de cuivre fondu, on place au fond d'un creuset en terre, préalablement chauffé au rouge sombre, des fragments de soufre (100 ou 200 gr.). Ces fragments ne tardent pas à fondre et à entrer en ébullition ; on plonge alors dans la vapeur de soufre de fortes lames de cuivre préalablement chauffées au rouge sombre, et la réaction ne tarde pas à s'effectuer entre les corps. Quand on voit que la vapeur de soufre va disparaître, on retire la lame couverte de sulfure, on la fait refroidir en la plaçant pendant un instant dans de l'eau pour éviter le grillage du sulfure au contact de l'air, puis on détache le sulfure formé à la surface de la lame. Le sulfure est ensuite fondu dans un creuset, puis coulé en barreaux ou en plaques. La température de fusion du sulfure est à peu près la même que celle de l'or, elle est comprise entre 1030 et 1040 degrés ; toutefois, on peut la rendre plus faible en ajoutant au sulfure de cuivre une petite quantité de sulfure d'antimoine ; la force du couple n'en souffre pas d'une manière sensible.

Dans cette pile, le sulfure est positif et joue le rôle de l'antimoine des piles ordinaires.

Piles thermo-électriques de MM. Mure et Clamond (fer et galène). — Des différentes piles thermo-électriques jusqu'ici imaginées, celle de MM. Mure et Clamond réunit le mieux les conditions d'économie, de solidité et de force nécessaires pour une bonne application. D'abord, la fabrication de ce nouveau générateur est faite sur une grande échelle et dans des conditions commerciales très-avantageuses, mais ce qui est plus important, cette pile peut être disposée de manière à être mise en action, soit par un chauffage au gaz, soit par un chauffage au pétrole, soit même par un chauffage au coke. Les éléments qui constituent chaque couple, le fer, la galène ou sulfure de plomb (taillée mécaniquement), sont d'ailleurs tous les deux très-répandus dans la nature ; ils sont tous les deux presque réfractaires et inattaquables aux températures très-élevées, et tous les deux à bas prix. Comme 60 couples de cette pile peuvent fournir une force électro-motrice équivalente à celle de deux éléments de Bunsen, on peut admettre que, dans ces conditions, la pile thermo-électrique peut être employée concurremment avec les piles hydro-électriques, sous le rapport de l'intensité électrique développée, mais dans des conditions beaucoup plus économiques, puisque les éléments ne s'usant pas, le développement électrique est produit au prix d'une combustion peu coûteuse (1).

Comme la disposition de la pile de MM. Mure et Clamond varie suivant le système de chauffage adopté, nous allons décrire séparément les trois systèmes.

Système au chauffage au gaz. — Dans cette disposition, comme du reste dans toutes les autres, les éléments sont assemblés circulairement, de manière à former une couronne ou cylindre creux au centre duquel se produit l'action calorifique, et en superposant l'une au-dessus de l'autre plusieurs couronnes d'éléments ainsi disposées, on peut constituer une

---

(1) Suivant MM. Mure et Clamond, avec une dépense de gaz de 150 mètres par heure, et une pile de 60 éléments, le poids du cuivre déposé en une heure peut être estimé à 3 grammes 3 décigrammes, les électrodes de cuivre mesurant 72 centimètres carrés de superficie, et étant distants l'un de l'autre de 1 centimètre. Il en résulterait que le kilog. de cuivre déposé par ce système, reviendrait à 11^f,80, à Paris, où le prix du gaz est 30 centimes le mètre cube, et à 7^f,85 à Londres, où le prix du gaz n'est que de 20 centimes. Si on ne considère que le prix de revient du gaz, le kilog. de cuivre ainsi déposé ne reviendrait pas à plus de 4 francs. C'est un résultat fort étonnant et auquel on n'aurait pas voulu croire il y a quelques années.

pile aussi puissante qu'on peut le désirer. Les figures 76 et 77 ci-dessous représentent la vue perspective et la coupe d'une pile de 60 couples.

Dans la figure 76, les différentes couronnes d'éléments s'aperçoivent en E, elles sont maintenues par des brides de cuivre et l'une de ces brides porte les deux boutons d'attache des rhéophores I,I'. F représente la

Fig. 77.

Fig. 76.

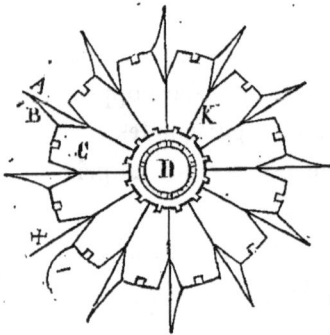

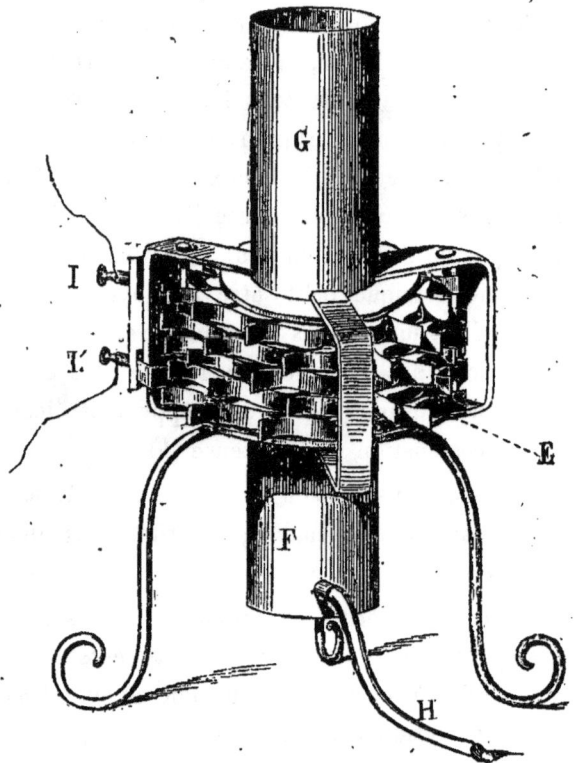

partie inférieure du fourneau auquel aboutit le tube en caoutchouc H qui amène le gaz, et G la cheminée d'appel à laquelle peut être adaptée une allonge pour augmenter le tirage du fourneau.

La figure 77 montre la manière dont les éléments galène et fer sont disposés dans chaque couronne. A sont les lames de fer qui sont soudées à l'extrémité intérieure des barreaux de galène ou de sulfure de plomb C, et qui en se recourbant en B viennent se souder de nouveau à l'extérieur de ces mêmes barreaux. K sont des lames de mica placées entre les couples pour les isoler les uns des autres. Enfin D est le brûleur formé de deux tubes concentriques, criblés de trous. Par l'ouverture annulaire arrive le gaz ; par l'ouverture centrale arrive l'air.

Pour comprendre l'importance de cette disposition du brûleur, il faut considérer que, par la manière même dont il est construit, la flamme du gaz arrive sur les soudures des divers éléments, comme des jets de chalumeau. On pourra se faire une idée exacte de l'effet qui se produit par l'inspection de la fig. 78 ci-dessous, qui représente la coupe verticale de l'appareil.

Les deux tubes concentriques sont représentés en D et en B. Le tube

Fig. 78.

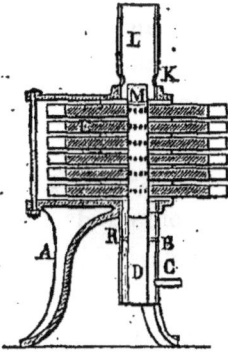

D est ouvert à sa partie inférieure et se trouve surmonté d'un cylindre creux M en terre réfractaire, percé de trous sur sa surface convexe, de manière à ce que ces trous correspondent aux barreaux à échauffer. Un diaphragme R sert à mieux répartir le gaz dans l'espace annulaire. La cheminée d'appel est représentée en L; elle est percée à sa base de trous K, enveloppés d'un manchon en verre qui permet d'observer la combustion.

On allume par un des orifices K le gaz qui arrive, et quand les rallonges de la cheminée sont placées, l'air est aspiré et monte par le tube D pour sortir par les trous du cylindre M ; il fait alors irruption dans le gaz et détermine devant chaque trou un jet ardent qui est projeté sur les soudures. On règle, au moyen du robinet de la prise de gaz, la flamme de manière à ce qu'elle ne dépasse pas la partie supérieure du cylindre M. Ce brûleur rougit fortement et c'est pourquoi il est fait en terre réfractaire.

Dans l'origine, cette partie de l'appareil était faite en tôle de fer, mais au bout d'un certain temps, elle se trouvait tellement corrodée et rongée, que l'appareil était promptement mis hors de service. C'est précisément ce qui est arrivé dans la pile que M. Becquerel avait présentée à l'Académie des sciences et dont il n'avait pas obtenu alors de bons résultats, à en juger d'après les termes de son rapport (1).

_____

(1) D'après ce rapport, cette pile n'offrirait rien de nouveau et serait moins énergique que la pile dont nous avons donné la description précédemment ; elle perdrait de plus en plus de son énergie à mesure qu'elle fonctionnerait, et à une température élevée, cette énergie diminuerait encore par suite de l'altération des surfaces et du grillage de la galène. Enfin, le travail produit par cette pile serait trois fois plus coûteux que celui des piles hydro-électriques.

Quand MM. Mure et Clamond vinrent à démontrer cette pile, ils trouvèrent en effet le brûleur complétement détruit, mais les éléments étaient
tout à fait intacts, parce que les trois causes qui pouvaient amener leur
altération se trouvent évitées dans la disposition donnée par MM. Mure
et Clamond. Ainsi, le grillage de la galène ne peut avoir lieu, ainsi que l'a-
vait cru M. Becquerel, parce qu'elle n'est pas en contact avec la flamme,
et qu'en outre la combustion se fait dans un milieu de gaz réducteur
et non oxydant ; la réduction de la galène ne peut pas également avoir
lieu, car cette réduction ne peut s'opérer que quand la galène est fondue,
c'est-à-dire à une température de 1100° ; enfin, la galène ne peut se décomposer sous l'influence du courant, car elle conduit relativement bien
l'électricité. Du reste, s'il y avait une action chimique, échangée entre
le fer et la galène, le courant produit serait de sens contraire au courant thermo-électrique et il en résulterait que celui-ci aurait pour effet
de s'opposer à la réaction.

Les plus grandes batteries que MM. Mure et Clamond ont construites d'après le système que nous venons d'exposer, ont été de 150
grands couples, dont l'intensité était équivalente à celle de 5 éléments
Bunsen (moyen modèle), et de 560 petits couples disposés en tension,
fournissant une intensité équivalente à celle de 60 éléments Daniell. La
dépense est d'environ 800 litres de gaz par heure dans les deux cas.

Système au chauffage au pétrole. — La figure 79 représente la coupe
d'une pile établie d'après ce système. Le brûleur et le mode de chauffage
sont les mêmes que dans la pile précédente, il n'y a que le *gazificateur*
en plus.

La pile est portée sur le récipient à essence quand elle est petite ; lorsqu'elle est grande, le gazificateur est placé à côté. Le principe sur lequel
on s'est appuyé pour gazifier le pétrole est celui-ci : si la flamme produite par une lampe à pétrole brûle dans un espace resserré et clos, elle
y brûle incomplétement et le courant d'air qu'elle provoque entraîne
beaucoup de vapeurs combustibles qui jouent le rôle du gaz ordinaire. Le
problème à résoudre pour l'application du pétrole à l'appareil que nous
avons décrit est donc de développer dans le gazificateur la plus grande
quantité de ces vapeurs combustibles par une combustion insuffisante, et
de faire arriver ces vapeurs dans l'espace annulaire du brûleur, afin
qu'elles puissent y produire le même effet que le gaz ordinaire. C'est
ce à quoi on est parvenu au moyen du dispositif représenté fig 79.

A est le récipient d'essence de pétrole qui se remplit par l'orifice B ; T est un tuyau en cuivre qui supporte la pile et qui est percé en M de six trous, qu'une coulisse K peut fermer ou ouvrir plus ou moins. C est une mèche en amiante plongeant dans le liquide, et enfermée dans un tube D, qui laisse la mèche à nu en face des trous M. On allume par ces trous après avoir abaissé la coulisse K ; la mèche s'enflamme et développe, par suite de l'exiguité de l'espace où elle se trouve renfermée, une grande quantité de vapeurs combustibles qui montent et se rendent en face du brûleur R, qui a sa prise d'air en O, O au moyen de deux petits tubes. On enflamme le gaz de pétrole comme le gaz ordinaire et on règle la flamme de la même manière au moyen d'une clef N. Ce système a pour effet de brûler l'essence du commerce sans résidus, sans odeur ni fumée. La partie liquide brûlée en M est d'ailleurs très-petite.

Fig. 79.

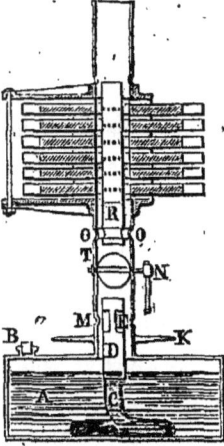

La dépense d'une pile de 72 couples (petit modèle) est de 60 grammes à l'heure.

Système au chauffage au coke. — Le problème, dans ce système de chauffage, ne laissait pas que d'être assez compliqué, car il fallait utiliser la chaleur produite par le coke de la même manière que pour le gaz et le pétrole, et il fallait de plus avoir une alimentation régulière et continue, afin que le courant fût lui-même continu.

Pour résoudre ce problème, MM. Mure et Clamond ont donné à leur appareil des dimensions beaucoup plus grandes et ont dû adapter au fourneau un double système de grilles, dont on voit le dispositif dans la figure 80.

La grille A, composée de barreaux circulaires, est à charnière et peut s'ouvrir au moyen du verrou B; l'autre grille C est cylindrique et concentrique à la pile; et la grille A en est le fond. Cette dernière est surmontée d'un alimentateur en tôle conique se fermant au moyen d'un couvercle R, dont le rebord s'enfonce dans une rainure S, remplie de sable fin, afin de fermer hermétiquement. La pile est de plus surmontée d'une cheminée de même hauteur que l'alimentateur et cette cheminée porte en OO de petits trous pour observer la flamme, et en N de grands trous pour l'échappement des gaz provenant de la combustion. Le tirage se règle au moyen d'une coulisse se manœuvrant avec deux poignées K. Voici comment l'appareil fonctionne.

On ferme d'abord la coulisse K et on ouvre le couvercle R ; on place sur la grille A des copeaux et du menu bois, puis un peu de charbon de bois ; enfin on jette plusieurs pelletées de coke et on allume les copeaux avec un papier par dessous la grille. Le tirage se faisant verticalement, le coke ne tarde pas à s'allumer et quand il est bien embrasé, on remplit l'alimentateur, ou plutôt on n'y met que la quantité de coke voulue pour le nombre d'heures que l'appareil doit fonctionner. On ferme alors le couvercle R bien soigneusement, on ouvre la coulisse K et le courant d'air changeant alors de sens, la flamme passe à travers le cylindre grillé C et vient lécher les barreaux thermo-électriques, comme dans la première pile. La coulisse K règle la combustion, l'alimentateur fournit le combustible, et il suffit de recharger toutes les 10 heures.

Fig. 80.

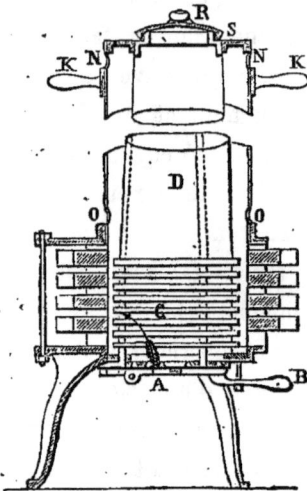

Ce système ne peut s'employer que pour les grandes batteries. Une batterie de 150 couples de la force de 5 éléments Bunsen ne dépense que un kilog. de coke à l'heure, soit environ 3 centimes. On voit par là l'énorme économie que ce chauffage réalise.

MM. Mure et Clamond construisent en ce moment, dans ce système, des batteries de 1500 grands éléments, qu'ils prétendent être de la force de 50 éléments Bunsen. Si, comme tout le fait espérer, la dépense se produit dans le même rapport que dans le cas précédent, la dépense sera environ de 30 centimes par heure et la pile thermo-électrique pourra ainsi devenir une source économique de lumière électrique. Du reste, d'après les expériences de MM. Mure et Clamond, il paraîtrait que la quantité d'électricité dégagée dans les conditions de construction de leur pile, dépend de la section des barreaux et croît proportionnellement aux carrés de ces sections ; on peut donc calculer les dimensions de ces piles pour telle intensité qu'il convient, et, comme les couronnes d'éléments peuvent, par un dispositif très-simple, être accouplées en tension, en quantité ou en séries, il devient facile de les

approprier à telle application électrique qui peut se présenter (Voir les
Mondes, t. 21, p. 207).

Pile pyro-électrique de M. Buff (zinc et laiton). — En
faisant des expériences sur la conductibilité du verre chauffé, M. Buff
est arrivé à construire une pile où le verre remplace le liquide électrolytique, mais non de la même manière que dans la pile de M. Becquerel. Il
place les uns sur les autres et dans le même ordre des disques de zinc
et des disques de laiton séparés par de minces plaques de verre ; puis, au
moyen d'un fil de platine, il unit le premier et le dernier disque qui couvrent les plaques de verre, formant ainsi une véritable pile à colonne, haute
de 4 centimètres. Comprimant ensuite les plaques, afin de les soumettre au
courant d'air chaud d'une lampe d'Argand, il obtient pour résultat une
divergence de 10 millimètres dans l'électroscope à feuilles d'or ; les disques une fois échauffés, un contact de quelques secondes peut produire
une divergence d'au moins 35 millimètres.

Cette pile, employée en diverses occasions, n'avait rien perdu de sa
force électro-motrice au bout de cinq mois.

Quoique M. de la Rive ne le dise point, le sens du courant dans cette
pile doit être le même que dans celle de M. Becquerel, où il va du fer au
cuivre à travers le verre, c'est-à-dire que dans celle de M. Buff, il doit se
diriger du zinc au laiton dans la pile.

**Pile thermo-électrique de M. Gaugain (bismuth-cui-
vre).** — Les couples de la batterie thermo-électrique dont M. Gaugain
s'est servi pour les expériences qu'il a faites sur les piles à l'administration des lignes télégraphiques, sont formés de barreaux de bismuth et de
barreaux de cuivre disposés en fer à cheval et qui n'ont que 3 millimètres
de diamètre ; ils sont fixés les uns à côté des autres sur une traverse
de bois qui permet de les soulever ou de les plonger d'un seul coup dans
les bains qui doivent fournir l'effet thermo-électrique. Ces bains sont
généralement composés d'eau de pluie, à la température ambiante pour
les soudures froides, et de paraffine chauffée au bain marie pour les soudures chaudes. La paraffine isole mieux qu'aucune autre substance et
elle a l'avantage de ne pas dégager d'odeur à la température de 100°.
Inutile de dire que ces bains sont contenus dans des auges de la longueur de la pile et que l'auge pour la paraffine est double pour se prêter
au mode d'échauffement que nous avons signalé. On peut trouver une
description détaillée de cette pile dans les *Annales de chimie* de 1862.

Pile thermo-électrique de M. Arnould Thénard (fer et fonte). — Cette pile, plutôt théorique que pratique, a pour éléments constituants le fer et la fonte qui, comme l'a démontré M. Joule, sont de signes opposés l'un par rapport à l'autre dans les actions thermo-électriques.

Cette pile est construite en barreaux carrés de 1 centimètre de côté et de 29 centimètres de longueur ; chaque barreau contourné en fer à cheval va par un talon se souder au talon du barreau suivant, de façon que toutes les soudures chaudes sont sur la même ligne et les soudures froides sur une autre ligne parallèle à la première.

L'intervalle vide entre les soudures chaudes et les soudures froides est de 10 centimètres ; l'intervalle vide entre les soudures de même ligne, de 1 centimètre.

Pour fonctionner, cette série de fers à cheval est plongée dans deux petites auges parallèles et horizontales, remplies l'une d'eau ou d'huile chauffée par des lampes à alcool, l'autre de glace.

M. Thénard a construit encore deux autres piles, constituées par des barreaux de fer et de bronze d'une part et par des barreaux de fonte de fer et de bronze d'autre part. La direction du courant était naturellement inverse dans ces deux piles. Dans la première (fer et bronze) le courant va de la soudure froide à la soudure chaude, dans la seconde (fonte et bronze) de la soudure chaude à la soudure froide.

Enfin, pour clore cette liste déjà nombreuse des piles thermo-électriques, nous citerons encore celle nouvellement combinée par M. F. Noé, de Vienne, qui paraît plus intense que celle de M. Marcus et d'un plus petit volume. On peut la chauffer à volonté avec une lampe à esprit de vin ou à gaz. Dans ce dernier cas, on n'y adapte pas d'appareil réfrigérant humide, ce qui simplifie la manipulation. La pile qui est de 72 éléments est subdivisée en 4 groupes, reliés entre eux par un rhéophore à ressort, qui permet à un moment donné de la subdiviser en 8 groupes simples ou en deux groupes doubles.

La force électro-motrice d'un élément isolé correspond à peu près à $\frac{1}{9}$ de celle de l'élément Daniell et la résistance ne dépasse 0,054 d'une unité Siémens. La pile de 72 éléments a pu faire fonctionner des appareils Ruhmkorff de dimension moyenne (1).

_____

(1) Voir les _Mondes_, tome 24, p. 445.

Nous mentionnerons également la pile dite *thermo-solaire* de M. Jobert, dont les éléments maillechort et fer sont mis en action, sans aucune dépense de combustible, par la projection et la concentration des rayons solaires sur l'une des séries de soudures de la pile à l'aide d'un appareil à réflecteur électro-mobile analogue à un héliostat.

APPENDICE AU CHAPITRE DES PILES HYDRO-ÉLECTRIQUES.

Nous avons vu, page 365, que pour éviter les inconvénients d'une préparation particulière du liquide excitateur des piles à bichromate de potasse, M. Chutaux avait été conduit à composer un sel solide de bichromate de potasse, contenant l'acide sulfurique nécessaire pour qu'étant dissous dans de l'eau, il pût fournir immédiatement et sans autre préparation, la solution excitatrice. Ce sel, toutefois, n'ayant pas été constitué dans les conditions chimiques voulues pour fournir une véritable combinaison chimique, n'avait produit, comme on l'a vu dans la pile à liquides libres, que des résultats notablement inférieurs à ceux que l'on obtenait avec les solutions acides. Or, MM. Voisin et Dronier, en traitant la question au point de vue des équivalents chimiques, sont arrivés à des résultats beaucoup plus satisfaisants, car les sels solides qu'ils préparent fournissent, par leur simple dissolution dans l'eau, un liquide aussi énergique que la solution de bichromate acidifiée dans ses meilleures conditions d'action, mais plus constant dans ses effets.

Ce sel, qui a pour formule $KO, SO^3 + (7SO^5, HO) + KO, 2CrO^5$, est constitué par un équivalent de sulfate de potasse, 7 équivalents d'acide sulfurique et 1 équivalent de bichromate de potasse. On commence par dissoudre à chaud le sulfate de potasse dans l'acide sulfurique, et on y ajoute ensuite lentement le bichromate; le refroidissement entraîne la solidification de la masse, et on la coule avant ce refroidissement dans des moules disposés de manière à ce qu'elle puisse en être facilement retirée. Cette masse est ensuite divisée en menus fragments, qui sont alors d'un rouge vermillon. MM. Voisin et Dronier pensent qu'après la fabrication, la formule de ce sel devient :

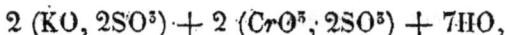

$$2 (KO, 2SO^3) + 2 (CrO^5, 2SO^3) + 7HO,$$

produit dans lequel on retrouve un des composés d'acide sulfurique et chromique indiqué par M. Gay-Lussac, confirmé par M. Bollez, qui est solide, ce qui était nécessaire pour obtenir le tout solide.

D'après ces Messieurs, quand ce sel est dissous, l'eau dédouble cette combinaison, et les acides sulfurique et chromique se trouvent alors à l'état libre. On peut voir, par la formule de composition, que ce produit renferme le nombre d'équivalents d'acide sulfurique nécessaire pour pouvoir employer tout l'oxygène utilisable de l'acide chromique, de façon à avoir, après épuisement complet de la pile, un sulfate double de potasse et de chrome qui n'est pas de l'alun de chrome, puisque l'oxyde de chrome qui devient libre après l'action de l'hydrogène sur la solution, est du protoxyde de chrome et non du sesquioxyde. Le liquide, en effet, après un certain temps de travail de la pile, devient verdâtre d'abord, puis de plus en plus bleu, sans laisser se déposer de cristaux violets d'alun de chrome, et les charbons ne sont jamais recouverts d'aucun dépôt de sel de chrome. La solution doit se composer de 20 grammes de sel pour 100 grammes d'eau. Elle peut revenir à $0^r,17$ le litre.

MM. Voisin et Dronier ont encore introduit dans la fabrication du sulfate de bioxyde de mercure, un perfectionnement important, qui empêche complétement la précipitation du turbith minéral dont nous avons parlé page 271, laquelle épuise en pure perte la solution excitatrice. Ce perfectionnement consiste dans l'addition au sel de mercure d'une certaine quantité de bi-sulfate de soude, qui agit en fournissant au liquide un excès d'acide. Le turbith minéral a pour formule $3HgO, SO^3$, le sulfate de bi-oxyde de mercure (SO^3, HgO) et le bi-sulfate de soude qu'on doit ajouter $(NaO, 2SO^3)$.

Nous devrons encore signaler comme un perfectionnemen important apporté aux piles par les mêmes inventeurs : 1° Un système pour charger instantanément et décharger une pile d'un nombre quelconque d'éléments ; 2° un dispositif à l'aide duquel un élément à bichromate de potasse peut être mis ou non en activité, sans qu'on touche aux électrodes polaires.

Pour obtenir la charge immédiate d'une pile composée d'un nombre plus ou moins grand d'éléments, on dispose ces éléments dans une grande caisse divisée en deux compartiments étagés l'un sur l'autre ; l'un de ces compartiments, celui du dessus, est divisé par des cloisons isolantes en autant de compartiments que la pile doit avoir d'éléments, et chacun de ces compartiments qui joue le rôle du vase extérieur d'un élément de pile, est à son tour divisé, si cette pile est à deux liquides, par une double cloison poreuse en terre rouge anglaise qui tient lieu de vase poreux. Ces différents compartiments contiennent les lames polaires qui s'y trouvent fixés à demeure et communiquent par le fond, à l'aide de tubes en verre soigneusement disposés, avec des récipients établis sur deux rangées parallèles dans le compartiment inférieur de la caisse. Des tuyaux pour le déversement des liquides qui doivent animer la pile, aboutissent à ces récipients, et le compartiment qui les renferme est hermétiquement clos, ne communiquant avec le dehors que par l'intermédiaire d'un tuyau muni d'un robinet et d'un corps de pompe. Ce corps de pompe est appelé à agir comme une machine de compression. Quand on veut charger la pile, on fait d'abord arriver les liquides dans les divers récipients du compartiment inférieur de la caisse, à l'aide de tubes disposés à cet effet, puis on fait marcher la pompe qui, en comprimant l'air du compartiment inférieur de la caisse, provoque l'ascension du liquide des récipients à la manière du gaz comprimé dans les flacons à eau de seltz. Les diverses cases des éléments placés supérieurement, se remplissent donc successivement et restent ainsi chargés tant que la pression dans le compartiment inférieur de la caisse est maintenue, mais aussitôt qu'on ouvre le robinet du corps de pompe, la pile se décharge par les mêmes tubes qui avaient servi à sa charge, et les liquides, une fois retombés dans les récipients, peuvent en être retirés par les tuyaux de déversement.

Le dispositif pour mettre en activité ou rendre inerte une pile à bichromate de potasse sans toucher aux électrodes immergées, est fondé comme le système précédent, sur le déplacement du liquide, sous l'influence d'une pression de l'air. Dans ce genre de pile, la lame de zinc est soutenue par un double fil isolé, replié en U, de manière à pouvoir être enveloppée dans toute sa longueur et même à quelques millimètres au-dessous de son extrémité inférieure, par une petite cloche en verre aplatie. Quand cette cloche est élevée au-dessus du liquide de la pile, le zinc plonge dans le liquide et la pile est en activité. Quand, au contraire, elle est abaissée, la pression de l'air emprisonné sous la cloche éloigne le liquide de la lame de zinc, et la pile devient inactive. Cette disposition supplée avantageusement à celle que nous avons représentée p. 357, en ce qu'elle permet de réduire de moitié la hauteur de l'élément.

MM. Voisin et Drónier ont encore imaginé un commutateur de pile, qui permet de disposer les éléments en tension en quantité ou en séries, comme l'appareil de M. Lequesne ; il est à touches et d'une dimension très-réduite, ce qui permet de le livrer dans le commerce à bon compte.

CHAPITRE V.

Du système coordonné des mesures électriques de l'Association britannique et de son application aux constantes numériques et aux formules adoptées en Angleterre pour l'étude des réactions électriques sur les circuits sous-marins.

L'Angleterre a, comme on le sait, le monopole de la construction des câbles sous-marins pour le monde entier, et comme la bonne construction de ces organes de transmission électrique nécessite de nombreuses expériences, de nombreux essais, dans lesquels les lois de l'électricité dynamique et les valeurs numériques des différentes constantes voltaïques sont mises journellement à l'épreuve, l'étude de ces lois et la détermination de ces valeurs ont dû être élucidées d'une manière toute spéciale dans ce pays, et les conclusions auxquelles on est parvenu méritent bien certainement que nous leur consacrions quelques pages dans un traité aussi spécial que celui que nous publions aujourd'hui. Nous devrons d'ailleurs donner des renseignements plus complets que ceux que nous avons donnés jusqu'ici sur le système coordonné des mesures électriques que les électriciens anglais ont définitivement arrêté pour relier et rendre plus pratiques leurs expériences, et qui est aujourd'hui adopté dans toute l'Angleterre. Enfin, nous devrons indiquer les rapports de ces nouvelles mesures avec celles qui sont en usage dans les différents pays, afin qu'on puisse les convertir en fonction les unes des autres.

Ces différents renseignements, que nous aurons, du reste, occasion de renouveler plus d'une fois, dans les différentes parties de notre ouvrage, sont empruntés pour la plupart au *Formulaire électrique* de MM. Latimer Clark et Robert Sabine, publié en 1871 (1), mais nous avons dû les commenter et remonter à l'origine des formules et des coefficients, afin que le lecteur pût être en mesure de les appliquer avec discernement.

---

(1) Voir, pour plus amples renseignements, les rapports anglais sur les étalons électriques; *Electricity by* D' Fergusson; *Noad's student's Text Book of electricity*; *the sub marine Report of* 1861; la thèse de doctorat de M. Raynaud; le traité de télégraphie sous-marine de M. Ternant.

I. — SYSTÈME COORDONNÉ DES MESURES ÉLECTRIQUES DE L'ASSOCIATION BRITANNIQUE (1).

1° *Résistance.* — L'unité de résistance de l'Association britannique appelée *Ohm* ou *Ohmad* représente matériellement la résistance d'une colonne de mercure purifié de 1 millimètre carré de section et de 1,0486 mètres de longueur à 0° centigrades. Un Ohm est, comme on l'a

---

(1) Le système coordonné des mesures électriques de l'Association britannique dérive des formules du système des unités absolues, et participe à la fois des unités mécaniques, des unités magnétiques, des unités électro-magnétiques, et des unités électro-statiques.

1° Les unités fondamentales sont :

Longueur ou espace $= L$; temps $= T$; masse $= M$.

2° Les unités dérivées de la mécanique sont :

$$(Work) \text{ travail} = W = \frac{L^2 M}{T^2}.$$

$$(Force) \text{ force} = F = \frac{LM}{T^2}.$$

$$(Velocity) \text{ vitesse} = V = \frac{L}{T}.$$

3° Les unités dérivées du magnétisme sont :

Force polaire d'un aimant. . . . . $m = L^{\frac{3}{2}} \, T^{-1} \, M^{\frac{1}{2}}$.

Moment magnétique. . . . . $ml = L^{\frac{5}{2}} \, T^{-1} \, M^{\frac{1}{2}}$.

Intensité du champ magnétique . . . . . . $H = L^{-\frac{1}{2}} \, T^{-1} \, M^{\frac{1}{2}}$.

4° Les unités du système électro-magnétique sont :

Quantité d'électricité . . . . $Q = L^{\frac{1}{2}} \cdot M^{\frac{1}{2}}$.

Force du courant électrique . . . . $C = L^{\frac{1}{2}} \cdot M^{\frac{1}{2}} \cdot T^{-1}$.

Force électro-motrice . . . . $E = L^{\frac{3}{2}} \cdot T^{-2} \cdot M^{\frac{1}{2}}$.

Résistance des conducteurs. . . . . $R = L \cdot T^{-1}$.

5° Les unités du système électro-statique sont :

Quantité d'électricité . . . . $q = L^{\frac{3}{2}} \cdot T^{-1} \cdot M^{\frac{1}{2}} = vQ$.

Force des courants électriques . . . . . . $c = L^{\frac{1}{2}} \cdot T^{-2} \cdot M^{\frac{1}{2}} = vC$.

Force électro-motrice. . . . . $e = L^{\frac{1}{2}} \cdot T^{-1} \cdot M^{\frac{1}{2}} = \frac{E}{v}$.

Résistance du conducteur . . . . $r = L^{-1} \cdot T \ldots \ldots = \frac{R}{v^2}$.

Dans ces dernières formules $v = 310\,740\,000$ mètres par seconde (environ) ; c'est le rapport des unités de quantité électro-magnétique et électro-statique.

vu p. 117, égale à 10^7 ou dix millions d'unités absolues électro-magné-tiques (1).

Un *Megohm* est l'unité de résistance usitée pour la mesure de l'iso-lation des câbles sous-marins ; il représente un million d'Ohms et par conséquent 10^{13} unités absolues électro-magnétiques.

Le *Microhm* est l'unité de résistance la plus petite et a pour valeur la millionième partie d'un Ohm ou 10 unités absolues électro-magnéti-ques.

2° *Force électro-motrice.* — L'unité de force électro-motrice, ou l'unité correspondante à la différence des potentiels , c'est-à-dire à la différence des tensions aux deux extrémités du circuit, a reçu le nom de *Volt* (diminutif du mot Volta). Elle représente en réalité une force électro-motrice un peu moindre que celle de l'élément Daniell.

Un volt est égal à 10^8 unités absolues électro-magnétiques de force électro-motrice, et suivant le professeur Thomson, il équivaudrait en-viron aux neuf dixièmes de la force électro-motrice d'un élément Daniell, soit à 0,9268, la force de cet élément étant 1.

Un *Megavolt* représente un million de Volts.

Un *Microvolt* un millionième de Volt ou $\dfrac{1}{10}$ de l'unité absolue.

L'unité de force dans le système des mesures absolues est la force qui animerait un corps pesant un gramme et ayant une vitesse de un mètre par seconde. Comme la pesanteur agissant sur un corps libre qui tombe accélère sa chute de 9,81 mètres par seconde, si on regarde comme unité naturelle de force la force accélératrice ter-restre de un gramme, il arrivera que *l'unité absolue* sera seulement la $\dfrac{1}{9,81}$ième partie de cette force ou $\dfrac{1}{9,81}$ de un gramme.

L'unité de travail ou effet mécanique est représentée par l'unité de force élevée à la hauteur d'un mètre ; elle est par conséquent égale à $\dfrac{1}{9,81}$ gramme élevé à cette hauteur.

Enfin, l'unité d'effet utile représente le travail accompli dans l'unité de temps, ou $\dfrac{1}{9,81}$ gramme élevé à un mètre de hauteur en une seconde.

(1) Dans l'origine, l'Association britannique avait désigné l'unité de résistance sous le nom d'*Ohmad*, mais le jeu de mots, qu'avait entraîné cette désignation (Ohm, fou), la fit changer en celle d'Ohm. En réalité, l'Ohm, tel qu'il est sorti des expé-riences de la commission anglaise, représente une longueur de $0^m,5955$ d'un fil (mètre-gramme), formé d'un alliage de deux parties d'or et d'une d'argent ; nous verrons bientôt que la représentation de l'Ohm, donnée par M. Clark, n'est autre chose que le rapport de l'Ohm à l'unité Siemens.)

3° *Intensité du courant.* — L'unité de courant (1), ou plutôt l'unité d'intensité de courant, représente l'intensité du courant ayant un Volt pour force électro-motrice et circulant à travers un circuit ayant une résistance d'un Ohm.

4° *Quantité.* — L'unité de quantité est appelée *Weber* (du nom du physicien allemand auteur du système absolu), et représente la quantité d'électricité, qui passe en une seconde à travers un circuit ayant une résistance d'un Ohm sous l'influence d'une force électro-motrice égale à un Volt. Elle est égale à $\dfrac{10^5}{10^7}$ ou $\dfrac{1}{100}$ de l'unité absolue de quantité.

Un *Mégaweber* est égal à un million de Webers.

Un *Microweber* est un millionième d'un Weber ou $\dfrac{10^5}{10^{15}}$ de l'unité absolue de quantité.

5° *Capacité électro-statique.* — La capacité électro-statique se rapporte exclusivement à l'état électrique d'un corps, à travers lequel s'exerce une action inductrice et qui a subi, par conséquent, ce que les Anglais appellent *l'électrification.* D'après le système coordonné des mesures électriques, la capacité électro-statique d'un corps *électrifié* est *la quantité d'électricité qu'il contient, quand les surfaces conductrices entre lesquelles s'exerce l'induction, présentent une différence de ten-*

---

(1) M. Fergusson définit ainsi la corrélation de l'unité de courant avec les actions électro-magnétiques : une unité de courant est un courant qui, dans un fil long d'un mètre, courbé de manière à former un arc de cercle d'un mètre de rayon, soit de 57° — 1/4 repousserait une unité de pôle placée au centre du cercle avec l'unité de force. La circonférence entière d'un cercle d'un mètre de rayon étant 6,2832 mètres, repousserait par conséquent une unité de pôle, placée à son centre, avec 6,2832 unités de force. Si l'on place un tel cercle dans le méridien magnétique, la déviation qu'il produirait sur une petite aiguille placée à son centre, comme dans la boussole des tangentes, est due à la circonférence entière, de sorte que la force du courant mesurée par un mètre seulement de la circonférence forme $\dfrac{1}{6,2832}$ seulement de la force déviatrice. Une unité de courant dans un fil droit de un mètre, repousse une autre unité de courant semblable, distante d'un mètre, avec une unité de force. Une unité de champ magnétique, repousse une longueur d'un mètre, d'une unité de courant prise à angle droit sur les lignes de force magnétique, avec une unité de force. Par conséquent dans une unité de champ magnétique, un mètre d'une unité de courant formant un arc de 57°1/4, et posé dans le méridien magnétique, produirait sur une petite aiguille placée à son centre une déviation de 45°.

*sion électrique égale à l'unité de force électro-motrice, c'est-à-dire
à un Volt.*

L'unité de capacité électro-statique est appelée *Farad* (du nom de
Faraday) et, suivant M. Thomson, elle représenterait la capacité d'un
condensateur placé dans de telles conditions, *que la quantité d'électricité transportée par un Volt à travers une résistance d'un Ohm, le char-
gerait à une tension d'un Volt*. D'après cette définition, le Farad serait
égal à un Weber et par conséquent représenterait 10^{-2} unités absolues
électro-magnétiques. Mais comme dans les études sur la capacité électro-
statique des câbles sous-marins, la quantité d'électricité qui traverse
leur enveloppe isolante n'est jamais très-considérable, c'est le *microfarad* ou la millionième partie d'un Farad, qui est par le fait la véritable
unité de ce genre de mesure, et cette unité devient égale à 10^{-8} unités

absolues ou représente $\dfrac{un\ Weber}{un\ megohm}$. Toutefois M. Varley n'a pas

admis cette considération, et prend pour unité unique de capacité le

Farad représenté par 10^{-7}, c'est-à-dire le $\dfrac{Weber}{le\ Volt}$; il en résulte que le

Farad de M. Varley représente à une puissance de 10 près le *microfarad*
basé sur le Weber. Il serait bien à désirer que l'on s'entendît définitivement sur ce genre de mesure, car il existe maintenant à cet égard une
confusion fort regrettable qui ne fait que compliquer une question déjà
fort complexe par elle-même.

La capacité électro-statique des câbles sous-marins est représentée
moyennement par un tiers de microfarad par Knot (1) de câble, sous l'influence, bien entendu, d'une tension électrique égale à un Volt, et la capacité du câble transatlantique est à peine de 800 microfarads.

Dans un câble sous-marin dont l'enveloppe extérieure est en communication directe avec la terre et où la charge dynamique du conducteur
est transformée en *charge statique*, par suite de la condensation (2), la
différence des tensions sur les deux surfaces conductrices est représentée
par la tension électrique développée à l'intérieur du câble ou par la
force électro-motrice de la pile, si celle-ci est en contact immédiat avec
lui. Or comme la quantité d'électricité transmise à l'enveloppe isolante

---

(1) Le Knot est le nœud marin ou le mile nautique des Anglais, il représente
1855 mètres, c'est-à-dire près de deux kilomètres.

(2) Voir ce que nous avons dit à l'égard de ces charges, p. 42.

est en rapport direct avec l'intensité du courant qui la traverse, *intensité qui est proportionnelle à la tension de la source et à la longueur du câble*, ainsi qu'on l'a vu page 97, il en résulte que la capacité électro-statique d'un câble variera avec sa longueur et la tension de la pile ; toutefois, la désignation de capacité électro-statique ne s'appliquant qu'à une tension donnée (celle du Volt), la quantité d'électricité que prendra le câble sous l'influence d'une tension supérieure ou inférieure à un Volt, prendra alors le nom de *charge électro-statique*, et elle pourra être aisément déterminée quand on connaîtra la capacité électro-statique du câble, sa longueur et la force électro-motrice mise en jeu. Ainsi, quand un knot de câble sera soumis à une tension électrique de 180 éléments Daniell par exemple, il prendra une charge électro-statique d'environ 180 tiers de microfarad ou 60 microfarads, le Volt étant peu éloigné de la force électro-motrice d'un élément Daniell. Par la même raison, une longueur de 1000 knots de câble aura une capacité électro-statique de 1000 tiers de microfarad ou 333 microfarads.

6° *Travail.* — L'unité absolue de travail est fournie par l'unité absolue de force électro-motrice agissant pendant une seconde sur un circuit dont la résistance est elle-même constituée par l'unité de résistance. Or, comme d'après la loi de Joule le travail produit par un courant a pour expression générale $W = I^2 R t$. Ke, formule dans laquelle Ke représente un coefficient en rapport avec la nature du travail produit, et qui peut d'ailleurs être transformée en $W = I E t$. Ke ou en $W = \dfrac{E^2 t}{R}$ Ke (1), on

---

(1) Ces différentes valeurs de W dérivent toutes de la même formule et ne varient que parce que dans l'une on n'a égard qu'à la valeur de I et de R sans prendre en considération la valeur de E, que dans une autre on ne considère que les valeurs de E et de R sans faire intervenir I ; enfin que dans la troisième la résistance R ne figure pas dans la formule.

Pour qu'on puisse comprendre l'origine de ces formules connues sous le nom de formules de Joule, il suffit de considérer qu'un travail quelconque dépend non-seulement de la grandeur de l'action physique mise en jeu, mais encore de la force initiale qui la détermine. Ainsi, dans le travail produit par une chute d'eau, il y a à considérer la hauteur de la chute qui représente la grandeur de l'action produite, et la vitesse acquise de l'eau au moment de sa chute, qui représente la force impulsive ou le potentiel de cette action.

Dans le travail produit par un courant, ce potentiel peut être représenté par plusieurs éléments différents, suivant les quantités que l'on prendra en considération ; mais, dans sa véritable acception, c'est la force électro-motrice de la pile qui en est la représentation la plus directe, et alors l'intensité du courant, en exprimant

peut en conclure que l'unité de travail aura pour représentation $\dfrac{(\text{un Volt})^2}{\text{un Ohm}}$, c'est-à-dire $-\dfrac{10^{5\times2}}{10^7}$ ou 10^5 *unités absolues* et si on rapporte cette unité aux actions mécaniques qui ont elles-mêmes pour une unité absolue $\dfrac{1}{9,81}$, ainsi qu'on l'a vu précédemment (note de la page 434), on pourra établir que l'unité de travail *électro-mécanique* a pour expression $\dfrac{10^5}{9,81}$ grammes élevés à la hauteur d'un mètre en une seconde, soit 101,92 *mètre-grammes*. Par conséquent le travail W produit en t secondes sur un circuit de résistance R par un courant dont la force électro-motrice est E, sera :

$$W = 101,92 \; I^2Rt = 101,92 \; \frac{E^2t}{R} = 101,92 \; IEt \qquad (34).$$

Ordinairement on désigne l'unité de travail électrique sous le nom de

---

la grandeur de l'effet électrique produit, représente la hauteur de chute, dans l'exemple que nous avons choisi. Or, il est naturel d'admettre, quand bien même l'expérience ne l'aurait pas démontré, que le travail produit doit, sur un circuit donné, être proportionnel à ces deux éléments d'action en même temps qu'à la durée de l'action elle-même ; et dès lors on se trouve conduit à la formule $W = IEt. Ke$, Ke représentant une constante en rapport avec le genre du travail produit.

Mais si dans cette équation on ne veut pas prendre en considération la valeur de E et que l'on désire faire intervenir la résistance du circuit R, il suffira de se rappeler que, d'après la loi d'Ohm, $E = RI$ et en substituant cette valeur à E dans la formule précédente on aura $W = I^2Rt. Ke$, c'est-à-dire la formule de Joule que nous avons discutée p. 218.

Enfin, si ne voulant pas faire entrer dans la formule la valeur directe de I, on remplace cette quantité par son équivalent $\dfrac{E}{R}$, cette formule devient $W = \dfrac{E^2t}{R} Ke$.

On remarquera toutefois que ces trois expressions du travail produit conduisent à des lois de proportionnalité qui semblent être en contradiction les unes avec les autres ; mais ce désaccord n'est qu'apparent et provient de ce que les quantités jouant le rôle de *potentiel* sont différentes. Ces lois de proportionnalité peuvent en effet être formulées de la manière suivante :

1° Si la force électro-motrice E est considérée comme représentant le potentiel, auquel cas W est proportionnel à E, *le travail produit est simplement proportionnel à l'intensité du courant pour une valeur constante de E.*

2° Si au contraire le potentiel est représenté par la résistance R du circuit, auquel cas W est proportionnel à R, *le travail produit varie directement comme le carré de l'intensité du courant pour une valeur constante de R.*

3° Si l'on ne considère pas séparément le potentiel, *le travail produit est proportionnel au carré de la force électro-motrice et inversement proportionnel à la résistance du circuit*

Volt–Farad qui répond à la formule I E *t*. Conséquemment l'unité de travail *électro-mécanique* est égale au Volt-Farad multiplié par l'unité *gramme-mètre*. Mais, puisque l'unité électro-mécanique de travail est représentée par 101,92 gramme-mètres, on peut conclure que le gramme-mètre ou l'unité de travail mécanique représente la 101,92 ième partie du Volt-Farad, c'est-à-dire 0,00981 Volt-Farads ou l'unité gramme-mètre divisée par le Volt-Farad.

Dans ces formules données par M. Clark, les valeurs de W représentent bien entendu le travail total de la pile, c'est-à-dire celui qui est produit à l'intérieur de celle-ci aussi bien qu'à travers le circuit extérieur. Si on ne veut considérer que ce dernier travail, la formule doit être dédoublée et la résistance totale du circuit devenant alors R + *r*, la valeur W est représentée par :

$$W = \left[\frac{E^2 R t}{(R + r)^2} + \frac{E^2 r t}{(R + r)^2} \right] 101,92,$$

expression dont chacun des deux membres, considéré isolément, représente le travail dans la portion du circuit spécifiée, et qui conduit aux déductions formulées page 218.

7° *Chaleur.* — L'unité de chaleur adoptée par l'Association britannique est la quantité de chaleur qui est nécessaire pour élever d'un degré centigrade la température d'un gramme d'eau à son maximum de densité.

Or, d'après M. Joule, l'unité de chaleur ayant pour équivalent mécanique la force nécessaire pour élever un poids de 423^g,8 à un mètre de hauteur, il en résulte que l'unité de chaleur est égale à $\dfrac{423^g,8}{\dfrac{1}{9,81}}$ ou à 423,8

$\times$ 9,81, c'est-à-dire à 4157 unités absolues de travail, et on en conclut, par suite, que l'unité absolue de travail est équivalente à la quantité de chaleur nécessaire pour élever d'un degré centigrade la $\dfrac{1}{4157}$ ième partie d'un gramme d'eau, c'est-à-dire 0^g,0002405.

D'un autre côté, puisque l'unité de travail est équivalente à la $\dfrac{1}{4157}$ ième partie de l'unité de chaleur, l'unité de force électro-motrice donnant lieu à un courant passant pendant une seconde à travers une résistance de circuit égale à un Ohm, pourra produire $\dfrac{10^5}{4157}$ ou 0,2405 unités de chaleur, d'où il résulte que la quantité H de chaleur développée en t secondes, dans un circuit de résistance R par un courant dont la force électro-motrice sera E, aura pour expression :

$$H = 0{,}2405 \cdot I^2 R t = 0{,}2405 \cdot \frac{E^2 t}{R} = 0{,}2405 \cdot IE t. \qquad (35)$$

8° *Effets électro-chimiques.* — L'expérience démontre qu'un Weber d'électricité décompose à une température de 0° centigrades, et sous une pression barométrique de 760 millimètres, 0,00142 grains d'eau (1), (soit 0,000092 grammes), ou développe 0,0105 pouces cubes de gaz mélangés (2), (soit 0,172 centimètres cubes).

D'un autre côté, on a reconnu également, que dans un circuit à travers lequel passe un Weber d'électricité par seconde, c'est-à-dire qui est traversé par un courant ayant une force électro-motrice d'un Volt, et présentant lui-même une résistance d'un Ohm, le poids de l'hydrogène dégagé par seconde est de 0,000158 grains, (soit 0,00001023 grammes). Il en résulte donc que, conformément à la loi des équivalents électro-chimiques, le poids de tout métal réduit par l'unité de courant par seconde sera :

$$0^{\text{g}},000158 \times \text{par son poids atomique.}$$

Conséquemment, si a est le poids atomique du métal transformé en sel que l'on soumet à l'électrolyse, R, la résistance du circuit exprimée en Ohms, E, la force électro-motrice du courant exprimée en Volts, le poids P du métal réduit en t secondes sera, d'après la loi formulée, page 212,

$$P = 0{,}000158 \, \frac{a E t}{R} \dots \text{ grains,}$$

ou :
$$P = 0{,}00001023 \, \frac{a E t}{R} \dots \text{ grammes.}$$

UNITÉS DE RÉSISTANCE EMPLOYÉES DANS LES DIFFÉRENTS PAYS.

Unité de Wheatstone. — M. Wheatstone a créé, comme on le sait, le premier instrument au moyen duquel des multiples définis de l'unité de résistance peuvent être ajoutés ou retirés à volonté d'un circuit donné. L'unité de résistance qu'il avait proposée et employée pour cet appareil

---

(1) Le grain vaut 0,0648 gramme.
(2) Le pouce anglais vaut 2,5399 centimètres.

connu sous le nom de Rhéostat, était un pied (1) de fil de cuivre pesant 100 grains.

Unité de Jacobi. — Le professeur Jacobi, de Saint-Pétersbourg, a fait plusieurs propositions pour le choix de l'unité de résistance électrique. Son type d'unité le plus connu et dont il a envoyé des copies aux différents physiciens, représente 25 pieds d'un fil de cuivre pesant 345 grains. Un autre type également proposé par cet illustre savant était un fil de cuivre de un mètre de longueur ayant un millimètre de diamètre.

Unité Siemens. — Cette unité dont nous avons souvent parlé, représente une colonne de mercure purifié de un mètre de longueur sur un millimètre carré de section à 0° centigrades. Elle donna d'abord lieu, en 1860, à un type étalon d'après lequel furent disposées plusieurs bobines de résistance, construites en fil d'argent allemand. Une reproduction des types primitifs ayant été faite en 1863, on trouva que les nouveaux étalons ne différaient des anciens que de 0,1 pour cent. Une erreur provenant du poids spécifique du mercure, qui avait été supposé de 13,557 au lieu de 13,596, fut corrigée en 1866, et il en est résulté que tous les étalons construits par Siemens avant cette date sont de 0,29 pour cent plus résistants que ne le comporte leur désignation. Conséquemment, les résistances attribuées à ces étalons doivent être multipliées par la constante 1,0029 pour correspondre exactement aux unités mercurielles, telles qu'elles ont été définies.

Unités françaises et suisses. — Dans les administrations télégraphiques, françaises et suisses, l'unité de résistance en usage jusqu'en 1867 était le kilomètre de fil télégraphique en fer de 4 millimètres de diamètre. Comme une grande exactitude de mesure n'est pas nécessaire dans la pratique télégraphique, on ne s'appliqua pas à établir un étalon dans des conditions bien définies, et on ne se préoccupa même pas de la température à laquelle le fil était soumis au moment des mesures. Il en est résulté que les bobines de résistance construites dans les ateliers suisses et français, diffèrent d'au moins 15 pour cent les uns des autres (2).

En 1867, MM. Breguet et Digney corrigèrent leur unité d'après celle

---

(1) Un pied anglais est égal à 30°,480 centimètres.

(2) Trois étalons basés sur ce système de mesures et construits par MM. Digney, Hipp et Breguet furent présentés à l'Exposition de Londres de 1862, et l'on pût s'assurer que l'unité kilométrique qu'ils représentaient avait pour valeur : 9,266 pour l'un, 9,760 pour un autre, enfin, 10,420 pour le troisième.

de M. Siemens, en la rendant égale à 10 unités mercurielles, résistance qui se rapproche beaucoup de celle du kilomètre de fil télégraphique. Du reste, l'unité adoptée pour tous les câbles sous-marins français est l'unité Siemens.

Unité de Matthiessen. — Cette unité représente la résistance d'un mile (1) de fil de cuivre pur de 1/16 de pouce de diamètre à 15°,5 centigrades.

Unité de Varley. — L'unité de Varley a été souvent employée dans la construction des câbles et des lignes de la compagnie télégraphique, dont il avait la direction ; elle représentait dans l'origine un mile d'un fil de cuivre spécial de 1/16 de pouce de diamètre. Plus tard, M. Varley la refondit en unités Siemens et lui donna pour valeur 25 de ces unités.

Unité allemande. — La première unité de résistance employée dans le service télégraphique de Prusse, fut la résistance d'un fil de cuivre d'un mile allemand (de 8238 yards) (2) et d'un diamètre de 1/12 de pouce à une température de 20° centigrades. Ces unités furent construites avant 1848, par M. Siemens, mais elles ont été depuis longtemps remplacées dans ce pays par des bobines étalonnées d'après l'unité à mercure.

Tableau comparatif des unités de résistance. — Nous donnons dans le tableau de la page 444 les valeurs relatives des différentes unités de résistance électrique dont nous venons de parler. Ces unités dans cette table sont inscrites horizontalement et verticalement, de sorte qu'il suffit de regarder à l'intersection des deux colonnes qui se rapportent aux unités considérées, pour avoir leur rapport, absolument comme dans une table de multiplication. C'est ainsi qu'on reconnaît que l'unité de l'association britannique (l'Ohm) est égale à 107 mètres de fil télégraphique de 4 millim. d'après l'étalon de Digney, ou à 102ᵐ de l'étalon de M. Breguet, tandis que l'unité de Siemens représente 97,7 mètres de ce même fil, d'après ce dernier étalon, qui paraît, du reste, être le plus juste, du moins d'après mes propres expériences (3).

(1) Le mile anglais légal (statut mile) représente 1609 mètres 34 centimètres, le mile nautique, 1854 mètres 50 centimètres ; c'est à peu près la même longueur que le Knot.

(2) Le Yard représente 0ᵐ,9144 mètres.

(3) Ce rapport de l'Ohm à l'unité métrique de fil télégraphique pourrait être calculé d'après les coefficients de résistance des différents métaux donnés dans le tableau de la page 451.

D'après ce tableau, la résistance d'un fil de fer de 1 mètre de longueur et de 1 millim. de diamètre étant 0,1251 (Ohm), à 0° centig., sa résistance à 24°, en partant des

On reconnaît également, par ce tableau, l'origine du chiffre qui représente la hauteur de la colonne de mercure, de 1 millimètre carré de section, lequel chiffre, d'après M. Latimer Clark, est la représentation matérielle de l'unité anglaise. On voit en effet, que celle-ci est égale à 1,0486
unités Siemens. Or, comme dans l'hypothèse admise par M. Clark, ces
deux.représentations de l'unité ne diffèrent que par la hauteur, on en
conclut que la colonne de mercure qui a un mètre avec l'unité Siemens,
doit avoir 1^m,0486 avec l'unité de l'Association britannique.

---

coefficients de M. Ed. Becquerel, que nous avons donnés page 37, sera 0,1393, et
pour un diamètre de 4 millimètres, 0,00870558 : or, pour que ce fil représente un
Ohm, il faudra que sa longueur soit augmentée dans le rapport de 1 à 0,00870558,
c'est-à-dire qu'elle soit représentée par 114^m,75 ou par 113,72, si le fil n'a pas été
recuit, ce qui est le cas le plus ordinaire. Ces chiffres sont un peu supérieurs à ceux
que donne l'expérience, mais il ne faut pas perdre de vue, que rarement les fils
télégraphiques ont le diamètre réglementaire de 4 millim.; ils sont presque toujours
d'un diamètre plus faible, surtout lorsqu'ils sont posés. D'un autre côté, l'échantillon sur lequel M. Jenkin a expérimenté, pouvait être d'une meilleure conductibilité
que nos fils; ce qui est certain, c'est que la valeur de l'Ohm, déterminée en fonction
des fils télégraphiques, varie de 96 à 108 mètres.

Valeurs relatives des différentes unités de résistance électrique (Jenkin).

	UNITÉ absolue $\dfrac{\text{pied}}{\text{seconde}} \times 10^7$	UNITÉ de Thomson.	UNITÉ de Jacobi.	UNITÉ absolue de Weber. $\dfrac{\text{mètre}}{\text{seconde}} \times 10^7$	UNITÉ de Siemens.	UNITÉ de l'association britannique Ohms.	KILOM. de fil télég. de 4 mill Digney.	KILOM. de fil télég. de 4 mill Breguet.	UNITÉ suisse.	UNI de M thiess
	2	3	4	5	6	7	8	9	10	11
pied conde . . .	1,000	0,9520	0,4788	0,3316	0,3197	0,3048	0,03289	0,03123	0,02924	0,022
. . .	1,0505	1,0000	0,5029	0,3483	0,3358	0,3202	0,03455	0,03279	0,03071	0,023

II. LOIS, FORMULES ET CONSTANTES NUMÉRIQUES ADOPTÉES EN ANGLETERRE POUR L'ÉTUDE DES RÉACTIONS ÉLEC- . TRIQUES SUR LES CIRCUITS SOUS-MARINS. ,

Les lois des courants électriques sur lesquels sont basées les formules adoptées en Angleterre pour les études et les recherches à faire sur les circuits sous-marins, sont d'abord les lois d'Ohm, que nous avons exposées dans la première et la seconde partie de cet ouvrage (1); en second lieu, celles qui concernent l'induction électro-statique que nous avons discutée théoriquement et mathématiquement page 93 et suiv. M. Latimer Clark, dans son formulaire électrique, donne en plus, il est vrai, quelques lois de MM. Kirschoff et Bosscha, sur les circuits convergents, mais ces lois n'ont guère d'importance pratique ; elles simplifient seulement les calculs quand les circuits présentent des dérivations complexes et multiples. Voici, du reste, comment sont résumées les deux principales de ces lois appelées *lois de Kirschoff*.

1° La somme des intensités des courants dans les circuits dont les

---

(1) Les formules des courants électriques données par M. Clark, sont exactement celles que nous avons nous-mêmes discutées n°° (1) (2) (13) (14) (15) (21) (22) (23). Il n'y a que les formules en rapport avec des assemblages de piles de différente nature qui se trouvent données en plus, et qui ont pour expression :

1° Avec des éléments de résistance R_1 R_2 R_3.... R_n disposées en tension.

$$I = \frac{nE}{R_1 + R \cdot R_2 + R_3 + ... R_n + r} ;$$

2° Avec ces éléments disposés en quantité :

$$I = \frac{E\left(\frac{1}{R_1} + \frac{1}{R_2} + \frac{1}{R_3} + ... \frac{1}{R_n}\right)}{1 + r\left(\frac{1}{R_1} + \frac{1}{R_2} + \frac{1}{R_3} + ... \frac{1}{R_n}\right)} ;$$

3° Avec des éléments variant à la fois de résistance et de force électro-motrice et disposés en tension :

$$I = \frac{E_1 + E_2 + E_3 + ... E_n}{r + R_1 + R_2 + R_3 + R_n} ;$$

4° Avec les mêmes éléments disposés en quantité :

$$I = \frac{\frac{E_1}{R_1} + \frac{E_2}{R_2} + \frac{E_3}{R_3} + ... \frac{E_n}{R_n}}{1 + r\left(\frac{1}{R_1} + \frac{1}{R_2} + \frac{1}{R_3} + ... \frac{1}{R_n}\right)} .$$

conducteurs se réunissent en un même point, est égale à zéro, si on a soin toutefois de donner à ces intensités le signe +, quand les courants s'approchent du point de convergence, et le signe — quand ils s'en éloignent.

2° La somme des produits des intensités des courants par la résistance de leurs conducteurs respectifs, est égale, dans un circuit ou portion de circuit *fermé*, à la somme de toutes les forces électro-motrices mises en jeu dans ces mêmes conducteurs.

Avant d'entrer dans l'examen approfondi de la question de l'induction électro-statique, qui est la base de toutes les études faites en Angleterre sur les circuits sous-marins, nous devrons examiner le parti qu'ont tiré les électriciens anglais des formules d'Ohm pour venir en aide aux instruments d'expérimentation, en leur permettant, par une disposition particulière du circuit, 1° d'avoir leur sensibilité augmentée ou diminuée dans un rapport connu, sans qu'on ait à interrompre ni à modifier les conditions de l'expérience ; 2° de jouer le rôle de véritable balance dans la mesure des résistances. Comme la disposition qui est alors donnée au circuit entraîne dans les formules l'intervention de facteurs particuliers, il est nécessaire, pour qu'on puisse se rendre compte des formules elles-mêmes, de connaître l'origine de ces facteurs, et c'est pourquoi nous nous sommes trouvé conduit à étudier dès maintenant, une question qui, logiquement, n'aurait du être traitée qu'au chapitre des appareils d'expérimentation ; nous ne l'étudierons, toutefois, qu'au point de vue mathématique.

Application des dérivations aux appareils rhéométriques pour graduer à volonté leur sensibilité. — Il arrive souvent qu'un galvanomètre ou une boussole des sinus à multiplicateur que l'on a à sa disposition est trop sensible pour s'appliquer à certains genres d'expériences, et il devient alors nécessaire d'en diminuer la sensibilité. Mais il faut que cette diminution de sensibilité se fasse dans un rapport connu, afin de rendre comparables entre elles les observations faites avec différents degrés de sensibilité de ces appareils. On a bien cherché à résoudre ce problème en rendant mobiles les cadres galvanométriques sur les appareils, et en y adaptant à volonté des hélices galvanométriques de rechange enroulées d'un plus ou moins grand nombre de tours de spires ; mais ce moyen, qui exige des appareils d'une construction particulière, ne peut pas toujours être employé, surtout quand on ne veut pas troubler les expériences ni en changer les conditions. Dans ce cas, on peut employer avec beaucoup d'avantages le système dit à *dérivations* et qui est basé sur l'affaiblissement que subit l'intensité d'un courant, quand il se bifurque entre deux circuits (1).

Supposons, pour fixer les idées, que les deux bouts du fil d'un galvanomètre ou d'une boussole des sinus G soient réunis directement aux deux pôles d'une pile P, on comprend aisément que si on établit entre ces deux bouts une communication métallique par un fil de résistance s, le courant de la pile P se bifurquera, et s'affaiblissant d'autant plus à travers le galvanomètre que s sera moins résistant, la dérivation agira comme si le galvanomètre avait un moins grand nombre de tours de spires, ou comme si sa résistance était plus grande : or comme à l'aide des formules des courants dérivés, il est possible de savoir dans quelle proportion s'effectue cet affaiblissement suivant la résistance de s, on pourra calculer cette dérivation de manière à faire arriver la sensibilité de l'appareil au degré voulu.

Supposons, en effet, que G soit la résistance du fil du galvanomètre, la résistance totale du circuit T à travers les deux dérivations aura pour expression :

$$T = \frac{Gs}{G+s},$$

et de cette équation on tire :

$$\frac{G}{T} = \frac{G+s}{s} = \frac{G}{s} + 1.$$

Or, $\frac{G}{T}$ qui exprime le rapport de la résistance du galvanomètre à la résistance totale du circuit, représente bien la sensibilité relative que la dérivation s donne à l'appareil, car la résistance totale T pour une valeur constante de G ne pouvant devenir moindre que cette dernière résistance, que par l'intervention de s, le rapport de G à T indiquera précisément la proportion dans laquelle aura agi cette dérivation s sur la résistance galvanométrique G. Conséquemment, si on veut rendre la sensibilité d'un appareil 10, fois 100 fois moindre, il suffira de rendre le

---

(1) En Angleterre, ce système entraîne deux appareils distincts, l'un qui est le rhéomètre proprement dit, le plus souvent un galvanomètre à miroir de Thomson, et qui est toujours très-sensible ; l'autre qu'on appelle *appareil à dérivation* et qui est composé de bobines de résistance de différentes longueurs, graduées dans un rapport déterminé, mais, le plus souvent dans celui de 10, 100, 1000, etc.

rapport $\dfrac{G}{T}$, 10 fois, 100 fois plus grand, c'est-à-dire de choisir s de manière à satisfaire à l'équation :

$$\dfrac{G}{s} + 1 = n,$$

dans laquelle n exprime le nombre de fois que l'on veut diminuer la sensibilité de l'appareil.

Or, de l'équation précédente on tire :

$$s = \dfrac{G}{n-1}. \qquad\qquad (37)$$

Conséquemment, si on veut réduire la sensibilité d'un galvanomètre au 10me, au 100me, au 1000me, il suffira de rendre la résistance de s égale

$\dfrac{1}{9}$ à $\dfrac{1}{99}$ ou à $\dfrac{1}{999}$ de celle de G. On remarquera, toutefois, que cette

diminution, qui a pour limite supérieure $n = 1$, auquel cas s devient infiniment grand, peut s'effectuer avec des résistances s, supérieures ou inférieures à la résistance G du galvanomètre, et que la valeur de n à laquelle correspond l'égalité des deux résistances s et G est représentée

par le chiffre 2. Au-dessus de ce chiffre, en effet, l'expression $\dfrac{G}{n-1}$.

est toujours plus petite que G ; au-dessous elle devient, en représentant

par $\dfrac{x}{y}$ les fractions de l'unité : $\dfrac{G}{1 + \dfrac{x}{y} - 1}$, c'est-à-dire $\dfrac{Gy}{x}$, qui est

toujours une quantité plus grande que G, puisque $\dfrac{x}{y}$ étant une fraction,

y est plus grand que x. Or l'on voit qu'à mesure que y grandit aux dépens de x, c'est-à-dire à mesure que l'amoindrissement de sensibilité que l'on demande à l'appareil, s'écarte moins de la sensibilité du galvanomètre lui-même (sans la dérivation), l'expression de la résistance s grandit proportionnellement.

Nous examinerons plus tard de quelle manière on peut disposer les appareils pour fournir facilement ces réductions variables de sensibilité.

Disposition des circuits en balance électrique ou pont de Wheatstone. — Cette disposition, imaginée par M. Wheatstone, et dont nous donnerons les détails de construction dans le prochain vo-

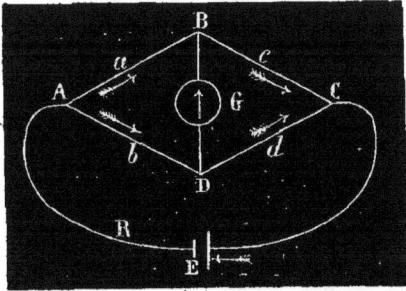

lume, à l'article des instruments d'expérimentation est, comme la précédente, fondée sur les propriétés des dérivations des courants. Imaginons
un losange ABCD, fig. 81, composé de fils métalliques a, b, c, d, fixés sur
une planche, et admettons que les
deux pôles d'une batterie voltaïque, dont la force électro-motrice
sera E, soient mis en communication
avec les points A et C, alors que les
points B et D seront réunis par un fil
BD, dans lequel sera interposé un
galvanomètre G : on comprend aisément, que le courant de la batterie
en A et en C se bifurquera d'un côté
par les branches a et c du losange, de l'autre par les branches b et d ;
mais, comme il trouvera chemin faisant en B et en D une issue pour
se dériver, il pourra suivre partiellement cette voie, si la partie du circuit
ac présente une différence de résistance sur la partie bd, ou en d'autres
termes, si la tension électrique en B est différente de la tension électrique en D. D'où il résulte que si les deux tensions en B et en D sont
égales, il ne devra se produire aucun courant dans le fil BD, ce dont on
sera prévenu par le galvanomètre G, qui ne fournira alors aucune déviation. Il s'agit de voir maintenant, quels seront les rapports respectifs des
résistances des conducteurs a, b, c, d, quand ce dernier cas se présentera.

Fig. 81.

Pour cela, nous considérerons isolément les deux branches du circuit
ac, bd avant l'introduction de la dérivation BD, et nous nous rappellerons qu'entre la tension t, en un point quelconque d'un conducteur l, et
la force électro-motrice E de la pile, on a, ainsi que nous l'avons démontré page 11, la relation.

$$t : E :: d : l \quad \text{ou} \quad E : t :: l : d ;$$

de laquelle on déduit :

$$\frac{E - t}{t} = \frac{l - d}{d}.$$

Comme, dans le cas qui nous occupe, l est représenté, pour le circuit
bd, par $b + d$ et pour le circuit ac, par $a + c$, et que les distances des
points B et D, aux extrémités négatives de ces circuits sont d et c,
cette équation deviendra pour le premier circuit :

$$\frac{E - \iota}{\iota} = \frac{b}{d};$$

et pour le deuxième :

$$\frac{E - \iota'}{\iota'} = \frac{a}{c}.$$

Conséquemment, si les tensions ι et ι' sont égales en B et en D, on aura :

$$\frac{E - \iota}{\iota} = \frac{E - \iota'}{\iota'};$$

et par suite : $\dfrac{b}{d} = \dfrac{a}{c}$ ou $\dfrac{a}{b} = \dfrac{c}{d}.$ (38)

Cette relation est d'une grande importance, car elle montre que si l'une des quatre résistances a, b, c, d est inconnue, il sera possible de la déterminer à l'aide des trois autres, quand on aura fait varier l'une d'elles dans un rapport connu et de manière à rendre *nulle* la déviation galvanométrique. Cette résistance variable qui pourra être c, si d est inconnu, jouera donc en quelque sorte le rôle du poids placé dans une balance pour rétablir son équilibre ; le galvanomètre lui-même représentera l'aiguille indiquant le point exact de l'équilibre, et la résistance inconnue d le corps à peser. Nous verrons plus tard comment on peut parvenir à rendre ce système de balance électrique aussi sensible ou aussi peu sensible qu'on peut le désirer ; pour le moment, nous nous bornerons à en indiquer le principe.

La démonstration de l'équation (38), donnée par M. Latimer Clark, est fondée sur les lois Kirschoff sur les circuits convergents, que nous avons exposées précédemment, mais elle est plus complexe que la précédente et moins facile à saisir, car elle exige quatre systèmes de relations pour parvenir à l'élimination des quantités inconnues.

Suivant M. Schwendler, la résistance g du galvanomètre pour obtenir de la part de ce système de balance électrique, la plus grande sensibilité possible, doit avoir pour expression :

$$g = \frac{(a + b)\,(c + d)}{a + b + c + d},$$

et cette expression représente précisément *la résistance totale des deux dérivations constituées par les côtés* a,b, c,d, *du losange ABCD;*

à partir des points d'attache B et D du fil du galvanomètre et consi-dérées à gauche et à droite de ce fil (1).

Cette loi, toutefois, n'est rigoureusement vraie que quand l'enveloppe isolante du fil du galvanomètre est en rapport exact avec le diamètre du fil lui-même. D'un autre côté, comme il est impossible pratiquement de changer la résistance du galvanomètre pour chaque mesure que l'on veut prendre, on ne peut tenir compte de cette loi, que quand on construit des galvanomètres particuliers, destinés à fournir un même genre de mesures, par exemple pour prendre la résistance d'un Knot de différents câbles, afin d'en déduire la conductibilité ou la capacité électro-statique.

---

(1) On peut trouver la démonstration de cette déduction dans le mémoire publié par M. Schwendler dans le *Philosophical Magazine*, tome XXXI (4ᵉ série) (Janvier, Juin 1866, page 384). Ce mémoire a même été suivi d'un second sur le même sujet qui indique les limites de l'erreur qu'entraînent, dans la formule, les conditions matérielles des fils galvanométriques et leur mode d'enroulement. Ce mémoire est inséré dans le numéro de janvier 1867 du même recueil scientifique, page 29.

La démonstration dont il s'agit se déduit des 6 formules suivantes, qui sont les conséquences des deux lois de Kirschoff dont nous avons parlé page 445.

$$A = C + G \qquad\qquad Rr + Aa + Gg + Dd = E$$
$$D = B + G \qquad\qquad Aa + Gg - Bb = o$$
$$R = A + B \qquad\qquad Dd + Gg - Cc = o$$

dans lesquelles les lettres majuscules représentent les intensités du courant dans les parties de circuit désignées par les petites lettres correspondantes.

Ces six équations conduisent en effet à l'expression :

$$G = \frac{E}{\dfrac{(d+b)(a+c) + r(a+c+d+b)}{cb - ad} + r \dfrac{(c+d)(a+b) + ac(d+b) + db(a+c)}{cb - ad}}$$

ou en représentant par V, W et α les trois groupes de quantités qui y figurent :

$$G = \frac{E}{\dfrac{gV}{\alpha} + \dfrac{W}{\alpha}}$$

Si d'un autre côté on représente par U le nombre de tours de l'hélice galvanomé-trique et q la section du fil, le moment magnétique Y du galvanomètre sera repré-senté par :

$$Y = E\alpha \frac{U}{gV + W} \qquad \text{ou par} \qquad Y = E\alpha \cdot \frac{V \overline{g}}{gV + W},$$

en admettant que $U = \dfrac{\text{const.}}{q}$ et $y = \dfrac{U \text{ const.}}{q}$, et dès lors on obtient pour conditions de maximum par rapport à g :

$$y = \frac{W}{V} = \frac{r(c+d)(a+b) + ac(d+b) + db(a+c)}{(d+b)(a+c) + r(a+c+d+b)} \quad \text{ou} \quad g = \frac{ac}{a+c} + \frac{db}{d+b} + rV$$

Or, comme $rV = o$, quand on suppose l'équilibre de la balance à peu près établi, on a en définitive :

$$y = \frac{ac}{a+c} + \frac{db}{d+b} \qquad \text{ou} \qquad y = \frac{(a+b)(c+d)}{a+c+d+b}$$

puisque $(cb - ad)^2$ devient alors infiniment petit.

Tableaux des constantes numériques adoptées en Angleterre pour les courants voltaïques.

1° *Pouvoir conducteur et résistance des différents métaux d'après M. Jenkin* (1).

MÉTAUX.	Pouvoir conducteur à 0° centig.	Résistance d'un fil de 1 pied de longueur pesant un gramme.	Résistance d'un fil de 1 mètre de longueur pesant un gramme.	Résistance d'un fil de 1 pied de longueur et de 1 millième de pouce de diamètre	Résistance d'un fil de 1 mètre de long et de 1 millimètre de diamètre.	Approximation à tant pour cent, des variations de résistance pour 1° de température au-dessus de 20°.
		Ohms.	Ohms.	Ohms.	Ohms.	
Argent recuit . . .	•	0,2214	0,1544	9,136	0,01937	0,377
Argent étiré	100,00	0,2421	0,1689	9,151	0,02103	•
Cuivre recuit . . .	•	0,2064	0,1440	9,718	0,02057	0,388
Cuivre étiré	99,55	0,2106	0,1469	9,940	0,02104	•
Or recuit.	•	0,5849	0,4080	12,520	0,02650	0,365
Or étiré.	77,96	0,5950	0,4150	12,740	0,02697	•
Aluminium recuit. .	•	0,06822	0,05759	17,720	0,03751	•
Zinc comprimé. . .	29,02	0,5710	0,3983	32,220	0,07244	0,365
Platine recuit . . .	•	3,5360	2,4640	55,090	0,11660	•
Fer id . . .	16,81	1,2425	0,7522	59,400	0,12510	•
Nickel id	13,11	1,0785	0,8666	75,780	0,16040	•
Etain comprimé . .	12,36	1,3170	0,9184	80,360	0,17010	0,365
Plomb id	8.32	3,2360	2,2570	119,390	0,25270	0,387
Antimoine id . . .	4,62	1,3240	2,3295	216,000	0,45710	0,389
Bismuth id	1,245	5,0540	3,5250	798,000	1,6890	0,354
Mercure liquide . .	•	18,7400	13,0710	600,000	1,2700	0,072
Alliage de platine et d'argent recuit ou étiré	•	4,2430	2,9590	143,350	0,3140	0,031
Argent allemand recuit ou étiré. . .	•	2,6520	1,8500	127,320	0,2695	0,044
Alliage d'argent et d'or recuit ou étiré	•	2,3910	1,6680	66,10	0,1399	0,065

(1) Voir pour toutes les valeurs se rapportant à la conductibilité du cuivre, les tableaux donnés par M. Latimer Clark, p. 106, 108, 109, 110, 111, 112 et 113 de son formulaire. Nous aurons du reste occasion d'en parler au chapitre de la télégraphie sous-marine.

2° *Résistances des métaux à une haute température,*
d'après M. Müller.

FIL DE FER.		FIL DE CUIVRE.		FIL DE PLATINE.	
TEMPÉRATURE.	Résistance.	TEMPÉRATURE.	Résistance.	TEMPÉRATURE.	Résistance.
0° c.	640	0° c	814	0° c.	1870
21° c	691	21° c	864	21° c.	1986
285° c.	1660	Très-peu incandescent.	2100	Peu incandescent. . .	4300
Commençant à se co-		Rouge carmin.	2450	Rouge chaud	4700
lorer	2250	Rouge brique.	3300	Rouge lumineux. . . .	5050
Gris foncé.	2460	Rouge brillant	4700	Orangé.	5400
Très-peu incandescent	3050	21° c.	910	Jaune clair	6000
Rouge sombre. . . .	3200			21° c.	1984
Rouge brillant. . .	3650				
Rouge chaud	4550				
Rouge blanc.	4880				
21° c.	727				

3° *Coefficients (c) de conductibilité des différents métaux à une tempé-*
rature t estimée en degrés centigrades (d'après M. Matthiessen) (1).

MÉTAUX.	COEFFICIENTS.
Argent	$c = 100 - 0,38278\, t + 0,0009848\, t^2$
Cuivre.	$c = 100 - 0,38701\, t + 0,0009009\, t^2$
Or.	$c = 100 - 0,36745\, t + 0,0008443\, t^2$
Zinc.	$c = 100 - 0,37047\, t + 0,0008274\, t^2$
Cadmium.	$c = 100 - 0,36871\, t + 0,0007575\, t^2$
Etain	$c = 100 - 0,36029\, t + 0,0006136\, t^2$
Plomb	$c = 100 - 0,38756\, t + 0,0009146\, t^2$
Arsenic	$c = 100 - 0,38996\, t + 0,0008879\, t^2$
Antimoine.	$c = 100 - 0,39826\, t + 0,0010364\, t^2$
Bismuth.	$c = 100 - 0,35216\, t + 0,0005728\, t^2$
Moyenne	$c = 100 - 0,37647\, t + 0,0008340\, t^2$

(1) Ces expressions représentent les valeurs des pouvoirs conducteurs des
différents métaux à une température donnée *t,* ces valeurs étant rapportées à un
pouvoir conducteur maximum représenté par 100 à 0° centigrades. Mais on peut
déduire facilement de ces expressions, les coefficients par lesquels il faut multiplier
les résistances des différents fils métalliques, évaluées à 0° centig., pour exprimer

4° *Pouvoir conducteur des solutions comparées à celui du cuivre pur représenté par* 100 000 000.

SOLUTIONS.	Température en degrés centi.	Pouvoirs conducteurs.
1° Sulfate de cuivre (solution concentrée) (sp. grains = 1,171).	9°	5,42
Id. avec un volume égal d'eau.	»	3,47
Id. avec trois volumes d'eau.	»	2,08
2° Sel commun (solution concentrée).	13°	31,52
Id. avec un volume égal d'eau	»	23,08
Id. avec deux volumes d'eau.	»	17,48
Id. avec trois volumes d'eau	»	13,58
3° Sulfate de zinc (solution concentrée) (sp. grains = 1,441). .	14°	5,77
Id. avec un volume d'eau	»	7,13
Id. avec trois volumes d'eau	»	5,43

4° ACIDE SULFURIQUE DILUÉ.

POIDS SPÉCIFIQUES.	SO^3 HO en 100 parties en poids proportions d'eau.	Température en degrés centig.	Résistances.
1,003	0,5	16°,1	16,01
1,018	2,2	15 ,2	5,47
1,053	7,9	13 ,7	1,884
1,080	12,0	12 ,8	1,368
1,147	20,8	13 ,6	0,960
1,190	26,4	13 ,0	0,871
1,215	29,6	12 ,3	0,830
1,225	30,9	13 ,6	0,862
1,252	34,3	13 ,5	0,874
1,277	37,3	»	0,930
1,348	45,4	17 ,9	0,973
1,393	50,5	14 ,5	1,086
1,492	60,6	13 ,8	1,549
1,638	73,7	14 ,3	2,786
1,726	81,2	16 ,3	4,337
1,827	92,7	14 ,3	5,320

leur véritable valeur à une température donnée *t*. En effet, puisque les résistances des conducteurs sont en raison inverse de leur pouvoir conducteur, on pourra poser :

$$R_t : R_o :: 100_o : (100 - \alpha t + \varphi t^2),$$

α et φ représentent les constantes [numériques que nous avons données ci-dessus.
Or, de cette proportion l'on tire :

$$R_t = R_o \frac{100}{(100 - \alpha t + \varphi t^2)}.$$

5° *Poids spécifiques de l'acide sulfurique anglais dilué (sp. gr. = 1,842) dans les limites de son application aux piles voltaïques.*

MÉLANGE. Parties par poids.		Poids spécifique à 17°,5 centig.	MÉLANGE. Parties par poids.		Poids spécifique à 17°,5 centig.	MÉLANGE. Parties par poids.		Poids spécifique à 17°,5 centig.
Acide sulfurique.	Eau.		Acide sulfurique.	Eau.		Acide sulfurique.	Eau.	
0	100	1,000	17	83	1,115	34	66	1,245
1	99	1,006	18	82	1,122	35	65	1,253
2	98	1,012	19	81	1,129	36	64	1,261
3	97	1,018	20	80	1,136	37	63	1,269
4	96	1,025	21	79	1,143	38	62	1,277
5	95	1,032	22	78	1,150	39	61	1,285
6	94	1,038	23	77	1,157	40	60	1,293
7	93	1,045	24	76	1,165	41	59	1,301
8	92	1,052	25	75	1,173	42	58	1,309
9	91	1,059	26	74	1,181	43	57	1,317
10	90	1,066	27	73	1,189	44	56	1,326
11	89	1,073	28	72	1,197	45	55	1,335
12	88	1,080	29	71	1,205	46	54	1,344
13	87	1,087	30	70	1,213	47	53	1,353
14	86	1,094	31	69	1,221	48	52	1,362
15	85	1,101	32	68	1,229	49	51	1,371
16	84	1,108	33	67	1,237	50	50	1,380

Ce qui donne pour coefficients d'accroissement de résistance pour un degré centigrade :

1° Pour le bismuth 0,0035827
2° Pour l'étain. 0,0036097
3° Pour l'or 0,0036794
4° Pour le cadmium. 0,0036930
5° Pour le zinc 0,0037111
6° Pour l'argent 0,0038326
7° Pour le cuivre 0,0038759
8° Pour le plomb 0,0038815
9° Pour l'arsenic. 0,0039059
10° Pour l'antimoine. 0,0039881

Ces chiffres sont un peu plus faibles que ceux donnés par M. Ed. Becquerel, et que nous avons rapportés page 37, mais la formule dont ils sont extraits semble se rapporter à une loi beaucoup moins simple que celle admise par ce savant, et qui suppose un accroissement progressif et non proportionnel avec la température.

6° *Forces électro-motrice des piles, d'après M. Latimer Clark* (1).

N°ˢ	PILES.	ÉLÉMENT électro-positif:	LIQUIDE excitateur.	ÉLÉMENT électro-négatif.	LIQUIDE dépolarisateur.	Force électro-motrice en Volts.	Forces électro-motrices par rapport à l'élément Daniel pris comme unité.
1	Daniell (unité)...	Zinc amalgamé	Acide sulfurique... 1 / Eau... 4	Cuivre...	Solution saturée de sulfate de cuivre.	1,079	1
2	Daniell (Type des télégraphes)...	Id.	Acide sulfurique... 1 / Eau... 12	Id.	Solution saturée de sulfate de cuivre.	0,978	0,906
3	Daniell...	Id.	Id. Id.	Id.	Solution saturée de nitrate de cuivre.	1,000	0,927
4	Marié-Davy...	Id.	Acide sulfurique... 1 / Eau... 12	Charbon...	Pâte de protosulfate de mercure et eau.	1,524	1,412
5	Leclanché...	Id.	Solution saturée de sel ammoniac.	Charbon entouré de peroxyde de manganèse et de charbon en poudre grossière.	Eau et sel ammoniac.	1,481	1,372
6	Bunsen...	Id.	Acide sulfurique... 1 / Eau... 12	Charbon...	Acide nitrique fumant.	1,964	1,820
7	Bunsen...	Id.	Id. Id.	Id.	Acide nitrique (à 1,38).	1,888	1,749
8	Bichromate de potasse	Id.	Eau... 100 / Bichromate... 12 / Acide sulfurique... 25	Id.	Acide sulfurique... 1 / Eau... 12	2,028	1,879
9	Grove...	Id.	Acide sulfurique... 1 / Eau... 4	Platine...	Acide nitrique fumant.	1,956	1,803

(1) M. Clark, dans son ouvrage, n'indique pas par quelle méthode les forces électro-motrices qui précèdent ont été déterminées, mais les moyens qu'il donne pour ce genre de détermination, supposent toujours la présence d'un élément étalon, pris comme type de comparaison. Les chiffres qui sont alors déduits, ne représentent donc que des valeurs *relatives*, comme celles que l'on obtient par la méthode d'op-position de M. Gaugain, et d'après le tableau qui précède, il paraîtrait que ce serait l'élément Daniell, dont la solution excitatrice serait de l'eau acidulée au quart de son poids, qui aurait servi d'unité de comparaison. Or, comme l'unité absolue de force électro-motrice, qui est le volt, est plus faible que celle de cet élément dans le rapport de 1 à 0,9268, il en résulte que le chiffre qui représente celle-ci en volts doit être plus élevé que l'unité, dans le même rapport, et par conséquent doit être représenté par $\frac{1}{0,9268}$ ou 1,079. Conséquemment, si on veut rapporter les forces électro-motrices des autres éléments l'élément Daniell à eau acidulée, il faudra diviser les chiffres qui les représentent par 1,079, comme nous l'avons fait pour les chiffres de la dernière colonne.

Des différentes méthodes de détermination de la force électro-motrice des piles indiquées par M. Latimer Clark, et qui sont au nombre de 6, les deux plus simples sont celles de MM. Wiedemann et Wheatstone que nous croyons devoir rapporter.

La première consiste à mesurer l'intensité du courant produit par les deux piles que l'on compare, en les réunissant d'abord de manière à ce que leurs cou-rants marchent dans la même direction, puis en les opposant l'une à l'autre, de manière à fournir un courant différentiel. Dans le premier cas on pourra poser :

$$I = \frac{E + E'}{R + R' + r}$$

r indiquant la résistance du circuit extérieur, y compris celle du rhéomètre. Dans le second on aura :

$$I' = \frac{E - E'}{R + R' + r}$$

et de ces deux équations l'on tire :

$$E' = E \frac{I - I'}{I + I'}.$$

La seconde méthode se rapporte un peu à celle de Ohm, que nous avons exposée page 158, mais pour éliminer la résistance intérieure des couples, toujours varia-ble et inconnue, on commence par noter les déviations α et δ du galvanomètre, produites par l'une des deux piles, d'abord sous l'influence d'une résistance totale R, puis sous l'influence d'une autre résistance R + r. On en fait autant pour le second élément de pile, mais on a soin d'augmenter ou de réduire la résistance R et R + r, de manière à fournir les mêmes déviations α et δ, et ces résistances de-viennent alors R' et R' + r'.

Dans ces conditions, les intensités électriques fournies par les deux couples étant les mêmes, on peut poser :

$$\frac{E}{R} = \frac{E'}{R'} \qquad \text{et} \qquad \frac{E}{R + r} = \frac{E'}{R' + r'};$$

d'où l'on déduit :

$$E\left(\frac{E'R}{E} + r'\right) = E'(R + r) \quad \text{ou} \quad E' = E\frac{r'}{r}.$$

Nous ne parlerons pas des autres méthodes, qui sont beaucoup moins pratiques, et qu'on trouvera clairement exposées dans l'ouvrage de M. Clark, p. 91-93.

M. Clark, dans son formulaire électrique, n'indique aucune méthode pour la me-sure de la résistance des couples, et n'en donne pas même les valeurs pour les principales piles ; mais, d'après le manuel de télégraphie sous-marine de M. Ternant, il paraîtrait que ce seraient les méthodes de MM. de La Rive et Thomson, qui seraient les plus recherchées en Angleterre.

La méthode de de La Rive consiste à mesurer l'intensité du courant produit par le couple que l'on étudie avec deux résistances différentes, R et r, la première R étant minime et comprenant la résistance de la pile, la seconde r étant disposée de manière à ce qu'étant ajoutée à R, elle puisse rendre la déviation du rhéomètre, moitié moindre de ce quelle était avec R. Dans ces conditions galvanométriques, on aura, en désignant par D et d les déviations :

$$D : d :: R + r : R :$$

proportion de laquelle on déduit :

$$\frac{D - d}{d} = \frac{R + r - R}{R + r} \qquad \text{d'où} \qquad R = \frac{dr}{D - d},$$

et comme $d = \frac{D}{2}$, cette valeur de R se réduit à r. Il suffit donc de retrancher de la résistance additionnelle r la résistance du rhéomètre et des fils de jonction, pour obtenir la valeur de la résistance de la pile.

La méthode de Thomson est un peu plus compliquée ; elle met à contribution le galvanomètre différentiel. On commence par faire passer le courant de la pile à travers l'un des deux multiplicateurs, et on note la déviation de l'aiguille, puis on le fait passer à travers les deux multiplicateurs, de manière à ce qu'il agisse dans le même sens, et on ajoute au circuit une résistance additionnelle assez grande, pour ramener la déviation galvanométrique au degré qui avait été primitivement observé. Or, cette résistance additionnelle représente exactement la résistance de la pile. En effet, si nous appelons n le nombre de tours de chacune des hélices des multiplicateurs et g leur résistance, l'intensité observée dans le premier cas sera $\frac{nE}{R + g}$ et dans le second $\frac{2nE}{R + 2g + r}$ et comme ces intensités sont égales, on a :

$$R + 2g + r = 2 (R + g) \qquad \text{ou} \qquad r = R.$$

Si le multiplicateur est trop sensible pour fournir une déviation convenable, on introduit une première résistance connue, ρ qui est comprise dans la valeur de R, et il suffit de la déduire de r pour avoir la résistance de la pile.

Si M. Clark ne parle pas de la résistance des piles dans son formulaire électrique, en revanche il indique cinq méthodes pour la mesurer dans son traité de la mesure électrique. L'une d'elles, fondée sur l'emploi de la boussole des sinus ou des tangentes, consiste à combiner avec la pile que l'on essaie deux résistances du circuit telles, que l'intensité observée dans un cas, soit moitié de celle observée dans l'autre, et alors la résistance de la pile se déduit de la différence des deux résistances métalliques ; une autre est basée sur l'intervention d'une dérivation du circuit, et cette méthode n'est autre que celle que nous avons donnée page 161 ; une troisième est celle que nous avons attribuée précédemment à Thomson, et que M. Clark indique comme étant sienne ; une quatrième nécessite l'emploi d'un galvanomètre à déviations proportionnelles à l'intensité. Enfin, la cinquième est fondée sur la variation de la tension de la pile essayée, et qu'on réduit à moitié de sa valeur primitive au moyen d'une résistance additionnelle ; alors la résistance de la pile est donnée par la résistance du fil qui opère cette réduction de moitié.

La pile la plus employée sur les lignes sous-marines anglaises est la pile de Minotto, dont la résistance est estimée par les électriciens anglais à 20 Ohms, soit environ 2000 mètres de notre fil télégraphique. Suivant M. Ternant, cette valeur reste constante pendant les quatre ou cinq mois durant lesquels cette pile peut être utilisée, sans qu'il soit besoin d'y apporter d'autre changement que l'addition de quelques gouttes d'eau de temps à autre. Nous sommes etonné néanmoins, qu'après les résultats dont nous avons parlé page 99 (déductions n° 4), on ait continué à employer des éléments aussi résistants.

Dans le premier ouvrage de M. Clark (Traité de la mesure électrique), les forces électro-motrices des différentes piles rapportées à celle de la pile de Grove représentée par 100 et à celle de Daniell représentée par 1, sont :

	La pile de Grove étant représentée par 100.	La pile de Daniel étant prise pour unité.
Pile de Grove	100	1,786
— Bunsen	98	1,750
— Daniell.	56	1,000
— Smée (en activité) . . .	25	0,446
— Smée (non en activité) .	57	1,018
— Wollaston	46	0,821
— Marié-Davy.	76	1,357
— Chlorure d'argent. . . .	62	1,107
— Chlorure de plomb . . .	30	0,536

7° *Force électro-motrice des amalgames les plus oxydables dans les diverses solutions acides (Wheatstone).*

AMALGAME de	SOLUTION de	POLE POSITIF.	DANIELL = 1	VOLTS.
Potassium.	Sulfate de zinc. . . .	Zinc	0,967	1,043
Id.	Sulfate de cuivre . .	Cuivre	1,967	1,122
Id.	Chlorite de platine . .	Platine	2,300	2,482
Id.	Acide sulfurique . . .	Peroxyde de plomb . . .	3,267	3,525
Id.	Id. Id.	Peroxyde de manganèse.	2,800	2,921
Zinc	Sulfate de cuivre. . .	Cuivre	1,000	1,079
Id.	Nitrate de cuivre. . .	Cuivre	0,967	1,043
Id.	Chlorure de platine . .	Platine	1,333	1,438
Id.	Acide sulfurique . . .	Peroxyde de plomb . . .	2,267	2,446
Id.	Id. Id.	Peroxyde de manganèse.	1,800	1,942

8° *Force électro-motrice des éléments de Grove suivant le degré de concentration des acides (Poggendorff).*

Zinc dans l'acide sulfurique (1).	Platine dans l'acide nitrique.	Force électro-motrice.	
		Daniell = 1	Volts.
Poids spécifique = 1,136 . .	Concentré.	1,812	1,955
Id. = 1,136 . .	Poids spécifique = 1,33 . .	1,678	1,809
Id. = 1,060 . .	Id. = 1,33 . . .	1,603	1,730
Id. = 1,136 . .	Id. = 1,19 . . .	1,558	1,681
Id. = 1,060 . .	Id. = 1,19 . . .	1,512	1,631
Solution de sulfate de zinc. .	Id. = 1,33 . . .	1,550	1,673
Solution de sel commun. . .	Id. = 1,33 . . .	1,765	1,903

(1) Le poids spécifique de l'acide sulfurique anglais dilué est 1,136 pour 80 parties d'eau sur 20 d'acide, et 1,060 pour 91 parties d'eau sur 9 d'acide. (Voir le tableau n° 5).

9° *Force électro-motrice des éléments d'une pile suivant la température à laquelle ils sont soumis (Sabine).*

N°ˢ	Élément.	Température.	Force électro-motrice.	Tant pour cent de différence.	Remarques.
1	Daniell	18° c.	1,000	»	Pris pour unité.
		100°	1,015	+ 1,5 0/0	
		22°	0,998	— 0,0	
2	Marié-Davy. .	21° c.	1,412	»	Daniell = 1.
		100°	1,322	— 6,4 0/0	
		21,	1,339	— 5,2	Après 3 heures.
		22	1,412	0,0	Après 24 heures.
3	Chromate de potasse. . . .	18° c.	1,477	»	Daniell = 1.
		100°	1,258	— 14,8 0/0	
		20°	1,513	+ 2,5	
		100°	1,258	— 14,8	
		18°	1,507	+ 2,1	
		18°	1,467	— 0,7	Après 18 heures.
		18°	1,467	— 0,7	Après 42 heures.

10° *Polarisation des électrodes composées de différents métaux dans diverses solutions, d'après M. Latimer-Clark.*

N°ˢ	Électrodes métalliques.	Liquide.	Forces électro-motrices rapportées à celle de l'élément Daniell prise pour unité
1	Électrodes de platine.	Dans l'acide sulfurique dilué (acide sulfurique, 6 parties, eau, 100 parties)	2,52
2	Électrodes de platine	L'acide nitrique	1,14
3	Électrodes de cuivre	L'acide sulfurique	1,00
4	Électrodes de zinc	L'acide sulfurique	0,67
5	Électrodes de charbon de cornue.	L'acide nitrique . . . . . , . .	0,58
6	Électrodes de zinc amalgamé.	L'acide sulfurique	0,42
7	Électrodes de fer.	L'acide sulfurique	0,15

Etude et lois de la charge électro-statique. — Bien que nous ayons déjà traité d'une manière assez étendue, la question de l'induction électro-statique, il est certains principes que M. Clark résume dans son ouvrage et que nous devons rappeler, afin que la question soit nettement posée dans la discussion des formules que nous donnerons. Ces principes peuvent être résumés de la manière suivante :

1° La charge électro-statique ou la quantité d'électricité condensée par suite de l'induction sur la surface extérieure d'un corps isolé, varie directement avec la tension électrique où la différence des potentiels sur ce corps et les conducteurs qui l'entourent

2° La charge statique dans toute partie d'un câble sous-marin à travers lequel passe un courant galvanique qui s'écoule en terre, varie directement comme sa distance à la terre où elle devient nulle.

3° Si un courant traverse un fil télégraphique ou le conducteur d'un câble dont un bout communique à la terre, et si la ligne est supposée divisée en un certain nombre de parties égales, *la proportion de la charge statique dans chaque partie, à partir du bout communiquant à la terre, suivra le rapport des nombres impairs* 1, 3, 5, 7, *etc.*; conséquemment, si la ligne est supposée divisée en 2 parties égales, la charge de ces deux parties sera dans le rapport de 1 à 3.

4° La quantité d'électricité accumulée, par suite de l'induction entre deux surfaces conductrices, varie directement comme la distance qui les sépare, ou comme l'épaisseur du diélectrique.

5° Quand on charge l'armature A d'un condensateur en la mettant momentanément en rapport avec une source quelconque d'électricité, on obtient sur l'autre armature B, une charge par induction qui est entièrement retenue à l'état dissimulé, pendant que la charge communiquée se trouve doublemement impressionnée, partie par l'armature, partie par les objets environnants.

6° « Admettons, dit M. Clark, que l'on charge le plateau supérieur d'un condensateur, avec une quantité d'électricité égale à Q (Webers), pendant que le plateau inférieur sera mis en communication avec la terre, la charge communiquée déterminera dans le plateau du dessous, une charge égale à n fois Q ou Qn, (n étant une fraction), et cette quantité Qn en exerçant une influence inductive sur le plateau supérieur, y développera une quantité d'électricité égale à n fois Qn ou Qn^2, quantité qui ne sera qu'une partie de la charge primitivement retenue. Le reste de cette charge constituera donc de l'électricité libre; et la totalité de cette électricité libre q sera alors égale à :

$$q = Q - Qn^2 = Q(1 - n^2) \text{ Webers,}$$

expression dans laquelle la valeur de n (qui est toujours moindre que 1) dépend de l'épaisseur et de la capacité inductrice du diélectrique, constituant l'isolateur du condensateur.

« Naturellement q représente là quantité d'électricité (en Webers) qui serait communiquée au plateau supérieur du condensateur, par le potentiel de la source, quand le plateau inférieur n'est pas recouvert ou est isolé de la terre. Il en résulte que quand un condensateur est en rapport avec la terre, la quantité d'électricité qu'il reçoit est beaucoup plus grande. En effet :

$$Q = q \; \frac{1}{1 - n^2} \ldots \text{Webers}$$

et comme $n < 1$, il s'ensuit que $\frac{1}{1 - n^2}$ est beaucoup plus grand que 1 et par conséquent $Q > q$.

« Supposons $n = 0,95$ pour un condensateur donné, on aura :

$$Q = q \; \frac{1}{1 - 0,95^2} = q, \; 10,259.$$

Électrification. — La théorie que donne M. Clark de l'action électri-que, mise en jeu dans le phénomène de l'induction électro-statique est à peu près la même que celle que nous avons exposée, page 106 et suiv. Voici, en effet, ce qu'il dit à cet égard :

« Quand un fil isolé ou câble électrique est mis en communication avec une batterie voltaïque, et qu'on observe la déviation du galvano-mètre, on remarque que le premier effet du courant produit, est dû à la capacité électro-statique de l'isolateur, car en maintenant cette commu-nication avec la batterie, la déviation galvanométrique tombe d'abord très-rapidement, ensuite graduellement pendant quelque temps. Plus le câble est court et plus son isolation est grande, moins sont marquées les différences des déviations galvanométriques que l'on observe après quel-ques minutes de contact.

« Le premier courant est dû à trois causes : 1° à la charge électro-sta-tique entre les surfaces conductrices extérieures et intérieures ; 2° à la dé-rivation par l'enveloppe isolante, ou à la conduction par cette enveloppe ; 3° à une action physique désignée en Angleterre sous le nom d'électrifi-cation, et qui n'est autre qu'une sorte d'absorption. La première de ces actions se produit rapidement, la seconde est constante et reste perma-nente, pendant que l'électrification diminue dans un rapport rapide, ou même cesse entièrement.

« Si on désigne par a le courant permanent dû à la conduction, par b celui qui résulte de l'électrification ou de l'absorption, le courant défi-nitif, observé au bout du temps t sera $a + b$. Si après un temps T, quand b est devenu assez petit pour être négligé, on retire la batterie du circuit et on met le câble à la terre, la charge inductrice passera à travers le câble avec une force amoindrie, et la courbe représentant le courant aux intervalles de temps t, t', t'', après que le câble aura été ainsi mis en rapport avec la terre, correspondra à celle représentant le même courant aux intervalles t, t', t'', après l'application du câble à la batterie, mais, dans un sens inverse (1). Il en résulte que l'on pourra déduire la valeur des courants entrant dans le câble après un temps t' de communication avec la batterie, en ajoutant une valeur constante c au courant traversant le câble à un intervalle de temps semblable t', après que la communication de celui-ci avec la terre aura eu lieu. Le courant au premier contact avec la batterie sera donc représenté par $a + c$. »

Les expériences faites sur ces sortes de courants avec les précautions convenables montrent :

1° Que le rapport entre les déviations galvanométriques pour des durées égales de contact est *indépendant des longueurs des câbles* et ne varie qu'avec la résistance spécifique du diélectrique.

2° Que ce rapport est également *indépendant de la force électro-motrice du courant inducteur*, tant que la pile reste constante pendant l'observation.

Suivant M. Warren, la vitesse de l'électrification du caoutchouc serait indépendante de la température ; mais il n'en est pas de même des autres matières isolantes, et, pour la gutta-percha, elle est beaucoup plus rapide quand elle est froide que quand elle est chaude.

On peut apprécier facilement cette différence par celle que présente la résistance du fil de cuivre d'une fraction de câble isolé avec cette substance, après 1 minute, 10 minutes et une heure d'électrification à différentes températures. Voici, en effet, les chiffres qui ont été obtenus, sur un échantillon du câble transatlantique français :

(Température 0° cent.)	résistance après	1 minute . .	100
	id.	10 minutes. .	191
	id.	1 heure . . .	289
(Temp. à 12° cent.)	résistance après	1 minute . .	100
	id.	10 minutes. .	136
	id.	1 heure. . .	167
(Temp. à 24° cent.)	résistance après	1 minute . .	100
	id.	10 minutes. .	128
	id.	1 heure . . .	138

Les tresses de fils de cuivre qui composent généralement le conducteur

---

(1) Voir la fig. 15, p. 64.

des câbles sous-marins, quoiqu'ayant les mêmes dimensions, présentent
rarement le même rapport dans leur résistance à leur contact prolongé
avec une batterie voltaïque, mais, quand plusieurs de ces tresses sont
réunies, le rapport des déviations produites pour deux durées de contacts successifs, représente une moyenne applicable à chacune d'elles.
Ce résultat peut avoir son application pour reconnaître les défauts qui
peuvent surgir dans la construction de ces tresses.

Lois relatives aux épaisseurs des enveloppes isolantes des câbles. —
Les lois admises en Angleterre pour les transmissions électriques à travers les câbles sous-marins, sont à peu près celles que nous avons résumées page 97. Il est pourtant quelques considérations relatives aux
rapports qui doivent exister entre les diamètres des enveloppes isolantes
et ceux des fils conducteurs, sur lesquelles nous devons revenir, car elles
ont été l'objet de recherches importantes de la part de MM. Thomson,
Preece et Wheatstone.

Nous avons vu, page 106, qu'en partant de la loi empirique de Wheatstone sur la proportionnalité des charges électro-statiques, eu égard à
l'épaisseur de l'enveloppe isolante des câbles, on avait plutôt avantage à
augmenter le diamètre du conducteur que l'épaisseur de cette enveloppe.
Toutefois, cette augmentation a une limite, et cette limite peut être calculée en comparant les accroissements que prennent la charge statique C
et l'intensité du courant transmis I, quand on augmente le rayon r du fil
conducteur sans changer le rayon R de l'enveloppe isolante.

En nous rappelant que la charge électro-statique ou la capacité électro-
statique d'un câble immergé est en raison inverse des logarithmes népériens
du rapport des deux rayons de l'enveloppe isolante, ainsi que nous l'avons
démontré page 97, on arrive à l'équation, $C = \dfrac{1}{\log \frac{R}{r}}$ ou $C = \dfrac{1}{\log R - \log r}$

et comme l'intensité du courant est proportionnelle à r^2, on pourra poser

$$\frac{I}{C} = \frac{r^2}{\dfrac{1}{\log R - \log r}} = r^2 [\log R - \log r].$$

Or le rapport $\dfrac{I}{C}$ sera le plus grand possible, ou si l'on veut C aura sa

moindre valeur par rapport à I, quand $\dfrac{R}{r}$ sera égal à 1,64872. En effet, la dérivée de l'expression $r^2 [\log R - \log r]$ étant $2r [\log R - \log r] - r$, cette dérivée égalée à zéro donne $2 [\log R - \log r] = 1$ ou $\log \dfrac{R}{r} = \dfrac{1}{2}$

d'où $\dfrac{R}{r} = e^{\frac{1}{2}} = \sqrt{e}$, e représentant la base du système des logarithmes népériens qui est 2,71828. Or la racine carrée de ce nombre est 1,64872 (1). Mais ces dimensions relatives de R et de r qui, pour un câble dont le conducteur aurait 3 millimètres de diamètre, supposeraient une épaisseur d'enveloppe isolante de $1^{mm},07$, ne sont pas évidemment pratiques, car avec une enveloppe aussi mince, un câble serait bien vite détérioré. Suivant M. Preece, la meilleure valeur pratique qui peut être donnée au rapport $\dfrac{R}{r}$ serait $\dfrac{10}{\sqrt{10}}$ c'est-à-dire 3,16. En général, ce rapport varie entre 2,97 et 3,40.

Formules pour obtenir les valeurs numériques des résistances et des capacités électro- statiques des diélectriques. — La formule qui a servi de point de départ à toutes les recherches dont nous allons maintenant parler, est précisément celle dont nous avons expliqué l'origine page 95, et qui donne pour valeur de la résistance ρ opposée par l'enveloppe isolante à la dérivation du courant :

$$\rho = \frac{1}{2\pi l \lambda} \log \frac{R}{r}.$$

Cette formule, dans son application en Angleterre, a la forme suivante (2).

---

(1) En partant de la loi de M. Wheatstone, la valeur du rapport $\dfrac{1}{C}$ aurait pour expression :

$$\frac{1}{C} = \frac{r^2 \sqrt{R - r}}{\sqrt{r}} = r^{\frac{3}{2}} \sqrt{R - r} = \sqrt{r^3 R - r^4}$$

et cette formule, dans laquelle $r^3R - r^4$ a pour dérivée $3r^2R - 4r^3$ donne pour conditions de maximum $\dfrac{R}{r} = \dfrac{4}{3} = 1,333$. Ce rapport est encore plus faible que celui de l'expression logarithmique.

(2) Le rapport $\dfrac{D}{d}$ peut être déduit par le calcul du poids W (en livres) de l'isolateur par knot et du poids w (en livres) du fil de cuivre, comme il suit :
1° Pour un fil massif de cuivre recouvert de gutta-percha :

$$\frac{D}{d} = \sqrt{1 + 8,93 \frac{W}{w}};$$

$$R = r . \log \frac{D}{d} . \frac{1}{2\pi l} \ldots \text{megohms} \quad \text{ou} \quad R = r . \frac{\log D - \log d}{2\pi l}, \quad (39)$$

équations dans lesquelles R représente ρ, $D = 2\,R$ et $d = 2\,r$; la seule quantité r qui devrait représenter λ figure au numérateur de la formule, au lieu de faire partie du dénominateur, parce que dans la formule que nous avons discutée, λ était considéré comme représentant la *conductibilité spécifique* de l'isolant, tandis que dans la nouvelle formule r, qui remplace cette quantité, représente *sa résistance spécifique* c'est-à-dire la résistance de l'unité de volume de la matière isolante, qui est alors le cub-knot, et par conséquent, elle doit figurer d'une manière inverse dans la formule.

Nous avons également vu p. 95 que de l'équation précédente on pouvait déduire la charge électro-statique et qu'il suffisait pour cela de la simple inversion de la formule. Cette charge, sous l'influence de l'unité de force électro-motrice constitue, comme nous l'avons dit, la *capacité électro-statique* du câble et elle est représentée par F ; de sorte que l'on a :

$$F = \frac{f}{\log \dfrac{D}{d}} . 2\pi l \ldots \text{microfarads}, \quad (40)$$

et ici f, au lieu de représenter comme λ la conductibilité spécifique de de l'isolant, exprime sa *capacité spécifique*, c'est-à-dire la capacité

2° Pour un faisceau de fils de cuivre tordus en câble et recouvert de gutta-percha :

$$\frac{D}{d} = 1,05 \sqrt{1 + 6,97 \frac{W}{w}} ;$$

3° Pour un fil massif de cuivre recouvert de l'isolant de Hooper :

$$\frac{D}{d_1} = \sqrt{1 + 7,3 \frac{W}{w}} ;$$

4° Pour un faisceau de fils de cuivre tordus en câble et recouvert de l'isolant de Hooper :

$$\frac{D}{d} = 1,05 \sqrt{1 + 5,7 \frac{W}{w}}.$$

La valeur $\dfrac{D}{d}$ donnée par ces formules représente le rapport exact du diamètre de l'isolateur à celui du fil conducteur du câble. Si le diamètre extrême *d'un fil en tresse* est pris pour représenter d dans les formules exprimant l'isolation ou la capacité inductive des enveloppes isolantes, les conditions électriques qu'on en déduit sont entachées d'erreur, et, pour les corriger, on devra diminuer de 5. 0/0 ce diamètre extrême du fil de cuivre. On devra se rappeler que la livre anglaise vaut 453 grammes 544 milligrammes.

électro-statique du *cub-knot* de l'isolant. Nous allons voir à l'instant les formules à l'aide desquelles ces quantités r et f peuvent être mesurées, mais nous ferons remarquer dès maintenant qu'on peut déduire des deux formules qui précèdent ce principe important : que *le produit de la résistance R en megohms par la capacité électro-statique F en microfarads de tout isolant, est une valeur constante, indépendante des dimensions et de la forme du câble et variable seulement suivant la nature de l'isolant.* En multipliant en effet l'une par l'autre les deux équations précédentes, on a $RF = rf$.

La *résistance spécifique* r d'un câble dont la résistance R, par knot, est donnée en megohms se déduit de la formule (39), qui donne :

$$r = \frac{R.\, 2\pi l}{\log D - \log d} \text{ megohms.} \tag{41}$$

Mais comme dans cette équation, les logarithmes D et d, sont des logarithmes Népériens, et qu'il est nécessaire, pour que les quantités qui figurent dans la formule, soient exprimées en fonction d'un même système d'unités, que ces logarithmes puissent être considérés, comme *des logarithmes décimaux* (dont la base est une puissance de 10), on devra, pour conserver à l'expression sa véritable valeur, affaiblir son numérateur dans le même rapport qu'on aura affaibli son dénominateur par suite de ce changement d'interprétation des valeurs logarithmiques ; or les logarithmes népériens étant plus forts que les logarithmes vulgaires ou décimaux dans le rapport de 1 à 0,4343, on devra multiplier ce numérateur par 0,4343 (1). Dans ces conditions, la formule précédente devient, pour une longueur l égale à un knot :

$$r = R \frac{2 \times 3,1416 \times 0,4343}{\log D - \log d} = R \frac{2,728}{\log D - \log d} \tag{42}$$

et cette formule étant renversée et F substitué à R, on obtient la valeur de la *capacité spécifique* d'un câble, dont la capacité électro-statique est F par knot. Elle est :

$$f = F \frac{\log D - \log d}{2,728} = 0,3666 \; F \log \frac{D}{d}. \tag{43}$$

---

(1) Ce coefficient 0,4343 représente précisément la quantité a qui figure dans la formule des pages 95 et 96, laquelle désigne le coefficient constant dépendant de l'unité adoptée.

D'après les électriciens anglais, la résistance spécifique et la capacité spécifique de l'enveloppe isolante des câbles doivent toujours être rapportées à celles du *cub-knot de l'isolateur* à 75° fahr., ou 23°, 8 centig. et doivent être calculées d'après celles que cet isolateur fournit sous forme de câble. Elles peuvent être considérées matériellement, *comme la résistance et la capacité électro-statique d'une bande de la matière isolante étudiée, dont l'épaisseur (dans la direction du courant) est la même que la largeur, et dont la longueur, dans l'autre sens, est un knot.* Par le fait, le cub-knot est un solide, ayant un knot en longueur, largeur et épaisseur ; mais comme par rapport à la conduction électrique, la résistance qu'il présente est inversement proportionnelle à sa section $l \times l$ ou l^2 et proportionnelle à sa longueur l, cette résistance peut être exprimée par $\dfrac{l}{l^2}$ ou $\dfrac{1}{l}$. Or si, comme cela doit être pour les conducteurs cylindriques, on considère la longueur d'un câble comme l'une des deux dimensions de la section de son isolateur, on comprendra aisément qu'en supposant la deuxième dimension de cette section (la largeur) égale à l'épaisseur de cet isolateur, on pourra ramener la résistance spécifique de celui-ci à celle du cub-knot lui-même, car dans ces conditions, ces deux résistances sont absolument les mêmes, quelle que soit l'épaisseur de l'enveloppe du câble. En effet, si on désigne par e cette épaisseur, l'expression $\dfrac{1}{l}$ devient $\dfrac{e}{le}$, qui est une valeur constante pour une même longueur l. Ce système de type de comparaison, tout en présentant le grand avantage de fournir, suivant la nature de l'isolateur, un coefficient applicable à toutes les épaisseurs de câbles de même nature, évite en même temps dans les formules, un certain nombre de constantes numériques, et permet d'obtenir des valeurs relatives convenables en megohms et en microfarads en partant du *knot* qui est accepté aujourd'hui comme unité de longueur dans la construction des câbles. La résistance du cub-knot peut être estimée, moyennement pour la gutta-percha à 2100 megohms à la température de 75° fahr ou à 23°,8 centig., et pour le caoutchouc, à la même température, à 40950 megohms. La capacité électro-statique, dans les mêmes conditions de température, est 0,0687 microfarads pour la gutta-percha, et 0,0543 pour le caoutchouc. Inutile de dire que les valeurs fournies par les formules 42 et 43 expriment la résistance et la capacité spécifique du cub-knot lui-même en fonction du knot de câble (1).

La capacité électro-statique d'une enveloppe cylindrique, isolante de longueur l knots peut encore être estimée en fonction de la capacité d'une plaque isolante de même nature et d'une dimension donnée, soit par exemple en fonction d'une plaque k d'un pied carré de surface et d'un mil (un millième de pouce) d'épaisseur (2). Cette capacité électro-statique a alors pour expression :

$$F = 1,384\, k\ \frac{l}{\log D - \log d}\ \dots\text{microfarads.} \qquad (44)$$

et la constante 1,384 représente le coefficient 2,728 multiplié par le rapport des résistances du cub-knot et de la plaque prise pour terme de comparaison, lequel rapport est $\dfrac{1}{12 \times 1000} : \dfrac{1}{6087}$ ou 0,5067 (3). La capacité électro-statique de la plaque a elle-même pour valeur :

---

(1) Il est facile de se rendre compte pourquoi les formules (42), (43) peuvent fournir les valeurs numériques de la résistance et de la capacité spécifiques des enveloppes isolantes en fonction du *cub-knot*. En effet, pour ne parler d'abord que de la résistance spécifique r, on peut déduire des considérations qui précèdent, que cette valeur étant, pour une bande de matière isolante de longueur l et d'une épaisseur e égale à sa largeur, représentée par $\frac{e}{el}$, elle doit avoir l'unité pour expression, quand cette bande représente le *cub-knot* et alors que $l = 1$; on peut donc poser :
$$r_c = 1.$$
Mais comme la résistance d'un knot de câble, a elle-même pour valeur, en supposant $r = 1$:
$$R = \frac{1}{2\pi} . \log \frac{D}{d},$$
ces deux équations, divisées l'une par l'autre, pour obtenir le rapport entre la résistance du cub-knot et celle d'un knot de câble, conduisent à la relation :
$$\frac{r_c}{R} = \frac{2\pi}{\log D - \log d}; \text{ d'où } r_c = R . \frac{2\pi}{\log D - \log d}$$
qui donne la valeur de la résistance du cub-knot en fonction de celle du knot de câble.

En faisant le même raisonnement pour la valeur de la capacité spécifique, on arriverait à la même conclusion.

(2) Le *mil* anglais représente la millième partie d'un pouce anglais, c'est-à-dire 0,0154 millimètre, soit un peu plus de la quarantième partie d'un millimètre. La résistance d'une plaque en gutta-percha d'un pied carré de surface et d'un mil d'épaisseur à une température de 24° centi., est 1066 megohms et sa capacité électro-statique 0,1356 microfarads. Pour le caoutchouc, ces deux valeurs sont 20770 megohms et 0,1073 microfarads.

(3) La plaque ayant pour épaisseur 1 mil ou la millième partie d'un douzième de pied a pour résistance, par rapport au pied pris pour unité $\frac{1 \times 12}{12 \times 1000}$ ou 0,00008333

$$k = F \frac{\log D - \log d}{1,384} \quad \text{ou} \quad k = 0,7225 \, F \log \frac{D}{d} \ldots \text{microfarads} \quad (45)$$

et dans cette formule F représente la capacité électro-statique d'un knot de câble.

La capacité électro-statique K d'une plaque, dont la surface est q pieds carrés et dont l'épaisseur est m mils, a pour expression :

$$K = k \frac{q}{m} \ldots \text{microfarads} \quad (46)$$

k étant la capacité d'une plaque de la même matière d'une surface d'un pied carré et d'un mil d'épaisseur.

Voici, du reste, les valeurs approximatives des capacités électro-statiques des différents isolateurs.

ISOLATEURS.	CAPACITÉ ÉLECTRO-STATIQUE k d'une plaque de 1 pied carré $\times \frac{1}{1000}$ de pouce.	AIR $= 1$.
	Microfarads.	
Air	0,0323	1,00
Résine.	0,0572	1,77
Poix.	0,0581	1,80
Cire d'abeilles	0,0601	1,86
Verre.	0,0614	1,90
Soufre.	0,0623	1,93
Ecaille	0,0630	1,95
Caoutchouc.	0,0904	2,80
Caoutchouc de Hooper.	0,1073	3,10
Gutta-percha	0,1357	4,20
Mica.	0,1620	5,00

La capacité électro-statique de la gutta-percha par knot ou par mile nautique de câble est représentée moyennement, en partant de la formule (43) dans laquelle $f = 0,0687$ microfarads, par l'expression :

$$\frac{0,1877}{\log D - \log d} \quad \text{microfarads.} \quad (47)$$

---

et comme le knot est égal à 2029 yards, dont chaque yard représente 3 pieds, soit 6087 pieds, la résistance du cub-knot devient par rapport au pied pris pour unité de mesure 0,0001642. Or, le rapport de ces deux résistances est 0,5067, et cette quantité multipliée par 2,728 donne à peu près le nombre 1,384. Je dis à peu près, parce qu'il est par le fait 1,3823, mais la différence tient uniquement aux parties de fractions négligées dans les calculs pour la conversion des mesures en fonction les unes des autres.

Comparée avec celle du caoutchouc placé dans les mêmes conditions, elle est environ dans le rapport de 120 à 100. Celle du caoutchouc par knot, avec $f = 0,0543$, a pour valeur :

$$\frac{0,1485}{\log. D - \log d} \text{ microfarads.} \qquad (48)$$

Les résistances de ces deux isolateurs par knot, en partant de la formule (42), dans laquelle $r = 2100$ megohms pour la gutta-percha et 40950 megohms pour le caouthouc, sont :

1° Pour la gutta-percha de la meilleure qualité à 75° fahr (1).

$$769 (\log. D - \log. d) \text{ megohms ;} \qquad (49)$$

2° Pour le caoutchouc de Hooper à la même température :

$$15400 (\log. D - \log d) \text{ megohms.} \qquad (50)$$

La résistance des substances isolantes diminue, comme on l'a vu, pages 99 et 101, avec l'accroissement de la température et avec la pression. Les formules qui expriment ces résistances ainsi modifiées sont pour la gutta-percha :

1° Par rapport à la pression :

$$R (1 + 0,00023 p) \qquad (51)$$

(R représentant la résistance du câble à la pression atmosphérique, p la pression en livres (2) par pouce carré) ;

2° Par rapport à la température :

$$\left. \begin{array}{l} \log. R = \text{Log.} r - t \log. 0,9399 \\ \text{et } \log. r = \text{Log.} R + t \log. 0,9399 \end{array} \right\} \qquad (52)$$

R représentant la résistance à la température la plus élevée, r celle qui correspond à la température la plus basse et t la différence des températures en degrés fahr.

On peut trouver du reste dans l'ouvrage de M. Clark, pages, 116, 117, etc., des tables qui donnent les valeurs relatives des résistances de la gutta-percha aux différentes températures, depuis 0° centig. jusqu'à 38°, ainsi que plusieurs autres qui indiquent, 1° les pertes de charge après différentes

---

(1) 75° fahrenheit représentent 23°,8 centigrades. Pour convertir les degrés fahrenheit en degrés centigrades, on a la formule $\frac{F - 32}{9} \times 5 = C$; pour l'inverse, on a la formule $\frac{C \times 9}{5} + 32 = F$.

(2) La livre anglaise vaut 453,544 grammes.

durées d'isolation, depuis 1 minute jusqu'à 60 ; 2° les valeurs de la résistance de la gutta-percha et de sa capacité électro-statique par knot suivant les différents rapports $\dfrac{D}{d}$ depuis 2,80 jusqu'à 3,36 ; 3° enfin les différentes valeurs électriques se rapportent aux câbles recouverts de gutta-percha.

D'après les expériences de M. Warren, la variation de la résistance du caoutchouc de M. Hooper serait de 0,026 par degré fahr., et une différence de 27 degrés pourrait réduire à moitié ou doubler cette résistance, suivant qu'elle est en plus ou en moins. M. Clark donne d'ailleurs page 131 une table de coefficients pour obtenir ces différences de résistance, suivant les chiffres représentant les différences de température, depuis 1° jusqu'à 50°.

Pour qu'on puisse se faire une idée des variations de résistance de ces sortes de corps isolants, il nous suffira de dire que la résistance du câble du golfe persique, construit par M. Hooper, étant représenté par 100 à 0° centigrades, est devenue 23,18 à 12°, 5,51 à 24°, enfin 1,43 à 38°. Il est vrai que pour le câble de Ceylan, ces résistances ont diminué moins rapidement, car étant 100, à 0°, elles sont devenues 52,90 à 12°, 24,50 à 24°, enfin 10,60 à 38°. Avec la gutta-percha, ces variations sont encore plus prononcées, ainsi, à 0° centig., la résistance étant représentée par 23,622, elle ne l'est plus que par 4,685 à 12°, par 1,000 à 24° et par 0,223 à 38°.

Comme les valeurs calculées de la résistance et de la capacité électrostatique d'un câble par knot, sont utiles à connaître pour les différents diamètres de câbles, aussi bien que pour les différents poids relatifs de la gutta-percha et du cuivre qui entrent dans leur construction, nous donnons ci-contre le tableau de ces valeurs pour le caoutchouc et la gutta-percha (1).

---

(1) Le rapport $\dfrac{W}{w}$ est celui dont il a été question page 465 pour calculer les diamètres d'après les poids des matières entrant dans la construction des câbles. W est le poids (en livres) de l'isolateur par knot, et w est le poids du fil de cuivre également en livres et par knot. Le rapport $\dfrac{D}{d}$ est celui des diamètres extérieur et intérieur de l'enveloppe isolante.

GUTTA-PERCHA.				CAOUTCHOUC.			
$\dfrac{W}{w}$	$\dfrac{D}{d}$	RÉSISTANCE par knot en megohms à 24° cent.	CAPACITÉ électro-statique par knot en microfarads.	$\dfrac{W}{w}$	$\dfrac{D}{d}$	RÉSISTANCE par knot en megohms à 24° cent.	CAPACITÉ électro-statique par knot en microfarads.
1,00	2,80	360	0,4007	0,85	2,42	6072	0,3669
1,05	2,86	367	0,3934	0,90	2,48	6225	0,3580
1,10	2,92	375	0,3853	0,95	2,53	6373	0,3496
1,15	2,98	381	0,3788	1,00	2,59	6518	0,3418
1,20	3,03	387	0,3735	1,05	2,64	6638	0,3357
1,25	3,09	393	0,3675	1,10	2,70	6800	0,3277
1,30	3,14	399	0,3619	1,15	2,75	6914	0,3223
1,35	3,20	405	0,3569	1,20	2,80	7026	0,3172
1,40	3,25	410	0,3521	1,25	2,85	7137	0,3123
1,45	3,30	415	0,3476	1,30	2,90	7265	0,3067
1,50	3,35	421	0,3433	1,35	2,95	7370	0,3023

Cette table ne donne les *valeurs* correspondantes aux rapports $\dfrac{W}{w}$ et $\dfrac{D}{d}$ que de cinq en cinq centièmes, depuis 1 et 2,80 jusqu'à 1,50 et 3,35 pour la gutta-percha, et depuis 0,85 et 2,42 jusqu'à 1,35 et 2,95 pour le caoutchouc, chiffres qui représentent les limites de ces rapports dans les conditions ordinaires des câbles en usage ; mais elle est calculée pour chaque centième de ces rapports dans l'ouvrage de M. Clark (voir pages 122, 132).

Formules relatives aux pertes de charge dans les câbles. — Quand un câble immergé est chargé par un contact suffisant de son conducteur avec une pile, et qu'il est ensuite isolé de la pile et abandonné à lui-même, sa charge diminue successivement de tension, en s'écoulant par l'enveloppe isolante, et finit au bout d'un certain temps par devenir insensible. Or, l'expérience démontre que le temps nécessaire pour que cette charge descende à une tension donnée ne varie pas avec le degré de sa tension, mais suit une marche beaucoup plus rapide. Ainsi s'il s'échappe 7 0/0 de la charge primitive à une température de 75° fahr pendant la première minute (et avec la gutta-percha, c'est à peu près la perte ordinaire), il s'échappera encore 7 0/0 de la quantité rémanente pendant la seconde minute et ainsi de suite. Il en résulte que les charges décroissent avec le temps en progression géométrique, et si on représente par *q* la raison de cette progression, c'est-à-dire la quantité par laquelle il faut diviser la charge primitive C pour la réduire successivement de 7 0/0 aux intervalles de temps de 1 minute, deux minutes, trois minutes... t minutes, ces charges résiduelles c, c', c'', c_t auront pour expression :

$$c = \frac{C}{q} \; ; \; c' = \frac{c}{q} = \frac{C}{q^2} \; ; \; c'' = \frac{C}{q^3} \dots c_t = \frac{C}{q^t}$$

équations desquelles on tire :

$$q^t = \frac{C}{c_t} \qquad \text{ou} \qquad \log \frac{C}{c_t} = \log q \cdot t$$

ce qui nous montre déjà *que les pertes de charge représentées par les logarithmes du rapport de la charge primitive avec les charges résiduelles, sont proportionnelles aux temps.* D'après cette loi, il devient facile de calculer le temps T que doit mettre une charge C à tomber à une tension donnée p connaissant le temps t nécessaire pour la réduire à une tension mesurée c. Cette loi en effet se traduit par la proportion suivante :

$$\log C - \log p : \log C - \log c :: T : t$$

$$\text{d'où } T = \frac{\log C - \log p}{\log C - \log c} \times t = \frac{\log \dfrac{C}{p}}{\log \dfrac{C}{c}} \times t \; ; \qquad (53)$$

et si on donne au rapport $\dfrac{C}{p}$ la valeur $\dfrac{100}{50}$, qui correspond à une charge tombant de tension à demi-tension, ce qui se pratique généralement dans les recherches sur les câbles, l'expression précédente devient :

$$T = \frac{0,30103}{\log \dfrac{C}{c}} \times t \text{ ou } T = \frac{0,30103 \, t}{2,000 - \log (100 - n)} \; ; \quad (54)$$

n désignant le taux pour cent de la perte dans l'intervalle de temps t. Comme l'électrification se continue pendant le temps que le câble reste isolé, t doit être choisi le plus court possible.

Si l'on considère maintenant que la perte de charge d'un câble est d'autant moins grande que le temps t est plus court et que la résistance R de l'enveloppe est plus grande, on comprendra aisément qu'en rendant cette perte exprimée par $(\log C - \log c)$, fonction de la capacité électrostatique dont elle dépend et de certaines constantes en rapport avec les unités de mesure employées, on pourra déterminer par son intermédiaire les valeurs de R et de F. En effet, puisque $\log C - \log c$ est inversement proportionnel à R et proportionnel à t, on peut poser :

$$\log C - \log c = \frac{t}{R}; \quad \text{d'où} \quad R = \frac{t}{\log C - \log c},$$

ou, si l'on considère les charges C et c par rapport à la capacité électro-statique F qui les relie aux unités électriques :

$$R = \frac{t}{F (\log C - \log c)}.$$

Mais comme les logarithmes C et c représentent des logarithmes naturels ou népériens, il faudra, par la raison que nous avons donné page 467, multiplier le numérateur de cette expression par 0,4343 pour faire de ces logarithmes des logarithmes décimaux, et il faudra de plus multiplier par 60, si, comme cela a lieu généralement, le temps t est exprimé en minutes, afin de le rapporter à l'unité de temps (la seconde) adoptée dans le système coordonné des mesures électriques. Conséquemment, l'équation précédente devra être mise sous la forme (1) :

$$R = \frac{0,4343 \times 60 \times t}{F (\log C - \log c)} = \frac{26,06\, t}{F (\log C - \log c)} \ldots \text{megohms, (55)}$$

de laquelle on tire :

$$F = \frac{26,06.\, t}{R (\log C - \log c)} \ldots \text{microfarads.} \quad (56)$$

Si le temps t est mesuré en secondes, la constante numérique de ces formules sera 0,4343 au lieu de 26,06.

On peut déduire déjà des expressions qui précèdent une conséquence importante, c'est que *la perte de charge sur les câbles sous-marins est indépendante des dimensions et de la forme des câbles.* Conséquemment, elle ne peut varier qu'avec la nature propre de l'isolant.

D'un autre côté, on reconnaît également que le temps nécessaire pour que la charge C tombe de C en c est proportionnelle :

1° A la résistance spécifique du câble, (celle qui correspond à son état électrique et à sa température en ce moment là) ;

2° A la capacité spécifique du diélectrique ;

---

(1) Afin qu'on puisse bien saisir l'usage de ces formules, nous allons donner un exemple : un knot du câble atlantique français a une capacité électro-statique F = 0,3992 microfarads, la décharge instantanée C après que la charge a atteint son maximum a donné une déviation du galvanomètre de Thomson égale à 332 divisions de l'échelle ; une autre décharge c après une minute a donné une déviation de 202 divisions ; on a alors :

$$R = 26,06 \times \frac{t}{0,3992\,(0,5211 - 0,3054)} = 303 \text{ mégohms.}$$

3° Au logarithme du rapport des deux charges.

On peut démontrer ces lois par les calculs suivants :

On a vu précédemment, page 487, que :

$$RF = rf.$$

Or, si dans cette équation, on remplace R par la valeur que lui donne la formule (n° 55), il vient :

$$rf = \frac{26,06\ t}{\log C - \log c} ;$$

$$d'où\ t = \frac{rf \log \dfrac{C}{c}}{26,06}.$$

Or, les quantités r, f, qui figurent au numérateur de cette formule représentent la résistance spécifique du câble et la capacité spécifique de l'isolant.

Dans la pratique, le temps que met une charge à tomber à moitié est un moyen très-commode, pour comparer l'isolement d'un câble à différentes périodes de temps. Par le fait, avec des câbles extrêmement longs, c'est le seul auquel on peut se fier.

Quand deux condensateurs ou câbles sont réunis et que l'un est chargé par l'autre, la tension t qui en résulte a pour valeur, en représentant par C la capacité du condensateur chargé, T sa tension, c la capacité de l'autre condensateur :

$$t = T \times \frac{C}{C + c} \qquad (57)$$

et la capacité électro-statique c est représentée par :

$$c = \frac{T - t}{t}\ C. \qquad (58)$$

Dans ce cas, en effet, la jonction des deux câbles a pour résultat de diviser entre eux leur charge proportionnellement à leur capacité respective, afin de fournir une même tension sur toute leur surface. Or, si C est la capacité de celui des câbles servant d'unité de comparaison, lequel sera chargé à la tension T, si c représente la capacité de l'autre câble et t, la tension résultant de leur réunion, on aura :

$$t : T :: C : c + C,$$

proportion de laquelle on peut déduire les valeurs de c et t, lesquelles sont précisément celles que nous avons données.

La perte de charge varie nécessairement suivant la température de
C.

l'isolant, puisque la résistance varie elle-même dans un rapport considérable. Ainsi à 0° centig. le rapport $\dfrac{C}{c}$ étant représenté, après une minute d'isolation d'un câble de gutta, par 1,029 et la perte par 2,8. 0/0, ce rapport devient à 24° centig. 1,515 et la perte 34,0. 0/0, et à 32° centig., ces chiffres sont représentés par 2,871 et 65,1. 0/0.

La perte de charge avec le temps, s'effectue pour la gutta-percha dans un rapport assez rapide. Ainsi, sur le câble transatlantique français, cette perte constatée à une température uniforme de 11°,7 centig. a fourni, après une minute d'isolation du câble, un abaissement de charge de 100 à 95,8 ; au bout de 15 minutes, de 100 à 59,5 ; au bout de 30 minutes, de 100 à 41,3 ; au bout de 45 minutes, de 100 à 31,3 ; enfin, au bout d'une heure, de 100 à 25,4, c'est-à-dire une réduction de plus d'un quart de la valeur primitive de la charge. Or, si on compare ces chiffres entre eux, on reconnaît que cette réduction de la charge, qui est d'abord très-rapide, diminue successivement de moins en moins, comme nous l'avons, du reste, vu dans nos courbes de décharges page 64 (voir le tableau de ces pertes de charges dans l'ouvrage de M. Clark, p. 120).

Outre les pertes de charge qui se produisent par le fait même de la conductibilité des enveloppes isolantes de câbles, il en est d'autres qui tiennent à des défauts de construction, ou à des fissures dans la matière et dont l'intervention peut être des plus funestes, car, le plus souvent, elles s'aggravent avec le temps et mettent bientôt les câbles hors de service. On comprend d'après cela, combien il est important, avant d'immerger un câble, de bien constater son état d'isolement, et si un défaut se produit, de pouvoir apprécier en quel point il se trouve placé, afin qu'on puisse y remédier. Bien des études ont été entreprises à cet égard, mais, comme elles se rattachent à la télégraphie proprement dite, nous ne traiterons cette question qu'au chapitre de la télégraphie sous-marine.

III. DÉTERMINATION DE LA RÉSISTANCE DE L'ENVELOPPE ISOLANTE DES CABLES.

Détermination par le pont de Wheatstone. — La méthode la plus simple pour mesurer la résistance de l'enveloppe isolante des câbles, comme, du reste, celle de tous les conducteurs possibles, est la méthode dite du pont de Wheatstone, dont nous avons exposé le principe page 448.

Comme la conductibilité relative de la matière isolante des câbles
dépend beaucoup de l'action du liquide qui peut la pénétrer plus ou
moins, tout en réagissant comme l'armure influencée d'un condensateur,
on doit toujours mesurer ce genre de résistance, non–seulement après
que le câble a été immergé dans un vaste récipient rempli d'eau, mais
encore après qu'il a été soumis à une pression suffisante pour que la
matière soit aussi pénétrée que possible par le liquide. Nous verrons,

Fig. 82.

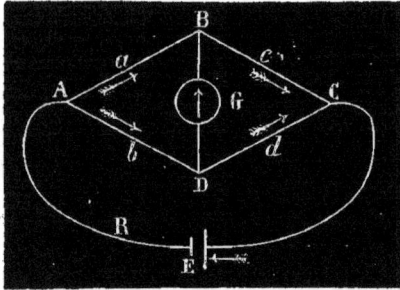

à l'article des câbles sous-marins, les
appareils employés pour cette opération. Quant à la manière d'effectuer cette mesure au moyen du pont
de Wheatstone, elle est facile à comprendre : un des bouts du câble est
isolé, l'autre bout est mis en contact
avec l'extrémité D, fig. 82, du fil du
galvanomètre, et comme le liquide
ainsi que le récipient-qui contient le
câble est en communication avec la terre, celui-ci représente par le fait le
côté d du losange ABCD, et il suffit de développer en BC une résistance
suffisante pour réduire à zéro la déviation galvanométrique pour obtenir
l'expression de la résistance cherchée, qui est donnée par la proportion :

$$\frac{a}{b} = \frac{c}{d}.$$

On peut, toutefois, lire directement et sans calculs, cette résistance
sur la balance elle-même, en prenant pour résistance constante du côté
b, celle d'un megohm, et en constituant la résistance du côté a avec
des bobines de résistance disposées, dans chaque expérience, de manière
à présenter le même nombre d'ohms qu'il y a de knots dans la longueur
du câble. Dans ce cas, en supposant que la longueur du câble soit l knots,

la proportion $\dfrac{a}{b} = \dfrac{c}{d}$ devient $\dfrac{l}{1} = \dfrac{c}{d}$, et on en tire $c = ld$. La résis-

tance c que l'on observe, représente donc la résistance de la couverture
isolante du câble multipliée par sa longueur en knots, ou son isolation
par knot en megohms.

Cette méthode, nous devons le dire toutefois, n'est pas très-rigoureuse
en raison des différences de température que présentent les différentes
parties du système ; cependant, pour les épreuves périodiques d'un câ-

ble immergé dont la résistance totale de l'isolation ne dépasse pas un megohm, elle est suffisante. Dans ce cas, les valeurs de a et de b sont constantes, et la résistance de l'isolation par knot est déduite directement de l'observation de c.

L'erreur qui peut provenir de la température inconnue des différents fils conducteurs peut, du reste, être éliminée au moyen de la disposition suivante : les côtés c et d du losange ABCD sont constitués par 4 résistance différentes : deux de ces résistances R et R', dont l'une R' est celle qu'il s'agit de mesurer, sont placées, l'une R au point D du losange, l'autre R' à l'extrémité du système mis en communication avec la terre ; les deux autres résistances l, l' sont constituées par deux fils égaux de même longueur, de même diamètre et de même résistance, enveloppées ensemble dans une même gaine isolante et communiquant avec les résistances R, R' d'une manière inverse, de façon à compléter les deux côtés c et d du losange. Ces deux côtés, sauf la résistance variable R qui doit mesurer R', sont placés en dehors du cabinet des expériences, et le reste de la combinaison voltaïque dans laquelle les résistances a et b sont rendues égales, est maintenue à l'intérieur de ce cabinet. Dans ces conditions, quand l'équilibre est établi, R' + l' = R + l et comme l = l', puisque ces deux fils subissent ensemble les mêmes influences de la température, on a R = R'.

Généralement, la mesure des câbles sous-marins, pour des raisons dont nous avons déjà parlé page 101 et sur lesquelles nous reviendrons plus tard, est faite d'une manière double, c'est-à-dire avec des courants positifs et des courants négatifs. Or, il arrive le plus souvent, que les résistances fournies par ces deux systèmes de mesures ne concordent pas. Dans ce cas, la véritable résistance est, d'après M. Schwendler, donnée par la formule :

$$x = \frac{bf(a+b)(W'+W'') + b^2(aW' + 2W'W'' + aW'')}{ab(W'+W'') + 2af(a+b) + 2a^2b},$$

dans laquelle les quantités a et b représentent les deux branches fixes du losange, W' la résistance déterminée avec les courants positifs, W'' celle résultant des courants négatifs (du côté de a et de b) et f la résistance de la pile.

En pratique, on peut négliger f, et la résistance demandée devient :

$$x = \frac{b}{a}\left(\frac{W'+W''}{2} - \frac{(W''-W')^2}{2(W'+W'')+4a}\right)$$

Si W' et W'' ne sont pas très-différents, cette expression se réduit à :

$$x = \frac{b}{a} \frac{W' + W''}{2}. \qquad (59)$$

Si E est la force électro-motrice de la pile et e celle d'un seul de ses pôles, on a :

$$\pm e = E \frac{(W'' - W')}{(W' + W'') b + 2f(a + b) + 2ab},$$

ou en négligeant f :

$$\pm e = \frac{W'' W'}{W' + W'' + 2a} E.$$

Pour estimer la vraie résistance quand la balance ne peut arriver à zéro, parce que les bobines étalons qui constituent la résistance variable du rhéostat ne fournissent pas un type exactement convenable, on note les déviations a et a' déterminées avec les deux bobines qui s'en rapprochent le plus, et la véritable résistance est égale à celle de la plus petite bobine augmentée de la quantité :

$$\frac{a}{a + a'}. \qquad (60)$$

Détermination par la déviation galvanométrique. —
Soit x (fig. 83) la résistance inconnue du câble, G la résistance du galvanomètre, r la résistance de chaque élément de la batterie, n le nombre d'éléments, E la force électro-motrice de chaque élément et φ la déviation du galvanomètre.

Fig. 83.   Fig. 84.

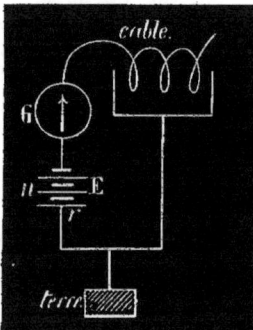 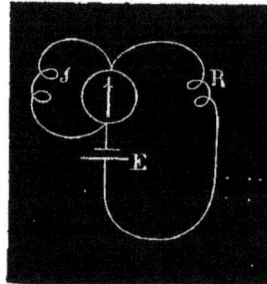

On plongera d'abord comme précédemment, le câble dans un bassin rempli d'eau, en ayant soin de laisser isolé le bout opposé à celui qui sera relié à la pile, par l'intermédiaire du galvanomètre, et l'autre pôle de la pile sera en communication avec la terre aussi bien qu'avec le liquide : on aura alors :

$$\varphi = \frac{n\,E}{nr + G + x};$$

on éloignera alors le cable du galvanomètre, et on le remplacera par une résistance connue R (fig. 84). Après avoir réuni les deux extrémitésdu fil du galvanomètre par une dérivation s, et avoir réduit la pile à un seul élément, on aura une nouvelle déviation du galvanomètre ψ qui conduira, d'après ce que l'on a vu précédemment, à l'équation :

$$\Psi = \frac{E\,s}{(r + R)(G + s) + Gs},$$

et si on divise l'une par l'autre ces deux équations, on obtient pour valeur de x :

$$x = n\,\frac{\Psi}{\varphi}\,(r + R)\left(1 + \frac{G}{s}\right) - nr.$$

Comme la résistance de la pile peut être négligée devant la résistance x, qui est toujours considérable, on obtient en définitive :

$$x = R\,\frac{\Psi}{\varphi}\,n\left(1 + \frac{G}{s}\right) \qquad (61)$$

et si la longueur du câble est l yards, la résistance par knot (1) sera :

$$x_k = L\,\frac{l}{2029}\,R\,\frac{\Psi}{\varphi}\,n\left(1 + \frac{G}{s}\right)\ \text{ohms.}$$

Avec une boussole des sinus, ces deux équations deviennent :

$$x = R\,\frac{\sin\Psi^o}{\sin\varphi^o}\,n\left(1 + \frac{G}{s}\right);$$

$$x_k = \frac{l}{2029}\,R\,\frac{\sin\Psi^o}{\sin\varphi^o}\,n\left(1 + \frac{G}{s}\right)\ \text{ohms.} \qquad (62)$$

Le moyen le plus commode d'employer ce système de mesure est de prendre la dérivation s égale à $\frac{1}{99}$ de la résistance galvanométrique. La résistance R devra être alors égale à 10000 ohms, ou pour plus d'exactitude 10000 ohms, moins la résistance d'un simple élément, et celle de la dérivation.

(1) Le knot vaut 2029 yards.

La résistance de tout le câble est alors :

$$x = \frac{\Psi}{\varphi}\, n \text{ meghoms}$$

et sa résistance par knot.

$$x_k = \frac{\Psi}{\varphi} \cdot \frac{l}{2029} \cdot n \text{ meghoms}$$

Détermination par la méthode du galvanomètre différentiel de Siemens. — Le galvanomètre a deux multiplicateurs séparés a et b (fig. 85), dont les effets magnétiques sur l'aiguille sont inégaux et de sens contraire :

Soit $r =$ résistance de a et de la batterie B ;

$r' =$ résistance de b et de la batterie B' ;

E $=$ force électro-motrice de la batterie B ;

E' $=$ force électro-motrice de la batterie B' ;

R $=$ une résistance variable introduite dans le circuit b ;

$x =$ la résistance inconnue du câble.

On introduit dans le circuit correspondant à b la résistance R et la batterie B'; puis dans le circuit correspondant à a, la batterie B, ainsi que le câble immergé x ayant une de ses extrémités isolées ; cette batterie B, ainsi que le liquide qui baigne le câble, communiquent d'ailleurs avec la terre.

Fig. 85. Fig. 86.

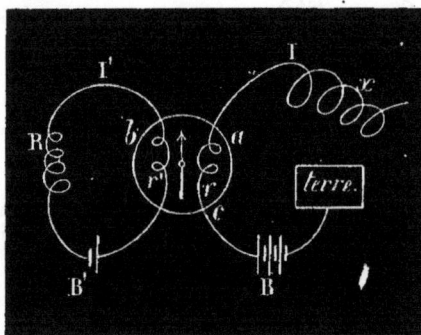
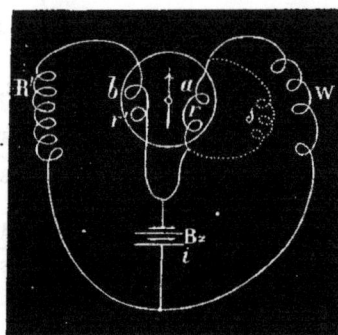

On commence par développer la résistance R jusqu'à ce que l'aiguille du galvanomètre différentiel reste stationnaire à zéro, puis on enlève le câble, et une résistance connue W (fig. 86) est interposée à sa place ; les bouts des multiplicateurs a et b sont réunis ensemble, d'un côté par un fil court, de l'autre par les deux fils R et W, et les points de liaison sont eux-mêmes reliés aux deux pôles d'un simple élément de pile B_2. Dans ces conditions, on fait varier la résistance R jusqu'à ce que l'aiguille du galvanomètre revienne à zéro ; alors la résistance du câble a pour expression, en négligeant r devant x :

$$x = \frac{W + r}{R' + r'} \cdot \frac{E}{E'} (R + r') \text{ ohms.} \qquad (63)$$

En effet, de la première expérience, on tire :

$$\frac{E'}{R + r'} = \frac{E}{r + x} \,;$$

de la seconde :

$$\frac{E_2}{r' + R'} = \frac{E_2}{W + r},$$

et ces deux équations divisées l'une par l'autre, conduisent à la valeur de x qui précède.

Si on modifie la sensibilité du multiplicateur a correspondant au câble en réunissant ses deux bouts par une dérivation s, la valeur de x devient :

$$x = \frac{W (r + s) + rs}{(R' + r') s} \cdot \frac{E}{E'} (R + r') \,;$$

et les proportions :

$$\frac{W + r}{R' + r'} = \frac{m}{m'}, \qquad \frac{W (r + s) + rs}{(R' + r') s} = \frac{m}{m'},$$

donnent la relation entre les effets opposés des multiplicateurs a et b sur l'aiguille, quand des courants égaux les traversent, m étant celui du multiplicateur a et m' celui du multiplicateur b.

Détermination de l'isolation des câbles par la perte de charge, d'après Siemens. — Soit C, la charge d'un câble notée au moment où elle a acquis son maximum de tension, soit c cette même charge après t minutes, c'est-à-dire, avec sa tension réduite, et F, la capacité électro-statique du câble en microfarads : la résistance de l'isolateur R_t après t minutes aura, comme on l'a vu p. 475, pour expression :

$$R_t = 26{,}06 \frac{t}{F (\log C - \log c)} \text{ megohms.}$$

Mais quand la charge C tombe à moitié de sa valeur primitive, et que c devient au bout du temps t égal à $\frac{C}{2}$, cette expression se réduit à :

$$R = \frac{26{,}06 \, t}{F \log 2} \quad \text{ou à} \quad R = 86{,}56 \frac{t}{F} \text{ megohms.} \qquad (64)$$

La résistance (après une minute) déterminée par cette formule, correspond à celle que l'on obtient par le système de mesure directe, quand on a soin de charger le câble 10 secondes avant de noter la valeur de la charge C, et de l'isoler 10 secondes avant d'observer la chute c de cette charge.

Pour déduire à l'aide de cette méthode, qui est la plus usuelle, la valeur numérique de la résistance d'une longueur donnée de câble, il est plus exact de mesurer directement la capacité électro-statique F de celui-ci que de la calculer en partant d'un fragment de cette longueur et de sa capacité moyenne.

Avec un câble dont l'enveloppe isolante est très-résistante et dont les pertes sont très-minimes, il faut employer une grande précision dans l'appréciation de la réduction de la charge. Le moyen suivant, proposé par le docteur Esselbach, paraît le plus simple :

1° Préparez l'expérience dans les conditions ordinaires pour prendre l'isolation.

2° Prenez la charge immédiate à travers le galvanomètre muni de sa dérivation s en fermant le courant pendant au moins 10 secondes : alors laissez le câble isolé avec sa charge pendant une minute et même plus. Pendant ce temps, s'il est nécessaire, augmentez la résistance de la dérivation s.

3° Après une ou plusieurs minutes, rechargez le câble en fermant de nouveau le courant : la déviation de l'aiguille du galvanomètre représentera la quantité d'électricité nécessaire pour restituer au câble sa charge primitive, et elle est précisément égale à celle qui a été perdue pendant le temps que le câble est resté isolé.

M. Latimer Clark, dans son formulaire électrique, donne une table au moyen de laquelle on peut calculer de la manière la plus facile, la résistance de l'isolement d'une longueur donnée de câble quand on connaît le rapport $\frac{C}{c}$ ou de combien pour cent est la perte de charge de ce câble après un temps déterminé. Il faut seulement savoir qu'elle est la valeur en microfarads de la capacité spécifique du diélectrique.

Le calcul se borne alors à multiplier le nombre correspondant dans la table à la perte constatée pendant la durée de l'isolement du câble (estimée en minutes) et de diviser le tout par la capacité spécifique.

IV. DÉTERMINATION DE LA CAPACITÉ ÉLECTRO-STATIQUE DES CABLES SOUS-MARINS.

La détermination de la capacité électro-statique des câbles peut être faite de deux manières : en mesures absolues et en mesures relatives. Dans le premier système, les valeurs s'obtiennent directement et sans intermédiaire, dans le second, on est obligé d'employer un type étalon de comparaison, et ce type est un condensateur dont la capacité électro-statique est préalablement déterminée en fonction de l'unité de capacité. Ce condensateur a été disposé de différentes manières ; celui de M. Varley est construit avec des feuilles d'étain, séparées par de très-minces feuilles de papier, imprégnées de paraffine ; celui de M. Clark a pour lames isolatrices de très-minces feuilles de mica, recouvertes de paraffine ou de gomme laque ; enfin celui de M. Willoughby-Smith est isolé avec des feuilles de gutta-percha préparées d'une manière spéciale et contenant une assez grande quantité de gomme laque.

Quand un condensateur de ce genre vient d'être confectionné, si on réunit une des armures à la terre avant qu'il n'ait été chargé d'électricité, et que l'autre armure soit isolée, cette dernière prendra une charge d'électricité positive. Pour éviter cette cause d'erreur, on devra avoir soin de réunir les deux armures de ce condensateur par un fil court, toutes les fois qu'on ne l'emploiera pas (1).

Les capacités électro-statiques de ces condensateurs étalons, sont exprimées en microfarads.

Détermination de la capacité en mesures absolues. — Pour déterminer la capacité électro-statique des câbles sous-marins en mesures absolues, on commence d'abord par faire une expérience préventive, afin de déterminer la résistance R nécessaire pour produire avec la batterie destinée à charger le câble, l'unité de déviation rhéométrique.

Cette unité avec le galvanomètre à miroir de Thomson est un degré de l'échelle, mais avec la boussole des tangentes, elle représente 45° (la tangente de 45° étant 1) et avec la boussole des sinus, elle est 90° (le sinus de 90° étant 1).

_____

(1) Les condensateurs étalons, sont employés en Angleterre non-seulement pour la détermination des capacités électro-statiques des câbles, mais encore pour celle des forces électro-motrices des batteries, pour les épreuves des jointures et pour prévenir les courants terrestres dans les câbles immergés.

Quand la valeur de R est de cette manière bien déterminée, il est nécessaire de connaître le temps t (en secondes), que met l'aiguille à accomplir la moitié d'une oscillation complète, ce que l'on obtient en faisant osciller l'aiguille, et en comptant le nombre de fois qu'elle passe devant son méridien en une minute ou en tout autre intervalle de temps observé (1).

On effectue alors la charge du câble et on observe la déviation a de l'aiguille, et si a est lu en *degrés*, la capacité électro-statique est :

$$C = 2 \; \frac{t \sin \frac{a}{2}}{\pi R} \; \ldots\ldots \text{ microfarads} \qquad (65)$$

ou :

$$C = 0,6366 \; \frac{t \sin \frac{a}{2}}{R} \; \ldots\ldots \text{ microfarads.}$$

Si a est lu en divisions du galvanomètre à miroir :

$$C = \frac{0,3183 \, at}{R} \; \ldots \text{ microfarads.} \qquad (66)$$

La valeur de R se rapportant à la formule ci-dessus, peut être donnée par le rhéostat ou par des moyens analogues que nous indiquerons au chapitre des appareils d'expérimentation.

Un exemple fera mieux comprendre la marche à suivre pour obtenir dans ces conditions la valeur de C. Dans la détermination de la capacité

---

(1) On admet en Angleterre que la *tension électrique*, pour des angles d'impulsion de l'aiguille galvanométrique peu considérables, est plus exactement représentée par le *sinus de la moitié de l'angle d'impulsion* que par l'angle lui-même. Cette loi est d'ailleurs celle qui régit les oscillations du pendule et elle doit effectivement s'appliquer au cas qui nous occupe en ce moment, car dans les impulsions de l'aiguille aimantée, le magnétisme terrestre joue le même rôle que la pesanteur sur un pendule qui a été écarté de la verticale.

Dans la formule (65), du reste, les quantités t et $\frac{2}{\pi R}$ doivent être considérées comme des constantes destinées à relier l'unité servant de mesure angulaire aux unités électriques, en tenant compte de la disposition des appareils mesureurs et de leur sensibilité ; ainsi, la formule (65), indique que l'unité de mesure de a se rapporte à un arc dont le sinus est 1 et qui est, par conséquent, égal au quart de la circonférence dont le rayon est 1, soit $\frac{\pi}{2}$. La formule (66), montre que l'unité se rapporte à un arc dont la tangente est égale à 1, et qui est par conséquent égal lui-même à $\frac{\pi}{4}$.

électro-statique du condensateur de la commission de l'assosiation britannique, il a été reconnu qu'avec le galvanomètre à miroir, l'unité de
déviation obtenue avec une batterie donnée et une résistance R égale à
$5,16 \times 10^5$ megohms, avait donné pour t une valeur de 9,57 secondes,
et la déviation a^0 due à la charge correspondait à 168,5 divisions de
l'échelle du galvanomètre : il en résulte :

$$C = \frac{0,3183 \times 168,5 \times 9,57}{5,16 \times 10^5} = 0,09948 \text{ microfarads.}$$

**Détermination de la capacité électro-statique des câ-
bles en mesures relatives. Méthode de Varley.** —
Les multiplicateurs g' et g (fig. 87) d'un galvanomètre différentiel sont

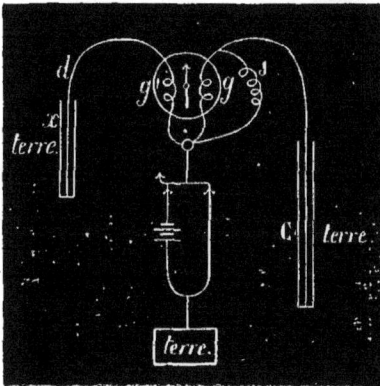

Fig. 87.

réunis par un bout entre eux et au levier basculant d'un interrupteur de
courant, par les autres bouts, au
câble en essai x et au condensateur
étalon C. Ce condensateur étalon et le
câble sont mis extérieurement en communication avec la terre, et l'interrupteur du courant est disposé de manière
à fournir deux contacts, l'un avec la
terre, l'autre avec une batterie voltaïque puissante, mise également en
rapport avec la terre. Enfin, le multi-
plicateur g du galvanomètre est muni d'une dérivation s, pour modifier
sa sensibilité.

Supposons maintenant que l'effet magnétique du multiplicateur g sur
l'aiguille soit représenté par m et celui exercé par g', par m', on aura
entre les deux charges condensées x et c la relation :

$$x = c\,\frac{m'}{m}\left(\frac{g}{s} + 1\right)$$

et si on dispose la dérivation s de manière à rendre $m' = m$, l'équation
précédente devient :

$$x = c\left(\frac{g}{s} + 1\right). \qquad (67)$$

Méthode par l'impulsion de l'aiguille. — L'âme du câble,
dont la capacité électro-statique est x microfarads, est mise en rela-

tion avec un interrupteur de courant par l'intermédiaire d'un galvanomètre. Le contact de cet interrupteur est réuni à la batterie voltaïque,
mise d'ailleurs en communication avec le sol, et l'armure extérieure du
câble communique également au sol, comme on le voit (fig. 88).

Fig. 88.

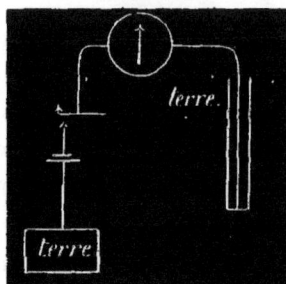

En abaissant l'interrupteur, l'aiguille du galvanomètre dévie de $a°$, et
le câble étant retiré et remplacé par le condensateur étalon, dont la capacité est C microfarads, on obtient une autre déviation a_1, qui conduit
à l'équation :

$$x = C \frac{\sin \frac{a}{2}}{\sin \frac{a_1}{2}} \dots \text{ microfarads.} \qquad (68)$$

Si on fait usage d'une boussole, avec appareil de dérivation et que dans
chaque cas, on emploie une dérivation différente, la résistance de la boussole étant g Ohms, la dérivation correspondante à la déviation a fournie
par le câble étant représentée par s Ohms et celle correspondante à la
déviation a_1 déterminée par l'étalon étant s_1, on obtiendra alors :

$$x = C \frac{\sin \frac{a}{2} . \frac{g+s}{s}}{\sin \frac{a_1}{2} . \frac{g+s_1}{s_1}} \dots \dots \text{ microfarads.}$$

Enfin, si la dérivation est employée avec le câble et non avec le condensateur, l'équation précédente devient :

$$x = C \frac{\sin \frac{a}{2} . \frac{g+s}{s}}{\sin \frac{a_1}{2}} \dots \dots \text{ microfarads.}$$

Détermination par l'affaiblissement de la tension (méthode de Siemens). — Réunissons le câble isolé K (fig. 89), à un galvanomètre G de résistance g, muni d'un appareil de dérivation s et dont le bout libre communique à la terre par un fil de résistance r megohms. Enfin, faisons communiquer celui des bouts du galvanomètre, qui correspond au câble à un interrupteur de courant, qui permettra de mettre celui-ci en contact avec la batterie voltaïque, laquelle est mise d'ailleurs en communication avec la terre. Quand le câble est très-long, la résistance r est indispensable.

Fig. 89.

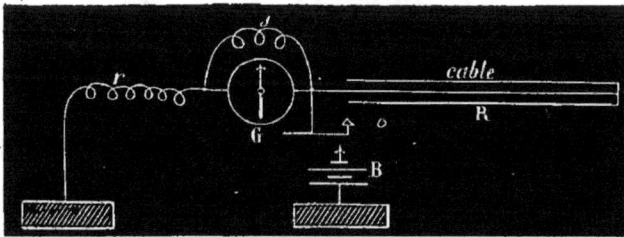

L'expérience étant ainsi disposée, abaissons l'interrupteur pendant T secondes, le courant se bifurquera entre le circuit du galvanomètre complété par la résistance r et le circuit complété par l'enveloppe isolante du câble R ; notons la déviation produite sur le galvanomètre qui sera d, puis interrompons et observons de nouveau la déviation galvanométrique qui sera d' après t secondes : on aura pour valeur de la capacité inductive d'après la formule (56) :

$$\frac{0,4343\left(R + r + \dfrac{sg}{s+g}\right)t}{R\left(r + \dfrac{sg}{s+g}\right)\log\dfrac{d}{d'}} \ldots \text{microfarads.} \quad (69)$$

On observera que R représente la résistance de l'enveloppe du câble après T secondes et que les résistances de s et de g doivent être estimées en Ohms.

M. Latimer Clark donne encore, dans son ouvrage, pour mesurer la valeur de la capacité électro-statique des câbles, une méthode fondée sur l'emploi du pont de Wheatstone et qui consiste à remplacer les deux côtés c et d du losange dont nous avons parlé page 478, par le câble à essayer et le condensateur étalon auquel on veut le comparer ; les enveloppes extérieures de ces deux câbles sont d'ailleurs, comme dans les expériences précédentes, mises en relation avec la terre, et on dispose les résistances a et b de manière à n'avoir aucun courant à travers le galvanomètre. Dans ces conditions, la capacité électro-statique du câble d sera donnée par l'expression :

$$d = c\,\frac{a}{b},$$

et comme la valeur de c est donnée en microfarads, le chiffre de la valeur de d sera exprimé lui-même en microfarads.

Pour terminer avec la détermination des valeurs électriques des câbles sous-marins, nous donnons, page 491 (ci-contre), le tableau de ces valeurs déduites de l'expérience pour les principaux câbles nouvellement immergés. On remarquera dans ce tableau que *les résistances et les capacités spécifiques* des isolateurs sont déterminées en fonction du *cub-knot*, et comme les résistances et les capacités électro-statiques *d'un knot* de ces câbles figurent à côté, on pourra se rendre aisément compte des différences de valeur de ces deux genres d'unités de mesure pour les différents câbles.

On remarquera également que les logarithmes du rapport de D à d ne correspondent pas toujours à la différence des logarithmes de ces quantités, quantités dont les valeurs figurent dans les 4ième et 5ième colonnes ; cela vient de ce que plusieurs de ces câbles ont leur conducteur composé de plusieurs fils tordus ensemble et constituant des espèces de tresses. On a vu en effet, page 466 que, dans ce cas, *les diamètres* d *doivent être diminués de* 5. 0/0 *de leur valeur réelle*. Ainsi, par exemple, nous voyons que le logarithme du rapport $\dfrac{D}{d}$ pour le câble atlantique de 1866 est 0,52763, tandis que la différence des logarithmes de 467^{mi} et de 147^{mi} est 0,50200 : mais retirons du diamètre 147 cinq pour cent de sa valeur, c'est-à-dire 7,35 et prenons le logarithme de 139,65, on trouvera que log 467 — log 139,65 est à peu près égal à 0,52763.

Si on compare les chiffres de la dernière colonne avec ceux de la neuvième, on remarquera que plusieurs des câbles ont eu leur isolement amélioré par suite de l'immersion, tandis que certains autres l'ont eu un peu amoindri. Cela tient sans doute à la pression liquide exercée sur les enveloppes, qui a été favorable pour les câbles sans défauts, et nuisible pour ceux qui présentaient quelques fissures. Il est néanmoins un chiffre, celui qui correspond au câble de Suez à Aden, qui est tellement exagéré dans la dernière colonne, qu'il me paraît douteux.

CABLES.	DATE de la pose.	LONGUEUR en Knots.	DIAMÈTRE du cuivre d en mils.	DIAMÈTRE de l'enveloppe isolante D en mils.	Logarithmes de $\frac{D}{d}$	RÉSISTANCE du conducteur à 24° c. — Résistance par Knot en ohms.	Conductibilité spécifique (le cuivre pur étant 100).	RÉSISTANCE du diélectrique à 24° c. — Résistance par Knot en Megohms.	Résistance spécifique en Megohms.	CAPACITÉ électro-statique par Knot en Microfarads.	Capacité spécifique en Microfarads.	Résistance du conducteur en Ohms par Knot.	Résistance du diélectrique en Megohms par Knot.
1 Golfe Persique	1864	1148	110	380	0,53781	6,25	84,79	190	1002	0,3486	0,0661	Fao-Bushire . 6,40 / Bushire . 6,21 / Mussendum. / Mussendum. 6,40 / Gwader. / Gwader. 6,30 / Kurrachée 4,01	495 / 326 / 342 / 239 / 294,5
2 Atlantique	1865	1896	147	467	0,52763	4,27	93,09	349	1803	0,3535	0,0684		
3 Golfe Persique	1866	160	110	380	0,53781	6,01	88,17	395	2084	0,3512	0,0628	3,89	243,7
4 Atlantique	1866	1852	147	467	0,52763	4,20	94,63	342	1768	0,3535	0,0679	11,71	104,0
5 Angleterre et Hanovre	1866	224	87	280	0,53655	12,07	92,32	239	1213	0,8447	0,0679	8,32	449,8
6 Placentia Bay et Sydney	1867	112,1 / 188,7	102	348	0,55266	8,95	88,71	455	2237	0,3566	0,0735	8,23	263,1
7 Anglo-Méditerranéen	1868	927	103	327	0,52763	8,73	91,05	496	2565	0,4500	0,0870	2,93	520,0
8 Atlantique français — Id. Saint-Pierre	1869	2584 / 749	168 / 87	470 / 282	0,47429 / 0,53655	3,16 / 12,03	94,33 / 92,63	235 / 266	1361 / 1350	0,4295 / 0,3740	0,0742 / 0,0737	11,12	291,0
9 British-Indian. Suez-Aden — Aden Bombay	1870	1461 / 1817	52 / 113	304 / 358	0,54530 / 0,52763	10,42 / 7,02	95,35 / 94,36	329 / 278	1646 / 1441	0,3580 / 0,3610	0,0716 / 0,0696	10,26 / 6,52	570,0 / 189,9
0 Falmouth et Gibraltar.	1870	1431	92	304	0,54530	10,508	94,55	214	1070	0,3645	0,0729	10,13	141,9
1 Gibraltar et Malte.	1870	1025	92	304	0,54530	10,508	94,55	214	1070	0,3480	0,0696		
2 Marseille, Alger et Malte — Marseille à Bone.	1870	447,6 / 378,4	87 / 87	272 / 272	0,50242 / 0,50242	12,03 / 12,17	92,62 / 91,57	273 / 238	1482 / 1291	0,286 / 0,286	0,0527 / 0,0527	11,65 / 11,66	232,9 / 173,4
3 British-Indian (extension). Bone à Malte	»	1756	92	304	0,54530	10,508	94,55	235	1176	0,3400	0,0680		
4 Télég. de Chine.	»	2640	92	304	0,54530	»	»	»	970	0,2920	0,0584		
5 British Australien.	»	2526	92	304	0,54530	10,907	91,20	194	970	0,3490	0,0528		
6 Golfe Persique.	1868	525	110	309	0,46125	5,60	93,64	3900	2580	0,3680	0,0585		
7 Angleterre, Danemark	1868	365	110	290	0,43610	7,06	93,82	4430	2780	0,3680	0,0585		
8 Angleterre, Norwège	1869	240	110	290	0,43410	7,06	93,82	4500	2780	0,3680			
9 Nord de la Chine.		1098		310	0,54150	1,93	93,95	1900	2020	0,4400	0,0583		

V. DÉTERMINATION DE LA VALEUR DE LA VITESSE DE TRANS-MISSION DES COURANTS DANS LES CONDUCTEURS RECOU-VERTS D'UNE ENVELOPPE ISOLANTE.

Nous avons vu page 98 que les durées de la propagation des courants à travers les câbles sous-marins étaient entre elles comme le rapport :

$$\frac{l^2 r'^2 . \log \dfrac{R'}{r'}}{l'^2 . r^2 . \log \dfrac{R}{r}}.$$

Ce rapport est celui qui a servi de base aux formules usitées en Angleterre pour déterminer la vitesse du travail à travers les lignes sous-marines. Pour ne rien changer à ces formules, nous dirons que les quantités qui sont exprimées dans les nôtres par l, r et R, ont pour désignation dans les formules anglaises S, d et D ; nous remarquerons seulement que la quantité S représentant une vitesse au lieu d'une durée, figure en sens inverse dans les formules, de telle sorte que la proportion précédente devient :

$$\frac{S'}{S} = \frac{d'^2 l^2 \log \dfrac{D'}{d'}}{d^2 l'^2 \log \dfrac{D}{d}}$$

Si la valeur de S est connue pour l'un des deux câbles, la vitesse S′ de l'autre sera :

$$S' = S \frac{d'^2 l^2 \log \dfrac{D'}{d'}}{d^2 l'^2 \log \dfrac{R}{d}} \qquad (70)$$

et cette expression se réduit pour deux longueurs différentes d'un même câble à :

$$S' = S \left(\frac{l}{l'}\right)^2.$$

Si les longueurs sont les mêmes, mais que les câbles diffèrent dans leurs autres dimensions, on a :

$$S' = S \frac{d'^2 \log \dfrac{D'}{d'}}{d^2 \log \dfrac{D}{d}}.$$

Dans la pratique, la valeur de S servant de point de départ, a pour expression :

$$S = c \; \frac{d^2 \log \dfrac{D}{d}}{l^2} \ldots \text{ mots par minute,} \qquad (71)$$

dans laquelle c est une constante empirique.

Lorsque la résistance r du fil de cuivre par knot est $r = \dfrac{81361}{d^2}$ et que la capacité électro-statique f d'un câble de gutta-percha par knot est $f = \dfrac{0,18769}{\log \dfrac{D}{d}}$, la valeur de S se simplifie et devient :

$$S = c \; \frac{81361}{r} \cdot \frac{0,18769}{f} \cdot \frac{1}{l^2} \cdot = c \; \frac{15270}{rfl^2}, \qquad (72)$$

expression dans laquelle les quantités r, f, l^2 étant déduites de l'expérience dans des conditions données, peuvent conduire à la détermination des autres valeurs.

En effet, si on part des expériences faites sur le câble transatlantique de 1865, dans lesquelles on a trouvé $l = 1896$ knots, $r = 4,01$ Ohms (une fois le câble immergé) $f = 0,3535$ microfarads et la vitesse maxima de transmission 25 mots par minute, on obtient pour la valeur rfl^2 le nombre 5210000 et l'équation (72) devient alors :

$$25 = c \; \frac{15270}{5210000}, \text{ d'où } c = \frac{5210000 \times 25}{15270} = 8530.$$

La valeur de c étant connue, l'équation (72) donne pour valeur maxima de S pour tout câble :

$$S = 8530 \times \frac{15270}{rfl^2} \ldots \text{ mots par minute ;}$$

soit en chiffres ronds :

$$S = \frac{130\,000\,000}{rfl^2} \text{ mots par minute.}$$

Si on représente par la lettre R la résistance totale du fil de cuivre sans spécification de la quantité r, et si F exprime la totalité de la capacité électro-statique, $rl = R$ ohms et $fl = F$ microfarads, et comme de ces deux équations on tire $RF = rfl^2$ on a en définitive :

$$\text{vitesse} = \frac{130\,000\,000}{RF} \text{ mots par minute.}$$

On devra observer toutefois que la constante 130 millions ainsi déduite des expériences faites sur le câble transatlantique, est un peu faible pour les nouveaux câbles, car calculée d'après la formule précédente, la vitesse de transmission sur le câble des Indes anglaises, ne devrait être que de 12 mots par minute et l'expérience a démontré qu'elle était, par le fait, de 15 mots. Pour mettre la formule précédente en rapport avec ces nouvelles expériences, il faut donc supposer à la constante une valeur de 160 millions, et dans ces conditions cette formule devient :

$$S = \frac{160 \text{ millions}}{RF} \dots \text{ mots par minute,} \qquad (73)$$

et peut être appliquée à tous les câbles, quelle que soit la nature de leur enveloppe isolante (1).

---

(1) Certains électriciens anglais emploient pour déterminer le nombre de mots qu'on peut transmettre à travers un câble ; une autre méthode basée sur ce que ce nombre de mots étant proportionnel au carré des longueurs du câble, si l'on maintient une proportion constante entre les diamètres ou les poids de l'isolant et ceux du conducteur, ce nombre de mots sera simplement proportionnel au poids de l'âme du câble par nœud. Si donc on appelle n le nombre de mots par minute qu'un câble de longueur L (en knots) doit transmettre avec le galvanomètre à miroir, et w le poids du cuivre par knot, on a $n = c\dfrac{w}{L^2}$ où c est un coefficient variant suivant les différentes proportions entre la gutta-percha et le cuivre. Voici le tableau de ces coefficients pour les poids les plus employés ; il est extrait d'une conférence faite à Édimbourg par M. Jenkin.

$$\frac{\text{cuivre}}{\text{gutta-percha}} = \frac{100}{80} \dots\dots\dots c = 163,000$$

$$- \quad = \frac{100}{90} \dots\dots\dots c = 175,000$$

$$- \quad = \frac{100}{100} \dots\dots\dots c = 187,000$$

$$- \quad = \frac{100}{110} \dots\dots\dots c = 196,000$$

$$- \quad = \frac{100}{120} \dots\dots\dots c = 205,000$$

$$- \quad = \frac{100}{130} \dots\dots\dots c = 221,500$$

$$- \quad = \frac{100}{140} \dots\dots\dots c = 222,400$$

La vitesse du travail à travers un câble isolé avec de la gutta-percha a pour expression :

1° Avec un galvanomètre à miroir de Thomson :

$$8530 \, \frac{d^2 \, (\log D - \log d)}{l^2} \dots \dots \text{mots par minute ;} \quad (74)$$

2° Avec le télégraphe Morse :

$$518. \frac{d^2 \, (\log D - \log d)}{l^2} \dots \text{mots par minute,} \quad (75)$$

l étant la longueur du câble en *knots*, D le diamètre de l'enveloppe de gutta-percha en *mils*, c'est-à-dire en millièmes de pouce et d celui du fil de cuivre également en *mils*.

La vitesse des transmissions avec le caoutchouc de Hooper a pour valeur :

1° Avec le galvanomètre à miroir de Thomson :

$$11557. \frac{d^2 \, (\log D - \log d)}{l^2} \text{mots par minute ;} \quad (76)$$

2° Avec l'appareil de Morse :

$$700. \frac{d^2 \, (\log D - \log d)}{l^2} \text{mots par minute.} \quad (77)$$

M. Clark, dans son ouvrage, pages 77 et suivantes, donne les tableaux des vitesses de transmission sur des câbles de différentes longueurs (depuis 1000 jusqu'à 2500 knots), de différents diamètre (D) d'enveloppe isolante (depuis 235 mils jusqu'à 470), de différentes grosseurs (d) de fil de cuivre (depuis 84 mils jusqu'à 168), enfin avec différentes épaisseurs d'enveloppes $\left(\frac{D}{d} \right)$ (depuis 2,799 jusqu'à 3,04). Ces vitesses de transmission se **rapportent au galvanomètre à miroir** et ont été cal-

$$\frac{\text{cuivre}}{\text{gutta-percha}} = \frac{100}{450} \dots \dots \dots c = 223,300$$

$$- = \frac{100}{460} \dots \dots \dots c = 224,000$$

Si l'on emploie le Morse au lieu du galvanomètre à miroir, il faut diviser la valeur ainsi obtenue par 14.

Pour la gutta-percha de W. Smith ou le caoutchouc d'Hooper il faut multiplier dans chaque cas par 1,17.

Je dois ces renseignements à l'obligeance de M. Ternant.

culées d'après les expériences faites sur le câble transatlantique de
1866. Il donne également, page 80, le tableau de cette vitesse de transmission dans les principaux câbles immergés jusqu'ici.

VITESSE DE TRANSMISSION DES ONDES ÉLECTRIQUES DANS LES CABLES SOUS-MARINS.

La période variable de la propagation des courants étant assez prolongée sur les circuits sous-marins d'une grande longueur, il peut arriver,
quand des émissions de courants en sens inverse se succèdent un peu
rapidement et que le câble est mis en communication avec la terre après
chacune d'elles, que des vagues successives d'électricités contraires se
produisent simultanément dans le câble et se suivent en plus ou moins
grand nombre, selon la longueur du câble. On comprend, en effet, qu'après
chaque émission, le courant de retour qui s'écoule du côté de la pile en
se superposant au courant contraire qui se trouve alors transmis, fournit un maximum d'intensité électrique en deça de celui qui a été déterminé par le flux électrique qui l'a précédé, et que ces maxima constituent,
par rapport aux effets qu'ils peuvent produire, des sortes d'ondes électriques analogues aux vagues de la mer. Ces vagues peuvent même se
produire sans inversion de courants, si les intervalles entre les émissions de courants sont tels, que les courants de retour durent assez
longtemps pour manifester leur présence, avant que le flux électrique
transmis ultérieurement n'en ait annihilé l'effet. On a pu compter jusqu'à
sept ondes successives sur le câble transatlantique et M. Varley, au
moyen d'un dispositif ingénieux dont nous parlerons à l'instant, a pu les
mettre en évidence de la manière la plus remarquable.

Fig. 90.

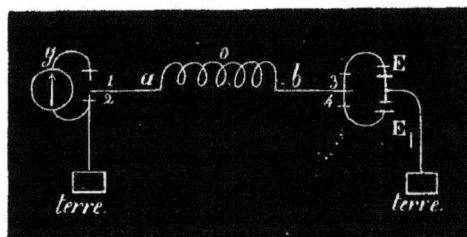

On a proposé, pour calculer le nombre de ces vagues dans un circuit
sous-marin de placer aux deux extrémités de ce circuit deux appareils à
pendules synchroniques, disposés comme on le voit fig. 90 et qui prennent

leur contact avec la terre et avec deux batteries égales E et E' par les pointes 1 et 2, 3 et 4, entre lesquelles oscillent les pendules a et b. Deux des pôles opposés des batteries E, E', sont réunis aux pointes 3 et 4 et les autres communiquent à la terre. Enfin, un galvanomètre g est interposé sur le fil de jonction qui réunit les pointes 1 et 2 et les met en rapport avec la terre.

Supposons maintenant que la vitesse des pendules a et b soit réglée de manière à donner à l'aiguille du galvanomètre son maximum de déviation et que le nombre des oscillations accomplies par minute par ces pendules soit v. Diminuons ensuite graduellement cette vitesse, jusqu'à ce que l'aiguille du galvanomètre étant impressionnée par une vague de nom contraire à celle qui avait agi d'abord sur elle, la déviation s'effectue dans un sens contraire à ce qu'elle était primitivement, et soit v' le nombre d'oscillations correspondant au maximum de cette nouvelle déviation : quand l'aiguille sera de nouveau déviée en sens contraire et aura atteint son maximum primitif, le nombre n des vagues dans le câble pour une vitesse v sera donné par la formule :

$$n = \frac{v}{v - v'} \qquad (78)$$

et le temps t que mettra une vague pour atteindre le bout le plus éloigné du câble sera :

$$t = \frac{1}{v - v'} \text{ minutes.} \qquad (79)$$

Au lieu d'observer les deux déviations maxima de chaque côté, on peut seulement observer la vitesse au moment où l'aiguille fait son retour alternatif vers la ligne du zéro.

Etude et projection des ondes électriques. — Afin de pouvoir étudier d'une manière facile les transmissions électriques sur les câbles sous-marins, M. Varley a construit un câble sous-marin artificiel, disposé de manière à représenter la plus grande ligne sous-marine du globe, et pour bien préciser dans l'esprit les effets observés, il a supposé que cette ligne représentait celle qui doit unir l'Angleterre à l'Australie, avec les onze stations suivantes : *Angleterre, Gibraltar, Malte, Suez, Aden, Bombay, Calcutta, Rangoon, Singapore, Java, Australie.*

La résistance de ce câble artificiel était représentée par onze bobines de résistance, disposées les unes à la suite des autres, et présentant chacune une résistance à peu près équivalente aux distances respectives séparant ces diverses stations ; les effets de condensation à travers le câble étaient fournis par des condensateurs mis en contact avec le circuit au point de jonction de ces différentes bobines et ayant chacun une surface en rapport avec la longueur du tronçon de la ligne auquel ils correspondaient. Il est vrai qu'avec cette disposition, l'induction ne s'effectuait que d'une manière saccadée, ce qui est loin d'avoir lieu dans la réalité, mais comme l'épaisseur de la couche isolante des condensateurs est beaucoup plus mince que l'enveloppe isolante des câbles, la différence d'action, se trouvait ainsi plus que compensée.

Pour étudier les effets produits dans ce câble, M. Varley introduisait sur les fils de jonction des appareils de résistance, des galvanomètres à miroir de Thomson d'une égale sensibilité et en nombre égal à celui des condensateurs, et ces galvanomètres étaient disposés de façon à pouvoir fournir sur un même écran des images lumineuses, qui devaient être placées, ainsi qu'on le voit fig. 91, sur une même ligne verticale, lorsque les appareils étaient inactifs. Afin de prévenir les effets de trépidation qui se produisent toujours dans un appartement et qui auraient pu apporter certaines perturbations dans les indications galvanométriques, les miroirs des appareils Thomson étaient placés dans des tubes remplis d'eau pure et ils avaient de cette manière leurs oscillations anormales à peu près amorties.

L'appareil étant ainsi disposé, et après avoir mis l'une des extrémités du câble artificiel en communication avec une pile et l'autre avec la terre, M. Varley a pu observer les effets suivants :

Quand les condensateurs n'étaient pas introduits dans le circuit, les déviations galvanométriques s'effectuaient à peu près simultanément aux deux extrémités opposées du circuit et disparaissaient de même ; mais il était loin d'en être ainsi quand les condensateurs étaient reliés à la ligne. -

Au moment de l'émission du courant faite au bout anglais, l'image lumineuse correspondant à la station de. Gibraltar (premier galvanomètre) se déplaça presqu'instantanément, et, quand elle fut projetée à environ six pieds à droite de la ligne verticale neutre, Malte commença à dévier, comme on le voit fig. 92. Plus tard, la charge continuant à passer à travers le câble, elle diminua de tension à Gibraltar, et l'image correspondante à cette station se rapprocha de la ligne verticale neutre, alors que celles des autres stations s'en éloignaient de plus en plus, comme l'indiquent les figures 93, 94 et 95. Quand l'image du dernier galvanomètre commença à se mouvoir, toutes ces images réunies entre elles par une courbe dessinaient une vague parfaitement déterminée, dont la courbure était d'autant moins accentuée que le courant était fermé plus longtemps. Cette dépression s'effectuait dans les deux sens, c'est-à-dire du côté de la courbure la plus accentuée, en l'aplatissant, et du côté de la déflexion en la relevant.

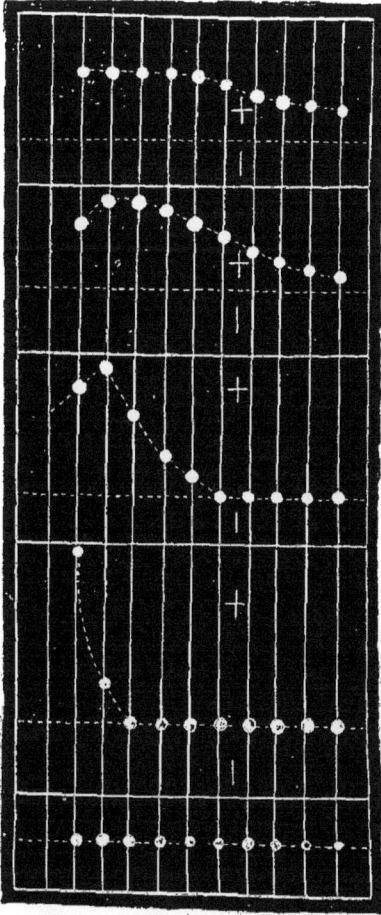
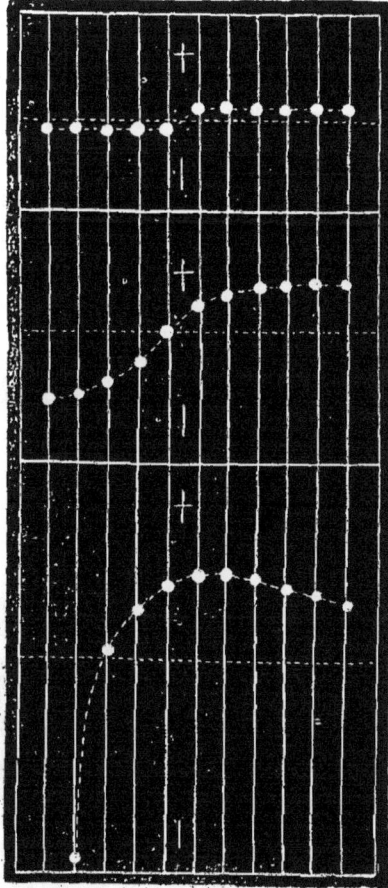

La fig. 94 montre approximativement l'apparence des projections lumineuses, après une durée de contact de quatorze secondes entre le câble et la batterie. La fig. 95 représente ces mêmes projections après une

durée de contact d'une minute, alors que le courant était à son maximum
au bout australien.

Quand le courant eut atteint à peu près son maximum d'intensité au
bout australien, le bout anglais fut mis en contact avec le sol et la communication avec la batterie coupée ; aussitôt l'image de la station de
Gibraltar passa à gauche de la ligne neutre, sous l'influence d'un fort
courant de retour, comme on le voit, fig. 96, et elle fut projetée
presqu'aussi loin que dans le premier cas ; celles de Malte, de Suez,
d'Aden, suivirent à une petite distance, et celle de Bombay vint se placer
sur la ligne neutre, comme on le voit fig. 97, montrant par là que la
décharge s'effectuant sur chaque moitié du câble dans deux sens différ-
rents, cette station se trouvait mise la première à l'état neutre.

Dès lors, la courbe réunissant les différentes images commença à devenir régulière et à former une courbe en S bien caractérisée, dont les in-
flexions se réduisirent de plus en plus, à mesure que la décharge devenait
plus complète et qui finirent par se confondre, au bout de plusieurs minutes, avec la ligne neutre. La fig. 96 indique la position des images
une-seconde après que le bout anglais avait été réuni à la terre. La fig. 97
les montre après une période de contact à la terre plus longue et la
fig. 98 après un laps de temps équivalent à une minute.

Fig. 99.

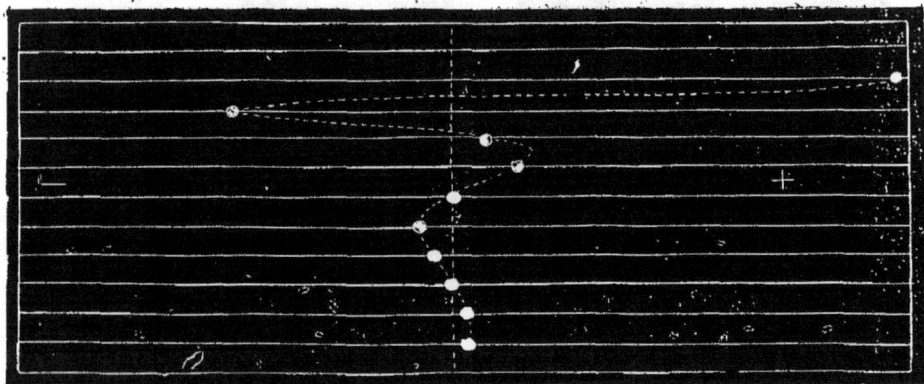

Quand les émissions de courants se succédèrent à des intervalles de
cinq secondes, et par renversement successifs, il se produisit des vagues
parfaitement distinctes et de signes contraires, et ces vagues étaient indiquées par les images lumineuses projetées, qui constituaient une courbe

lumineuse présentant des renflements à gauche et à droite de la ligne neutre, comme on le voit fig. 99.

Ces vagues étaient ainsi caractérisées jusqu'à Aden, mais au delà de cette station, elles devenaient confuses, et la courbe montrait la présence d'un courant résultant de la combinaison de ces vagues successives.

Nous ne parlerons pas ici des expériences et des formules à l'aide desquelles on peut découvrir les points d'un câble où peuvent se trouver des fautes d'isolation, des solutions de continuité du conducteur ou des imperfections dans sa construction, car cette question se rapporte à la télégraphie sous-marine et nous ne la traiterons que dans notre prochain volume. Il en est de même des appareils employés pour toutes les expériences dont nous avons déjà parlé et qui seront étudiés avec tous les détails qu'ils comportent au chapitre des appareils d'expérimentation, tels sont le pont de Wheatstone, le galvanomètre différentiel, le galvanomètre à miroir de Thomson, le rhéostat, les boussoles des sinus et des tangentes, etc., etc. Dans cette première partie de notre travail, nous n'avons absolument traité que la partie physique et mathématique, et elle est déjà, comme on le voit, assez complexe pour qu'on ne la surcharge pas en ce moment de détails pratiques.

Je ferai observer en terminant ce premier volume, que plusieurs des démonstrations que j'ai données dans ce dernier chapitre, entr'autres celles qui concernent l'équation du pont de Wheatstone, la valeur numérique du rapport des deux diamètres de l'enveloppe isolante des câbles dans les conditions de maximum par rapport à la vitesse de transmission des courants, la représentation de la résistance et de la capacité spécifique du cub-knot par les formules (42) et (43), le rapport logarithmique qui existe entre le temps et les pertes de charge, enfin, l'origine et le développement de beaucoup de formules et de coefficients numériques, ont été de ma part l'objet de recherches particulières en l'absence de renseignements plus complets que je n'ai pu obtenir. Ces démonstrations peuvent être en conséquence différentes de celles qui ont été données en Angleterre, mais dans tous les cas elles conduisent aux mêmes formules et aux mêmes coefficients.

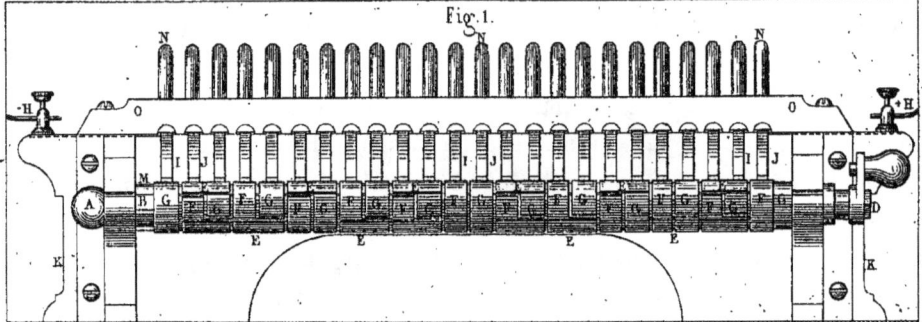

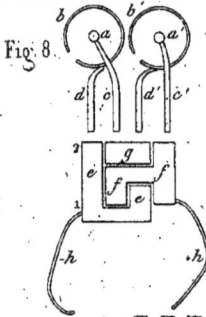

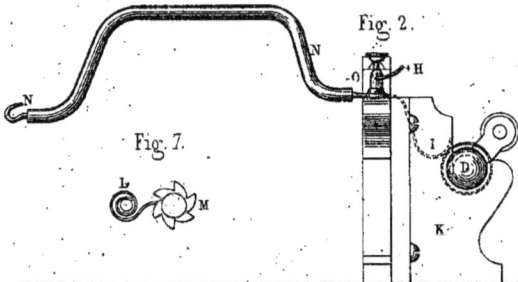

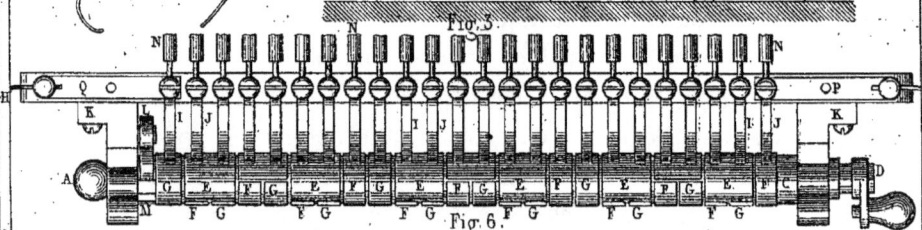

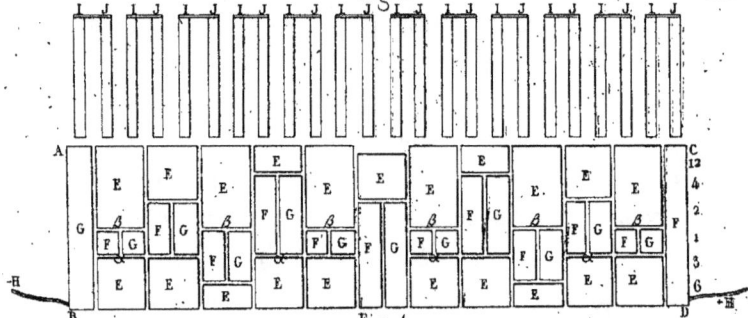

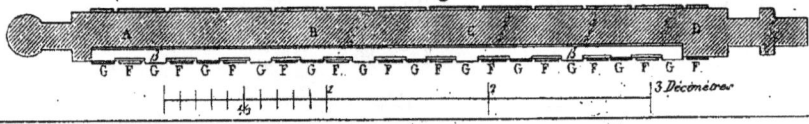

COMMUTATEUR POUR GROUPER INSTANTANÉMENT LES ÉLÉMENS D'UNE PILE,

PAR M. LEQUESNE.

TABLE DES MATIÈRES

PREMIÈRE PARTIE

Notions préliminaires.

MODE DE PROPAGATION DE L'ÉLECTRICITÉ DANS LES CIRCUITS.

RÉACTIONS EXTÉRIEURES DES CIRCUITS.

DEUXIÈME PARTIE.

Technologie éléotrique.

Première section.

CHAPITRE PREMIER

CONSIDÉRATIONS THÉORIQUES ET GÉNÉRALES SUR LES GÉNÉRATEURS D'ÉLECTRICITÉ.

CHAPITRE II.

PILES A DISSOLUTIONS SALINES.

I. PILES A SELS SOLUBLES ET A COURANT CONSTANT DU TYPE DE DANIELL.

Piles au sulfate de cuivre.

CHAPITRE III.

PILES A ACIDES.

I. PILES A ACIDES ET A DEUX LIQUIDES DU TYPE DE GROVE.

Piles de Grove et de Bunsen.

CHAPITRE IV.

COMBINAISONS VOLTAIQUES DIVERSES.

I. PILES A SYSTÈMES AMPLIFICATEURS.

CHAPITRE V.

DU SYSTÈME COORDONNÉ DES MESURES DE L'ASSOCIATION BRITANNIQUE ET
DE SON APPLICATION AUX CONSTANTES NUMÉRIQUES ET AUX FORMULES
ADOPTÉES EN ANGLETERRE POUR L'ÉTUDE DES RÉACTIONS ÉLECTRIQUES
SUR LES CIRCUITS SOUS-MARINS.

FIN DU TOME PREMIER.

TABLE DES NOMS D'AUTEURS

ERRATA.

Page 10. — 3ᵉ ligne en descendant, au lieu de : d'un conducteur de section OC....., etc., *lisez* : d'un conducteur OC de section A.

— 12. — 1ʳᵉ ligne au haut de la page, au lieu de : ou..... *lisez* ou, en appelant E la force électro-motrice CD ..... etc.

— 29. — Note du bas de la page. La formule n'est pas juste, elle doit

être $I = \dfrac{E}{L + \dfrac{a}{d}}$.

— 60. — 9ᵉ ligne en remontant, au lieu de : tangente mC..... *lisez* tangente mB.

— 75. — 2ᵉ en descendant, au lieu de : si on l'augmente et que..... etc., *lisez* si on l'augmente au bout où elle est la moindre et que, etc.

— 96. — Le nᵒ de la formule doit être 10 au lieu de 36 ; même page à la troisième équation, au lieu de : $log\ x$....., *lisez* $log\ r$.

— 147. — 1ʳᵉ ligne au haut de la page, les cinq premiers mots doivent être supprimés.

— 151. — Les signes $+$ et $-$ de la pile de droite dans la figure 29 doivent être pris en sens diamétralement opposé.

— 155. — 2ᵉ alinéa, 2ᵉ ligne, au lieu de : dans les parties circuit..., etc. *lisez* : dans les parties du circuit..... etc.

— 190. — 16ᵉ ligne en descendant au lieu de : il n'en est plus, car ainsi, si....., etc., *lisez* : il n'en est plus ainsi, car si....., etc.

— 201. — 13ᵉ ligne en remontant, au lieu de : que de 1° 19'..... etc., *lisez* : que de 0°,25'.

— 202. — 17ᵉ ligne en descendant, au lieu de : étant tombé de sin 28°, 22' à sin 27°,75'..... etc., *lisez* : étant tombé de 28°,22' à 27°,57'.

Même page, 8ᵉ ligne en remontant, au lieu de : sin 28°,22' à sin 26°,36, etc., *lisez* de sin 27°,57' à sin 26°,36'.

— 221. — 16ᵉ ligne en remontant, au lieu de : V $=$ KeR, *lisez* :
    W $=$ KeE.

— 299. — Les derniers nombres des deux équations du haut de la page
    expriment des mètres et doivent être lus 550ᵐ et 2068ᵐ.

— 336. — 8ᵉ ligne en descendant, le nombre 10354 n'exprime pas
    des mètres et doit être considéré comme abstrait.

— 391. — Au bas de la page, 3ᵉ ligne en remontant, au lieu de : en-
    suite toutes les ou 8 minutes, *lisez :* ensuite toutes les
    7 ou 8 minutes.

— 407. — Dernière ligne du premier alinéa, au lieu de : ainsi qu'on
    l'a vu page 54, *lisez :* ainsi qu'on l'a vu page 94.

Imprimerie polytechnique de E. Lacroix, à Saint-Nicolas-Varangéville.

EXTRAIT DU CATALOGUE

DE LA

LIBRAIRIE SCIENTIFIQUE, INDUSTRIELLE & AGRICOLE

EUGÈNE LACROIX,

Imprimeur-éditeur du Bulletin officiel de la Marine et de plusieurs Sociétés savantes

PARIS, 54, RUE DES SAINTS-PÈRES.

———

CHIMIE & PHYSIQUE

Produits chimiques. — Chimie générale. — Œnologie et vinification.
Photographie. — Électricité. — Saccharification. — Blanchiment et blanchissage.
Teinture et impression des étoffes, filature tissage, etc.

———

Nota. — Le catalogue complet gr. in-8 de 150 pages, avec figures, analyse et tables des matières pour les principaux ouvrages est expédié *franco* contre la valeur de 2 francs.

———

PARIS

LIBRAIRIE SCIENTIFIQUE, INDUSTRIELLE ET AGRICOLE

Eugène LACROIX, Imprimeur-Éditeur

Libraire de la Société des Ingénieurs civils de France, de celle des anciens Élèves
des Écoles nationales d'Arts et Métiers, de la Société des Conducteurs des Ponts et Chaussées
de MM. les Mécaniciens de la Marine, etc., etc.

54, RUE DES SAINTS-PÈRES, 54

———

Septembre 1876.

AVIS DE L'ÉDITEUR

Tous les six mois nous publions un Bulletin qui fait connaître sous le titre de *Bibliographie de l'ingénieur, de l'architecte et de l'agriculteur*, les ouvrages publiés en langues française et étrangères, qui peuvent se classer dans la table méthodique de notre Catalogue. Cette bibliographie est envoyée *franco* aux personnes qui en font la demande.

Nous avons l'honneur de rappeler à nos clients qu'un compte courant leur est ouvert, lorsque l'importance et la fréquence de leurs demandes en démontrent la nécessité. Nous ouvrons aussi un compte à tous les établissements publics, bibliothèques, etc.

Nous ne reprenons jamais un ouvrage livré, parce que nous ne fournissons que sur demande formelle; mais nous nous mettons à la disposition des clients, pour les renseigner préalablement sur la valeur des acquisitions qu'ils ont l'intention de faire.

En dehors des ouvrages mentionnés dans nos catalogues ou bibliographies, nous satisferons à toutes les demandes qui auront pour objet d'autres ouvrages, qu'ils soient publiés en France ou à l'étranger.

Le mode de payement le plus usité, est pour les pays qui font partie de l'union postale, l'envoi d'un mandat sur la poste, et, pour tous les autres pays, l'envoi d'une valeur payable à Paris.

Pour la France et pour tous les pays faisant partie de l'union postale, on doit augmenter la valeur des mandats de 10 % si on veut recevoir *franco*. Pour les autres pays, cette augmentation doit être de 20 %.

Un matériel considérable nous met en mesure d'imprimer rapidement tous les travaux relatifs aux *sciences*, à l'*industrie* et à l'*agriculture*, soit pour notre compte, soit pour celui des auteurs et des grandes compagnies industrielles. Nous nous chargerons donc de toutes les impressions typographiques, lithographiques, autographiques, etc., et de tous les genres de gravures : sur bois, sur pierre, sur cuivre, acier, etc., etc. Nous nous chargerons également, pour le compte des éditeurs de l'étranger et de la province, et pour celui des auteurs, de *la vente* de tous les ouvrages de *notre spécialité* dont le dépôt nous sera confié.

Nous achetons aussi les bibliothèques composées d'*ouvrages scientifiques*.

Enfin ceux de nos clients qui désirent avoir des renseignements pour prise de brevet d'invention, achat ou vente de matériel industriel, peuvent également s'adresser à nous.

Eugène LACROIX, *ingénieur civil.*
Imprimeur-Editeur.

EXTRAIT

DU

CATALOGUE GÉNÉRAL

CHIMIE, PHYSIQUE, ÉLECTRICITÉ

ALCAN (M.). — **Essais sur l'industrie des matières textiles,** comprenant le travail complet du coton, du lin, du chanvre, des laines, du cachemire, de la soie, du caoutchouc, etc. 1 vol. in-8, 760 p., fig. dans le texte et un atlas de 36 pl. *Rare.*

Annales du Conservatoire (principaux mémoires sur la chimie, publiés dans les).

1er *Volume.* — Étude pour servir à l'histoire de la chimie. — Découverte de la composition de l'eau, par M. Dehérain. — Rapport sur le procédé d'extraction du sucre de betterave de MM. Possoz et Périer, par MM. Morin et Payen. — Mémoire sur la conservation du bois, par M. Payen.

2e *Volume.* — Alcalimétrie : nouveau procédés de dosage des hydrates et des carbonates alcalins, par M. Persoz. — Mémoires sur les oxydes complexes, par le même. — Note sur la préparation du nitrique potassique par le même. — Note sur la peinture sur verre et de l'emploi de l'or dans la décoration des poteries, par M. Salvetat.

3e *Volume.* — Les produits chimiques à l'exposition de Londres (1862), par M. Payen. — Produits agricoles et alimentaires, par M. Dehérain. — Matières animales et végétales employées dans les manufactures, par M. Payen.

4e *Volume.* — Recherches sur l'exhalation carbonique des animaux domestiques, par M. Alibert. — La parfumerie en 1862, par M. Barreswill. — Etude pour servir à l'histoire de la chimie. — La découverte du chlore, par M. Dehérain. — Rapport sur l'appareil distillatoire dit érorateur, de M. Kessler, par M. Tresca. — Expériences sur les limons charriés par les cours d'eau, par M. Hervé Mangon. — Etudes sur la pyrométrie, mesure des hautes températures, par M. Becquerel.

5e *Volume.* — Des lampes à gaz et des fourneaux à gaz à l'usage des laboratoires de chimie, par M. Boehm. — Etudes sur les fumiers de ferme, la chaux animalisée et divers autres engins, par M. Péligot.

Annales du Conservatoire (Principaux mémoires sur les arts textiles, publiés dans les).

1er *Volume.* — Etudes et progrès techniques de la filature de coton, par M. Alcan. — Des causes qui peuvent influencer la ténacité et les qualités des tissus, par MM. Alcan et Persoz. — Des accidents que peuvent occasionner dans le blanchiment la teinture et l'emploi des mastics plombifères, par M. Persoz. — Recherches sur les matières tinctoriales dérivées de l'aniline, par MM. Persoz, de Luynes et Salvetat.

2e *Volume.* — Des progrès à réaliser dans la fabrication des fils, par M. Alcan.

3e *Volume.* — Les industries textiles à l'exposition de Londres (1862), par M. Alcan. — Impression et teinture des tissus, par M. Salvetat.

4e *Volume.* — De la production des étoffes à mailles en général et des principaux progrès réalisés dans le travail spécial de la bonneterie, par M. Alcan. — Succédanés du coton, par le même. — Procès-verbal des expériences faites au Conservatoire des arts et métiers sur la machine à égrener le coton, de F. Durand, par M. Tresca. — Composition des poussières provenant du nettoyage et du débourrage des laines, par M. Houzeaux.

Le prix de chaque volume ou année est de 20 fr., la collection des tomes 1 à 5 inclus prise en une seule fois coûte 80 fr.

Annales du Génie civil, recueil de mémoires sur les ponts et chaussées, les routes et chemins de fer, les constructions et la navigation maritime et fluviale, l'**architecture**, les **mines**, la **métallurgie**, la **chimie**, la **physique**, les **arts mécaniques**, l'économie industrielle, le génie rural, renfermant des données pratiques sur les arts et métiers et les manufactures. Annales et revue descriptive de l'industrie française et étrangère, répertoire de toutes les inventions nouvelles; publiées par une réunion d'ingénieurs, d'architectes, de professeurs et d'anciens élèves de l'Ecole centrale et des Ecoles d'arts et métiers, avec le concours d'ingénieurs et de savants étrangers. E. LACROIX ✠, ingénieur civil, directeur de la publication.

Publication mensuelle (15ᵉ année 1876), chaque année forme un volume d'environ 800 à 900 pages avec nombreuses figures intercalées dans le texte, et un atlas de 40 à 50 planches. Paris, 25 fr., les numéros séparés 4 fr.; départ., Alsace Lorraine, 25 fr.; étranger, 30 fr.; pays d'outre-mer, 35 fr.

Prix de la collection complète : 1862 à 1876 inclus, y compris les *Études sur l'Exposition* de 1867 (supplément aux années 1867 et 1868), le tout formant 22 volumes gr. in-8 avec environ 3000 fig. dans le texte et 16 atlas in-4°, ensemble d'environ 800 pl.   400 fr.

Il est offert aux personnes donnant de bonnes références, afin de leur faciliter l'acquisition de cette importante publication, la faculté de s'acquitter par l'envoi d'une somme de 50 fr. espèces et de 7 billets négociables de 50 fr., chacun souscrits à l'ordre de M. E. LACROIX et échelonnés de 2 en 2 mois à dater du jour de la commande.

AUDIGIER. — Simple méthode pour arrêter le fléau vulgairement appelé **phylloxera**. Broch. gr. in-8.   » 60

BASSET. — Guide pratique du **fabricant de sucre**. 3 vol. in-8.   30 »
1ʳᵉ *partie* : Etude des sucres, culture des plantes sucrières.
2° *partie* : Fabrication industrielle du sucre.
3° *partie* : Fabrication industrielle du sucre et raffinage.

BERTHELOT.—Industrielle de la **Cochenille**, in-8°.   » 75

BESNARD (F.). **Traité sur l'éclairage minéral**, application à l'huile de goudron de houille, à l'éclairage des usines, forges, fondories, grands ateliers, cours, chantiers de construction. In-8, 40 pag.

BEZON. — **Dictionnaire général** des tissus anciens et modernes, traité complet du tissage de toutes les matières textiles. 8 tomes brochés en 4 vol. in-8 et atlas de 151 pl. in-4.   80 »

BLANCHÈRE (H. de la), peintre et photographe, délégué à l'Exposition universelle de Londres de 1862. — **Répertoire encyclopédique de photographie**, comprenant par ordre alphabétique, tout ce qui a paru et paraît en France et à l'étranger depuis la découverte par Niepce et Daguerre, de l'art d'imprimer au moyen de la lumière, et les notions de chimie, physique et perspective qui s'y rapportent. *Partie non périodique*. 2 vol. in-8, ensemble 1,000 p., nombreux bois dans le texte.
Partie périodique. 1 vol. in-8.
Les trois volumes.   18 »

BONA. — Guide pratique de **Tissage**, 1 vol. et atlas.   10 »

BOURDILLAT. — De la décoloration et du **Blanchiment des chiffons**, 1 vol. in-8° et 2 pl.   7 50

Bulletin de la Société industrielle de Marseille, publication trimestrielle. France, Alsace-Lorraine et Algérie, 15 fr.; étranger, 20 fr. (Les numéros ne se vendent pas séparément).

Bulletin de la Société industrielle de Mulhouse, publication mensuelle (46° année). Paris, 20 fr.; départ., Alsace-Lorraine, 25 fr.; étranger 30 fr.; pays d'outre-mer, 35 fr. Chaque numéro séparé 3 fr.

Bulletin de la Société industrielle de Rouen. Paraissant tous les deux mois depuis l'année 1873 (4° année). France, Alsace-Lorraine et Algérie, 15 fr.; étranger, 20 fr. (Les numéros ne se vendent pas séparément).

Bulletin de la Société industrielle du Nord de la France (3° année 1876), 4 numéros par an. France, Alsace-Lorraine et Algérie, 15 fr.; étranger, 20 fr. (Les numéros ne se vendent pas séparément).

CALVERT (le D^r). — **Impression des tissus et teinture du calicot.**

Traité pratique, traduit de l'anglais par M. Guérout, licencié ès-sciences, attaché
au Muséum. 1 vol. gr. in-8, de 500 p., accompagné de nombreux échantillons
et de figures dans le texte.   30 »

La nature a donné au règne animal et
végétal une variété infinie de couleurs qui,
par leur beauté, leur éclat et leur pureté
rivalisent avec celles de l'arc-en-ciel. Les
matières colorantes se rencontrent dans
toutes les parties du règne animal et du
règne végétal. On les trouve dans les racines, comme la garance et le curcuma,
dans les tiges d'arbres du santal, du cam-
pêche; dans les écorces du quercitron, dans
les feuilles, les fleurs, les fruits, les grai-
nes, etc.; dans certains liquides et dans les
animaux comme la cochenille, le kér-
mès, etc.

M. Calvert, dans une introduction très-
longuement étudiée, indique d'abord tout
le parti que l'on peut tirer des diverses
substances industriellement employées dans
la teinture.

Ensuite il donne les plus précieuses indications pratiques à l'aide de nombreuses
formules, qui toutes ont à l'appui, l'échantillon obtenu par le procédé indiqué.

L'ouvrage de M. Calvert a eu un immense succès en Angleterre, aussi n'avons-
nous pas hésité à traduire la seconde édition de cet excellent ouvrage.

Carnet de l'ingénieur.

Recueil de tables, de formules et de renseignements usuels et pratiques sur les
sciences appliquées à l'industrie : chimie, physique, mécanique, machines à
vapeur, hydraulique, résistance, frottements, etc., à l'usage des ingénieurs,
des constructeurs, des architectes, des chefs d'usines industrielles, des mécaniciens, des directeurs et conducteurs de travaux, des agents-voyers, des manufacturiers et des industriels, publié par E. LACROIX, avec la collaboration
des rédacteurs des *Annales du Génie civil* et celle d'ingénieurs et de savants
français et étrangers. 1 vol. relié en forme de portefeuille avec fig. dans le
texte. 34e édition.   6 50

Extrait de la table des matières.

Le carnet de l'ingénieur peut être considéré comme la quintessence de tous les
travaux publiés par la librairie Lacroix,
ancienne maison Mathias. C'est sous un
petit volume imprimé en caractères compactes, la matière condensée de toutes les
connaissances nécessaires pour exécuter
dans le cabinet ou sur le terrain, des calculs rapides sans avoir à recourir à de
longues recherches. Voici les principales
divisions de l'ouvrage :

Tables usuelles. — Notions usuelles. —
Algèbre, géométrie. — Géométrie analytique. — Mécanique. — Machines simples.
— Résistance des matériaux. — Hydraulique. — Documents relatifs aux constructions. — Matières premières servant aux
constructions. — Physique et chimie. —
Chaleur et combustibles. — Machines à vapeur. — Géologie. — Données économiques.

CARTERON. — Notice sur **l'ininflammabilité des tissus** de toute nature,
br. in-8.   1 »

CHEVALIER (A.), auteur de l'*Hygiène de la vue*, de l'*Étudiant micrographe*, etc.
— **L'Étudiant photographe.**

Traité pratique de photographie à l'usage des amateurs, avec les procédés de
MM. Civiale, Bacot, Cavelier, Robert. 1 vol. relié. 216 pages, avec 68 fig. 4 »

Extrait de la préface.

Ce livre est un manuel simplifié de photographie. Il sera utile à tous ceux qui
voudront s'occuper des moyens de reproduire la nature à l'aide de la lumière.
Comme son titre l'indique, c'est le livre de
l'étudiant, et certes nous n'avons, en le li-

vrant à la publicité, qu'un seul désir, celui
d'être utile. Nous sommes sûr des procédés
indiqués, car nous avons dû expérimenter
nous-mêmes celui relatif au collodion humide.

— 6 —

CHEVREUL. — Théorie des effets optiques que présentent les étoffes de soie. 1 vol. in-8 avec pl. col. 5 »

CHOIMET (N.). — Éléments théoriques et pratiques de la filature du lin et du chanvre. In-8, 448 pages, avec tableaux et planches. *Rare.*

CLAUSIUS (R.), professeur à l'Université de Wurtzbourg. — **Théorie mécanique de la chaleur.**

Traduit de l'allemand par F. Folie, professeur à l'Ecole industrielle et répétiteur à l'Ecole des mines de Liége. 2 vol. reliés, xxx-748 pages. 15 »

Depuis que l'on a utilisé la chaleur comme force motrice au moyen de machines à vapeur, et que l'on a été ainsi amené pratiquement à regarder une certaine quantité de travail comme l'équivalent de la chaleur nécessaire pour le produire, il était naturel de rechercher théoriquement une relation déterminée entre une quantité de chaleur et le travail qu'il est possible de lui faire produire, et d'utiliser cette relation pour en déduire des conclusions sur l'essence et les lois de la chaleur elle-même.

Par le titre des chapitres nous allons indiquer le mode de démonstration de l'auteur.

Introduction mathématique. — Principe fondamental de la théorie mécanique de la chaleur. — Second principe. — Influence de la pression et de la congélation des liquides. — Dépendance théorique qui existe entre deux lois empiriques relatives à la tension et à la chaleur latente de différentes vapeurs. — Equivalence des transformations au travail intérieur. — Axiome de la théorie mécanique de la chaleur. — Concentration de rayons de chaleur et de lumière, et les limites de son effet. — Mémoires sur les mouvements moléculaires admis pour l'explication de la chaleur. — Sur la conductibilité des corps gazeux pour la chaleur.

CLEGG (Samuel). — **Traité pratique de la fabrication et de la distribution du gaz d'éclairage et de chauffage.**

Traduit de l'anglais et annoté par Ed. Servier, ingénieur civil, sous-chef du service des usines de la Compagnie parisienne d'éclairage et de chauffage par le gaz. 1 vol. in-4, 303 p. avec nombreuses figures dans le texte et atlas de 28 pl. doubles. 40 »

Ce traité ne comprend pas seulement l'ouvrage de Clegg. M. Servier y a ajouté les nombreux perfectionnements apportés après la mort de l'auteur dans l'industrie du gaz. L'application des cornues en terre, l'emploi des extracteurs, les nouveaux procédés d'épuration, les perfectionnements apportés aux gazomètres, aux compteurs, aux brûleurs et aux procédés photométriques, ont donné lieu à de nombreuses additions.

COGNIET. — Des **huiles minérales**, au point de vue de leur emploi pour le chauffage des machines à vapeur. In-8. 1 »

COIGNET. — **Mémoire sur les allumettes chimiques.** In-4, 39 p. 1 »

COLSON (Félix). — **Un chapitre sur les hydrocarbures des schistes bitumineux lignifères.** In-8. 1 »

COMBES (Hippolyte). — **De l'éclairage au gaz** étudié au point de vue économique et administratif, et spécialement de son action sur le corps de l'homme. In-8, 174 p. 2 »

COMBES. Exposé des principes de la **théorie mécanique** de la chaleur. 1 vol. in-8, 288 p. 6 »

COQUELIN. — Filature mécanique du **lin et du chanvre.** In-8, 356 p. *Rare.*

COURTEN (comte Ludovico de). — Manuel pratique de **Collodion sec au tannin** et de tirage économique des épreuves positives, suivi d'une étude sur la rectitude et le parallélisme des lignes en photographie. 1 vol. rel., 150 p., avec fig. dans le texte et une très-belle photographie. 4 »

CURIE. — Le **pin maritime** et ses produits. 1 vol. gr. in-8 avec planches coloriées. 4 »

DELPRINO. — La **nouvelle sériciculture** avec laquelle l'éducation des vers à soie a été changée en agréable passe-temps avec le gain. 1 vol. in-8, avec 20 pl. 4 »

— **Perte** dans le produit de la soie br. in 8. 1 50

D'HURCOURT. — Industrie du gaz. Gr. in-8, 59 pages 4 fig. et 1 p. 2 50

DOMITOR. — Dompteur de l'air, **Aérostat dirigeable**. In-8 avec fig. 2 50

DROMART. Traité des **matières résineuses** provenant du pin maritime. 1 vol. in-18. 4 »

DRONIER. — Essai sur la **mécanique moléculaire**. 1 vol. in-48 avec fig. 2 50

EMY. — Cours de **sciences physiques et chimiques** appliquées aux arts

militaires. In-8, 195 p. et 15 pl. 6 »

FALCOT (P.). — Traité encyclopédique et méthodique de la **fabrication des tissus**. 2e édit., augmentée de plus du double. 1 vol. in-4, 707 p. et 2 vol. d'atlas in-4, ensemble 250 p. 50 »

FERGUSON. — **Dentelles au fuseau**. Br. in-8. 1 50

FERRIER. — **Guide du consommateur de bons vins**. In-8. 2 50

FOL (Frédéric), chimiste). — **Guide du teinturier**.

Manuel complet des connaissances chimiques indispensables à la pratique de la teinture. 1 vol. rel., 430 pages et 90 figures dans le texte. 8 »

En publiant cet ouvrage, l'auteur s'est proposé de répandre dans la population ouvrière qui s'occupe des travaux de teinture les connaissances nécessaires des sciences sur lesquelles est basée cette industrie.

La teinture est aujourd'hui bien différente de ce qu'elle était il y a vingt ans. La chimie, en envahissant les usines, a chassé l'ancienne routine; la mécanique, la physique et les sciences naturelles, de leur côté, ont aussi fait de grands progrès, il est donc nécessaire que l'ouvrier et le contre-maître, qui souvent n'ont pas reçu une instruction suffisante, puissent se mettre au niveau des connaissances nécessaires pour bien exercer leur industrie, c'est ce qu'a voulu faire l'auteur en publiant ce livre; il est dicté dans un style simple et facile à comprendre. Répandre les notions les plus importantes sous la forme la plus facile à saisir, telle a été la préoccupation constante de l'auteur.

GARNAULT (E.). — Instruments de précision, de **physique** et de **navigation**. Gr. in-8, 115 p. 11 fig. et 12 pl. 10 »

GAUDRY. — Essais pratiques des matières **industrielles**. 1 vol. gr. in-18 avec figures. *Sous presse*.

GODARD (E.). — **Des virages** (photographie), descriptions des meilleurs procédés. In-8. 2 »

GONFREVILLE (D.), élève de la manufacture des Gobelins. — **Art de la teinture des laines**, en toison, en fil et en tissus, **Traité complet du manufacturier**. Contenant : 1° une notice sur chacun des agents chimiques et sur chacune des substances colorantes; 2° les procédés anciens et modernes les plus simples et les meilleurs pour la teinture des laines de toutes couleurs : 1° grand teint, 2° bon teint et 3° faux teint; 3° trois classes de formules relatives à ces trois divisions des procédés de cet art; 4° un nouveau procédé de coloration au moyen de quelques nouvelles substances métalliques et de quelques substances végétales de l'Inde, de la Chine, etc.; 5° un chapitre sur les opérations, appareils, ustensiles et manœuvres; 6° une série de 128 formules et échantillons de couleurs principales. 1 vol. in-8. *Rare*. 30 »

Avis de l'Éditeur.

Cet ouvrage est écrit par un des hommes les plus compétents dans l'art de la teinture. M. Gonfreville n'est pas seulement un savant théoricien, c'est un homme éminemment pratique, qui ne recommande aucun procédé, aucune substance, aucun agent chimique sans les avoir expérimentés lui-même et sans fournir les raisons de sa préférence.

L'atlas de formules et d'échantillons des couleurs est le complément indispensable des applications contenues dans l'ouvrage.

HALLAUER. — Exposition analytique et expérimentale de la **théorie mécanique de la chaleur**, de M. G. A. Hirn. 1 vol. in-8. 4 »

— Note sur les **variations du vide** ou contre pression dans les cylindres des machines à vapeur. In-8, avec pl. 1 25

HEDDE. — **Etudes séritechniques** sur Vaucanson. 1 vol. in-8 avec fig. 5 »

—. Description méthodique de **produits recueillis** en Chine avec plan de Kou-Sou et un tableau tissé sur taffetas et poil traînant. 1 vol. grand in-8. 15 »

HERMANN-LACHAPELLE et Ch. GLOVER. — **Des boissons gazeuses** aux points de vue alimentaire, hygiénique et industriel. Guide pratique du fabricant et du consommateur. 1 vol. gr. in-8, 483 p., tableaux et nombreuses fig. 5 »

JOBARD-BUSSY. — **Perfectionnement de la plantation de la vigne,** produit immédiat et important obtenu par un nouveau système de pépinières, repeuplement des forêts, reboisement des montagnes. 1 vol. in-8 de 102 p. et 1 pl. 1 50

KÆPPELIN. — Guide pratique de la **Fabrication des Tissus imprimés**. 1 vol. in-18 avec échantillons. 10 »

KÆPPELIN. — Un chapitre sur la teinture. La **Gaude**. 1 »

— Un chapitre sur la teinture. La **Garance**. 2 »

KASTNER (Frédéric). — Les **Flammes chantantes**. Théorie des vibrations et considérations sur l'électricité. 3e édition. Gr. in-18, 141 p. 2 »

KERSANTÉ (Vic.). — De l'**éclairage public** en province, ou des moyens de vulgariser en France l'éclairage au gaz de houille et celui plus économique, au gaz de marc de pommes, poires et raisins. In-8. 1 »

KNAB (C.). — Etude sur les **goudrons** et leurs nombreux dérivés. Gr. in-8. 3 »

LÉGÉ et FLEURY-PIRONNET. — **Conservation des bois** au sulfate de cuivre. In-8. 1 50

LEROUX (Charles), ingénieur mécanicien, directeur de filature. — Traité pratique de la **laine peignée, cardée, peignée et cardée.**

Contenant : 1re *partie* : mécanique pratique, formules et calculs appliqués à la filature ; 2e *partie* : filature de la laine peignée, cardée peignée sur la Mull-Jenny ; 3e *partie* : filage anglais et français sur continu ; 4e *partie* : laine cardée. 1 vol. rel. 400 p., 35 fig. dans le texte et 4 pl. 15 »

Extrait de la table des matières.

Choix d'un moteur. — Transmissions. — Arbres de couches. — Courroies. — Poulies. — Engrenages. — Frottements. — Force des moteurs. — Leviers. — Fabrication. — Triage des laines. — Caractères des laines. — Main-d'œuvre du triage. — Battage. — Nettoyage des laines. — Dessuintage. — Dégraissage. — Graissage des laines. — Disposition mécanique d'un assortiment de cardes. — Aiguisement des garnitures. — Bourrages des garnitures. — Cordages. — Passage au Gill-Box. — Lissage et dégraissage des rubans. — Peignage des laines. — Préparation des laines pour filage français. — Les différents passages. — Filage français sur Mull-Jenny.

LHOMME. — Traité pratique du travail de la laine cardée. 1 vol. in-8. 5 »

LUNEL. — Guide pratique du **Parfumeur**. Dictionnaire raisonné des cosmétiques et parfums. 1 vol. in-18. 5 »

— Guide pratique pour reconnaître les falsifications ou **Dictionnaire des falsifications** des substances alimentaires (aliments et boissons), contenant : La description de *l'état naturel ou normal des substances alimentaires* et leur *composition chimique*, les moyens de constater leur nature, leur valeur réelle ; les altérations spontanées, accidentelles, qu'elles peuvent subir et les moyens de les prévenir ; les altérations et falsifications qui les dénaturent, c'est-à-dire qui en modifient l'aspect, la saveur, les propriétés nutritives et qui les rendent souvent dangereuses ; enfin, les moyens chimiques de rendre sensibles les altérations, falsifications et contrefaçons des diverses substances alimentaires. 1 vol. rel. 200 p. 5 »

MAILAND. — Découverte des **anciens vernis italiens** employés pour les instruments à cordes et archets. 1 vol. in-18. 5 »

MAREAU. — Culture et préparation **des lins et des chanvres** en France et en Angleterre. 1 vol. gr. in-8 avec planches. *Rare*. 30 »

MARTIN DE VERVINS.— L'atomisme opposé au dynamisme. In-8, 228 p. 5 »
— Protestations contre les **théories dynamiques idéales**. In-8, 32 p. » 50
— Grands principes de **sciences physiques**. 2 livr. in-8. 4 »
MIÈGE. — Notions élémentaires de **Physique** et de **chimie**. Education scientifique des jeunes demoiselles. 91 p., 30 fig. in-18. 3 »
MONIER (Émile), ingénieur chimiste. — **Guide pour l'essai et l'analyse des sucres indigènes et exotiques**, à l'usage des fabricants de sucre. Résultats de deux cents analyses de sucres classés d'après leur nuance. 1 vol. in-18 jésus, 94 pages. 3 »
— **Analyse des sucres** (étude faite à propos de l'Exposition de 1867). Gr. in-8. » 50
PARANT. — Études sur la **Filature et le tissage**. 1 vol. in-8. 7 »
— **Cordages**. Br. in-8 avec fig. 1 »

PARANT. — Essai sur les **applications du drawbach** aux tissus et aux fils, br. in-8. 1 »
PÉLIGOT (E.). — Recherches sur la composition chimique de la **canne à sucre** de la Martinique. 3 »
PEYRÉ. — Cours préparatoire de **physique, de chimie et de cosmographie**. In-8, 291 p. 5 »
— Cours de **physique militaire**. 2 vol. in-8, 672 p. et 16 pl. 9 »
Physique : Études sur quelques points importants de la physique, par un professeur. 1 vol. in-8 avec figures et 1 pl. 5 »
PLANCHON. — Études sur l'art de fabriquer les **tapisseries** des Gobelins, de Beauvais et d'Aubusson, in-18. 1 »
POSSOZ. — Guide du **fabricant de sucre indigène**, concernant l'extraction et l'épuration du jus de betterave. 1 vol. in-8, 42 p. 4 50

POURIAU (A. F.), docteur ès-sciences, ancien élève de l'école centrale, professeur à l'école d'agriculture de Grignon, etc.

Eléments des **Sciences physiques** appliquées à l'agriculture, ouvrage divisé en deux parties. Ensemble 1060 pag. et 220 fig. dans le texte. 14 »

1er VOLUME. — *Chimie inorganique*, suivie de l'étude des marnes, des eaux et d'une méthode générale pour reconnaître la nature d'un des composés *minéraux* intéressant l'agriculture ou la médecine vétérinaire. 1 vol. rel. 512 pages, 153 figures dans le texte et tableaux.
2e VOLUME. — *Chimie organique*, comprenant l'étude des éléments constitutifs des végétaux et des animaux, des notions de physiologie végétale et animale, l'alimentation du bétail, la production du fumier, etc. 1 vol. rel. 541 p., 66 figures dans le texte et tableaux.
M. Pouriau, aujourd'hui professeur et sous-directeur à l'école d'agriculture de Grignon, a été nommé secrétaire général de la Société d'agriculture de Lyon à l'élection. Voilà quelques-uns des titres du savant professeur; quant à ses ouvrages, ils sont promptement devenus classiques et ils sont en même temps consultés avec fruit par tous les agriculteurs, les propriétaires, les gentilshommes-fermiers et par tous les gens d'étude et les gens du monde. Pour cette dernière classe de lecteurs, nous citerons le passage de la préface qui indique que cet ouvrage a été en partie rédigé à leur intention.
« Mais, d'autre part, je conseille aux gens du monde, que de semblables détails ne peuvent que médiocrement intéresser, de laisser de côté ces paragraphes, pour reporter leur attention sur les autres chapitres.
« Enfin, toujours guidé par le désir de satisfaire aux besoins de chaque classe de lecteurs, j'ai indiqué, *en note et séparément* la préparation des principaux corps étudiés, parce que cette branche du cours ne saurait être utile qu'à ceux en position de faire quelques manipulations.
« Si les amis de la science agricole me prouvent, par un accueil bienveillant fait à mon livre, que j'ai suivi la bonne voie, je leur en témoignerai ma reconnaissance, en leur offrant successivement les autres parties de mon enseignement. »

Manuel du **chimiste-agriculteur**, par le même auteur. 1 vol. rel. 460 pages, 148 fig. dans le texte et de nombreux tableaux, suivi d'un appendice. 6 »

Ce volume forme en quelque sorte le complément de la *Chimie organique* et de la *Chimie inorganique*. Il fait connaître les diverses manipulations qui sont décrites avec un très-grand soin. Il contient, en outre, un grand nombre d'indications d'une utilité toute pratique.
L'intention de l'auteur en le publiant a été d'offrir aux personnes qui s'occupent de chimie agricole un guide renfermant la description des méthodes les plus simples à suivre dans l'analyse des divers composés naturels ou artificiels qui sont du domaine de l'agriculture. Désireux de mettre son livre à la portée de tout le monde, l'auteur a toujours eu le soin dans l'exposé de ses méthodes, d'établir deux catégories d'essais. Les unes essentiellement pratiques et accessibles à tous et les autres plus exactes et qui exigent une plus grande habitude des manipulations chimiques.

RENOUARD. — **Études sur le travail des lins**. 3 vol. gr. in-8 avec figures et planches. 35 »

Extrait de la table des matières.

SACC. — **Éléments de chimie**.

Par M. SACC, professeur à l'académie de Neufchâtel (Suisse), membre correspondant de la Société nationale de l'agriculture, professeur à Genève, etc. 2 volumes réliés. 7 »

Extraait de la préface.

1re Partie : *Chimie minérale* ou synthétique. — 2o Partie : *Chimie organique* ou asynthétique.

Ce petit traité, comme le dit l'auteur, n'a qu'une ambition, celle de faire aimer cette admirable science, d'en exposer aussi brièvement que possible le champ immense de manière à la rendre abordable à tous. C'est la première tentation d'une *chimie naturelle* et pure. L'auteur, laissant de côté tous les systèmes, aborde donc une voie qui doit devenir féconde.

SCHILLING (N.-H.), docteur en philosophie, etc., etc. — Traité d'**éclairage par le gaz**, traduit de l'allemand par Ed. Servier, ingénieur des arts et manufactures, etc. 1 vol. in-4, 361 pages accompagné de 70 pl. cotées et de 310 figures dans le texte. 45 »

SELLA. — Notes sur l'**industrie lainière** à l'occasion de l'Exposition de Vienne, br. gr. in-8 avec fig. 4 »

SEILLON. — Cours théorique et pratique du **tissage des rubans**. 1 vol. in-8 avec 21 pl. 8 »

SERIGNE (de Narbonne). — **Maladies de la vigne**. Contenant les causes et effets morbides depuis l'origine de sa culture jusqu'à nos jours, avec les moyens employés et à employer pour les prévenir et les combattre, précédés d'une description historique et botanique, de cette plante précieuse, ainsi que d'une causerie sur l'oïdium et le phylloxera. 1 vol. in-18. 3 »

SINGER (Max), auteur du *Teinturier pratique*, chimiste-manufacturier.

Teinture moderne (La), recueil des principaux procédés pratiques de teinture, d'impression et de blanchiment, suivi d'un aperçu de la fabrication des matières tinctoriales. 1 vol. in-8, de 700 pages, accompagné de nombreux échantillons teints et d'un vocabulaire des termes techniques français, anglais et allemands. 20 »

Table des chapitres.

Matières tinctoriales. — Agents chimiques. — Acides. — Dérivés de la houille. — Falsifications et altérations. — Histoire abrégée de la teinture. — Teintures de toutes nuances.

STAMM (E.), ingénieur civil. — **Traité théorique et pratique des métiers à filer** automates dits self-acting. 1 vol. in-4 et atlas in-fol. de 10 pl. 32 »

Extrait de la table des matières.

I. Le métier à filer manuel et le métier automatique. — II. Définition et classification. — III. Eléments de la disposition générale d'un métier automate de Parr-Curtis, pris comme exemple. — IV. Traits d'union de l'idée à l'application dans la formation mécanique des canettes aux métiers à filer. — V. Théorie générale du renvidage d'une couche de canette. — VI. L'inclinaison d'enroulement et les organes spéciaux. — VII. La baguette, la règle et le secteur (ou levier de renvidage). — VIII. Le secteur ou levier de renvidage, en particulier et le barillet. — IX. La règle ou guide en particulier. — X. Similitudes géométriques dans les bobines en canettes. — XI. La superposition des couches et des platines. — XII. La contre-baguette, la baguette et le réglage mécanique du secteur. — XIII. L'empointage et le dépointage. — XIV. Mécanismes divers du métier automate. — XV. Etude des organes ou mécanismes moteurs. — XVI. Etude des organes ou mécanismes distributeurs. — XVII. Le métier à filer automate de Parr-Curtis et celui de Platt. — XVIII. Généralités finales.

Statistique du Haut-Rhin (chap. XVI de la) ou historique de l'**indienne** à Mulhouse jusqu'en 1830. In-4. 3 »

STÉCULORUM. — Du traitement des **dissolutions salines**. In-8. 1 50

Teinturier pratique (le), par M. Max SINGER. — Publication bi-mensuelle (5e année 1876), 15 fr. par an pour tous les pays. Chaque numéro est accompagné d'échantillons teints.

TERNANT. — **Syphon enregistreur** pour l'échange des signaux électriques par les longs câbles sous-marins. Br. gr. in-8 avec 2 pl. 2 »

TESSIER (P.). — **Chimie pyrotechnique** ou Traité pratique des feux colorés, contenant : 1o l'examen chimique, la description et la fabrication des matières pyrotechniques ; 2o des procédés nouveaux et faciles pour la préparation de divers composés, tels que le chlorate de baryte, le carbonate de strontiane, le chlorure et l'oxychlorure de cuivre, etc., etc.; 3° des formules nombreuses et économiques pour la confection des lances, des étoiles et des feux de Bengale de toutes les couleurs. 1 vol. in-8, 438 p. 7 »

TESTULAT (Henrion). — **Viticulture moderne**. Préservateur champenois, appareils protecteurs contre la gelée, la coulure, etc. In-8 de 30 p. » 60

THIBAULT (Alex.). — **Le china-gras**. Etude raisonné de ce nouveau textile au point de vue de son acclimatation, de sa culture et de son emploi industriel. Du jute, du lin du Japon et autres textiles également propres à un emploi industriel. In 8 56 pag. 2 »

THOMAS. — Les **tulles et dentelles** à l'Exposition de 1867, br. in-8. 1 »

TRONQUOY (Camille). — **Photographie**. Br. in-8 de 64 pages et 26 fig. 3 »

VAN LAER. — Recueil de **teintures à mordant**. 2 br. in-8. 6 »

VIGREUX. — Théorie et pratique de l'**Art de l'ingénieur**, du constructeur de machines et de l'entrepreneur de travaux publics. Ouvrage comprenant sous le titre d'introduction, les connaissances théoriques qui constituent la science de l'ingénieur, et sous le titre de projets dépendant de ces introductions, leurs applications directes à toutes les branches de l'industrie et des travaux publics.

Cet ouvrage sera composé de 80 livraisons, les 14 premières ont paru (1er septembre 1876).

Prix de la souscription à l'ouvrage complet 350 fr., payables en 7 paiements de 50 fr. chacun.

Le prospectus spécial de cette publication est adressé sur demande affranchie.

VIOLETTE. — Guide pratique de la **Fabrication des vernis**. 1 vol. in-18, 6 »

DROUX. **Produits chimiques**. — Voir le prospectus complet, p. 20 et 21.

DU MONCEL. **Applications de l'électricité Electricité**. 4 vol. gr. in-8. 56 » Voir le prospectus complet et les tables, p. 30 à 33.

HÉTET. **Chimie générale**. — Voir le prospectus complet, p. 22 à 25.

— **OEnologie et distillation** (ouvrages sur l'). — Voir p. 26 et 27.

KÆPPELIN. **Blanchiment et blanchissage**. — Voir le prospectus complet, p. 34 et 35.

Ouvrages sur l'électricité, p. 28 et 29.

STAMMER. **Fabrication du sucre**. — Voir le prospectus complet, p. 13 et 14.

— **Distillation**. — Voir le prospectus complet avec table, p. 15 à 19.

BIBLIOTHÈQUE DES ARTS ET MÉTIERS N° 1.

TRAITÉ

DE LA

FABRICATION DU SUCRE

PAR

CHARLES STAMMER

DOCTEUR-CHIMISTE

Un fort volume grand-in-8° de 718 pages de texte compacte avec 65 figures, nombreux tableaux dans le texte et trois planches.

Paris 25 fr. Départements, Alsace-Lorraine et Algérie 27.50. Étranger 30 fr.

Cet ouvrage se divise en trois parties :

La deuxième partie est formée d'un supplément-annuaire publié à la fin de 1873, elle contient un chapitre important sur la fabrication du sucre de canne.

La troisième partie publiée en janvier 1875 fait mention de tous les progrès réalisés dans l'industrie sucrière pendant les années 1873 et 1874.

Ces 2 dernières parties se vendent chacune séparément au prix de : pour Paris 6 fr. Départements, l'Alsace-Lorraine et l'Algérie 6.50. Pour l'étranger 7 fr.

On souscrit en envoyant un mandat sur la poste, ou une valeur à vue sur Paris, à l'adresse de l'Éditeur, M. Eugène LACROIX, 54, rue des Sts-Pères, à Paris.

NOTA. — *La meilleure appréciation que l'on puisse se faire d'un livre, est en en parcourant la table des matières; nous donnons donc ci-après celle de l'ouvrage de M. Stammer.*

SOMMAIRE DE LA TABLE DES MATIÈRES.

TRAITÉ

ou

MANUEL COMPLET

THÉORIQUE ET PRATIQUE

DE LA

DISTILLATION

DE TOUTES LES

MATIÈRES ALCOOLISABLES

(Grains, pommes de terre, vins, betteraves, mélasses, etc.)

ET CONTENANT LA DESCRIPTION DE TOUS LES APPAREILS CONNUS ET EN USAGE DANS LA PRATIQUE

ouvrage indispensable

AUX FABRICANTS D'ALCOOL ET AUX DISTILLATEURS

PAR

M. Charles STAMMER

docteur-chimiste

La publication de la Table des matières que nous donnons tout au long nous dispensera d'entrer dans d'autres détails au sujet de ce livre.

EN VOICI LES CONDITIONS DE VENTE :

L'ouvrage complet forme 1 fort volume grand in-8°, avec de nombreuses figures.

Prix pour Paris	**20 fr.**
Pour les Départements, l'Alsace et l'Algérie. .	**22 fr.**
Pour l'Etranger.	**25 fr.**

TRAITÉ D'ALCOOLISATION

Par Ch. Stammer

TABLE DES MATIÈRES

CHAPITRE II.

Matières amylacées.

1. *Amidon ou fécule et autres éléments des céréales.* Amidon ; Nature ; Propriétés Composition ; Transformation ; Saccharification ; Diastase ; Dextrine ; Glucose ; Gluten ; Albumine. — 2. *Céréales.* Structure des grains ; Composition des différentes espèces de céréales ; Analyses ; Détermination de l'extrait ; Caractères de l'orge ; Orge germé ; Malt ; Orge ; Seigle ; Froment ; Riz ; Maïs. — 3. *Pommes de terre.* Culture ; Composition ; Appréciation de la valeur ; Dosage de la fécule. — Tableaux 25, 26, 27. Composition de différentes espèces ; Conservation. — 4. *Matières diverses.* Topinambours ; Richesse de la fabrication de la fécule ; Cellulose ; Lichens.

CHAPITRE III.

Matières accessoires.

Eau ; Acides.

LIVRE III

FORMATION DE L'ALCOOL. — PARTIE GÉNÉRALE.

CHAPITRE I.

Fermentation.

1. *Généralités.* — 2. *Levûre.* Propriétés ; Composition. — 3. *Fermentation* ; Conditions nécessaires. — 4. *Produits de la fermentation.* — 5. *Qualités pratiques de la levûre au rendement théorique.* Falsifications ; Conservations ; Quantités nécessaires. — 6. *Levûre artificielle ou levain.* — 7. *Fermentation acétique et autres.* — 8. *Observation de la marche de la fermentation ; Calcul de l'effet.* Atténuation ; Atténuation apparente, réelle ; Quotient alcoolique ; Degré de fermentation ; Différence d'atténuation ; Quotient et coefficient d'atténuation. — Tableau 27. Coefficients et quotients alcooliques pour les moûts sans formation de levûre. — Tableau 28. Coefficients et quotients alcooliques pour les moûts avec formation de levûre ; Application des calculs alcoométriques ; Exemples 1, 2, 3, 4, 5, 6 ; Calcul par degrés-litres ; Calcul simplifié du rendement. — Tableaux 29, 30, 31.

CHAPITRE II.

Saccharification.

Préparation du malt. — Développement de la diastase. — 1. Mouillage. — 2. Germination ; a. Malt ordinaire ; b. Malt feutré. — 3. Dessiccation ; Étuves ou touraïlles ; Caractères essentiels du malt sec ; Maltage de froment et de seigle ; Proportion entre le malt et le blé. — 4. Comparaison entre l'emploi de diverses espèces de malt. — 5. Division ou mouture du malt.

LIVRE IV

FORMATION DE L'ALCOOL, PARTIE SPÉCIALE.

CHAPITRE I.

Fabrication des liquides vineux au moyen des matières sucrées.

1. *Généralités.* — 2. *Sucre brut.* — 3. *Glucose.* — 4. *Mélasse coloniale ;* Rhum ou tafia ; Dunder. — 5. *Mélasse de betteraves.* — 6. *Betteraves.* 1). Boisson, Écrasement, etc., des racines ; 2). Râpage de la pulpe sans cuisson ; Délaiement de la pulpe ; 3). Râpage ; Extraction du jus par pression et Pression ; Concentration du jus ; 4). Râpage ; Extraction du jus par macération ; Lévigation ; Extraction Kessler ; 5). Division des betteraves en cossettes et macération ; Macération en général ; Procédé Champonnois ; Méthode perfectionnée ; Méthode Siemens ; Appareil de La Cambre ; Procédé Robert, de diffusion. 6). Cuisson des cossettes avec l'acide dilué. etc. ; Procédé Weil ; 7). Fermentation des cossettes avec le jus ; Procédé Leplay. — 7. *Raisins.* Produits ; Vins ; Eaux-de-vie ; Dosage de l'alcool dans les vins ; Fabrication de l'alcool au moyen des raisins ; Presses ; Turbines ; Fermentation ; Distillation ; Eau-de-vie de marc. — 8. *Matières diverses.* Fruits ; Cerises ; Kirsch ; Prunes ; Tiges des cannes ; Sorgho : Garance.

CHAPITRE III.

Les appareils composés

CHAPITRE IV.

Appareils pour fabrications particulières.

CHAPITRE V.

Concentration et purification de l'alcool.

LIVRE VI.

PARTIES ACCESSOIRES.

CHAPITRE I.

Fabrication de la levûre.

CHAPITRE II.

Utilisation des résidus.

CHAPITRE III.

Extraction des essences amylique et autres.

CHIMIE INDUSTRIELLE

LES

PRODUITS CHIMIQUES

ET LA

FABRICATION DES SAVONS

1re *partie*. — PRODUITS CHIMIQUES
Acide sulfurique. Soude et potasse. Acides gras. Bougies stéariques.
2e *partie*. — LA SAVONNERIE. Savons de Marseille. Savons mous à base de potasse.
La fabrication en Hollande. Fabrication parisienne, etc., etc.
3e *partie*. — ALCALIMÉTRIE. Essais des potasses. Essais des soudes.
Les différentes méthodes, etc.

PAR

M. Léon **DROUX**
INGÉNIEUR CIVIL

1 vol. gr. in-8° de 212 pages avec 27 fig. dans le texte et 4 pl.

Prix : **10** francs; *franco*, 11 francs.

PRÉFACE DE L'ÉDITEUR

Pour répondre à de nombreuses demandes, nous avons groupé et réuni en un seul volume les principaux articles publiés par M. Léon DROUX dans nos *Annales du Génie civil*.

Sans avoir la forme ordinaire d'un livre fait avec méthode comme disposition ou ordonnancement des chapitres, ce livre n'en forme pas moins un ouvrage de *chimie industrielle* qui sera goûté du public, et en attendant que M. Léon DROUX ait mis la dernière main à son *traité* complet de la fabrication des savons, cet ouvrage pourra en tenir lieu et rendre de grands services aux industriels, aussi n'avons-nous pas hésité à en faire l'impression, certain du bon accueil qui lui sera fait.

Nous rappelons que cet ouvrage est la réunion d'articles publiés à différentes reprises dans nos *Annales du Génie civil*, aussi remarquera-t-on que les numéros des figures n'ont pas d'ordre méthodique, il en est de même pour les planches, lesquelles ont conservé le numéro d'ordre de la publication dont elles sont extraites.

NOTA. — *Pour recevoir cet ouvrage franco, envoyer un mandat-poste de* **11** *francs à l'adresse de l'Éditeur, M. E. LACROIX, 54, rue des Saints-Pères, à Paris.*

COURS

DE

CHIMIE GÉNÉRALE

ÉLÉMENTAIRE

D'APRÈS LES PRINCIPES MODERNES
AVEC LES PRINCIPALES APPLICATIONS A LA MÉDECINE
AUX ARTS INDUSTRIELS ET A LA PYROTECHNIE

Comprenant

L'ANALYSE CHIMIQUE, QUALITATIVE ET QUANTITATIVE

PAR

M. Frédéric HÉTET

Professeur de chimie aux Écoles de la Marine, Officier de la
Légion d'honneur, Pharmacien en chef du corps de santé de la Marine,
Membre de plusieurs Sociétés savantes

2 vol. in-18 cartonnés à l'anglaise ornés de nombreuses figures

Prix : **12** francs; *franco*, 13f,20.

L'étude et l'enseignement de la chimie ont subi, depuis Ch. Gerhardt, de profondes modifications. Une véritable révolution s'est accomplie dans l'étude de la chimie; elle a mis plus de vingt ans à se faire et le dogme nouveau n'a pénétré que lentement dans l'enseignement, malgré les remarquables travaux de toute une génération de savants.

La nouvelle théorie atomique a renversé le dualisme et la notation en équivalents, parce qu'elle offre l'avantage de permettre l'explication d'une foule de phénomènes, obscurs sans son secours. Elle a rendu facile l'étude de la chimie organique et supprimé la barrière qui la séparait de la chimie minérale; elle a définitivement établi l'unité de la chimie.

Cependant, excepté pour un petit nombre de facultés, elle n'a pas encore pris droit de cité dans l'université française. Cela tient à la réglementation de l'enseignement universitaire dans ce pays, et au petit nombre de livres de chimie écrits suivant la méthode nouvelle.

Il manque, à cette heure, dans l'enseignement, un ouvrage où l'on trouve sous cette forme la chimie générale, avec ses principales applications.

C'est cette lacune que M. Hétet s'est proposé de combler, il a voulu vulgariser la chimie nouvelle, et en même temps se rendre utile aux nombreux élèves des écoles de la marine, qui doivent apprendre dans un temps très-court la chimie qui leur est nécessaire. L'auteur, tout en adoptant les classifications les plus modernes, a suivi un cadre particulier :

Gerhardt avait écrit : « Pour que l'étude de la chimie soit vraiment fructueuse « et n'ait pas seulement pour résultat de fixer dans l'esprit un certain nombre « de faits plus ou moins curieux, il faut dans l'examen des combinaisons chi- « miques, procéder par séries naturelles; c'est-à-dire les rattacher entre elles par « leur mode de génération. De cette manière on saisit les lois des métamorphoses « et l'on découvre plus aisément les relations que peuvent avoir des corps en « apparence éloignés entre eux. »

En raison du but spécial de ce livre, l'auteur a supprimé les corps qui n'offrant qu'un intérêt scientifique, n'ont aucune application pratique. Ces considérations l'ont conduit à faire un manuel, renfermant un résumé de la chimie et de ses principales applications.

Quel que soit le but que l'on poursuit en étudiant la chimie, il faut acquérir d'abord un certain fonds nécessaire pour se livrer aux applications pratiques dans telle ou telle carrière. (Les arts, l'agriculture, les mines, la médecine et la phar- macie). Les officiers de l'armée et de la marine ont de plus en plus besoin de connaissances chimiques; la pyrotechnie est fondée sur la chimie.

L'auteur a compris dans son ouvrage les principales applications de la chimie : à la pyrotechnie, et au service de la marine; il y a joint l'analyse chimique qua- litative et quantitative, par les pesées et par les nouvelles méthodes volumétriques.

C'est donc à peu près le seul manuel où se trouvent réunies toutes les parties de la chimie; ce qui le rend d'une utilité incontestable, pour les médecins, les pharmaciens, les officiers des armées de terre et de mer, les élèves qui se des- tinent aux écoles spéciales et particulièrement à l'école navale. Un extrait de la table des matières donnera une idée plus complète de cet ouvrage.

E. LACROIX.

EXTRAIT DE LA TABLE DES MATIÈRES

tion. — Fer. — État naturel. — Extraction. — Métaux triatomiques. — Or. — État naturel. — Extraction. — Métaux tétra-hexatomiques. — Molybdène. — Extraction. — Propriétés. — Tungstène ou wolfram. — Extraction. — Métaux b ou tétratomiques. — Platine. — Historique état naturel. — Osmium. — Extraction. — Propriétés. — Iridium. — Extraction. — Propriétés. — Palladium. — Extraction. — Propriétés. — Métaux hexatomiques. — Aluminium. — État naturel. — Aluns. — Kaolins. — Argiles. — Mortiers. — Ciments. — Poteries. — Bétons. — Action de l'eau de mer. — Mastics. — Photographie.

Extrait du Catalogue général de la Librairie E. LACROIX.

CHIMIE INDUSTRIELLE

AGRICOLE ET CHIMIE GÉNÉRALE

MALAGUTI. **Cours de chimie** professé en 1860, in-18, 252 pages.   **1 fr.**

—   —   —   1861, in-18, 254 pages.   **1 fr.**

MARTIN DE VERVINS. **Nouvelle école électro-chimique ou chimie des corps pondérables et impondérables,** 1 vol. in-8° de 487 p.,   **7 fr. 50**

NOGUÈS. Guide pratique de **Minéralogie appliquée** ou connaissances des combustibles minéraux, des pierres précieuses, des minéraux manufacturiers et des minerais de toutes espèces, 2 vol. in-18 avec nombreuses figures,   **12 fr.**

PAYEN. **Précis de chimie industrielle** à l'usage des Écoles d'Arts et Métiers, des Écoles préparatoires aux professions industrielles, des fabricants et des agriculteurs, 2 vol. in-8°, nombreuses figures et atlas de 55 planches.   **25 fr.**

PIERRE (Isidore). **Notions de chimie usuelle,** in-18, 244 pages, 42 fig.   **2 fr. 50**

PLAZANET (A. de). **Hydroplastie, électro-chimie, galvanoplastie,** 1 vol. gr. in-8° avec fig. et pl.   **4 fr.**

POURIAU. **Éléments des sciences physiques appliquées à l'agriculture. Chimie inorganique** suivie de l'étude des marnes et des eaux, etc. **Chimie organique** comprenant l'étude des éléments constitutifs des végétaux et des animaux. etc., 2 vol. gr. in-18 jésus de 1043 pages avec nombreuses fig. **14 fr.**

— **Manuel du chimiste agriculteur,** 1 vol. gr. in-18 jésus de 460 pages avec 148 figures et nombreux tableaux.   **6 fr.**

RENARD **Études sur les huiles,** 1re *partie* : recherche et dosage de l'huile d'Arachide dans l'huile d'olive, 1 vol. in-8°,   **2 fr.**

REYNAUD, **Culture de l'olivier,** son fruit et son huile, 1 vol. in-18,   **4 fr.**

SACC. Éléments de **Chimie minérale et organique,** 2 vol. in-18,   **7 fr.**

STEERCK (le major). Guide pratique de la **Fabrication des poudres et salpêtres** avec un appendice sur les **Feux d'artifices,** 1 vol. gr. in-18 jésus de 360 p. avec nombreuses fig.,   **6 fr.**

TISSIER. Guide pratique de la recherche, de l'extraction et de la fabrication de l'**Aluminium** et des **Métaux alcalins,** 1 vol. in-18 de 226 p. avec fig. et pl, **5 fr.**

VAN DEN CORPUT (Ed). De la **Fabrication du papier** au point de vue de la technologie chimique, et des perfectionnements successifs apportés à cette industrie, 2e édition revue et augmentée, in-12.   **2 fr.**

VERGUIN. **Éléments de chimie générale,** 1 vol. in-12 de 772 p. avec fig. dans le texte,   **5 fr.**

VIOLETTE. **Nouvelles manipulations chimiques simplifiées** ou laboratoire économique de l'étudiant, ouvrage contenant la description des appareils, et suivi d'un **Cours de chimie** pratique à l'aide de ces instruments, 3e édition, 476 p. avec 200 fig. et nombreuses tables,   **7 fr. 50.**

VIOLETTE et ARCHAMBAULT. **Dictionnaire des analyses chimiques** ou répertoire alphabétique des analyses de tous les corps naturels et artificiels, depuis l'origine de la chimie jusqu'à nos jours, 2 vol. in-8° 1032 p.   **12 fr.**

WILL (le docteur H). — **Guide pratique d'analyse qualitative,** instruction pratique à l'usage des laboratoires de chimie, traduit de l'allemand, par M. le docteur J. W. Bichon. 1 vol. 248 pages.   **3 fr.**

WOHLER. **Éléments de chimie inorganique et organique,** traduit de l'allemand par L. Grandeau, avec le concours du docteur Sacc et des additions de H. Sainte-Claire-Deville, 1 vol. in-8°, 590 pages.   **7 fr. 50**

BIBLIOGRAPHIE

DE

L'ŒNOLOGIE ET DE LA DISTILLATION

(Extrait du catalogue général de la librairie Eugène LACROIX).

ARMAILHACQ (d'). — **La Culture des vignes,** la vinification et les vins dans le Médoc, avec un état des vignobles réputés. 1 vol. in-8, 600 p.
6 fr.

ARTHAUD (le docteur). — **De la vigne** et de ses **produits,** 1 vol. in-8, 364 p.
5 fr.

BASSET (N.). — **Guide théorique et pratique du fabricant d'alcools et du distillateur.**
1re partie : Alcoolisation générale, 1 vol. in-8 de 788 p.
10 fr.

2e partie : OEnologie, 1 vol. in-8 de 846 p.
10 fr.

3e partie : Distillation,

— Traité pratique de **la culture et de l'alcoolisation de la betterave,** résumé complet des meilleurs travaux faits jusqu'à ce jour sur la betterave et sur l'alcoolisation ; 3e édit. in-18, 283 p.
4 fr.

BENOIT (P. M. N.). — Théorie générale des **Pèse-liqueurs,** appliquée à la construction et à l'emploi de toutes sortes d'aréomètres entièrement comparables ; avec des tables, etc. 1 vol. in-8, 108 p. et 1 pl.
3 fr. 50.

BOIREAU. — Traitement pratique des **vins** spiritueux, liqueurs d'exportation, etc., par les méthodes bordelaises, vinification des grands vins rouges et blancs de la Gironde, vins ordinaires, fabrication des vins de liqueurs, vermouth, vins mousseux, rhum, eau-de-vie, liqueurs, vinaigres, huiles, etc., etc. 1 vol. in-8, avec planches.
6 fr.

BOUCHERIE (Maurice). — Etudes sur les **boissons fermentées** et sur les vins des pays d'Europe, d'Amérique et de toute provenance, grand in-8, 48 p.
2 fr. 50

BRISEBARRE (A.). — Modèle expliqué de **portatif de gros,** à l'usage des marchands de vin, cidre, eaux-de-vie, liqueurs ; avec différents tableaux de réduction des alcools, in-4, 44 p. 3 tabl.
3 fr.

BRUN (Jacq.), pharmacien. — **Fraudes et maladies du vin.** Moyens de les reconnaître et de les corriger avec un traité des procédés à suivre pour faire l'analyse chimique de tous les vins. In-8.
3 fr.

Carte vinicole du département de la Gironde, dessin sur les données de M. Duffour-Dubergier, président de la chambre de commerce de Bordeaux, par M. Unal Serres, dessinateur géomètre.
6 fr.

DUBIEF (L.-F.), distillateur chimiste. — L'immense trésor des marchands de vins et des vignerons. 3e édition, revue et plus que doublée de texte. Grand in-18, 215 p. Paris.
5 fr.

— Traité de la **fabrication des liqueurs françaises et étrangères** sans distillation. 4e édition, augmentée de développements plus étendus, de nouvelles recettes pour fabrication des liqueurs, du kirsch, du rhum, du bitter, la préparation et la bonification des eaux-de-vie et l'imitation de celles de Cognac, de différentes provenances, de la fabrication des sirops, etc., etc. 1 vol., 288 p.
5 fr.

Bibliothèque des professions industrielles et agricoles, série G, n° 50.

— Traité complet théorique et pratique de **vinification,** ou Art de faire du vin avec toutes les substances fermentescibles, en tout temps et sous tous les climats. In-8, 450 pages, fig. dans le texte et une pl.
7 fr. 50

— Guide pratique de la **fabrication des vins factices** et des boissons vineuses en général, ou Manière de fabriquer soi-même les vins, cidres, poirés, bières, hydromels, piquettes et toutes sortes de boissons vineuses, etc. 1 vol., 72 p.
2 fr.

Bibliothèque des professions industrielles et agricoles, série I, n° 1.

— **Le liquoriste des dames,** ou l'Art de préparer en quelques instants toutes sortes de liqueurs de table, et des parfums de toilette avec toutes

les fleurs cultivées dans les jardins, etc., etc. 1 v. in-18. 120 pages
3 fr.

Duplais. — **Traité de la fabrication des Liqueurs et de la distillation des Alcools,** contenant les procédés les plus nouveaux pour la fabrication des liqueurs françaises et étrangères, fruits à l'eau-de-vie et au sucre, sirops, conserves, eaux et esprits parfumés, vermouths, vins de liqueur ; suivi du *Traité de la fabrication des Eaux et Boissons gazeuses,* et de la description complète des opérations nécessaires pour la distillation des alcools ; par DUPLAIS aîné. 4ᵉ édition, revue et augmentée par DUPLAIS jeune, Distillateur et Liquoriste. 2 vol. in-8, avec figures dans le texte et 15 planches. 16 fr.

Fauré (J.), pharmacien. — **Analyse chimique et comparée des vins** du département de la Gironde. Broch. in-8 de 58 p., 6 tableaux.
3 fr. 50

Franck (W.). — Traité sur les **vins du Médoc** et les autres vins rouges et blancs du département de la Gironde. 7ᵉ édition, revue, augmentée et accompagnée de 33 vues de châteaux des principaux domaines du Médoc, d'une carte de la Gironde, de deux cartes donnant la classification des vins rouges et des vins blancs, et des divers tableaux synoptiques. In-8, 1 v., 401 p. 8 fr.

Flinz. — **Le distillateur praticien.** In-18. 5 fr.

François. — Manuel du débitant de boissons. In-12. 179 p. 2 fr.

Fleury-Lacoste, président de la Société centrale d'agriculture du département de la Savoie, membre de plusieurs Sociétés savantes. — 1 vol., 137 pages. **Guide pratique du vigneron ;** culture, vendange et vinification.
3 fr.

Ouvrage adopté par LL. EExc. les Ministres de l'instruction publique et de l'agriculture.

Bibliothèque des professions industrielles et agricoles, série H, nᵒ 39.

Guide indispensable à tous les limonadiers et débitants pour faire leurs eaux-de-vie, 1 tableau. 1 fr.

Hotessier. — Notice sur les améliorations à introduire dans la **fabrication du sucre exotique.** In-8, 48 pag. et 2 pl. 2 fr. 50

Kessler. — **Distilleries agricoles** du système Kessler, également applicable, avec le même matériel simple, peu coûteux et d'un emploi facile, au traitement de toutes les matières premières, aussi bien des matières sucrées, comme betteraves, carottes, etc., que des substances amylacées, comme la pomme de terre, les grains, etc. In-8, 15 pag, et 3 pl.
1 fr. 50

Leplay (H.). — **L'impôt sur le sucre,** considéré au point de vue des progrès à réaliser dans la fabrication des sucres· In-8, 32 p. 4 fr, 35

Liège de Puychaumeix (Eugène du), — **Le conseiller du débitant de boissons,** contenant la législation et tous les renseignements indispensables aux gens qui exercent· cette profession. 1 brochure in-8 de 80 pag.
3 fr.

Mulder (G.-J.). — **De la bière,** sa composition chimique, sa fabrication, son emploi comme boisson. Traduit du hollandais par A. Delondre. 1 vol. in-12, 444 pages. 6 fr.

Péroche (Jules), inspecteur des contributions indirectes. — Manuel des **distilleries,** ou guide complet pour la surveillance de ces établissements, comprenant : 1ᵒ la fabrication, 2ᵒ des renseignements divers s'y rattachant : 3ᵒ la législation, la jurisprudence et l'ensemble des instructions administratives applicables à la matière. Ouvrage honoré de la souscription du ministre des finances, nouvelle édition, revue, corrigée et augmentée. In-8, 340 p. et 3 tableaux. 6 fr.

Pellicot (André). — Le **Vigneron provençal.** Cépages provençaux et autres, culture et vinification. 1 vol. in-18, 368 pag, 3 fr. 50

Ratier, fils. — Manuel du **négociant en spiritueux.** 1 vol. in-8 de 182 pag. avec tableaux, planches et carte coloriée. 15 fr.

Réduction de l'alcool à tous les degrés, proportions générales des mouillages et mélanges des spiritueux et des vins en toutes qualités, de tous crûs et en quantités quelconques, etc. 1 volume in-12. 2 fr.

BIBLIOGRAPHIE INDUSTRIELLE

PRINCIPAUX OUVRAGES PUBLIÉS SUR L'ÉLECTRICITÉ (1).

BÉCQUEREL (Alfred). Traité des **applications de l'électricité** à la thérapeutique médicale et chirurgicale. 2e *édition.* Paris, 1860. 1 vol. in 8, fig.   7 »

BLAVIER (E.-E.). Nouveau traité de **télégraphie électrique.** Cours théorique et pratique. 2 vol. gr. in-8 d'environ 500 pag. chacun, illustrés de près de 500 bois. Paris, 1867.   20 »

Cet ouvrage est sans contredit le plus recommandable et le seul complet qui ait été publié sur la matière. Il a été adopté dès son début par tous les employés des lignes télégraphiques en France et à l'étranger.

— . Considérations sur le **service télégraphique** et sur la fusion des administrations des postes et des télégraphes. In-8, 130 p.   2 »

BOUSSAC (A.). Précis de **télégraphie électrique** et des connaissances mathématiques, physiques et chimiques indispensables pour la télégraphie. Un vol. in-8, 503 pag. fig. dans le texte. Paris, 1868.   7 »

BONNEJOY. Des **moyens pratiques** de constater la mort par l'électricité à l'aide de la faradisation. Paris, 1866, in-8, 32 p.   1 25

CALLAUD (A.). **Essai sur les piles.** Ouvrage couronné par la Société des Sciences, de l'Agriculture et des Arts de Lille. 2e *édition.* In-18 jésus, avec 2 pl.; 1875.   2 50

CASELLI et BONELLI. Description des **télégraphes électro-chimiques.** In-8.   2 50

CASTRO (Manuel Fernandez de), ingénieur en chef de première classe du corps royal des mines d'Espagne. — **L'électricité sur les chemins de fer,** description et examen de tous les systèmes proposés pour éviter les accidents sur les chemins de fer, au moyen de l'électricité. 2 vol. in-8, 1160 p. ornées de 351 bois intercalés dans le texte.   16 »

CHAPPE (aîné). **Histoire de la télégraphie.** 1 vol. in-8 de 270 p. et atlas in-4 de 34 pl.   12 »

CLARCK-LATIMER. **An Elementary** treatise on electrical measurement, for the use of telegraph inspectors and operators. In-12, London, 1868, 176 p. fig. et tableaux dans le texte.   9 »

COUDRET (J.-F.). **Recherches** médico-physiologiques sur l'électricité animale. Paris, 1837. In-8, fig.   7 »

DELAMARCHE (A.). Eléments de **télégraphie sous-marine.** Br. in-8, 83 p. 2 »

DE LA RIVE (A.-A.). Traité d'**électricité théorique et appliquée,** par A. de la Rive, membre correspondant de l'Institut de France, professeur émérite de l'Académie de Genève. Paris, 1854-1857, 3 vol. in-8, avec 447 fig.   27 »

DESROUSSEAUX. **Electricité dévoilée.** In-8.   4 fr.

DU MONCEL (le comte). Exposé des **applications de l'électricité.** 4 vol. in-8 avec nombreuses fig. dans le texte. 1872-1876. Prix, reliés.   56 »

— Etude sur la **télégraphie.** Télégraphes écrivants, systèmes Morse, Bonnelli, etc. Gr. in-8 19 fig.   2 50

— Considérations nouvelles sur l'**électro-magnétisme** et ses applications aux électro-moteurs et à l'aménographie électrique. In-8.   3 »

— Théorie de la **perspective apparente,** suivie d'une notice sur l'art lithographique. 2e *édition.* In-8. 2 »

— Mémoire sur les **anémomètres** à indications continues établies près Cherbourg. In-8.   1 50

— Recherches sur les **constantes des piles voltaïques.** In-8, 28 p.   2 »

— Etude du **magnétisme** et de l'**électro-magnétisme** au point de vue de la construction des électro-aimants. In-8, 472 p., fig. et pl.   5 »

---

(1) On peut se procurer tous ces ouvrages à la librairie scientifique industrielle et agricole de E. LACROIX, Imprimeur-Éditeur, 54, rue des Saints-Pères, Paris.

Du Moncel. Notice sur l'appareil d'induction électrique de Ruhmkorff et les expériences que l'on peut faire avec cet instrument. 5ᵉ *édition* in-8, avec de nombreuses figures dans le texte; 1867. 7 50

— Notice sur le **câble transatlantique**. In-8 illustré de 25 gravures dans le texte; 1869. 1 50

— Recherches sur les **meilleures conditions de construction** des électro-aimants. In-8; 1871. 3 »

— Origine de l'**induction**. In-8; 1873. » 75

— Effets produits dans **les piles à bichromate** de potasse, en général, et avec les sels excitateurs de MM. Voisin et Dronier en particulier. In-8; 1872. 1 50

— Détermination des **éléments de construction** des électro-aimants, suivant les applications auxquelles on veut les soumettre. Grand in-8; 1874. 1 50

— Recherches sur la **non-homogénéité de l'étincelle électrique**. In-8; 1860. 2 50

— Étude des **lois des courants électriques** au point de vue des applications électriques. In-8 avec fig.; 1860. 4 »

— Recherches sur les **transmissions électriques** à travers le sol dans les circuits télégraphiques. In-8; 1861. 1 »

En outre de tous les ouvrages publiés par M. le comte Du Moncel et dont nous donnons ci-dessus la nomenclature, on trouvera du même auteur, de nombreux mémoires publiés dans les recueils des *Sociétés Savantes* notamment dans les mémoires de l'*Académie* et les bulletins de la *Société d'encouragement.*

Ether (l'). L'électricité et la matière. In-8, 352 p. 5 »

Garnault. **Leçons élémentaires d'électricité**, ou exposition concise des principes généraux de l'électricité et de ses applications, par W. Snow Harris, traduites et annotées par E. Garnault. In-18, avec fig. 3 »

Gavarret (J). **Traité d'électricité.** Paris, 1857-1858. 2 vol. in-18 avec fig. 16 »

Gloesener, professeur à l'université de Liége. Traité général des **applications de l'électricité.** Un fort volume grand in-8, avec 17 planches; 1861. 15 »

— Études sur l'**électro-dynamique** et l'**électro-magnétisme** Importance du principe du renversement alternatif du courant dans les électro-aimants. 2ᵉ *édition*, considérablement augmentée. Grand in-8; 1874. 4 »

Guitard (M.-J.). Histoire de l'**électricité médicale**. Paris, 1854, in-12, 296 p. 3 50

Hughes (D.-E.). Expériences sur la **forme et la nature des électro-aimants**. In-8. 3 50

Jobert (A.-J). Des **appareils électriques** des poissons électriques. Paris, 1858, in-8 avec atlas de 11 pl. gr. in-folio. 10 »

Love. Essai sur l'identité des agents qui produisent le **son**, la **chaleur**, la **lumière**, l'**électricité**, etc. 1 vol. in-8, 296 p. 6 »

Martin de Vervins, lauréat de l'Académie des sciences et de la Société d'encouragement. — Nouvelle **École électro-chimique** ou chimie des corps pondérables et impondérables. 1 vol. in-8, 487 p. 7 50

Matteucci. L'électricité des **animaux**. In-8. 3 »

Miége (B.), directeur de station de lignes télégraphiques. **Guide pratique de télégraphie électrique**, ou *Vade mecum* pratique à l'usage des employés des lignes télégraphiques, suivi du programme des connaissances exigées pour être admis au surnumérariat dans l'administration des lignes télégraphiques, xi-148 p., avec figures dans le texte. 3 »

Nicklès. Les **électro-aimants** et l'adhérence magnétique. In-8. 5 »

Olivier (J.). Traité de **magnétisme**. In-8, 521 p. 9 »

Prouteaux (A.). **De l'électro-magnétisme**, appliqué aux chemins de fer. 1 br. in-18 de 14 p. 1 »

Saint-Edme (E), professeur de sciences physiques aux Écoles municipales d'Auteuil, Lavoisier, Turgot et à l'École supérieure du Commerce. L'**Électricité appliquée** aux arts mécaniques, à la marine, au théâtre. In-8, avec belles figures gravées sur bois, dans le texte; 1871. 4 »

Scoutetten (H.). **De l'électricité** considérée comme cause principale de l'action des eaux minérales sur l'organisme. Paris, 1864, 1 vol. in-8 de 6 »

Ternant (A.-L.). Manuel pratique de **télégraphie sous-marine**, construction, pose, entretien et exploitation des câbles sous-marins, épreuves électriques qu'ils subissent, à l'usage des électriciens constructeurs, des employés du télégraphe et des actionnaires de compagnies télégraphiques sous-marines. 1 vol. in-8. 226 pages, tableaux, pl. et fig. 4 »

Vail (A.). **Le télégraphe électro-magnétique** américain. 1 vol. in-8 263, p. avec bois dans le texte. 7 »

Vinchent. Mémoire sur les **lignes télégraphiques** du royaume de Belgique, leur matériel et leurs rapports avec l'exploitation des chemins de fer. Br. in-8. 3 »

EXPOSÉ

DES APPLICATIONS

DE L'ÉLECTRICITÉ

PAR

LE Cte TH. DU MONCEL

Officier de la Légion d'honneur et de l'ordre de Saint-Wladimir de Russie
Ingénieur-Électricien de l'Administration des lignes télégraphiques françaises

4 volumes gr. in-8° avec figures 56 francs.

PRÉFACE

Cet ouvrage n'est certainement pas un ouvrage de science vulgarisée; il est tout à fait spécial et les questions y sont traitées, sinon avec tout le développement qu'elles comportent, ce qui aurait rendu cet ouvrage interminable, du moins d'une manière assez étendue pour qu'on puisse avoir une idée parfaitement nette des phénomènes exposés et du principe des inventions décrites; nous renvoyons, du reste, aux sources où l'on peut puiser des renseignements plus complets. Toutefois, malgré que nous ayons creusé la matière un peu à la façon allemande et que nous ayons été forcés de donner quelques calculs algébriques, nous nous sommes arrangés de manière à ce que nos exposés fussent facilement intelligibles et n'exigeassent pas de connaissances mathématiques trop élevées. Il y a pourtant des questions de maxima qui n'ont pu toujours être résolues par la simple algèbre, mais nous avons ajouté, comme note à la fin de l'ouvrage, les notions de calcul différentiel nécessaires pour qu'on puisse suivre tous les calculs que nous donnons.

Inutile de dire que cette troisième édition de notre Exposé des applications de l'électricité a été entièrement refondue. La première n'était en quelque sorte qu'un sommaire de la seconde et la seconde un compendium plus ou moins raisonné de toutes les applications électriques venues à notre connaissance: la troisième est un traité complet de la question, tant au point de vue théorique qu'au point de vue pratique. Nous l'avons divisé de la manière suivante:

Le premier volume, qui contient 516 pages, 1 planche et 99 fig. dans le texte, est consacré à la technologie électrique, c'est-à-dire aux connaissances techniques qui sont nécessaires pour *bien appliquer l'électrcité.*

Le second volume qui contient 560 pages, 1 tableau, 2 planches et 192 figures dans le texte, comprend d'abord la discussion complète des lois des électro-aimants et des meilleures conditions de leur construction, la description de tous les systèmes électro-magnétiques imaginés soit en vue d'augmenter leur promptitude d'action soit d'accroître l'étendue de leur sphère attractive, soit de supprimer les actions contraires qui en sont la conséquence, tels que les courants induits, les étincelles de l'extra-courant, le magnétisme rémanent, etc

Pour donner un aperçu plus complet de l'ouvrage nous donnons ci-dessous le sommaire de quelques chapitres.

Extrait de la préface de l'auteur.

SOMMAIRE DE LA TABLE DES MATIÈRES.

TOME 1er

TOME 2e

Paris. — Imprimerie et librairie de E. LACROIX, rue des Saints-Pères, 54.

Applications de l'électricité.[*]

TOME III. — (*Télégraphie*).

Le troisième volume, 552 pages, 7 planches, et 192 figures dans le texte, traite spécialement de la télégraphie électrique; il est complété par un chapitre très-étendu sur les sonneries électriques.

SOMMAIRE DES MATIÈRES DU TOME 3e.

Télégraphie électrique. — Aperçu historique sur la télégraphie électrique. — Télégraphes à aiguilles. — Télégraphes à cadran. — Télégraphes à cadran à courants voltaïques. — Télégraphes sans réglage. — Télégraphes à cadran magnéto-électriques. — Télégraphes à mouvements synchroniques. — Systèmes particuliers. — Télégraphes écrivants. — Télégraphes à enregistration mécanique. — Télégraphes ordinaires à une seule pointe traçante. — Télégraphes Morse dont la pointe traçante réagit sous l'influence du mouvement d'horlogerie. — Télégraphes Morse à deux pointes traçantes. — Télégraphes à déclanchement automatique. — Télégraphes à manipulateurs mécaniques. — Télégraphes à transmission automatique. — Systèmes télégraphiques particuliers. — Télégraphes électro-chimiques. — Télégraphes imprimeurs. — Télégraphes à échappement. — Télégraphes à mouvements synchroniques. — Télégraphes imprimeurs à mouvements électro-synchroniques. — Télégraphes autographiques. — Télégraphes autographiques électro-chimiques. — Typo-télégraphes. — Typo-télégraphes électro-chimiques. — Typo-télégraphes à maquette. — Télégraphes autographiques électro-magnétiques. — Télégraphes pantographiques. — Télégraphes sous-marins. — Dispositions pour les câbles de petite longueur. — Dispositions pour les câbles de grande longueur. — Relais et translateurs. — Dispositions diverses des relais. — Relais simples les plus usités. — Relais sans réglage. — Relais à réactions multiples. — Relais parleurs. — Translateurs. — Télégraphes à transmissions multiples. — Transmissions simultanées dans des directions opposées. — Transmissions simultanées dans la même direction. — Transmissions multiples alternées. — Transmissions simultanées par un même manipulateur. — Sonneries et appels des stations. — Sonneries télégraphiques — Sonneries à mouvement d'horlogerie. — Sonneries à trembleur. — Sonneries relais à mouvement continu. — Sonneries dont la marche est contrôlée. — Sonneries à coups isolés. — Appels des stations intermédiaires. — Cryptographes. — Table des matières. — Table des noms d'auteurs.

www.ingramcontent.com/pod-product-compliance
Lightning Source LLC
Chambersburg PA
CBHW031352210326
41599CB00019B/2745